W0205400

Wiederholen und Überprüfen

Im **Merkkasten** ist das Wichtigste zusammengefasst.

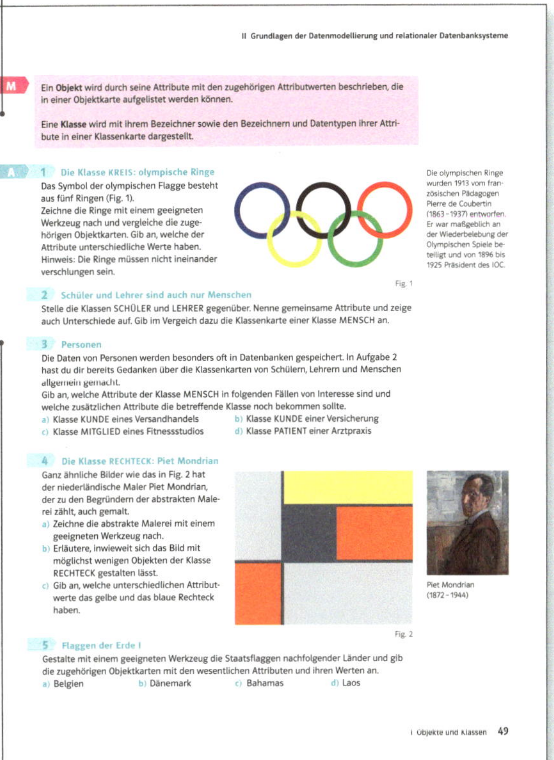
II Grundlagen der Datenmodellierung und relationaler Datenbanksysteme

M

Ein **Objekt** wird durch seine Attribute mit den zugehörigen Attributwerten beschrieben, die in einer Objektkarte aufgelistet werden können.

Eine **Klasse** wird mit ihrem Bezeichner sowie den Bezeichnern und Datentypen ihrer Attribute in einer Klassenkarte dargestellt.

A

1 Die Klasse KREIS: olympische Ringe
Das Symbol der olympischen Flagge besteht aus fünf Ringen (Fig. 1).
Zeichne die Ringe mit einem geeigneten Werkzeug nach und vergleiche die zugehörigen Objektkarten. Gib an, welche der Attribute unterschiedliche Werte haben.
Hinweis: Die Ringe müssen nicht ineinander verschlungen sein.

Die olympischen Ringe wurden 1913 vom französischen Pädagogen Pierre de Coubertin (1863–1937) entworfen. Er war maßgeblich an der Wiederbelebung der Olympischen Spiele beteiligt und von 1896 bis 1925 Präsident des IOC.

Fig. 1

2 Schüler und Lehrer sind auch nur Menschen
Stelle die Klassen SCHÜLER und LEHRER gegenüber. Nenne gemeinsame Attribute und zeige auch Unterschiede auf. Gib im Vergleich dazu die Klassenkarte einer Klasse MENSCH an.

3 Personen
Die Daten von Personen werden besonders oft in Datenbanken gespeichert. In Aufgabe 2 hast du dir bereits Gedanken über die Klassenkarten von Schülern, Lehrern und Menschen allgemein gemacht.
Gib an, welche Attribute der Klasse MENSCH in folgenden Fällen von Interesse sind und welche zusätzlichen Attribute die betreffende Klasse noch bekommen sollte.
a) Klasse KUNDE eines Versandhandels b) Klasse KUNDE einer Versicherung
c) Klasse MITGLIED eines Fitnessstudios d) Klasse PATIENT einer Arztpraxis

4 Die Klasse RECHTECK: Piet Mondrian
Ganz ähnliche Bilder wie das in Fig. 2 hat der niederländische Maler Piet Mondrian, der zu den Begründern der abstrakten Malerei zählt, auch gemalt.
a) Zeichne die abstrakte Malerei mit einem geeigneten Werkzeug nach.
b) Erläutere, inwieweit sich das Bild mit möglichst wenigen Objekten der Klasse RECHTECK gestalten lässt.
c) Gib an, welche unterschiedlichen Attributwerte das gelbe und das blaue Rechteck haben.

Piet Mondrian (1872–1944)

Fig. 2

5 Flaggen der Erde I
Gestalte mit einem geeigneten Werkzeug die Staatsflaggen nachfolgender Länder und gib die zugehörigen Objektkarten mit den wesentlichen Attributen und ihren Werten an.
a) Belgien b) Dänemark c) Bahamas d) Laos

I Objekte und Klassen 49

Aufgaben

Beim Lösen der Aufgaben kannst du überprüfen, ob du die Inhalte des Kapitels verstanden hast. Sie behandeln vielfältige und interessante Themen. Am Anfang findest du kurze einfache Aufgaben.
Im weiteren Verlauf werden die Aufgaben etwas schwieriger und umfangreicher.

Symbole

- Partnerarbeit
- Gruppenarbeit
- Umfangreiche oder nicht einfach zu „knackende" Aufgaben
- * Aufgaben, die über den Lehrplan hinausgehen

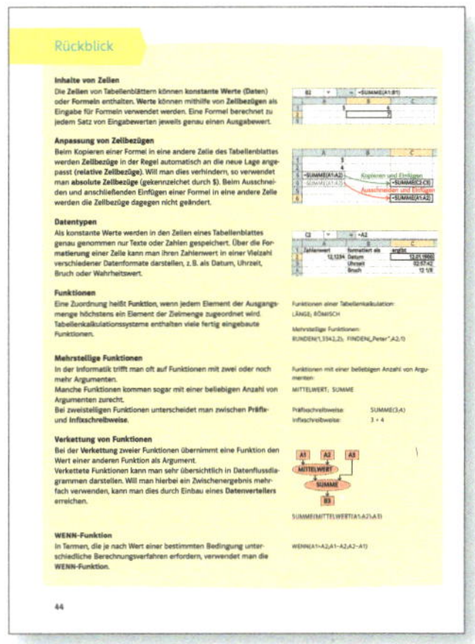
Rückblick

44

Rückblick

Im Rückblick kannst du schnell nachschlagen, was du im Kapitel gelernt hast.

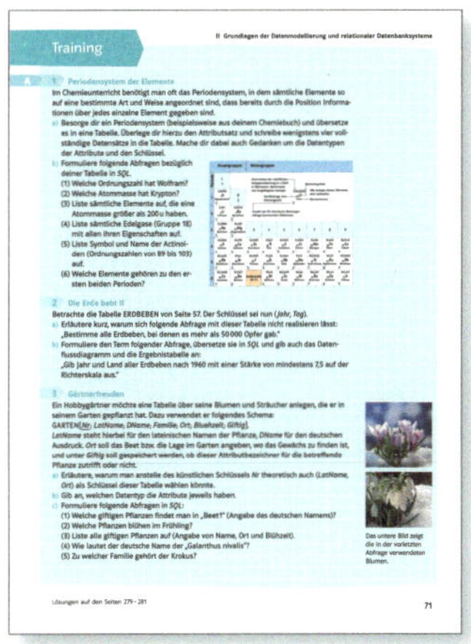
Training

II Grundlagen der Datenmodellierung und relationaler Datenbanksysteme

71

Training

Am Ende des Kapitels kannst du deinen Wissensstand selbstständig überprüfen. Die Lösungen zu diesen Aufgaben findest du am Ende des Buches.

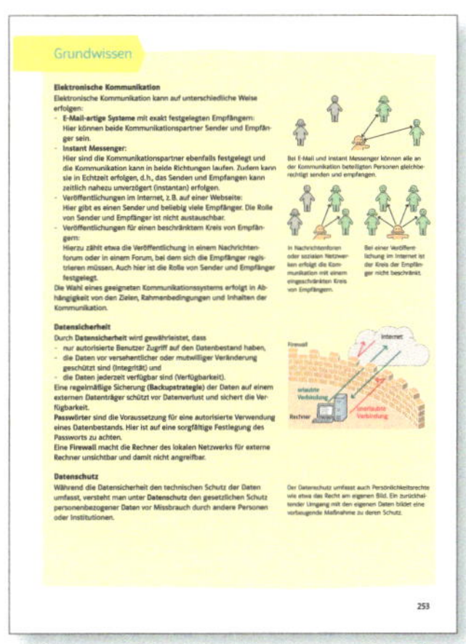
Grundwissen

253

Grundwissen

Am Ende des Buches kannst du die wichtigsten Inhalte aus den vorherigen Schuljahren nachschlagen.

Überblick

Am Ende des Buches sind die wichtigsten Themen zu *SQL*, *Java* und *UML* übersichtlich zum Nachschlagen zusammengefasst und mit Beispielen versehen.

1. Auflage 1 5 4 3 2 1 | 25 24 23 22 21

Autorinnen und Autoren: Prof. Dr. Peter Hubwieser, Alexander Ruf, Dr. Matthias Spohrer, Dr. Markus Steinert, Dr. Siglinde Voß, Ferdinand Winhard

Entstanden in Zusammenarbeit mit dem Projektteam des Verlages.

Titelbild: Getty Images RF (Moment/Image by Catherine MacBride), München
Satz: Andrea Eckhardt, Göppingen; medienwerkstatt adrion, Bietigheim-Bissingen
Druck: PASSAVIA Druckservice GmbH & Co. KG, Passau

Printed in Germany
ISBN 978-3-12-731141-9

Informatik 2

Tabellenkalkulationssysteme
Datenbanken
Objektorientierte Programmierung
Datenschutz

erarbeitet von

Prof. Dr. Peter Hubwieser
Alexander Ruf
Dr. Matthias Spohrer
Dr. Siglinde Voß
Ferdinand Winhard

Ernst Klett Verlag
Stuttgart · Leipzig

Inhalt

Materialien zum Schülerbuch:
fm9r9a

*Dieser Inhalt geht über den Lehrplan hinaus.

BIG DATA

I Funktionen und Datenflüsse, Tabellenkalkulationsprogramm

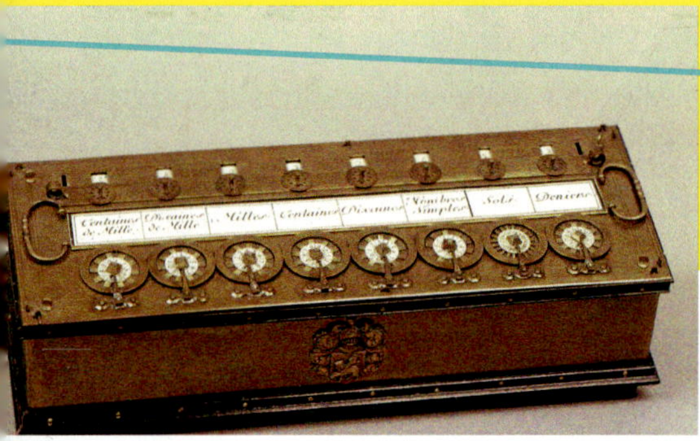

Wir müssen damit rechnen, dass andere mit uns rechnen. Wir können aber entscheiden, ob wir für sie ein Plus oder Minus sind.

*Ernst Ferstl (*1955), österreichischer Aphoristiker*

Rechnen steht auf dem Programm

Kompetenzerwartungen

- Mit Tabellenkalkulationssystemen umgehen
- Funktionen mithilfe von Tabellenblättern auswerten und darstellen
- Datenflüsse modellieren

1 Rechnen mit Tabellenblättern

B13 | =

	A	B	C	D
1	**Baumarkt Nimmermüd**			
2				
3	Rechnung			
4	Datum	12.03.2021		
5				
6	**Posten**	netto	MwSt.	brutto
7	Fliesen	1.233,12 €	234,29 €	1.467,41 €
8	Fliesenkleber	12,50 €	2,38 €	14,88 €
9	Wandfarbe	14,20 €	2,70 €	16,90 €
10	Fugenweiß	13,60 €	2,58 €	16,18 €
11	Armaturen	122,90 €	23,35 €	146,25 €
12	Dichtungssatz	7,90 €	1,50 €	9,40 €
13				
14	**Summe**	**1.404,22 €**	**266,80 €**	**1.671,02 €**

Herr Bauer hat im Heimwerkermarkt eingekauft, weil er sein Bad renovieren möchte. Erstelle ein Tabellenblatt, das zu einer Reihe von Artikeln, deren Nettopreis eingegeben wird, jeweils einzeln die Mehrwertsteuer (19 %) und den Bruttopreis berechnet. Nutze dazu die Möglichkeit, Formeln zu kopieren. Versuche anschließend, dein Tabellenblatt so zu verändern, dass der Mehrwertsteuersatz eingegeben und so beliebig verändert werden kann.

Ein Tabellenkalkulationsprogramm ist eine weitverbreitete Art von Software, mit der man sehr bequem und übersichtlich rechnen kann. Die Dokumente solcher Programme enthalten ein oder mehrere Tabellenblätter, die oft auch Rechenblätter oder kurz nur Tabellen genannt werden.

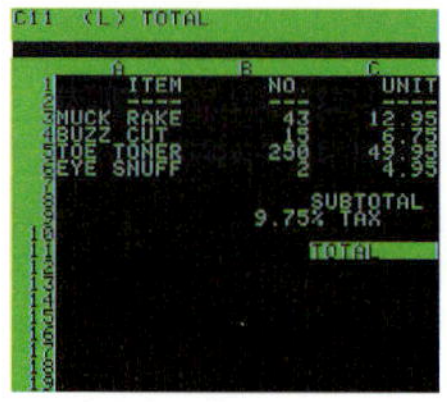

Die erste Tabellenkalkulation stammte von Daniel Bricklin und Bob Frankston (VisiCalc auf dem Apple II, 1979).

Der Begriff „Datum" bezeichnet in der Informatik nicht nur einen bestimmten Kalendertag (z. B. 12.5.2021), sondern ganz allgemein (als Singular von „Daten") einen bestimmten, konstanten Wert, z. B. eine Zahl oder einen Text.

Tabellenblätter und Zellen

Ein Tabellenblatt besteht aus **Zellen**, die in einer begrenzten Anzahl von Zeilen (z. B. 65 535) und Spalten (z. B. 256) angeordnet werden. Die Zellen werden durch Angabe der Spalte (meist in Buchstaben: A, B, …, Z, AA, AB …) und der Zeile (meist in Zahlen: 1, 2 …) bezeichnet und damit eindeutig identifiziert, z. B. A1, B1, AA2332 oder DG65534.

Eine Zelle enthält entweder einen konstanten Wert (Datum) oder eine Formel.
Daten können Zahlen wie 3,14 oder 53232, Datumswerte wie „7. Dezember 2021" oder Texte wie „Baumarkt Nimmermüd" sein.
Eine **Formel** wird durch ein Gleichheitszeichen am Anfang gekennzeichnet, z. B. „= 0,23*13/1200".
Jede nichtleere Zelle hat einen **Wert**. Falls sie ein Datum enthält, dann ist ihr Wert einfach dieses Datum. Falls sie dagegen eine Formel enthält, muss diese erst ausgewertet werden, bevor der Wert der Zelle bestimmt werden kann.

Daten sind Darstellungen (Repräsentationen) von Informationseinheiten. Der Text „Oma" lässt uns an unsere Großmutter denken, die Zeichenkombination „9.11.1989" an den Fall der Berliner Mauer. Um die durch Daten dargestellten Informationen zu erhalten, muss man diese **interpretieren**. Das muss nicht immer zu einem eindeutigen Ergebnis führen. So kann die Buchstabenkombination MIX ebenso gut als Synonym für „Mischung" interpretiert werden wie als römische Schreibweise für die Zahl 1009.

Formeln bestehen aus einem Gleichheitszeichen und einem **Term**, der sich nach bestimmten Regeln aus folgenden Komponenten zusammensetzt:
- konstante Daten (die Zahl 2 in der Formel in Fig. 1),
- Operatoren (+ und * in Fig. 1),
- Klammern,
- Funktionen (vgl. Seite 14 f.) und
- Zellbezüge (B3 und B4 in Fig. 1).

Formel im Eingabefeld

B6 | = | =2*B3+2*B4

	A	B	C
1	Umfang von Rechtecken		
2			
3	Seite a =	8	cm
4	Seite b =	12	cm
5			
6	Umfang =	40	cm
7			

Fig. 1

Falls eine Zelle eine Formel enthält, wird im Tabellenblatt normalerweise das Ergebnis der Formel angezeigt, also der Wert des Terms. Wird eine Zelle markiert, die eine Formel enthält, so wird die Formel im Eingabefeld angezeigt.

Zellbezüge

Ein wichtiges Hilfsmittel in Formeln sind **Zellbezüge**, mit deren Hilfe man den Wert einer Zelle (einen konstanten Wert oder auch das Ergebnis einer Formel) in die Formeln anderer Zellen übernehmen kann. So kann dieselbe Formel für verschiedene Eingabewerte verwendet werden. In Fig. 1 liefern die Zellbezüge B3 bzw. B4 die Werte 8 bzw. 12 an die Formel in Zelle B6.

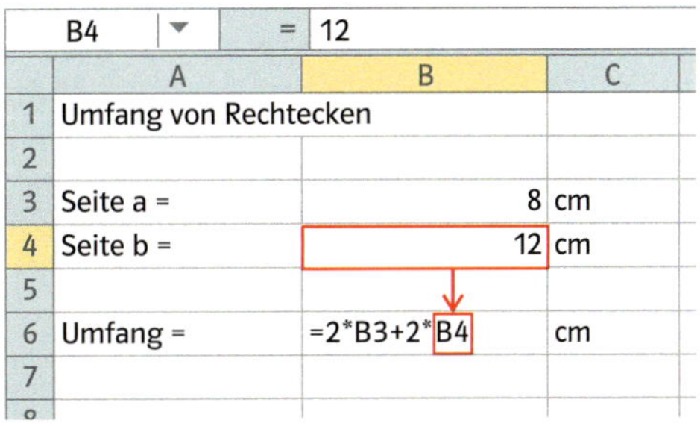

Fig. 1

Das Grundprinzip der Informationsverarbeitung

Bei automatisierten Berechnungen werden meist Werte (Daten) eingegeben (z. B. mithilfe der Tastatur oder der Maus), aus denen nach einer bestimmten Verarbeitungsvorschrift weitere Daten berechnet und schließlich (für den Benutzer lesbar) wieder ausgegeben werden (z. B. am Bildschirm oder auf einem Drucker). Dieses Prinzip heißt E-V-A für
Eingabe – Verarbeitung – Ausgabe.

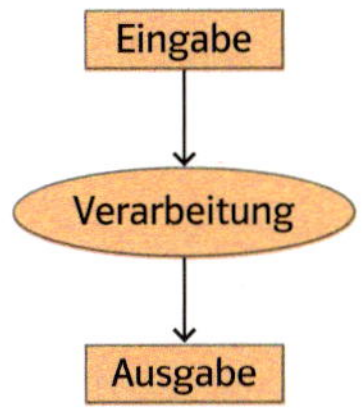

In Tabellenkalkulationen ermöglichen die Zellbezüge die Realisierung des E-V-A-Prinzips: Die Eingabewerte werden in Zellen eingetragen und von dort über Zellbezüge in die Formel einer anderen Zelle übertragen. Dort wird der Wert der Formel berechnet und in derselben Zelle (wie die Formel) ausgegeben (Fig. 2).

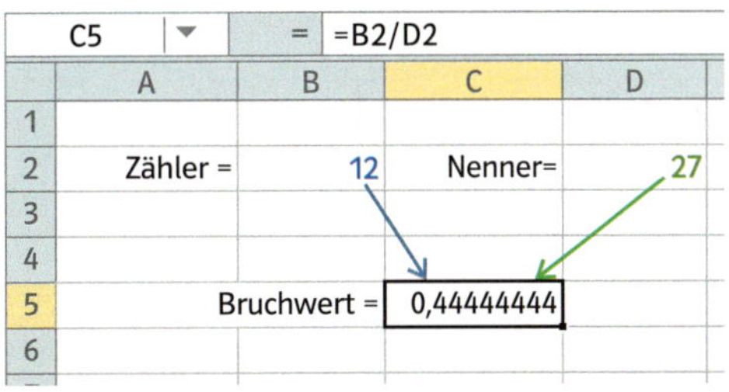

Fig. 2

Datenflussdiagramme

Mithilfe von **Datenflussdiagrammen** kann man den Informationsfluss in einem Tabellenblatt beschreiben. Rechtecke stehen darin für Ein- bzw. Ausgaben, während Ellipsen datenverarbeitende Prozesse (wie Funktionen oder Terme) repräsentieren. Zellbezüge werden durch Pfeile dargestellt.

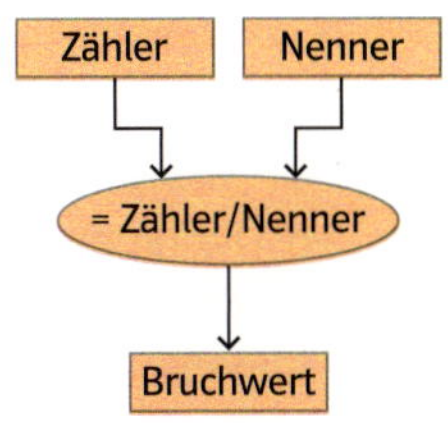

Relative Zellbezüge

Will man dieselbe Formel in mehreren Zellen verwenden (eventuell mit Bezügen auf unterschiedliche Zellen), kann man sie einfach aus der ursprünglichen Zelle in die Zielzellen kopieren. Dabei werden die Zellbezüge automatisch angepasst **(relative Zellbezüge)**. Beim Kopieren in eine Zelle, die unter der Ursprungszelle liegt, werden die Zeilennummern der Zellbezüge entsprechend der Entfernung zur Ursprungszelle erhöht (Fig. 3), beim Kopieren nach rechts die Spaltenbezeichner. Verschiebt man dagegen eine Formel statt über die Kopierfunktion über Ausschneiden und Einfügen in eine andere Zelle, so werden die Zellbezüge dabei nicht geändert.

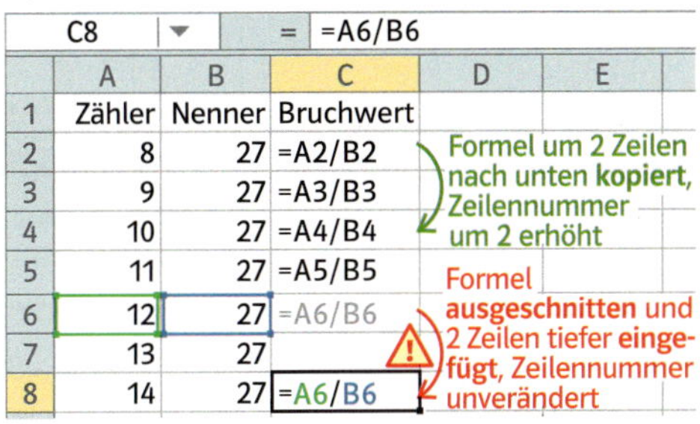

Fig. 3

Absolute Zellbezüge

Wenn man beim Kopieren von Formeln die ursprünglichen Zellbezüge beibehalten will **(absolute Zellbezüge)**, so setzt man ein Dollarzeichen $ vor den Wert, der nicht geändert werden soll (Zeile und/oder Spalte). Im Beispiel rechts soll beim Kopieren nach unten die Zeile des ersten Faktors und beim Kopieren nach rechts die Spalte des zweiten Faktors beibehalten werden.

D6 = =D$3*$A6

	A	B	C	D	E	F	G	H	I	J
1	Einmaleins									
2		1. Faktor								
3	2. Faktor	1	2	3	4	5	6	7	8	9
4	1	1	2	3	4	5	6	7	8	9
5	2	2	4	6	8	10	12	14	16	18
6	3	3	6	9	12	15	18	21	24	27
7	4	4	8	12	16	20	24	28	32	36
8	5	5	10	15	20	25	30	35	40	45

M

In Tabellenblättern werden Datenberechnungen mithilfe von **Formeln** ausgeführt, die ihre Eingabewerte über **Zellbezüge** aus anderen Zellen beziehen.
Formeln können durch Kopieren in andere Zellen übertragen werden. Dabei werden die Zellbezüge entsprechend angepasst **(relative Zellbezüge)**.
Durch Festlegen **absoluter Zellbezüge** kann eine solche Anpassung verhindert werden.

A

1 Zinsertrag

a) Erstelle ein Tabellenblatt, das als Eingaben das Kapital auf einem Sparkonto, den Zinssatz sowie die Dauer der Verzinsung in Tagen aufnimmt und als Ergebnis den Zinsertrag ausgibt. Hinweis: Die Banken setzen ein Zinsjahr mit 360 Tagen an.

b) Überprüfe, ob der Zinsertrag geringer ausfallen würde, wenn die Bank das Zinsjahr exakt mit 365 bzw. im Falle eines Schaltjahres mit 366 Tagen ansetzen würde.

2 Body-Mass-Index

Der Body-Mass-Index (BMI) ist ein Maß für Unter- bzw. Übergewicht. Er berechnet sich aus der Körpermasse in kg dividiert durch das Quadrat der Körpergröße in m^2. Die Formel lautet:
BMI = Körpermasse : (Körpergröße²).
Die Einheit des BMI ist demnach kg/m^2.
Der „wünschenswerte“ BMI hängt vom Alter ab. Die Tabelle zeigt ideale BMI-Werte für verschiedene Altersgruppen. Erstelle ein Tabellenblatt zur Berechnung des Body-Mass-Index (Eingabe: Körpermasse, Körpergröße; Ausgabe: BMI).

Alter	BMI
19 – 24 Jahre	19 – 24
25 – 34 Jahre	20 – 25
35 – 44 Jahre	21 – 26
45 – 54 Jahre	22 – 27
55 – 64 Jahre	23 – 28
> 64 Jahre	24 – 29

Der belgische Astronom und Mathematiker Lambert Adolphe Jacques Quételet (1796 – 1874) erforschte den „mittleren“ Menschen und definierte den BMI.

3 Erst leasen oder gleich kaufen?

Ein Pkw wird zum Kaufpreis von 38 500 € angeboten. Alternativ kann man das Auto für eine monatliche Rate von 316,70 € leasen. Am Ende der dreijährigen Laufzeit des Leasingvertrags ist eine Servicepauschale von 750 € fällig. Danach wird das Auto zum Preis von 29 900 € erneut zum Kauf angeboten. Der Kunde kann entscheiden, ob er dieses zweite Kaufangebot annehmen will.

a) Entwirf für das Leasingangebot ein Tabellenblatt und berechne den Betrag, den der Kunde beim Leasen des Fahrzeugs mit anschließendem Kauf insgesamt bezahlen muss.

b) Berechne die Mehreinnahmen in Prozent, die das Leasingunternehmen dabei im Vergleich zum sofortigen Kauf erzielt.

4 Physik auf Tabellenblättern

Aus dem Physikunterricht sind dir die Zusammenhänge zwischen Leistung, Stromstärke und Spannung $(P = U \cdot I)$ bzw. Stromstärke, Spannung und Widerstand $(R = U : I)$ bekannt. Fig. 1 zeigt die typischen Widerstände bzw. Leistungen von Haushaltsgeräten, wobei alle Geräte mit der Netzspannung 230 V betrieben werden.

Gerät	Leistung (in W)	Widerstand (in Ω)	Stromstärke (in A)
Bohrmaschine	500		
Fernsehgerät		353	
Lampe	100		
Staubsauger		66	
Herd	2500		
Bügeleisen		53	

Fig. 1

a) Übertrage die Tabelle auf ein Tabellenblatt und ermittle die fehlenden Größen.

b) Die Geräte werden in Parallelschaltung betrieben (Addition der Stromstärken). Ermittle, welche Geräte gleichzeitig betrieben werden können, wenn der betroffene Stromkreis mit einer 16-A-Sicherung abgesichert ist.

5 Rechnung für Schulmaterial

a) Erstelle ein Tabellenblatt, das die Rechnung deines letzten Einkaufs von Schulmaterial (Hefte, Stifte, Radiergummi, Füller usw.) automatisiert. Es soll Rechnungsempfänger, Rechnungsnummer, Datum und eine Liste der gekauften Posten mit Einzel- und Gesamtpreis (zunächst netto) enthalten. Am Ende sollen auf die Gesamtsumme 19 % Mehrwertsteuer aufgeschlagen werden.

b) In den verschiedenen Ländern der Europäischen Union gelten unterschiedliche Mehrwertsteuersätze. Ermittle im Internet die Mehrwertsteuersätze von drei Ländern deiner Wahl und berechne zum Vergleich die Kosten aus Teilaufgabe a) für diese Mehrwertsteuersätze.

Iterative Berechnungen

Mithilfe der Kopierfunktion kann man auch aufeinanderfolgende (iterative) Berechnungen ausführen, indem man das Ergebnis einer Formel als Eingabe der jeweils nachfolgenden Formel verwendet.
In Fig. 2 wird aus dem Kontostand der jeweils oberen Zeile durch Addition des (jährlichen) Zinsertrags der neue Kontostand berechnet, der wiederum als Grundwert für den neuen Zinsertrag herangezogen wird.

C8 = =B8+C7

	A	B	C
1	Zinsertrag 2004		
2			
3	Kapital	12.000 €	
4	Zinssatz	3,50 %	
5			
6	nach Jahr(en)	Zinsertrag	Kontostand
7	1	420,00 €	12.420,00 €
8	2	434,70 €	12.854,70 €
9	3	449,91 €	13.304,61 €
10	4	465,66 €	13.770,28 €
11	5	481,96 €	14.252,24 €

Fig. 2

6 Darlehen und ihre Tilgung

Herr Hadnix möchte sich ein neues Auto kaufen. Von einer Bank erhält er dazu einen Kredit von 30 000 € zu einem Zinssatz von 4 %.

a) Herr Hadnix kann in den ersten fünf Jahren nichts zurückzahlen. Deshalb werden am Ende jedes Jahres die Zinsen seinem Darlehen zugeschlagen; im jeweils nächsten Jahr werden Zinsen auf das derart erhöhte Darlehen berechnet. Erstelle ein Tabellenblatt, das die Schulden von Herrn Hadnix nach 1, 2, …, 5 Jahren berechnet.

b) Nach fünf Jahren kann Herr Hadnix schließlich jeweils zu Jahresbeginn 8000 € zurückzahlen. Berechne, wann er seine Schulden vollständig abbezahlt hat.

c) Alternativ bietet die Bank Herrn Hadnix nach den ersten fünf Jahren an, halbjährlich je 4000 € zurückzuzahlen. Gib an, ob Herr Hadnix bei dieser Strategie spart.

7 Geldanlage

a) Vor allem früher boten Banken häufig Anlagemöglichkeiten, bei denen der Zinssatz im Laufe der Zeit wuchs. Herr Maier-Knickerig wollte im Jahr 2000 eine Summe von 20 000 € auf eine Dauer von fünf Jahren anlegen. Zwei Banken unterbreiteten ihm die folgenden Angebote:

Alpen-Donau-Bank	
1. Jahr – 2. Jahr	2 %
3. Jahr – 4. Jahr	3,7 %
5. Jahr	4,5 %

Fig. 1

Bankhaus Heppel	
1. Jahr	2,5 %
2. Jahr	3,0 %
3. Jahr	3,5 %
4. Jahr	4,0 %
5. Jahr	4,5 %

Fig. 2

Ermittle mithilfe eines Tabellenblattes für beide Angebote den Gewinn nach fünf Jahren.

b) Herr Maier-Knickerig wollte seinen Gewinn erhöhen. Er schlug deshalb den beiden Banken vor, die Zinsen halbjährlich dem Guthaben zuzuschlagen. Machte das einen Unterschied? Berechne den Gewinn bei halbjährlicher Verzinsung.

c) Die Alpen-Donau-Bank wollte die 20 000 € als Darlehen mit einer Laufzeit von ebenfalls fünf Jahren verleihen. Der jährliche Zinssatz betrug 6,7 %. Als einmalige Bearbeitungsgebühr verlangte die Bank 5 % des Darlehens. Berechne den Gewinn der Bank.

d) 2015 investierte das Bankhaus 20 000 € in Aktien. Fig. 3 zeigt den Verlauf des Aktienwertes. Erzeuge aus dem Diagramm eine Tabelle, die den Wert der Aktie jeweils zur Jahresmitte und am Jahresende angibt. Berechne die Verluste, die das Bankhaus in Kauf nehmen musste, wenn es die Aktien nach 1 (2, …,5) Jahr(en) verkaufte.

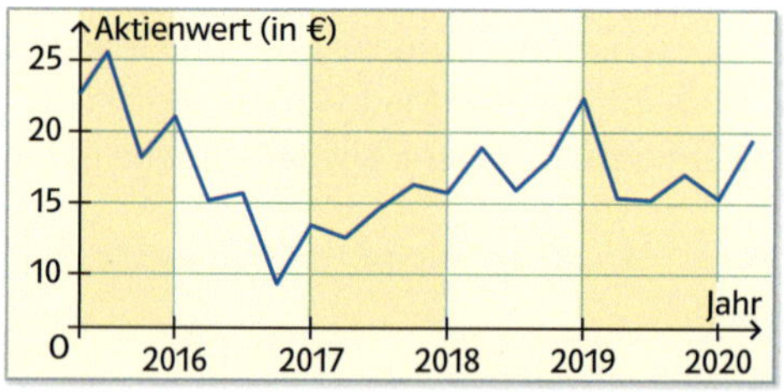

Fig. 3

8 Die Fußballelf

Bei Fußball-Länderspielen stellen sich die Mannschaften zu Beginn des Spieles nebeneinander auf. Abgesehen vom Mannschaftskapitän und vom Torwart sollen dabei die übrigen neun Spieler in beliebiger Reihenfolge nebeneinanderstehen. Es soll schrittweise berechnet werden, wie viele solcher möglicher Aufstellungen es gibt.

a) Trage in die Zellen A2 bis A10 eines Tabellenblattes die Zahlen 1, …, 9 für die jeweiligen Spieler ein. Verwende, anstatt jede Zahl einzeln einzugeben, eine Formel.

b) Überlege, wie viele „Reihenfolgen" es gäbe, wenn außer dem Torwart und dem Kapitän nur ein weiterer Spieler vorhanden wäre. Trage die Zahl in die Zelle B2 ein.

c) Nimm nun in Gedanken den zweiten Spieler hinzu. Überlege, wie die neue Anzahl der Reihenfolgen mithilfe des Ergebnisses von Teilaufgabe b) berechnet werden kann. Trage die entsprechende Formel in die Zelle B3 ein.

d) Berechne analog zu Teilaufgabe c), wie viele Möglichkeiten es gibt, den dritten Spieler zu den beiden bereits vorhandenen zu stellen (Formel in Zelle B4).

e) Setze die Berechnung der Möglichkeiten wie beschrieben bis zum neunten Spieler fort.

2 Datentypen

A5	=A4+7					
	A	B	C	D	E	F
1	Schuljahr	2021/2022				
2						
3	Montag	Dienstag	Mittwoch	Donnerstag	Freitag	Sams
4	13.09.2021	14.09.2021	15.09.2021	16.09.2021	17.09.2021	18.0
5	20.09.2021	21.09.2021	22.09.2021	23.09.2021	24.09.2021	25
6	27.09.2021	28.09.2021	29.09.2021	30.09.2021	01.10.2021	02.10.
7	04.10.2021	05.10.2021	06.10.2021	07.10.2021	08.10.2021	09.10.
8	11.10.2021	12.10.2021	13.10.2021	14.10.2021	15.10.2021	16.10.2

Erstelle ein Tabellenblatt mit einem siebenspaltigen Kalender für das laufende Schuljahr. Nutze dazu die Möglichkeit, mit Datumsangaben zu rechnen, und erzeuge neue Formeln soweit möglich durch Kopieren. Hinterlege anschließend die Ferienzeiten mit gelber und die Sonntage sowie gesetzlichen Feiertage mit roter Farbe.

Bei der Verarbeitung von Daten müssen auf Texte andere Operationen angewandt werden als auf Zahlen. So können Zahlen addiert oder multipliziert, Texte dagegen zusammengesetzt oder durchsucht werden. Zahlen und Texte stellen verschiedene Datentypen dar.

Andere Datensorten – andere Operationen

Emily und Paul leihen sich in ihrem Urlaub auf Rügen für längere Zeit Räder aus. Paul möchte jeden Tag mit einem Trekkingrad fahren. Emily will ihn hin und wieder begleiten, allerdings mit einem E-Bike, weil sie nicht so fit ist wie er.
Für die Abrechnung verwendet der Fahrradverleih Nordstern ein Tabellenblatt, in dem die Ausleihtage und die gesamte Leihgebühr automatisch berechnet werden (vgl. Fig. 1).

E6	=D6-C6						
	A	B	C	D	E	F	G
1	Fahrradverleih Nordstern						
2	18609 Rügen						
3							
4	Rechnung						
5	Posten	Fahrradart	Ausleihdatum	Rückgabedatum	Ausleihtage	Gebühr/Tag	Leihgebühr
6	1	Trekkingrad	18. Aug.	02. Sep.	15	9,99 €	149,85 €
7	2	E-Bike	20. Aug.	01. Sep.	12	39,99 €	479,88 €
8						Gesamtpreis:	629,73 €

Fig. 1

Zur Berechnung der Anzahl der Ausleihtage wird im Tabellenblatt in den Zellen E6 und E7 der Datumswert des Ausleihtages vom Datumswert des Rückgabetages subtrahiert. Das Ergebnis wird in den Zellen G6 und G7 mit der jeweiligen Tagesgebühr multipliziert, um die gesamte Leihgebühr zu erhalten (vgl. Fig. 2).

E6	=D6-C6						
	A	B	C	D	E	F	G
1	Fahrradverleih Nordstern						
2	18609 Rügen						
3							
4	Rechnung						
5	Posten	Fahrradart	Ausleihdatum	Rückgabedatum	Ausleihtage	Gebühr/Tag	Leihgebühr
6	1	Trekkingrad	44426	44441	=D6-C6	9,99	=F6*E6
7	2	E-Bike	44428	44440	=D7-C7	39,99	=F7*E7
8						Gesamtpreis:	=SUMME(G6;G7)

Fig. 2

Durch Ändern der Anzeigeeinstellungen kann man sich wie in Fig. 2 die Formeln in den Zellen anzeigen lassen (Formelsicht).

In diesem Tabellenblatt finden sich verschiedene Sorten von Daten wie Datumswerte, ganze Zahlen und Währungsangaben in Euro, die mit unterschiedlichen Operationen zu neuen Werten verknüpft werden:

- Datumsangaben werden subtrahiert. Das Ergebnis ist jeweils eine ganze Zahl.
- Zahlen werden mit Währungsangaben multipliziert. Das Ergebnis sind wiederum Währungsangaben.
- Währungsangaben werden addiert. Das Ergebnis ist jeweils eine Währungsangabe.

Datentypen

Offenbar ist nicht jede mögliche Operation auch für jede Datensorte sinnvoll. Für Datumswerte untereinander liefert nur die Subtraktion sinnvolle Ergebnisse, nämlich den zeitlichen Abstand in Tagen. Währungswerte kann man dagegen sinnvoll untereinander subtrahieren oder auch addieren. Die Multiplikation ergibt wiederum nur dann Sinn, wenn einer der Operanden eine Zahl ist. Division ist unter Währungswerten oder mit einer ganzen Zahl als Divisor sinnvoll. In der Informatik bezeichnet man eine Datensorte zusammen mit den darauf sinnvollen Operationen als **Datentyp**.

Wie in Fig. 2 auf Seite 11 zu sehen ist, werden Datums- und Währungsangaben in der Tabellenkalkulation technisch durch Zahlen repräsentiert. Eine Tabellenkalkulation arbeitet daher eigentlich nur mit zwei Datentypen, nämlich **Texten** und **Zahlen**.

Zellformate

Zahlenbasierte Sorten wie Datums- oder Währungsangaben werden in Tabellenblättern über das Format der jeweiligen Zelle unterschieden. Schon bei der Eingabe in ein Tabellenblatt werden Daten je nach ihrer Sorte unterschiedlich behandelt: Zahlen werden standardmäßig rechtsbündig, Texte dagegen linksbündig ausgerichtet. Manche Formate werden sogar automatisch ergänzt, wie z. B. die Eingabe „1.12" zu einem Datumswert wie „01. Dez". Bei der Eingabe versucht das System, die jeweilige Sorte anhand der Struktur der Daten zu erkennen, z. B. am Punkt in „1.12", am Komma in „2,345", am Bruchstrich in „3/8" oder am Doppelpunkt in „13:25", um die Eingabezelle entsprechend zu formatieren. Wenn man mit dieser Formatierung nicht zufrieden ist, kann man mithilfe des **Formates einer Zelle** (meist im Menüpunkt *Format*) detailliert selbst festlegen, wie ihr eigentlicher Wert dargestellt wird. So kann man z. B. bei Datumswerten festlegen, ob die Jahresangabe erscheinen soll, bei Zahlen ihre Nachkommastellen festlegen oder bei Währungsangaben die Einheit (z. B. € oder $) angeben.

	13:25	
	0,56	
	161/288	

Der Wert einer Zelle wird durch die Änderung ihrer Formatierung nicht berührt. So wird beispielsweise jeder Dezimalbruch völlig unabhängig von der Anzahl der dargestellten Nachkommastellen immer mit einer bestimmten Anzahl von Stellen gespeichert, die je nach Werkzeug unterschiedlich sein kann.

M

Datentypen werden durch die Struktur ihrer Daten und die darauf (sinnvoll) anwendbaren Operationen gekennzeichnet. Tabellenkalkulationen arbeiten intern nur mit Zahlen und Texten, können aber über die **Zellformatierung** viele weitere Datentypen darstellen.

A

1 Wie lange noch?

Ermittle mithilfe eines Tabellenblattes, wie viele Tage (Wochen, Monate) du noch auf den Beginn der nächsten Sommerferien warten musst.

2 Merkurjahre

Der Planet Merkur benötigt für einen Umlauf um die Sonne 87,97 Tage. Berechne mit einem Tabellenblatt, wie viele Merkurjahre du bereits erlebt hast.

3 Der Tag null

Auf Tabellenblättern werden Datumswerte mithilfe von Zahlen repräsentiert. Ermittle, welches Datum in der von dir verwendeten Software der Zahl 0 entspricht. Untersuche, ob negative Zahlen dort ebenfalls Datumswerte repräsentieren.

4 Marathon und Mittelstrecke

Der Weltrekord im Marathonlauf beträgt 2 h 1 min 39 s (Stand: Juli 2020). Der Weltrekord über 1500 m lag zum selben Zeitpunkt bei 3 min 26,00 s.
Berechne mit einem Tabellenblatt, wie weit ein Marathonläufer in der Weltrekordzeit seiner Disziplin kommen würde, wenn er das durchschnittliche Tempo des bis Juli 2020 weltbesten 1500-m-Läufers durchhalten könnte.

5 Bestimmung des Längengrads auf See

John Harrison (1693 – 1776), ein genialer (autodidaktischer) Uhrmacher, löste durch seine Präzisionsuhren das große Problem seiner Zeit: die Bestimmung des Längengrades auf See.

Bis weit ins 19. Jahrhundert verwendeten Seemänner zur Bestimmung des Längengrades auf offener See eine äußerst genau gehende Uhr, die die aktuelle Zeit beim 0. Längengrad (Greenwich bei London) anzeigte. Die lokale Zeit am momentanen Aufenthaltsort des Schiffes, die Ortszeit, wurde aus dem Sonnenstand bestimmt (Prinzip einer Sonnenuhr).

a) Überlege, auf welchem Längengrad sich ein Schiff befindet, wenn die Differenz aus Orts- und Greenwich-Zeit genau zwölf Stunden beträgt.
b) Erarbeite mithilfe von Teilaufgabe a) eine Formel, um aus der Differenz von Orts- und Greenwich-Zeit den Längengrad zu bestimmen, und erprobe die Formel mit einem Tabellenblatt.
c) Die Uhr, die die Greenwich-Zeit anzeigt, gehe pro Tag um eine Sekunde nach. Ein Schiff ist am 15. Mai um 12:00:00 Uhr in Portsmouth südlich von Greenwich gestartet. Am 13. Oktober desselben Jahres wird die Position bestimmt. Die Uhr zeigt 14:00:00 Uhr Greenwich-Zeit; die Ortszeit auf dem Schiff ist zu diesem Zeitpunkt 6:30 Uhr. Berechne mithilfe eines Tabellenblattes den Fehler in der Positionsbestimmung in Grad.

6 Die Tage werden länger

Aufgrund der Gezeitenkräfte des Mondes wird die Rotation der Erde abgebremst. Als Folge davon sind über die letzten Jahrtausende hinweg die Tage jedes Jahr um durchschnittlich 0,000 015 4 Sekunden länger geworden.

a) Gib eine Formel an, die die Tageslänge für ein beliebiges der nächsten 1000 Jahre liefert.
b) Berechne mit einem Tabellenblatt, um wie viele Sekunden sich der Tagesanfang im Lauf von zehn Jahren verschiebt.

Bemerkung:
Der in Aufgabe 6 geschilderte Effekt wird durch die Gezeitenkräfte anderer Himmelskörper verringert.

7 Ausleihraten in Bibliotheken

Bücher in Bibliotheken werden mit zunehmendem Alter immer seltener ausgeliehen. Es wird angenommen, dass die Ausleihrate eines Buches in einer Bibliothek pro Jahr um $\frac{7}{50}$ des Vorjahreswertes sinkt. Berechne mithilfe eines Tabellenblattes und unter Verwendung von Brüchen für die ersten zehn Jahre nach Kauf eines Buches jeweils den Anteil der Ausleihvorgänge im Vergleich zum Jahr der Anschaffung.

8 Zeitangaben und Brüche

Bei einem Stadtmarathonlauf starten sechs Teilnehmer eines Leichtathletikvereins. Sie benötigen 2 h 47 min, 2 h 59 min, 3 h 17 min, 3 h 40 min, 4 h 13 min und 4 h 30 min.
Ermittle auf einem Tabellenblatt unter Verwendung von Brüchen die Zeit, die alle sechs Teilnehmer insgesamt unterwegs waren, sowie die durchschnittliche Laufzeit.

3 Funktionen

Du suchst für eine Urlaubsreise mit deiner Familie einen Zielort, an dem es möglichst wenig regnet. Ordne auf der Grundlage einer Internetrecherche mindestens sechs europäischen Städten ihre durchschnittliche jährliche Niederschlagsmenge in Form einer Tabelle zu. Könnte man grundsätzlich aus der Niederschlagsmenge eindeutig die betreffende Stadt identifizieren?

In der Datenverarbeitung werden Eingabedaten jeweils bestimmte Ausgabedaten zugeordnet. Für viele Zwecke ist es notwendig, dass eine solche Zuordnung eindeutig ist: Zu einer bestimmten Eingabe sollte sich ein eindeutiger Ausgabewert ergeben.

Eindeutige Zuordnungen

Im Buchladen erwartet man, dass die ausgestellten Bücher mit eindeutigen Preisangaben ausgezeichnet sind. Für jede ISBN muss es also genau eine Preisangabe geben (Fig. 1).

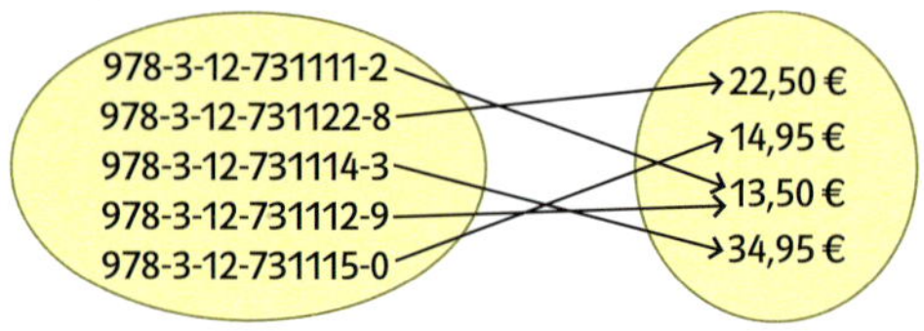

Fig. 1

ISBN: Internationale Standardbuchnummer

Ähnliche Erwartungen hat man bei allen Maßangaben: Jeder Mensch hat ein eindeutiges Geburtsdatum oder eine bestimmte Blutgruppe.

Eine Zuordnung heißt **Funktion**, wenn sie jedem Element der Eingabemenge höchstens ein Element der Ausgabemenge zuordnet.

Im Pfeildiagramm erkennt man eine Funktion daran, dass von keinem Element der linken Menge mehr als ein Pfeil ausgeht (Fig. 2), z. B. dass kein Schüler mehr als ein Hobby hat. Erlaubt ist dagegen, dass mehrere Pfeile auf ein Element der rechten Menge zeigen, z. B. dass mehrere Schüler dasselbe Hobby haben.

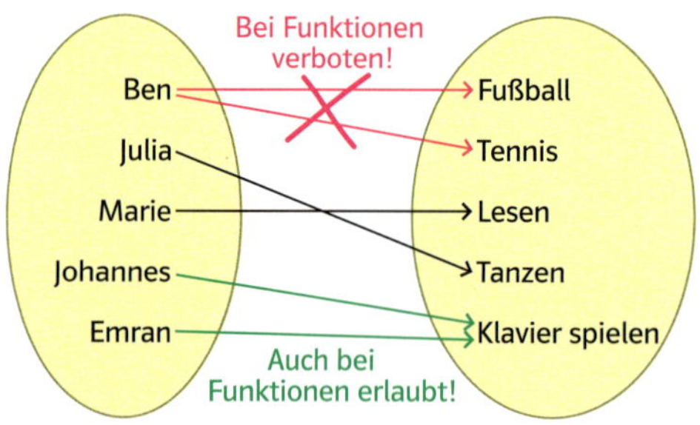

Fig. 2

Funktionen in Tabellenblättern

In einer Tabellenkalkulation finden sich sehr viele eingebaute Funktionen. So kann man etwa mit der Funktion LÄNGE die Anzahl der Zeichen in einem Text bestimmen (Fig. 3) oder mit der Funktion RÖMISCH arabische Zahldarstellungen in römische umrechnen (Fig. 4).
Im Folgenden werden wir Funktionen, die in Tabellenkalkulationen fest eingebaut sind, in Großbuchstaben schreiben.

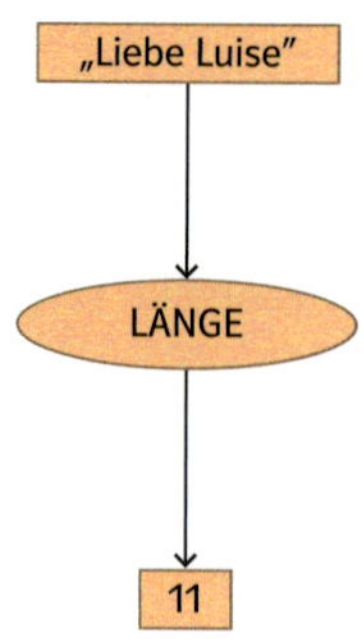

B3 = =LÄNGE(A3)

	A	B
1	Text	Länge
2	Liebe Luise	11
3	bitte komm doch am Sonntag zum Essen vorbei	43
4	Mit freundlichen Grüßen	23
5	Peter	5

Fig. 3

B4 = =RÖMISCH(A4)

	A	B	C
1	Zahl	Römische Darstellung	
2	2	II	
3	17	XVII	
4	1999	MCMXCIX	
5	2006	MMVI	

Fig. 4

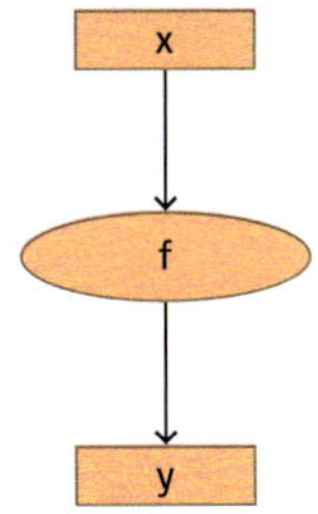

Schreibweise für Funktionen

In der Mathematik werden Funktionen meist mit den kleinen Buchstaben f, g, h … bezeichnet. Für die Ausgangswerte verwendet man oft den Platzhalter x, für die zugeordneten Werte y. Die Funktionsgleichung lautet dann $y = f(x)$.
In der Informatik verwenden wir aussagekräftigere Bezeichner, wie z. B.
Preisangabe = Preis(ISBN).
Damit wird ausgedrückt, dass die Preisangabe (z. B. im Buchladen) durch die Funktion *Preis* der ISBN zugeordnet wird.

E-V-A-Prinzip für Funktionen

Das E-V-A-Prinzip, das schon auf Seite 7 behandelt wurde, lässt sich auch auf Funktionen anwenden: Die (Eingangs-)Werte, auf die eine Funktion angewandt wird, heißen **Argumente**, die Ausgangswerte **Funktionswerte**.

Nichtnumerische Funktionen

Während man sich in der Mathematik meist auf numerische Funktionen beschränkt, deren Argumente und Werte Zahlen sind, verwendet man in der Informatik oft auch Funktionen, deren Argumente und/oder Werte keine Zahlen sind, sondern z. B. Datumsangaben, Texte oder Wahrheitswerte wie WAHR oder FALSCH (vgl. auch Seite 32 ff.). Diese Funktionen nennt man **nichtnumerisch**.

Eindeutige Zuordnungen heißen **Funktionen**. Sie ordnen jedem Argument höchstens einen Funktionswert zu.

1 Geschwindigkeiten

Bei Geschwindigkeitsangaben werden unterschiedliche Einheiten verwendet. In der Schifffahrt verwendet man die Einheit 1 Knoten = 1 Seemeile/Stunde. In den USA ist die Geschwindigkeitsangabe miles per hour (d. h. englische Meilen pro Stunde) üblich.
Gib die Vorschriften an, durch die einer Geschwindigkeitsangabe in Kilometer/Stunde die Geschwindigkeit in Knoten bzw. in miles per hour zugeordnet wird.

2 Länge von Texten

Wenn ein Zeitungsjournalist einen Auftrag bekommt, wird ihm gelegentlich die maximale Länge des Textes vorgegeben, d. h., sein Text darf nur eine maximale Anzahl von Zeichen enthalten.
Textverarbeitungsprogramme enthalten in der Regel eine Funktion, die die Anzahl der Zeichen samt Leerzeichen zählt.

> Behandle die Menschen so, als wären sie, was sie sein sollten, und du hilfst ihnen zu werden, was sie sein können.
>
> *Johann Wolfgang von Goethe (1749 – 1832)*

a) Gib den angegebenen Aphorismus in eine Zelle eines Tabellenblattes ein und suche unter den vordefinierten Funktionen diejenige Funktion, die die Länge des Textes, d. h. die Zahl (aller) Zeichen, ermittelt. Wende diese Funktion auf den Aphorismus an.

b) Häufig werden bei der Eingabe von Texten zwischen zwei Worten versehentlich mehrere Leerzeichen eingegeben. Derartige überflüssige Leerzeichen sollten in einem Text nicht auftreten. Tabellenblätter enthalten deshalb Funktionen, die diese überflüssigen Leerzeichen löschen. Bestimme diese Funktion und erprobe sie an dem obigen Aphorismus, indem du zwischen einigen Worten zusätzliche Leerzeichen einfügst.

3 Römische Zahlen

a) Schreibe die Zahlen 1 bis 30 in aufeinanderfolgende Zellen eines Tabellenblattes. Verwende, anstatt jede Zahl einzeln einzugeben, dazu eine Formel. Stelle unter Verwendung der Funktion RÖMISCH die Zahlen in römischer Schreibweise dar. Diese Darstellung wird als Text behandelt.

b) Ermittle in einer weiteren Tabellenzeile die Anzahl der Zeichen, aus denen die römische Zahl besteht. Suche dazu mit dem Hilfesystem eine geeignete Funktion.

c) Wende die Funktion RÖMISCH auf Dezimalzahlen und Datumswerte an. Erkläre die Resultate.

Schreibweise römischer Zahlen von 1582

4 ASCII-Code

Ein Rechner kann nur mit Zahlen arbeiten. Einem Textzeichen, wie beispielsweise dem Buchstaben „A", wird deshalb in eindeutiger Weise eine Zahl zugeordnet. Man sagt auch, ein Textzeichen wird durch eine Zahl codiert. Das weitaus häufigste Codierungsschema ist der ASCII-Code bzw. die darauf basierende ANSI-Codierung.

	h	i	j	k	l	m	n	o
	112	113	114	115	116	117	118	119
	p	q	r	s	t	u	v	w
dezimal	120	121	122	123	124	125	126	127
ASCII/ANSI	x	y	z	{	|	}	~	
dezimal	128	129	130	131	132	133	134	135
ANSI	€		‚	ƒ	„	…	†	‡

Fig. 1

ASCII: American Standard Code for Information Interchange
Vergleiche hierzu auch den Exkurs auf Seite 41.

ANSI: American National Standards Institute

Fig. 1 zeigt einen Ausschnitt aus der ASCII-Tabelle bzw. der Codierung gemäß der ANSI-Norm.

a) Tabellenkalkulationssysteme enthalten Funktionen, die für ein Textzeichen dessen ASCII-Code ermitteln. Finde diese Funktionen in deinem Tabellenkalkulationssystem.

b) Gib das Zeichen „a" in eine Zelle ein und ermittle in einer weiteren Zelle dessen ASCII-Code.

c) Erweitere die beiden Zellen aus Teilaufgabe b) zu einer Tabelle des ASCII-Codes für die Zeichen „a"–„z".
Hinweis: Es ist nicht erforderlich, die Buchstaben „b" bis „z" manuell einzugeben.

d) Suche die vordefinierte Funktion, die einen Kleinbuchstaben in den entsprechenden Großbuchstaben umwandelt, und erweitere deine Tabelle um eine Zeile/Spalte, in der die Zeichen „A"–„Z" aus den Zeichen „a"–„z" berechnet werden.

e) Wende die Funktion aus Teilaufgabe d) auf die Zeichen „{" oder „}" an. Beschreibe deine Beobachtung.

5 Einnahmenmaximierung

Ein Treibstoffkonzern möchte seine Einnahmen maximieren. Bei einem Preis von 133 ct/l setzt er an jeder Tankstelle durchschnittlich 10 000 l Superbenzin pro Tag ab. Aus Marktforschungen ist bekannt, dass bei einer Preiserhöhung um 1 ct, 2 ct usw. die verkaufte Menge Superbenzin um 50 l, 100 l usw. zurückgeht.

a) Gib eine Funktion an, die die Einnahmen in Abhängigkeit von der Preiserhöhung berechnet.

b) Erstelle eine Tabelle der Funktion und bestimme die Preiserhöhung für maximale Einnahmen.

c) Eine weitere Marktforschung kommt zu dem Ergebnis, dass bei einer Preissenkung um 1 ct, 2 ct usw. die verkaufte Menge Superbenzin jeweils um 110 l, 220 l usw. ansteigt. Berechne, bei welcher Preissenkung sich nun maximale Einnahmen ergäben.

6 Cäsar-Chiffrierung I

Bei seinen zahlreichen Feldzügen bediente sich der römische Kaiser Gaius Julius Cäsar einer einfachen Art der Verschlüsselung: Zwei konzentrische Scheiben enthielten jeweils alle Buchstaben in alphabetischer Reihenfolge. Die innere Scheibe war drehbar gegenüber der äußeren. Durch Zuordnung radial übereinanderstehender Buchstaben erhielt man eine Funktion, die jedem Zeichen des Alphabets ein anderes zuordnet.

Wendet man diese Funktion auf einen Text an, so lässt sich dieser verschlüsseln. Die Verschlüsselungsfunktion ist vom Winkel abhängig, um den die Scheiben gegeneinander verdreht sind. Diese Verschlüsselung soll mit einem Tabellenblatt simuliert werden.

a) Gib die einzelnen Buchstaben deines Namens zellenweise in eine Zeile eines Tabellenblattes ein. Berechne anschließend in einer weiteren Zeile den ASCII-Code der einzelnen Buchstaben.

b) Die einzelnen Buchstaben werden nun folgendermaßen verschlüsselt: Zu dem ASCII-Code jedes Buchstabens wird eine feste Zahl addiert. Das Zeichen, dessen ASCII-Code gleich dieser Summe ist, ist die Verschlüsselung des ursprünglichen Zeichens. Führe diese Verschlüsselung durch, indem du, anschließend an die Zeilen aus Teilaufgabe a), zunächst die Addition durchführst und in einer weiteren Zeile daraus die Verschlüsselung der Buchstaben deines Namens berechnest.

chiffrieren:
verschlüsseln

Die abgebildete Scheibe wird Cäsar-Scheibe genannt.

Gaius Julius Cäsar
(100 v. Chr. – 44 v. Chr.)

7 Gradmaß und Bogenmaß

Winkel können u. a. im Grad- oder Bogenmaß angegeben werden. Dem Winkel von 360° entspricht dabei im Bogenmaß die Maßzahl 2π. Tabellenblätter stellen Funktionen zur Umrechnung vom Grad- ins Bogenmaß (und umgekehrt) zur Verfügung.

a) Ermittle, wie auf deinem Tabellenblatt diese beiden Funktionen lauten.

b) Gib einen Term an, der für einen Winkel im Gradmaß den entsprechenden Wert im Bogenmaß angibt; dabei soll das Bogenmaß als Bruchzahl in Vielfachen von π ausgegeben werden.
Hinweis: Tabellenblätter stellen eine Funktion zur Berechnung von π zur Verfügung.

$\pi = 3{,}14159\ldots$

8 Bogenminuten und Bogensekunden

In der Astronomie muss die Position eines Sterns oder einer Galaxie mit großer Genauigkeit bekannt sein, damit ein Teleskop das Objekt findet. Die Winkel werden dabei nicht als Dezimalzahl, sondern wie folgt angegeben: Gradzahl° Bogenminuten' Bogensekunden", z. B. 28° 12' 13". „Gradzahl" ist hierbei der ganzzahlige Anteil in Grad; ein Grad ist wiederum in 60 Bogenminuten aufgeteilt und eine Bogenminute nochmals in 60 Bogensekunden. Mit Tabellenblättern lässt sich zu einem Winkel in Dezimaldarstellung die Berechnung der Darstellung Gradzahl° Bogenminuten' Bogensekunden" schrittweise durchführen.

a) Gib in die Zelle A2 eines Tabellenblattes einen Winkel (im Gradmaß) als Dezimalzahl ein. Tabellenblätter stellen eine Funktion zur Verfügung, um den ganzzahligen Anteil einer Dezimalzahl zu bestimmen. Berechne damit in A4 den ganzzahligen Anteil des Winkels.

b) Berechne in B2 den Dezimalanteil des Winkels mithilfe der Zellen A2 und A4.

c) Multipliziere in der Zelle C2 den Dezimalanteil aus Teilaufgabe b) mit 60 und bestimme in der Zelle C4 die Maßzahl für die Bogenminuten.

d) Übertrage das bisher beschriebene Verfahren und berechne die Maßzahl für die Bogensekunden.

4* Grafische Darstellung von Funktionen

Übertrage die Daten für die durchschnittlichen Monatstemperaturen in Berlin in ein Tabellenblatt. Wenn du willst, kannst du dir auch im Internet die entsprechenden Daten deiner Heimatstadt besorgen. Erstelle aus dieser Tabelle mithilfe einer Tabellenkalkulation ein Balken- sowie ein Liniendiagramm. Achte dabei auf die passende Beschriftung der Achsen. Warum ergibt ein Kreisdiagramm hier keinen Sinn?

Monat	Jan	Feb	Mrz	Apr	Mai	Jun
Temperatur (in °C)	−0,4	−0,6	4,0	8,4	13,5	16,7
Monat	Jul	Aug	Sep	Okt	Nov	Dez
Temperatur (in °C)	17,9	17,2	13,5	9,3	4,6	1,2

Die grafische Darstellung einer Funktion in einem Diagramm lässt sich meist schneller und bequemer interpretieren als eine Formel oder eine Tabelle.

Ein Umfrageinstitut führt jedes Jahr Umfragen zur Beliebtheit von Parteien durch.

Umfragejahr	2014	2015	2016	2017	2018	2019	2020	2021
Stimmenanteil (in %)	11	8	7	7	5	10	10	12

Zur grafischen Darstellung der obigen Umfragewerte einer Partei in den Jahren 2014–2021 kann man ein rechtwinkliges Koordinatensystem verwenden. Die horizontale Achse repräsentiert dabei die Menge der Argumente (hier Kalenderjahre), die vertikale Achse die Menge der Funktionswerte (hier Stimmenanteil). Die Zuordnung wird dann durch die Menge aller Punkte P(x; y) beschrieben, wobei x ein Argument ist und y ein Funktionswert.

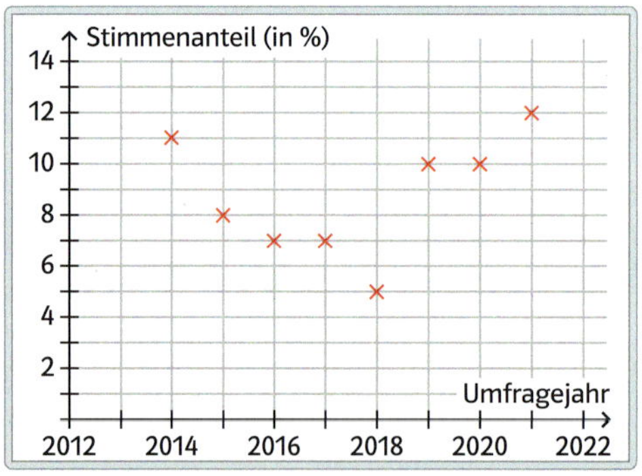

Die Menge aller dieser Punkte P bezeichnet man als den **Graphen** der Funktion.

Säulendiagramme

Die Information über die Einwohnerzahlen der deutschen Bundesländer kann als Funktion *EinwohnerzahlInTausend(Bundesland)* dargestellt werden. Der Graph besteht dann aus den folgenden Punkten:
(„Baden-Württemberg“; 10 717),
(„Bayern“; 12 444) …
Wenn man unter jedem Funktionswert eine senkrechte Säule bis zur horizontalen Achse zeichnet, erhält man ein **Säulendiagramm**.

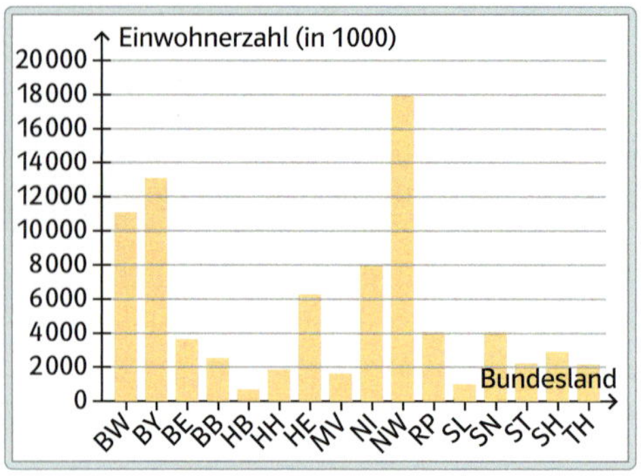

Hinweis:
Der Graph zur Funktion *Einwohnerzahl-InTausend(Bundesland)* sieht wie folgt aus:

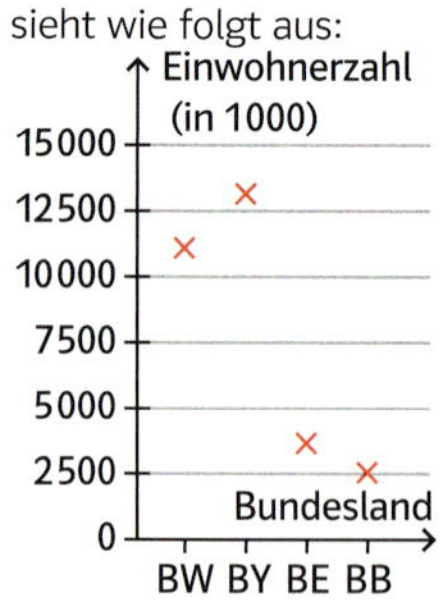

* Dieser Inhalt geht über den Lehrplan hinaus.

Anordnung der Werte auf den Achsen

Am einfachsten lassen sich numerische Funktionen grafisch darstellen, da man sich bei diesen keine Gedanken über die Reihenfolge der Elemente auf den Achsen machen muss. Will man auf den Achsen Mengen ohne eindeutige Ordnung (wie z. B. Texte) darstellen, so muss man sich für eine möglichst sinnvolle Ordnung entscheiden, z. B. für eine alphabetische Anordnung der Bundesländer oder die Anordnung von Städten von Nord nach Süd.

Automatische Erzeugung von Diagrammen

Tabellenkalkulationssysteme bieten vielfältige Möglichkeiten zur Erzeugung grafischer Darstellungen aus tabellarischen Datenangaben in Tabellenblättern. Dazu markiert man die gesamte Tabelle und ruft den Dialog zur Erstellung von Diagrammen auf. Nun kann man sich aus einer Fülle von Optionen das gewünschte Diagramm zusammenstellen.

Diagrammtypen

In der Informatik hat man es oft (im Gegensatz etwa zur Physik) mit Mengen einzelner, unzusammenhängender Werte (sogenannten diskreten Mengen) zu tun. Die Graphen bestehen daher oft ebenfalls aus einer Menge einzelner Punkte (anstatt einer zusammenhängenden Kurve). Manchmal werden diese trotzdem durch eine (gedachte) Linie verbunden **(Liniendiagramm)**.

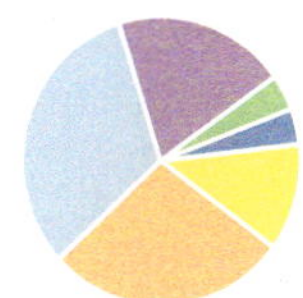

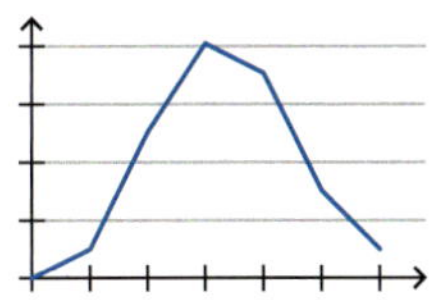

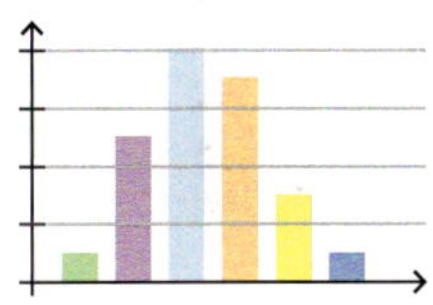

Eine völlig andere Möglichkeit der Darstellung von Funktionen bietet ein **Kreisdiagramm**. Dabei wird ein Kreis in Sektoren aufgeteilt, deren Innenwinkel proportional zum dargestellten Funktionswert ist. Fig. 1 zeigt ein Kreisdiagramm zur Verteilung der 662 Sitze des 12. Deutschen Bundestags nach den Wahlen im Jahre 1990.

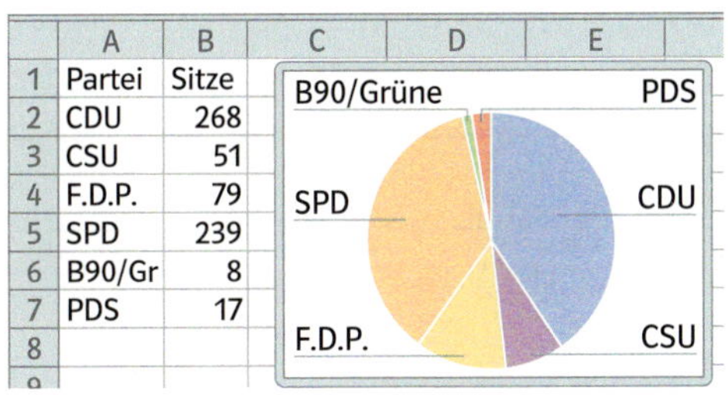

	A	B
1	Partei	Sitze
2	CDU	268
3	CSU	51
4	F.D.P.	79
5	SPD	239
6	B90/Gr	8
7	PDS	17
8		

Fig. 1

Achtung: Manipulation

Eine beliebte Möglichkeit zur Manipulation des Betrachters bietet eine abgeschnittene Darstellung der Werteachse. Eine relativ kleine Veränderung der Funktionswerte wirkt wesentlich dramatischer, wenn man diese Achse auf den Bereich beschränkt, in dem sich der Graph verändert. Der Nullpunkt erscheint dann nicht mehr in der Abbildung. Fig. 2 zeigt für den Verlauf des Dollarkurses gegenüber dem Euro eine solche verkürzte Darstellung im Vergleich zu einer vollständigen Darstellung der vertikalen Achse (Fig. 3).

Fig. 2

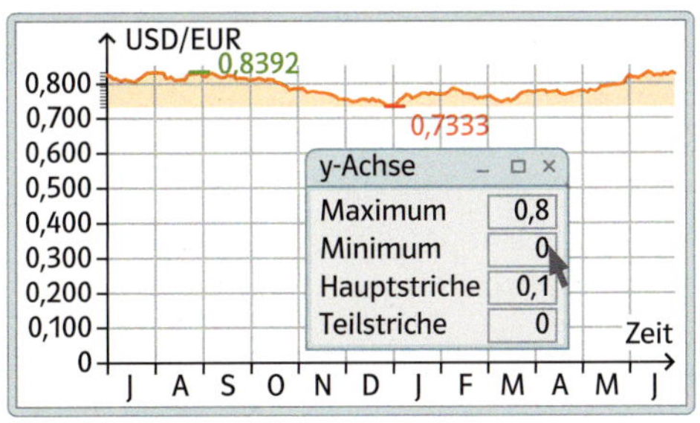

Fig. 3

Funktionen lassen sich auf vielfältige Weise grafisch darstellen, z. B. in Linien-, Säulen- oder Kreisdiagrammen. Diese **Diagramme** können mit einem Tabellenkalkulationssystem leicht automatisch erzeugt werden.

A 1 **Hausse und Baisse**

a) Suche im Internet Informationen über die Schwankungen des Kurses einer Aktie, die im Deutschen Aktien-Index (DAX) geführt wird. Erstelle anschließend eine Tabelle, die die Schwankungen des Kurses in den vergangenen zwölf Monaten erfasst.
b) Stelle den Aktienkurs in diesem Zeitraum in einem Diagramm dar, dessen Ordinate bei 0 beginnt.
c) Erstelle ein entsprechendes Diagramm, dessen Ordinate sich nur auf den Änderungsbereich des Kurses beschränkt.
d) Überlege, wie die unterschiedlichen Darstellungsweisen der Teilaufgaben b) und c) das Verhalten von Käufern oder Inhabern dieser Aktie beeinflussen kann.

Der Bulle symbolisiert eine Hausse, d.h. steigende Kurse, der Bär eine Baisse, d.h. sinkende Kurse.

2 **Wahlergebnisse der Bundesrepublik**

a) Suche im Internet die Ergebnisse der letzten fünf Bundestagswahlen und erstelle eine Tabelle, die die prozentualen Anteile der beteiligten Parteien bei jeder dieser Wahlen enthält.
b) Wähle die letzte Bundestagswahl aus und stelle mithilfe eines Kreisdiagramms die prozentualen Stimmanteile der einzelnen Parteien dar.
c) Wähle nun den Diagrammtyp Säulendiagramm und stelle zunächst nur die Ergebnisse der letzten Bundestagswahl in Abhängigkeit von den beteiligten Parteien dar.
d) Füge dem Diagramm aus Teilaufgabe c) vier weitere Datenreihen hinzu, die auch die Ergebnisse der vier vorhergehenden Bundestagswahlen anzeigen.
e) Während die verschiedenen Datenreihen bisher die Ergebnisse aller Parteien bei einer Bundestagswahl angezeigt haben, soll nun eine Datenreihe die Anteile einer bestimmten Partei bei den vergangenen fünf Wahlen enthalten. Wähle eine Partei sowie einen geeigneten Diagrammtyp aus und stelle grafisch dar, wie sich das Wählerverhalten bezüglich dieser Partei in den letzten vier Legislaturperioden verändert hat.

3 **Marathonläufe**

Beim Marathonlauf ist ein gleichmäßiges und hohes Tempo für ein gutes Ergebnis unerlässlich. Spitzenläufer, aber auch Hobbyläufer merken sich deshalb Zwischenzeiten, zu denen sie einen bestimmten Teil der Gesamtstrecke zurückgelegt haben müssen, um die gewünschte Endzeit zu erreichen.

a) Ein Spitzenläufer möchte den Marathonlauf in 2 h 15 min absolvieren. Erstelle eine Tabelle, die nach jeweils 5 km sowie am Ende nach 42,195 km die Zwischenzeiten bzw. die Endzeit berechnet.
b) Wähle ein geeignetes Diagramm, um die Zwischenzeiten in Abhängigkeit von der zurückgelegten Strecke grafisch darzustellen.
c) Erweitere die Tabelle und das Diagramm um die Zwischenzeiten von Läufern, die 3 h bzw. 4 h benötigen möchten.
d) Ergänze eine Spalte, in der die Zeitrückstände des 4-h-Läufers auf den Spitzenläufer mit 2 h 15 min berechnet werden, und stelle diesen Rückstand grafisch dar.

4 Zeitfahren im Radsport

Das Zeitfahren ist eine spezielle Disziplin des Radsports, bei der der Athlet ohne den Windschatten anderer Rennfahrer eine bestimmte Strecke zurücklegen muss. Besonders wichtig ist es hierbei, seine Kräfte so einzuteilen, dass die gesamte Strecke möglichst mit konstanter Geschwindigkeit gefahren werden kann.

a) Ein Rennfahrer muss ein Zeitfahren von 55 km absolvieren. Die ersten 20 km legt er mit einer konstanten Geschwindigkeit von $39{,}5\,\frac{km}{h}$ zurück. Er hat sich jedoch überschätzt, wird müde und bis zum Ziel sinkt seine Geschwindigkeit alle 5 km um durchschnittlich $1{,}7\,\frac{km}{h}$. Erstelle eine Tabelle, die angibt, nach welcher Zeit der Rennfahrer die 5-km-Marke, die 10-km-Marke, die 15-km-Marke, ..., die 55-km-Marke erreicht hat.

b) Erstelle das Weg-Zeit-Diagramm des Rennfahrers.

c) Erweitere die Tabelle und das Diagramm um eine Datenreihe für den Fall, dass der Rennfahrer sein konstantes Anfangstempo hätte beibehalten können.

5 Bevölkerungsentwicklungen

a) Übertrage Fig. 1 auf ein Tabellenblatt und ergänze sie um eine Spalte, die für die jeweiligen Jahre die Weltbevölkerung angibt. Die Zahlen für das Jahr 2050 sind eine Prognose (Stand: Juli 2020).

Einwohner (in Millionen)						
Jahr	Afrika	Asien	Europa	Mittel- und Südamerika	Nordamerika	Ozeanien
1750	106	502	163	16	2	2
1900	133	947	408	74	82	6
1950	221	1402	547	167	172	13
2019	1305	4587	746	645	367	42
2050	2440	5280	730	780	450	58

Fig. 1

b) Füge weitere Spalten ein, in denen jeweils der prozentuale Zuwachs der Einwohnerzahl zwischen zwei Jahresangaben für jeden Kontinent berechnet wird.

c) Wähle ein geeignetes Diagramm, um einen Überblick über das Bevölkerungswachstum seit 1750 auf den einzelnen Kontinenten zu bekommen.

d) Für das Jahr 2050 soll dargestellt werden, wie groß der Beitrag der einzelnen Kontinente zur Weltbevölkerung ist. Wähle dazu einen geeigneten Diagrammtyp.

e) Stelle den prozentualen Bevölkerungszuwachs für die einzelnen Kontinente seit 1750 dar und versuche abzuschätzen, wie groß die Bevölkerung im Jahre 2100 sein könnte unter der Hypothese von ab 2019 gleichbleibendem Wachstumsverhalten.

6 Wurfbahn eines schräg geworfenen Balls

Wird ein Ball unter einem Winkel von 45° mit der Geschwindigkeit v_0 schräg nach oben geworfen, so wird seine Bahn durch die Gleichung $h(x) = x - \frac{g}{v_0^2}x^2$ beschrieben. Hierbei bezeichnen h die Höhe des Balles und x die horizontale Entfernung vom Punkt des Abwurfes. Außerdem gilt $g = 9{,}81\,\frac{m}{s^2}$; Reibungseffekte bleiben unberücksichtigt.

a) Erstelle eine Tabelle, die für verschiedene Abwurfgeschwindigkeiten v_0 den Zusammenhang zwischen h und x beschreibt.

b) Gib ein Diagramm an, das für verschiedene Abwurfgeschwindigkeiten die Wurfbahn beschreibt.

c) Erstelle ein weiteres Diagramm für die Abhängigkeit zwischen Abwurfgeschwindigkeit und maximaler Steighöhe.

5 Funktionen mit mehreren Argumenten

In Deutschland tippt man beim Zahlenlotto „6 aus 49", in Österreich „6 aus 45", in Italien „5 aus 90", in Schweden „7 aus 35". Mithilfe der Funktion KOMBINATIONEN kannst du in einem Tabellenblatt die Anzahl der möglichen Ergebnisse für diese Spiele berechnen. In welchem Land würdest du spielen?

Oft benötigt man zur Berechnung des Wertes einer Funktion mehr als einen Eingangswert. Dann spricht man von mehrstelligen (genauer: 1-, 2-, 3- . . . stelligen) Funktionen.

Mehrstellige Funktionen

Die Anzahl der möglichen Ergebnisse eines „einarmigen Banditen" mit je 15 Symbolen auf drei parallel rotierenden Walzen beträgt $15^3 = 3375$, da jedes der 15 Symbole der ersten Walze mit allen Ergebnissen der zweiten und alle diese Kombinationen wiederum mit allen Symbolen der dritten Walze kombiniert werden können.

F7 | = =POTENZ($B7;F$3)

	A	B	C	D	E	F	G	H
1	Potenzfunktion			POTENZ(n;k)				
2			k=					
3			1	2	3	4	5	6
4	n=	1	1	1	1	1	1	1
5		2	2	4	8	16	32	64
6		3	3	9	27	81	243	729
7		4	4	16	64	256	1.024	4.096

Zur automatischen Berechnung von solchen Potenzen bieten Tabellenkalkulationen die zweistellige Funktion POTENZ(n;k) an, die als Ergebnis den Wert von n^k liefert.

In Las Vegas stehen in jedem Casino hunderte von speziellen Spielautomaten, deren mit Symbolen bedruckte Walzen durch einen Hebel in Bewegung gesetzt werden. Deshalb nennt man sie gern „einarmige Banditen".

Parameter

In der Informatik bezeichnet man Argumente einer Funktion meist als **(Eingangs-)Parameter**. Der Bezeichner eines Arguments heißt dann formaler Parameter wie z. B. *n* bzw. *k* in POTENZ(n;k) oder *Zielgruppe* bzw. *Modell* bei der Funktion *Preis(Zielgruppe;Modell)*.
Die Werte, die der Funktion bei ihrem Aufruf übergeben werden, heißen Parameterwerte oder aktuelle Parameter, z. B. die Zahlen 3 und 5 beim Aufruf POTENZ(3;5).
In Tabellenblättern werden als formale Parameter Zellbezeichner verwendet, z. B. F3 und B7 in POTENZ(B7;F3).

Von mehrstelligen zu einstelligen Funktionen

Aus mehrstelligen Funktionen kann man einstellige Funktionen gewinnen, indem man für alle Argumente bis auf eines jeweils feste Werte verwendet.
Ein Skihersteller berechnet z. B. für Großhändler, Einzelhändler, Rennläufer bzw. Endkunden jeweils unterschiedliche Preise. Man hat es also mit einer zweistelligen Funktion *Preis(Zielgruppe;Modell)* zu tun. Der Endkunde sieht davon meist jedoch nur eine einstellige Funktion, die man durch Festhalten des ersten Argumentes auf den Wert „Endkunde" erhält:
PreisEndkunde(Modell) = Preis(Endkunde; Modell).

E12 | = 450

	A	B	C	D	E
1	Snowstar Ski AG				
2					
3	Preisliste ohne MwSt.				
4					
5		Zielgruppe			
6	Modell	Groß-händler	Einzel-händler	Renn-läufer	End-kunde
7	RACE WC SL	300,00 €	350,00 €	400,00 €	700,00 €
8	RACE WC GS	330,00 €	390,00 €	420,00 €	750,00 €
9	RACE WC SG	360,00 €	410,00 €	440,00 €	810,00 €
10	SPEED SL	250,00 €	300,00 €	450,00 €	500,00 €
11	SPEED GS	250,00 €	300,00 €	450,00 €	500,00 €
12	FREE XC	200,00 €	250,00 €	400,00 €	450,00 €

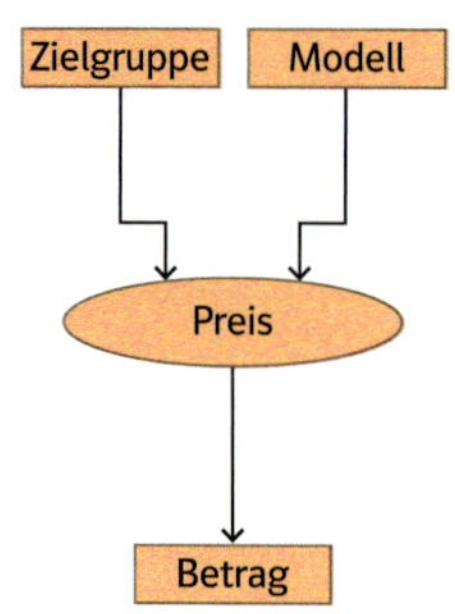

Kommutative Funktionen

In der Regel darf die Reihenfolge der Argumente einer Funktion nicht vertauscht werden, wie z. B. bei POTENZ (Fig. 1 und Fig. 2), KOMBINATIONEN oder RUNDEN. In Datenflussdiagrammen wird die Reihenfolge durch die Position der Spitzen der Eingabepfeile von links nach rechts festgelegt.
Bei einigen Funktionen wie SUMME, PRODUKT oder KGV ist ein Vertauschen der Argumente jedoch möglich. Solche Funktionen heißen **kommutativ**.

commutare (lat.): vertauschen, wechseln

F8 | = | =POTENZ(B8;F3)

	A	B	C	D	E	F	G	H	I
1	Potenzfunktion								
2			k=						
3			1	2	3	4	5	6	7
4	n=	1	1	1	1	1	1	1	1
5		2	2	4	8	16	32	64	128
6		3	3	9	27	81	243	729	2.187
7		4	4	16	64	256	1.024	4.096	16.384
8		5	5	25	125	625	3.125	15.625	78.125

Fig. 1

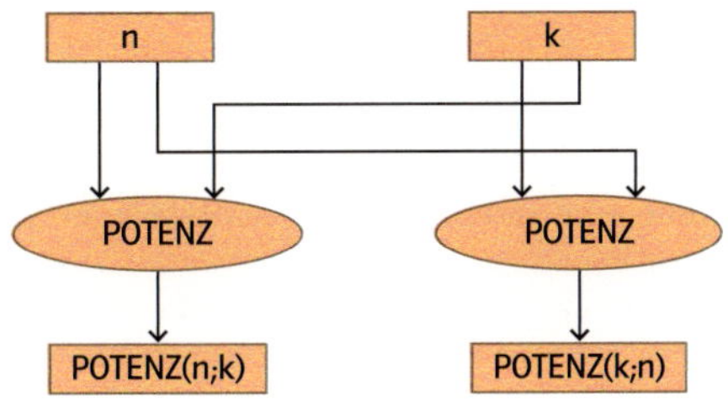

Fig. 2

Funktionen mit unterschiedlicher Stelligkeit

Einige Funktionen der Tabellenkalkulation sind in ihrer Stelligkeit nicht auf einen bestimmten Wert festgelegt. Sie können eine variable Anzahl von Argumenten aufnehmen, wie z. B. SUMME oder MITTELWERT.

SUMME(2;3) = 5 SUMME(1;2;3;4) = 10

Beachte:
In Tabellenkalkulationssystemen finden sich auf der Liste der eingebauten „Funktionen" auch solche ohne Argumente, z. B. ZUFALLSZAHL() oder JETZT(). Da diese bei jedem Aufruf einen anderen Wert zurückliefern, handelt es sich nach unserer Definition nicht um Funktionen.

Verschiedene Schreibweisen

Bei manchen zweistelligen Funktionen findet man zwei unterschiedliche Schreibweisen, z. B. bei Summen.

SUMME(3;4) (Präfixschreibweise)
3+4 (Infixschreibweise)

Bei der **Präfixschreibweise** wird der Funktionsbezeichner vor den beiden Argumenten geschrieben, bei der **Infixschreibweise** dazwischen. Um die Übersicht zu wahren, werden Funktionsbezeichner in der Infixschreibweise meist auf ein Zeichen (ein Operatorsymbol) reduziert, wie z. B. +, − oder * in 3 + 5 oder 1,22 * 3,232. Für die Grundrechenarten verwendet man meist die Infixschreibweise: 12 * 6; 12 + 2; 17 − 1; 1,25 / 0,25.

prae (lat.): vor
fixus (lat.): fest
in (lat.): in

Anstatt der Präfixform POTENZ(a;b) kann man in der Tabellenkalkulation auch eine Infixform mit dem Operator ^ („hoch") verwenden: a^b (Fig. 3). Die übliche Potenzschreibweise a^b passt jedoch in keines der beiden Schemata.

B7 | =

	A	B	C
1	Präfix- bzw. Infixschreibweise		
2			
3	Formel	Wert	
4	=POTENZ(12;3)	1728	Präfixform
5	=12^3	1728	Infixform

Fig. 3

Mehrstellige Funktionen haben mehr als einen Parameter und sind nicht immer kommutativ. Zweistellige Funktionen kann man anstatt in **Präfix-** auch oft in **Infixform** schreiben.

1 Benzinpreise

Die Kraftstoffpreise an Tankstellen werden oft mit drei Dezimalen angegeben, z. B. 1,239 €. Beim Gesamtpreis wird jedoch auf ganze Cent aufgerundet. Tabellenblätter enthalten spezielle Rundungsfunktionen. Gib damit eine Funktion an, die aus der Kraftstoffmenge den Gesamtpreis aufgerundet auf ganze Cent angibt.

2 Potenzen

Erstelle eine Tabelle, um alle Potenzen der Form n^m zu berechnen, wobei m und n natürliche Zahlen zwischen 0 und 10 sind. Verwende dabei die Präfixform des Potenzoperators.

3 Kürzungen

Erstelle eine Tabelle, in der nach Eingabe von Zähler und Nenner eines beliebigen Bruchs Zähler und Nenner des vollständig gekürzten Bruchs ausgegeben werden.

4 Computerzahlen

In der Informatik werden Zahlen oft im Binärsystem, also auf der Basis 2 anstatt 10, dargestellt. Suche unter den Funktionen eines Tabellenblattes eine zur Umwandlung von Dezimal- in Binärzahlen und erstelle eine Tabelle mit der achtstelligen Binärdarstellung der ganzen Zahlen von 0 bis 255.

5 Zufallszahlen

Bei manchen Computerspielen sind Zufallszahlen von großer Bedeutung. So müssen zum Beispiel bei manchen Spielen die Positionen der Kontrahenten auf dem Bildschirm, ihre Bewegungen usw. zufällig sein; sonst wäre das Spiel nach wenigen Durchgängen bereits sehr langweilig.
Um die Position am Bildschirm zufällig zu setzen, müssen etwa bei einer Bildschirmauflösung von 1920 × 1080 zwei ganze Zahlen von 1 bis 1920 (bzw. von 1 bis 1080) zufällig ermittelt werden.

a) Suche unter den Funktionen eines Tabellenblattes eine, die rationale Zufallszahlen zwischen 0 und 1 erzeugt, und teste sie in den Zellen B1 und C1.
b) Berechne in der Zelle B3 (C3) eine rationale Zufallszahl zwischen 1 und 1920 (1080).
c) Berechne in der Zelle B4 (C4) eine ganzzahlige Zufallszahl zwischen 1 und 1920 (1080).

6 Die Planeten des Sonnensystems

a) Zwischen dem mittleren Abstand r eines Planeten zur Sonne und der Umlaufzeit T gilt nach dem 3. Kepler'schen Gesetz:
Das Verhältnis $\frac{r^3}{T^2}$ ist für alle Planeten gleich groß.

Planet	Merkur	Venus	Erde	Mars	Jupiter	Saturn	Uranus	Neptun
Umlaufzeit (in a)	0,24	0,62	1,0	1,88	11,86	29,46	84,02	164,7

Fig. 1

Erweitere Fig. 1 unter Verwendung dieses Gesetzes um eine Zeile, die den mittleren Abstand eines Planeten zur Sonne enthält (in Vielfachen des Abstands Erde – Sonne).

b) Zwischen den Abständen der Planeten des Sonnensystems von der Sonne gibt es eine auffällige Beziehung, die Titius-Bode-Regel. Durch sie lassen sich die Abstände r der Planeten (mit Ausnahme von Neptun) relativ zum Abstand Erde – Sonne berechnen. Sie lautet $r = 0{,}4 + 0{,}3 \cdot 2^n$, wobei n gemäß Fig. 2 den Planeten zugeordnet ist.

Planet	Merkur	Venus	Erde	Mars	Asteroidengürtel	Jupiter	Saturn	Uranus	Neptun
n	$-\infty$	0	1	2	3	4	5	6	–

Fig. 2

Füge der Tabelle aus Teilaufgabe a) eine weitere Zeile hinzu und berechne die mittleren Abstände der Planeten gemäß der Titius-Bode-Regel.
Berechne den prozentualen Fehler, der sich bei der Berechnung der Abstände nach dieser Regel ergibt, in einer weiteren Zeile.

Im Jahr 2006 wurde Pluto von der Internationalen Astronomischen Union IAU zum Zwergplaneten herabgestuft.

Der Asteroidengürtel wird von Kleinplaneten zwischen Jupiter und Mars gebildet. Er entstand vermutlich aus einem Planeten, der durch die Gezeitenkräfte zwischen Jupiter und Mars zerrissen wurde.

7 Schaltjahrkinder

Felix hat Pech, denn er ist am 29.2.2000 geboren. Sein Geburtsjahr war ein Schaltjahr und leider gibt es den 29. Februar nur in Schaltjahren. (Vereinfachend kann hier davon ausgegangen werden, dass nur Jahre, deren Jahreszahl durch 4 teilbar ist, Schaltjahre sind.)

a) Erstelle auf einem Tabellenblatt eine Spalte, die die Jahreszahlen der ersten 20 Lebensjahre von Felix enthält.

b) Füge eine weitere Spalte hinzu, in der ermittelt wird, ob es sich bei dem jeweiligen Jahr um ein Schaltjahr handelt.

c) Berechne in einer dritten Spalte, wie viele Geburtstage Felix bis zu diesem Zeitpunkt bereits feiern konnte.

Die exakte Bestimmung von Schaltjahren wird in Aufgabe 5 auf Seite 35 erläutert.

8 Carsharing

Die kurzzeitige Nutzung von Autos wird von den verschiedenen Anbietern zu unterschiedlichen Tarifen berechnet. Bei Share 'n' Go kostet eine Minute 25 ct. Der Anbieter Quickster verlangt für jede angefangene halbe Stunde 5,90 €. Erstelle ein Tabellenblatt, in dem du die beiden Tarife für Mietdauern von 10 min, 20 min, …, 180 min vergleichen kannst.

9 Analyse des Namens

Der vollständige Name einer Person setzt sich in der Regel aus Vor- und Nachname zusammen, wobei diese durch ein Leerzeichen getrennt sind.

a) Suche unter vordefinierten Funktionen eines Tabellenblattes diejenige, mit der sich die Position eines bestimmten Zeichens bestimmen lässt. Gib in eine beliebige Zelle eines Tabellenblattes deinen vollständigen Namen ein und bestimme die Position des Leerzeichens.

b) Bestimme den Vornamen, d.h. denjenigen Bestandteil des Namens, der links vom Leerzeichen steht.

c) Bestimme die Anzahl der Zeichen, die rechts vom Leerzeichen stehen.

d) Bestimme den Nachnamen.

10 Wortlänge: eine sprachspezifische Größe

Die Internetseiten der Europäischen Union haben neben der Fülle an politischen, kulturellen und anderen Informationen eine Besonderheit: Über ein Auswahlfenster können dieselben Texte in die Sprache eines beliebigen Mitgliedslandes übersetzt werden.

a) Die Internetseiten der EU beinhalten auch ein Jugendportal. Dort findest du z.B. Informationen zu Freiwilligentätigkeiten, zu Reisen oder Anregungen für ein späteres Studium. Informiere dich auf diesen Seiten über mögliche Aktivitäten und beachte insbesondere die Möglichkeit, dieselben Texte in verschiedenen Sprachen zu betrachten.

b) Wähle einen dich interessierenden Text (maximal fünf Zeilen) aus und kopiere ihn in vier der Sprachen der EU jeweils in die Zellen der Spalte B eines Tabellenblattes.

c) Berechne in der Spalte C jeweils die Länge dieser Texte.

d) Tabellenblätter stellen eine Funktion zur Verfügung, mit der innerhalb eines Textes ein Zeichen oder eine Zeichenfolge durch ein anderes Zeichen oder eine andere Zeichenfolge ersetzt werden kann. Bei mehrmaligem Auftreten kann mehrfach ersetzt werden. Ermittle diese Funktion und lösche damit alle Leerzeichen in den Zellen der Spalte B. Die verkürzten Texte sollten anschließend in den Zellen der Spalte D stehen.

e) Berechne die Anzahl der Wörter der verschiedenen Texte in einer weiteren Spalte.

f) Berechne, wie lang die Wörter in den verschiedenen Sprachen im Mittel sind.

g) Vergleiche deine Ergebnisse mit den mittleren Wortlängen, die sich bei deinen Mitschülern ergeben. Erstellt gemeinsam eine Tabelle, die für alle Sprachen der Europäischen Union die durchschnittliche Wortlänge angibt.

6 Verkettung von Funktionen

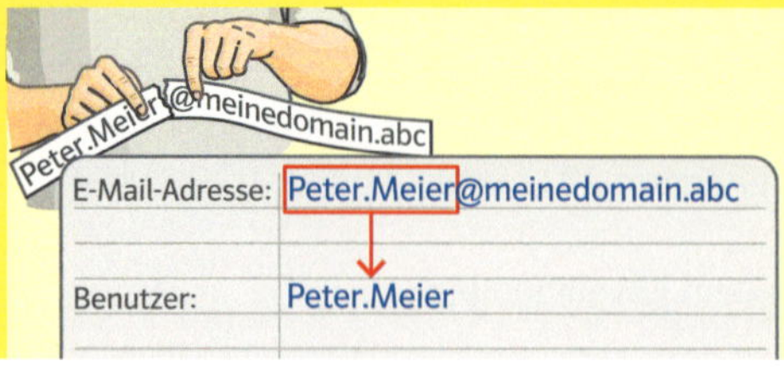

Bei der Zustellung von E-Mails muss der Mailserver erkennen, an welchen seiner Benutzer die Nachricht adressiert ist. Erstelle dazu ein Tabellenblatt, in dem du von einer E-Mail-Adresse den Benutzernamen (vor dem @-Zeichen) abtrennen kannst. Verkette dazu die Funktionen FINDEN und LINKS.

Für viele Berechnungen reicht es nicht aus, eine einzige Funktion anzuwenden. Dann muss man mehrere Funktionen hintereinander ausführen. Bei einer solchen Verkettung von Funktionen kann man die gesamte Berechnung in einem Term zusammenfassen oder auch ein Zwischenergebnis in einer eigenen Zelle ablegen.

Funktionswerte als Argumente

Zwei Funktionen werden verkettet, indem man den Wert der einen Funktion als Argument (Eingabe) der anderen Funktion verwendet. In Fig. 1 liegt das Ergebnis der Funktion MITTELWERT in Zelle C4, deren Wert wiederum als Eingabe für die Funktion RUNDEN in Zelle C7 verwendet wird.

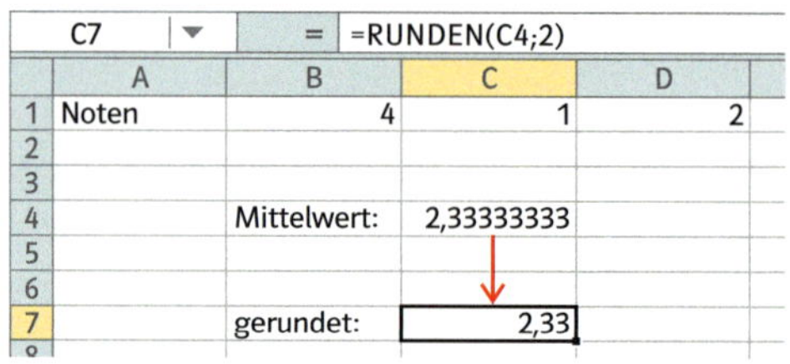

Fig. 1

Datenflussdiagramme

Bei der Verkettung mehrerer Funktionen, zumal wenn Funktionen mit unterschiedlicher Anzahl von Argumenten beteiligt sind, ist es nicht immer leicht, den Überblick zu behalten. Hier leisten Datenflussdiagrame gute Dienste (Fig. 2).

1. Note	2. Note	3. Note	Mittelwert	Anzahl Stellen	Durchschnitt
4	1	2	$2,\overline{3}$	0	2
4	1	2	$2,\overline{3}$	1	2,3
4	1	2	$2,\overline{3}$	2	2,33
3	1	1	$1,\overline{6}$	0	2
3	1	1	$1,\overline{6}$	2	1,67

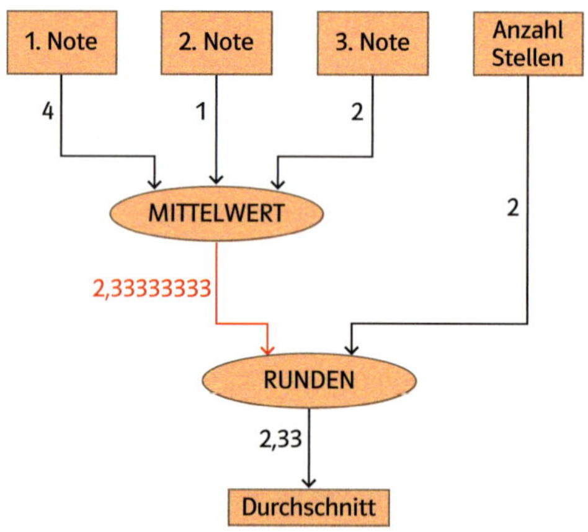

Fig. 2

Umwandlung von Datenflussdiagrammen in Terme

Will man aus einem Datenflussdiagramm einen äquivalenten Term erzeugen, so muss man vom Ergebnis (also von unten) ausgehend die darüber auftretenden Funktionen ineinander schachteln, wie z. B. bei der Berechnung der Fläche eines Trapezes in Fig. 3:
A_T = PRODUKT(QUOTIENT(SUMME(a;b);2);h).

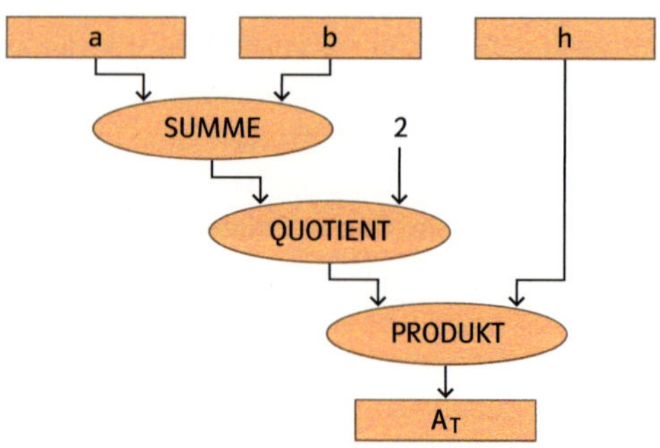

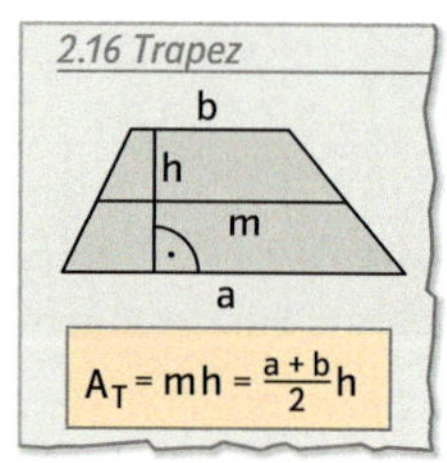

Fig. 3

Bereichsoperator

Einige Funktionen einer Tabellenkalkulation können eine größere (variable) Anzahl von Argumenten aufnehmen, wie z. B. SUMME oder MITTELWERT (vgl. auch Seite 23). Der **Bereichsoperator** „:" bietet hier die Möglichkeit, einen rechteckigen Bereich des Tabellenblattes als Argument zu verwenden, indem er die Inhalte der Zellen dieses Bereichs als Folge von Werten liefert.
Der Bereichsoperator benötigt zwei Argumente: die linke obere und die rechte untere Ecke des betreffenden Bereichs.

C10 = =SUMME(B4:C8)

	A	B	C
1	Spenden für Erdbebenopfer		
2			
3		bar	Überweisung
4	Familie Meier	120	
5	Hans Müller		300
6	Frieda Bauer	12	
7	Ernst Huber		250
8	Familie Kunze	5	100
9			
10		Summe:	787

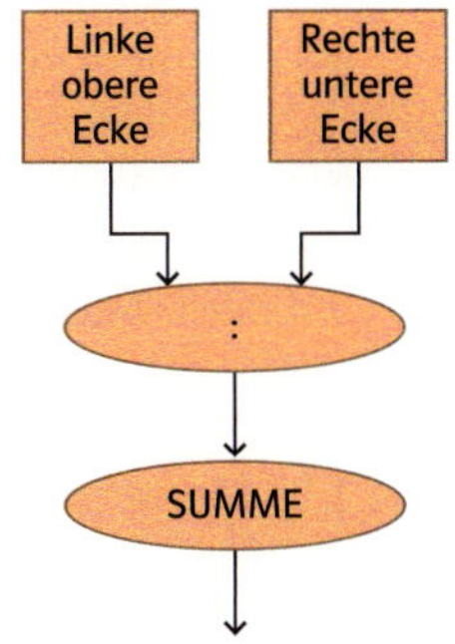

Fig. 1

Der Ausdruck B4:C8 steht in Fig. 1 also für die Menge der Werte aller Zellen im rechteckigen Bereich zwischen den Zellen B4 und C8 (einschließlich dieser Eckzellen).

Der Bereichsoperator „:" hat übrigens nichts mit der mathematischen Division zu tun, die in der Informatik meist durch das Operatorsymbol „/" dargestellt wird!

Zwischenergebnisse

Die Firma LandTrak verkauft Landmaschinen. Sie belohnt ihre Außendienstmitarbeiter jährlich mit Erfolgsprämien von insgesamt 20 000 €. Die Prämie jedes Verkäufers berechnet sich dabei nach seinem Anteil an den insgesamt verkauften Landmaschinen (Fig. 2).
Die Summe der verkauften Maschinen wird dabei zur Berechnung jeder einzelnen Prämie benötigt und daher als Teilergebnis in Zelle B10 zwischengespeichert. Nachfolgende Berechnungen können diesen Wert durch einen Zellbezug weiterverwenden.

B10 = =SUMME(B6:B9)

	A	B	C
1	LandTrak GmbH		
2			
3	**Verkaufsprämie 2021**		
4			
5	Verkäufer	verkaufte Geräte	Prämie
6	Hanselmann	12	3.934,43 €
7	Ruhrsteiger	27	8.852,46 €
8	Kallermann	3	983,61 €
9	Meier	19	6.229,51 €
10	**Summe:**	61	**20.000,00 €**
11			
12			

Fig. 2

Zur Vereinfachung kann man im Datenflussdiagramm auf die Darstellung des Teilergebnisses in einem Rechteck verzichten und stattdessen einen Datenverteiler verwenden.
Datenverteiler werden durch kleine Kreise mit einem Eingang und mehreren Ausgängen symbolisiert:

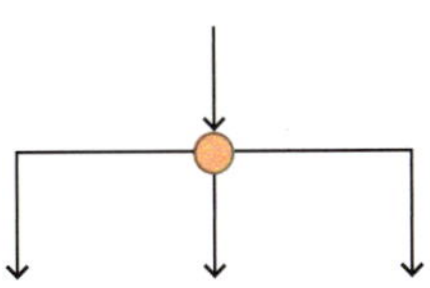

Datenverteiler werden im Tabellenblatt ebenso wie Ein- oder Ausgaben durch Zellen realisiert. Im Unterschied zu den Zellen ist in diesen „Zwischenspeicherzellen" jedoch weder eine Eingabe vorgesehen noch ein Endergebnis dargestellt, sondern die Formel für die Teilberechnung abgelegt.

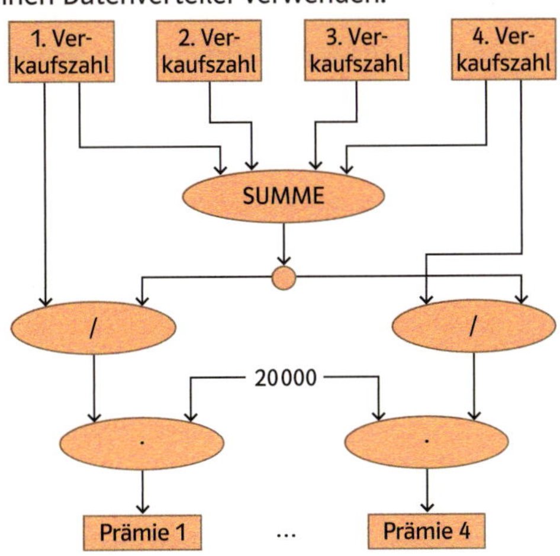

Fig. 3

M

Funktionen werden **verkettet**, indem man den Wert einer Funktion einer weiteren Funktion als Argument übergibt.

Wenn man ein Zwischenergebnis einer Berechnung mehrfach benötigt, so trägt man die entsprechende Formel in eine Zelle ein, die dann als **Datenverteiler** benutzt wird. Durch Bezüge auf diese Zelle kann man das Ergebnis dann beliebig oft verwenden.

A

1 Marathon

Bei großen Marathonläufen werden nur diejenigen Teilnehmer gewertet, deren Zeit unter fünf Stunden liegt. In die Berechnung der durchschnittlichen Laufzeit gehen deshalb nur diese Zeiten ein. Erstelle eine Funktion, die aus der Tabelle der Laufzeiten entsprechend dieser Regelung die durchschnittliche Laufzeit ermittelt.

Hinweis:
Auf Tabellenblättern werden Funktionen für die bedingte Summe und das bedingte Zählen zur Verfügung gestellt.

2 Zinsen

Herr Clever legte am 4.10.2013 bei einer Bank 10 000 € zu einem festen Zinssatz von 2,1% an. Am 31.5.2017 hob er das Geld ab, da es keine Angebote mit einem lohnenden Zinssatz gab. An die Bank musste er bei Anlage des Kapitals 1,5% als Bearbeitungsgebühr abtreten.

a) Erstelle ein Datenflussdiagramm, das die Berechnung des Kapitals am 31.12.2013 beschreibt.

b) Wandle das Datenflussdiagramm in einen Term um und berechne mit einem Tabellenblatt das Gesamtkapital des Herrn Clever am 31.5.2017.

3 Berechnung der Endnote

Die Endnote in einem Unterrichtsfach wie etwa Mathematik ergibt sich wie folgt:
Aus den Bewertungen der kleinen Leistungsnachweise und aus den Noten der Schulaufgaben wird jeweils der Durchschnitt berechnet. Aus beiden Durchschnitten wird wieder der Durchschnitt gebildet, wobei der der Schulaufgaben doppelt zählt. Das Ergebnis wird nach der zweiten Dezimalstelle abgeschnitten.

Außerhalb Bayerns sagt man Klassenarbeit statt Schulaufgabe.

a) Erstelle ein Tabellenblatt, in das du deine Noten eintragen und den Durchschnitt berechnen kannst.

b) Aus dem Durchschnitt ergibt sich die Endnote wie folgt: Beträgt der Dezimalanteil höchstens 0,50, so erhält der Schüler die bessere, ansonsten die schlechtere Note. Ergänze das Tabellenblatt aus Teilaufgabe a) derart, dass auch die Endnote berechnet werden kann.

4 Cäsar-Chiffrierung II

In Aufgabe 6 auf Seite 17 wurde die Cäsar-Chiffrierung für Namen durchgeführt. Während die dort vorgestellte Chiffrierung für Namen problemlos funktioniert, gibt es für beliebige Tastatur- und Steuerzeichen ein Problem.
Der ASCII-Code enthält 128 Zeichen. In der erwähnten Aufgabe wurde ein Zeichen verschlüsselt, indem zunächst der ASCII-Code des Zeichens ermittelt und zu diesem eine feste Zahl addiert wurde. Anschließend berechnete man das Zeichen, dessen ASCII-Code gleich dieser Summe war. Dieses so ermittelte Zeichen ergab die Verschlüsselung des ursprünglichen Zeichens.

a) Erläutere, weshalb ASCII-Zeichen mit hoher Codezahl im Allgemeinen nicht mehr verschlüsselt werden können, wenn zum ASCII-Code des Zeichens einfach eine bestimmte positive Zahl addiert wird. Überlege, wie sich dieses Problem lösen lässt. (Beachte die drehbare Codierungsscheibe in Fig. 1.)

b) Gib ein Datenflussdiagramm an, das die Vorgehensweise für die Codierung eines beliebigen ASCII-Zeichens beschreibt. Wandle das Datenflussdiagramm in einen Term um.

Fig. 1

5 Decodierung

Verwende das Datenflussdiagramm und den Term aus Aufgabe 4 zur Decodierung des folgenden chiffrierten Textes.
Jnljsyqnhm%xhmfij1%ifxx%rfs%xnhm%Gnqizsl%snhmy%jnsgnqijs%pfss

Automatisches Suchen in Tabellen

Wenn man in einem Notenschlüssel (Fig. 1) aus der Punktzahl die Note ermitteln möchte, benötigt man mehrere Informationen. Erstens muss man seine Punktzahl wissen, zweitens, wo man den Notenschlüssel findet, und drittens, in welcher Spalte die möglichen Noten zu finden sind. Außerdem sollte die Tabelle nach Punktegrenzen sortiert sein.

Auch Tabellenblätter stellen eine Funktion zur Verfügung, mit der Tabellen ausgewertet werden können; sie heißt im Allgemeinen VERWEIS und hat zwei Argumente. Wenn der in Fig. 1 angebene Notenschlüssel auf dem Tabellenblatt etwa den Bereich A2:C7 umfasst, so ergibt der Aufruf VERWEIS(20;A2:C7) das erfreuliche Ergebnis „2". Das erste Argument entspricht also der Punktzahl, für die die entsprechende Note gesucht wird, das zweite definiert die Tabelle.

Wie „findet" die Funktion die Note? Die erste Spalte der Tabelle wird so lange durchsucht, bis erstmals ein Zellinhalt auftritt, der größer als das erste Argument ist; das ist in dem genannten Beispiel die Zeile mit der Note 1. In der vorhergehenden Zeile (also der Zeile mit der Note 2) wird dann das Funktionsergebnis gesucht; dabei wird von dieser Zeile stets das Datenelement, das in der Spalte ganz rechts steht, ausgegeben, also die Note 2.

Erläuterung:
Ein Notenschlüssel gibt an, welcher Punktzahl welche Endnote zugeordnet wird.

6 Notenschlüssel

a) Gib den Notenschlüssel von Fig. 1 auf einem Tabellenblatt ein.
b) Gib in eine weitere Tabelle für einige Schüler ein, wie viele Punkte sie bei den einzelnen Aufgaben erzielt haben.
c) Gib ein Datenflussdiagramm an, das beschreibt, wie aus den einzelnen Punkten und dem Notenschlüssel die Endnote berechnet wird. Wandle das Datenflussdiagramm in einen Term um und teste dein Ergebnis auf dem Tabellenblatt.

von	bis	Note
0	5	6
5,5	10,5	5
11	15	4
15,5	19	3
19,5	23,5	2
24	28	1

Fig. 1

Zur Lösung der Aufgabe 6 ist die Info-Box nötig.

7 Trainingslager

Für ein Trainingslager eines Sportvereins sollen aus der Liste der fünf Teilnehmer (mit Altersangabe) die Übernachtungskosten für jeden Teilnehmer einzeln sowie die Gesamtkosten für alle Teilnehmer berechnet werden. Die Sportlerinnen und Sportler sind zwischen zwölf und 17 Jahren alt. Die Übernachtung kostet für Kinder unter 13 Jahren 20 €, von 13 bis 15 Jahren 25 € und ab 16 Jahren 30 €.

a) Gib ein Datenflussdiagramm an, das die Berechnung der Übernachtungskosten für einen Sportler beschreibt. Verwende hierbei die VERWEIS-Funktion. Übertrage das Datenflussdiagramm auf ein Tabellenblatt und berechne die Übernachtungskosten für mindestens fünf selbst gewählte Sportler zwischen zwölf und 17 Jahren.
b) Erweitere das Datenflussdiagramm, sodass neben den Übernachtungs- auch die Gesamtkosten ermittelt werden können. Berechne die Gesamtkosten auf dem Tabellenblatt.

Zur Lösung der Aufgabe 7 ist die Info-Box nötig.

8 Zeitangaben auf Tabellenblättern

Für die interne Darstellung von Zeitangaben verwenden Tabellenblätter Zahlen in Dezimaldarstellung. Der ganzzahlige Anteil repräsentiert das Datum, der Dezimalanteil die Zeit.

a) Tabellenblätter stellen eine Funktion zur Verfügung, die die momentane Zeit zurückgibt. Suche diese Funktion und stelle das Ergebnis als Dezimalzahl dar.

b) Durch Änderung der Formatierung kann die Zeit in der gewohnten Form „Stunde:Minute:Sekunde“ dargestellt werden. Gib das Datenflussdiagramm an, das diese Formatierungsfunktion beschreibt. Beachte dabei, dass 1 Stunde durch $\frac{1}{24}$, 1 Minute durch $\frac{1}{24 \cdot 60}$ und 1 Sekunde durch $\frac{1}{24 \cdot 60 \cdot 60}$ repräsentiert wird.

c) Übertrage das Datenflussdiagramm auf ein Tabellenblatt und teste dein „Formatierungsverfahren“.

9 Radsport

Bei Radrennen muss für das Gesamtklassement nach jeder Etappe der Rückstand der einzelnen Fahrer auf die Tagesbestzeit berechnet werden. Erstelle ein Tabellenblatt, in dem du aus den Etappenzeiten der Fahrer deren Zeitrückstand berechnen kannst. Verwende zur Bestimmung der Tagesbestzeit die Funktion MIN. Erläutere, warum es sinnvoll ist, diese als Zwischenergebnis in einer eigenen Zelle zu berechnen.

E5 = =MIN(E7:E16)

	A	B	C	D	E	F
1	**Tour de France 2019**					
2						
3	Ergebnis 14. Etappe		Von Tarbes auf den Tourmalet			
4						
5			Bestzeit:		03:10:20	
6	Startnr.	Name	Team	Nat.	Zeit	Rückstand
7	1	G. Thomas	INS	GBR	03:10:56	00:00:36
8	2	E. Bernal	INS	COL	03:10:28	00:00:08
9	12	E. Buchmann	BOH	GER	03:10:28	00:00:08
10	21	J. Alaphilippe	DQT	FRA	03:10:26	00:00:06
11	51	T. Pinot	GFC	FRA	03:10:20	00:00:00
12	65	M. Landa	MOV	ESP	03:10:34	00:00:14

10 Auswertung von Messreihen

In einer Messreihe mit 50 Messwerten soll die Abweichung jedes Messwertes vom Mittelwert aller Messwerte berechnet werden. Dabei sollen die Abweichungen von Werten, die kleiner als der Mittelwert sind, negativ und die von Werten, die größer als der Mittelwert sind, positiv erscheinen.

a) Stelle die Berechnung beispielhaft für zwei Messwerte in einem Datenflussdiagramm dar.

b) Erweitere das Datenflussdiagramm für den ersten Messwert so, dass die relative Abweichung (bezogen auf den Mittelwert) berechnet wird.

c) Leite aus dem Datenflussdiagramm einen Term zur Berechnung der relativen Abweichung her und teste ihn in einem Tabellenblatt mit 50 selbst gewählten Messwerten.

11 Häufigkeitsverteilung von Buchstaben der deutschen Sprache

Die Häufigkeitsverteilung von Buchstaben ist von Sprache zu Sprache verschieden. Beispielsweise kommt in der deutschen Sprache der Buchstabe „e“ mit einer relativen Häufigkeit von 17,40 % am häufigsten vor, „q“ dagegen mit 0,02 % am seltensten (Fig. 1). Häufigkeitsverteilungen sind vor allem beim Packen von Dateien in Archive von großer Bedeutung.

a) Wähle auf der Website deiner Schule einen Text mit ca. 200 Wörtern und kopiere ihn in eine Zelle eines Tabellenblattes.

b) Erstelle ein Datenflussdiagramm, das die Berechnung der relativen Häufigkeit des Buchstabens „a“ beschreibt. Da bei einer Häufigkeitsanalyse zwischen Groß- und Kleinschreibung nicht unterschieden wird, muss der Text vor der eigentlichen Analyse durch eine geeignete Funktion umgewandelt werden. Hinweis: Zur Berechnung der Häufigkeit eines Buchstabens ist die Funktion WECHSELN hilfreich.

c) Übertrage das Datenflussdiagramm auf ein Tabellenblatt und bestimme für den gewählten Text die Häufigkeit aller Buchstaben des Alphabets.

d) Fasst in der Klasse eure Resultate zusammen und vergleicht mit Fig. 1.

Häufigkeit der Buchstaben des Alphabets in der deutschen Sprache	
Buchstabe	Relative Häufigkeit
a	6,51 %
b	1,89 %
c	3,06 %
d	5,08 %
e	17,40 %
f	1,66 %
g	3,01 %
h	4,76 %
i	7,55 %
j	0,27 %
k	1,21 %
l	3,44 %
m	2,53 %
n	9,78 %
o	2,51 %
p	0,79 %
q	0,02 %
r	7,00 %
s	7,27 %
t	6,15 %
u	4,35 %
v	0,67 %
w	1,89 %
x	0,03 %
y	0,04 %
z	1,13 %

Fig. 1

12 Personalausweis

Zur Lösung der Aufgabe 12 ist die Info-Box auf Seite 29 nötig.

Der Personalausweis enthält auf der Rückseite drei verschiedene Blöcke (Stand: August 2021), die Zahlen und zum Teil auch Buchstaben enthalten. Zuerst kommt eine zehnstellige Folge aus den Ziffern 0, 1, …, 9 und den Buchstaben C, F, G, H, J, K, L, M, N, P, R, T, V, W, X, Y und Z, wobei dieser Block mit genau einem der Buchstaben L, M, N, P, R, T, V, W, X oder Y beginnen muss. Der zweite und dritte Block besteht jeweils aus sieben Ziffern. Danach schließt sich ein „D" (für Deutschland) an, gefolgt von der Versionsnummer und einer letzten, einzelnen Ziffer. Die Bedeutung der einzelnen Blöcke findest du in der Abbildung. Die letzte Ziffer der ersten drei Blöcke ist jeweils eine Prüfziffer.

aaaa	vierstellige Behördenkennzahl
bbbbb	fünfstellige laufende Nummer
x	erste Prüfziffer
cccccc	sechstelliges Geburtsdatum JJMMTT
y	Prüfziffer Geburtsdatum
dddddd	Ablaufdatum JJMMTT
z	Prüfziffer Ablaufdatum
eeee	Versionsnummer
p	gesamte Prüfziffer

Die erste Prüfziffer berechnet sich wie folgt: Zuerst wandelt man die Buchstaben in Zahlen um. Aus C wird 12, aus F wird 15, aus G wird 16, …, aus Z wird 35. Die erste Zahl wird mit 7 multipliziert, die zweite Zahl bzw. Ziffer mit 3, die dritte mit 1, die vierte wieder mit 7, die fünf-te mit 3 usw. bis zur letzten Zahl bzw. Ziffer der ersten neun Zeichen. Die Einerstelle der Sum- me der so erhaltenen Zahlen ist die Prüfziffer. Für die Blöcke 2 und 3 verfährt man analog. Das „D" im dritten Block wird dabei nicht berücksichtigt. Die letzte, einzelne Prüfziffer erhält man analog, wobei man alle 28 Zeichen, also auch die Prüfziffern der Blöcke und die Versionsnummer, mit einbezieht.

a) Überprüfe das Verfahren mit der Folge T220001293 6408125 2010315 2108 4.

b) Erstelle ein Datenflussdiagramm, das die Berechnung der Prüfziffer für den Block des Geburtsdatums beschreibt. Kürze dabei den Block von links nach rechts schrittweise um je eine Ziffer. So kann bei jeder Multiplikation jeweils auf die erste Ziffer zugegriffen werden.

c) Übertrage das Datenflussdiagramm in ein Tabellenblatt. Verwende dazu die Vorlage, die du über den Code auf dem Rand herunterladen kannst.

Vorlage Personalausweis fm9r9a

d) Erstelle ein Tabellenblatt für die Berechnung der ersten drei Prüfziffern des zehnstelligen Blocks. Berechne darin auch die Prüfziffer für alle 28 Zeichen.

13 Volkswirtschaftliches Wachstum

Das Bruttosozialprodukt ist die gesamte wirtschaftliche Leistung einer Nation innerhalb eines bestimmten Zeitraumes, ausgedrückt in Währungseinheiten.

Nach einer Theorie des Volkswirtschaftlers Samuelson von 1939 hängt das Bruttosozialprodukt eines Jahres von dem der beiden vorhergehenden Jahre ab. Ergaben sich etwa in zwei aufeinanderfolgenden Jahren die Bruttosozialprodukte Y_0 und Y_1, so errechnet sich nach seiner Theorie im Folgejahr das Bruttosozialprodukt gemäß folgender Formel: $Y_2 = aY_1 - bY_0 + c$ (ein Jahr später gemäß $Y_3 = aY_2 - bY_1 + c$ usw.). Die Zahlen a, b und c repräsentieren volkswirtschaftliche Größen, wie etwa den Steuersatz oder das Sparverhalten.

a) Erstelle ein Datenflussdiagramm, das die Berechnung des Bruttosozialprodukts für die ersten fünf Jahre beschreibt.

b) Übertrage das Datenflussdiagramm auf ein Tabellenblatt. Wähle als Anfangswerte für Y_0 und Y_1 ganzzahlige Werte zwischen 5 und 10. (Geeignete Werte für die Konstanten a, b und c sind Zahlen zwischen 0,5 und 1,5.)

c) Erweitere die Berechnung derart, dass das Bruttosozialprodukt für die ersten 20 Jahre berechnet werden kann.

d) Erstelle ein Diagramm, das die zeitliche Entwicklung des Bruttosozialprodukts darstellt. Durch Variation der Konstanten a, b und c lässt sich die Entwicklung des Bruttosozialprodukts beeinflussen.

7 Logische und bedingte Funktionen

Beim Sportabzeichen in Silber für 14 bis 15 Jahre alte Mädchen muss der beste von drei Versuchen im Weitsprung über mindestens 3,50 m gehen. Erstelle ein Tabellenblatt, in das für jede Teilnehmerin die drei Versuche eingetragen werden. Es soll dann automatisch festgestellt werden, ob die Weitsprungleistung ausreicht. Wenn das der Fall ist, soll die größte erzielte Weite ausgegeben werden, andernfalls als Ansporn der Wert der Differenz zu 3,50 m (als negative Zahl). Benutze dazu die Funktionen MAX und WENN.

In vielen Berechnungen werden die Wahrheitswerte WAHR und FALSCH verarbeitet. Manchmal müssen abhängig vom Wahrheitswert eines Arguments sogar unterschiedliche Berechnungsverfahren angewandt werden. Dann spricht man von bedingten Termen.

Verknüpfung von Wahrheitswerten

Familie Sommer plant ihren Jahresurlaub. Die Hobbys der Familie sind vor allem Mountainbiken und Windsurfen. Die Familienmitglieder erstellen ein Tabellenblatt, in dem sie Urlaubsziele eintragen, die für sie infrage kommen. Dazu geben sie jeweils an, ob dort Mountainbiken bzw. Surfen möglich ist. Während Vater Sommer mit einem Urlaubsziel zufrieden ist, an dem sie wenigstens eine der beiden Sportarten ausüben können, ist Mutter Sommer anspruchsvoller und würde gerne an einen Ort fahren, an dem sowohl Mountainbiken als auch Surfen möglich ist. Sie erweitern ihr Tabellenblatt, sodass für jedes Urlaubsziel automatisch angezeigt wird, ob der Wunsch von Frau bzw. Herrn Sommer erfüllt ist (Fig. 1).

D2 | =UND(B2;C2)

	A	B	C	D	E
1	Urlaubsziel	Mountainbiken möglich	Surfen möglich	Beides möglich	Wenigstens eines möglich
2	Porto Pollo	WAHR	WAHR	WAHR	WAHR
3	Vassiliki	FALSCH	WAHR	FALSCH	WAHR
4	Paris	FALSCH	FALSCH	FALSCH	FALSCH
5	Gardasee	WAHR	WAHR	WAHR	WAHR
6	Cortina	WAHR	FALSCH	FALSCH	WAHR
7					

Fig. 1

Wahrheitstafeln

Das Ergebnis der **logischen Funktionen** UND, ODER bzw. NICHT kann man sehr übersichtlich mithilfe von Wahrheitstafeln beschreiben (Fig. 2).

UND(A;B) hat den Wert WAHR, wenn beide Argumente den Wert WAHR haben.
ODER(A;B) liefert den Wert WAHR, wenn mindestens ein Argument wahr ist.
NICHT(A) kehrt den Wahrheitswert von A um.

Aussage A	Aussage B	UND(A;B)	ODER(A;B)
WAHR	WAHR	WAHR	WAHR
WAHR	FALSCH	FALSCH	WAHR
FALSCH	WAHR	FALSCH	WAHR
FALSCH	FALSCH	FALSCH	FALSCH

Aussage A	NICHT(A)
WAHR	FALSCH
FALSCH	WAHR

Fig. 2

In der Mathematik schreibt man für UND bzw. ODER kurz ∧ bzw. ∨.

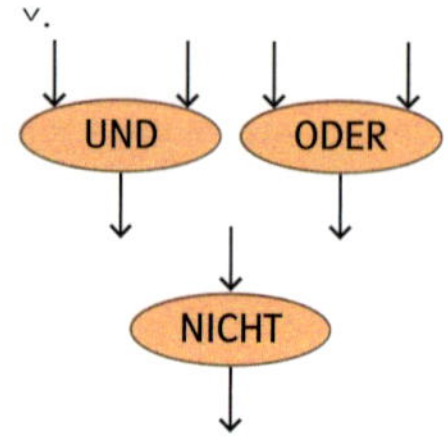

Logische Funktionen in Tabellenblättern

In Tabellenkalkulationen können die Funktionen UND sowie ODER auch mit mehr als zwei Argumenten verwendet werden, z. B. UND(A1;B1;C4;D5).

Mehrstellige Funktionen wurden auf Seite 22 behandelt.

Gleichungen und Ungleichungen als Funktionen

Eine Gleichung bzw. Ungleichung kann man als zweistellige Funktion mit dem Infixoperator „=" bzw. „<" oder „>" betrachten, die einen Wahrheitswert als Ergebnis liefert.

D2 = =(A2<B2)

	A	B	C	D
1	A	B	A = B	A < B
2	3	4	FALSCH	WAHR
3	7	5	FALSCH	FALSCH
4	4	4	WAHR	FALSCH

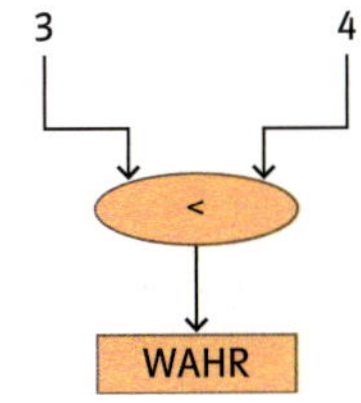

WENN-Funktion

Im Sporthaus ImmerFit läuft gerade eine Aktionswoche. Artikel mit einem Preis unterhalb von 100 € werden um 25 % reduziert, teurere Artikel um 25 €. In diesem Fall ist der Term für die Berechnung des ermäßigten Preises von einer Bedingung abhängig, nämlich von der Höhe des ausgezeichneten Preises.

B6 = =WENN(A5<100;A5*0,75;A5-25)

	A	B
1	**Sporthaus ImmerFit GmbH**	
2	Aktionswoche	
3		
4	Ausgezeichneter Preis	Ermäßigter Preis
5	111,00 €	86,00 €
6		

In einer Tabellenkalkulation steht für bedingte Terme die WENN-Funktion zur Verfügung. Sie benötigt drei Argumente:

1. Eine *Bedingung*, die den Wert WAHR oder FALSCH liefert.
2. Einen Term *Term1*, der im Fall *Bedingung* = WAHR ausgewertet wird.
3. Einen Term *Term2* für den Fall *Bedingung* = FALSCH.

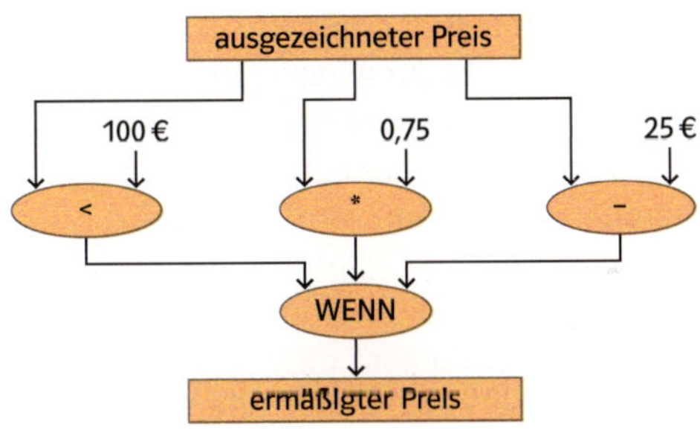

Die WENN-Funktion ist nicht kommutativ (vgl. Seite 23).

Die Argumente der WENN-Funktion werden dabei folgendermaßen ausgewertet: Zuerst wird *Bedingung* ausgewertet. Wenn das Ergebnis WAHR ist, dann erfolgt die Auswertung von *Term1*, andernfalls die von *Term2*. Der jeweils andere Term wird nicht ausgewertet. Es spielt also z. B. im Falle *Bedingung* = WAHR keine Rolle, ob *Term2* einen sinnvollen Wert liefert oder nicht.

In gewisser Weise kann man sich die Funktionsweise der WENN-Funktion wie einen Schalter vorstellen: Die *Bedingung* schaltet bei WAHR den Eingang von *Term1* auf den Ausgang durch (Fig. 1), bei FALSCH den Eingang von *Term2* (Fig. 2).

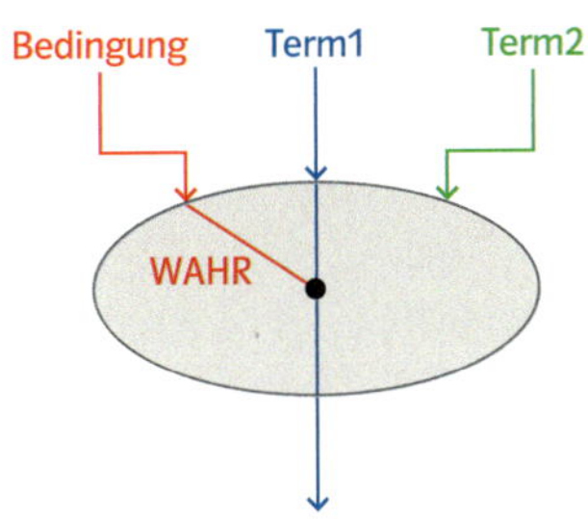

Fig. 1

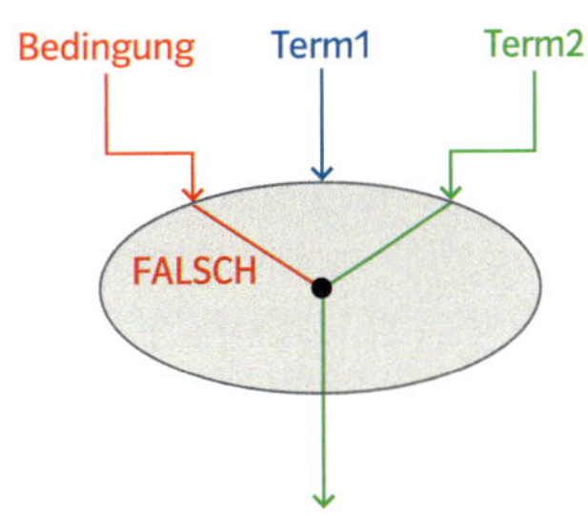

Fig. 2

Eine häufige Anwendung bedingter Terme ist das Abfangen unzulässiger Werte, z. B. die Verhinderung einer Division durch den Wert 0: WENN(nenner=0;"FEHLER";zähler/nenner). Hier wird der Term zähler/nenner nur ausgewertet, wenn nenner nicht den Wert 0 hat. Andernfalls erfolgt keine Auswertung (und damit eben keine Division durch 0), sondern lediglich die Ausgabe des Warnhinweises FEHLER.

M

Die Werte **logischer Aussagen** können mit der NICHT-Funktion umgekehrt werden. Zur Verknüpfung mehrerer Aussagen verwendet man die Funktionen UND bzw. ODER.
UND liefert genau dann den Wert WAHR, wenn alle Argumente den Wert WAHR haben;
ODER ergibt genau dann WAHR, wenn mindestens eines der Argumente den Wert WAHR hat.

Mithilfe der **WENN-Funktion** kann man bedingte Terme aufbauen, die in Abhängigkeit von einer Bedingung unterschiedliche Rechenverfahren auf dieselben Argumente anwenden.

A

1 Vorrückungsregelungen an bayerischen Gymnasien

An bayerischen Gymnasien haben die Schülerinnen und Schüler das Klassenziel nicht erreicht, wenn sie in einem Vorrückungsfach die Note 6 oder in zwei Vorrückungsfächern die Note 5 erhalten.

a) Erstelle zunächst auf einem Tabellenblatt eine Tabelle, die die Vorrückungsfächer und die darin erzielten Noten enthält. Erarbeite anschließend eine Funktion, um die Anzahl der Note 5 bzw. die Anzahl der Note 6 zu ermitteln.
Hinweis: Tabellenblätter enthalten im Allgemeinen eine Funktion, die ermittelt, wie oft in einem gewissen Zellbereich ein bestimmtes Kriterium erfüllt ist.

b) Füge eine weitere Funktion ein, mit der automatisch festgestellt wird, ob der betreffende Schüler bzw. die betreffende Schülerin vorrücken darf.

2 Umlaute und alphabetische Reihenfolge

Im Telefonbuch die Nummer eines Namens mit Umlauten zu finden gestaltet sich häufig problematisch. Ist „ü" nun wie „ue" eingeordnet, oder ist „ü" ein eigener Buchstabe am Ende des Alphabets? Für die anderen Buchstaben kann man leicht Ungleichungen der Form $a < b < c$ angeben. Finde heraus, wie die entsprechenden Ungleichungen für Umlaute und den Buchstaben „ß" bei dem von dir verwendeten Tabellenkalkulationssystem lauten.

3 Entweder oder?

Eva hat die 10. Klasse erfolgreich abgeschlossen. Nun möchte sie entweder eine Lehre beginnen oder das Abitur machen. Zuvor will sie in den Ferien mit Niki oder Uli wegfahren.

a) Evas Planungen enthalten zwei Aussagen, die jeweils durch „oder" verknüpft sind. Beschreibe den Unterschied zwischen den beiden ODER-Verknüpfungen. Die beiden Aussagen lassen sich jeweils wiederum in Teilaussagen zerlegen, die wahr oder falsch sein können. Gib diese Teilaussagen an und ordne ihnen abkürzende Variablen zu.

b) In den Ferien möchte Eva mit Niki oder Uli wegfahren. Beschreibe in einer Wahrheitstabelle, mit wem unter diesen Umständen ein Urlaub möglich wäre, und drücke dies durch ein Datenflussdiagramm und einen Term aus.

c) Die beruflichen Pläne enthalten die beiden Optionen Lehre und Abitur. Gib eine Wahrheitstabelle an, die ausdrückt, welche Kombinationen möglich sind und welche nicht.

d) Gib unter Verwendung der Verknüpfungen UND, ODER und NICHT ein Datenflussdiagramm an, das die Verknüpfung „entweder … oder" für Evas Berufspläne repräsentiert, und wandle es in einen Term um.

Rechnen mit Wahrheitswerten

Intern werden in den Zellen einer Tabellenkalkulation die Wahrheitswerte durch Zahlen repräsentiert: 0 wird als FALSCH, alle anderen Werte als WAHR interpretiert. Daher kann man mit Wahrheitswerten praktischerweise auch rechnen. So ergibt WAHR + FALSCH beispielsweise 1 (WAHR) und FALSCH · WAHR den Wert 0 (FALSCH).

C2 = =A2*B2

	A	B	C	D
1	Aussage A	Aussage B	A * B	A + B
2	WAHR	WAHR	1	2
3	WAHR	FALSCH	0	1
4	FALSCH	WAHR	0	1
5	FALSCH	FALSCH	0	0
6				

Ein Vergleich der Ergebnisse aus Fig. 2 auf Seite 32 und der obigen Tabelle zeigt, dass die Addition zweier Wahrheitswerte äquivalent zu ihrer Verknüpfung mit ODER bzw. die Multiplikation äquivalent zur Verknüpfung mit UND ist.

Wahrheitswerte nennt man auch **Boole'sche Werte**, benannt nach dem englischen Mathematiker George Boole (1815 – 1864).

4 Standardbrief

Ein Standardbrief hat eine Länge von 14 cm bis 23,5 cm und eine Breite von 9 cm bis 12,5 cm. Er darf höchstens 0,5 cm hoch sein und seine Masse darf höchstens 20 g betragen (Stand: Juli 2020).

a) Gib jeweils ein Datenflussdiagramm an, um zu entscheiden, ob die Länge eines Briefes mindestens 14 cm und höchstens 23,5 cm bzw. ob dessen Breite mindestens 9 cm und höchstens 12,5 cm beträgt. Setze die Datenflussdiagramme in Terme um und teste sie am Rechner.

b) Erstelle ein weiteres Datenflussdiagramm, um zu entscheiden, ob der Brief eine Höhe von maximal 0,5 cm und eine Masse von höchstens 20 g hat.

c) Fasse die drei Diagramme zu einem einzigen zusammen, sodass bei Eingabe von Länge, Breite, Höhe und Masse berechnet werden kann, ob es sich um einen Standardbrief handelt oder nicht. Leite den Term her, der sich daraus ergibt, und teste ihn auf einem Tabellenblatt.

5 Schaltjahre

a) Gemäß dem julianischen Kalender, der auf Gaius Julius Cäsar zurückgeht, ist ein Jahr ein Schaltjahr, wenn die Jahreszahl durch 4 teilbar ist. Gib das entsprechende Datenflussdiagramm an, setze es in einen Term um und teste dein Modell am Rechner.

b) Das Einfügen eines Schalttages in jedem vierten Jahr stellte sich im Laufe der Jahrhunderte als zu starke Kalenderkorrektur heraus. Deshalb reformierte Papst Gregor XIII. im Jahre 1582 die julianische Schaltjahresregel und ersetzte sie durch folgende: Ein Jahr ist ein Schaltjahr, wenn die Jahreszahl durch 4 teilbar ist, aber nicht durch 100, es sei denn, sie ist auch durch 400 teilbar.
Setze diese Bedingung in folgenden Schritten in ein Datenflussdiagramm um:
(1) Gib zunächst Datenflussdiagramme an, die einzeln die Teilbarkeit durch 4, 100 und 400 überprüfen.
(2) Verknüpfe anschließend diese Datenflussdiagramme zu einem Modell, das überprüft, ob die Jahreszahl durch 4, aber nicht durch 100 oder durch 400 teilbar ist, und setze es auf einem Tabellenblatt um.

Gregor XIII. (1502 – 1585) war von 1572 bis 1585 Papst. Nach ihm ist der gregorianische Kalender benannt.

6 Die liebe Familie

Die Einladungen zum 100. Geburtstag der Uroma gestalten sich schwierig. Es ist nicht möglich, Tante Sophie ohne Onkel Theodor einzuladen. Tante Sophie kommt aber mit Tante Lena nicht aus, also kann nur entweder Tante Sophie oder Tante Lena eingeladen werden. Tante Lena und Onkel Theodor sind seit der handfesten Auseinandersetzung auf dem 90. Geburtstag der Uroma ebenfalls tunlichst zu trennen. Somit kann also nur entweder Tante Lena oder Onkel Theodor eingeladen werden. Es soll geklärt werden, welche Personen eingeladen werden dürfen, damit es zu keinem Eklat kommt.

a) Formuliere zunächst jede der drei gegebenen Bedingungen unter Verwendung der Verknüpfungen UND, ODER und NICHT und setze diese in drei einzelne Datenflussdiagramme um.

b) Für eine reibungslose Geburtstagsfeier ist es notwendig, dass alle drei Bedingungen gleichzeitig erfüllt sind. Gib das entsprechende Datenflussdiagramm an und ermittle den Term.

c) Übertrage den Term auf ein Tabellenblatt und berechne alle möglichen Einladungskombinationen, die voraussichtlich nicht zu einem Eklat führen.

7 Medikamente

Bei komplizierten Erkrankungen muss ein Arzt häufig mehrere Medikamente verschreiben. Diese haben leider oft Nebenwirkungen und können nur unter bestimmten Bedingungen verabreicht werden. Eine Krankheit werde mit den Medikamenten U, V und W behandelt. Dabei muss Folgendes beachtet werden:

- U oder V dürfen nur dann gegeben werden, wenn W verordnet wird.
- Verabreicht man W oder nicht V, so muss auch U gegeben werden.

a) Gib für die einzelnen Bedingungen jeweils die Datenflussdiagramme an.

b) Die Medikamente können nur in solchen Kombinationen verabreicht werden, in denen beide Bedingungen erfüllt sind. Kombiniere die beiden Datenflussdiagramme aus Teilaufgabe a) derart, dass beide Bedingungen erfüllt sind, und fasse das Diagramm zu einem Term zusammen.

c) Gib alle Kombinationen an, für die beide Bedingungen erfüllt sind.

8 Computerpreise

Ein Computergeschäft erhöht einen Teil seiner Warenpreise nach folgender Vorgabe:
Bei allen Artikeln mit einem Verkaufspreis unter 1000 € wird der Preis um 5 % erhöht.
Bei allen anderen Artikeln erfolgt eine Preiserhöhung um 3 %. Gib ein Datenflussdiagramm an, das die Berechnung des neuen Verkaufspreises beschreibt, und wandle es in einen Term um. Teste den Term auf einem Tabellenblatt.

9 Abbau der Alkoholkonzentration im Blut

Die Alkoholkonzentration im Blut wird nach der Widmark-Formel berechnet:

$$\text{Alkohol (in ‰)} = \frac{0{,}8 \cdot \text{Flüssigkeit (in dl)} \cdot \text{Alkoholgehalt des Getränks (in \%)}}{\text{Körpermasse (in kg)} \cdot \text{Reduktionsfaktor}},$$

wobei der Reduktionsfaktor 0,6 für Frauen und Jugendliche bzw. 0,7 für Männer beträgt.

a) Gib ein Datenflussdiagramm an, das die Blutalkoholkonzentration in Abhängigkeit von der aufgenommenen Flüssigkeitsmenge, dem Alkoholgehalt des Getränks, der Körpermasse und dem Geschlecht der Person angibt. Wandle das Datenflussdiagramm in einen Term um und teste diesen mithilfe eines Tabellenblattes.

b) Als stündlicher Abbauwert ist ein Wert zwischen 0,1 ‰ und 0,2 ‰ anzunehmen. Berechne mithilfe einer geeigneten Tabelle, wie lange es maximal (minimal) dauert, bis 1 l Bier (Alkoholgehalt ca. 5 %) bei einer Frau mit einer Körpermasse von 60 kg bzw. einem Mann mit 80 kg bis auf 0,05 ‰ abgebaut ist.

StVG § 24a:
0,5-Promille-Grenze
(1) Ordnungswidrig handelt, wer im Straßenverkehr ein Kraftfahrzeug führt, obwohl er 0,25 mg/l oder mehr Alkohol in der Atemluft oder 0,5 Promille oder mehr Alkohol im Blut oder eine Alkoholmenge im Körper hat, die zu einer solchen Atem- oder Blutalkoholkonzentration führt.

10 Vergünstigungen

Beim Einkauf im Großmarkt erhält ein Kunde beim Kauf einer bestimmten Ware je nach Abnahmemenge einen unterschiedlichen Rabatt.
Bei einer Mindestabnahme von 100 Stück erhält er 8 % Rabatt.
Bei einer Mindestabnahme von 200 Stück erhält er 12 % Rabatt.

a) Gib bei vorgegebener Einkaufsmenge und vorgegebenem Einkaufspreis das Datenflussdiagramm zur Berechnung der Gesamtkosten an.

b) Wandle das Datenflussdiagramm in einen Term um und teste diesen mit einem Tabellenblatt.

11 Wie alt dürfen Jugendliche sein?

Die UN-Generalversammlung definiert Jugendliche als Personen, die älter als 14 und jünger als 25 Jahre sind. Nach deutschem Recht sind Jugendliche Personen, die 14, aber noch nicht 18 Jahre alt sind. In Lettland wiederum sind dies Personen zwischen 13 und 25 Jahren. Erstelle für jeden der drei Fälle ein Datenflussdiagramm, mit dessen Hilfe ermittelt werden kann, ob eine Person ein Jugendlicher ist oder nicht.

12 Gebrauchte Autos

Ein Gebrauchtwagenhändler berechnet den Verkaufspreis eines Gebrauchtwagens in Abhängigkeit vom Neupreis und dem Alter des Wagens nach folgendem Schema: Mit jedem Jahr verringert sich der Preis um 10 % des Neupreises, jedoch muss der Verkaufspreis mindestens 4 % des Anschaffungspreises betragen. Autos, die älter als 15 Jahre sind, werden nicht mehr verkauft, sondern für einen Pauschalwert von 500 € an den Schrotthändler übergeben. Erstelle für dieses Kalkulationsschema ein Datenflussdiagramm und teste es auf einem Tabellenblatt.

13 Wer trainiert am meisten?

Der Schwimmverein Wasserfreunde Öttingen wertet die letzte Saison aus. Dabei soll festgestellt werden, welche Schwimmer an den beiden Trainingslagern im März und im Juni teilgenommen haben. Erstelle ein entsprechendes Tabellenblatt, um festzustellen, wer an beiden, an einem der beiden oder an keinem Trainingslager teilgenommen hat. Benutze dazu die Funktionen WENN, UND sowie ODER.

	A	B	C	D	E
1	**Wasserfreunde Öttingen**			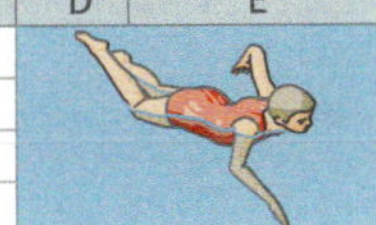	
2					
3	Teilnahme an				
4	Trainingslagern 2020				
5					
6	Name	Vorname	März	Juni	Bewertung
7	Meier	Peter	ja	nein	fleißig
8	Huber	Anja	nein	nein	faul
9	Müller	Thomas	nein	ja	fleißig
10	Schmidt	Sassja	ja	ja	sehr fleißig

14 Herzinfarktrisiko

Das Risiko, einen Herzinfarkt zu erleiden, hängt stark von den Ernährungsgewohnheiten und dem Lebenswandel ab. Hierbei sind Übergewicht und Stress die Hauptfaktoren. Wenn beide zusammenkommen, ist das Risiko besonders groß. Die Tabelle in Fig. 1 gibt das Herzinfarktrisiko für diese beiden Faktoren an.

	Stress	Kein Stress
Übergewicht	62 %	18 %
Kein Übergewicht	15 %	5 %

Fig. 1

a) Gib ein Datenflussdiagramm an, das die Berechnung des Herzinfarktrisikos gemäß der angegebenen Tabelle beschreibt.

b) Teste dein Datenflussdiagramm durch Umwandlung des Diagramms in einen Term und anschließende Eingabe auf einem Tabellenblatt.

15 Aufstiegszeiten beim Bergsteigen

Die ungefähren Zeiten für den Aufstieg beim Bergsteigen lassen sich aus der Horizontalentfernung und dem Höhenunterschied ermitteln. Dabei werden aus der Horizontalentfernung (in km) die „Horizontalzeit" und aus der Höhendifferenz (in m) die „Vertikalzeit" mithilfe der in Fig. 1 und Fig. 2 angegebenen Horizontal- bzw. Vertikalgeschwindigkeiten ermittelt.

Vertikalgeschwindigkeiten		
	Winter	Sommer
Alleingeher	400 Höhenmeter/h	500 Höhenmeter/h
Gruppe	300 Höhenmeter/h	400 Höhenmeter/h

Fig. 1

Horizontalgeschwindigkeiten	
	Winter/Sommer
Alleingeher	5 km/h
Gruppe	4 km/h

Fig. 2

a) Erstelle mithilfe von Fig. 1 und Fig. 2 jeweils ein Datenflussdiagramm, das die Berechnung der „Vertikalzeit" bzw. der „Horizontalzeit" beschreibt. Verwende dabei nach Möglichkeit bedingte Funktionen.

b) Eine Schätzung der Gesamtgehzeit ergibt sich, indem man das Minimum aus Horizontalzeit und Vertikalzeit halbiert und diesen Wert dann zum größeren addiert. Fasse die beiden Datenflussdiagramme aus Teilaufgabe a) zu einem Datenflussdiagramm zusammen, das die Berechnung der Gesamtgehzeit repräsentiert.

c) Eine Besteigung des Großglockners (3798 m) kann von der Stüdlhütte (2801 m) über die Erzherzog-Johann-Hütte (3454 m) erfolgen. Die horizontale Entfernung zwischen diesen beiden Hütten beträgt 2,5 km. Berechne mithilfe eines Tabellenblattes für einen Alleingeher die ungefähre Aufstiegszeit von der Stüdlhütte zur Erzherzog-Johann-Hütte im Winter und im Sommer.

16 Paketversand

Bei einem Paketversand des Dienstleisters Fix-Paket dürfen die Pakete maximal eine Masse von 31 kg und eine Länge von 175 cm haben. Das Packmaß, d.h. 2 × (Höhe + Breite) + Länge, darf höchstens 300 cm betragen.

a) Gib ein Datenflussdiagramm an, um zu entscheiden, ob ein Paket den Bedingungen dieses Versandhandels genügt. Wandle es in einen Term um und erprobe das Modell am Rechner.

b) Der Versandpreis richtet sich nach der Masse (Fig. 3). Erstelle ein Datenflussdiagramm zur Berechnung des Versandpreises bei gegebener Masse.

Masse bis	Kosten
2 kg	3,80 €
4 kg	5,10 €
6 kg	6,30 €
8 kg	6,80 €
10 kg	7,40 €
12 kg	7,80 €
14 kg	8,50 €
18 kg	10,30 €
25 kg	13,30 €
31 kg	14,00 €

Fig. 3

c) Kombiniere die beiden Datenflussdiagramme zu einem Modell, das den Versandpreis nur dann berechnet, wenn es sich um ein Paket handelt, das den in Teilaufgabe a) genannten Bedingungen genügt.

d) Zum in Teilaufgabe c) berechneten Versandpreis wird die Mehrwertsteuer addiert. Erweitere das Datenflussdiagramm entsprechend. Übertrage die Tabelle und das Datenflussdiagramm auf ein Tabellenblatt und führe Testberechnungen durch.

17 Roaming I

Weil die Schweiz nicht zur EU gehört, fallen für die Mobilfunknutzung mit deutschen Verträgen dort Roaming-Gebühren an. Ein Mobilfunkbetreiber bietet seinen Kunden zum Preis von 4,99 € ein Internet-Roaming-Paket an. Darin enthalten sind 500 MB Datenvolumen. Für jedes weitere MB an Daten fallen Gebühren in Höhe von 24 ct an.

a) Erstelle ein Datenflussdiagramm zur Berechnung der anfallenden Kosten bei Nutzung dieses Pakets in Abhängigkeit vom tatsächlich genutzten Datenvolumen.

b) Leite aus dem Diagramm den entsprechenden Term her und teste ihn mithilfe eines Tabellenblattes.

18 Roaming II

Beim Mobilnetzbetreiber Mobilophon fallen für Gespräche aus Deutschland in Länder, die nicht zur EU gehören, bzw. aus diesen Ländern nach Deutschland Roaming-Gebühren an.

	aus D	nach D
Ländergruppe 2	0,69 €/min	1,49 €/min
Ländergruppe 3	1,79 €/min	2,99 €/min

Fig. 1

Dabei wird außer nach der Richtung auch nach Ländergruppen unterschieden. Fig. 1 gibt die Details wieder. Zur Ländergruppe 1 gehören die Länder der EU, für welche die Roaming-Gebühren inzwischen abgeschafft wurden. Weitere Ländergruppen gibt es nicht.
Die Kosten für ein Telefongespräch ohne Mehrwertsteuer ergeben sich aus der Gesprächszeit, wobei jeweils auf die nächste volle Minute aufgerundet wird, und der Information, ob es sich um ein Gespräch von Deutschland oder nach Deutschland handelt bzw. welche Ländergruppe betroffen ist. Nach Addition der Mehrwertsteuer von 19 % ergeben sich schließlich die Gesamtkosten.

a) Überlege, wie sich die Tatsache, ob es sich um ein Gespräch aus oder nach Deutschland handelt bzw. ob Ländergruppe 2 oder 3 beteiligt ist, am einfachsten beschreiben lässt. Gib an, wie viele Eingangsdaten also notwendig sind und von welchem Typ diese sind.

b) Gib das Datenflussdiagramm an, das die Berechnung der vollständigen Telefongebühren für ein Telefongespräch beschreibt. Verwende dabei nach Möglichkeit bedingte Funktionen.

c) Teste dein Datenflussdiagramm, indem du es in einen Term umwandelst und diesen auf ein Tabellenblatt überträgst.

19 Im dunklen Walde

Fichten und Tannen werden häufig verwechselt. Beide haben zwar eine dünne Rinde, aber die Fichte hat hängende und die Tanne stehende Zapfen. Lärchen und Kiefern haben beide eine dicke Rinde. Die Lärche hat jedoch stehende und die Kiefer hängende Zapfen. Es wird angenommen, dass in einem bestimmten Wald nur diese vier Nadelbaumarten vorkommen.

a) Erstelle ein Datenflussdiagramm zur Bestimmung der Baumart aus der Angabe, ob der Baum eine dünne Rinde bzw. hängende Zapfen besitzt.

b) Erstelle ausgehend vom Diagramm einen Term und teste diesen auf einem Tabellenblatt.

Exkurs

Information und Repräsentation

Auf die Frage nach dem Beginn der Zeitrechnung erhält man, je nachdem, in welchem Kulturkreis diese Frage gestellt wird, eine andere Antwort: Die christliche Zeitrechnung beginnt mit Christi Geburt. (Tatsächlich ist Jesus vermutlich im Jahre 6 vor der Zeitenwende geboren worden. Ein Jahr null wird nach christlicher Zeitrechnung nicht gezählt.)
Für Buddhisten beginnt die Zeitrechnung mit dem Tod des Siddharta Gautama, des „historischen Buddhas", was nach unserer Zeitrechnung etwa 544 v. Chr. erfolgte. (Hierzu gibt es unterschiedliche Daten.)
Im Judentum beginnt die Zeitrechnung am 7. Oktober 3761 v. Chr.

Je nach Kulturkreis finden auch Feste wie Neujahr zu völlig unterschiedlichen Daten statt. Beispielsweise feierten Moslems am 31. August 2019 das Neujahrsfest des Jahres 1440. Juden hingegen feierten wenige Wochen später am 29. September und 1. Oktober 2019 bereits den Beginn des Jahres 5780.

Information und Repräsentation

Informationen lassen sich auf völlig unterschiedliche Weise darstellen (repräsentieren). Dies gilt natürlich nicht nur für die eingangs erwähnte Frage des Datums, sondern auch für alle anderen Informationen. Beispielsweise kann das Lebensalter entweder in Jahren, aber auch in Monaten oder gar in Tagen angegeben werden. Bei Säuglingen etwa ergibt die Angabe des Alters in Jahren wenig Sinn; aussagekräftiger ist das Alter in Wochen oder gar in Tagen. Andererseits wird wohl niemand das Alter eines Hochbetagten in Wochen angeben. Bei der Wahl der Repräsentation einer Information ist somit der Zusammenhang, in dem diese Information benötigt wird, von entscheidender Bedeutung.

Arabische Zahl	Strichzahl	Römische Zahl	Zahl in Brailleschrift
1	|	I	⠼⠁
2	||	II	⠼⠃
3	|||	III	⠼⠉
4	||||	IV	⠼⠙
5	|||||	V	⠼⠑
6	||||| |	VI	⠼⠋

Auch Zahlen lassen sich auf völlig unterschiedliche Weise repräsentieren

Was hat das alles aber mit Informatik zu tun? In der Informatik beschäftigt man sich vor allem mit der Informationsverarbeitung. In den bisherigen Lerneinheiten wurden jedoch nicht Informationen, sondern deren Repräsentationen verarbeitet. Repräsentationen wurden durch Anwendung mathematischer, physikalischer oder anderer Regeln in andere übergeführt. Man kann sogar noch weitergehen: ohne eine Repräsentation ist eine Information nicht zugänglich. Informatik ist also (nur) die Umwandlung von Informationsrepräsentationen, die Information selbst kann nicht verarbeitet werden.

Codierung von Information: Die Schnüre der Inkas

Khipus: Die Knotenschrift der Inkas

Die Inkas herrschten vom 13. bis 16. Jahrhundert im westlichen Südamerika. Ihre Hauptstadt Cusco liegt im heutigen Peru. Sie herrschten über ein riesiges Reich, das sich vom heutigen Kolumbien bis nach Argentinien erstreckte. Über ein dichtes Netz von Läufern tauschten die Fürsten der einzelnen Provinzen Informationen aus. Das Erstaunliche ist, dass die Inkas keine Schrift in unserem Sinne kannten. Die Informationen wurden durch Schnüre dargestellt, in die einzelne Knoten geknüpft waren. Ein Kundiger konnte aus der Anordnung der Knoten und der Farben der Schnüre die Information herauslesen. Heutzutage würde man sagen, die Information wurde durch Knotenschnüre codiert. Die Knoten waren also gewissermaßen die Schrift der Inkas.

Erst im Jahre 2005 gelang es Mathematikern der Universität Harvard, die in den Knotenschnüren enthaltenen Informationen zu entschlüsseln. Bis zu diesem Zeitpunkt rankten sich abenteuerliche Spekulationen um die Botschaft der Khipus. Waren es Schatzkarten zu dem sagenhaften Gold der Inkas oder geheimnisvolle Mitteilungen der Priester? Die Entschlüsselung war ziemlich ernüchternd: es handelt sich um Verwaltungsinformationen wie etwa „Wie viele Vorräte sind in jener Stadt vorhanden?“ oder „Wie viel Mais braucht eine andere Stadt?“.

Inkas repräsentierten Informationen zur Weitergabe mit Knotenschnüren. Knotenkundige konnten aus dieser Repräsentation die Informationen gewinnen. Die Informationsrepräsentation, die heutzutage unseren Alltag bestimmt, ist die Schrift mit lateinischen Buchstaben und arabischen Ziffern. Ein Analphabet kann diese Schrift nicht verstehen; ihm geht es wie dir, wenn du die oben abgebildeten Knotenschnüre betrachtest.

Auch die Softwaresysteme auf Rechnern können mit den lateinischen Buchstaben A, B, C ... zunächst nichts anfangen; sie können, wie der Name schon sagt, nur rechnen, d.h., sie können Zahlen verarbeiten. Folglich muss jeder Buchstabe eines Textes durch eine Zahl codiert werden. Der am weitesten verbreitete Code ist der ASCII-Code (American Standard Code for Information Interchange).

Code	Zeichen
65	A
66	B
67	C
68	D
69	E
70	F

Code	Zeichen
97	a
98	b
99	c
100	d
101	e
102	f

Im ASCII-Code werden den meisten der in unserem Kulturkreis verwendeten Schriftzeichen Zahlen von 0 bis 127 zugeordnet. So werden beispielsweise die Buchstaben A, B, ..., Z durch die Zahlen 65 – 90 codiert. Für Kulturen mit anderen Schriftsystemen, wie beispielsweise in China oder Japan, benötigt man dagegen sehr viel umfangreichere Codierungssysteme. So wies etwa der Guojia-Biaozhun-Standard für die Codierung der chinesischen Schriftzeichen zunächst 6000 Zeichen auf und wurde 1994 auf 20 000 Zeichen erweitert.

Berechnung von Funktionen

Wir können die von Tabellenblättern bereitgestellten Funktionen nutzen, ohne uns um das Berechnungsverfahren zu kümmern, das für die jeweilige Funktion verwendet wird. Dieses Verfahren ist manchmal leicht zu erraten, wie bei der Funktion LÄNGE, manchmal aber auch sehr schwer einzusehen, wie bei der Funktion RÖMISCH.

Nach welchem Verfahren wird die Länge eines Textes berechnet?
Falls der Text leer ist, beträgt die Länge 0. Andernfalls wird das erste Zeichen entfernt und der Wert 1 zum Ergebnis desselben Verfahrens, angewandt auf den Rest des Textes (nach Entfernung des ersten Zeichens), addiert.

LÄNGE(“Schule“)
= 1 + LÄNGE(“chule“)
= 1 + 1 + LÄNGE(“hule“)
= 1 + 1 + 1 + LÄNGE(“ule“)
= 1 + 1 + 1 + 1 + LÄNGE(“le“)
= 1 + 1 + 1 + 1 + 1 + LÄNGE(“e“)
= 1 + 1 + 1 + 1 + 1 + 1 + LÄNGE(““)
= 1 + 1 + 1 + 1 + 1 + 1 + 0 = 6

In der Mathematik ist es für viele Zwecke ausreichend, wenn die Zuordnungsvorschrift der verwendeten Funktionen über mathematische Formeln eindeutig festgelegt ist, wie z. B. bei den Quadratwurzeln. Dadurch wird jedoch oft kein tatsächlich ausführbares Berechnungsverfahren festgelegt. Manchmal gibt es sogar keines (in diesem Fall handelt es sich um eine **nichtberechenbare** Funktion).

$$s = \sqrt{a} \Leftrightarrow s^2 = a \wedge s \geq 0$$

In der Mathematik bedeutet der Doppelpfeil a ⇔ b zwischen zwei Aussagen a und b, dass die Aussage b aus der Aussage a folgt und dass die Aussage a aus der Aussage b folgt.

In der Informatik sollen die Funktionen dagegen durch Computer tatsächlich berechnet werden. Dies setzt voraus, dass man auf präzise Weise (für die Maschine verständlich) ein ausführbares Verfahren angibt, nach dem zu jedem Argument der Funktionswert berechnet werden kann. Ein solches Verfahren heißt **Algorithmus.** Eine maschinenlesbare Darstellung eines Algorithmus heißt **Programm.**

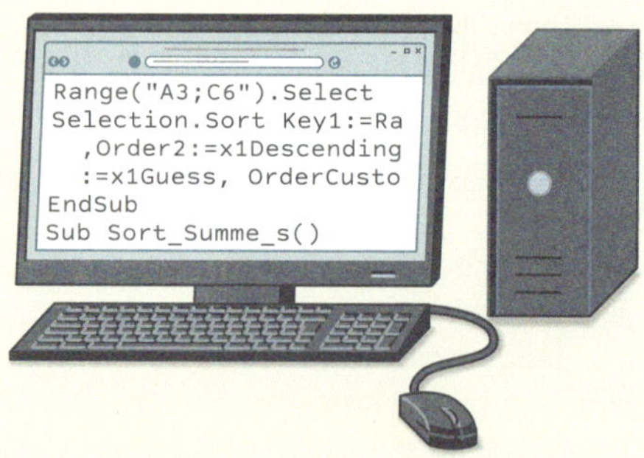

Algorithmus
Der Name Algorithmus geht auf den choresmischen Mathematiker Muhammad ibn Musa al-Chwarizmi (ca. 780 – ca. 850) zurück, der insbesondere am Hofe des Kalifen von Bagdad arbeitete. Latinisiert lautet sein Name Algorismi. Die lateinische Übersetzung seines Buches „Über die indischen Zahlen“ beginnt mit den Worten „Dixit Algorismi“ („Algorismi hat gesagt“).

Al-Chwarizmi führte u. a. die Ziffer 0 in das arabische Zahlensystem ein. Aus einem der Titel seiner ins Lateinische übersetzten Bücher leitete sich der Begriff „Algebra“ ab.

Exkurs

Einer der ältesten bekannten Algorithmen stammt vom griechischen Mathematiker Euklid zur Bestimmung des ggT (größten gemeinsamen Teilers) zweier Zahlen:
„Nimmt man beim Vorliegen zweier ungleicher Zahlen abwechselnd immer die kleinere von der größeren weg, so müssen, wenn niemals ein Rest die vorangehende Zahl genau misst, bis die Einheit übrig bleibt, die ursprünglichen Zahlen gegeneinander prim (teilerfremd) sein."
Der ggT ist die Zahl, die „übrig bleibt", also entweder 1 oder der Rest, der die „vorangehende Zahl genau misst".

Beispiele:
Eingabe: 12; 8
$12 - 8 = 4$
$8 - 4 = 4$
12, 8 nicht prim
ggT(12;8) = 4

Eingabe: 13; 9
$13 - 9 = 4$
$9 - 4 = 5$
$5 - 4 = 1$
13, 9 prim
ggT(13;9) = 1

Ein Algorithmus kann sehr einfach sein, wie etwa die direkte Berechnung des linearen Funktionsterms $f(x) = 3 \cdot x + 2$, oder auch sehr kompliziert, wie die Umwandlung einer Zahldarstellung von der arabischen in die römische Schreibweise.

Bei Tabellenkalkulationsaufgaben gibt man das Berechnungsverfahren manchmal vollständig selbst an, z.B. bei der linearen Funktion $f(x) = 3 \cdot x + 2$, manchmal verlässt man sich aber auch auf „eingebaute" Verfahren, wie etwa bei der Berechnung der römischen Zahldarstellung.
Im letzteren Fall ist das Verfahren der Maschine bekannt, aber nicht dem Benutzer. Man spricht dann von einer Black-Box-Sicht auf diese Funktion. Wenn das Verfahren sichtbar ist, handelt es sich dagegen um eine White-Box-Sicht.

Du wirst dich vielleicht darüber wundern, aber es gibt sogar Funktionen, die nicht automatisch berechenbar sind, für die man also keinen Algorithmus angeben kann. Dazu gehört die Funktion HALT(A; E), die den Wert 1 ausgeben soll, wenn ein Algorithmus A mit der Eingabe E terminiert (d.h. irgendwann zum Abschluss kommt), und ansonsten 0.

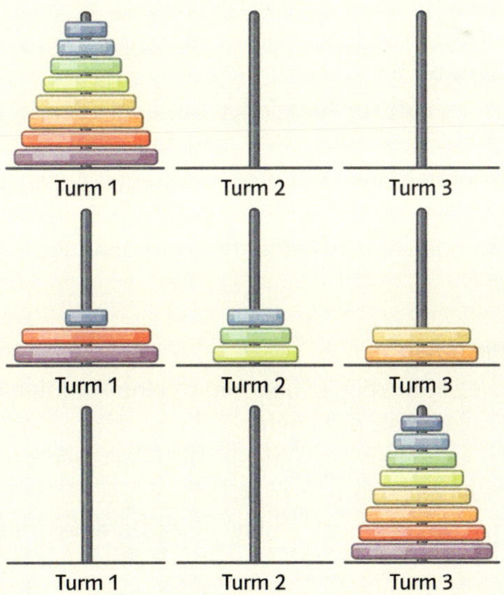

Daneben gibt es Funktionen, die zwar berechenbar sind, deren tatsächliche Berechnung aber schon für einen relativ kleinen Umfang der Eingabe enorm lange dauert. Dazu gehört das Problem der „Türme von Hanoi". Der Sage nach sollten drei Mönche 64 der Größe nach auf einen Stab gestapelte Scheiben einzeln unter Benutzung eines zweiten Stabes so auf einen dritten umschichten, dass in jeder Situation niemals eine größere Scheibe auf einer kleineren zu liegen kommt.

Man kann relativ leicht ausrechnen, dass dieser Vorgang für n Scheiben mindestens $2^n - 1$ Operationen erfordert. Bei zehn Scheiben benötigt man schon über 1000 Operationen, bei 64 Scheiben etwa $1{,}8 \cdot 10^{19}$ Operationen. Selbst wenn eine Operation (wie bei heutigen Computern üblich) nur 1 ns in Anspruch nimmt, dauert der gesamte Vorgang immer noch über 584 Jahre. Da die Mönche lange nicht so schnell arbeiten konnten, sollte der Vorgang der Sage nach bis zum Untergang der Welt dauern.

$1\,\text{ns} = 10^{-9}\,\text{s}$

Rückblick

Inhalte von Zellen

Die **Zellen** von Tabellenblättern können **konstante Werte (Daten)** oder **Formeln** enthalten. **Werte** können mithilfe von **Zellbezügen** als Eingabe für Formeln verwendet werden. Eine Formel berechnet zu jedem Satz von Eingabewerten jeweils genau einen Ausgabewert.

B2 = =SUMME(A1:B1)

	A	B	C
1	3	4	
2		7	
3			

Anpassung von Zellbezügen

Beim Kopieren einer Formel in eine andere Zelle des Tabellenblattes werden **Zellbezüge** in der Regel automatisch an die neue Lage angepasst **(relative Zellbezüge)**. Will man dies verhindern, so verwendet man **absolute Zellbezüge** (gekennzeichet durch $). Beim Ausschneiden und anschließenden Einfügen einer Formel in eine andere Zelle werden die Zellbezüge dagegen nicht geändert.

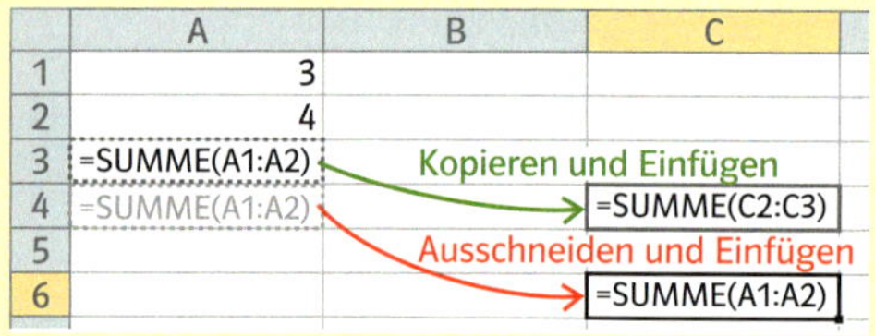

Datentypen

Als konstante Werte werden in den Zellen eines Tabellenblattes genau genommen nur Texte oder Zahlen gespeichert. Über die **Formatierung** einer Zelle kann man ihren Zahlenwert in einer Vielzahl verschiedener Datenformate darstellen, z. B. als Datum, Uhrzeit, Bruch oder Wahrheitswert.

C2 = =A2

	A	B	C
1	Zahlenwert	formatiert als	ergibt
2	12,1234	Datum	12.01.1900
3		Uhrzeit	02:57:42
4		Bruch	12 1/8

Funktionen

Eine Zuordnung heißt **Funktion**, wenn jedem Element der Ausgangsmenge höchstens ein Element der Zielmenge zugeordnet wird. Tabellenkalkulationssysteme enthalten viele fertig eingebaute Funktionen.

Funktionen einer Tabellenkalkulation:
LÄNGE; RÖMISCH

Mehrstellige Funktionen:
RUNDEN(1,3342;2); FINDEN(„Peter“;A2;1)

Mehrstellige Funktionen

In der Informatik trifft man oft auf Funktionen mit zwei oder noch mehr Argumenten.
Manche Funktionen kommen sogar mit einer beliebigen Anzahl von Argumenten zurecht.
Bei zweistelligen Funktionen unterscheidet man zwischen **Präfix-** und **Infixschreibweise.**

Funktionen mit einer beliebigen Anzahl von Argumenten:
MITTELWERT; SUMME

Präfixschreibweise: SUMME(3;4)
Infixschreibweise: 3 + 4

Verkettung von Funktionen

Bei der **Verkettung** zweier Funktionen übernimmt eine Funktion den Wert einer anderen Funktion als Argument.
Verkettete Funktionen kann man sehr übersichtlich in Datenflussdiagrammen darstellen. Will man hierbei ein Zwischenergebnis mehrfach verwenden, kann man dies durch Einbau eines **Datenverteilers** erreichen.

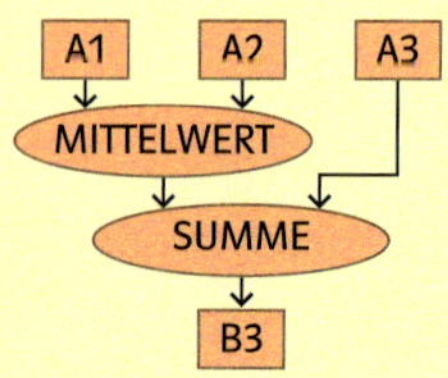

SUMME(MITTELWERT(A1;A2);A3)

WENN-Funktion

In Termen, die je nach Wert einer bestimmten Bedingung unterschiedliche Berechnungsverfahren erfordern, verwendet man die **WENN-Funktion.**

WENN(A1>A2;A1–A2;A2–A1)

Training

1 Wohltemperierte Tonleiter

Bei der gleichmäßig oder wohltemperierten Stimmung ist die Oktave in zwölf Halbtonintervalle aufgeteilt. Dabei wird bestimmten Halbtönen, z.B. den Halbtönen cis' und des' oder fis' und ges', dieselbe Frequenz zugeordnet. Zwischen zwei aufeinanderfolgenden Halbtönen der wohltemperierten Stimmung besteht jeweils dasselbe Frequenzverhältnis. Es beträgt ungefähr 1,059 4631. Durch Angabe eines Tons (meist der Kammerton a' mit der Frequenz $f_{a'}$ = 440 Hz) sind damit alle weiteren Töne bestimmt.

a) Erstelle ein Tabellenblatt mit einer Tabelle, deren erste Zeile die folgenden 13 Bezeichner der Töne enthält: c', cis'/des', d', dis'/es', e', f', fis'/ges', g', gis'/as', a', ais'/b', h' und c''.

b) Berechne in einer weiteren Zeile das Verhältnis der einzelnen Töne zum Kammerton a'.

c) Berechne in einer weiteren Zeile die Frequenz der einzelnen Töne.

Hinweis:
Durch Schrägstrich getrennte Töne weisen in dieser Stimmung dieselbe Frequenz auf.

2 Diäten

Bei bestimmten Diäten ist es entscheidend, woraus sich die Kalorien zusammensetzen, die man mit der Nahrung zu sich nimmt. Um langfristig Erfolg beim Abnehmen zu haben, sollten z.B. höchstens 30 % der Kalorien aus Fett aufgenommen werden (Fettkalorien). Da 1 g Fett ca. 9 kcal hat, ergibt sich für den prozentualen Fettanteil am Gesamtbrennwert: $\frac{\text{Fettanteil in g} \cdot 9}{\text{Gesamtbrennwert in kcal}}$. Lebensmittel, die nach dieser Formel einen Fettkalorien-Anteil von höchstens 30 % haben, dürfen nach Herzenslust gegessen werden, von allen anderen sollte man die Finger lassen.

Lebensmittel	Brennwert pro 100 g	Fettanteil pro 100 g
Gorgonzola	376 kcal	29,6 g
Harzer Käse	126 kcal	0,7 g
Eier	158 kcal	11,5 g
Seezunge	77 kcal	1,4 g
Hering	234 kcal	18,5 g
Eisbein	186 kcal	12,2 g
Speck	621 kcal	65 g
Kartoffelchips	582 kcal	39,4 g
Apfel	60 kcal	0,6 g

Die Tabelle gibt für einige Lebensmittel den Fettgehalt und den Brennwert an. Übertrage die Tabelle auf ein Tabellenblatt und füge eine Spalte hinzu, die den prozentualen Fettanteil am Gesamtbrennwert nach obiger Formel berechnet.

3 Geburtstagsplaner

Auf einem Tabellenblatt hast du die Adressen, Telefonnummern und Geburtstage deiner Freunde notiert. Erweitere deine Adressenliste um folgende Spalten.

a) Eine Spalte, die anzeigt, ob die betreffende Person heute Geburtstag hat.

b) Eine Spalte, die einen schnellen Überblick liefert, welche Personen in diesem Jahr bereits Geburtstag hatten.

c) Eine Spalte, die dich daran erinnert, dass die Person im Laufe der nächsten vier Wochen Geburtstag haben wird.

4 ISBN

Einem im Buchhandel erhältlichen Titel ist eine eindeutige 13-stellige Nummer, die ISBN (vgl. Seite 14) zugeordnet. Aus der ISBN können u.a. das Land und der Verlag eines Druckerzeugnisses erschlossen werden. Sie enthält eine Prüfziffer, die dreizehnte und letzte Ziffer. Diese berechnet sich wie folgt: Die ersten zwölf Ziffern werden, mit 1 beginnend, abwechselnd mit 1 und 3 multipliziert. Die einzelnen Produkte werden anschließend addiert. Der Rest bei Division durch 10 wird von 10 subtrahiert und ergibt die Prüfziffer. Bei Rest 0 ist die Prüfziffer 0. Erstelle ein Tabellenblatt, das die Prüfziffer nach diesem Schema berechnet, und teste dein Berechnungsschema am Beispiel des Buches „Informatik 1“ (978-3-12-731122-8).

Lösungen auf den Seiten 277–278

II Grundlagen der Datenmodellierung und relationaler Datenbanksysteme

Gegenüber der Fähigkeit, die Arbeit eines einzigen Tages sinnvoll zu ordnen, ist alles andere im Leben ein Kinderspiel.

Johann Wolfgang von Goethe (1749–1832), deutscher Dichter

Wohin mit den ganzen Daten?

Kompetenzerwartungen

- Datenbestände objektorientiert modellieren
- Objektorientierte Datenmodelle in Tabellen überführen und diese in einem Datenbanksystem realisieren
- Einfache *SQL*-Abfragen konzipieren

1 Objekte und Klassen

Du willst einen Überblick darüber gewinnen, welche Kinos es in deiner näheren Umgebung gibt und welche Adresse und Telefonnummer sie haben. Außerdem möchtest du wissen, welche Filme gerade aktuell sind, zu welcher Filmart sie gehören, welches Mindestalter für den Eintritt gefordert ist und welcher Film zurzeit in welchem Kino läuft. Stelle die gewonnenen Informationen kürzer als links abgebildet, aber trotzdem vollständig dar.

Informationen über Objekte lassen sich mit ihren Attributen und zugehörigen Attributwerten beschreiben. Gleichartige Objekte fasst man in Klassen zusammen.

Objekte

Der Turnverein TV Jahn bietet Sportgruppen in vielen Sportarten an. Es sind möglicherweise mehrere Sportgruppen mit gleicher Sportart, aber mit unterschiedlichem Namen bzw. getrennt für Männer und Frauen eingerichtet. Für jede Sportgruppe wird ein bestimmter Kursbeitrag pro Jahr verlangt.

Jede angebotene Sportgruppe wird durch ein **Objekt** mit den **Attributen** *name*, *sportart*, *geschlecht* und *kursbeitrag* dargestellt, welche jeweils mit bestimmten **Attributwerten** belegt sind. Sie werden in einem abgerundeten Rechteck, einer **Objektkarte**, aufgelistet. Fig. 1 zeigt zwei Beispiele.

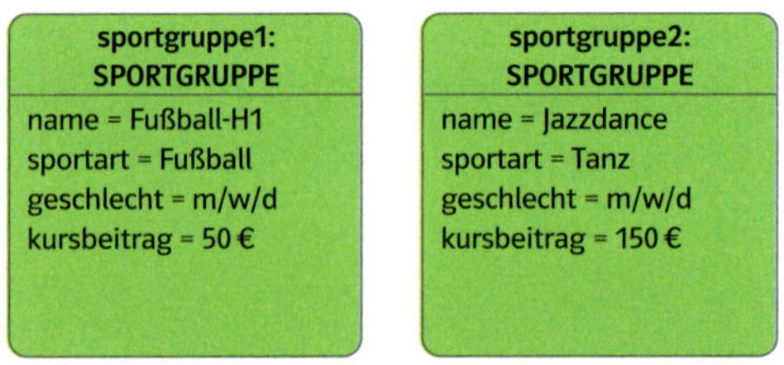

Fig. 1

In der ersten Zeile einer Objektkarte wird nach dem Objektbezeichner noch die Klasse angegeben, von der das jeweilige Objekt abgeleitet ist.

Genauso kann jedes Mitglied durch seine Attributwerte als Objekt beschrieben werden. Von den Mitgliedern des Turnvereins werden Name, Vorname, Geschlecht und Geburtsdatum gespeichert.
Die Objektkarten von *mitglied1* und *mitglied2* sind in Fig. 2 dargestellt.

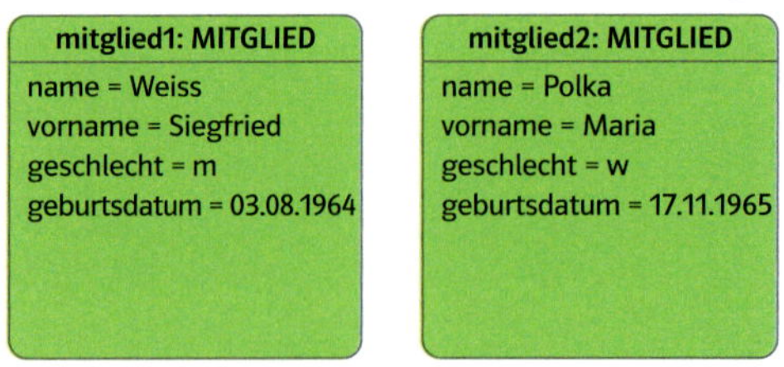

Fig. 2

Festlegen von Klassen

Die Mitglieder des Turnvereins TV Jahn werden durch Objekte mit meist unterschiedlichen Attributwerten repräsentiert. Die Liste der Attribute ist jedoch bei allen Mitgliedern gleich. Objekte mit **gleichen Attributen** legen eine **Klasse** fest. Die Attributbezeichner und deren Datentypen können in einer rechteckigen **Klassenkarte** aufgelistet werden.
Beim TV Jahn gibt es neben den Mitgliedern noch Sportgruppen und Trainer. Man kann die Klassen MITGLIED, SPORTGRUPPE und TRAINER beispielsweise durch die in Fig. 3 dargestellten Klassenkarten beschreiben.

Fig. 3

In einer Klassenkarte stehen Attribute, keine Attributwerte!
Die Datentypen können u. U. auch weggelassen werden.

Ein **Objekt** wird durch seine Attribute mit den zugehörigen Attributwerten beschrieben, die in einer Objektkarte aufgelistet werden können.

Eine **Klasse** wird mit ihrem Bezeichner sowie den Bezeichnern und Datentypen ihrer Attribute in einer Klassenkarte dargestellt.

1 Die Klasse KREIS: olympische Ringe

Das Symbol der olympischen Flagge besteht aus fünf Ringen (Fig. 1).
Zeichne die Ringe mit einem geeigneten Werkzeug nach und vergleiche die zugehörigen Objektkarten. Gib an, welche der Attribute unterschiedliche Werte haben.
Hinweis: Die Ringe müssen nicht ineinander verschlungen sein.

Fig. 1

Die olympischen Ringe wurden 1913 vom französischen Pädagogen Pierre de Coubertin (1863–1937) entworfen. Er war maßgeblich an der Wiederbelebung der Olympischen Spiele beteiligt und von 1896 bis 1925 Präsident des IOC.

2 Schüler und Lehrer sind auch nur Menschen

Stelle die Klassen SCHÜLER und LEHRER gegenüber. Nenne gemeinsame Attribute und zeige auch Unterschiede auf. Gib im Vergeich dazu die Klassenkarte einer Klasse MENSCH an.

3 Personen

Die Daten von Personen werden besonders oft in Datenbanken gespeichert. In Aufgabe 2 hast du dir bereits Gedanken über die Klassenkarten von Schülern, Lehrern und Menschen allgemein gemacht.
Gib an, welche Attribute der Klasse MENSCH in folgenden Fällen von Interesse sind und welche zusätzlichen Attribute die betreffende Klasse noch bekommen sollte.

a) Klasse KUNDE eines Versandhandels
b) Klasse KUNDE einer Versicherung
c) Klasse MITGLIED eines Fitnessstudios
d) Klasse PATIENT einer Arztpraxis

4 Die Klasse RECHTECK: Piet Mondrian

Ganz ähnliche Bilder wie das in Fig. 2 hat der niederländische Maler Piet Mondrian, der zu den Begründern der abstrakten Malerei zählt, auch gemalt.

a) Zeichne die abstrakte Malerei mit einem geeigneten Werkzeug nach.
b) Erläutere, inwieweit sich das Bild mit möglichst wenigen Objekten der Klasse RECHTECK gestalten lässt.
c) Gib an, welche unterschiedlichen Attributwerte das gelbe und das blaue Rechteck haben.

Fig. 2

Piet Mondrian (1872–1944)

5 Flaggen der Erde I

Gestalte mit einem geeigneten Werkzeug die Staatsflaggen nachfolgender Länder und gib die zugehörigen Objektkarten mit den wesentlichen Attributen und ihren Werten an.

a) Belgien
b) Dänemark
c) Bahamas
d) Laos

6 Kandinsky

a) Gib an, von welcher Klasse die in Wassily Kandinskys nebenstehendem Werk vorkommenden abstrakten Objekte deiner Meinung nach sind, und gib die zugehörigen Klassenkarten an.

b) Zeichne mit einem geeigneten Werkzeug ein eigenes abstraktes Bild mit wenigstens fünf Objekten, die jeweils einer anderen Klasse angehören sollen, und stelle die zugehörigen Objektkarten auf.

Wassily Kandinsky (1866–1944)

7 Flaggen der Erde II

In dieser Aufgabe werden verschiedene Flaggen der Erde mithilfe von Objektkarten dargestellt. Rechts ist die Objektkarte für die Hintergrundflächen der Flaggen aller Teilaufgaben zu sehen.

Flaggen haben normalerweise verschiedene Seitenverhältnisse, hier wurde jedoch der Einfachheit halber immer das Verhältnis 3 : 2 verwendet. Der Mittelpunkt jeder Fahne liegt im Ursprung eines kartesischen Koordinatensystems. Finde anhand der Objektkarten heraus, welche Flagge dargestellt wird.

rechteck1: RECHTECK
linienfarbe = schwarz
linienart = durchgezogen
linienstärke = 0,1 mm
füllfarbe = weiß
länge = 6 cm
breite = 4 cm
mittelpunkt = (0 cm; 0 cm)

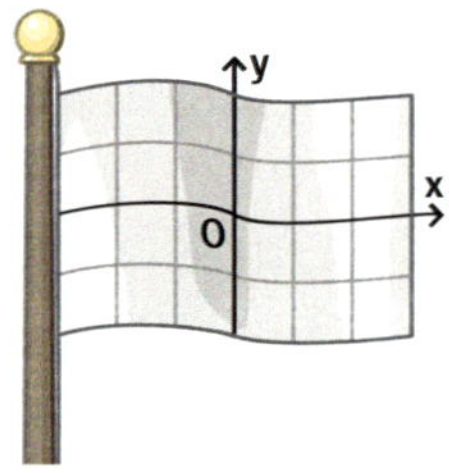

Hinweis:
Es kann hilfreich sein, die dargestellten Objekte zu zeichnen. Sollte das dabei von dir verwendete Werkzeug den Ursprung in eine Ecke setzen, so musst du als Flaggenmittelpunkt beispielsweise (10 cm; 10 cm) wählen und die Lagen der angegebenen Objekte entsprechend anpassen.

a)

kreis1: KREIS
linienfarbe = unsichtbar
linienart = durchgezogen
linienstärke = 0,1 mm
füllfarbe = rot
radius = 1 cm
mittelpunkt = (0 cm; 0 cm)

b)

rechteck2: REC
linienfarbe = uns
linienart = durch
linienstärke = 0,1
füllfarbe = rot
länge = 6 cm
breite = 2 cm
mittelpunkt = (0 cm; −1 cm)

dreieck1: DREIECK
linienfarbe = unsichtbar
linienart = durchgezogen
linienstärke = 0,1 mm
füllfarbe = blau
eckeA = (−3 cm; −2 cm)
eckeB = (−3 cm; 2 cm)
eckeC = (−0,5 cm; 0 cm)

c)

rechteck3: RECHTECK
linienfarbe = unsichtbar
linienart = durchgezogen
linienstärke = 0,1 mm
füllfarbe = weiß
länge = 3 cm
breite = 1 cm
mittelpunkt = (0 cm; 0 cm)

rechteck4 hat die gleichen Attribute wie *rechteck3*, nur sind die Werte von Länge und Breite vertauscht. Außerdem gilt *rechteck1.füllfarbe = rot.*

d)

rechteck5: RECHTECK
linienfarbe = unsichtbar
linienart = durchgezoge
linienstärke = 0,1 mm
füllfarbe = blau
länge = 6 cm
breite = 0,6 cm
mittelpunkt = (0 cm; −1,3 cm)

dreieck2: DREIECK
linienfarbe = blau
linienart = durchgezogen
linienstärke = 0,1 mm
füllfarbe = unsichtbar
eckeA = (−0,7 cm; −0,5 cm)
eckeB = (0,7 cm; −0,5 cm)
eckeC = (0 cm; 0,9 cm)

rechteck6 hat bis auf *mittelpunkt = (0 cm; 1,3 cm)* die gleichen Attributwerte wie *rechteck5*. *dreieck3* hat die gleichen Attributwerte wie *dreieck2*, ist aber horizontal gespiegelt worden und hat somit folgende Eckpunkte: *eckeA = (−0,7 cm; 0,5 cm), eckeB = (0,7 cm; 0,5 cm), eckeC = (0 cm; −0,9 cm).*

e)

dreieck4: DREIECK
linienfarbe = unsichtbar
linienart = durchgezoger
linienstärke = 0,1 mm
füllfarbe = schwarz
eckeA = (−3 cm; −1,7 cm)
eckeB = (−3 cm; 1,7 cm)
eckeC = (−0,3 cm; 0 cm)

dreieck5: DREIECK
linienfarbe = unsichtbar
linienart = durchgezogen
linienstärke = 0,1 mm
füllfarbe = schwarz
eckeA = (3 cm; −1,7 cm)
eckeB = (3 cm; 1,7 cm)
eckeC = (0,3 cm; 0 cm)

eieck6: DREIECK
ıfarbe = unsichtbar
ıart = durchgezogen
linienstärke = 0,1 mm
füllfarbe = grün
eckeA = (−2,7 cm; 2 cm)
eckeB = (2,7 cm; 2 cm)
eckeC = (0 cm; 0,3 cm)

dreieck7 hat die gleichen Attributwerte wie *dreieck6*, ist aber horizontal gespiegelt worden und hat somit folgende Eckpunkte: *eckeA = (−2,7 cm; −2 cm), eckeB = (2,7 cm; −2 cm), eckeC = (0 cm; −0,3 cm).* Außerdem gilt *rechteck0.füllfarbe = gelb.*

8 Das CERN, HTML und das WWW

Tim Berners Lee arbeitete 1989 als Physiker am CERN in Genf, dem zu dieser Zeit führenden Kernforschungszentrum. Als internationale Forschungseinrichtung war das CERN auf weltweite Kommunikation angewiesen. Leider wurden damals (wie auch heute) derart unterschiedliche Informationssysteme verwendet, dass eine sinnvolle Kommunikation mitunter unmöglich war. Tim Berners Lee schlug deshalb 1989 vor, Informationen durch sogenannte Hypertextstrukturen zu beschreiben. Daher stammt auch der Name HTML: **H**yper**t**ext **M**arkup **L**anguage. Wesentlich für die schnelle Verbreitung dieser Textbeschreibungssprache war, dass Berners Lee seine Ideen und deren technische Umsetzung nicht patentierte. Im Gegensatz dazu sind kommerzielle Textverarbeitungssysteme patentiert, weshalb die mit derartigen Systemen erstellten Dokumente genau genommen nicht frei zur Verfügung gestellt werden dürfen.

Sir Timothy John Berners-Lee (*1955), der Erfinder des WWW

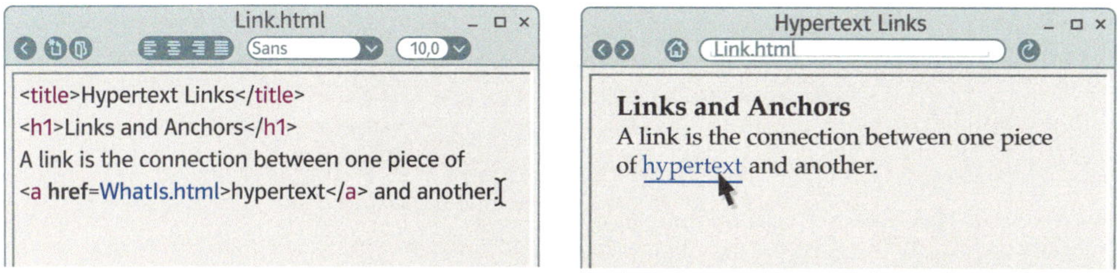

Das erste HTML-Dokument vom 13. November 1990; rechts das Dokument im Browser und links der Quelltext, der mit jedem einfachen Editor geschrieben werden kann

a) Erstelle mit einem einfachen Texteditor eine Datei, die den angegebenen Quelltext enthält; die Datei muss vom Typ „html" oder „htm" sein. Lade anschließend die Datei in einem Browser.

b) Das angegebene Dokument enthält Strukturen, die man Tags nennt: zur Darstellung des Titels `<title> ... </title>`, der Überschrift `<h1> ... </h1>` oder eines Verweises `<a ...> ... </a>`. Diese Strukturen lassen sich als Klassen mit bestimmten Attributen interpretieren. Obige Abbildungen zeigen Objekte der entsprechenden Klassen. Gib für die Überschrift und den Verweis das jeweilige Objektdiagramm an und führe gegebenenfalls geeignete Attribute ein.

c) Im Internet finden sich Dokumente, die alle Tags von HTML detailliert beschreiben. Suche in einem solchen Dokument eine Beschreibung der Klasse VERWEIS und gib eine Klassenkarte an, die die wichtigsten Attribute dieser Klasse enthält.

d) In HTML lassen sich auch Tabellen darstellen. Ermittle mithilfe einer Online-Dokumentation von HTML die Attribute dieser Klasse. Eine Klassenkarte kann als einspaltige Tabelle aufgefasst werden, deren erste Zeile den Klassennamen, deren zweite Zeile die Attribute und deren dritte Zeile die Methoden enthält.
Erstelle in HTML eine Klassenkarte der Klasse VERWEIS mit einem einzigen Attribut. Die Zeile für Methoden kann leer bleiben.
Tabellen in HTML können geschachtelt werden. Um mithilfe von Tabellen Klassenkarten mit mehreren Attributen darzustellen, können geschachtelte Tabellen verwendet werden. Erstelle auf diese Art eine Klassenkarte, die die wesentlichen Attribute der Klasse Verweis enthält.

e) Die Recherche in der Online-Dokumentation von HTML zeigt, dass HTML eine Vielzahl von Textbeschreibungsstrukturen enthält. In Gruppenarbeit soll eine möglichst umfangreiche Sammlung von Klassenkarten der verschiedenen HTML-Tags auf oben beschriebene Weise erstellt werden. Nach Abschluss der Gruppenarbeit werden die Klassenkarten auf einer gemeinsamen Seite allen Teilnehmern der Gruppenarbeit zugänglich gemacht.

2 Tabellen in Datenbanken

Bei den beiden abgebildeten Gemälden handelt es sich um Werke bekannter Maler der Renaissance und des Barocks, die du vielleicht aus dem Kunstunterricht kennst.
Alle wichtigen Informationen über die Künstler dieser beiden Stilrichtungen, über die Werke und darüber, wer welches Bild gemalt hat, werden für eine Ausstellung gesammelt.
Welche Arten von Informationen könnten dabei z. B. im Einzelnen interessieren?

Datenbanksysteme dienen zur Verwaltung großer Datenmengen, wobei man vor allem sehr schnell auf die gewünschten Informationen zugreifen will. Die Daten werden in Form von Datensätzen gespeichert, die in Tabellen zusammengefasst werden.
Bei der Umsetzung eines Objektmodells in Tabellen werden aus Objekten Datensätze und aus Klassen Tabellen.

Hinweis:
Beachte den Unterschied zwischen einem Tabellenblatt und einer Tabelle (vgl. Info-Box auf Seite 54).

Informationen tabellarisch darstellen

Ein Händler erhält eine neue Lieferung von Fahrrädern. Der Lieferschein listet diese tabellarisch auf (Fig. 1). Die Objekte der Klasse FAHRRAD werden durch die Attribute *rahmenNr*, *fahrradtyp*, *hersteller*, *ekp* und *uvp* beschrieben. Fig. 2 zeigt dies beispielhaft für das Objekt *fahrrad3*.

EKP steht für Einkaufspreis, UVP für unverbindlichen Verkaufspreis.

Die Attributwerte eines Fahrrads nehmen in der **Tabelle** jeweils eine Zeile ein, die in der Datenbank als **Datensatz** bezeichnet wird. Jeder Datensatz repräsentiert damit ein Objekt der Klasse FAHRRAD. In der ersten Zeile der Tabelle stehen die Bezeichner der Attribute. Für jedes Attribut der Klasse enthält die Tabelle eine Spalte, in der unter dem Bezeichner die Attributwerte stehen.

Tabelle FAHRRAD

Schlüssel

Schema

Datensatz

RahmenNr	Fahrradtyp	Hersteller	EKP	UVP
121A3	MTB	RADMAX	336,00 €	419,00 €
23U78	Rennrad	RADMAX	479,00 €	599,00 €
236KK	MTB	WindTec	640,00 €	980,00 €
55AB5	Trekkingrad	WindTec	125,00 €	169,00 €
98GH1	Rennrad	WindTec	890,00 €	1.199,00 €
71AK3	Rennrad	Global	630,00 €	790,00 €

Fig. 1

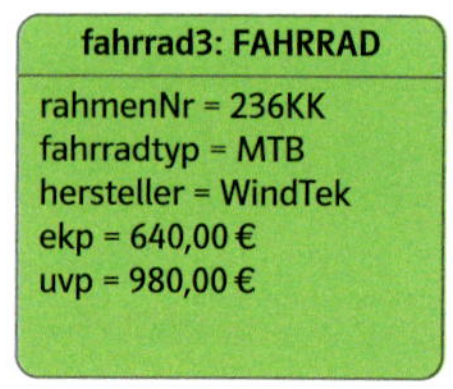

Fig. 2

Schlüssel

Zum eindeutigen Zugriff auf einen bestimmten Datensatz der Tabelle muss sichergestellt sein, dass es nicht mehrere Zeilen (Objekte) gibt, bei denen alle entsprechenden Attribute denselben Wert haben. Für jede Datenbanktabelle wird daher ein **Schlüssel** festgelegt, mit dem man jeden Datensatz eindeutig identifizieren kann. Dabei kann es sich um ein einzelnes Attribut oder auch um eine Kombination mehrerer Attribute handeln. Ein Schlüssel mit einer minimalen Menge an Attributen heißt Schlüsselkandidat. Gibt es mehrere Schlüsselkandidaten, wählt man einen aus; dieser heißt **Primärschlüssel**. In der Praxis wird dafür so gut wie immer ein neues Attribut als künstlicher Schlüssel eingeführt, z. B. eine eindeutige Nummer wie die ISBN für Bücher (vgl. auch Exkurs auf Seite 65 f.). In obigem Beispiel kann die eindeutige *rahmenNr* als Schlüssel verwendet werden. So gibt es z. B. genau ein Fahrrad mit der Rahmennummer 236KK.
Datenbanksysteme verhindern durch Ausgabe einer Fehlermeldung oft schon bei der Eingabe, dass in der Spalte eines Schlüsselattributs ein Wert mehr als einmal aufgenommen wird.

Die in den Objektkarten ganz oben notierten Objektbezeichner wie *fahrrad3* dienen ebenfalls der eindeutigen Identifikation von Objekten, allerdings in der gesamten relevanten Umgebung, nicht nur innerhalb der jeweiligen Tabelle.

primo (lat.): anfangs, zuerst

Anlegen einer neuen Tabelle mit dem Schema

Für das Anlegen jeder neuen Tabelle muss zunächst ein Bezeichner für sie festgelegt werden. Außerdem werden als Spaltennamen die Bezeichner aller Attribute sowie ihre Datentypen benötigt, damit bei der Eingabe unzulässige Werte gemeldet werden können. Die wichtigsten Datentypen sind dabei Text und Zahl. Hierbei kann z. B. zusätzlich die maximale Textlänge bzw. die Anzahl der Nachkommastellen angegeben werden. Die Bezeichnung der einzelnen Datentypen hängt allerdings stark von der verwendeten Software ab. Schließlich muss noch geklärt werden, welches Attribut als Schlüssel verwendet werden soll.
Die Menge dieser Informationen bezeichnet man als **Schema** der Tabelle. Da die Objekte in einer Datenbank keine Methoden haben, enthält das Schema einer Tabelle alle Informationen zu ihrer jeweiligen Klasse.

Datentypen wurden auf Seite 12 behandelt.

FAHRRAD
<u>rahmenNr</u>: Text fahrradtyp: Text hersteller: Text ekp: Zahl uvp: Zahl

Meist verwendet man für das Schema eine formalisierte Schreibweise, z. B. für die Fahrradtabelle von Seite 52:
FAHRRAD[<u>*RahmenNr*</u>: Text; *Fahrradtyp*: Text; *Hersteller*: Text; *EKP*: Zahl; *UVP*: Zahl].
Der Schlüssel wird dabei unterstrichen. Die Datentypen können u. U. auch weggelassen werden. Auf die konsequente Kleinschreibung von Attributbezeichnern wie z. B. bei Objektkarten verzichten wir bei den Spaltenbezeichnern von Tabellen.
Erst wenn das Schema der Tabelle gespeichert worden ist, kann die Tabelle geöffnet und die Datensätze können der Reihe nach eingefügt werden.

Beim Editieren einer Tabelle kann man das Schema verändern, beim Öffnen einer Tabelle können Datensätze eingefügt bzw. gelöscht werden.

Datenbankmanagementsystem

Datenbanktabellen müssen definiert, angelegt und mit Werten gefüllt werden. Außerdem muss man diese Werte auch wieder ändern und ausgeben können. Bei der Eingabe von Werten muss geprüft werden, ob sie zum Datentyp passen. Beim Schlüsselattribut muss zudem die Eindeutigkeit sichergestellt werden.
All diese Aufgaben (und noch weitere, vgl. Kapitel V) werden von einem **Datenbankmanagementsystem** übernommen. Die Tabellen einer Datenbank bilden zusammen mit dem Datenbankmanagementsystem ein **Datenbanksystem**.

Informationen über Objekte einer Klasse können in einer **Tabelle** angeordnet werden:
- Die Spaltenüberschriften bezeichnen die Attribute. Für jedes Attribut muss ein Datentyp festgelegt werden.
- Jede Zeile bildet einen **Datensatz**, der ein einzelnes Objekt repräsentiert. In den entsprechenden Zellen stehen seine Attributwerte.
- Der Wert des **Schlüssels** identifiziert jeden Datensatz eindeutig.

Der **Primärschlüssel** einer Tabelle ist ein Schlüssel, der aus einer minimalen Teilmenge der Attribute (Spalten) besteht.

Das **Schema** einer Tabelle besteht aus ihrem Bezeichner, den Bezeichnern und Datentypen der Attribute sowie der Angabe des Schlüsselattributs.

Datenbankmanagementsysteme stellen die zur Anlage, Bearbeitung und Ausgabe von Daten notwendigen Operationen auf den Tabellen einer Datenbank zur Verfügung. Zudem sichern sie bei jeder Änderung des Datenbestandes, dass dieser logisch einwandfrei bleibt, indem sie z. B. prüfen, ob neue Werte zu den Datentypen passen oder ob der Schlüssel eindeutig bleibt.

Die Tabellen einer Datenbank bilden zusammen mit dem Datenbankmanagementsystem ein **Datenbanksystem**.

I

Unterschied Tabellenblatt – Datenbanktabelle

Auch wenn in einer Tabellenkalkulation Tabellenblätter oft als „Tabellen" bezeichnet werden, unterscheiden sich diese doch erheblich von Tabellen in Datenbanken. Tabellenblätter sind in erster Linie ein Hilfsmittel zur Durchführung komplexerer Rechnungen. Wie aus Kapitel I bekannt ist, enthalten Zellen Daten oder Formeln. Dabei spielt deren Anordnung innerhalb des Tabellenblattes keine Rolle, sofern die Bezüge korrekt sind (Fig. 1 und Fig. 2).

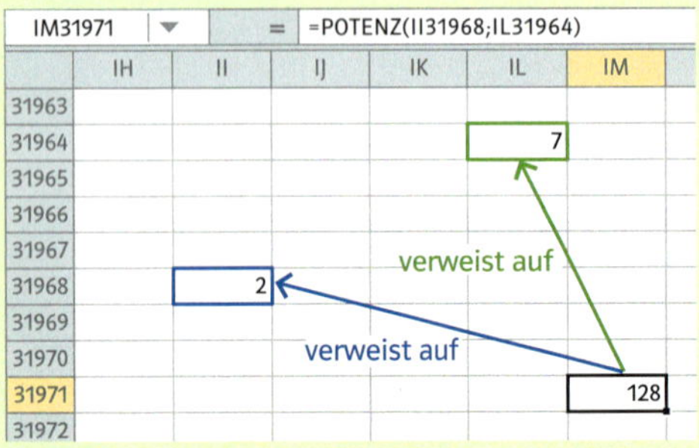

Fig. 1

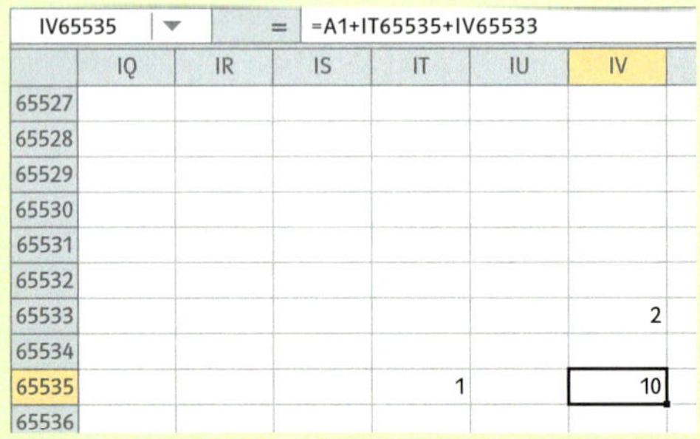

Fig. 2

Die gängigen Tabellenkalkulationen verfügen nur über eine beschränkte, fest vorgegebene Anzahl von Zellen, die sich während der Arbeit mit dem Tabellenblatt nicht mehr ändert. Man sagt, ein Tabellenblatt ist statisch. So sind sämtliche Zellen bereits bei der Erzeugung des Tabellenblattes vorhanden, haben jedoch zunächst noch keinen Inhalt.

Demgegenüber ist eine Datenbanktabelle eine Liste von Datensätzen, deren Anzahl prinzipiell offen ist. Im Laufe der Arbeit mit der Datenbank können Datensätze und Attribute angefügt oder entfernt werden. Man sagt, eine Datenbanktabelle ist dynamisch, da sich die Anzahl der Zeilen oder Spalten ändern kann.
Einzelne Daten lassen sich auch nur über Abfragen (vgl. Seite 58 f.) filtern und nicht direkt, etwa durch Verweise, ansprechen. Insbesondere ergeben Bezüge zwischen verschiedenen Attributwerten keinen Sinn.

Tabellenblatt	Datenbanktabelle
Statisch Die Anzahl der Zeilen und Spalten ist jeweils fest. Beim Erstellen eines neuen Tabellenblattes existieren bereits sämtliche Zellen, sind aber am Anfang leer.	**Dynamisch** Die Liste der Datensätze und Attribute ist ständig erweiterbar. Beim Erstellen einer neuen Datenbank existieren keine Datensätze.
Zellen enthalten Daten oder Formeln, Bezüge zwischen Zellen sind also möglich.	Es werden ausschließlich Daten bearbeitet, Bezüge zwischen verschiedenen Attributwerten sind nicht möglich.
Durch Abfragen können keine neuen Tabellenblätter erzeugt werden.	Abfragen können neue Tabellen und damit zusätzliche Informationen erzeugen.

A

1 Klassenliste

Lass dir von deiner Lehrerin oder deinem Lehrer eine Klassenliste zeigen und beantworte folgende Fragen:
Welche Attribute sind hier aufgeführt?
Von welchem Datentyp sind diese jeweils?
Durch welche Attribute lässt sich die Klassenliste sinnvoll ergänzen?
Welche Datentypen müssten diese Attribute jeweils haben?
Wie lautet das Schlüsselattribut?

2 Bundstagswahl 1949

Bei der ersten Bundestagswahl der neu gegründeten Bundesrepublik Deutschland im Jahre 1949 wurden die in Fig. 1 angegebenen Ergebnisse erzielt.

a) Gib das Schema der Tabelle an.
b) Bestimme die Datentypen der Attribute.
c) Identifiziere den Schlüssel der Tabelle.
d) Informiere dich, aus welchen Parteien die „Sonstigen" zusammengesetzt sind, und ersetze diesen Datensatz durch die entsprechenden Datensätze.

BUNDESTAGSWAHL1949

Partei	Stimmen	Prozent	Sitze	Kanzlerkandidat
SPD	6934975	29,2 %	136	Kurt Schumacher
CDU/CSU	7359084	31,0 %	141	Konrad Adenauer
FDP	2829920	11,9 %	53	
Sonstige	6608419	27,9 %	80	

Fig. 1

Bei dieser ersten Bundestagswahl galt die 5%-Hürde nur landesweit. Dies führte dazu, dass mehr Parteien in den Bundestag einzogen als gewünscht. Die Bayernpartei z. B. erreichte bundesweit nur 4,2 %, in Bayern dagegen über 20 %.

Ein- und Ausgabeformate für Daten

Für die Datentypen der Attribute einer Tabelle bieten Datenbanksysteme eine Vielzahl möglicher Formate an. So können Datentypen oft durch eine Aufzählung aller zugelassenen Werte weiter eingeschränkt werden, z. B. für das Attribut *fahrradtyp* auf *Mountainbike*, *Rennrad*, *Trekkingrad*, *Kinderrad*, *Stadtfahrrad* und *Sonstige*.

Für viele Typen gibt es spezielle Ausgabeformate, mit denen die Darstellung der Werte in der jeweiligen Tabelle festgelegt wird, z. B. bei Zahlen das Währungssymbol wie €, die Anzahl von Vor- bzw. Nachkommastellen oder bei Datumsangaben Formen wie 13.02.2025 bzw. 13. Februar 25.

	Spaltenname	Datentyp
🔑	RahmenNr	Text
	Fahrradtyp	Text
	Hersteller	Text
	EKP	Zahl
	UVP	Zahl

Eingabe erforderlich	ja
Vorkommastellen	5
Nachkommastellen	2
Format	0,00 €

3 Fächer

a) Stelle eine Tabelle FACH über deine Fächer in diesem Schuljahr mit möglichst vielen Informationen (unterrichtende Lehrkraft, Fach mit Schulaufgaben oder nicht, Anzahl der Stunden usw.) auf.
b) Bestimme die Anzahl der Datensätze.
c) Gib das Schema deiner Tabelle an und prüfe, inwieweit die Ein- bzw. Ausgabeformate der Daten eingeschränkt werden sollten (vgl. Info-Box oben).

Die Europaflagge besteht aus einem Kreis von zwölf goldenen Sternen auf azurblauem Grund. Die Anzahl der Sterne geht auf eine Reihe verschiedener Überlieferungen zurück und hat nichts mit der Anzahl der Mitgliedstaaten zu tun. (Die Zwölf gilt als Zahl der Einheit.) Deswegen bleibt die Flagge auch nach Erweiterungen der EU unverändert.

4 Europa

In Fig. 2 siehst du zwei Datensätze aus einer Tabelle über die Mitgliedstaaten der Europäischen Union. Finde die zugehörigen Attributbezeichner und vervollständige die Tabelle. Erörtere, wie man das Schema noch erweitern könnte.

Deutschland	Berlin	ca. 83 Mio.	357582 km²	Euro	D	1958
Frankreich	Paris	ca. 67 Mio.	543965 km²	Euro	F	1958
Polen	Warschau	ca. 38 Mio.	312696 km²	Złoty	PL	2004

Fig. 2

5 Bund und Länder I

a) Erstelle in einem Datenbanksystem eine Tabelle BUNDESLAND mit möglichst vielen Informationen (Landeshauptstadt, Einwohnerzahl, Ministerpräsident(in) ...) über alle deutschen Bundesländer und gib das zugehörige Schema an.
b) Bestimme geeignete Datentypen für die verschiedenen Attribute.
c) Identifiziere sämtliche Attribute, die sich als Schlüssel eignen.

6 Nährwerttabelle

Auf den Verpackungen von Lebensmitteln und Fertiggerichten findet der ernährungsbewusste Verbraucher eine Nährwerttabelle, aus der man u.a. ablesen kann, wie viel Fett oder Kohlenhydrate man beim Verzehr zu sich nehmen würde. Auf manchen Produkten stehen darüber hinaus auch Angaben über die enthaltenen Vitamine.

Nährwerte	pro 100 ml	pro 250 ml
Brennwert	226 kJ 54 kcal	565 kJ 135 kcal
Eiweiß	0,7 g	1,8 g
Kohlenhydrate	6,0 g	15,0 g
Fett	3,1 g	7,8 g

Eine Portion (250 ml) enthält 1,3 BE.

Fig. 1

a) Betrachte Fig. 1, welche die Nährwerttabelle einer Tütensuppe zeigt. Gib das zugrunde liegende Schema und die betreffenden Datensätze an.

b) Suche zu Hause mindestens fünf verschiedene Produkte, auf denen eine Nährwerttabelle abgedruckt ist, und stelle sie in einer neuen Tabelle übersichtlich gegenüber, sodass man beispielsweise sofort den Fettgehalt vergleichen kann.

c) Ergänze das Schema deiner Tabelle durch einen Wahrheitswert *WenigFett*.
Dieser Wert soll den Wert WAHR annehmen, wenn das Produkt nach der Formel von Aufgabe 2 auf Seite 45 einen Fettkalorien-Anteil von höchstens 30 % hat, und sonst den Wert FALSCH.

7 Speisekarte

Die Gerichte eines italienischen Restaurants sind zum Beispiel wie auf der in Fig. 2 abgebildeten Speisekarte sortiert (Spaghetti, Rigatoni, Lasagne usw.).

a) Erstelle eine Datenbanktabelle, in der man sämtliche Informationen der Speisekarte wiederfindet. Erläutere die Wahl deines Schemas.

b) Bestimme den Schlüssel und die Datentypen der Attribute.

SPAGHETTI

01 Spaghetti alla Contadina
mit frischem Gemüse 6,50 €
02 Spaghetti Napoli
mit Tomatensoße 5,50 €
03 Spaghetti Bolognese
mit Hackfleischsoße 6,00 €
04 Spaghetti Carbonara
mit Schinken, Eigelb, Sahne 6,00 €

RIGATONI

05 Rigatoni Arrabiata
mit Tomatensoße, sehr scharf 6,00 €
06 Rigatoni Gorgonzola
mit Gorgonzola, Käsesahnesoße 6,50 €

LASAGNE

07 Lasagne
klassisch mit Hackfleisch 6,00 €
08 Lasagne alla Chef
mit Schinken, Eiern, Erbsen 6,50 €

TAGLIATELLE

09 Tagliatelle ai Funghi
mit Champignons 6,50 €
10 Tagliatelle al Salmone
mit Lachs 6,50 €

GNOCCHI

11 Gnocchi della Mamma
Kartoffelnudeln 7,00 €

Fig. 2

8 Online-Auktion

In einem Online-Auktionshaus erhält man nach Eingabe eines Suchwortes verschiedene Angebote (Fig. 3).

a) Bestimme das zugehörige Schema.

b) Bestimme für alle Attribute den jeweiligen Datentyp.

c) Erörtere, nach welchem Begriff gesucht worden sein könnte.

d) Erkläre den Sinn der letzten Spalte.

2 CDs THE BEATLES – Neuwertig	3	€ 7,50 + € 3,00	10 Std 32 Min	308459
George Harrison All Things Must Pass – Gebraucht	2	€ 6,50 + € 2,00	12 Std 19 Min	018910
CD – BEATLES – MICHELLE – Platinum	–	€ 1,99 + € 3,00	12 Std 53 Min	835444
BEATLES DIE CD REVOLVER (NEU)	5	€ 6,55 + € 2,50	12 Std 55 Min	500287

Fig. 3

9 Daten, Daten, Daten ...

Informiere dich, wo und wie folgende Daten gesammelt werden, wie das zugehörige Schema aussehen könnte und welche Attribute jeweils als Schlüssel verwendet werden.

a) Alle in Deutschland zugelassenen Medikamente werden in der „Roten Liste" geführt.

b) Erwirbt man eine Wohnung, ein Haus oder ein Grundstück, so wird man als Eigentümer ins Grundbuch eingetragen.

c) Gründet man eine Firma, so muss diese in das Handelsregister des betreffenden Regierungsbezirkes eingetragen werden.

10 Fußball-Bundesliga

Betrachte nebenstehende „Tabelle“, welche den Endstand der Fußball-Bundesliga der Saison 2018/19 wiedergibt.

a) Betrachte die Abschlusstabelle als Datenbanktabelle und gib deren Schema an.

b) Angenommen, nach jedem Spieltag wird eine eigene Tabelle erstellt. Nenne in diesem Fall alle mögliche Schlüssel.

c) Angenommen, diese Tabelle wird nach jedem Spieltag geändert und an die letzten Ergebnisse angepasst. Bestimme dann einen geeigneten Schlüssel.

d) Erläutere, welche Vorteile sich ergeben, wenn man die Tabelle mit einem Tabellenkalkulationssystem verarbeitet, und bestimme die Spalten, von denen die Attributwerte durch Funktionen berechnet werden können.

Bundesliga Abschlusstabelle 2018/2019

Platz	Verein	Spiele	S	U	N	Tore	TD	Punkte
1	FC Bayern München	34	24	6	4	88:32	56	78
2	Borussia Dortmund	34	23	7	4	81:44	37	76
3	RB Leipzig	34	19	6	6	63:29	34	66
4	Bayer 04 Leverkusen	34	18	4	12	69:52	17	58
5	Borussia M'gladbach	34	16	7	11	55:42	13	55
6	VfL Wolfsburg	34	16	7	11	62:50	12	55
7	Eintracht Frankfurt	34	15	9	10	60:48	12	54
8	Werder Bremen	34	14	11	9	58:49	9	53
9	TSG 1899 Hoffenheim	34	13	12	9	70:52	18	51
10	Fortuna Düsseldorf	34	13	5	16	49:65	−16	44
11	Hertha BSC Berlin	34	11	10	13	49:57	−8	43
12	1. FSV Mainz 05	34	12	7	15	46:57	−11	43
13	SC Freiburg	34	8	12	14	46:61	−15	36
14	FC Schalke 04	34	8	9	17	37:55	−18	33
15	FC Augsburg	34	8	8	18	15:71	−20	32
16	VfB Stuttgart	34	7	7	20	32:70	−38	28
17	Hannover 96	34	5	6	23	31:71	−40	21
18	1. FC Nürnberg	34	3	10	21	26:68	−42	19

Vergleiche auch die Info-Box auf Seite 54.

11 Stundenplan

a) Erläutere, inwieweit sich dein Stundenplan als Datenbanktabelle auffassen lässt. Überlege dir dabei, wie die Attributbezeichner lauten müssten, welches in diesem Fall die Datensätze wären und wie der Schlüssel lauten müsste.

b) Bestimme, wie viele Datensätze sich in deinem Schema sinnvoll anlegen lassen.

	Mo	Di	Mi	Do	Fr
1	Englisch	Deutsch	Mathe	Chemie	Latein
2	Informatik	Deutsch	Chemie	Latein	Physik
3	Mathe	Englisch	Wirtsch.	Musik	Religion
4	Deutsch	Mathe	Physik	Informatik	Gesch.
5	Latein	Kunst	Gesch.	Biologie	Deutsch
6	Religion	Physik	Biologie	Englisch	Mathe
7		Chemie		Wirtsch.	
8		Intensiv.		Sport	
9		Intensiv.		Sport	

12 Die Erde bebt I

In der Tabelle ist eine Auswahl der schwersten Erdbeben der Erde gegeben.

a) Begründe, dass sich das Attribut *Jahr* nicht als Schlüssel eignet.

b) Erläutere, unter welchen Bedingungen die Kombinationen (*Jahr*, *Tag*), (*Jahr*, *Ort*) und (*Jahr*, *Land*) als Schlüssel geeignet sind.

c) Gib eine Kombination von Attributen an, die als Schlüssel geeignet ist, sodass sich die Tabelle jederzeit problemlos erweitern lässt.

d) Finde geeignete Attribute zur Erweiterung des Schemas der Tabelle.
Gib an, ob sich davon eines als Schlüssel eignet.

e) Begründe, inwiefern ein Attribut *Datum* anstelle der Attribute *Jahr* und *Tag* für eine Vereinfachung sorgen würde.

ERDBEBEN

Jahr	Tag	Ort	Land	Staerke	Opfer
1290	27. Sep.	Chihili	China	6,8	ca. 100000
1586	18. Jan.	Ise	Japan	8,2	ca. 18000
1746	28. Okt.	Lima	Peru	8,4	ca. 15000
1755	01. Nov.	Lissabon	Portugal	8,7	ca. 170000
1905	04. Apr.	Kangra	Indien	8,6	ca. 120000
1906	18. Apr.	San Francisco	USA	7,8	ca. 13000
1923	01. Sep.	Region Kanto	Japan	7,9	ca. 1143
1927	22. Mai	Xining	China	7,6	ca. 141000
1960	22. Mai	Valdivia	Chile	9,5	ca. 13200
1976	28. Jul.	Tangshan	China	7,8	ca. 1242
1995	17. Jan.	Kobe	Japan	6,9	ca. 16400
1999	17. Aug.	Gölcük	Türkei	7,6	ca. 118000
1999	21. Sep.	Puli	Taiwan	7,7	ca. 12400
2003	26. Dez.	Bam	Iran	6,6	ca. 131000
2004	26. Dez.	vor Sumatra	Indonesien	9,1	ca. 1230
2015	25. Apr.	Kathmandu	Nepal	7,8	ca. 19000
2018	28. Sep.	Palu	Indonesien	7,5	ca. 14300

Je nach Quelle variieren die Angaben bei der Stärke und Anzahl an Opfern.

3 Einfache Abfragen

GEBRAUCHTWAGEN				
GebrNr	Modell	PS	Baujahr	Preis
124	Merz 2000	130	2005	13.000 €
257	PBM Lux	90	2014	11.500 €
298	PBM Lux	110	2017	23.900 €
315	Merz 1300	75	2011	6.900 €
316	Merz 1300	60	2006	3.700 €
346	PBM Lux	100	2012	9.500 €
388	Lopa Baro	120	2017	27.900 €
414	Merz 1300	65	2013	9.900 €

Rudi Rasant verkauft Autos. Alle Fahrzeuge seines Gebrauchtwagenparks hat er in einer Datenbanktabelle gespeichert. Hat Rudi Rasant geeignete Gebrauchtwagen für seine Kunden auf Lager,
- wenn Stefan höchstens 10 000 € ausgeben will,
- wenn für Lena nur ein PBM Lux infrage kommt,
- wenn Felix mindestens ein 90-PS-Auto mit Baujahr 2010 oder neuer möchte?

Jeder Kunde erhält von Rudi Rasant eine auf seine Wünsche zugeschnittene Ergebnistabelle. Welche Eingaben benötigt das Datenbanksystem dafür? Wie sieht jeweils die Ausgabe aus?

Mithilfe einer Abfrage lassen sich bestimmte Informationen aus einer Tabelle wiederum als Tabelle ausgeben.

Abfragen filtern Informationen

Zum Orchester „Klangwelt" gehören über 60 Musiker, von denen Name und Alter in einer Datenbanktabelle gespeichert sind (Fig. 1). Zudem hat jeder Musiker eine eindeutige Nummer und spielt im Orchester ein Instrument. Die Musiker sind in drei Niveaustufen I, II und III eingeteilt: vom Anfänger (I) bis zum Profi (III).

MUSIKER				
Nr	Name	Alter	Instrument	Stufe
09	Abel, Birgit	14	Trompete	III
13	Zech, Alois	17	Posaune	II
16	Vogel, Tina	33	Klarinette	II
23	Mahler, Emmi	11	Trompete	I
25	Rist, Max	28	Geige	II
32	Kalter, Meike	16	Cello	III
39	Seitz, Herbert	27	Klarinette	III

Fig. 1

Zum Sommerfest ist ein kleines Konzert für Klarinette geplant. Man will nun Name und Stufe der Musiker wissen, die dieses Instrument spielen (Fig. 2).

Mit einer **Abfrage** an eine Datenbanktabelle lässt sich eine neue Tabelle mit verändertem Informationsgehalt gewinnen. Diese **Ergebnistabelle** enthält nur diejenigen Datensätze der Ausgangstabelle, welche eine bestimmte Bedingung erfüllen. Außerdem kann man die Ausgabe auf bestimmte Spalten beschränken.

MUSIKER				
Nr	Name	Alter	Instrument	Stufe
09	Abel, Birgit	14	Trompete	III
13	Zech, Alois	17	Posaune	II
16	Vogel, Tina	33	Klarinette	II
23	Mahler, Emmi	11	Trompete	I
25	Rist, Max	28	Geige	II
32	Kalter, Meike	16	Cello	III
39	Seitz, Herbert	27	Klarinette	III

Instrument = 'Klarinette'

[*Name*, *Stufe*]

Abfrage

Name	Stufe
Vogel, Tina	II
Seitz, Herbert	III

Fig. 2

1 Aus welcher Tabelle werden Informationen entnommen?
Tabelle: MUSIKER

2 Welche Bedingung müssen die Datensätze erfüllen?
Bedingung: *Instrument* = 'Klarinette'

3 Welche Spalten sind gefragt?
Spaltenliste: [*Name*, *Stufe*]

Die Ergebnistabelle der Abfrage „Welche Musiker spielen Klarinette?" soll nur die Datensätze ausgeben, bei denen das Attribut *Instrument* mit dem Wert 'Klarinette' belegt ist. Die Abfrage ist eine dreistellige Funktion, die folgende Argumente erwartet: die Ursprungstabelle der Daten (hier MUSIKER), die Auswahlbedingung für die Datensätze sowie die in der Ergebnistabelle gewünschten Spalten.

Durch die eckigen Klammern wird eine Liste von Attributbezeichnern notiert, bei der im Gegensatz zu einer Menge die Reihenfolge eine Rolle spielt.

Die Termdarstellung dieser Abfrage lautet:
Abfrage(MUSIKER; *Instrument* = 'Klarinette'; [*Name*, *Stufe*]).

Einfache Abfragen in der Abfragesprache *SQL*

Jedes Datenbanksystem stellt eine Abfragesprache zur Verfügung, mit deren Hilfe man Abfragen eindeutig beschreiben kann. Die gebräuchlichste Abfragesprache ist *SQL* (Abkürzung für engl. **S**tructured **Q**uery **L**anguage).

SQL wurde Anfang der 70er-Jahre unter dem Namen *SEQUEL* von der Firma IBM entwickelt und ist heute als Sprache zur Definition und Bearbeitung von Datenbanken standardisiert.

Fig. 1 zeigt die Textdarstellung der Abfrage aus Fig. 2 von Seite 58 in *SQL*. Ausgegeben werden dabei *Name* und *Stufe* aller Musiker, die Klarinette spielen.

```
SELECT Name, Stufe
FROM MUSIKER
WHERE Instrument = 'Klarinette'
```

Fig. 1

Im Allgemeinen hat in *SQL* jede Abfrage den im rechten Teil von Fig. 2 dargestellten Aufbau. Auch hier müssen Tabelle, Bedingung und die Spaltenliste angegeben werden, jedoch in etwas anderer Reihenfolge als im zugehörigen Datenflussdiagramm (vgl. den linken Teil von Fig. 2).

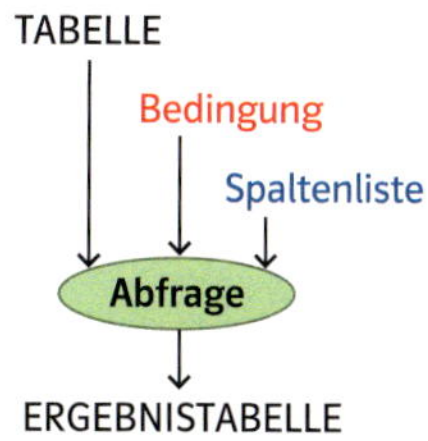


```
SELECT Spaltenliste
FROM TABELLE
WHERE Bedingung
```

Fig. 2

Sollen sämtliche Spalten ausgewählt werden, kann man in in *SQL* `SELECT *` schreiben (vgl. Info-Box auf Seite 60).

Verknüpfung von Bedingungen

Alle Musiker, die Trompete oder Posaune spielen, werden zu einer Sonderprobe eingeladen. Für den Dirigenten soll eine Namensliste dieser Musiker ausgedruckt werden. Die gesuchte Bedingung wird aus den zwei Bedingungen
Instrument = 'Trompete' bzw.
Instrument = 'Posaune'
durch eine Verknüpfung mit **ODER** gewonnen. Sie ist erfüllt, wenn ein Musiker mindestens eines der beiden Instrumente spielt (Fig. 3).

MUSIKER

Nr	Name	Alter	Instrument	Stufe
09	Abel, Birgit	14	Trompete	III
13	Zech, Alois	17	Posaune	II
16	Vogel, Tina	33	Klarinette	II
23	Mahler, Emmi	11	Trompete	I
25	Rist, Max	28	Geige	II
32	Kalter, Meike	16	Cello	III
39	Seitz, Herbert	27	Klarinette	III

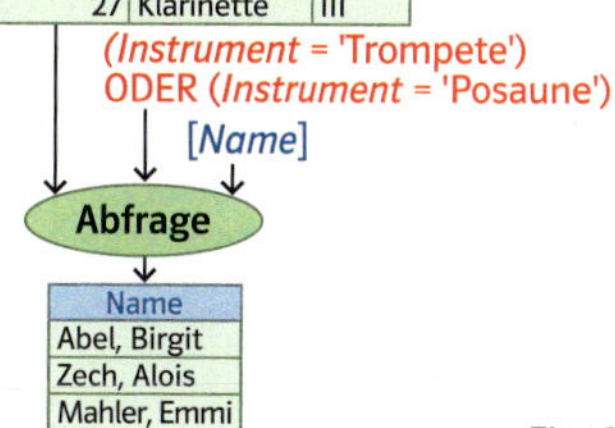

Fig. 3

Die Termdarstellung für die Abfrage lautet:
Abfrage(MUSIKER; (*Instrument* = 'Trompete') ODER (*Instrument* = 'Posaune'); [*Name*]).
Die zugehörige *SQL*-Abfrage lautet:

```
SELECT Name FROM MUSIKER WHERE (Instrument = 'Trompete') OR
(Instrument = 'Posaune')
```

In *SQL* wird anstelle von ODER das englische Wort OR, anstelle von UND das englische Wort AND verwendet.

Am Nachwuchsorchesterwettbewerb nehmen alle Musiker unter 18 Jahren teil, die in Stufe III spielen. Man benötigt daher die Namen aller Musiker dieser Gruppe. Die Ergebnistabelle enthält die Datensätze, für die *Alter* < 18 und zugleich *Stufe* = 'III' gilt. Die beiden Bedingungen müssen also mit der Funktion **UND** verknüpft werden.
Die Termdarstellung für die Abfrage lautet:
Abfrage(MUSIKER; (*Alter* < 18) UND (*Stufe* = 'III'); [*Name*]).
Die zugehörige *SQL*-Abfrage lautet:

```
SELECT Name FROM MUSIKER WHERE (Alter < 18) AND (Stufe = 'III')
```

1 Aus welcher Tabelle werden Informationen entnommen?
Tabelle: MUSIKER

2 Welche Bedingung müssen die Datensätze erfüllen?
Bedingung: (*Alter* < 18) UND (*Stufe* = 'III')

3 Welche Spalten sind gefragt?
Spaltenliste: [*Name*]

Eine **Abfrage** auf einer Datenbanktabelle stellt eine Funktion mit drei Eingabeargumenten dar: der Tabelle, einer Bedingung für die Auswahl der Zeilen und einer Spaltenliste. Die Ausgabe ist eine Tabelle, die **Ergebnistabelle.** Aus zwei oder mehr Bedingungen lässt sich durch Verknüpfung mit den logischen Funktionen **UND** bzw. **ODER** eine **neue Bedingung** bilden.

I

Spezialfälle von Abfragen: Selektion und Projektion

Wenn man bestimmte Zeilen einer Tabelle mit allen Spalten ausgeben will, genügt die Eingabe einer Bedingung zur Auswahl der Zeilen. Die Selektion benötigt damit keine Spaltenliste. Will man aber nur bestimmte Spalten, jedoch mit den Daten aller Zeilen einer Tabelle ausgeben, so kann in der Abfrage auf eine Bedingung verzichtet werden. Die Projektion hat als Eingabe neben der Tabelle lediglich die Spaltenliste.

Selektion in *SQL*:

```
SELECT *
FROM Tabelle
WHERE Bedingung
```

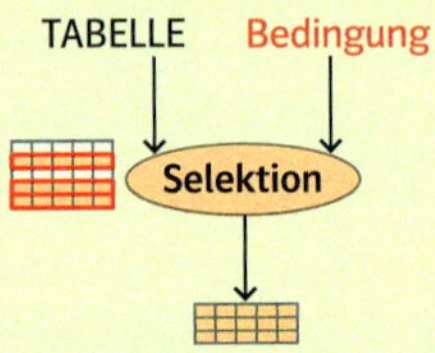

Projektion in *SQL*:

```
SELECT Spalten-
       liste
FROM Tabelle
```

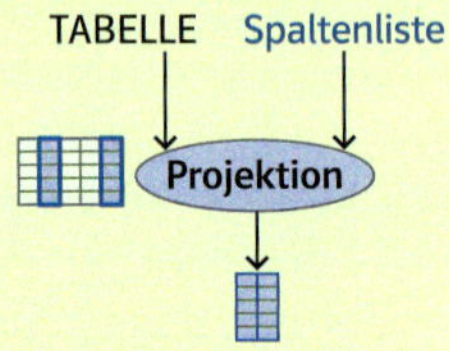

Als Beispiel dient die Tabelle MUSIKER von Seite 58.
Die Projektion `SELECT Instrument FROM MUSIKER` liefert sämtliche Musikinstrumente (Fig. 1). Mehrfach vorkommende Instrumente werden dabei auch mehrfach aufgelistet. Möchte man eine solche Duplizierung vermeiden, hilft das Schlüsselwort `DISTINCT`:
`SELECT DISTINCT Instrument FROM MUSIKER` (Fig. 2).
Will man sämtliche Attribute der gewünschten Datensätze auflisten, muss man diese in *SQL* nicht alle auflisten. Es genügt ein Sternchen: So liefert die Selektion
`SELECT * FROM MUSIKER WHERE Alter < 18`
sämtliche Informationen über die Mitglieder, die noch nicht volljährig sind (Fig. 3).
In *SQL* wird der `WHERE`-Teil weggelassen, wenn keine Bedingung an die Datensätze gestellt wird.

Instrument
Trompete
Posaune
Klarinette
Trompete
Geige
Cello
Klarinette

Fig. 1

Instrument
Trompete
Posaune
Klarinette
Geige
Cello

Fig. 2

MUSIKER

Nr	Name	Alter	Instrument	Stufe
09	Abel, Birgit	14	Trompete	III
13	Zech, Alois	17	Posaune	II
23	Mahler, Emmi	11	Trompete	I
32	Kalter, Meike	16	Cello	III

Fig. 3

Die Funktion Abfrage lässt sich als Verkettung von Selektion und Projektion darstellen bzw. in die Teilfunktionen Selektion und Projektion zerlegen. Dabei arbeitet die Funktion Abfrage die Eingabetabelle in zwei Schritten ab. Im ersten Schritt ermittelt sie mithilfe der Selektion alle Datensätze, für die die angegebene Bedingung wahr ist. Mit diesem Zwischenergebnis als Eingabe liefert die Projektion anschließend die Spalten der angegebenen Liste.

Die Abfrage von Seite 58 lässt sich also als Verkettung von Selektion und Projektion wie in Fig. 4 darstellen.

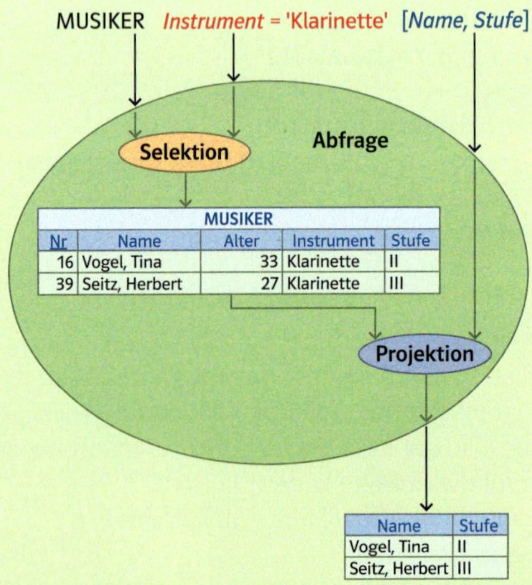

Fig. 4

Die Termdarstellung
Abfrage(MUSIKER; *Instrument* = 'Klarinette'; [*Name*, *Stufe*])
von Seite 58 kann man also auch als
Projektion(Selektion(MUSIKER; *Instrument* = 'Klarinette'); [*Name*, *Stufe*])
schreiben.

1 Klangwelt

Betrachte die Tabelle MUSIKER von Seite 58. Gib die Termdarstellung für die folgenden Abfragen an und übersetze sie in *SQL*.

a) Es sind alle volljährigen Musiker gesucht.
b) Finde alle Musiker, die in der Stufe II spielen.
c) Gesucht sind alle Musiker, die Geige oder Cello spielen.
d) Es sollen sämtliche Musiker ausgegeben werden, die in der Lage sind, mindestens Stufe II zu spielen.
Erläutere, warum sich diese Abfrage nicht durch „<" bzw. „>" realisieren lässt .

2 Der Berg ruft

In der Tabelle ist eine Auswahl hoher Berge mit Daten über deren Erstbesteigung gegeben. Gib die Termdarstellung für folgende Abfragen an und übersetze sie auch in *SQL*.

Die Höhe ist in Metern angegeben.

a) Welche Berge (Angabe von Bergname und Höhe) liegen in den Alpen?
b) Gesucht sind alle Berge mit den Erstbesteigern, die im 19. Jahrhundert zum ersten Mal bestiegen wurden (Angabe von Bergname, Erstbesteiger und Jahr).
c) Finde alle Berge, die höher als 6000 m sind und vor 1950 bezwungen wurden.
d) Lass sämtliche Berge des Himalayas anzeigen, die mindestens 5000 m hoch sind.
e) Welche Berge hat H. Buhl als Erster bewältigt?
f) Finde alle Berge, die in Pakistan oder Nepal liegen (Angabe von Bergname und Land).
g) Gesucht sind sämtliche Berge, die in den Alpen zu finden sind und zwischen 3500 m und 4500 m hoch sind (Angabe von Bergname und Höhe).

Mit der Bedingung `Erstbesteiger LIKE '%H. Buhl%'` erhält man alle Zeilen, in denen H. Buhl als Teil in Erstbesteiger vorkommt (vgl. Info-Box auf Seite 142).

ERSTBESTEIGUNG					
Berg	Hoehe	Gebirge	Land	Erstbesteiger	Jahr
Aconcagua	6961	Anden	Argentinien	M. Zurbriggen	1897
Annapurna I	8091	Himalaya	Nepal	M. Herzog, L. Lachenal	1950
Broad Peak	8051	Karakorum	Pakistan	H. Buhl, K. Diemberger u.a.	1957
Carstensz-Pyramide	4884	Maokegebirge	Indonesien	H. Harrer u.a.	1962
Chimborazo	6263	Anden	Equador	E. Whymper u.a.	1880
Denali	6190	Alaskakette	USA	H. Stuck u.a.	1913
Elbrus	5642	Großer Kaukasus	Russland	F. Gadiner, F. C. Grove u.a.	1874
Großglockner	3798	Alpen	Österreich	M. Klotz, S. Klotz u.a.	1800
Jungfrau	4158	Alpen	Schweiz	J. Meyer, H, Meyer u.a.	1811
K2	8611	Karakorum	Pakistan	A. Compagnoni, L. Lacedelli	1954
Kangchendzönga	8586	Himalaya	Indien/Nepal	G. Brand, J. Brown	1955
Kibo	5895	Kilimandscharo-Massiv	Tansania	Hans Meyer u.a.	1898
Lhotse	8516	Himalaya	China/Nepal	F. Luchsinger, E. Reiss	1956
Makalu	8485	Himalaya	China/Nepal	L. Terray, J. Couzy	1955
Matterhorn	4478	Alpen	Schweiz	E. Whymper u.a.	1865
Mont Blanc	4810	Alpen	Frankreich	J. Balmat, M.-G. Paccerd	1786
Mount Everest	8848	Himalaya	China/Nepal	E. Hillary, T. Norgay	1953
Nanga Parbat	8125	Himalaya	Pakistan	H. Buhl	1953
Ortler	3905	Alpen	Italien	J. Pichler u.a.	1804
Zugspitze	2962	Alpen	Deutschland	J. Naus	1820

Misst man die Höhe eines Berges vom Erdmittelpunkt und nicht von der Meeresoberfläche aus, so ist der Chimborazo aufgrund seiner Nähe zum Äquator der höchste Berg der Erde und nicht der Mount Everest (nur Rang 6 in dieser Liste). Der Gipfel des Chimborazo ist somit der Punkt der Erdoberfläche, der am weitesten vom Erdmittelpunkt entfernt ist, sogar noch weiter als der Gipfel des Mount Everest.

3 Bund und Länder II

Das Schema einer Tabelle BUNDESLAND lautet
[*Name*; *Hauptstadt*; *MinisterpraesidentIn*; *Einwohnerzahl*; *Flaeche*].
Gib eine geeignete *SQL*-Abfrage an, um die gewünschte Information zu erhalten.

a) Liste sämtliche Ministerpräsidenten und Ministerpräsidentinnen auf.
b) Gib nur jedes Bundesland und seine Hauptstadt aus.
c) Welche Bundesländer haben mehr als zehn Millionen Einwohner?
d) Wie viele Einwohner hat Thüringen?
e) Wie heißen die Ministerpräsidenten in Brandenburg und im Saarland?
f) Wie groß sind Mecklenburg-Vorpommern und Rheinland-Pfalz?
g) Wie heißt die Hauptstadt von Sachsen?
h) Gib alle Informationen desjenigen Landes aus, dessen Hauptstadt Schwerin ist.
i) Wie heißt der Ministerpräsident, der seinen Regierungssitz in Wiesbaden hat?
j) Liste jeweils die Hauptstadt und die Einwohnerzahl der Länder auf, die kleiner als 20 000 km² sind.
k) Welche Stadtstaaten gibt es?

Die Ergebnisse der Abfragen kannst du aus der Tabelle, die in Aufgabe 5 auf Seite 55 erstellt werden soll, erhalten.

4 Klassenfragen

Erstelle die Datenbanktabellen SCHUELER und FACH mit den Schemata SCHUELER[*Nr*; *Name*; *Vorname*; *Alter*; *Geschlecht*; *Bekenntnis*] und FACH[*Name*; *Lehrer*; *Kernfach*; *Stundenzahl*]. Diese enthalten Informationen über eure Mitschüler und Fächer in diesem Schuljahr. Formuliere folgende Abfragen in *SQL* und gib die auf eure Klasse zutreffenden Ergebnistabellen aus.

a) Gib alle evangelischen Schülerinnen und Schüler aus.
b) Welche Schülerinnen sind jünger als 15 Jahre?
c) Liste alle Lehrer auf, die in eurer Klasse unterrichten.
d) Gib Fach und Stundenzahl aller Kernfächer an.
e) Welche Lehrer unterrichten zweistündige Fächer in eurer Klasse?

5 Praktikum

In den 9. Klassen des Alpseegymnasiums findet für alle Schülerinnen und Schüler ein einwöchiges soziales und berufliches Praktikum statt. Der Klassenlehrer der 9a stellt die Praktikumsbetriebe vor. Die folgende Tabelle zeigt einen Ausschnitt dieser Betriebe.

PRAKTIKUMSBETRIEB							
Betriebsname	Ansprechpartner	E-Mail	Telefon	PLZ	Ort	Strasse	HNr
Allgäu-Klinik	Georg Filser	info@allgaeuklinik.de	(08240) 1007	86801	Büchl	Hauptstr.	23
Media-Agentur	Anna Meier	anna@mdkr.com	(08240) 578	86801	Büchl	Marienplatz	17
Uhl Werbetechnik	Klaus Uhl	werbung@uhlwerb.de	(08240) 120	86801	Büchl	Illerweg	2
Stadt-Apotheke	Manfred Stamm	ms@s-apo.com	(08240) 7778	86801	Büchl	Hauptstr.	8
Grafik-Design X	Hertha Wanner	wanner@gdx.de	(08240) 9974	86806	Schönberg	Hofweg	11
Allgäuer Anzeiger	Robert Haug	r.haug@all-an.de	(08240) 121	86806	Schönberg	Kemptnerstr.	54
Logistik-Zentrum AL	Andrea Kamm	log@zal.com	(08240) 3641	86806	Schönberg	Hauptstr.	8
Stadt-Apotheke	Anna Meier	a.meier@stadtap.de	(08240) 5528	86806	Schönberg	Talstr.	2
Tierklinik Haas	Michael Haas	info@tk-haas.de	(08240) 5473	86804	Waldbergen	Mühlgasse	8
Biohof Seidl	Tina Seidl	ts@biohof-seidl.de	(08240) 9319	86804	Waldbergen	Hasenpfad	19

a) Erläutere, warum hier kein Attribut als Schlüssel geeignet ist.
b) Formuliere folgende Abfragen in *SQL*:
(1) Welche Praktikumsbetriebe befinden sich nicht in Büchl?
(2) Wie lautet die Telefonnummer von Klaus Uhl?
(3) Gesucht sind Ansprechpartner und Telefonnummer aller Apotheken.

Hinweise:
Mit NOT kann in *SQL* eine Bedingung auch verneint werden. Zum `LIKE`-Operator: vgl. Hinweis zu Aufgabe 2 e) auf Seite 61.

6 Drogerie I

Ein Drogeriemarkt speichert die Informationen über seine angebotenen Artikel in der Tabelle SORTIMENT. Dabei stehen „EP“ bzw. „VP“ für den Einkaufs- bzw. Verkaufspreis.

SORTIMENT						
ArtNr	Artikel	Kategorie	Hersteller	EP	VP	Bestand
1001	Seife	Hygiene	Wash Me	0,44 €	0,99 €	300
1002	Duschgel	Hygiene	Wash Me	0,79 €	1,29 €	250
1003	Shampoo	Hygiene	Wash Me	0,83 €	1,49 €	250
1120	Eau de Parfum Mini	Parfum	KC Two	2,23 €	4,88 €	100
1121	Eau de Toilette Mini	Parfum	KC Two	2,23 €	4,88 €	150
2441	Toilettenpapier	Hygiene	DrEye	1,11 €	1,99 €	800
2447	Taschentücher	Hygiene	DrEye	1,23 €	2,19 €	1100
3894	Spülmittel	Haushalt	Scheufix	2,04 €	3,99 €	750
3991	Spülmittel	Haushalt	Dr. Sauber	2,45 €	4,49 €	300
3992	Reiniger	Haushalt	Dr. Sauber	2,71 €	4,69 €	300
4127	Babybrei Apfel	Haushalt	Löffel & Löffel	0,26 €	0,79 €	90
4001	Kosmetiktücher	Hygiene	Softclean	0,18 €	0,59 €	150

Formuliere die gesuchte Abfrage in *SQL*.

a) Welche Artikel verkauft der Drogeriemarkt? Duplikate sollten vermieden werden.
b) Gesucht sind sämtliche Informationen über die Artikel des Herstellers „Wash Me“.
c) Von welchen Artikeln (Angabe von *ArtNr*, *Artikel* und *Bestand*) sind weniger als 300 Stück auf Lager?
d) Gesucht sind die Nummern derjenigen Artikel, die im Laden mehr als 4 € kosten.
e) Welche Hygieneartikel verkauft der Drogeriemarkt?
f) Bei welchen Artikeln (Angabe von *ArtNr*, *Artikel* und *VP*) verdient der Drogeriemarkt pro verkauftem Stück mehr als 1,50 €?
g) Bei welchen Artikeln verdient der Drogeriemarkt mindestens 500 €, wenn der komplette Lagerbestand verkauft wird?
h) Welche Artikel des Herstellers „KC Two“ kosten im Einkauf weniger als 1 €?
i) Von welchen Herstellern hat die Drogerie Spülmittel im Sortiment?
j) Bei welchen Artikeln liegt der Verkaufspreis mindestens 150 % über dem Einkaufspreis?
k) Wie hoch wäre der Verlust, wenn sämtliches Parfum aus dem Lager gestohlen würde?
l) Gib alle Artikel aus, die nicht zur Kategorie „Parfum“ gehören.

Zur Vermeidung identischer Ergebnisse verwendet man `DISTINCT` (vgl. Info-Box auf Seite 60).

Hinweis zu Teilaufgabe k):
Mit
`EP * Bestand AS VERLUST`
lässt sich eine neue Spalte „Verlust“ hinzufügen, deren Inhalt berechnet wird.

7 Drogerie II

Formuliere folgende Abfragen, die sich auf die Tabelle SORTIMENT aus Aufgabe 6 beziehen, umgangssprachlich und übersetze die Abfragen auch in *SQL*.

a) Abfrage(SORTIMENT; WAHR; [*Hersteller*])
b) Abfrage(SORTIMENT; *Bestand* > 500; [*ArtNr*, *Artikel*, *Kategorie*, *Hersteller*, *EP*, *VP*, *Bestand*])
c) Abfrage(SORTIMENT; (*Kategorie* = 'Hygiene') UND (*Bestand* <= 250); [*ArtNr*])
d) Abfrage(SORTIMENT; *Artikel* = 'Spülmittel'; [*Hersteller*, *EP*])
e) Abfrage(SORTIMENT; (*VP* – *EP* > 1,50) UND (*Kategorie* <> 'Parfum'); [*ArtNr*])
f) Abfrage(SORTIMENT; *Bestand* * *EP* > 1000; [*Artikel*, *EP*, *Bestand*])

8 Kassensturz

Peter führt über seine Einnahmen und Ausgaben genau Buch. Jedes Jahr legt er eine neue Tabelle über seine Barkasse an (Fig. 1). Am Ende des Jahres möchte er sich einen Überblick über seine Einnahmen und Ausgaben in diesem Jahr verschaffen. Gib zu folgenden Abfragen eine geeignete *SQL*-Anweisung an.

KASSE				
Nr	Tag	Monat	Zweck	Betrag
1	1	Januar	Übertrag	+13,85 €
2	1	Januar	Taschengeld	+20,00 €
3	7	Januar	Oma	+25,00 €
4	1	Februar	Taschengeld	+20,00 €
5	8	Februar	Kino	−6,80 €
6	1	März	Taschengeld	+20,00 €
7	23	März	Sparkasse	−80,00 €

Fig. 1

a) Peter möchte alle Informationen über die im März gemachten Ein- und Ausgaben.
b) In welchen Monaten hat Peter Geld von seiner Oma bekommen?
c) Welche Geldbeträge hat Peter jeweils von seiner Oma bekommen?
d) Wofür hat Peter Geld ausgegeben?

9 Models I

Eine internationale Model-Agentur vermittelt Models jeden Alters und Aussehens für verschiedene Fotoaufnahmen. Sie speichert die Daten aller Models in einer Datenbanktabelle MODEL, der folgendes Schema zugrunde liegt:
MODEL[<u>*ID*</u>; *name*; *cname*; *age*; *sex*; *height*; *weight*; *nationality*].
Ein Ausschnitt der Tabelle ist in Fig. 2 abgebildet.
Formuliere folgende Abfragen in *SQL*.

cname steht für „Christian name“ (Vorname).

a) Liste nur Alter und Geschlecht aller verfügbaren Models auf.
b) Gesucht sind alle männlichen Models unter 20 Jahren.
c) Welche weiblichen Models sind größer als 1,80 m?
d) Wie heißen die Models mit Vornamen, die älter als 60 Jahre sind?
e) Gesucht sind alle Models, deren Staatsangehörigkeit nicht deutsch ist.
f) Die Firma „Mode für Starke“ wünscht eine Liste mit sämtlichen Informationen über alle Models, deren BMI größer als 25 ist.
g) Gesucht sind alle Models zwischen 50 und 60 Jahren.

MODEL						
ID	name	cname	age	sex	height	we
1234	Berger	Sigrid	34	f	1,66	4
1235	Bergmann	Bianca	32	f	1,71	5
1236	Berry	Bes	22	f	1,75	5
1238	Dahlhoff-Lang	Sabine	40	f	1,81	7
1240	Danner	Hans	55	m	1,78	6
1241	Daum	Manfred	46	m	1,93	8
1242	Dietrich	Franziska	16	f	1,61	5
1243	Dietrich	Christine	16	f	1,61	7
1244	Dietrich	Johanna	37	f	1,71	9
1248	Dreier	Hans-Peter	71	m	1,63	6
1250	Eb	Dorothea	63	f	1,63	4
1251	Frühling	Gregor	18	m	1,83	7
1254	Gebert	Rainer	22	m	1,87	7

Fig. 2

Die Tabelle aus Fig. 2 kannst du über den folgenden Code herunterladen.

Tabelle Models I fm9r9a

Der BMI wurde in Aufgabe 2 auf Seite 8 erläutert.

10 Models II

Finde zu folgenden *SQL*-Abfragen, die sich auf die Tabelle MODEL von Aufgabe 9 beziehen, die zugehörigen Ergebnistabellen. Formuliere die Abfragen dazu auch umgangssprachlich. Du kannst die Tabelle über den Code auf dem Rand herunterladen.

Tabelle Models II fm9r9a

a) `SELECT * FROM MODEL WHERE age > 50`
b) `SELECT height FROM MODEL WHERE name = 'Lejeune'`
c) `SELECT name, cname, age FROM MODEL WHERE (name = 'Meyer') OR (name = 'Meier')`
d) `SELECT age FROM MODEL`
e) `SELECT name, cname FROM MODEL WHERE (age < 40) AND (height > 1,85) AND (sex = 'm')`
f) `SELECT ID FROM MODEL WHERE cname = 'Susanne'`
g) `SELECT * FROM MODEL WHERE (weight < 60) AND (weight > 50) AND (sex = 'f')`

Exkurs

(Künstliche) Schlüssel im Alltag

Ein großes Hotel verfügt über mehrere hundert Zimmer, darunter Einzel-, Doppel- und Familienzimmer sowie Suiten. Manche differieren erheblich in Ausstattung und Komfort, andere besitzen bis ins Detail die gleiche Einrichtung und sind nur durch ihre Lage (Stockwerk, Flügel ...) voneinander zu unterscheiden.

Jeder Hotelgast erhält eine Schlüsselkarte, um in sein Zimmer zu gelangen. Hält er dieses an das Schloss, lässt sich die Tür öffnen. So wird beispielsweise für das Zimmer mit der Nr. 206 derjenige Code auf die Karte gespielt, der nur dieses Zimmer öffnen kann. Für jedes Zimmer gibt es genau einen solchen Code.

Der Primärschlüssel bei Datenbanken hat genau die gleiche Funktion: Mithilfe des Schlüssels Nr. 206 kann man den Datensatz des zugehörigen Zimmers identifizieren, auf diesen zugreifen und die gewünschten Informationen abrufen. Aufgrund der meist unüberschaubar großen Datenmengen werden im Alltag fast ausschließlich künstliche und willkürlich eingeführte Primärschlüssel bei Datenbanken verwendet.

Oft lassen sich aber aus dem Schlüssel bereits gewisse Informationen herauslesen. Große öffentliche Einrichtungen mit teilweise sogar mehreren Bauteilen, wie z. B. Behörden, Universitäten und Krankenhäuser, müssen die Zimmernummern so vergeben, dass man Rückschlüsse auf Lage und Stockwerk des Raumes ziehen kann.

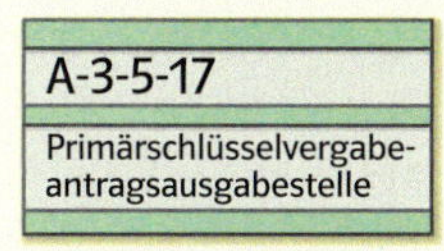

Im Beispiel der obigen Grafik befindet sich ein bestimmtes Büro in Gebäude A, Stockwerk 3, Trakt 5 und hat die Zimmernummer 17. Primärschlüssel ist hier also die Kombination (*Gebaeude*, *Stockwerk*, *Trakt*, *Zimmernummer*).

In Deutschland lebten Ende 2018 etwa 83 Millionen Bundesbürger. Jeder Deutsche ab 16 Jahren ist nach dem Personalausweisgesetz verpflichtet, einen Personalausweis oder Reisepass zu besitzen. Diesen erhält man bei der zuständigen Meldebehörde. Die Ausweisnummer des Personalausweises ist eindeutig und wird nach einem bestimmten Prinzip vergeben (vgl. dazu Aufgabe 12 auf Seite 31).

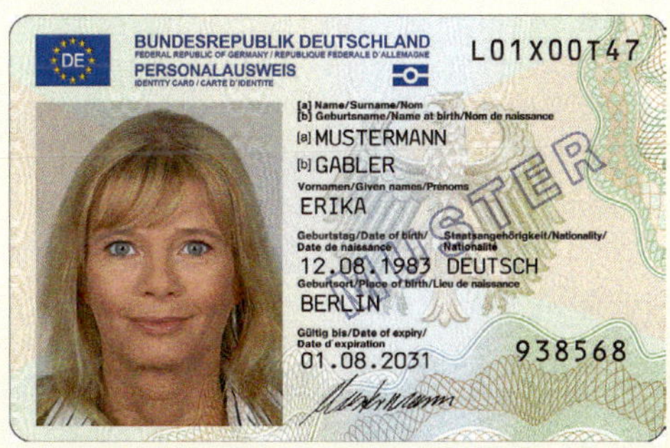

Jedes Kraftfahrzeug muss angemeldet werden. In Deutschland waren Anfang 2019 etwa 50 Millionen Pkw und Lkw auf den Straßen zugelassen, von denen jeweils die Daten über Fahrzeug und Halter gespeichert werden müssen. Bei dieser Anzahl ist es klar, dass man einen künstlichen Schlüssel, das Kennzeichen, benötigt. Dieser Schlüssel muss jedoch (im Gegensatz zu vielen anderen Schlüsseln wie z. B. der Zimmernummer) wichtige Eigenschaften erfüllen:

- Er muss am Fahrzeug angebracht für jeden gut lesbar und leicht zu merken sein (zumindest so lange, bis man sich das Kennzeichen aufgeschrieben hat), damit der Halter des betreffenden Wagens gegebenenfalls schnell zu ermitteln ist.
- Er muss langlebig sein, d. h., die Anzahl der Kombinationen muss auch bei weiter zunehmender Motorisierung ausreichen, und bei Änderungen innerhalb der staatlichen Verwaltung (z. B. nach der Wiedervereinigung) muss sich der Schlüssel anpassen können.

Exkurs

In der Zulassungsbescheinigung Teil II (früher „Fahrzeugbrief“ genannt) ist jedoch nicht nur das Kennzeichen abgedruckt, sondern auch die Fahrgestellnummer. Auch diese ist künstlich und wäre ein geeigneter Schlüssel zur Identifikation eines Fahrzeuges. Während die Kennzeichen nur innerhalb eines Staates vergeben werden und obige Anforderungen erfüllen müssen, ist jede Fahrgestellnummer weltweit nur an einem bestimmten Wagen zu finden und gibt codiert u.a. Informationen über Hersteller und Baureihe sowie Herstellerwerk preis. Diese Fahrzeug-Identifizierungsnummer, wie sie in der deutschen Straßenverkehrs-Zulassungs-Ordnung genannt wird, muss seit 1969 in das Fahrzeug eingeschlagen werden, davor genügte auch ein angenietetes Schild.

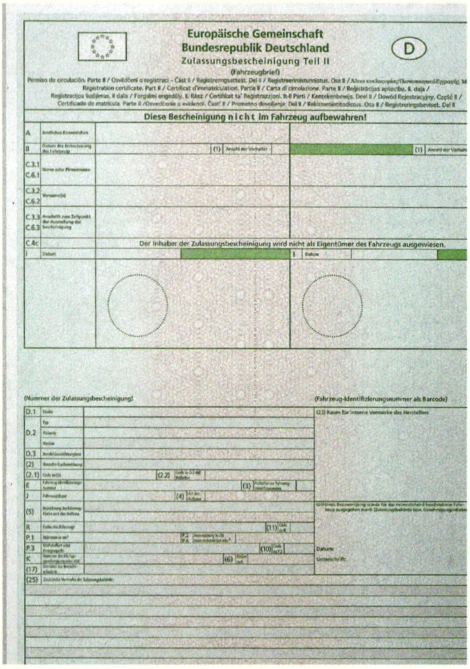

Europäische Gemeinschaft
Bundesrepublik Deutschland
Zulassungsbescheinigung Teil II
(Fahrzeugbrief)

Diese Bescheinigung nicht im Fahrzeug aufbewahren!

Der Inhaber der Zulassungsbescheinigung wird nicht als Eigentümer des Fahrzeugs ausgewiesen.

Die Nummernschilder des Deutschen Reiches wurden in den westlichen Besatzungszonen zuerst durch verschiedene Kennzeichensysteme ersetzt und erst 1948 vereinheitlicht. Das heutige Kennzeichensystem mit einer Buchstabenkennung für den betreffenden Landkreis wurde schließlich 1956 eingeführt.

Oft werden künstliche Schlüssel insbesondere zur Speicherung von Personendaten verwendet. An großen Universitäten studieren oft mehrere zehntausend Studierende. Offensichtlich kann nicht davon ausgegangen werden, dass keine zwei Studierenden den gleichen Namen besitzen. Also erhalten alle bei ihrer Immatrikulation eine Matrikelnummer, welche auch auf jedem Studierendenausweis abgedruckt ist.

Unter der Immatrikulation versteht man das Einschreiben, also das persönliche Anmelden an einer Universität.

Jeder Studierende kann durch seine Matrikelnummer innerhalb seiner Universität also eindeutig identifiziert werden. Bei schriftlichen Prüfungen ist manchmal auch nur diese Nummer auf das Aufgabenblatt zu schreiben, damit die Korrektoren nicht wissen, wen sie gerade bewerten. So kann die Bekanntgabe der Prüfungsresultate verschlüsselt erfolgen. Es werden nur die Matrikelnummern und die zugehörigen Noten ausgehängt. Der Schlüssel dient hier also gleichzeitig zur Codierung des Namens.

Ein weiterer bekannter Schlüssel ist die ISBN (Internationale Standardbuchnummer; vgl. hierzu auch Aufgabe 4 auf Seite 45). Seit Januar 2007 muss statt der 10-stelligen ISBN eine 13-stellige ISBN angegeben werden.

Ähnlich bekommt auch jeder Kunde eines Versandhauses oder jeder Geschäftspartner einer Firma eine Kundennummer. Die Angestellten eines Unternehmens erhalten eine Personalnummer, sogar jeder Schüler oder Lehrer ist unter einer individuellen Nummer in der betreffenden Schuldatei gespeichert.

Aus dem Alltag sind jedoch weitere künstliche Schlüssel bekannt, die man als solche oft gar nicht wahrnimmt. Will man etwa Waren aus einem Katalog bestellen, so muss die entsprechende Artikelnummer angegeben werden und man bekommt als Neukunde eine Kundennummer zugeteilt, die bei den nächsten Bestellungen einfach angegeben werden kann, worauf der Versandhandel die zugehörigen Daten wie z.B. die Lieferadresse sofort zuordnen kann.

Exkurs

Geschichte der Datenbanken

„Es geschah aber in jenen Tagen, dass Kaiser Augustus den Befehl erließ, den ganzen Erdkreis in Steuerlisten einzutragen. Diese Aufzeichnung war die erste; damals war Quirinius Statthalter von Syrien." (Lukas 2,1–2)

Eine Volkszählung, auch Zensus (lat. census für Schätzung) genannt, ist nicht nur die Zählung aller Einwohner eines Landes, sondern vielmehr eine statistische Erhebung, in der die Bürger Auskunft über verschiedene persönliche Daten, wie z.B. Schulabschluss oder Einkommen, geben müssen. Der letzte Zensus in Deutschland fand 2011 statt (Stand: Juli 2020).

Sieht man die Bibel als historisches Dokument, so gab es also bereits Volkszählungen zur Zeit Christi. Der Aufwand schien damals schon enorm: So sollte jeder in seine Geburtsstadt reisen, um sich dort zählen zu lassen. Wie dann diese Zählung wirklich ausgesehen hat und ob und wie die gewonnenen Daten damals gespeichert wurden, darüber lässt sich heute nur noch spekulieren.

Die Verfassung der Vereinigten Staaten von Amerika schreibt vor, dass mindestens alle zehn Jahre eine Volkszählung stattfinden muss, um über die Verteilung der Abgeordneten des Repräsentantenhauses entscheiden zu können. Der Zensus von 1880 war der umfangreichste, den das Land bis dato gesehen hatte. In über zweihundert Punkten musste die Bevölkerung Rede und Antwort stehen.

Es ist nachvollziehbar, dass hunderte Angestellte damit beschäftigt waren, der Datenflut Herr zu werden, doch dies aufgrund der ungeheuren Menge ein Kampf gegen Windmühlen und die Auswertung selbst mehrere Jahre später noch nicht abgeschlossen war. Unter diesen Auswertern befand sich auch ein gerade zwanzigjähriger Ingenieur namens Herman Hollerith. Dieser bekam vom Verantwortlichen für die Erstellung der Sterblichkeitsstatistik innerhalb der Zensus-Behörde, Dr. John S. Billings, den Auftrag, sich Gedanken über eine mögliche Automatisierung der Auszählung zu machen.

Herman Hollerith (1860–1929)

Hollerith kam dabei auf die Idee, die Daten einer Person durch eine bestimmte Anordnung von Löchern auf einer Pappkarte zu speichern und so eine Art „Loch-Fotografie" dieses Menschen zu erhalten. Inspiriert wurde er dabei von einem Trick der Eisenbahnschaffner, die die Fahrkarten an bestimmten Stellen lochten, um so diverse Merkmale des Fahrgastes, wie Geschlecht oder Alter, festzuhalten. Auf diese Weise konnten sie erkennen, ob dasselbe Ticket mehrere Personen verwenden wollten.

Die erste Umsetzung seiner Idee präsentierte Hollerith 1887. Sein „Elektrisches Tabelliersystem" bestand aus einem Kartenlocher mit Schablone, einem Kartenleser, elektromagnetischen Zähluhren, einem Sortierkasten und Pappkarten. Letztere wurden mit den Daten eines Fragebogens versehen, indem mithilfe der Schablone und des Kartenlochers bestimmte Felder gelocht wurden.

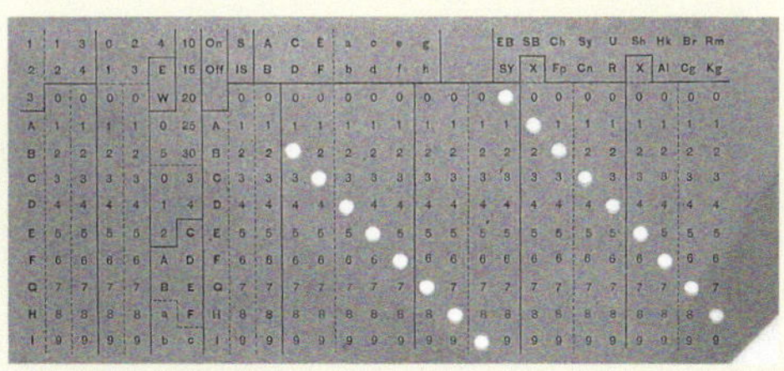

Hollerith-Lochkarte aus dem Jahre 1895

Die fertiggestellte Lochkarte kam dann in den Kartenleser, der folgendermaßen funktionierte: Beim Schließen drückte an jeder möglichen Lochposition ein Stift auf die Karte. Bei ungelochten Stellen wurde der Stift blockiert, bei einem Loch schloss der Stift einen Kontakt und gab so einen Impuls an eine der Zähluhren. Der große Vorteil von Holleriths Erfindung war die Flexibilität der Maschine, da durch passende Verdrahtung der Relais die Zählmaschine auf verschiedenste Anforderungen bei der Auswertung reagieren konnte.

Exkurs

Den ersten großen Einsatz hatte Holleriths Erfindung beim Zensus 1890 und übertraf dort bei weitem sämtliche Erwartungen. Bereits nach sechs Wochen lag eine erste Auswertung der Daten vor und Ende desselben Jahres wurde das offizielle Endergebnis bekannt gegeben – immerhin zwei Jahre früher als geplant. Dabei wurden sogar fünf Millionen Dollar Kosten gespart, also ein Erfolg auf der ganzen Linie. Hollerith konnte daraufhin seine Maschinen bis nach Europa und Russland exportieren. Die Industrialisierung der Informationsverarbeitung hatte begonnen!

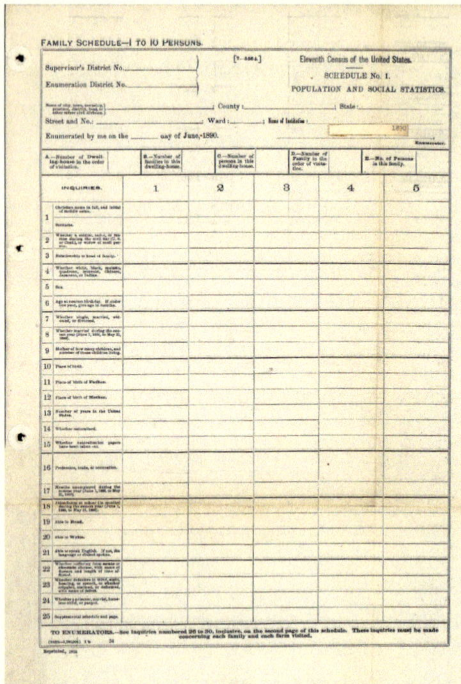

Zensus 1890 in den USA

Ein weiterer Grund für die Verbreitung von Holleriths System war dessen geschickte Vermarktungsstrategie. Er stellte seine Maschinen der US-Regierung für einen niedrigen Mietpreis bzw. später sogar völlig kostenlos zur Verfügung und erreichte so eine schnelle Verbreitung seiner Apparate, die bald als unentbehrlich angesehen wurden. Seinen Gewinn machte Hollerith durch den Verkauf der in riesigen Mengen benötigten Lochkarten.

Nur Deutschland zeigte sich anfangs mehr als skeptisch. Man befürchtete eine Steigerung der Arbeitslosenzahlen, da zur Bedienung der Maschinen weniger Arbeiter notwendig waren als zur manuellen Auswertung der Fragebögen. Lange konnten sich jedoch auch die deutschen Behörden nicht den Vorteilen von Holleriths System verschließen.

1910 wurde die „Deutsche Hollerith-Maschinen Gesellschaft mbH“ (DEHOMAG) gegründet, aus der 1949 schließlich die Firma IBM-Deutschland hervorging. Hollerith verkaufte nämlich 1911 seine „Tabulating Machine Company“ an einen Geschäftsmann namens Charles Flint, aus dessen Firma „Computing-Tabulating-Recording Company“ (C-T-R) im Jahre 1924 „International Business Machines“ (IBM) entstand.

Sitz der DEHOMAG in Berlin

BUSINESS INTERNATIONAL MACHINES

IBM-Logo der 20er-Jahre

Dass Holleriths System auch missbräuchlich eingesetzt werden konnte, zeigt die Zeit während des NS-Regimes. Mithilfe des Zensus von 1933 wurde u. a. die Religionszugehörigkeit der Bürger ermittelt. Beim Zensus von 1939, den die DEHOMAG auswertete, wurde u. a. nach der „Rasse“ gefragt. So konnte ermittelt werden, wie viele jüdische Mitbürger, Personen mit jüdischen Vorfahren oder Mitglieder ethnischer Minderheiten, die der NS-Führung „unliebsam“ waren, in welcher Stadt lebten oder wer nach den Nürnberger Gesetzen Jude war.

Exkurs

Bei der Organisation des Holocausts setzten die Nationalsozialisten Lochkartensortiermaschinen der DEHOMAG ein. So wurde z. B. erfasst, welche Fähigkeiten oder Berufe die Häftlinge hatten. Manche Gefangenen wurden von den Nationalsozialisten während des Zweiten Weltkriegs zur Produktion bestimmter Güter herangezogen. Durch die Verwaltung entsprechender Daten, die mithilfe der Hollerith-Systeme erfasst wurden, konnten KZ-Häftlinge mit bestimmten Berufen ermittelt und dort eingesetzt werden, wo es den Nationalsozialisten wichtig war.

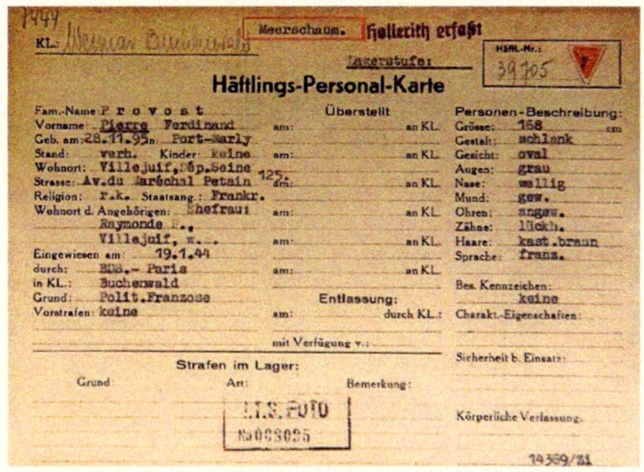
1944
KL.: Weimar Buchenwald
Meerschaum. Hollerith erfaßt
Lagerstufe:
Häftl.-Nr.: 39705
Häftlings-Personal-Karte
Fam.-Name: Provost
Vorname: Pierre Ferdinand
Geb. am: 28.11.95 in: Port-Marly
Stand: verh. Kinder: keine
Wohnort: Villejuif, Dép. Seine
Strasse: Av. du Maréchal Petain 125
Religion: r.k. Staatsang.: Frankr.
Wohnort d. Angehörigen: Ehefrau: Raymonde P., Villejuif
Eingewiesen am: 19.1.44
durch: BDS.- Paris
in KL.: Buchenwald
Grund: Polit. Franzose
Vorstrafen: keine
Überstellt am: an KL.
Entlassung: am: durch KL.: mit Verfügung v.:
Personen-Beschreibung:
Grösse: 168 cm
Gestalt: schlank
Gesicht: oval
Augen: grau
Nase: wellig
Mund: gew.
Ohren: angew.
Zähne: lückh.
Haare: kast. braun
Sprache: franz.
Bes. Kennzeichen: keine
Charakt.-Eigenschaften:
Sicherheit b. Einsatz:
Strafen im Lager:
Grund: Art: Bemerkung:
I.T.S. FOTO
Körperliche Verfassung:
14369/21

„Häftlings-Personal-Karte" aus dem KZ Buchenwald mit dem Stempel „Hollerith erfaßt"

IBM profitierte nach dem Zweiten Weltkrieg vom stets wachsenden Bedarf datenverarbeitender Systeme und so wurden ständig neue Rechenmaschinen konstruiert und diese weiter verbessert. 1955 wurde der erste programmierbare Computer vorgestellt, ein Magnettrommelrechner, der mit Elektronenröhren arbeitete. In den Siebzigerjahren wurde das erste relationale Datenbankmanagementsystem „System R" von IBM entwickelt. Es verwendete als Abfragesprache *SEQUEL*, den direkten Vorgänger von *SQL*.

Aus den Erfahrungen mit diesem Prototypen entstand schließlich das Datenbankmanagementsystem *DB2* mit seiner Abfragesprache *SQL*. Diese kam schließlich 1981 auf den Markt und wurde 1986 als ANSI-Standard, 1987 als ISO-Standard verabschiedet.
Seitdem gab es einige Überarbeitungen und *SQL* ist als Abfragesprache in nahezu jedes Datenbankmanagementsystem integriert, jedoch mit teilweise stark unterschiedlichen „Dialekten", wie z. B. bei der Bezeichnung von Datentypen.

ANSI: American National Standards Institut, US-amerikanische Stelle zur Normung industrieller Verfahrensweisen

ISO: International Organization of Standardization

Das Lochkartensystem zur Datenspeicherung blieb dennoch seit seiner Erfindung mehrere Jahrzehnte unangefochten. Auch heute noch werden, wenn auch immer seltener, Karten zur Informationsverwaltung eingesetzt.

In der Schule wird über jeden Schüler eine Akte geführt, in der auf einem Datenblatt neben persönlichen Daten auch sämtliche Noten und gegebenenfalls auch Ordnungsmaßnahmen eingetragen werden. Solche Karteien werden meist in Registern aufbewahrt. Ein derartiger „Karteikasten" entspricht einer Tabelle, jede einzelne Karte steht für einen Datensatz innerhalb der Tabelle. Auf jeder solchen Karte sind die entsprechenden Daten (Attributwerte) notiert. Eine Datenbank besteht meistens aus mehreren Tabellen.

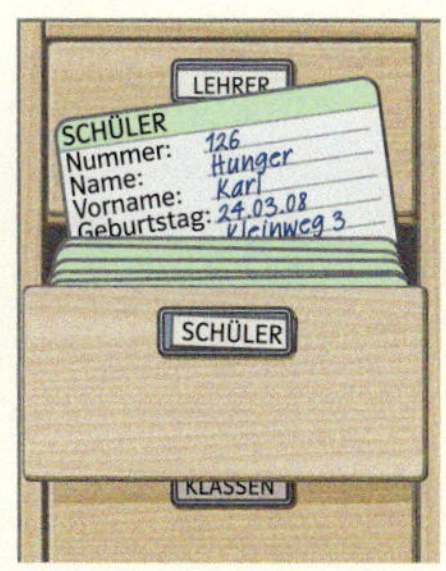

Heute spielen im Zusammenhang mit Datenbanken im Zuge der Digitalisierung, der weltweiten Vernetzung und des nahezu unerschöpflichen Speicherplatzes ganz andere Fragestellungen eine immer größer Rolle: Wie kann sichergestellt werden, dass kein unbefugter Zugriff auf sensible Daten erfolgt? Woher weiß ich, welche Daten über meine eigene Person gespeichert sind? Wie kann sichergestellt werden, dass mühsam erhobene Daten durch Fehler nicht plötzlich vernichtet werden? Welche Rechte und Pflichten ergeben sich im Umgang mit personenbezogenen Daten? Dass als Antwort auf einige dieser Fragen viele Länder eigens dafür Gesetze geschaffen haben (vgl. Kapitel V), hätte Herman Hollerith vermutlich nicht erwartet.

Rückblick

Objekte und Klassen

Nicht nur elektronische Dokumente enthalten eine Vielzahl von **Objekten**, die ganze Welt ist aus verschiedenen Objekten aufgebaut. Jedes Objekt wird dabei durch seine Eigenschaften **(Attribute)** mit ihren aktuellen **Attributwerten** beschrieben. Jedes Objekt gehört zu einer **Klasse**.

Klassen beschreiben gleichartige Objekte. Sie dienen auch als Vorlage zur Erzeugung von neuen Objekten. Zwei Objekte derselben Klasse besitzen stets dieselben Attribute, können sich jedoch in ihren Attributwerten unterscheiden.
Im Gegensatz zu einer **Klassenkarte** beschreibt eine **Objektkarte** genau ein konkretes Objekt.

gob: SERIE
name = Game of Bones staffeln = 8 episoden = 274 erscheinungsjahr = 2021 produzent = John Snowflake ...

Objektkarte

SERIE
name staffeln episoden erscheinungsjahr produzent ...

Klassenkarte

Eine andere Serie kann zwar den gleichen Produzenten haben, hat aber ansonsten andere Attributwerte als *gob*.

Tabellen

Daten werden in **Tabellen** gespeichert.
Die Spalten der Tabelle stehen für die Attribute der zugrunde liegenden Klasse und bilden das **Schema** der Tabelle.
Jede Zeile der Tabelle steht für ein einzelnes Objekt, enthält dessen Attributwerte und steht somit für einen Datensatz.

Der **Primärschlüssel** der Tabelle besteht aus einem Attribut oder mehreren Attributen (Spalten), durch deren Werte jeder Datensatz eindeutig identifiziert werden kann. In der Praxis werden so gut wie immer **künstliche Schlüssel** verwendet.

Schlüssel
Schema
Datensatz

MEINE_SCHULFREUNDE				
Nr	Name	Vorname	GebDat	Strasse
1	Aurich	Lukas	10.08.2006	Kranichweg 8
2	Bergmann	Hanna	20.10.2006	Zusestr. 11b
3	Gütnitz	Paul	01.01.2007	Moorweg 3
4	Jacobi	Mia	30.11.2006	Zuseweg 20
5	Keller-Fink	Johanna	03.06.2007	Hollerithstr. 121
6	Keller-Fink	Max	03.06.2007	Hollerithstr. 121
7	Feldmeier	Luisa	02.04.2007	Borkenstr. 40
...	...	...	...	...

Das Schema der Tabelle lautet:
MEINE_SCHULFREUNDE[*Nr; Name; Vorname; GebDat; Strasse*]
Bezeichner der Attribute
Primärschlüssel: *Nr*

Die Tabelle MEINE_SCHULFREUNDE hat die Attribute *Nr*, *Name*, *Vorname*, *GebDat* und *Strasse*.

Jeder Datensatz steht für ein Objekt dieser Klasse, also einen Schulfreund.

Abfragen

Mithilfe von **Abfragen** lassen sich Informationen aus Tabellen filtern. Eine Abfrage ist eine Funktion mit den drei Eingabeparametern *Tabelle*, *Bedingung* und *Spaltenliste*.
Abfrage(Tabelle; Bedingung; Spaltenliste) liefert in der **Ergebnistabelle** die gewünschten Spalten derjenigen Datensätze der angesprochenen Tabelle, die die übergebene Bedingung erfüllen.

In der Sprache *SQL* lautet der entsprechende Befehl

```
SELECT Spalten
FROM TABELLE
WHERE Bedingung
```

Mehrere Bedingungen können mithilfe der logischen Funktionen **UND** bzw. **ODER** miteinander verknüpft werden. In *SQL* funktioniert das mit AND bzw. OR.

Abfrage(MEINE_SCHULFREUNDE; *Name* = 'Keller-Fink'; [*Vorname*, *Strasse*]) liefert die folgende Ergebnistabelle.

Vorname	Strasse
Johanna	Hollerithstr. 121
Max	Hollerithstr. 121

In *SQL* lautet diese Abfrage wie folgt.

```
SELECT Vorname, Strasse
FROM MEINE_SCHULFREUNDE
WHERE Name = 'Keller-Fink'
```

Training

1 Periodensystem der Elemente

Im Chemieunterricht benötigt man oft das Periodensystem, in dem sämtliche Elemente so auf eine bestimmte Art und Weise angeordnet sind, dass bereits durch die Position Informationen über jedes einzelne Element gegeben sind.

a) Besorge dir ein Periodensystem (beispielsweise aus deinem Chemiebuch) und übersetze es in eine Tabelle. Überlege dir hierzu den Attributsatz und schreibe wenigstens vier vollständige Datensätze in die Tabelle. Mache dir dabei auch Gedanken um die Datentypen der Attribute und den Schlüssel.

b) Formuliere folgende Abfragen bezüglich deiner Tabelle in *SQL*.
   (1) Welche Ordnungszahl hat Wolfram?
   (2) Welche Atommasse hat Krypton?
   (3) Liste sämtliche Elemente auf, die eine Atommasse größer als 200 u haben.
   (4) Liste sämtliche Edelgase (Gruppe 18) mit allen ihren Eigenschaften auf.
   (5) Liste Symbol und Name der Actinoiden (Ordnungszahlen von 89 bis 103) auf.
   (6) Welche Elemente gehören zu den ersten beiden Perioden?

Legende (Beispiel Uran: (238,0289) $_{92}$U* Uran, 6):
- Atommasse der natürlichen Isotopenmischung in u (Zahl in Klammern: Atommasse des langlebigsten Isotops)
- Elementsymbol
- * Alle Isotope dieses Elements sind radioaktiv.
- Kernladungs- bzw. Ordnungszahl
- Elementname
- Anzahl der für chemische Bindungen infrage kommenden Elektronen

Periode	Hauptgruppen I 1	II 2	Nebengruppen 3	4	5	6	7	8	9
1	1,00794 $_{1}$**H** Wasserstoff 1								
2	6,941 $_{3}$**Li** Lithium 1	9,01218 $_{4}$**Be** Beryllium 2							
3	22,9898 $_{11}$**Na** Natrium 1	24,305 $_{12}$**Mg** Magnesium 2	3	4	5	6	7	8	9
4	39,0983 $_{19}$**K** Kalium 1	40,078 $_{20}$**Ca** Calcium 2	44,9559 $_{21}$**Sc** Scandium 3	47,867 $_{22}$**Ti** Titan 4	50,9415 $_{23}$**V** Vanadium 5	51,9961 $_{24}$**Cr** Chrom 6	54,938 $_{25}$**Mn** Mangan 7	55,845 $_{26}$**Fe** Eisen 8	58,9332 $_{27}$**Co** Cobalt 9
5	85,4678 $_{37}$**Rb** Rubidium 1	87,62 $_{38}$**Sr** Strontium 2	88,9059 $_{39}$**Y** Yttrium 3	91,224 $_{40}$**Zr** Zirconium 4	92,9064 $_{41}$**Nb** Niob 5	95,94 $_{42}$**Mo** Molybdän 6	(98,9063) $_{43}$**Tc*** Technetium 7	101,07 $_{44}$**Ru** Ruthenium 8	102,9055 $_{45}$**Rh** Rhodium 9
6	132,9055 $_{55}$**Cs** Caesium 1	137,327 $_{56}$**Ba** Barium 2	**Lanthanoide** 57–71	178,49 $_{72}$**Hf** Hafnium 4	180,9479 $_{73}$**Ta** Tantal 5	183,84 $_{74}$**W** Wolfram 6	186,207 $_{75}$**Re** Rhenium 7	190,23 $_{76}$**Os** Osmium 8	192,217 $_{77}$**Ir** Iridium 9

2 Die Erde bebt II

Betrachte die Tabelle ERDBEBEN von Seite 57. Der Schlüssel sei nun (*Jahr*, *Tag*).

a) Erläutere kurz, warum sich folgende Abfrage mit dieser Tabelle nicht realisieren lässt: „Bestimme alle Erdbeben, bei denen es mehr als 50 000 Opfer gab."

b) Formuliere den Term folgender Abfrage, übersetze sie in *SQL* und gib auch das Datenflussdiagramm und die Ergebnistabelle an: „Gib Jahr und Land aller Erdbeben nach 1960 mit einer Stärke von mindestens 7,5 auf der Richterskala aus."

3 Gärtnerfreuden

Ein Hobbygärtner möchte eine Tabelle über seine Blumen und Sträucher anlegen, die er in seinem Garten gepflanzt hat. Dazu verwendet er folgendes Schema:
GARTEN[<u>*Nr*</u>; *LatName*; *DName*; *Familie*; *Ort*; *Bluehzeit*; *Giftig*].
LatName steht hierbei für den lateinischen Namen der Pflanze, *DName* für den deutschen Ausdruck. *Ort* soll das Beet bzw. die Lage im Garten angeben, wo das Gewächs zu finden ist, und unter *Giftig* soll gespeichert werden, ob dieser Attributbezeichner für die betreffende Pflanze zutrifft oder nicht.

Das untere Bild zeigt die in der vorletzten Abfrage verwendeten Blumen.

a) Erläutere, warum man anstelle des künstlichen Schlüssels *Nr* theoretisch auch (*LatName*, *Ort*) als Schlüssel dieser Tabelle wählen könnte.

b) Gib an, welchen Datentyp die Attribute jeweils haben.

c) Formuliere folgende Abfragen in *SQL*:
   (1) Welche giftigen Pflanzen findet man in „Beet1" (Angabe des deutschen Namens)?
   (2) Welche Pflanzen blühen im Frühling?
   (3) Liste alle giftigen Pflanzen auf (Angabe von Name, Ort und Blühzeit).
   (4) Wie lautet der deutsche Name der „Galanthus nivalis"?
   (5) Zu welcher Familie gehört der Krokus?

Lösungen auf den Seiten 279 – 281

III Grundlagen der objektorientierten Modellierung und Programmierung

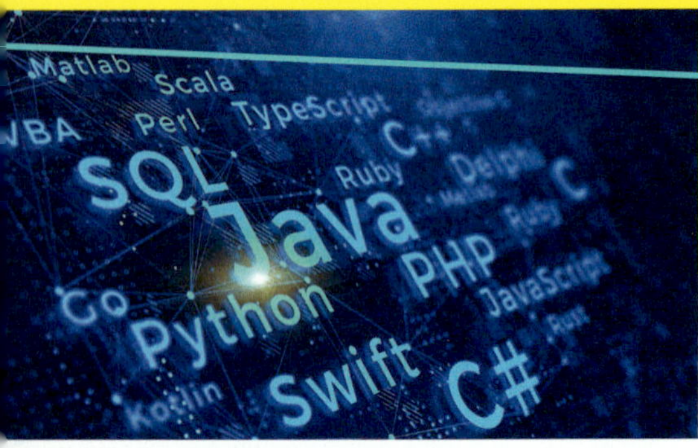

Algorithmen müssen transparent sein, und jeder muss die Möglichkeit haben zu erfahren, wie sie zustande kommen.

*Angela Merkel (*1954), deutsche Politikerin*

Künstliche Sprache vs. natürliche Intelligenz?

Kompetenzerwartungen

- Objekte analysieren und zu Klassen abstrahieren, Klassen deklarieren
- Wertzuweisungen an Attribute als Zustandsänderung interpretieren und implementieren
- Methoden objektorientiert unter Verwendung von Algorithmen implementieren
- Generalisierungshierarchien durch Klassendiagramme modellieren und mittels Konzept der Vererbung implementieren

1 Algorithmen und Methoden

Du hast eine neue Klassenkameradin und willst mit ihr über deinen Messenger-Dienst Kontakt aufnehmen. Nun willst du ihr mitteilen, welche Schritte sie unternehmen muss, damit ihr euch einen gemeinsamen Kanal einrichten könnt. Beschreibe das Verfahren möglichst klar und nachvollziehbar und berücksichtige dabei auch mögliche Fehler wie die Eingabe einer falschen Telefonnummer.

Es gibt sehr viele unterschiedliche Möglichkeiten, anderen Menschen bestimmte Handlungsabläufe, Vorgänge oder Verfahren mitzuteilen. Für manche Zwecke, insbesondere für die Automatisierung solcher Vorgänge, ist es notwendig, sie möglichst präzise und damit eindeutig nachvollziehbar zu beschreiben.

Ein Sortierverfahren

Im Sportunterricht muss deine Gruppe für eine bestimmte Übung nach absteigender Körpergröße aufgereiht werden. Die größte Person soll dabei ganz links stehen. Wie könnte man diese Aufstellung möglichst schnell und einfach erreichen?
Ein sehr einfaches, aber meist nicht besonders schnelles Verfahren beruht darauf, dass jeweils zwei Schüler(innen) ihre Größe vergleichen und die Plätze tauschen, falls der (die) größere Schüler(in) rechts steht. Lässt man diesen paarweisen Vergleich von rechts nach links die ganze Gruppe durchlaufen, dann steht danach die größte Person auf jeden Fall ganz links. Nach einem zweiten Durchlauf steht die Zweitgrößte an der zweiten Position von links usw. Der letzte Durchlauf besteht nur noch aus dem Vergleich der beiden Personen, die am weitesten rechts stehen.

Dieses Verfahren bezeichnet mal als *Bubblesort*, weil sich die zu sortierenden Objekte alle wie Blasen in einer Flüssigkeit in dieselbe Richtung bewegen.

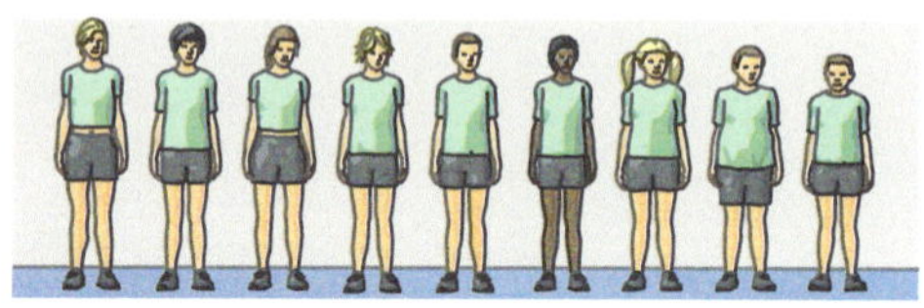

Obwohl man diese Beschreibung relativ gut verstehen kann, stellt man bei näherer Betrachtung fest, dass sie in vielerlei Hinsicht nicht ganz präzise ist. So ist z. B. nicht ganz klar, ob beim Größenvergleich die Frisur bzw. die Schuhsohle mitgemessen wird. Auch die Abläufe der Wiederholungen sind nicht eindeutig: Welche Paare werden gebildet, wann enden die Wiederholungen?

Eine etwas präzisere Beschreibung könnte folgendermaßen aussehen:
(1) Markiere die Person, die am weitesten rechts steht.
(2) Falls die echte Körprgröße der markierten Person ohne Schuhe und ohne Berücksichtigung der Frisur größer ist als die der Person links von ihr, vertausche die Position der beiden Personen.
(3) Markiere die linke Person des obigen Vergleichs und führe mit dieser den Schritt (2) aus, bis das Ende der Reihe erreicht ist (d. h. die vorletzte Person der Reihe markiert wurde).
(4) Wiederhole den gesamten Vorgang ab (1) einmal weniger als die Anzahl an Personen in der Reihe.

Der Algorithmusbegriff

Wenn man ein Verfahren automatisieren will, muss es bestimmte Anforderungen erfüllen. Zunächst einmal muss es mit einem endlichen Text beschrieben werden können. So dauert die Expansion des Universums zwar eventuell unendlich, man kann sie aber mit einem endlichen Satz beschreiben: „Das Universum expandiert für unendlich lange Zeit."
Zweitens muss eine derart präzise Beschreibung des Verfahrens möglich sein, dass die Ausführung eindeutig festgelegt ist. Genau genommen ist das nur in künstlich erschaffenen Sprachen wie z. B. Programmiersprachen möglich. Damit wird beispielsweise der nächste Arbeitsschritt eines Roboterarms in einer Fertigungshalle festgelegt.
Drittens müssen alle Schritte des Verfahrens auch tatsächlich ausführbar sein. Ein Verarbeitungsschritt wie z. B. „Springe zur Venus." ist zumindest derzeit noch nicht ausführbar.
Ein Verfahren, das diese drei Bedingungen erfüllt, bezeichnet man als **Algorithmus.**

Zur Herkunft des Namens „Algorithmus": vgl. Seite 42.

Ein- und Ausgabe von Algorithmen

Aus funktionaler Sicht kann man einen Algorithmus als informationsverarbeitenden Prozess betrachten, der eine Menge von Daten als Eingabe aufnimmt, verarbeitet und eine andere Datenmenge als Ausgabe liefert (Fig. 1).

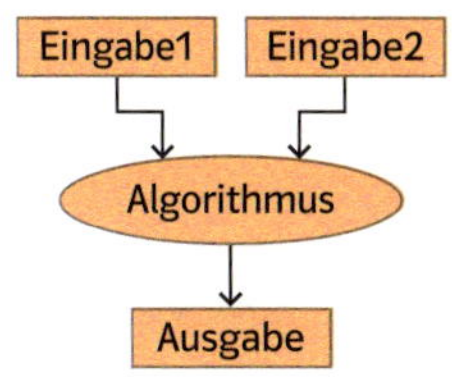

Fig. 1

Beispiele dafür sind:
- Der Sortieralgorithmus *Bubblesort*; Eingabe: unsortierte Liste von Namen; Ausgabe: sortierte Liste von Namen (Fig. 2).
- Programme des Werkzeugs Roboter: Ein- bzw. Ausgabe sind Zustände der „Miniwelt" des Roboters, nämlich die Zustände dieser Miniwelt vor bzw. nach dem Ablauf des Programms. Die Miniwelt besteht dabei aus dem Roboter selbst und allen Ziegeln und Marken (Fig. 3).
- Grafikalgorithmen: Ein- bzw. Ausgabe sind die Zustände der Zeichenfläche.

Das weltweit erste Computerprogramm war vermutlich die Beschreibung eines Verfahrens zur Berechnung von Bernoulli-Zahlen. Es wurde von Ada Lovelace in den Jahren 1842/1843 für die mechanische Analytical Engine von Charles Babbage erstellt, konnte jedoch damals nur von Hand ausgeführt werden, weil es noch keine funktionsfähige Maschine gab (vgl. hierzu auch den Exkurs auf Seite 106).

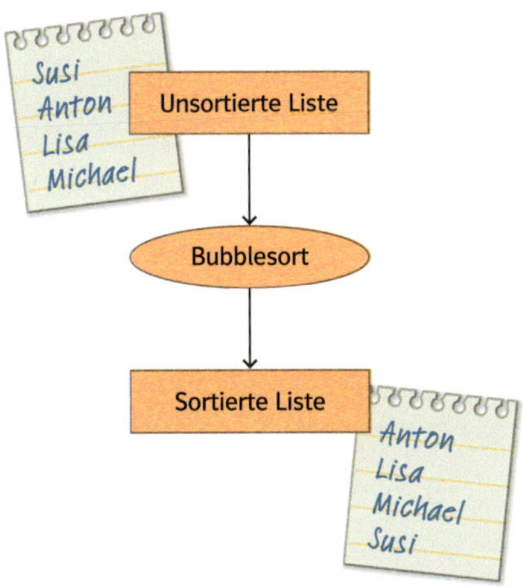

Fig. 2

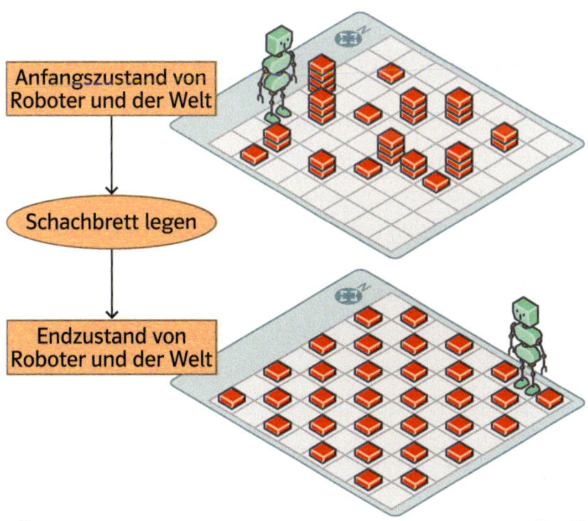

Fig. 3

Algorithmen und Programme

Seit der Erfindung geeigneter Maschinen ist man besonders an der Darstellung von Algorithmen durch **Programme** interessiert, die automatisch ausführbar sind. Ein Programm ist eine von vielen möglichen Darstellungen eines bestimmten Algorithmus als Text in einer speziellen Sprache, die vom Rechner automatisch interpretiert und damit abgearbeitet werden kann. Eine solche Sprache heißt **Programmiersprache.**

Ein Roboter soll auf einem durchgehend mit Ziegelsteinen gepflasterten Weg entlanglaufen, bis er das durch eine Marke bezeichnete Ende dieser Reihe erreicht. Informell sieht der Algorithmus wie in Fig. 1 aus. In einer Programmiersprache könnte er wie in Fig. 2 aussehen.

```
Wiederhole, bis die Marke erreicht ist
  Falls du vor einem Ziegel stehst
    Mache einen Schritt vorwärts
  Sonst
    Drehe dich um 90° nach rechts
    Falls du nicht vor einem Ziegel stehst
      Drehe dich um 180° nach links
    EndeFalls
  EndeFalls
EndeWiederhole
```

Fig. 1

```
wiederhole bis karli.aufMarke()
  falls karli.vorZiegel()
    karli.vorwärtsGehen()
  sonst
    karli.rechtsDrehen()
    falls NICHT karli.vorZiegel()
      karli.linksDrehen()
      karli.linksDrehen()
    endeFalls
  endeFalls
endeWiederhole
```

Fig. 2

Algorithmen und Methoden

In objektorientierten Programmiersprachen werden die Operationen von Algorithmen durch **Methoden** von Objekten dargestellt. So besitzt das Objekt *karli* eine Methode *vorwärtsGehen*, die im obigen Algorithmus (Fig. 2) der Operation „Mache einen Schritt vorwärts" (Fig. 1) entspricht. Der Aufruf dieser Methode beim Ablauf eines Programms entspricht dann der Ausführung der Operation des Algorithmus.
Ein Objekt der Klasse WASCHMASCHINE könnte eine Methode *schleudern* haben. Der Benutzer der Maschine beschränkt sich auf den Aufruf der Methode durch „Knopfdruck".
Die Details der Ausführung (Dauer, Umdrehungszahl oder Zeitpunkt des Wasserabpumpens) werden dabei dem Objekt selbst überlassen.
Eine Methode kann aber auch größere Teile eines Algorithmus oder sogar einen ganzen Algorithmus darstellen und beim Aufruf ausführen. So könnte es z. B. eine Methode *bubblesort* geben, die das gesamte auf Seite 74 beschriebene Sortierverfahren auf einer Reihe von Personen ausführen kann. In diesem Fall würde man diese Methode als **Implementierung** dieses Algorithmus bezeichnen.

Methoden mit Parametern

Bei vielen Methoden muss man durch ein oder mehrere Argumente **(Parameter)** festlegen, mit welchen Eingaben sie ausgeführt werden sollen, z. B. mit welcher Temperatur und Schleuderumdrehungszahl ein Waschgang ausgeführt werden soll. Die Parameter werden in einer festgelegten Reihenfolge in Klammern notiert, z. B. *waschmaschine1.feinwaschen(40°, 600).*

Parameter von Funktionen in Tabellenkalkulationen werden auf Seite 22 beschrieben. Bei Methoden verwenden wir im Gegensatz zu Funktionen in Tabellenkalkulationen zur Trennung mehrerer Parameter Kommas statt Strichpunkte. Dies ist in den meisten Programmiersprachen so üblich.

Methoden in Objekt- und Klassenkarten

Objekte setzen sich also aus Attributen und Methoden zusammen, wobei jedes Attribut zu einem bestimmten Zeitpunkt einen bestimmten Wert hat. Klassenkarten (Fig. 4) unterscheiden sich von Objektkarten (Fig. 3) durch das Fehlen der Attributwerte.

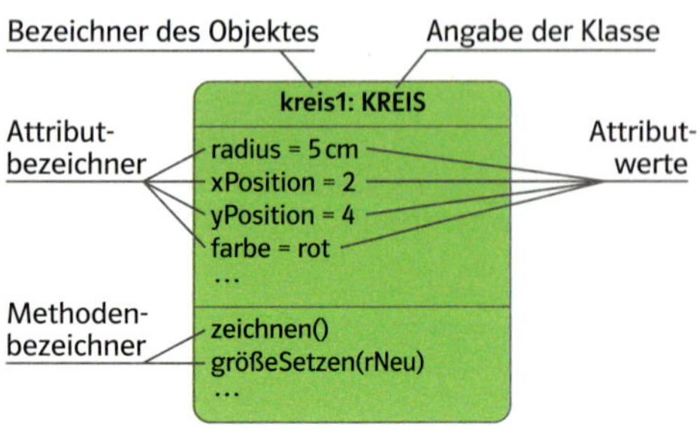

Fig. 3

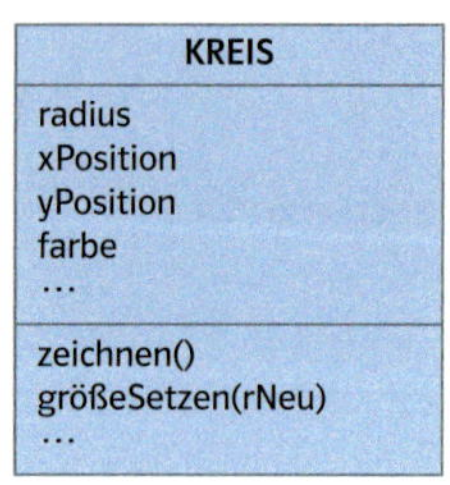

Fig. 4

Methoden sind über die Klasse definiert und werden daher in der Klassenkarte immer aufgelistet, auch wenn sie über die Objekte aufgerufen werden. In den Objektkarten kann man die Methoden dagegen auch weglassen.

Ein **Algorithmus** ist ein Verfahren, das sich durch eine präzise, tatsächlich ausführbare Handlungsvorschrift endlicher Länge beschreiben lässt. Für die Beschreibung kann eine natürliche oder auch eine künstliche Sprache **(Programmiersprache)** verwendet werden.
Durch den Aufruf von **Methoden** eines Objektes kann man Algorithmen ausführen lassen.

1 Karten legen

Auf einem Tisch liegt ein Stapel ungeordneter und verdeckter Spielkarten, die gemäß des folgenden Algorithmus nebeneinander in einer Reihe angeordnet werden sollen.

```
wiederhole bis Keine Karte liegt mehr im Stapel
  Nimm die oberste Karte vom Stapel (Stapelkarte) und decke sie auf
  falls Mindestens eine Karte liegt in der Reihe
    Vergleiche die Werte von Stapelkarte und Reihenkarte
    wiederhole bis Stapelkarte zeigt einen kleineren Wert als Reihenkarte
      Lege die aktuelle Reihenkarte wieder verdeckt auf ihren Platz
      Nimm die nächste Reihenkarte und decke sie auf
      Vergleiche die Werte von Stapelkarte und Reihenkarte
    endeWiederhole
    Füge die Stapelkarte unmittelbar vor die aktuelle Reihenkarte verdeckt in die Reihe ein
  sonst
    Lege die Stapelkarte verdeckt als erste Karte der Reihe auf den Tisch
  endeFalls
endeWiederhole
```

a) Besorge dir Spielkarten und gib zunächst an, welche Ordnung (Zahlenaufschrift, Symbole) verwendet werden soll. Führe den Algorithmus praktisch aus.

b) Stelle die funktionale Sicht als Datenflussdiagramm mit aussagekräftigen Bezeichnern dar.

2 Marke suchen

Eine Computersimulation besteht aus einem rechteckigen Feld, das außen durch eine Mauer begrenzt ist, und außerdem aus zwei weiteren, senkrecht angeordneten Mauern mit je einem kleinen Durchgang an zufälliger Position (Fig. 1). Eine Spielfigur (in Fig. 1 ein roter Kreis mit Blickrichtung nach rechts) soll automatisch das Kästchen mit der gelben Markierung, das sich in der rechten Spalte an zufälliger Position befindet, finden.

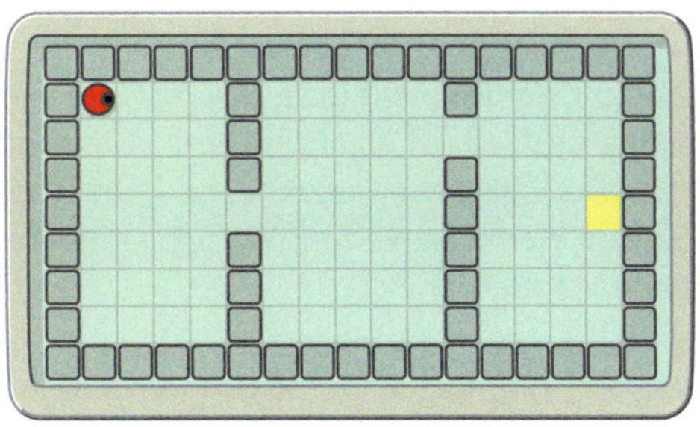

Fig. 1

Die Spielfigur darf nur folgende Aktionen ausführen: *vorwärtsGehen* (ein Schritt vorwärts in Blickrichtung), *rechtsDrehen* (Drehung um 90° nach rechts) und *linksDrehen* (Drehung um 90° nach links). Die Bedingung *istMarkiert* erkennt, ob das Kästchen der aktuellen Position markiert ist, und die Bedingung *vorMauer* erkennt, ob man direkt vor einer Mauer steht.
Beschreibe einen Algorithmus, sodass die Spielfigur automatisch das markierte Kästchen erreicht. Teste deine Lösung mithilfe der Vorlage, die du über den Code auf dem Rand herunterladen kannst, mit einem geeigneten Programmierwerkzeug.

Vorlage
Marke suchen
fm9r9a

3 Ferienfreizeit

Ines arbeitet in den Ferien im gemeinnützigen Verein „Kinder- und Jugendarbeit" ihres Heimatortes. Für den Spielenachmittag einer Gruppe von Kindern plant sie folgendes Hüpfspiel:
Ein rechteckiger Platz wird zunächst mit einem Gitter aus quadratischen Kästchen (aufgeteilt in Spalten und Reihen) bemalt. In jeder Spalte ist genau ein zufällig gewähltes Kästchen farbig markiert und auf einem weiteren zufällig gewählten Kästchen der Spalte befindet sich ein Gegenstand, z. B. ein Stein. Die Aufgabe der Kinder besteht darin, ausgehend von einem Kästchen in einer Ecke möglichst schnell mit einem Bein „spaltenweise" von Kästchen zu Kästchen zu springen und dann in die „nächste Zeile". Befindet sich das Kind direkt vor einem Stein, soll dieser aufgehoben werden, und bei Erreichen des markierten Kästchens dort abgelegt werden. Das Spielfeld darf nicht verlassen werden und jedes Kind darf nur folgende Aktionen ausführen:

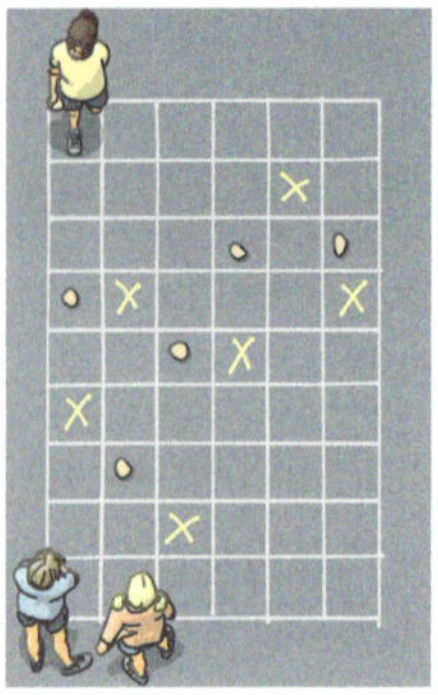
Fig. 1

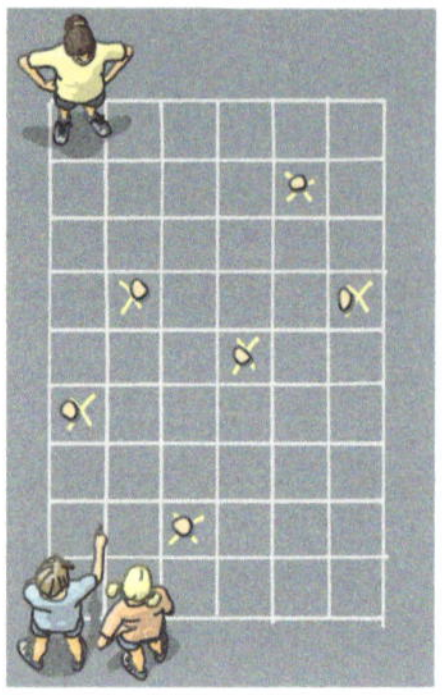
Fig. 2

vorwärtsHüpfen: Sprung vorwärts in Blickrichtung
rechtsDrehen: Drehung um 90° nach rechts
linksDrehen: Drehung um 90° nach links
aufheben: Aufheben des Steins, der im Kästchen vor der aktuellen Position liegt
hinlegen: Ablegen eines Steins auf das Kästchen direkt vor der aktuellen Position

Die Bedingung *istMarkiert* erkennt, ob das Kästchen der aktuellen Position markiert ist, und die Bedingung *vorRand* bzw. *vorStein* erkennt, ob man direkt vor einem der vier Ränder bzw. vor einem Stein steht. Fig. 1. und Fig. 2. zeigen beispielhaft eine Situation vor und nach einem Spiel. Entwirf einen Algorithmus für beliebige Spielfeldgrößen, mit dem dieses Spiel simuliert werden kann. Teste deine Lösung mithilfe der Vorlage, die du über den Code auf dem Rand herunterladen kannst, mit einem geeigneten Programmierwerkzeug.

Vorlage
Ferienfreizeit
fm9r9a

4 Uhrzeiten

Der Großteil von Uhren an öffentlichen Gebäuden wird von einer Hauptuhr so gesteuert, dass das Uhrwerk mit Stunden- und Minutenzeiger nur zur vollen Minute jeweils einen Sprung durchführen muss. Diese Nebenuhren nennt man daher auch Minutensprunguhren.
Um festzustellen, wie weit die aktuelle Minute vorangeschritten ist, werden oft zusätzlich Sekundenzeiger angebracht, die sich nach jeder Sekunde um einen Minutenstrich drehen. Implementiere einen möglichst kurzen Algorithmus, der die abgestimmte Drehbewegung der drei Zeiger einer solchen Minutensprunguhr beschreibt. Berücksichtige dabei, dass die Klasse ZEIGER die Methode *drehen(winkel)* zur Verfügung stellt (vgl. Vorlage, die du über den Code auf dem Rand herunterladen kannst).

Vorlage
Uhrzeiten
fm9r9a

5 Tarnung

Gegeben ist die Definition einer Methode *tarnung*, in der ein Algorithmus beschrieben wird, der für jede beliebige natürliche Zahl n einen bestimmten Wert berechnet.

a) Führe den Algorithmus jeweils für $n = 87$ und für $n = 3712$ aus.

b) Analysiere die Funktionalität des Algorithmus und gib an, was dieser allgemein in Abhängigkeit von n berechnet.

```
Methode tarnung(Eingabe n)
  Setze w gleich 1
  Setze s gleich 10
  Wiederhole solange s < n
    Erhöhe den Wert von w um 1
    Verzehnfache den Wert von s
  EndeWiederhole
  Gib als Ergebnis den Wert von w aus
EndeMethode
```

6 ggT

Gegeben ist die rechts beschriebene Methode *ggT* für die Berechnung des größten gemeinsamen Teilers zweier natürlicher Zahlen a und b.

a) Berechne *ggT(600, 250)* nach dem angegebenen Algorithmus.

b) Zeichne das entsprechende Datenflussdiagramm und überprüfe dein Ergebnis aus Teilaufgabe a) mithilfe einer Tabellenkalkulation.

```
Methode ggT(Eingabe a, Eingabe b)
  Berechne den Rest r der Ganzzahldivision
      a/b
  Wiederhole solange r ungleich 0 ist
    Ersetze a durch b
    Ersetze b durch den berechneten Rest r
    Berechne den Rest r der Ganzzahldivi-
        sion a/b
  EndeWiederhole
  Gib als Ergebnis den Wert von b aus
EndeMethode
```

7 Verarbeitung von Zeichenketten

Texte bzw. Zeichenketten werden in *Java* als Objekte der Klasse STRING gespeichert. Die Klasse STRING verfügt über viele nützliche Methoden, von denen vier in der nebenstehenden Klassenkarte aufgelistet sind. Der Bezeichner verrät bereits die Funktionalität der entsprechenden Methode.

STRING
...
charAt(zeichenPosition) concat(anzuhängenderString) length() substring(vonPosition, bisAusschließlich) ...

Definiere für die Verarbeitung von Namen der Form „Nachname Vorname" neue Methoden, die durch einen Algorithmus beschrieben werden können und die Aufrufe der aufgelisteten Methoden der Klasse STRING enthalten. Erstelle zu den neu definierten Methoden ein Datenflussdiagramm, welches als Eingabe deinen Namen verarbeitet.

(1) Die Methode *indexLeerzeichenGeben* gibt die Position des Leerzeichens zurück.

(2) Die Methoden *nachnameGeben* bzw. *vornameGeben* gibt nur den Nach- bzw. Vornamen (ohne Leerzeichen) zurück.

(3) Die Methode *tauschen* gibt die Zeichenkette zurück, bei der Vor- und Nachname vertauscht sind, und zwar mit einem Leerzeichen dazwischen.

8 Alphabetisch sortieren

In der folgenden Abbildung werden die ersten Schritte eines Algorithmus demonstriert, der 26 mit den Buchstaben des Alphabets beschriftete Marken aufsteigend sortiert.

a) Analysiere die einzelnen Phasen genau und ergänze die noch fehlenden Schritte zeichnerisch, bis die Sortierung vollstängig erfolgt ist.

b) Erstellt zu dritt oder viert einen Satz beschrifteter Marken und führt in der Gruppe eine analoge Sortierung arbeitsteilig durch.

c) Formuliere den Algorithmus möglichst präzise mit eigenen Worten. Es sollen dabei alle noch nicht sortierten Marken verdeckt sein.

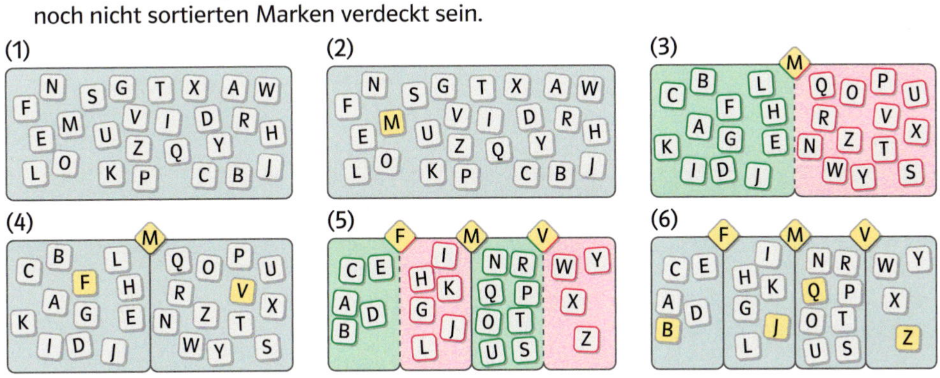

2 Definition von Klassen

Gib an, welche Attribute und Methoden die Objekte einer Klasse TAGESGELDKONTO haben. Zeichne eine Objektkarte mit sinnvollen Werten für die Attribute. Beschreibe möglichst genau, wie die angegebenen Methoden funktionieren. Behandle dabei auch mögliche Problemfälle wie einen zu geringen Kontostand beim Abheben.

Ein Computerprogramm in einer objektorientierten Programmiersprache besteht hauptsächlich aus Definitionen von Klassen, in denen die Attribute und Methoden festgelegt werden.

Programmiersprachen

Es gibt sehr viele Programmiersprachen (z. B. *Scratch*, *C*, *C++*, *Python* oder *Java*), die unterschiedlichen Zwecken dienen und daher auch verschiedenartig konzipiert sind.
Allen gemeinsam ist jedoch, dass sie nach äußerst strengen Regeln aufgebaut sind und jedes ihrer Sprachelemente eine genau definierte Bedeutung haben muss. *Java* gehört ebenso wie *C++* oder *Smalltalk* zu den **objektorientierten Programmiersprachen**. In diesem Buch wird insbesondere die Programmiersprache *Java* verwendet.

Vergleiche hierzu auch den Exkurs auf Seite 106 ff.

Ein Programm in einer solchen Sprache besteht hauptsächlich aus Definitionen von Klassen (vgl. Fig. 2 auf der nächsten Seite). Nach den Vorgaben einer Klassendefinition werden dann nach dem Start des Programms Objekte angelegt, die wiederum die in der Klassendefinition festgelegten Methoden ausführen.

Struktur von Klassendefinitionen

Vergleicht man die Definition einer Klasse (vgl. Fig. 2 auf der nächsten Seite) mit der entsprechenden Klassenkarte (vgl. Fig. 1 auf der nächsten Seite), so stellt man fest, dass sie den gleichen Aufbau haben.

Die Klassendefinition beginnt im Wesentlichen mit der Angabe des Klassenbezeichners (hier `Kreis`), gefolgt von der Deklaration der Attribute. Danach folgen die Definitionen der Methoden, in denen festgelegt wird, was bei der Ausführung dieser Methoden passieren soll.

Ein Programm wird durch den **Aufruf einer Methode** gestartet, die eventuell wiederum andere Methoden aufruft. Für den Aufruf einer Methode sind die Angaben des Bezeichners der Methode, der Reihenfolge und der Typen ihrer Parameter sowie des Typs des Rückgabewertes notwendig. Die Menge dieser Angaben nennt man die **Signatur dieser Methode**.

Deklaration und Definition

Unter einer **Deklaration** versteht man die Festlegung des Bezeichners eines Attributs oder einer Methode zusammen mit den Informationen, die für deren Verwendung nötig sind, z. B. Datentyp oder Parameter.
In der **Definition** einer Klasse wird beschrieben, welche Attribute und Methoden diese Klasse hat. Bei der Definition einer Methode wird genau festgelegt, wie sie arbeitet.
Definitionen können auch Deklarationen enthalten.

KREIS
radius: int xPosition: int yPosition: int farbe: String istSichtbar: boolean ...
KREIS() zeichnen() größeSetzen(rNeu: int) xPosSetzen(xNeu: int) yPosSetzen(yNeu: int) farbeSetzen(farbeNeu: String) sichtbarMachen() unsichtbarMachen() löschen() ...

Fig. 1

Java

```
// Klassenbezeichner
class Kreis {
 // Attribute
  int radius;
  int xPosition;
  int yPosition;
  String farbe;
  boolean istSichtbar;
 // Methoden
  Kreis() {...}
  void zeichnen() {...}
  void groesseSetzen(int rNeu) {...}
  void xPosSetzen(int xNeu) {...}
  void yPosSetzen(int yNeu) {...}
  void farbeSetzen(String
      farbeNeu) {...}
  void sichtbarMachen() {...}
  void unsichtbarMachen() {...}
  void loeschen() {...}
} // Ende Kreis
```

Fig. 2

Aus Gründen der Übersichtlichkeit und Vergleichbarkeit mit der Klassenkarte sind die Methodendefinitionen innerhalb der geschweiften Klammern in Fig. 2 durch „...“ ersetzt.

Attributdeklarationen

Die Klassendefinition beginnt mit der Festlegung (Deklaration) der Attribute, die folgende Angaben enthält (Fig. 3):

(1) Datentyp des Attributs, z. B. `int` für eine ganze Zahl oder `boolean` für einen Wahrheitswert.

(2) Bezeichner des Attributs, z. B. `xPosition`, `farbe` oder `istSichtbar`.

Java

```
// Attribute
  int radius;
  int xPosition;
  int yPosition;
  String farbe;
  boolean istSichtbar;
```

Fig. 3

`String` ist ein Datentyp, der in gewisser Hinsicht als Klasse betrachtet werden kann, daher die Großschreibung. Eine Übersicht gebräuchlicher Datentypen findest du im Anhang auf Seite 263.

Methodendefinitionen

Die Methoden bestehen selbst wieder aus einer Folge von Rechenoperationen oder Aufrufen anderer Methoden (Fig. 4).
Zusätzlich muss angegeben werden:

(1) Von welchem Typ ist der Rückgabewert der Methode? Dabei legt `void` fest, dass die Methode keinen Rückgabewert hat, andernfalls wird der Typ des Rückgabewertes angegeben, z. B. bei einer Methode *ggT*, welche den größten gemeinsamen Teiler zweier Zahlen zurückgibt: `int ggT(int zahl1, int zahl2)`.

(2) Bezeichner der Methode, z. B. `groesseSetzen`.

(3) Gegebenenfalls eine Liste der Parameter, die von der Methode übernommen werden. Dabei muss für jeden Parameter sein Typ angegeben werden, z. B. `int rNeu`.

(4) Schließlich folgt zwischen geschweiften Klammern die Beschreibung des Algorithmus, der beim Aufruf der Methode ausgeführt werden soll (Fig. 4).

Java

```
void groesseSetzen(int rNeu) {
  loeschen();
  radius = rNeu;
  zeichnen();
}
```

Fig. 4

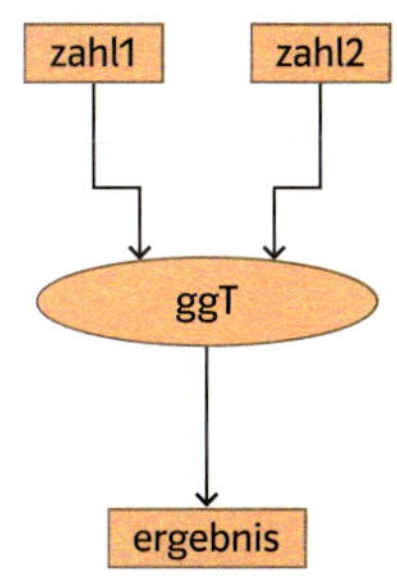

Rückgabewerte
Später werden noch ausführlich die Mechanismen behandelt, mit deren Hilfe man die Ergebnisse von Methoden ausgeben kann (vgl. Seite 88).

Struktur von Methodendefinitionen

In der ersten Zeile der Methodendefinition werden die für ihren Aufruf wichtigen Angaben gemacht: der Bezeichner der Methode, die Anzahl und die Typen ihrer Parameter sowie der Typ des Rückgabewertes. Diese Zeile heißt auch **Methodenkopf**.
Danach kommen die Angaben, die für den Ablauf bzw. die Berechnung der Methode wichtig sind. Sie bilden den **Methodenrumpf**.

Konstruktor

In jeder Klasse gibt es eine Methode, die den gleichen Bezeichner trägt wie diese Klasse, jedoch wie alle Methoden mit Klammern (mit oder ohne Parameter) versehen ist, z.B. `Kreis()`. Diese Methode heißt **Konstruktor**. Sie dient zum Anlegen neuer Objekte.

Alternativ kann man den Konstruktor einer Klasse auch als namenlose Methode mit dieser Klasse als Rückgabetyp verstehen. Konstruktoren werden auf Seite 87ff. noch ausführlich behandelt.

Variablen

Attribute sind spezielle **Variablen**. Darunter versteht man in der Informatik Behälter (d.h. Speicherbereiche) für jeweils eine Größe, welche im Verlauf einer Berechnung auftritt und zur Laufzeit eines Programms auch wieder verändert werden kann. In der Regel hat eine Variable einen Bezeichner, einen Typ und zu jedem Zeitpunkt einen bestimmten Wert.

Wertzuweisung

Die **Wertzuweisung** (kurz Zuweisung) dient zur direkten Änderung eines Variablenwertes, so auch zur direkten Änderung des Wertes eines Attributs. Auf der linken Seite einer Zuweisung steht immer ein Attributbezeichner, auf der rechten Seite ein Term, dessen Wert berechnet und dem Attribut auf der linken Seite als Wert zugewiesen wird, z.B. *länge = 3 + 5 * 7.*

Die Verwendung des mathematischen Gleichheitssymbols „=" für die Zuweisung ist sicher eine der unglücklichsten Entscheidungen in der Geschichte der Programmiersprachen. In der Mathematik steht beispielsweise $x = y$ für die Aussage, dass x und y denselben Wert haben. In *Java* hingegen wird durch `x = y` der Variablen `x` der Wert von `y` zugewiesen.
Besonders deutlich wird der Unterschied an folgenden Beispielen:
$x = 2 \cdot x$ bedeutet in der Mathematik, dass x und $2 \cdot x$ gleich groß sind. Diese Aussage ist nur für $x = 0$ wahr. In *Java* bedeutet `x = 2 * x` dagegen, dass der Wert von x verdoppelt wird. Während in der Mathematik der Ausdruck $x = x + 1$ niemals eine wahre Aussage sein kann, findet er in *Java* häufig Anwendung und bedeutet, dass der Wert von `x` um 1 erhöht wird.
Der Term auf der rechten Seite einer Zuweisung kann in *Java* eine Konstante, ein Rechenausdruck, eine Funktion oder eine Kombination davon sein. So bedeutet der Ausdruck `x = 3 * x - y` in *Java*, dass vom dreifachen (bisherigen) Wert von `x` der Wert von `y` abgezogen wird und dieses Ergebnis als neuer Wert der Variablen `x` zugewiesen wird.
Für den Vergleich verwendet man in *Java* ==.

Eine Übersicht zu Operatoren in *Java* findest du im Anhang auf Seite 265.

Andere Programmiersprachen verwenden für die Zuweisung einen anderen Operator, z.B.:
Pascal: `x := 13`
BASIC: `LET x = 13`
R: `x <- 13`

Zustandsänderung

Der Zustand eines Objektes wird durch die Gesamtheit der Werte aller seiner Attribute definiert. Ein Objekt ändert seinen Zustand, wenn sich der Wert mindestens eines seiner Attribute ändert, z.B. durch eine Wertzuweisung. Besonders klar wird diese Zustandsänderung, wenn der vorherige Wert des betroffenen Attributs im Term auf der rechten Seite der Zuweisung verwendet wird, z.B. *radius = radius + 1.* Hier wird der ursprüngliche Wert des Attributs *radius* von *kreis1* (also der Zustand vor der Zuweisung) um 1 erhöht und dann diesem Attribut wieder zugewiesen (Fig. 1), womit ein neuer Zustand (nach der Zuweisung) entsteht.

Ein Objekt ändert seinen Zustand, wenn mindestens ein Attribut seinen Zustand, also seinen Wert, ändert.

Fig. 1

Bei einer Zuweisung geht der vorherige Wert des jeweiligen Attributs verloren. Möchte man z. B. ein Rechteck durch Vertauschen von *xPosition* und *yPosition* spiegeln, gelingt dies nicht durch die einfache gegenseitige Zuweisung (Fig. 1). Der Wert des Attributs *xPosition* wird beim ersten Zustandsübergang mit 5 überschrieben. Der ursprüngliche Wert 3 ist verloren.

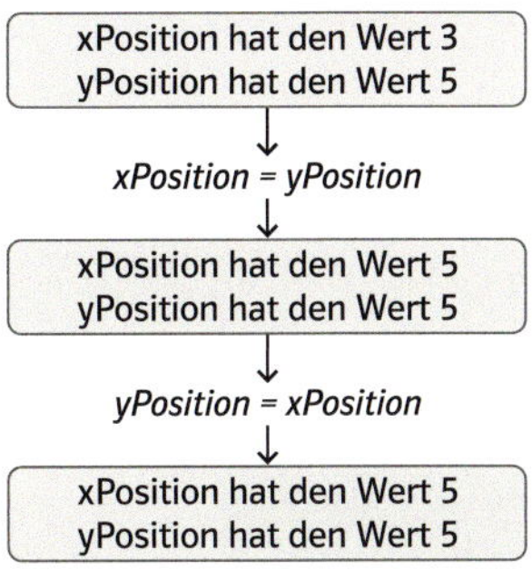

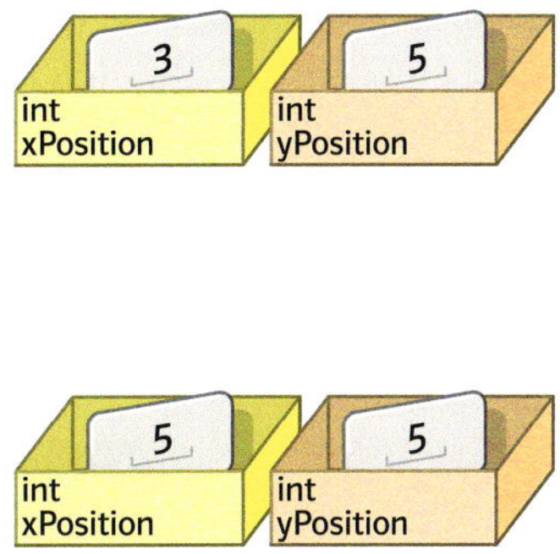

Fig. 1

Ringtausch

Will man die Werte zweier Attribute austauschen, so benötigt man eine weitere Variable zum Zwischenspeichern desjenigen Wertes, der ansonsten überschrieben werden würde. Im Beispiel (Fig. 2 und Fig. 3) wird dafür *temp* verwendet.
Die einzelnen Schritte der Zuweisung von *xPosition* und *yPosition* und die anschließende Vertauschung der beiden Attributwerte zeigt die zeitliche Abfolge in Fig. 3.

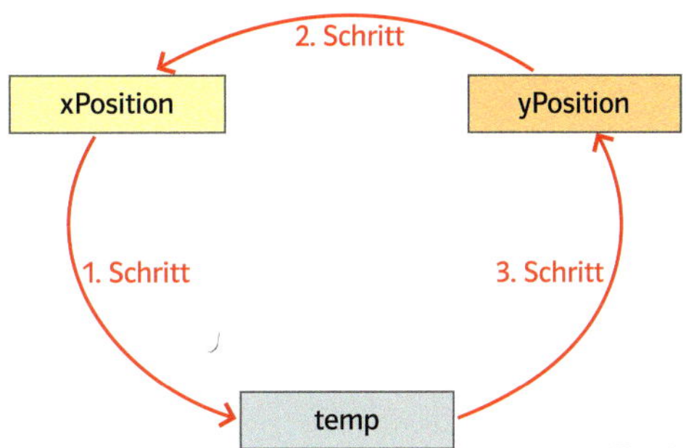

Fig. 2

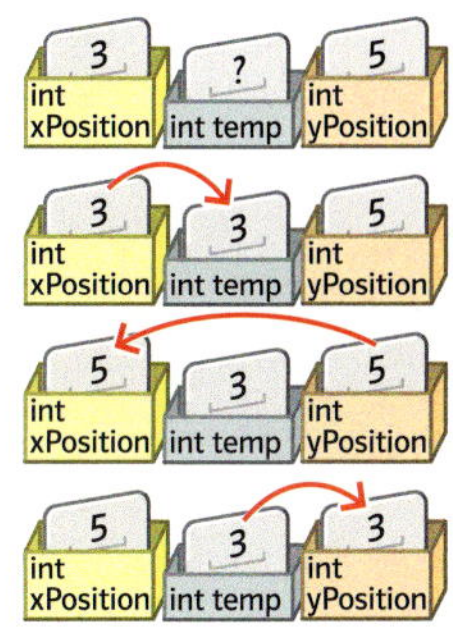

Anweisung	Wert von *xPosition*	Wert von *temp*	Wert von *yPosition*
xPosition = 3	unbekannt	unbekannt	unbekannt
yPosition = 5	3	unbekannt	5
temp = xPosition	3	3	5
xPosition = yposition	5	3	5
yPosition = temp	5	3	3

Fig. 3

Zuweisung in Konstruktoren

Durch geeignete Zuweisungen in der Definition des Konstruktors kann man bereits bei der Erzeugung eines Objektes seine Attribute mit gewünschten Anfangswerten belegen.

Java

```
Rechteck() {
  laenge = 40;
  breite = 20;
  farbe = "blau";
  ...
}
```

M

Ein **objektorientiertes Programm** besteht aus Klassendefinitionen, in denen Attribute und Methoden vereinbart werden.

Konstruktoren sind besondere Methoden zur Erzeugung von Objekten. Sie haben denselben Bezeichner wie die Klasse. Ihr Rückgabetyp wird nicht angegeben.

Mit einer **Wertzuweisung** wird eine Variable, z. B. ein Attribut eines Objektes, mit einem Wert belegt. Der alte Attributwert wird dabei überschrieben.

A

1 An der Universität I

Betrachte nebenstehende Objektkarten.

a) Erkläre, von welchen Datentypen die Attribute jeweils sein müssen, und gib die zugehörigen Klassenkarten an.

b) Gib eine mögliche Implementierung der Klassen (ohne Methoden) in deinem Programmierwerkzeug an.

c) Ergänze einen Konstruktor, der den Attributen die in den Objektkarten angegebenen Werte zuweist.

(1)

person1: PERSON
name = Tsuse vorname = Konrad matrikel_nr = 5763 fach = Informatik jahrgang = 2001

(2)

vorlesung1: VORLESUNG
name = Algorithmik 1 teilnehmerzahl = 58 wochenstunden = 1,5 übungen = ja klausur = ja

2 Klassen und ihre Attribute

Überlege dir zur angegebenen Klasse wenigstens fünf passende Attribute, wobei diese wenigstens drei verschiedene Datentypen besitzen sollen. Gib eine mögliche Implementierung in deinem Programmierwerkzeug an. Entscheide dich beim Konstruktor für die Zuweisung sinnvoller Werte.

a) WARE b) MILLIONÄR c) SCHÜLER d) TIER

3 Geometrisches I

Definiere für die geometrische Figur bzw. den geometrischen Körper eine Klasse in deinem Programmierwerkzeug. Überlege dir insbesondere, welche Attribute mindestens für eine sinnvolle Definition notwendig sind und welche Methoden nützlich sein könnten. Gib bei der Deklaration ebenso die Datentypen der Attribute an. Bei den Methoden genügt die Deklaration. Definiere einen Konstruktor mit sinnvollen Anfangswerten für die Attribute.

a) Kreis b) Dreieck c) Quader d) Zylinder e) Kegel

4 Universum

a) Definiere eine Klasse `Planet` für Planeten unseres Sonnensystems. Deklariere dabei Attribute, die den Namen, die Masse, den Durchmesser, den Bahnradius, die Umlaufzeit um die Sonne sowie den stofflichen Hauptbestandteil der oberen Schichten speichern und ob der Planet durch eine Raumsonde erforscht wurde.

b) Ergänze die Klassendefinition durch die Definition eines Konstruktors, in dem die Attributwerte für den Planeten Jupiter zugewiesen werden.

c) Implementiere eine Methode *saturndatenSetzen*, welche die Attributwerte für den Planeten Saturn neu zuweist.

In *Java* stehen umfangreiche Klassenbibliotheken zur Verfügung. Im Internet sind diese unter dem Stichwort *Java-API* (Application Programming Interface) zu finden. Für mathematische Probleme ist vor allem die Klasse `Math` von Interesse. So wird beispielsweise die Wurzel einer Zahl a mit `Math.sqrt(a)` berechnet, der Absolutbetrag mit `Math.abs(a)` und die Zahl π mit `Math.PI`.

5 Eine Klasse für Rechtecke

Zur Lösung der Aufgabe 5 ist die Info-Box nötig.

Ein Rechteck wird durch die abgebildete Klassenkarte beschrieben.

a) Definiere in deinem Programmierwerkzeug eine Klasse RECHTECK mit den angegebenen Attributen und einem Konstruktor, der die Position der linken oberen Ecke mit (10; 10), die Länge mit 40 und die Breite mit 20 festlegt.

b) Implementiere die sechs weiteren aufgelisteten Methoden. Dabei soll die Methode *kippen* durch Vertauschen der Attributwerte von *breite* und *länge* realisiert werden. Beachte für die Berechnung der Diagonallänge die Info-Box.

c) Die Klassendefinition wird durch eine weitere Methode *zumQuadratMachen* ergänzt. Erläutere den Unterschied der rechts abgebildeten Alternativen beim Aufruf der Methode.

RECHTECK
linksObenX linksObenY länge breite flächeninhalt umfang diagonallänge
RECHTECK() flächeninhaltBerechnen() umfangBerechnen() diagonallängeBerechnen() größeSetzen(längeNeu, breiteNeu) verschieben(deltaX, deltaY) kippen()

Java
```
void zumQuadratMachen() {
    breite = laenge;
}
```

Java
```
void zumQuadratMachen() {
    laenge = breite;
}
```

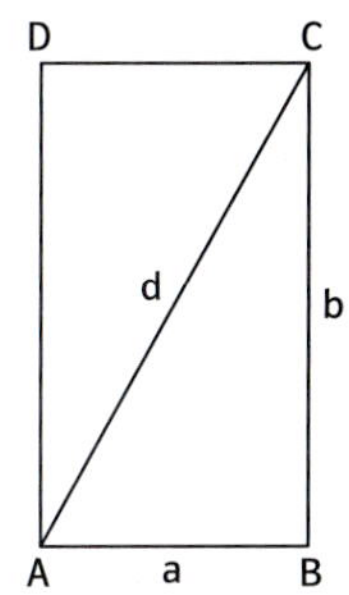

$d = \sqrt{a^2 + b^2}$

6 Lichtorgel oder 8 Bit?

Eine einfache Lichtorgel verfügt über acht Schalter zur Steuerung von acht Scheinwerfern. Jeder kann so individuell an- oder ausgeschaltet werden.

a) Gib eine Klassenkarte an und implementiere die Klasse `Lichtorgel`.

b) Informiere dich über die Darstellung kleiner Binärzahlen. Erläutere, was die Lichtorgel mit 8-Bit-Binärzahlen zu tun hat und wie mit dieser Klasse auch bestimmte Zahlen gespeichert werden können.

c) Erkläre, wie man realisieren könnte, dass jeder von der Lichtorgel gesteuerter Scheinwerfer unterschiedliche Farben annehmen kann.

7 Tic-Tac-Toe

Beim Spiel Tic-Tac-Toe werden die neun Felder einer zunächst leeren 3 × 3-Matrix von zwei Spielern abwechselnd mit zwei verschiedenen Werten belegt, z. B. mit x bzw. O. Gewonnen hat, wer zuerst eine Dreierreihe bilden kann.
Notiere der Reihe nach mögliche Zuweisungen an die einzelnen Felder, die eventuell zum abgebildeten Spielstand geführt haben könnten.

8 Zahlenspiel

Eine Klassendefinition für eine Klasse `Zahlenspiel` enthält zwei Methoden `methodeA` und `methodeB` (vgl. *Java*-Box), die jeweils durch eine Sequenz von Zuweisungen an sechs Attribute dieser Klasse definiert ist. Die Methoden `methodeC` und `methodeD` enthalten Anweisungen für Aufrufe der beiden ersten Methoden.

a) Ermittle die Werte der sechs Attribute nach Aufruf von `methodeC`. Führe den Algorithmus dann mit verschiedenen vierstelligen Werten für `n` aus. Beschreibe, welcher Wert allgemein nach Ablauf von `methodeC` als Zuweisung für das Attribut `e` berechnet wird.

b) Ermittle die Werte der sechs Attribute nach Aufruf von `methodeD`. Führe den Algorithmus dann mit verschiedenen vierstelligen Werten für `n` aus. Beschreibe, welcher Wert allgemein nach Ablauf von `methodeD` als Zuweisung für das Attribut `e` berechnet wird.

Java

```
class Zahlenspiel {
   int a, b, c, d, e, n;
   void methodeA() {
      d = n;
      a = d / 1000;
      d = d - a * 1000;
      b = d / 100;
      d = d - b * 100;
      c = d / 10;
      d = d - c * 10;
      e = a + b + c + d;
   }
   void methodeB() {
      int t = d; d = a; a = t;
      a = a * 1000;
      t = b;
      b = c * 100;
      c = t * 10;
      e = a + b + c + d;
   }
   void methodeC() {
      n = 3589; methodeA();
   }
   void methodeD() {
      n = 3589;
      methodeA(); methodeB();
   }
}
```

9 Chaotische Attribute

Willi Hacker ist ein „begnadeter" Programmierer. Neulich hat er wieder eines seiner „Wunderwerke" abgeliefert: eine Klasse, in der die Attribute grafischer Objekte, wie beispielsweise Rechtecke, festgelegt werden sollen. Bei den einzelnen Zuweisungen machte er es jedoch etwas kompliziert. Der folgende Programmausschnitt zeigt seine Zuweisungen:

```
obenLinksX = 3;
obenLinksY = obenLinksX;
untenRechtsX = obenLinksX + obenLinksY;
untenRechtsY = untenRechtsX * untenRechtsX - obenLinksY;
```

Ermittle schrittweise die Werte der vier Attribute nach Ablauf obiger Zeilen. Halte bei den einzelnen Schritten die Belegung der Attribute fest.

10 Wurzelberechnung nach Heron

Zur Lösung der Aufgabe 10 ist die Info-Box auf Seite 85 nötig.

Beim Heron-Verfahren wird durch die wiederholte Zuweisung `wurzel = 0.5 * (wurzel + a / wurzel)` die Wurzel der Zahl a immer genauer berechnet. Das Verfahren startet mit der Belegung `wurzel = a`.

a) Implementiere eine Klasse `Heron` mit den Attributen `wurzel` und `a`, die eine Methode `heronSchritt` mit der angegebenen Zuweisung enthält. Der Konstruktor soll dabei `a` als Eingabeparameter berücksichtigen und den Startwert für das Attribut `wurzel` zuweisen.

b) Ergänze ein Attribut `fehler`, welches die Differenz zu einem genaueren Wert für die Wurzel zuweist. Beim Aufruf des Konstruktors und auch der Methode `heronSchritt` soll jeweils der Wert für den aktuellen Fehler zugewiesen werden. Beachte dabei die Info-Box auf Seite 85.

c) Rufe die Methode `heronSchritt` so lange auf, bis die Wurzel der Zahl `a` mit hinreichender Genauigkeit berechnet wurde.

3 Programmieren von Methoden

Für eine Bestellung von Pizzas beim Pizzalieferservice müssen detaillierte Angaben über Anzahl, Größe, Zutaten der Pizza usw. gemacht werden. Daraus wird der Preis ermittelt und dem Kunden mitgeteilt. Die benötigte Lieferzeit ergibt sich unter anderem aus dem Zustellort.
Versuche entsprechende Methoden für den notwendigen Informationsaustausch zu finden und formuliere diese in natürlicher Sprache.

Zur Ausführung eines Algorithmus mithilfe eines Programms in einer objektorientierten Programmiersprache müssen zunächst Objekte angelegt werden. Dann können die Operationen des Algorithmus durch Ausführung von Methoden dieser Objekte ausgeführt werden. Um das Programm flexibel anwenden zu können, müssen den Methoden oft Eingabewerte übergeben werden. Die Ergebnisse der Methoden müssen als Ausgabewerte wieder an den Benutzer oder an andere Methoden zurückgeliefert werden.

Anlegen von Objekten

Nach dem Start des Programms müssen Objekte angelegt werden. Dazu wird im Arbeitsspeicher des Rechners ein bestimmter Bereich für dieses Objekt reserviert. In diesem Bereich müssen dann alle Informationen über dieses Objekt gespeichert werden, wie der Bezeichner und die Klasse des Objektes sowie die aktuellen Werte seiner Attribute.

Konstruktormethoden

Objekte werden mithilfe einer **Konstruktormethode** (vgl. Seite 82) erzeugt. Da das anzulegende Objekt zum Zeitpunkt des Aufrufs dieser Methode noch nicht existiert, muss die Konstruktormethode der jeweiligen Klasse anstatt einem Objekt zugeordnet werden. Sie wird mit dem gleichen Bezeichner wie die Klasse versehen, z. B. in *Java*: `Kreis() { ... }`.
Beim Aufruf mithilfe des Schlüsselwortes `new` liefert die Konstruktormethode einen Verweis auf den Speicherort des neuen Objektes zurück: `kreis1 = new Kreis()`. Ein solcher Verweis heißt Referenz (vgl. Seite 210).

Nach der Erzeugung eines Objektes müssen die Werte seiner Attribute mit Anfangswerten belegt werden. Dies kann auf dreierlei Arten geschehen:

(1) In der Klassendefinition werden den Attributen bereits bei ihrer Deklaration feste Werte zugewiesen, z. B. `int radius = 30` (vgl. Seite 82 f.).
(2) Die Konstruktormethode weist den Attributen feste Werte zu (Fig. 1).
(3) Die Konstruktormethode nimmt die gewünschten Anfangswerte als Parameter entgegen und weist diese dann den Attributen zu (Fig. 2).
Dieses Vorgehen ist das einzig flexible und sollte daher bevorzugt angewandt werden.

Java

```
Kreis() {
   radius = 30;
   xPos = 20;
   yPos = 60;
   farbe = "blau";
   ... }
```

Fig. 1

Java

```
Kreis(int radius0, int xPos0,
     int yPos0, String farbe0) {
   radius = radius0;
   xPos = xPos0;
   yPos = yPos0;
   farbe = farbe0;
   ... }
```

Fig. 2

Wird innerhalb einer Klasse kein Konstruktor definiert, so generiert *Java* automatisch einen Konstruktor, den Standardkonstruktor (Fall (1)).

Zugriff auf Attributwerte

Attribute dienen den Objekten als „Datenspeicher" für alle Arten von Verarbeitungen. Sie müssen daher beim Ablauf der Programme oft ausgelesen oder mit veränderten Werten versehen werden. Um diese Vorgänge sicher und kontrolliert durchzuführen, verwendet man spezielle Methoden dafür. Für jedes Attribut definiert man in der Regel je eine Methode zum Verändern bzw. zum Abfragen seiner Werte, wie *farbeSetzen* oder *füllfarbeGeben*. Da man von ihrer Existenz ausgeht, werden diese **Standardmethoden zum Lesen („Geben-Methoden") und Schreiben („Setzen-Methoden") von Attributwerten** oft nicht mehr explizit in Klassenkarten oder Programmlistings aufgeführt.

In manchen Programmiersystemen kann man Methoden direkt interaktiv aufrufen und ihnen dabei auch Parameterwerte übergeben.

Diese Standardmethoden werden oft auch als **Getter** und **Setter** bezeichnet.

Ein- und Ausgabemechanismen von Methoden

Da Algorithmen mithilfe von Methoden implementiert werden, müssen die Ein- bzw. Ausgaben für ihre Berechnungen in den entsprechenden Methoden programmiert werden können. Dafür gibt es im Wesentlichen drei Verfahren.

Beim Aufruf der Methode muss im Gegensatz zur Methodendefinition der Typ des Eingabeparameters nicht mehr angegeben werden.

(1) Es werden spezielle Ein- oder Ausgabemethoden des Systems genutzt, um die Ein- bzw. Ausgabe direkt über Peripheriegeräte wie Tastatur, Maus, Bildschirm oder Drucker durchzuführen (Fig. 1).

(2) Die Methode liest als Eingabe bzw. beschreibt als Ausgabe die Werte von Attributen des Objektes. Im Beispiel von Fig. 2 wird als Ausgabe der Methode `sichtbarMachen` der Wert des (globalen) Attributs `istSichtbar` des Rechtecks mit dem Wert `true` belegt.

(3) Die flexibelste und sicherste Art der Ein- bzw. Ausgabe ist die Nutzung von Parametern zur Eingabe (vgl. auch Seite 76) bzw. von **Rückgabewerten** der Methode zur Ausgabe (Fig. 3).
Die Methode kann dann als Funktion betrachtet werden, deren Argumente die Parameter und deren Wert das auszugebende Ergebnis der Berechnung ist.
Die Methode `breiteSetzen` eines Rechtecks beispielsweise erwartet einen Wert für den Parameter `neueBreite` (Fig. 4). Diesen Wert gibt der Benutzer nach dem Start des Programms ein.

Java

```
void flaecheAusgeben() {
 System.out.print("Flaeche = ");
 System.out.println(laenge * breite); }
```

Fig. 1

Java

```
void sichtbarMachen() {
   istSichtbar = true; zeichnen();
}
void unsichtbarMachen() {
   loeschen(); istSichtbar = false;
}
```

Fig. 2

Java

```
double celsiusInFahrenheit(double t) {
   return t * 1.8 + 32;
}
```

Fig. 3

Methoden mit Rückgabewerten kann man mit den Funktionen in Tabellenblättern vergleichen. Der Rechenterm hinter dem Wort `return` entspricht dem Funktionsterm in den Tabellenblättern.

Java

```
void breiteSetzen(int neueBreite) {
   loeschen();
   breite = neueBreite; zeichnen();
}
```

Fig. 4

Rückgabewerte werden in *Java* durch zwei Maßnahmen bei der Definition der Methode implementiert (Fig. 3):
- Der Typ (z. B. `int`, `double` oder `String`) des Rückgabewertes der Funktion muss angegeben werden (hier darf jetzt nicht `void` stehen).
- Hinter dem Schlüsselwort `return` wird ein Term angegeben, dessen Wert berechnet und als Ergebnis zurückgegeben wird.

Der Aufruf der Methode kann so auch innerhalb eines Terms erfolgen. Bei dessen Auswertung wird dann anstelle des Bezeichners der Methode ihr Rückgabewert eingesetzt, z. B. wird `temperaturdifferenzInFahrenheit = celsiusInFahrenheit(24) - celsiusInFahrenheit(8)` ausgewertet zu 75,2 – 46,4 = 28,8.

Lokale und globale Variablen

In objektorientierten Programmen benötigt man neben den Attributen der Objekte oft noch weitere Datenspeicher für Zwischenergebnisse, die nach dem Abschluss der Berechnung nicht mehr benötigt werden. Man verwendet dafür spezielle Variablen innerhalb von Methoden. Diese Variablen sind nur während des Ablaufs dieser Methode, d.h. nur lokal innerhalb der Methode definiert und heißen deshalb **lokale Variablen**. Sie haben einen eindeutigen Bezeichner und Typ und enthalten zu jedem Zeitpunkt einen bestimmten Wert. Nach dem Ende der Ausführung der Methode wird der dafür reservierte Speicherplatz wieder freigegeben. Speicherstrukturen wie Attribute oder Variablen bezeichnet man dagegen als global bezüglich einer Methode, wenn sie vor dem Aufruf dieser Methode schon im Arbeitsspeicher angelegt sind und auch nach dem Ablauf der Methode noch im Arbeitsspeicher bleiben. Im Programmtext werden solche **globalen Variablen** außerhalb der Methode in übergeordneten Strukturen deklariert, z.B. in der Klasse, in der die Methode definiert wird.

Im folgenden Beispiel sind die Attribute `aktuelleStunde` und `aktuelleMinute` innerhalb der ganzen Klasse gültig. Sie sind daher auch bezüglich der Methode `uhrVerstellen` global. Die lokalen Variablen `diffStunden`, `diffMinuten`, `uebertragStunden` und `uebertragMinuten` sind dagegen nur innerhalb dieser Methode gültig.

Java

```java
class Uhr {
   int aktuelleStunde, aktuelleMinute;

   void uhrVerstellen(int minuten) {
      int diffStunden, diffMinuten, uebertragStunden, uebertragMinuten;

      // Verstellung umrechnen in Stunden und Minuten
      diffStunden = minuten / 60; diffMinuten = minuten - 60 * diffStunden;

      // Neue Minuten- bzw. Stundenwerte mit Übertrag und Korrekturen
      aktuelleMinute = aktuelleMinute + diffMinuten;
      uebertragStunden = aktuelleMinute / 60;
      aktuelleMinute = aktuelleMinute - uebertragStunden * 60;

      aktuelleStunde = aktuelleStunde + diffStunden + uebertragStunden;
      uebertragStunden = aktuelleStunde / 24;
      aktuelleStunde = aktuelleStunde - uebertragStunden * 24;
   }
}
```

Im obigen Programmbeispiel steht der Operator „/" für die ganzzahlige Division, z.B.:
`55 / 60 = 0; 105 / 60 = 1; 311 / 60 = 5; 50 / 24 = 2.`
Dies ermöglicht hier die Berechnung der Überträge von Minuten auf Stunden bzw. von Stunden auf Tage. Ein Zahlenbeispiel:

Anfangswerte:

`aktuelleStunde = 22;`	`aktuelleMinute = 49;`

Methodenaufruf:

`uhrVerstellen(203);`	`diffStunden = 203 / 60 = 3;`
`diffMinuten = 203 - 60 * 3 = 23;`	`aktuelleMinute = 49 + 23 = 72;`
`uebertragStunden = 72 / 60 = 1;`	`aktuelleMinute = 72 - 1 * 60 = 12;`
`aktuelleStunde = 22 + 3 + 1 = 26;`	`uebertragStunden = 26 / 24 = 1;`
`aktuelleStunde = 26 - 1 * 24 = 2;`	

Ergebnis:

`aktuelleStunde = 2;`	`aktuelleMinute = 12;`

M

Jede Klasse besitzt einen **Konstruktor** für die Erzeugung von Objekten. Konstruktoren haben denselben Bezeichner wie die jeweilige Klasse. Sie dienen der Initialisierung des Objektes einschließlich der Zuweisung der Attribute mit gültigen Startwerten.

Wenn man nach dem Start eines Programms Werte an eine Methode übergeben will, benutzt man dazu deren (Eingabe-)**Parameter**. Die Ergebnisse von Verarbeitungen werden am besten über **Rückgabewerte** von Methoden zurückgegeben.

Variablen sind Datenspeicher in einem Programm, die ebenso wie Attribute verschiedene Werte eines bestimmten Datentyps annehmen können.
Lokale Variablen werden innerhalb einer Methode definiert und sind nur dort gültig.
Variablen bzw. **Attribute** heißen **global** bezüglich einer Methode, wenn sie außerhalb dieser deklariert und damit sowohl dort als auch innerhalb dieser Methode gültig sind.

A

1 Geometrisches II

Gegeben sind die Klassenkarten der geometrischen Klassen KREIS, RECHTECK und DREIECK.

RECHTECK
linksObenX: int linksObenY: int länge: int breite: int farbe: String
RECHTECK() int linksObenXGeben() int linksObenYGeben() int längeGeben() int breiteGeben() String farbeGeben() längeSetzen(längeNeu: int) breiteSetzen(breiteNeu: int) positionSetzen(linksObenXNeu: int, linksObenYNeu: int) farbeSetzen(farbeNeu: String) verschieben(deltaX: int, deltaY: int)

KREIS
mitteX: int mitteY: int radius: int farbe: String
KREIS(radiusNeu: int) int mitteXGeben() int mitteYGeben() int lradiusGeben() String farbeGeben() radiusSetzen(radiusNeu: int) mittelpunktSetzen(mitteXNeu: int, mitteYNeu: int) farbeSetzen(farbeNeu: String) verschieben(deltaX: int, deltaY: int)

DREIECK
ax: int ay: int bx: int by: int cx: int cy: int farbe: String
DREIECK(axNeu: int, ayNeu: int, bxNeu: int, byNeu: int, cxNeu: int, cyNeu: int) eckeASetzen(axNeu: int, ayNeu: int) eckeBSetzen(bxNeu: int, byNeu: int) eckeCSetzen(cxNeu: int, cyNeu: int) String farbeGeben() farbeSetzen(farbeNeu: String) verschieben(deltaX: int, deltaY: int)

a) Implementiere die Klassen entsprechend den angegebenen Attributen und Methoden. Weise, wo nötig, innerhalb der Konstruktoren den Attributen sinnvolle Werte zu.

b) Um geometrische Figuren auf einer Zeichenfläche darzustellen oder auch wieder zu löschen, werden zwei Methoden `zeichnen` bzw. `auswischen` benötigt, die wiederum eine Hilfsklasse `Canvas` für eine Zeichenfläche nutzen. Im Folgenden dürfen diese als bereits implementiert vorausgesetzt werden. Kopiere in die Vorlage (vgl. Code auf dem Rand) deinen Programmtext aus Teilaufgabe a) jeweils in die entsprechende Klassendefinition. Ergänze an geeigneten Stellen Methodenaufrufe `zeichnen` und `auswischen`. Teste deine Implementierung, indem du verschiedene Figuren verändern und zeichnen lässt.

Vorlage
Geometrisches II
fm9r9a

2 Geometrisches III

Die drei Klassendefinitionen von Aufgabe 1 sollen durch weitere Methoden ergänzt werden.

a) Die Klasse RECHTECK erhält ähnlich wie in Aufgabe 5 auf Seite 85 die Methoden *umfangBerechnen*, *flächeninhaltBerechnen* und *diagonallängeBerechnen*. Jetzt werden aber die Werte zurückgegeben und nicht entsprechenden Attributen zugewiesen.

b) Die Klasse KREIS erhält Methoden zur Berechnung und Rückgabe von Umfang und Fläche.

c) Die Klasse DREIECK erhält Methoden zur Berechnung und Rückgabe der drei Seitenlängen sowie eine Methode *istDreieck*, welche als Wahrheitswert zurückgibt, ob die drei Seiten die Dreiecksungleichungen erfüllen.

Vergleiche zur Berechnung der Länge der Diagonalen in einem Rechteck den Hinweis zu Aufgabe 5b) auf Seite 85.

3 An der Universität II

Es sollen hier die Klassen von Aufgabe 1 auf Seite 84 weiter implementiert werden.

a) Ergänze jeweils die Standardmethoden zum Geben und Setzen von Attributwerten.

b) Ergänze jeweils einen Konstruktor, der sämtlichen Attributen Startwerte mithilfe von Parametern zuweist.

c) Ergänze in der Klasse `Person` eine Methode `alterBerechnen(jahr)`, die das Alter der Person am Ende eines bestimmten Jahres zurückgibt.

d) Ergänze in der Klasse `Vorlesung` eine Methode `gesamtdauerBerechnen()`, die die gesamte Stundenzahl der Vorlesung pro Semester berechnet und zurückgibt. In einem Semester gibt es in der Regel 14 Wochen Vorlesungszeit.

e) Zu vielen Vorlesungen sollen Übungen mit maximal 20 Teilnehmern stattfinden. Ergänze in der Klasse `Vorlesung` eine Methode `aufteilen()`, welche die Anzahl der benötigten Übungsgruppen zurückgibt.

4 Lebensmittelkontrolle

Auf den Verpackungen von Lebensmitteln findet der Verbraucher meist Angaben zu den Nährwerten des Produkts.

a) Erläutere, welche der rechts aufgelisteten Attribute mindestens als Werte in einer Klasse LEBENSMITTEL gespeichert werden müssen und auf welche eventuell verzichtet werden kann, da sie berechnet werden können.

b) Implementiere die Klasse `Lebensmittel` mit den in Teilaufgabe a) ermittelten Attributen und einem Konstruktor, der die Attributwerte für den Käse zuweist.

c) Implementiere alle Methoden, die alle abgebildeten Daten liefern können, sowie eine Methode `istFettarm()`, die prüft, ob der Fettanteil bezogen auf die Masse kleiner als 1 % ist.

5 Musiker im Orchester

Zum Orchester Klangwelt gehören über 100 Musiker, deren Daten in einer Tabelle gespeichert sind (in der Abbildung ist ein Ausschnitt zu sehen). Die Stufen A (Anfänger), B (Fortgeschrittener) und C (Profi) kennzeichnen die drei möglichen Niveaustufen jedes Musikers.

MUSIKER

Nr	Vorname	Nachname	Alter	Instrument	Stufe
09	Celine	Abel	14	Trompete	C
13	Jonas	Zech	17	Posaune	B
16	Tina	Vogel	33	Klarinette	B
23	Emmi	Mahler	11	Trompete	A
25	Max	Rist	28	Geige	B
32	Laura	Kalter	16	Cello	C
39	Fabian	Seitz	27	Klarinette	C

a) Implementiere eine Klasse `Musiker` einschließlich aller Attribute mit einem Konstruktor, der alle Attribute als Eingabeparameter festlegen kann, und aller Standardmethoden.

b) Ergänze eine Methode, welche zurückgibt, ob der Musiker volljährig ist.

c) Ergänze eine Methode, welche zurückgibt, ob der Musiker kein Anfänger mehr ist.

d) Ergänze eine Methode, welche zurückgibt, ob der Musiker ein Blasinstrument spielt.

e) Ergänze eine Methode, die das Alter eines Musikers nach dessen Geburtstag anpasst.

In der Programmiersprache *Java* schreibt man für die logischen Funktionen `&&` (UND), `||` (ODER) bzw. `!` (NICHT). Vergleiche dazu auch Seite 32. Für die Vergleichsoperatoren beachte die Info-Box auf Seite 82.

6 Sparkonto

Modelliere eine Klasse KONTO mit geeigneten Attributen und Methoden, mit der die Verwaltung analog zur rechts abgebildeten grafischen Benutzeroberfläche möglich ist. Implementiere die Klasse `Konto` einschließlich einem geeigneten Konstruktor, der bei einer Neueröffnung eines Kontos sinnvolle Anfangswerte zuweist.

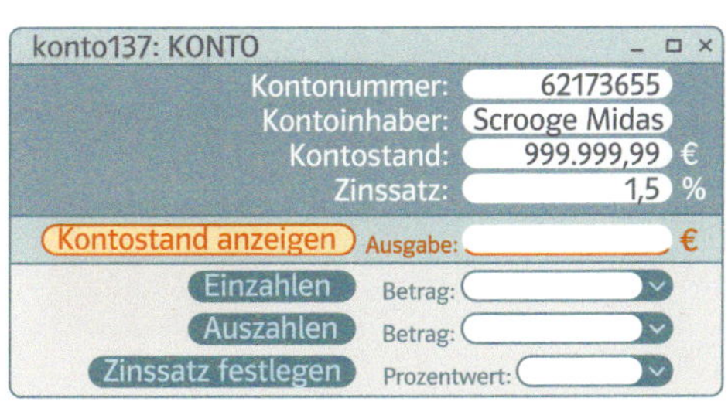

4 Die Struktur von Algorithmen

Ein automatischer Staubsauger soll selbstständig den Fußboden von Räumen beliebiger Form vollständig abfahren. Dazu muss er die Sprache der Anweisung verstehen. Die natürliche Sprache versteht er nur, wenn eine geeignete Spracherkennung die Befehle interpretieren und in maschinenlesbare Form übersetzen kann. Implementiere eine Anweisung *bodenAbfahren* mit verschiedenen bisher bekannten Programmierwerkzeugen.

Beim Vergleich verschiedener Algorithmusbeschreibungen stellt man fest, dass neben elementaren (unteilbaren) Verarbeitungsschritten (z. B. *vertauschen*, *vorwärtsGehen*, *linksDrehen* oder *subtrahieren*) auch zusammengesetzte Strukturelemente auftreten: Folgen von Verarbeitungsschritten, Verarbeitungsschritte, die nur unter bestimmten Bedingungen ausgeführt werden sollen, sowie Wiederholungen von Verarbeitungsschritten.

Implementierung von Algorithmen

Die Umsetzung eines Algorithmus in eine Programmiersprache, die von einer Maschine gelesen und interpretiert werden kann, bezeichnet man als **Implementierung**. Zur Implementierung der algorithmischen Strukturelemente (Sequenz, bedingte Anweisung und Wiederholung) stellt jede Programmiersprache spezielle Sprachelemente zur Verfügung, die man als Kontrollstrukturen bezeichnet.

Grafische Darstellung von Algorithmen

Mithilfe von **Struktogrammen** lassen sich die Strukturen von Algorithmen besonders übersichtlich darstellen. Fig. 1 zeigt das Struktogramm zum Roboter-Algorithmus von Seite 76. Es enthält alle drei oben genannten Strukturelemente.

Einen Überblick über die Bausteine von Struktogrammen liefert die Info-Box auf Seite 95.

Algorithmus: Steglaufen

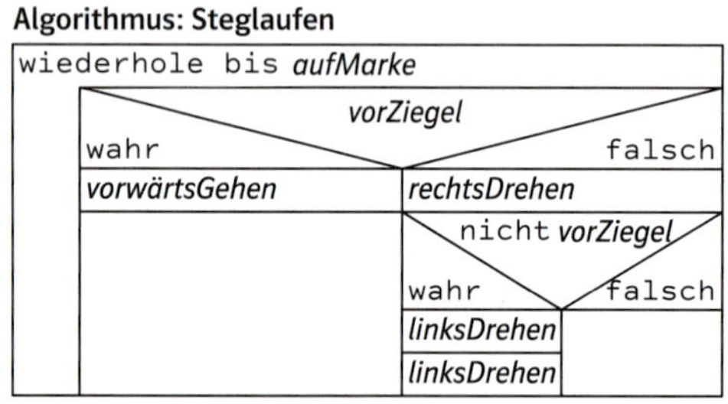

Fig. 1

Sequenz

Eine Folge von Verarbeitungsschritten, die in einer bestimmten Reihenfolge abgearbeitet werden muss, heißt **Sequenz**.
Fig. 2 beschreibt die Abfolge beim Eintreten in eine Wohnung.

Schlüssel ins Schloss stecken
Schlüssel bis zum Anschlag gegen den Uhrzeigersinn drehen
Tür öffnen
Schlüssel zur senkrechten Stellung zurückdrehen
Schlüssel abziehen
durch die Tür gehen
Tür schließen

Fig. 2

In Programmiersprachen werden die einzelnen Anweisungen einer Sequenz meist durch Strichpunkte getrennt:

```
farbe = gelb;
laenge = laenge * 1.5;
breite = breite * 1.6;
```

Fig. 3

An vielen Stellen können Sequenzen anstatt einzelner Anweisungen verwendet werden, z.B. in Methodendefinitionen:

Die drei Zuweisungen in der Methode `kehrbruch` werden der Reihe nach abgearbeitet. Zuerst wird eine lokale Variable `temp` mit dem Wert des Zählers belegt, dann der Wert des Attributs `zaehler` auf den Wert des Nenners geändert und zuletzt erhält das Attribut `nenner` den Wert von `temp`.

Java

```
void kehrbruch() {
   int temp = zaehler;
   zaehler = nenner;
   nenner = temp;
}
```

Die Methode *kehrbruch* einer Klasse BRUCH ist ein typisches Beispiel für einen Ringtausch (vgl. Seite 83).

Bedingte Verarbeitungsschritte

In vielen Fällen sollen Operationen oder auch Sequenzen von Operationen nur unter einer bestimmten Bedingung ausgeführt werden.

Ein Beispiel dafür ist das bedingte Vertauschen zweier benachbarter Wörter im Sortieralgorithmus *Bubblesort* (vgl. Seite 74):

Falls der Name alphabetisch hinter den
folgenden gehört
Vertausche die beiden Namen
EndeFalls

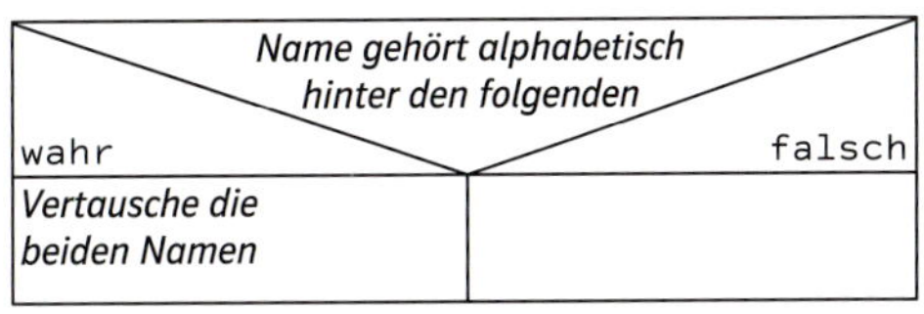

Wenn das aktuell betrachtete Wort alphabetisch bereits korrekt vor dem nachfolgenden Wort steht, wird der Verarbeitungsschritt *vertauschen* nicht ausgeführt.

Ein anderes Beispiel ist die Division durch 0, die verhindert werden muss. In diesem Fall soll eine Fehlermeldung ausgegeben werden:

Falls b nicht gleich 0 ist
Dividiere a durch b
Sonst
Melde Fehler
EndeFalls

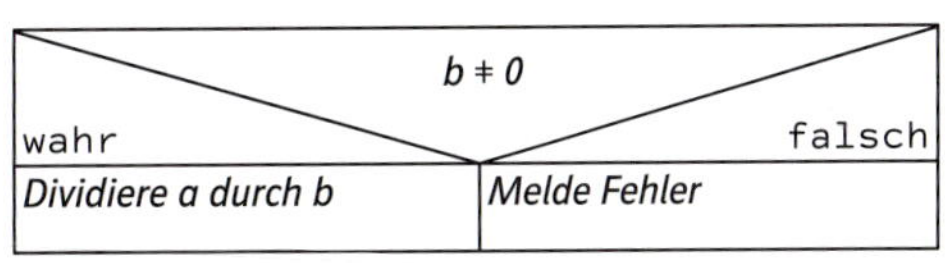

Der Vergleichsoperator `!=` bedeutet in *Java* „ungleich" (vgl. hierzu auch die Übersicht zu den Operatoren in *Java* im Anhang auf Seite 265).

Die bedingte Anweisung mit Alternative ermöglicht die Ausführung von zwei unterschiedlichen Anweisungen je nach Ausgangszustand.

Java

```
if (b != 0) {
   System.out.println(a/b);
}
else {
   System.out.println("Fehler!");
}
```

Mit der Anweisung `System.out.println()` kann man in *Java* eine Ausgabe auf den Bildschirm programmieren.

Die bedingte Anweisung verzichtet (gegenüber der Alternative) auf die Angabe der Anweisung, die auszuführen ist, wenn die Bedingung nicht erfüllt ist.

Java

```
if (b != 0) {
   System.out.println(a/b);
}
```

Wie in vielen Programmiersprachen muss auch in *Java* auf Groß- und Kleinschreibung geachtet werden. In welchen Fällen man groß- bzw. kleinschreibt, scheint zunächst willkürlich. In unserem Fall muss die Methode `System.out.println` mit einem Großbuchstaben beginnen, genauso wie der Typ `String` mit einem Großbuchstaben beginnt.

Wiederholung mit fester Anzahl von Durchläufen

In vielen Fällen steht bereits vor dem Durchlauf einer Wiederholung fest, wie oft diese ausgeführt werden soll, wie zum Beispiel bei der Eingabe einer genau 4-stelligen Geheimzahl.

Wiederhole 4-mal
  Gib eine Ziffer ein
EndeWiederhole

wiederhole 4-mal	
	Gib eine Ziffer ein

Dafür gibt es in fast jeder Programmiersprache eine spezielle Kontrollstruktur. In *Java* ist das die `for`-Anweisung.

- Die **Zählvariable** `i` kontrolliert die Anzahl der Durchläufe. Sie wird als lokale Variable (vgl. Seite 89) innerhalb der Anweisung selbst definiert und mit einem Anfangswert belegt: `int i = 0`.
- Dann folgt die Angabe der Anzahl der Wiederholungen in Form einer Bedingung:
  `i < 3` bedeutet hier „wiederhole dreimal für die Werte `i = 0`, `i = 1` und `i = 2`".
- Schließlich wird angegeben, wie die Zählvariable `i` nach jedem Durchlauf zu verändern ist:
  `i = i + 1` bedeutet „erhöhe `i` bei jedem Durchlauf um den Wert 1".

Java

```
void hochDrei(int a) {
  int potenzwert = 1;
  for (int i = 0; i < 3;
      i = i + 1) {
    potenzwert = potenzwert * a;
  }
  System.out.println( potenzwert);
}
```

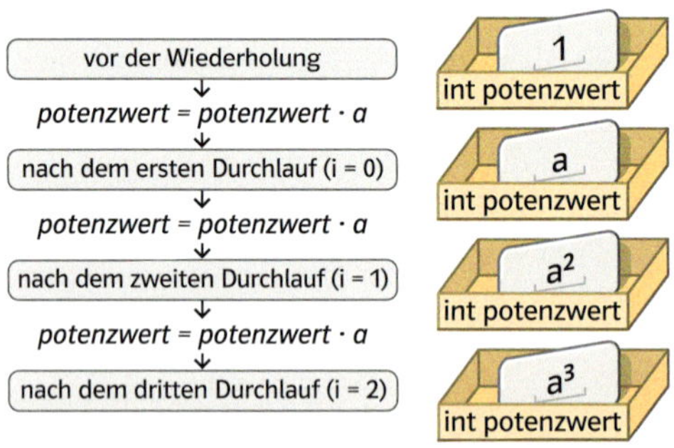

Bedingte Wiederholung

Eine Folge von Verarbeitungsschritten wird wiederholt, wobei der Abbruch der Wiederholungen durch eine Bedingung gesteuert wird. Die Anzahl der Wiederholungen ergibt sich eventuell erst während der Abarbeitung der zu wiederholenden Verarbeitungsschritte. Beispielsweise soll ein Roboter auf einer geraden Reihe von Ziegeln laufen. Die Anzahl der Ziegelsteine ist dabei vorher nicht bekannt.

Wiederhole solange ein Ziegelstein vor dir liegt
  Gehe einen Schritt vorwärts
EndeWiederhole

wiederhole solange *istZiegel*	
	Gehe einen Schritt vorwärts

In *Java* wird eine bedingte Wiederholung mithilfe des `while`-Konstrukts implementiert, wie nebenstehend am Beispiel der Berechnung von Potenzwerten gezeigt wird. Im Vergleich zur Wiederholung mit fester Anzahl (`for`) eröffnet die bedingte Wiederholung neue Möglichkeiten. So kann man damit beispielsweise auf eine Eingabe während der Wiederholungen reagieren.

Java

```
void potenz(int a, int b) {
  int i = 0;
  int potenzwert = 1;
  while (i < b) {
    potenzwert = potenzwert * a;
    i = i + 1;
  }
  System.out.println(potenzwert);
}
```

Verschachteln von Strukturelementen

Strukturelemente können ineinander geschachtelt werden (Fig. 1). So können anstelle elementarer Verarbeitungsschritte immer auch Sequenzen, bedingte Operationen oder Wiederholungen eingesetzt werden.

Ein konkretes Beispiel für eine Verschachtelung ist der Algorithmus *Steglaufen* in Fig. 1 auf Seite 92.

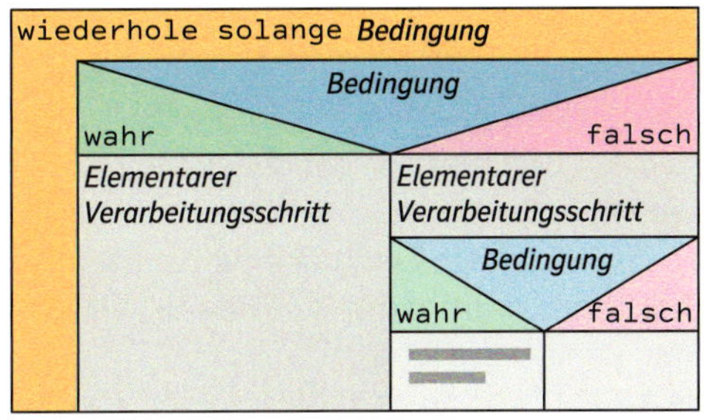

Fig. 1

Neben elementaren Verarbeitungsschritten benötigt man für die Beschreibung von Algorithmen die folgenden **Strukturelemente: Sequenz, bedingte Anweisung, bedingte Anweisung mit Alternative, Wiederholung mit fester Anzahl** und **bedingte Wiederholung.** Diese können beliebig verschachtelt werden.
Struktogramme stellen die Struktur von Algorithmen grafisch dar.

Struktogramme

Um Algorithmen unabhängig von einer speziellen Programmiersprache beschreiben zu können, hat man verschiedene grafische Darstellungsformen entwickelt. Eine davon ist das **Struktogramm.** Ein solches setzt sich aus wenigen grundlegenden Bausteinen zusammen:

Elementare Anweisung	**Sequenz**	**Wiederholung mit fester Anzahl**	**Bedingte Wiederholung**	**Bedingte Anweisung**

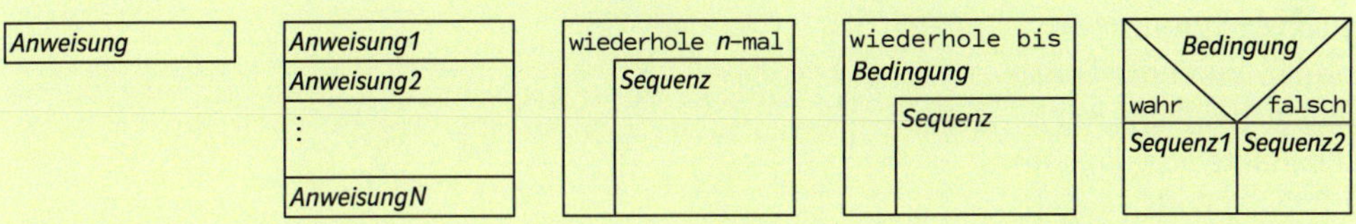

Zur bedingten Wiederholung:
Soll eine Sequenz wiederholt werden, solange eine Bedingung erfüllt ist, kann man auch schreiben:

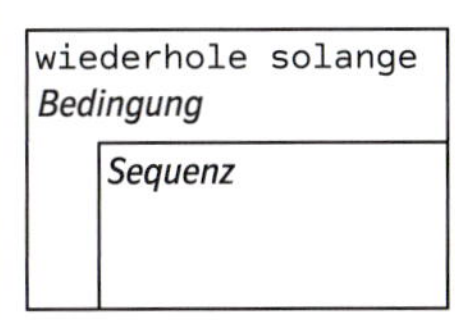

Eine Sequenz kann elementare Anweisungen, Wiederholungen oder bedingte Anweisungen enthalten. So lassen sich durch Aneinanderreihung und Ineinanderschachtelung der Grundelemente auch kompliziertere Algorithmen beschreiben. Beispiele sind der Algorithmus aus dem Märchen Aschenputtel (Fig. 2) oder der Algorithmus zur Eröffnung beim Spiel „Mensch ärgere Dich nicht" (Fig. 3).

Algorithmus: LinsenAuslesen

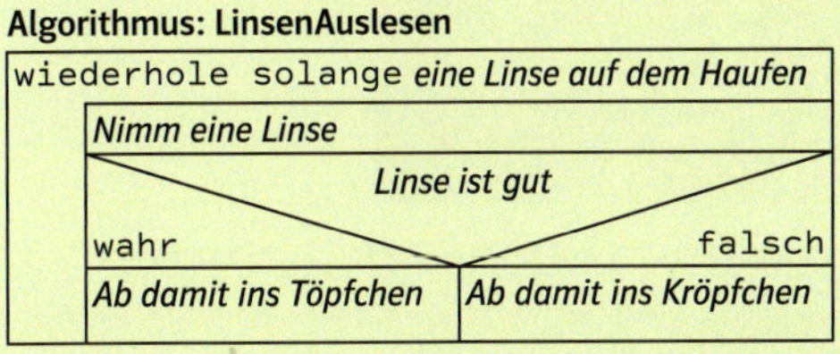

Fig. 2

Algorithmus: Eröffnung

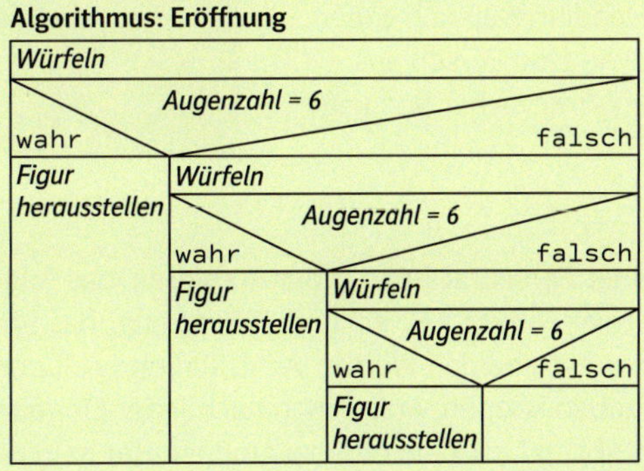

Fig. 3

Während die grafischen Elemente für die verschiedenen Bausteine bei Struktogrammen klar festgelegt sind, ist man textuell – wie beim Pseudocode – durchaus freier.
So kann z. B. der Vergleich „Augenzahl = 6" auch „Augenzahl gleich 6" oder „Augenzahl 6?" oder wie in *Java* `Augenzahl == 6` geschrieben werden.

A **1 Lauflicht**

Mithilfe der Klasse `Licht` soll ein Lauflicht aus horizontal aneinandergereihten Lichtern simuliert werden, und zwar durch wiederholten Aufruf der Methode `verschieben(int deltaX, int deltaY)`.

a) Öffne die Vorlage die du über den Code auf dem Rand herunterladen kannst, mit deiner Programmierumgebung und ergänze in der Klasse `Licht` eine Methode `lauflicht (int n)`, welche beim Ablauf den Eindruck eines Lauflichts vermittelt. Dabei soll der Lichtwechsel von links nach rechts n-mal stattfinden und wieder links beginnen, wenn das Lauflicht den rechten Rand erreicht hat.

b) Passe die Methode `lauflicht` so an, dass automatisch jedes dritte Licht gelb, jedes fünfte (und nicht dritte) grün und alle anderen Lichter rot aufleuchten.

Vorlage
Lauflicht
fm9r9a

2 Springende Bälle

Die Bewegung eines springenden Balles soll mithilfe einer Grafik dargestellt werden. Öffne die Vorlage, die du über den Code auf dem Rand herunterladen kannst, mit deiner Programmierumgebung.

a) Ergänze die Klasse `Ball` durch eine Methode `elastischSpringen(double hoehe)`, die die Bewegung eines Balles simuliert, der aus einer Höhe `hoehe` h auf den Boden fällt, wobei der Aufprall vollkommen elastisch ist. Der Ball soll insgesamt 10-mal fallen und dann liegen bleiben.

b) Die maximale Steighöhe eines realen Balles nimmt nach jedem Aufprall am Boden ab. Berücksichtige dies in einer zweiten Methode `unelastischSpringen(double hoehe)` unter der Annahme, dass die maximale Steighöhe mit jedem Aufprall um die Hälfte abnimmt. Am Schluss bleibt der Ball am Boden liegen.

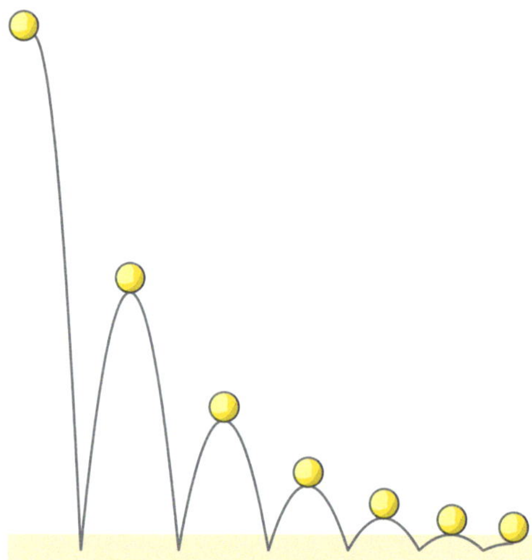

Vorlage
Ball
fm9r9a

Hinweis:
Wenn der Ball vollkommen elastisch auf dem Boden aufprallt, springt er wieder bis zur Ausgangshöhe nach oben.

3 Wege aus dem Labyrinth

Seit Theseus den Minotaurus in dessen Labyrinth jagte, beschäftigen sich Menschen mit dem Problem, wie man aus einem Labyrinth wieder herausfindet.
Gib eine Folge von Handlungsanweisungen an, die beschreiben, wie eine Person aus jedem beliebigen Labyrinth sicher herausgeführt wird.

4 Zahlen raten

Max möchte ein kleines Zahlenratespiel programmieren, das folgendermaßen ablaufen soll: Nach der Eingabe zweier Zahlen, z.B. 100 und 200, erzeugt das Programm eine ganzzahlige Zufallszahl zwischen diesen beiden Werten. Anschließend soll der Spieler seine Rateversuche mit der Tastatur eingeben können, wobei man nach jeder Eingabe eine Rückmeldung erhält, ob die geratene Zahl korrekt, zu klein oder zu groß ist. Hat man die richtige Zahl erraten, gibt das Programm die Anzahl der Versuche aus. Notiere in Form eines Struktogramms einen Algorithmus, der den beschriebenen Ablauf mithilfe geeigneter Kontrollstrukturen wiedergibt.

5 Mit dem Stift zeichnen I

Mit einem Objekt der Klasse `Stift` lassen sich beliebige Linienfiguren zeichnen (vgl. die Klassenkarte in Fig. 1). Es darf angenommen werden, dass eine entsprechende Klasse bereits implementiert ist. Sie soll im Folgenden um weitere Methoden ergänzt werden.

STIFT
xPosition: int yPosition: int Winkel: int farbe: String linienstärke: int istAbgesetzt: boolean
STIFT() absetzen() anheben() vorwärts(länge: int) rechtsDrehen(deltaWinkel: int) positionSetzen(xPositionNeu: int, yPositionNeu: int) winkelSetzen(winkelNeu: int) farbeSetzen(farbeNeu: String) linienstärkeSetzen(linienstärkeNeu: int) int xPositionGeben() int yPositionGeben() int winkelGeben() String farbeGeben() int linienstärkeGeben() boolean istAbgesetztGeben()

Fig. 1

Vorlage
Stift I
fm9r9a

a) Öffne die Vorlage, die du über den Code auf dem Rand herunterladen kannst, mit deiner Programmierumgebung und implementiere eine Methode `kunstwerkZeichnen()` für eine abstrakte Zeichnung. Die Methode soll aus einer Sequenz von gegebenen Methodenaufrufen der Klasse bestehen.

b) Implementiere eine Methode `dreieckZeichnen(int s)`, die ein gleichseitiges Dreieck mit Seitenlänge s zeichnet.

c) Implementiere eine Methode `nEckZeichnen(int n, int s)`, die ein regelmäßiges n-Eck mit Seitenlänge s zeichnet. Je nach Eckenanzahl soll automatisch eine bestimmte Farbe gewählt werden, z. B. alle Strecken („Zweiecke") schwarz, alle Dreiecke rot, alle Vierecke blau usw. (vgl. Fig. 2).

Fig. 2

d) Implementiere eine Methode `nEckZeichnen(double x, double y, int n, int s)`, welche die in Teilaufgabe c) implementierte Methode nutzt, um n-Ecke an der Position (x; y) zu zeichnen.

6 Mit dem Stift zeichnen II

Mithilfe der Klasse `Stift` von Aufgabe 5 sollen nun Methoden für komplexere Muster mit zufälligen Farben entwickelt werden (vgl. Fig. 3).

a) Eine Methode `zufallsfarbeBerechnen()` gibt als Rückgabe eine von sechs möglichen Farben zufällig zurück („rot", „blau", „gelb" usw.).

b) Eine Methode `strahlensternZeichnen(double x, double y, int n, int s)` zeichnet an der Position (x; y) einen Stern aus n Strahlen der Länge s, wobei jeder Strahl eine zufällige Farbe hat.

Fig. 3

Zur Lösung der Aufgabe 6 a) ist die Info-Box auf Seite 98 nötig.

c) Die Methoden `rosetteZeichnen(int n)` bzw. `rosetteAusDreieckenZeichnen()` zeichnen eine Rosette aus 18 n-Ecken bzw. 36 Dreiecken der Seitenlänge 40 bzw. 60. Dabei soll jedes n-Eck bzw. Dreieck eine zufällige Farbe haben.

d) Eine Methode `sternZeichnen(int n, int s)` zeichnet einen Stern mit n gleichschenkligen Strahlen der Schenkellänge s und jeweils zufälliger Farbe.

7 Walker bewegt sich I

Bei der Spieleprogrammierung werden häufig Spielfiguren, deren Bewegung innerhalb eines Spielfeldes programmiert werden muss, z. B. als kleine Quadrate dargestellt. Für die Spielfigur Walker (dargestellt als Quadrat der Seitenlänge 10) sollen bestimmte Bewegungsabläufe programmiert und mithilfe einer geeigneten Grafikklasse simuliert werden.
Öffne die Vorlage, die du über den Code auf dem Rand herunterladen kannst, mit deiner Programmierumgebung und ergänze in der Klasse `Walker` Methoden für folgende Bewegungsabläufe, wobei Walker dabei immer an einer zufälligen Position startet und ein Schritt eine Länge von zehn hat.

a) Walker bewegt sich schrittweise horizontal nach rechts bis zum Rand, anschließend nach links bis zum linken Rand. Diese Bewegung wiederholt Walker insgesamt 5-mal.
b) Walker bewegt sich schrittweise im Viereck entlang eines Quadrats der Seitenlänge s, beendet jedoch die Bewegung sofort, wenn er irgendwo an die Wand stößt.
c) Walker bewegt sich insgesamt n Schritte – jeweils zufällig schrittweise nach oben, unten, rechts oder links. Verschwindet er, springt er an eine zufällige Stelle des Zeichenfeldes.

Vorlage
Walker I
fm9r9a

Zur Klasse `Math` in *Java*
Mithilfe der Methode `Math.random()` aus der Klasse `Math` (vgl. Info-Box auf Seite 85) kann man Zufallszahlen (Datentyp `double`) erzeugen, die größer oder gleich 0,0 und kleiner als 1,0 sind. Die Methode `Math.round()` rundet Zahlen vom Datentyp `double` auf die nächste ganze Zahl (Datentyp `long`).

Eine Übersicht zu Operatoren in *Java* findest du im Anhang auf Seite 265.

8 Monte Carlo und die Zahl π

Die Kreiszahl π kann man mit der Monte-Carlo-Methode wie folgt näherungsweise bestimmen: Man denkt sich ein Quadrat, in das ein Kreis einbeschrieben ist. Nun lässt man eine bestimmte Anzahl von Punkten zufällig auf das Quadrat „fallen" und zählt diejenigen, die im Kreis landen. Durch die Annahme, dass das Verhältnis der Flächeninhalte von Kreis und Quadrat etwa dem Verhältnis der entsprechenden Punkteanzahlen entspricht, lässt sich π näherungsweise bestimmen (vgl. Fig. 1).

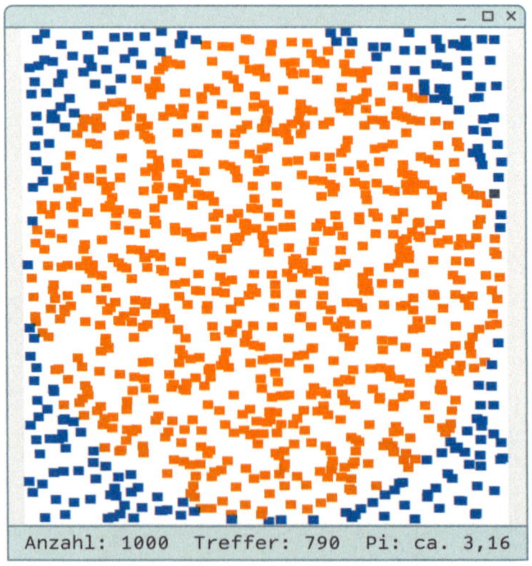

Fig. 1

a) Öffne die Vorlage, die du über den Code auf dem Rand herunterladen kannst, mit deiner Programmierumgebung und implementiere eine Methode `punktZeichnen(double x, double y, int staerke)`, die einen Punkt an der Stelle (x; y) mit dem Durchmesser („Linienstärke") `staerke` zeichnet.
b) Implementiere eine Methode `abstandBerechnen(double ax, double ay, double bx, double by)`, die den Abstand zweier Punkte A und B berechnet und zurückgibt.
c) Implementiere wie oben beschrieben eine Methode `monteCarlo(int n)`, bei der n Punkte auf das Quadrat fallen. Nutze dabei geeignete Methodenaufrufe der in den Teilaufgaben a) und b) erstellten Methoden. Gib die Näherung von π auf der Konsole aus. Beachte dabei die Info-Box.

Zur Lösung dieser Aufgabe wird die Klasse `Stift` aus den Aufgaben 5 und 6 verwendet und die Info-Box benötigt.

Wenn r der Radius eines Kreises und die halbe Seitenlänge eines Quadrats ist, dann gilt $A_{Kreis} = \pi \cdot r^2$ und $A_{Quadrat} = 4 \cdot r^2$. Daraus folgt $\pi = 4 \cdot \frac{A_{Kreis}}{A_{Quadrat}}$.

Vorlage
Monte Carlo
fm9r9a

Hinweise:
Die Methode aus b) wird in c) benötigt, um zu entscheiden, ob ein Punkt inner- oder außerhalb des Kreises liegt. Beachte dabei die Lage des Kreismittelpunktes bezüglich des Koordinatenursprungs.
Der Abstand zweier Punkte $A(a_x | a_y)$ und $B(b_x | b_y)$ ist gleich $d = \sqrt{(b_x - a_x)^2 + (b_y - a_y)^2}$.

5 Spezialisierung und Generalisierung von Klassen

Karl von Drais entwickelte im Jahre 1817 eine erste Basisversion des Zweirades. Heutzutage gibt es eine große Auswahl spezieller Fahrräder: vom Kunstrad über das Mountainbike bis zum Kinderlaufrad oder Rennrad. Notiere, welche Eigenschaften und Funktionalitäten moderne Fahrräder vom ursprünglichen Laufrad übernommen haben bzw. in welcher Hinsicht ihre Funktionsweise spezialisiert oder erweitert wurde.

In vielen Fällen wäre es praktisch, wenn man auf spezielle Teilmengen von Objekten einer Klasse gesondert zugreifen könnte, z. B. auf spezielle Mitarbeiter einer Firma. Das löst man oft durch Einführung einer neuen Klasse, die alle Attribute und Methoden der ursprünglichen Klasse übernimmt und dazu noch weitere Attribute oder Methoden erhält.

Spezialisierung

Die Mitarbeiter einer Firma können zu Abteilungsleitern befördert werden. Die Klasse ABTEILUNGSLEITER verfügt daher neben allen Attributen und Methoden ihrer Oberklasse MITARBEITER über das zusätzliche Attribut *beförderungsdatum* und die zusätzlichen Methoden *einstellen*, *beurteilen* und *entlassen* (Fig. 1).

Eine Klasse, die durch Ergänzung von Attributen bzw. Methoden aus einer anderen hervorgeht, nennt man **Unterklasse** der ursprünglichen, diese wiederum **Oberklasse** der neuen Klasse. Die Bildung der Unterklasse nennt man **Spezialisierung**.

Durch die Kennzeichnung einer Klasse als Unterklasse einer anderen Klasse wird festgelegt, dass die Unterklasse alle Attribute und Methoden der Oberklasse übernimmt. Dies bezeichnet man als **Vererbung**. Im Klassendiagramm trägt man dann lediglich die Ober-/Unterklassenbeziehung und die zusätzlichen Attribute und Methoden der Unterklasse ein. Die ererbten Attribute und Methoden werden in der Unterklasse nicht angegeben. Die Ober-/Unterklassenbeziehung wird mit einem nicht ausgefüllten Dreieck an der Oberklasse gekennzeichnet (Fig. 2).

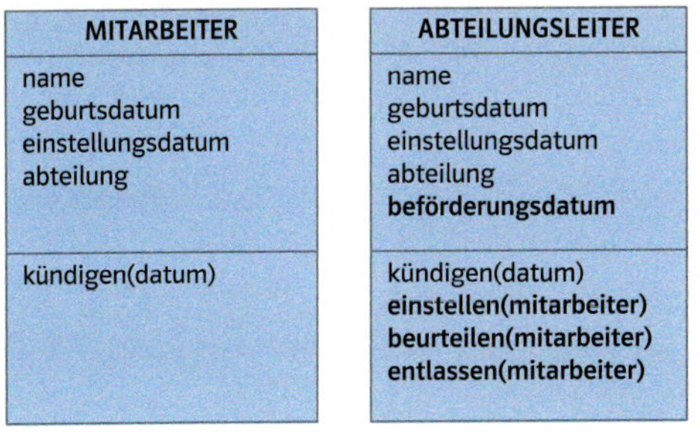

Fig. 1

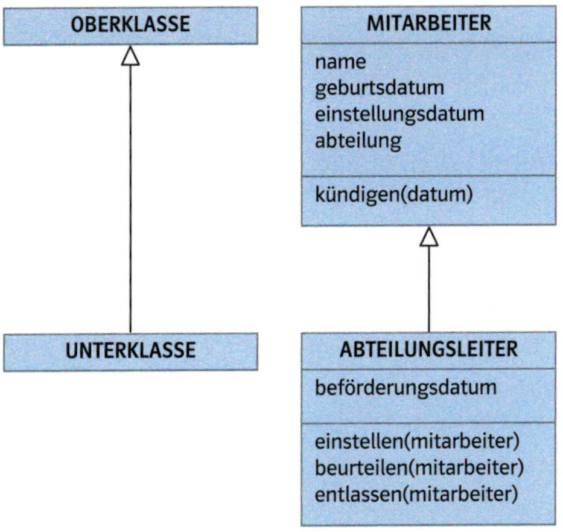

Fig. 2

Implementierung der Spezialisierung

Die Spezialisierung wird implementiert, indem man im Programmcode der Unterklasse an geeigneter Stelle die Oberklasse angibt. In der Programmiersprache *Java* wird der Bezeichner der Oberklasse hinter dem Klassenbezeichner der Unterklasse nach dem Schlüsselwort `extends` notiert (vgl. Fig. 1).

Java

```
class Mitarbeiter {
   String name; String geburtsdatum;
   String einstellungsdatum; String abteilung;

   Mitarbeiter(String nn, String gd, String ed, String ab) {
      name = nn;
      geburtsdatum = gd;
      einstellungsdatum = ed;
      abteilung = ab;
   }
   void kuendigen(String datum) {...}
}

class Abteilungsleiter extends Mitarbeiter {
   String befoerderungsdatum;
   Abteilungsleiter(String nn, String gd, String ed, String ab, String bd) {
      super(nn, gd, ed, ab); // Aufruf d. Konstruktors d. Oberkl. Mitarbeiter
      befoerderungsdatum = bd;
   }
   void einstellen(Mitarbeiter mab) {...}
   void beurteilen(Mitarbeiter mab) {...}
   void entlassen(Mitarbeiter mab) {...}
}
```

Fig. 1

Die Anweisung `super(nn, gd, ed, ab)` ruft den Konstruktor der Oberklasse mit den angegebenen Parameterwerten auf und ist daher vergleichbar mit dem Aufruf `Mitarbeiter(nn, gd, ed, ab)` beim Erzeugen eines Objektes der Oberklasse. Die Anweisung `super( ... )` muss immer die erste Anweisung im Konstruktor der Unterklasse darstellen.

Überschreiben von Methoden

Manchmal ist es notwendig oder wünschenswert, bereits existierende Methoden der Oberklasse in der Unterklasse abzuändern, d.h. sie anders zu implementieren. Aufgrund des Vererbungsmechanismus entsteht dadurch beim Aufruf dieser Methode in Objekten der Unterklasse ein Konflikt zwischen der ererbten und der neu definierten Version. In diesem Fall wird immer die in der Unterklasse neu definierte Variante ausgeführt. Man bezeichet dies als **Überschreiben** der ererbten Methode.

Die Annotation `@Override` zwingt den Compiler, diese Methode zu überschreiben. So kann man Programmierfehler durch Compilermeldungen abfangen, beispielsweise die Verwendung eines falschen Methodennamens oder Parametertyps.
Überschriebene Methoden werden auch in der Unterklasse aufgelistet.

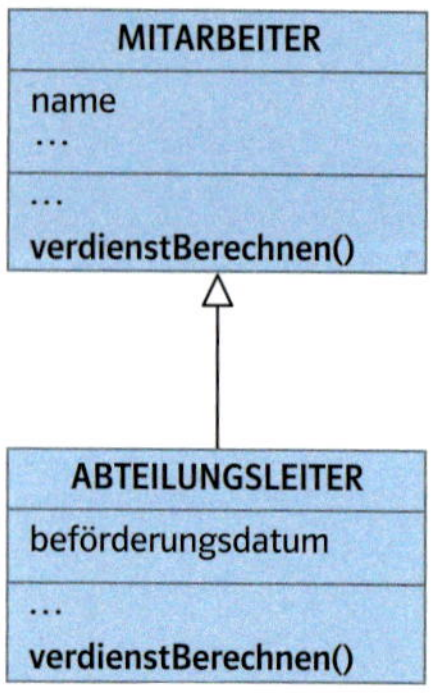

Soll jeder Mitarbeiter auch über eine Methode *verdienstBerechnen* verfügen, muss diese in der Unterklasse ABTEILUNGSLEITER neu definiert werden, da Abteilungsleiter im Gegensatz zu gewöhnlichen Mitarbeitern z.B. eine prozentuale Gewinnbeteiligung erhalten. Beim Aufruf `abteilungsleiter1.verdienstBerechnen()` wird dann diese neu definierte Methode ausgeführt anstatt der aus der Klasse MITARBEITER ererbten (Fig. 2).

Java

```
class Mitarbeiter {
 ...
   double verdienstBerechnen() {
      return grundgehalt; }
}
class Abteilungsleiter extends
      Mitarbeiter {
   String befoerderungsdatum; ...
   double verdienstBerechnen() {
      return grundgehalt + gewinn
       prozentsatz * gewinn; }
}
```

Fig. 2

Generalisierung

Gemeinsame Attribute und Methoden mehrerer ähnlicher Klassen lassen sich oft in einer neuen Klasse zusammenfassen. Die Bildung einer solchen neuen gemeinsamen Oberklasse nennt man **Generalisierung**.

Pkw und Lkw sowie Busse sind Kraftfahrzeuge und können alle u.a. durch Kennzeichen, Motorleistung, Verbrauch und Kilometerstand beschrieben werden. Daneben unterscheiden sich die drei Klassen in einzelnen Attributen oder Methoden: Nur bei den Pkw soll beispielsweise die Anzahl der Türen, bei den Bussen die Ausstattung mit einer Toilette, bei den Lkw die Anzahl der Achsen gespeichert werden.
Die gemeinsamen Attribute und Methoden können in einer übergeordneten Klasse KRAFTFAHRZEUG untergebracht werden; diese wird also zur Oberklasse von PKW, BUS und LKW generalisiert (Fig. 1).

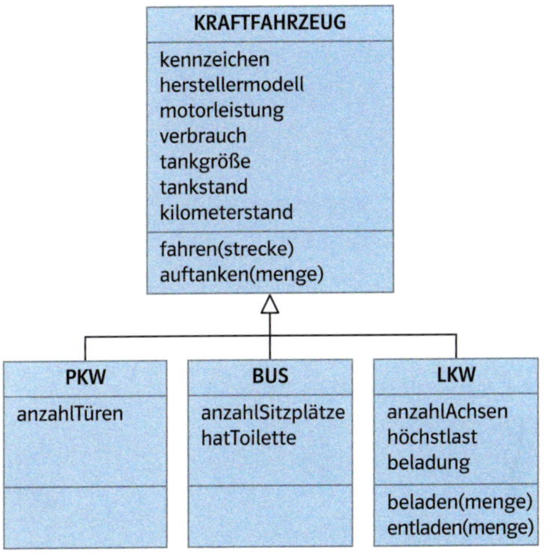

Fig. 1

In Klassendiagrammen stellt jede Generalisierung die Umkehrung einer Spezialisierungsbeziehung dar.

Klassenhierarchien

Bei der Klassifizierung von Objekten stößt man gelegentlich auf Folgen von Ober-/Unterklassenbeziehungen über mehrere Ebenen, aus denen sich schließlich ein baumartiges Klassendiagramm mit Spezialisierungen bzw. Generalisierungen als Kanten ergibt (Fig. 2).

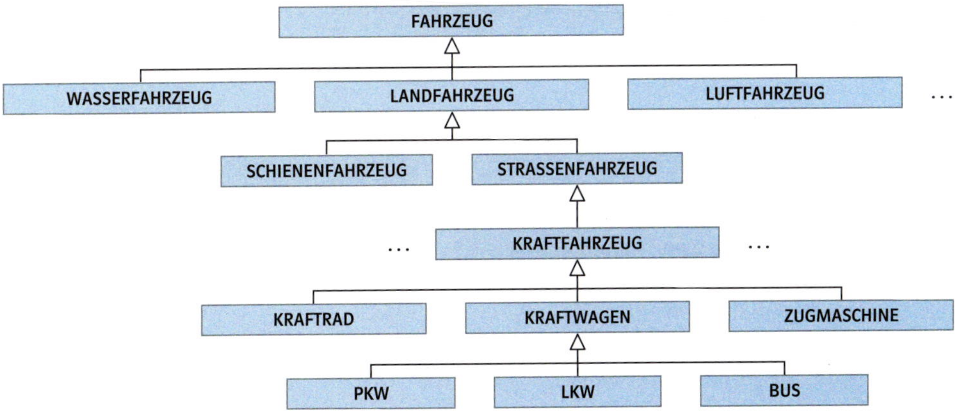

Fig. 2

Die **Spezialisierung** ist eine Klassenbeziehung, bei der die Unterklasse alle Attribute und Methoden ihrer Oberklasse **erbt**. In Unterklassen können Methoden definiert werden, die ererbte **Methoden** gleichen Namens **überschreiben**.

Werden verschiedene Klassen mit teilweise gleichen Attributen und Methoden zu einer allgemeineren Oberklasse zusammengefasst, spricht man von **Generalisierung**. Bei fortgesetzer Abstrahierung erhält man eine hierarchische Klassenstruktur.

A 1 Musik liegt in der Luft

Im Orchester kommen viele Arten von Musikinstrumenten zum Einsatz (vgl. Abbildung rechts). Die Geige z.B. ist ein Streichinstrument, das wiederum zu den Saiteninstrumenten gehört.

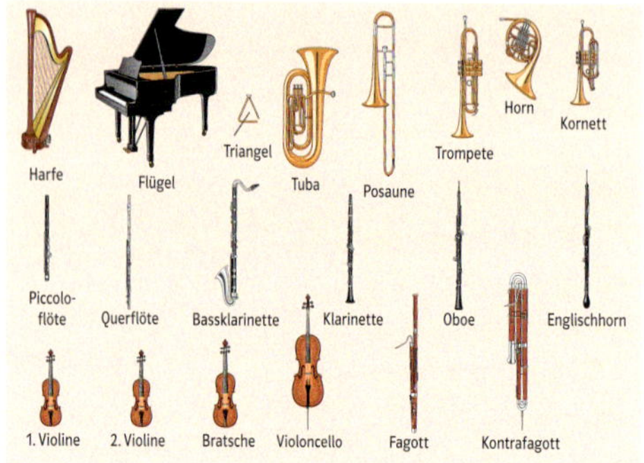

a) Zeichne ein Klassendiagramm für die abgebildeten Musikinstrumente in Form einer hierarchischen Vererbungsstruktur.

b) Beschreibe Gemeinsamkeiten und Unterschiede der einzelnen Klassen, insbesondere hinsichtlich der zur Verfügung stehenden Attribute.

2 Schokoladiges

Laut einer Studie des Bundesverbandes der Deutschen Süßwarenindustrie aßen Kinder und Erwachsene im Jahr 2019 durchschnittlich 9,21 kg Schokoladenwaren.

a) Definiere eine Klasse SCHOKOLADE mit den Attributen *kakaoanteil*, *masse* und *format*.

b) Spezialisiere nun die Klasse, indem du zwei Unterklassen für gefüllte Schokolade (z.B. mit Trüffelmasse oder Marzipan gefüllt) und Schokolade mit einer weiteren Zutat (Haselnüsse, Mandeln oder Chili) einführst. Zeichne das Klassendiagramm und gib an, welche Attribute die Unterklassen jeweils haben.

3 Bibliotheksklassen als Oberklassen einsetzen

Mit dem Konzept der Vererbung ist es möglich, fremde Programme flexibel einzusetzen, indem eine Klasse als Unterklasse einer bereits gegebenen Oberklasse festgelegt wird. So gibt es Bibliotheken, welche eine Sammlung von Klassen für die Einsatzbereiche Grafik, Video, Sound und Animation enthalten, mit deren Hilfe man z.B. relativ einfach Interaktionen (was bisher nicht möglich war) oder interessante Anwendungen realisieren kann.
In dieser Aufgabe soll eine derartige, durch eine geeignete Bibliotheksklasse spezialisierte Klasse analysiert, interpretiert und modifiziert werden.

a) Öffne die Vorlage, die du über den Code auf dem Rand herunterladen kannst, mit deiner Programmierumgebung, erzeuge ein Objekt der Klasse `GrafikInteraktion` und rufe die Methode `starten()` auf. Beschreibe den Ablauf nach Drücken der Maustaste auf die entstehende Zeichenfläche bzw. nachdem du die Tasten r, g, b, m oder irgendeine andere Taste der Tastatur gedrückt hast.

b) Öffne die Klassendefinition. Modifiziere den Programmcode, indem du schrittweise die auskommentierten Methodenaufrufe einkommentierst und jeweils die Anweisungen von Teilaufgabe a) durchführst.

c) Öffne die README-Datei innerhalb des Projektordners und mache dich mit dem Konzept der verwendeten Bibliotheksklasse vertraut. Verändere die Klasse `GrafikInteraktion` durch Verändern von Parameterwerten oder Ergänzen von weiteren Aufrufen geerbter Methoden.

Vorlage
Bibliotheksklassen
fm9r9a

4 Walker bewegt sich II

Die Bewegung der Spielfigur Walker (vgl. Aufgabe 7 auf Seite 98) soll nun mithilfe von Tastatureingaben gesteuert werden.

a) Definiere eine neue Klasse `Walker` als Unterklasse der in Aufgabe 3 vorgestellten Bibliotheksklasse mit den ganzzahligen Attributen `xpos` und `ypos` sowie dem Attribut `bewegungsrichtung` vom Typ `char`, welche die Werte `o` (für oben), `u` (für unten), `r` (für rechts), `l` (für links) sowie – (für Stillstand) annehmen kann.
Zu Beginn soll Walker eine zufällige Position innerhalb eines quadratischen Zeichenfensters der Seitenlänge 500 Pixel einnehmen und als kleines gelbes Quadrat der Seitenlänge 10 Pixel dargestellt werden. Zunächst bewegt sich Walker nicht.
Deklariere die genannten Attribute und definiere entsprechende Methoden.

b) Ergänze deine Implementierung derart, dass sich Walker je nach Bewegungsrichtung schrittweise (d.h. um zehn Pixel) so wie in Teilaufgabe a) beschrieben bewegt.
Damit die Figur nicht zu schnell ist, kann die Taktrate z.B. auf zehn Takte pro Sekunde herabgesetzt werden.

c) Die Bewegungsrichtung von Walker soll nun durch Drücken der Tasten a, s, d bzw. w gesteuert werden können, und zwar so, dass sich die Spielfigur entsprechend der Anordnung der Tasten auf der Tastatur bewegt.
Ergänze deine Implementierung entsprechend.

5 Ein Trefferspiel programmieren

Trefferspiele sind bei Jung und Alt sehr beliebt, da sie schnelle Erfolgserlebnisse liefern und die Spielregeln nicht kompliziert sind.
In dieser Aufgabe soll die in Aufgabe 3 implementierte Klasse für ein einfaches Trefferspiel, bei der eine Spielfigur ein Ziel treffen soll, angepasst und erweitert werden.

a) Benenne die Klasse aus Aufgabe 3 um in `Trefferspiel` und ergänze drei ganzzahlige Attribute zum Speichern der Koordinaten des Ziels und der erreichten Punkte.
Weise den Attributen jeweils sinnvolle Startwerte zu.
Das Ziel soll als rotes Quadrat der Seitenlänge zehn dargestellt werden.

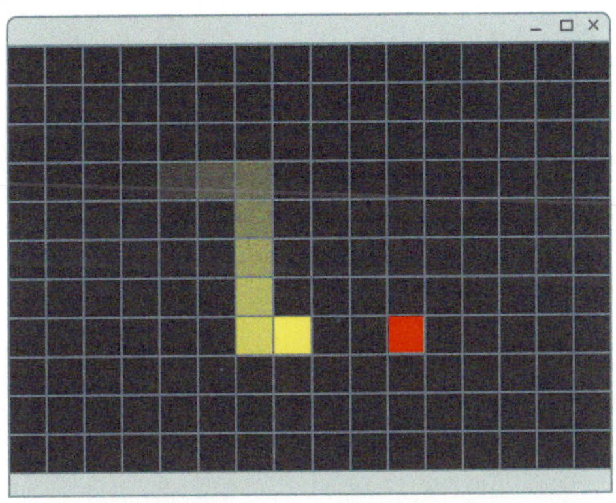

b) Ergänze eine Methode, die das Spielfeld mithilfe von senkrechten und waagerechten Linien in Rasterquadrate einteilt.
Nutze dazu geeignete Kontrollstrukturen.

c) Ergänze deine Implementierung so, dass folgender Ablauf simuliert wird:
Falls die Spielfigur genau mit dem Zielpartikel zur Deckung kommt, erhöht sich die Punktezahl um eins und das Ziel bewegt sich an eine zufällige Position.

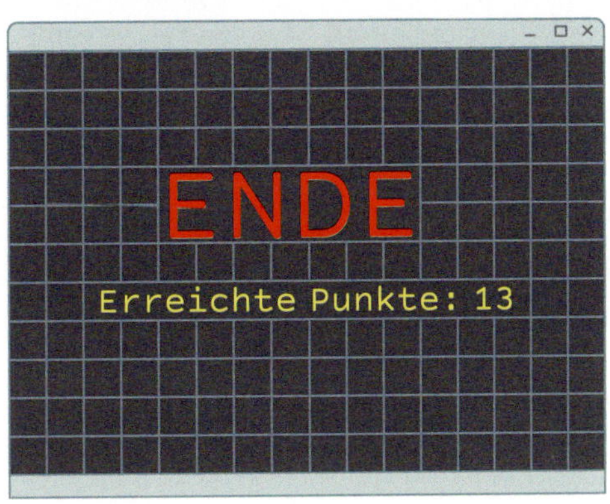

d) Berücksichtige schließlich noch, dass das Spiel endet, falls die Spielfigur einen der vier Spielfeldränder überschreitet.
Eine Textausgabe informiert dann über das Spielende sowie über die erreichte Punkteanzahl.

Exkurs

Roboter – Segen oder Fluch?

Schon immer war der Mensch ein Tüftler und Erfinder, der sich das Leben einfacher und bequemer gestalten wollte. War es vor Tausenden von Jahren noch das Rad, welches für große Entlastung sorgte, so sind es heute Roboter und Maschinen, die dem Menschen die unterschiedlichsten Arbeiten abnehmen können. Mittlerweile gibt es Maschinen für eine Vielzahl von Anwendungen. So verrichten z.B. Rasenmäher oder Staubsauger ihre Arbeit selbstständig, in Nürnberg verkehrt seit 2008 eine U-Bahn ohne Fahrer usw.

Den Traum vom automatischen Helfer gibt es seit Urzeiten. Schon im Mittelalter versuchte man, Maschinen zu bauen, die Vorgänge automatisieren sollten. Jacques de Vaucanson, ein französischer Ingenieur und Erfinder, baute aus über 400 Einzelteilen eine automatische Ente, die mit den Flügeln schlagen konnte, schnatterte und sogar Wasser trank und Körner pickte, welche durch eine chemische Reaktion verdaut und wieder ausgeschieden wurden. Viele dieser Maschinen, die teilweise mechanische Meisterwerke waren, hatten aber auch praktischen Nutzen.

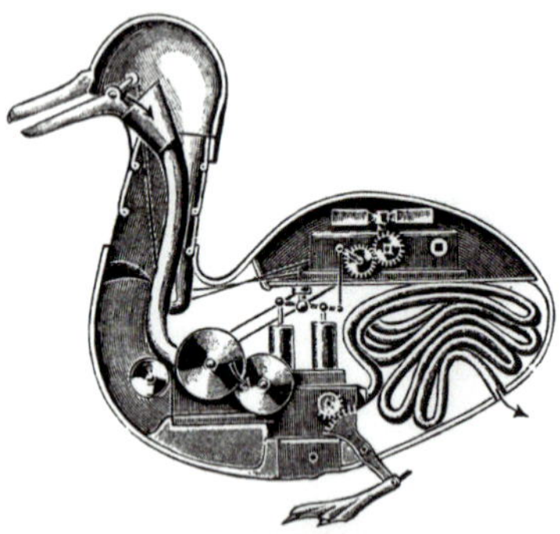

Jacques de Vaucanson (1709–1782)

Als Urheber des Begriffs „Roboter" gilt der Tscheche Josef Čapek, der auch die neue Wortschöpfung „Automat" in einem seiner Bücher verwendete. Verbreitet hat sich das Wort „Roboter" über Josefs Bruder Karel. Dieser verwendete das Wort 1920 in seinem Theaterstück „R.U.R." (Rossum's Universal Robots, tschechisch: Rossumovi Univerzální Roboti). Er bezeichnete hiermit künstliche Arbeiter, abgeleitet vom slawischen Wort „robota" (Arbeit, Zwangsarbeit).

Karel Čapek (1890–1938), links, und Josef Čapek (1887–1945)

Doch nicht nur aus Gründen der Bequemlichkeit werden Maschinen und Roboter vermehrt entworfen. Dies mag im privaten Haushalt noch der vorherrschende Grund sein; in der Industrie spielen vor allem die Themen Zeit, Geld und Sicherheit eine große Rolle. Dort kamen Roboter erstmals in den 1960er-Jahren zum Einsatz. Joe Engelberger und George Dovel entwickelten den ersten kommerziell erhältlichen Industrieroboter namens „Unimate", der unter anderem von General Motors für riskante und sich wiederholende Arbeiten am Fließband eingesetzt wurde, wo er zum Beispiel hoch erhitzte Metallteile stapelte.

Exkurs

Ein weiteres Beispiel sind Lackierroboter. Das Krebsrisiko ist bei Malern und Lackierern gegenüber der übrigen Bevölkerung erhöht. Studien weisen auch Fruchtbarkeitsschädigungen nach. Lackierer haben demnach ein deutlich höheres Risiko, dass ihre Kinder Missbildungen haben oder an Tumoren erkranken. Hier schützen Lackierroboter nachhaltig die Gesundheit der Arbeiter.

Aber nicht nur in der Automobilindustrie sind Roboter nicht mehr wegzudenken. Kanalarbeiten werden mittlerweile überwiegend von Kanalrobotern erledigt, welche reinigen, aber auch Verstopfungen lösen können – eine Arbeit, die sicherlich kein Mensch gerne selbst übernimmt. Und auch den Brennstabwechsel in Kernkraftwerken will sicherlich kein Arbeiter von Hand vornehmen.

Auch beim Militär werden mehr und mehr Roboter eingesetzt, um das Risiko für die Soldaten bei gefährlichen Einsätzen zu reduzieren. Mit ferngelenkten Kleinfahrzeugen fahren beispielsweise die US-Streitkräfte in Krisengebieten riskante Straßen ab, um auf diese Weise versteckte Sprengladungen entdecken und unschädlich machen zu können. Unbemannte Luftfahrzeuge („Drohnen“) werden mittlerweile von vielen Staaten für Aufklärungsflüge eingesetzt. Sie werden aber auch mit Waffen ausgerüstet, um gezielte Angriffe zu starten.
Drohnen werden zudem in der Wissenschaft eingesetzt und sollen nach Ankündigung mehrerer großer Logistikunternehmen mehr und mehr unsere Pakete ausliefern.

Aber auch die Erforschung des Weltraums oder der Ozeane wäre ohne Roboter undenkbar. So erforscht etwa der Rover Perseverance seit 2021 den Mars und Tauchroboter können beispielsweise zur Erkundung der Tiefsee eingesetzt werden oder in verseuchten Gewässern, was für Menschen gefährlich und auch teuer wäre.

Perseverance

Roboter werden unser Leben weiterhin sicherer und bequemer machen. Leider fallen dem technischen Fortschritt auch immer Arbeitsplätze zum Opfer. Arbeiteten Mitte des zwanzigsten Jahrhunderts noch Hunderte von Menschen in einer Automobil-Fertigungshalle, so sind es heute nur noch wenige. Andererseits entstehen auch wieder neue Arbeitsplätze, da Fachkräfte zur Bedienung und Wartung der Maschinen benötigt werden.

Dennoch bleiben zwei Hauptkritikpunkte: Zum einen werden immer weniger einfache Arbeitskräfte, dafür immer mehr hoch qualifizierte Ingenieure benötigt. Zum anderen wird im Service-Bereich immer öfter der persönliche Berater durch einen Computer ersetzt. Doch wer will einen Roboter als Gesprächspartner, als Lehrer oder als Freund?

Exkurs

Eine kleine Geschichte der Programmiersprachen

„Der Herr zerstreute sie von dort aus über die ganze Erde und sie hörten auf, an der Stadt zu bauen. Darum gab man der Stadt den Namen Babel, Wirrsal, denn dort hat der Herr die Sprache der ganzen Erde verwirrt [...]"

So wird in Genesis 11, 8–9 die Sprachverwirrung der Stadt Babel beschrieben. Einen derartigen Eindruck könnte man bekommen, wenn man die Menge der bekannten Programmiersprachen betrachtet. Man gewinnt tatsächlich den Eindruck, als wolle jemand die Informatiker durch Sprachvielfalt mit Verwirrung bestrafen.

Dabei fing alles ganz einfach an: Die britischen Mathematiker Charles Babbage und Ada Lovelace wagten im Zusammenhang mit der Entwicklung einer automatischen Rechenmaschine die ersten zaghaften Schritte auf dem damals völlig unbekannten Gebiet der Programmiersprachen. Charles Babbage beschrieb seine Ideen selbst wie folgt:
„Eines Abends saß ich in den Räumen der Analytischen Gesellschaft in Cambridge, den Kopf in einer Art Wachtraum auf den Tisch gestützt und eine Logarithmentafel aufgeschlagen vor mir. Ein anderes Mitglied kam in den Raum, sah mich im Halbschlaf und rief: ‚Babbage, sag, wovon träumst du?', worauf ich erwiderte: ‚Ich denke daran, dass all diese Tafeln (worauf ich auf die Logarithmen deutete) von einer Maschine berechnet werden könnten.'"

Charles Babbage (1791–1871)

Derartige Ideen waren typisch für die Zeit des Charles Babbage. Es war die Zeit der Industrialisierung. Industrielle Arbeitsprozesse wurden in Teilschritte zerlegt und diese Teilschritte möglichst automatisiert durchgeführt. Babbage versuchte, dieses Prinzip auf Rechenprozesse zu übertragen.

Ada Lovelace (1815–1852)

Jedoch gelang es ihm zu Lebzeiten nicht, ein funktionstüchtiges Exemplar seiner Difference Engine und Analytical Engine herzustellen. Der Ruhm des ersten Programms kommt nicht Babbage, sondern seiner Mitarbeiterin Ada Lovelace zu, die die Analytical Engine ergänzte und einen schriftlichen Plan vorlegte, wie mit dieser Maschine die Bernoulli-Zahlen zu berechnen sind. Damit hatte sie das erste Programm formuliert. Zu Ehren von Ada Lovelace, die bereits im Alter von 36 Jahren an Krebs starb, ist die Programmiersprache *Ada* benannt.

Demonstrator der Difference Engine No. 1 von 1832

Versuchsmodell der Analytical Engine

Nach diesen, damals vermutlich völlig unbeachteten, Arbeiten tat sich lange Zeit nichts. Der Sinn einer Verfeinerung der Beschreibungssprache, wie Ada Lovelace sie verwendete, war schwer einzusehen, denn derartige Ablaufpläne konnten in der Praxis nicht umgesetzt werden.

Das änderte sich, als – mitten im Zweiten Weltkrieg – Konrad Zuse die erste programmgesteuerte Rechenmaschine, die Z3, entwickelte (1941) und in den folgenden Jahren eine Programmiersprache namens *Plankalkül* zur Steuerung dieser Maschine konzipierte. In den Wirren des Krieges konnte Zuse diese Sprache jedoch nicht realisieren. *Plankalkül* enthielt allerdings bereits Datenstrukturen, die erst 1968 bei der Entwicklung von *Algol 68* eingesetzt wurden.
Obwohl *Plankalkül* historisch die erste höhere Programmiersprache darstellt, wurde diese Sprache erst 1998 von historisch interessierten Informatikern der FU Berlin realisiert.

Konrad Ernst Otto Zuse (1910 – 1995), deutscher Bauingenieur, Erfinder und Unternehmer

Nach dem Zweiten Weltkrieg entwickelten sich die Programmiersprachen dann jedoch stürmisch. Die folgende Abbildung stammt aus dem Siemens-Nixdorf Museum in Paderborn und zeigt wichtige Sprachfamilien und deren Entwicklung seit 1945.

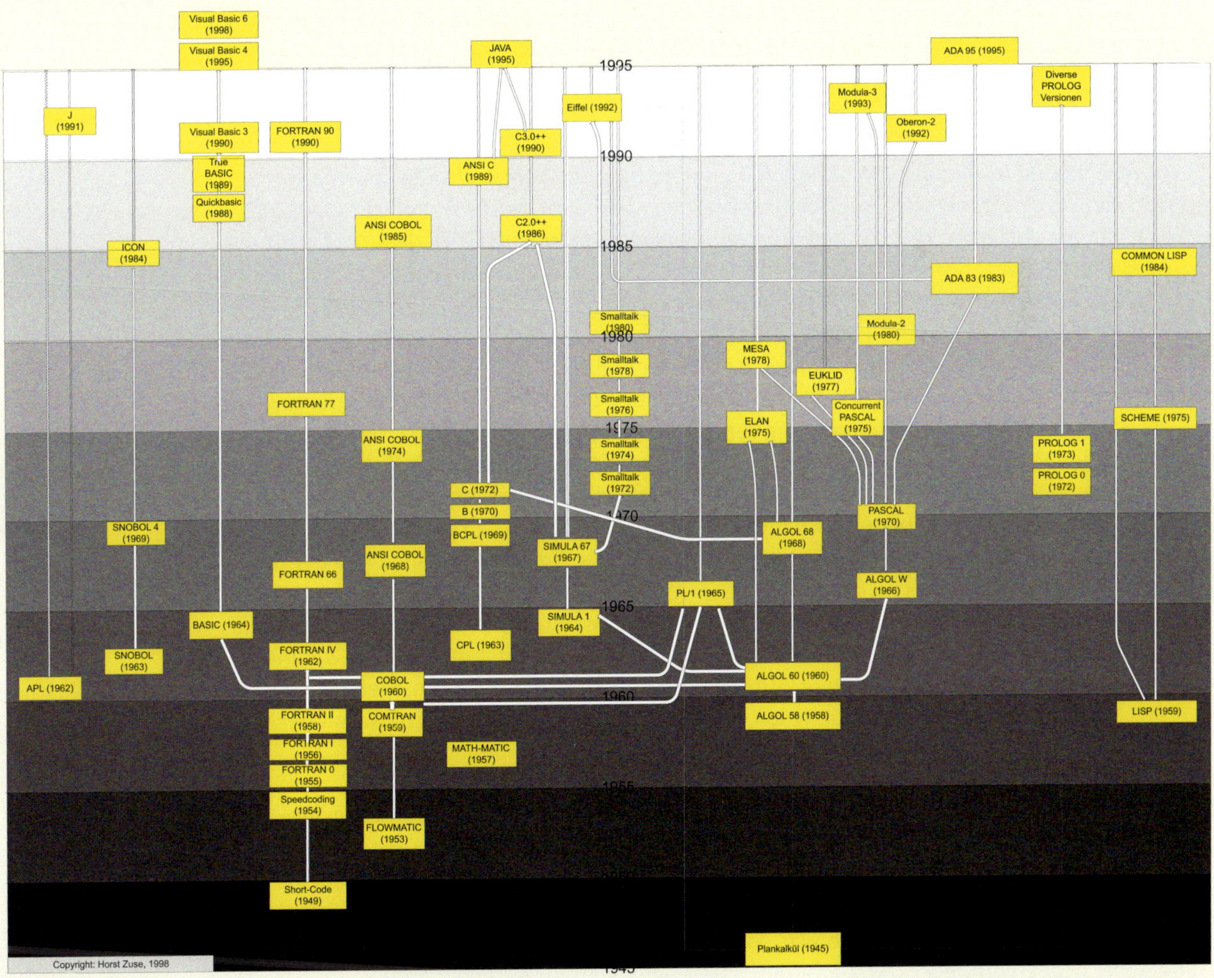

Fortran und John Backus

Der Name *Fortran* ist eine Abkürzung von **For**mula **Tran**slator. *Fortran* ist eine der wenigen Sprachen, die seit der ersten Version aus dem Jahre 1957 kontinuierlich weiterentwickelt wurde. *Fortran* wird vor allem für naturwissenschaftliche Fragestellungen im Bereich der Physik und Meteorologie nach wie vor eingesetzt. Für Klimamodelle und langfristige Wettermodelle ist *Fortran* die Standardprogrammiersprache.

Entwickelt wurde *Fortran* unter Leitung von John Backus, einem der Pioniere der Informatik. Neben seinen Arbeiten zu *Fortran* entwickelte er die sogenannte Backus-Naur-Form (BNF) zur Beschreibung der Syntax von Programmiersprachen. Für seine Forschungen erhielt er 1977 den Turing-Award, der oft auch als Nobelpreis der Informatik bezeichnet wird. Von 1991 bis zu seinem Tode am 17. März 2007 zog er sich vollkommen aus der Informatik zurück und widmete sich intensiv religiösen Lehren aus dem Bereich des Hinduismus. Bezeichnend für die letzte Phase seines Lebens ist folgendes Zitat über das Verhältnis von Wissenschaft und Religion:
„Die meisten Wissenschaftler sind Wissenschaftler, weil sie Angst vor dem Leben haben. Es ist wundervoll, in der Wissenschaft erfinderisch zu sein, in einem Rahmen, in dem man sich nicht mit Leuten herumärgern und unter Beziehungen leiden muss. Es ist wundervoll da draußen in der aseptischen Welt, in der es keinen Schmerz gibt. Doch irgendwann muss man in sein Inneres schauen und die Angst besiegen. Dafür gibt es keine Programme und auch keine besonders guten Theorien."

John Warner Backus (1924 – 2007)

COBOL und Grace Hopper

COBOL ist eine Abkürzung von **CO**mmon **B**ussiness **O**riented **L**anguage. Die Sprache war neben *Fortran* eine der ersten Programmiersprachen überhaupt. Nach wie vor ist *COBOL* jedoch eine der am weitesten verbreiteten Programmiersprachen. Man schätzt, dass noch heute ca. 90 % aller Softwaresysteme im Bankbereich und ca. 75 % aller Anwendungen zur Abwicklung von Geschäftsprozessen in *COBOL* geschrieben sind.

Als Mutter von *COBOL* darf man wohl Grace Hopper (vgl. auch Seite 237) bezeichnen. Sie entwickelte diese Sprache in den 1960er-Jahren. Neben der Leidenschaft für Programmiersprachen hatte Grace Hopper auch eine vermutlich ebenso große für die Marine. Bereits im Zweiten Weltkrieg war sie dort aktiv und programmierte Feuertabellen für neue Raketensysteme. Als sie 1966 als Reserveoffizier entlassen wurde, bezeichnete sie dies als den schlimmsten Tag ihres Lebens. Den Vietnamkrieg 1967 wiederum sah sie als „ihre Rettung" an, wurde sie doch wieder eingezogen, um die zahlreichen Programmiersprachen der US-Marine zu vereinheitlichen.
Grace Hopper ist übrigens für das „Y2K-Problem" verantwortlich, ein Problem, das durch die interne Behandlung von Jahreszahlen als zweistellige Angabe entstanden ist. Es war ihre Entscheidung, die Jahreszahlen in *COBOL* auf zwei Stellen zu beschränken. Niemals konnte sie sich Mitte der 1960er-Jahre vorstellen, dass *COBOL*-Programme noch im nächsten Jahrtausend von einem Großteil der Systeme verwendet werden würden.

Grace Brewster Murray Hopper (1906 – 1992) mit einem frühen Rechner

In „Y2K" steht das „Y" für year, das „K" für kilo, sodass „Y2K" für „Jahr 2000" steht.

Aufgrund der weltweiten Corona-Pandemie gab es im Jahr 2020 unzählige Arbeitslose, so auch in den USA. Das Datenverarbeitungssystem des US-Arbeitsministeriums basierte noch auf *COBOL* und konnte die große Anzahl an Anträgen von Arbeitslosen nicht in der gewünschten Geschwindigkeit bearbeiten. Deshalb wurden Programmierer mit *COBOL*-Kenntnissen gesucht, was nicht einfach war, da *COBOL* seit vielen Jahrzehnten oftmals nicht mehr gelehrt wurde und viele *COBOL*-Programmierer bereits im Ruhestand waren.

Exkurs

Algol und seine Väter

Die Entwicklung der Programmierspache *Algol* (Abkürzung für **Algo**rithmic **L**anguage) war ein internationales Gemeinschaftsprojekt, das zwischen 1958 und 1963 auf US-amerikanischer Seite von der ACM (Association for Computing Machinery) und auf deutscher von der GAMM (Gesellschaft für angewandte Mathematik und Mechanik) entscheidend vorangetrieben wurde. Wie schon im Falle der Sprache *Fortran* wurde auch *Algol* entscheidend von John Backus geprägt. Die europäische Wissenschaft wurde von dem Dänen Peter Naur sowie dem Deutschen Friedrich Ludwig Bauer, der 1967 an der Technischen Universität München den Studiengang Informatik in Deutschland einführte, vertreten.

Friedrich Ludwig Bauer (1924 - 2015), Träger des IEEE Computer Pioneer Award 1988, einer der höchsten Auszeichnungen der Informatik

Im Gegensatz zu den bis zu diesem Zeitpunkt bekannten Programmiersprachen sollte *Algol* bewusst ohne Zugeständnisse an potenzielle kommerzielle Anwendungen und mit einer formalen Definition der Syntax ausgestattet sein. Zu diesem Zweck wurde von John Backus und Peter Naur die sogenannte Backus-Naur-Form (BNF) eingeführt. *Algol* war die erste Programmiersprache, die das in der heutigen Informatik zentrale Konzept der Rekursion einführte. Obwohl *Algol* in der Praxis sicherlich weniger Verwendung findet als beispielsweise *Fortran* oder *COBOL*, war die Signalwirkung dieser Sprache enorm. Nicht nur *Pascal*, sondern auch *C* oder *Java* wurden maßgeblich von Konzepten aus *Algol* beeinflusst.

Peter Naur (1928 - 2016), Turing-Preisträger 2005

Symptomatisch für Peter Naur und F. L. Bauer ist, dass ihre Karrieren nicht als Informatiker begannen, sondern sie studierten und praktizierten in Fächern, die der Informatik nahestehen: Peter Naur beispielsweise studierte Astronomie und war noch bis 1959 als Astronom tätig. F. L. Bauer studierte Mathematik, Physik, Logik und Astronomie, arbeitete zeitweise als Lehrer und promovierte in Physik. Nachdem er zunächst als Professor für Mathematik arbeitete, erweiterten sich seine inhaltlichen Aufgaben mit Einführung eines Studiengangs Informatik im Jahre 1967 beträchtlich.

Pascal und Niklaus Wirth

Die Programmiersprache *Pascal* (benannt nach Blaise Pascal (1623–1662)) ist untrennbar mit dem Schweizer Informatiker Niklaus Wirth verbunden. Er konzipierte *Pascal* zwischen 1968 und 1972 als Weiterentwicklung von *Algol* von vornherein als Sprache für die Lehre. Strukturiertes Programmieren sollte unter Verwendung einer strikten und einfach verständlichen Programmiersprache möglich sein. Die Konzentration auf den Einsatz in der Lehre schuf allerdings auch Probleme: Für den kommerziellen Einsatz musste *Pascal* im Hinblick auf das zu entwickelnde System angepasst werden. Das hatte eine Vielzahl von inkompatiblen *Pascal*-Dialekten zur Folge.
Zwar wird *Pascal* heute in der Lehre nicht mehr häufig verwendet, doch hat sich die Syntax von *Pascal* zur informellen und sprachunabhängigen Notation für Algorithmen durchgesetzt.

Niklaus Wirth (*1934), Turing-Preisträger 1984

Niklaus Wirth schuf nicht nur *Pascal*, sondern auch die Nachfolgesprachen *Modula-2* und *Oberon*. In diesen Sprachen sollten Defizite von *Pascal*, so etwa die fehlende Möglichkeit der Modularisierung *(Modula-2)* oder Objektorientierung *(Oberon)*, überwunden werden.
Niklaus Wirth scheint eine Schwäche für mythologische Figuren zu haben: Oberon ist ein Elfenkönig, der u.a. in Shakespeares Sommernachtstraum vorkommt, und entspricht dem Zwerg Alberich in der germanischen Mythologie. Die Workstation, die zwischen 1978 und 1980 (rund fünf Jahre vor dem ersten Macintosh) von Wirth mit seiner Arbeitsgruppe an der ETH Zürich entwickelt wurde und neben einem grafikfähigen Bildschirm und Fenstertechnologie auch über eine Maus verfügte, taufte er „Lilith"; Lilith ist eine Göttin aus der sumerischen Mythologie.

Exkurs

Objektorientiertes Programmieren, *Smalltalk* und Alan C. Kay

Es gibt zahlreiche Sprachen, in denen die Ideen der Objektorientierung realisiert sind. Bereits *Simula* unterstützte in der Version aus dem Jahre 1967 dieses Konzept. *Smalltalk* dürfte unter objektorientierten Sprachen diejenige sein, die die Begriffe am reinsten umsetzt: In dieser Sprache ist alles ein Objekt, beispielsweise auch ganze Zahlen, die in *Java* Grundtypen sind.

Als Taufpate der „Objektorientierung" gilt Alan C. Kay. Er war eine der Schlüsselfiguren bei der Entwicklung des Sprachkonzeptes am Palo Alto Research Center (PARC). Für diese Forschungen wurde er 2003 mit dem Turing-Award ausgezeichnet.

Alan Curtis Kay (*1940), Turing-Preisträger 2003

Außergewöhnlich an der Arbeit von Alan C. Kay ist sein großes Engagement im Bereich des Unterrichts an Schulen. Lange vor dem Aufkommen von Laptop-PCs hatte er die Vision eines Rechners, der wie ein Schulbuch verwendet werden kann und in erster Linie über grafische Benutzeroberflächen gesteuert wird. Ein derartiges dynamisches Schulbuch bezeichnete er als „Dynabook".
Während die Leitung des PARC von der Idee einer grafischen Benutzeroberfläche nicht überzeugt werden konnte, erkannte die Führung der Firma Apple deren weitreichende Möglichkeiten. Apple setzte die Ideen Kays um und bald darauf auch Microsoft.

Java und *C++*

Java wurde 1991 zunächst unter dem Namen *Oak* (Eiche) zur Steuerung von Haushaltsgeräten von der Firma Sun entwickelt. Diese Entwicklung beeindruckte den Sun-Chef Scott McNealy derart, dass eine eigene Firma für die Vermarktung gegründet wurde. Daraus entwickelte sich etwa 1995 die Sprache *Java*.
Der Name steht umgangssprachlich für Kaffee, weswegen die dampfende Tasse im Logo auftritt.

Ein wesentliches Ziel war von Anfang an eine hardwareunabhängige Programmiersprache. Dieses Prinzip trug entscheidend zur weiten Verbreitung der Spache bei.
Syntaktisch orientiert sich *Java* sehr an der Sprachfamilie *C/C++*. Wie *C++* ist *Java* eine objektorientierte Sprache. *Java* ist in eine virtuelle Maschine integriert (vgl. Seite 232), die man sich als Rechner, der durch Software simuliert wird, vorstellen kann. Auf jeder Hardwareplattform und jedem Betriebssystem, für die eine solche virtuelle Maschine existiert, ist *Java* lauffähig.

Weitere Programmiersprachen

Natürlich gibt es noch eine Unmenge anderer Programmiersprachen. *JavaScript* und *PHP* sind Skriptsprachen, die insbesondere zur Erstellung dynamischer Webseiten und Internetanwendungen verwendet werden und daher äußerst weitverbreitet sind.

In regelmäßigen Abständen werden im Internet auch Rankings über die verbreitetsten Programmiersprachen veröffentlicht. Bei diesen Rankings werden zwar unterschiedliche Faktoren zugrunde geleget (z. B. Anzahl der Projekte auf GitHub, Verbreitung weltweit usw.), unter den vordersten Plätzen sind jedoch meist dieselben Sprachen zu finden, darunter stets auch *Java*.

Nicht unerwähnt sollte in diesem Zusammenhang die Sprache *Python* sein, die mittlerweile eine sehr hohe Popularität genießt und in manchen Ranglisten *Java* bereits überholt hat, insbesondere, wenn diese das Wachstum einer Sprache abbilden.
Der Name *Python* leitet sich übrigens von der britischen Komikergruppe Monty Python ab.

Exkurs

Dürfen Programme Fehler haben?

Jeder, der mit dem Rechner arbeitet, kennt diese Situation: Plötzlich reagiert ein Programm nicht mehr auf Tastatureingaben, nach einiger Zeit weist das Bild Streifen auf und irgendwann hilft nur noch ein Neustart.
Was für eine Einzelperson vielleicht noch zumutbar ist, muss bei sicherheitskritischer Software absolut ausgeschlossen sein. Wie wichtig eine präzise Überprüfung der Korrektheit von Programmen ist, zeigt folgendes Beispiel.

Therac-25 war ein Linearbeschleuniger, der in der Strahlentherapie verwendet wurde. Von 1982 bis 1985 wurde er in Kliniken sowohl in den USA als auch in Kanada verwendet. Unzureichende Qualitätssicherung und Softwarefehler führten zu einem schweren Funktionsfehler des Apparates, wodurch zwischen 1985 und 1987 drei Patienten starben, bevor gegengesteuert wurde.

Vergleiche hierzu auch Seite 235.

Das Beispiel verdeutlicht, dass bei derartigen Softwaresystemen alle möglichen Abläufe überprüft werden müssten. Dies ist jedoch bereits bei kleinen Programmen nicht möglich. Sicherheitskritische Software wird deshalb mit mathematischen Methoden verifiziert, d.h., wie in einem mathematischen Beweis wird gezeigt, dass das Programm für alle erlaubten Eingaben die richtige Ausgabe liefert.

Die mathematischen Grundlagen für die Verifikation von Programmen, wie sie auch im Rahmen dieses Buches erarbeitet wurden, entwickelte C.A.R. Hoare. Die entscheidende Idee dabei ist, jede Anweisung, d.h. jede Zuweisung, Alternative, Wiederholung und auch jede Folge von Anweisungen, mit einer Vor- und Nachbedingung zu versehen. Diese Bedingungen charakterisieren die Werte der Variablen vor und nach einer Anweisung. In dem rechts abgebildeten Programm etwa wird die Summe der ersten n natürlichen Zahlen berechnet. Die Bedingungen sind jeweils als Kommentare vor und nach einer Anweisung angegeben. Offenbar wird vor der ersten Anweisung $n \geq 0$ gefordert. Mithilfe des Hoare-Kalküls lässt sich nun zu jeder Vorbedingung und Anweisung die entsprechende Nachbedingung berechnen.

Java

```
public int sum (int n) {
  int i, s;
    // n >= 0
  i = 0;
    // (0 == i * (i + 1) / 2) and (i <= n)
  s = 0;
    // (s == i * (i + 1) / 2) and (i <= n)
  while (i < n) {
    // (s == i * (i + 1) / 2) and (i <= n)
    // and (i < n)
    // (s + i + 1 == (i + 1) * (i + 2) / 2)
    // and (i + 1 <= n)
    i = i + 1;
    // (s + i == i * (i + 1) / 2)
    // and (i <= n)
    s = s + i;
    // (s == i * (i + 1) / 2) and (i <= n)
  }
    // (s == i * (i + 1) / 2) and (i <= n)
    // and not(i < n)
    // s == n * (n + 1) / 2
  return s;
}
```

Sir Charles Antony Richard Hoare (*1934), britischer Informatiker

Am Ende ergibt sich schließlich die Bedingung `s == n * (n + 1) / 2`, die bekannte Formel, auf die bereits der junge Carl Friedrich Gauß gestoßen ist.

Derartige Beweise müssen für sicherheitskritische Programme für den gesamten Quelltext des Programms durchgeführt werden. Offensichtlich muss dies für Systeme, die aus mehreren hunderttausend Zeilen Quelltext bestehen, möglichst automatisch durchgeführt werden. Deshalb ist die Entwicklung von automatischen Programmverifikatoren ein bedeutendes aktuelles Forschungsthema innerhalb der theoretischen Informatik.

Rückblick

Algorithmen und algorithmische Strukturelemente

Ein **Algorithmus** ist ein Verfahren, das sich durch eine präzise, tatsächlich ausführbare Handlungsvorschrift endlicher Länge beschreiben lässt. Die einzelnen Operationen können Methodenaufrufe sein, die eventuell wieder selbst als Algorithmus dargestellt werden können.
Elementare **Strukturelemente** von Algorithmen sind: **Sequenz, bedingte Anweisung, bedingte Anweisung mit Alternative, Wiederholung mit fester Anzahl** und **bedingte Wiederholung.**
Strukturelemente können ineinander verschachtelt werden.
Stuktogramme können neben der textuellen Darstellung zur Veranschaulichung der Struktur von Algorithmen dienen.
Jedes Programm stellt Kontrollstrukturen zur Implementierung der algorithmischen Strukturelemente zur Verfügung.

```
Methode titelSpielen(nr):
Falls CD eingelegt
  Falls nr existiert auf CD
    Wiederhole nr-mal
      Springe zum nächsten Titel
    EndeWiederhole
    Spiele betreffenden Titel
  EndeFalls
Sonst
  Melde „CD fehlt"
EndeFalls
```

Definition von Klassen

Jede Klasse muss mit einem **eindeutigen Bezeichner** versehen werden. Jede Klasse beinhaltet
- die **Deklaration von Attributen** mit jeweiliger Angabe des Datentyps und Attributbezeichners,
- die **Definition von Methoden** mit jeweiliger Angabe des Typs des Rückgabewertes, des Methodenbezeichners und in Klammern die Angabe eventueller Eingabeparameter mit jeweiligem Typ **(Methodenkopf).**

Der **Methodenrumpf** beschreibt den Algorithmus, der nach dem Aufruf der Methode ausgeführt wird. Dabei können innerhalb der Methodendefinition ebenso auch Methodenaufrufe stehen. Der **Konstruktor** ist eine spezielle Methode ohne Rückgabewert, der bei der Erzeugung neuer Objekte aufgerufen wird. Konstruktoren haben denselben Bezeichner wie die Klasse.

Java

```
class Strecke {
   int x1; int y1; int x2; int y2;
   String linienfarbe;
   Strecke(int x1N, int y1N, int x2N,
         int y2N) {
      x1 = x1N; y1 = y1N;
      x2 = x2N; y2 = y2N;
      linienfarbe = "schwarz";
   }
   double laengeBerechnen() {
      double ergebnis;
      ergebnis = diffQuad(x1, x2) +
            diffQuad(y1, y2);
      ergebnis = Math.sqrt(ergebnis);
      return ergebnis;
   }
   void linienfarbeSetzen(String
         fNeu) {
      linienfarbe = fNeu;
   }
   double diffQuad(int a, int b) {
      return (a - b) * (a - b);
   }
}
```

Wertzuweisung

Wertzuweisungen dienen der direkten Änderung eines Attribut- oder Variablenwertes. Der bisherige Wert geht dabei verloren. Sie haben in *Java* die Form *Bezeichner = Term.*

Ober- und Unterklassen

Klassen mit gemeinsamen Merkmalen können (als **Unterklassen**) zu einer allgemeineren, d.h. abstrakteren Klasse **(Oberklasse) generalisiert** werden. Die Unterklassen stellen dabei **Spezialisierungen** der Oberklasse dar. Die Unterklassen erben alle in der Oberklasse deklarierten Attribute und Methoden.
Soll eine Methode einer Oberklasse in einer Unterklasse anders implementiert werden, muss sie dort neu definiert, also **überschrieben** werden.
Durch fortgeführte Generalisierung bzw. Spezialisierung kann die Klassenbeziehung zu einer baumartigen Klassenhierarchie ausgebaut werden.

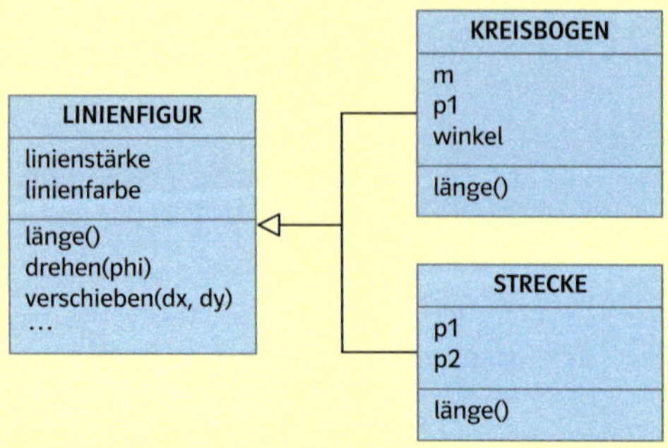

Die Methode *länge* ist in beiden Unterklassen überschrieben.

Training

1 Algorithmus zur Schraubenkontrolle

Eine Produktionsfirma hat eine Lieferung von 1000 besonders großen Schrauben bestellt, bei denen das Sollmaß mindestens 40 mm betragen muss. Der Lagerist der Firma vermutet jedoch, dass ein Großteil der gelieferten Schrauben diese Länge nicht erreicht und damit unbrauchbar ist. Zur Überprüfung lässt er von einem Automaten die Länge jeder Schraube abmessen und die Anzahl der unbrauchbaren Schrauben ausgeben. Zudem soll von den nutzbaren Schrauben der Mittelwert der Längen berechnet und ausgegeben werden.
Zeichne das Struktogramm für einen Algorithmus, den der Automat abarbeiten muss, um die gestellte Aufgabe zu lösen.

2 Preiskampf

Im Sporthaus *Lauf und Sport Linnen* läuft gerade eine Aktionswoche, bei der bestimmte Artikel reduziert werden. Das Datenflussdiagramm modelliert die Funktion, welche den neuen Preis berechnet.

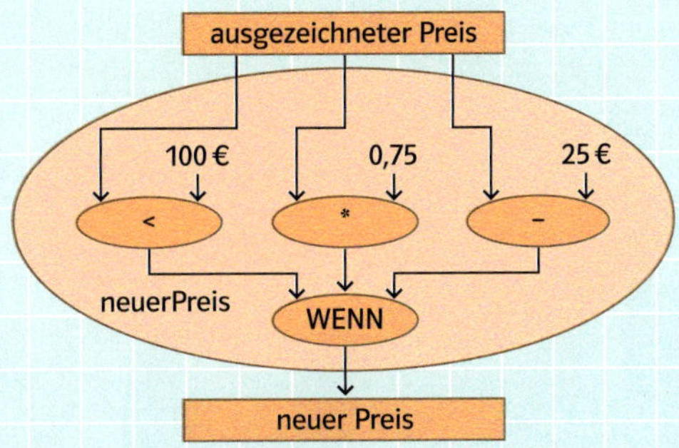

a) Erstelle ein Struktogramm für einen entsprechenden Algorithmus zur Berechnung des neuen Preises.
b) Implementiere eine Methode innerhalb einer Klasse `Artikel` analog der Funktion.

3 Mathematisches

Erstelle zunächst ein Struktogramm zur Veranschaulichung des Algortihmus und implementiere anschließend entsprechende Methoden innerhalb einer Klasse `Mathematik`.
a) Die Methode `durchschnittBerechnen` berechnet den Durchschnitt dreier ganzer Zahlen und gibt den Wert zurück.
b) Die Methode `absolutbetragBerechnen` berechnet den Absolutbetrag einer ganzen Zahl und gibt den Wert zurück.
c) Die Methode `maximumBerechnen` berechnet das Maximum von vier ganzen Zahlen und gibt den Wert zurück.
d) Die Methode `fakultaetBerechnen` berechnet schrittweise die Fakultät n! einer natürlichen Zahl und gibt den Wert zurück (Hinweis: Datentyp `long`).

4 Quadratische Funktionen

a) Definiere eine Klasse `Quadratfunktion` für eine quadratische Funktion der Form $f(x) = a x^2 + b x + c$ mit den Koeffizienten als Attribute, die erst beim Erzeugen eines Objektes eingegeben werden müssen.
b) Implementiere die Methode `funktionswertBerechnen`, welche den zugehörigen Funktionswert einer Zahl x berechnet und zurückgibt.
c) Implementiere Methoden zum Setzen der Koeffizienten, zur Berechnung und Rückgabe der Anzahl der Nullstellen und zur Berechnung und Ausgabe des Scheitelpunktes.
d) Implementiere eine Methode `nullstellenAusgeben`. Dabei wird das Ergebnis als Text ausgegeben. Beispiel: „Die quadratische Funktion hat nur eine Nullstelle, nämlich …"

5 Dreiecke

Öffne die Vorlage, die du über den Code auf dem Rand herunterladen kannst. Ergänze in der Klasse `Dreieck` Methoden zur Berechnung und Rückgabe des Umfangs und des Flächeninhalts sowie eine Methode `eckpunktSetzen(char punkt, double x, double y)`, mit der man die Position eines Eckpunktes ändern kann.

Vorlage
Dreiecke
fm9r9a

IV Datenschutz

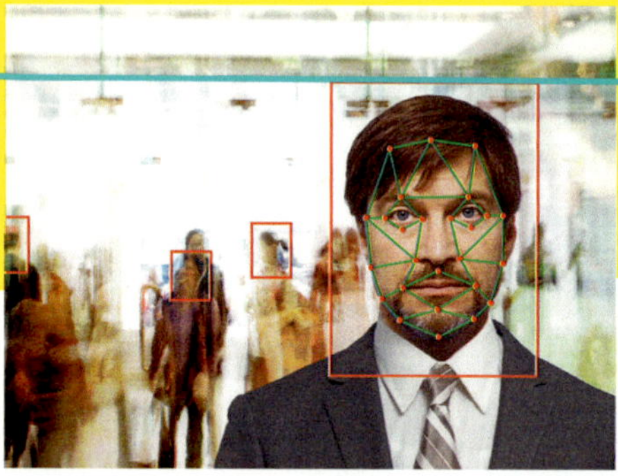

Zeige mir, wo du klickst, und ich sage dir, wer du bist.

klicksafe

Erst denken, dann senden.

Kompetenzerwartungen

- Regelungen zum Datenschutz bewerten
- Das Internet verantwortungsvoll nutzen und über Möglichkeiten zum Schutz und Missbrauch persönlicher Daten reflektieren
- Über den Einfluss digitaler Medien auf sich und die Gesellschaft reflektieren
- Chancen und Risiken des Data-Minings für sich und die Gesellschaft bewerten

1 Regelungen zum Datenschutz

Nachdem es im Fahrradkeller eines Gymnasiums immer wieder zu Sachbeschädigungen und Diebstählen gekommen war, hat die Schulleitung dort Videokameras installiert und entsprechende Hinweisschilder angebracht. Als erneut Fahrräder beschädigt wurden, konnten die Täter durch die Aufnahmen schnell identifiziert werden. Die Datenschutzbeauftragte der Schule stufte die Videoüberwachung jedoch als widerrechtlich ein, da sie unverhältnismäßig in die Persönlichkeitsrechte der Betroffenen eingreift. Sie verbot sogar auch Kamera-Attrappen, da auch diese mit einem Eingriff in die Persönlichkeitsrechte verbunden seien, denn sie würden eine Verhaltensänderung bei den Betroffenen bewirken. Diskutiere mit deinem Banknachbarn über Pro und Kontra.

Jeder hat ein Recht darauf, dass seine persönlichen Daten geschützt werden. Dazu gibt es umfangreiche gesetzliche Regelungen. Dieses Recht kann jedoch auch eingeschränkt werden, wenn ein öffentliches Interesse daran besteht.

Datenschutz als Grundrecht

Im Jahr 1983 wurde durch das Bundesverfassungsgericht in einem für Deutschland wegweisenden Urteil, dem „Volkszählungsurteil", anerkannt, dass jeder Einzelne das **Recht auf informationelle Selbstbestimmung** hat, also das Recht, selbst über die Preisgabe und Verwendung seiner persönlichen Daten zu bestimmen. Dieses Recht leitet sich aus dem Recht auf die freie Entfaltung der Persönlichkeit ab, das im Grundgesetz der Bundesrepublik Deutschland verankert ist.

Das Bundesverfassungsgericht mit Sitz in Karlsruhe ist das höchste deutsche Gericht; es kontrolliert, ob getroffene Entscheidungen anderer Gerichte mit dem Grundgesetz in Einklang stehen.

Datenschutz ist demnach ein Grundrecht. Er dient dazu, das (Menschen-)Recht auf **Privatsphäre** zu gewährleisten, indem er übertriebenen Überwachungsmaßnahmen, die heutzutage technisch leicht zu realisieren sind, entgegenwirkt und in einer digital vernetzten Gesellschaft den „gläsernen Menschen" verhindert.
Aufgrund des Volkszählungsurteils reformierten Bund und Länder bestehende Datenschutzgesetze und die deutschen Datenschutzgesetze wurden zu den weltweit strengsten.

Wie der Datenschutz früher geregelt war und welche Datenschutzgesetze in anderen Ländern gelten, erfährst du im Exkurs auf Seite 134.

Die zu schützenden persönlichen Daten werden im Datenschutzrecht **personenbezogene Daten** genannt. Damit sind alle Informationen gemeint, die mit einer bestimmten Person verbunden sind oder mit ihr verbunden werden können wie etwa deren Name, E-Mail-Adresse oder Handynummer. Gemäß Volkszählungsurteil ist in Deutschland das Erheben, Verarbeiten und Nutzen von personenbezogenen Daten grundsätzlich verboten, es sei denn, die Betroffenen haben in die Verarbeitung ihrer Daten eingewilligt oder es existiert dafür eine gesetzliche Regelung. Man spricht dabei vom **Verbotsprinzip mit Erlaubnisvorbehalt**. Dieses Prinzip wurde 1995 durch Artikel 7 der Datenschutzrichtlinie für die gesamte Europäische Union übernommen. Diese Richtlinie musste in allen Mitgliedsstaaten durch nationale Gesetze umgesetzt werden.

Datenschutz-Grundverordnung (DSGVO)

Seit dem 25. Mai 2018 gilt in der Europäischen Union die **Datenschutz-Grundverordnung (DSGVO)**. Sie besteht aus 99 Artikeln in elf Kapiteln.

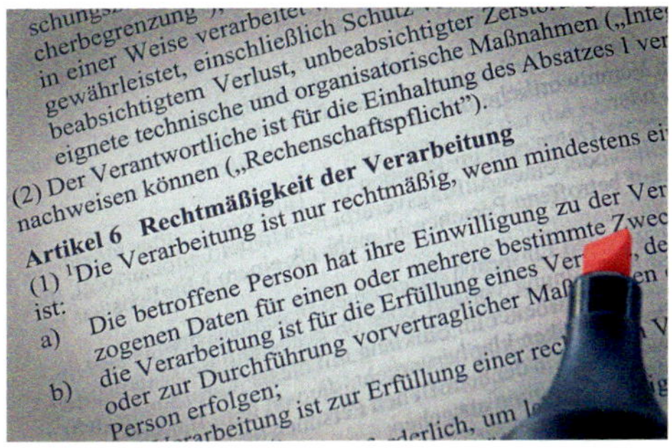

Die DSGVO ersetzt die EU-Datenschutzrichtlinie von 1995 (vgl. Seite 116) und ist im Gegensatz zu ihr unmittelbar in allen EU-Mitgliedsstaaten gültig. Nationale Gesetze mussten daher mit der DSGVO in Einklang gebracht werden.

Die DSGVO regelt die Verarbeitung personenbezogener Daten. Sie sollen dadurch EU-weit einheitlich geschützt werden. Allerdings soll damit auch der Austausch personenbezogener Daten innerhalb der EU vereinfacht werden.

Grundprinzipien des Datenschutzes

Neben dem Verbotsprinzip mit Erlaubnisvorbehalt sind in Artikel 5 der DSGVO weitere „Grundsätze für die Verarbeitung personenbezogener Daten" festgeschrieben.

Demnach muss eine betroffene Person darüber informiert werden, welche Informationen über sie gesammelt und in welcher Weise sie verarbeitet werden. Außerdem dürfen personenbezogene Daten nur für den Zweck verarbeitet werden, für den sie ursprünglich erhoben wurden, die Datenerhebung muss auf das für den Zweck notwendige Maß beschränkt sein und es müssen Maßnahmen getroffen werden, damit die erfassten Daten korrekt und auf dem neuesten Stand gehalten werden.

Zudem dürfen personenbezogene Daten nicht länger gespeichert werden, als es für den Zweck ihrer Erhebung und Verarbeitung nötig ist. Das heißt, sie müssen gelöscht werden, wenn sie nicht mehr gebraucht werden. Darüber hinaus muss derjenige, der für die Speicherung und Verarbeitung der Daten verantwortlich ist, technische und organisatorische Maßnahmen ergreifen, die die Sicherheit der Daten gewährleisten, damit sie beispielsweise Unbefugten nicht in die Hände fallen. Zugleich ist er für die Einhaltung dieser Grundsätze verantwortlich und muss dies z.B. gegenüber Behörden auch nachweisen können.

Verstöße gegen diese Grundsätze der DSGVO können mit Bußgeldern bis zu 20 Millionen Euro bzw. bei Unternehmen mit bis zu 4 % des gesamten Jahresumsatzes, der im vorherigen Geschäftsjahr weltweit erzielt wurde, bestraft werden.

Anwendungsbereich der DSGVO

Die DSGVO gilt nicht nur für EU-Bürger, sondern für alle betroffenen Personen, die sich in der EU befinden. Ebenso beschränkt sie sich nicht auf Unternehmen, die ihren Sitz oder eine Niederlassung in der EU haben, sondern gilt für alle Unternehmen, die Waren oder Dienstleistungen in der EU anbieten bzw. Daten verarbeiten, die Bezug zu Personen in der EU haben. Insbesondere spielt der Ort, an dem die Datenverarbeitung tatsächlich stattfindet, keine Rolle für die Anwendung der DSGVO. Dennoch lohnt es sich, auf den Standort von datenverarbeitenden Servern zu achten. Auch wenn die DSGVO prinzipiell gelten würde, ist sie nicht in jedem Land außerhalb der EU auch gleichermaßen durchzusetzen.

Datenschutz als Spannungsfeld

Schon im Volkszählungsurteil (vgl. Seite 116) wurde angemerkt, dass es Einschränkungen des Rechts auf Privatsphäre und damit auch des Schutzes der persönlichen Daten geben kann, wenn es im „überwiegenden Allgemeininteresse" liegt. Es muss also in manchen Fällen abgewogen werden, ob das öffentliche Interesse schwerer wiegt als der Datenschutz des Einzelnen. Die DSGVO sieht solche Fälle, in denen sie nicht zur Anwendung kommt, etwa für staatliche Organe wie Einwohnermeldeämter vor, für die es eigene Regelungen gibt, ebenso im Bereich der Verhütung, Ermittlung, Aufdeckung oder Verfolgung von Straftaten durch zuständige Behörden wie Polizei oder Verfassungsschutz.

Eine solche Entscheidung, ob etwa eine bestimmte Maßnahme zur Prävention von Straftaten die Einschränkung eines Grundrechts rechtfertigt, ist nicht immer leicht zu treffen. In der Vergangenheit riefen derartige Vorhaben oft heftige politische Auseinandersetzungen hervor. Als Beispiel sei hier der sogenannte „Große Lauschangriff" genannt, der 1998 von Bundestag und Bundesrat beschlossen wurde und der unter bestimmten Voraussetzungen Überwachungsmaßnahmen im privaten Raum erlaubte.

Wie die Maßnahmen zur Terrorabwehr den Datenschutz einschränken, kannst du im Exkurs auf Seite 135 lesen.

Ein anderes Beispiel ist die Vorratsdatenspeicherung, bei der Kommunikationsdaten, ohne dass der Verdacht auf eine Straftat besteht, eine bestimmt Zeit auf Vorrat gespeichert werden, damit sie den zuständigen Behörden im Falle einer Strafverfolgung zur Verfügung stehen.
Zuletzt sei noch die Videoüberwachung von öffentlichen Orten genannt, die zum einen Straftaten verhindern bzw. schneller aufklären kann, zum anderen das Persönlichkeitsrecht der Betroffenen einschränkt (vgl. Einstiegsaufgabe auf Seite 116).

M

In Deutschland gilt als Grundprinzip des Datenschutzes das **Verbot mit Erlaubnisvorbehalt**, das die Verarbeitung von **personenbezogenen Daten** grundsätzlich verbietet, es sei denn, es existiert eine gesetzliche Grundlage oder die betroffene Person hat der Verarbeitung ihrer Daten zugestimmt. In der Europäischen Union regelt die **Datenschutz-Grundverordnung (DSGVO)** die Grundsätze zur Erhebung und Verarbeitung personenbezogener Daten.
In bestimmten Fällen kann das Recht auf Datenschutz eingeschränkt werden, beispielsweise bei der Verhütung oder Verfolgung von Straftaten.

A

1 Wo bin ich?

Die Technikabteilung des weltberühmten Geheimagenten 00X hat für seinen nächsten Einsatz in Spy City einen Stadtplan entwickelt, der die Namen und Positionen aller Personen, die sich in Spy City aufhalten, anzeigt.

a) Erläutere, warum 00X mit dem Benutzen dieses Stadtplans gegen gängige Datenschutzbestimmungen verstößt.
b) Beschreibe, wie ein solcher Stadtplan realisierbar wäre.
c) Nenne mindestens drei Möglichkeiten, wie du verhindern könntest, dass du auf einem solchen Stadtplan zu sehen wärst.

2 Grundsätze in fünf Schritten

Nutze eine Suchmaschine, um an den offiziellen deutschen Text der EU-Datenschutz-Grundverordnung (DSGVO) zu kommen.

a) In Artikel 5 der DSGVO sind sieben Grundsätze für die Verarbeitung personenbezogener Daten festgelegt. Lies dir diesen Artikel durch und nenne die Stichwörter, die zu den jeweiligen Grundsätzen genannt werden.

b) Lies dir Artikel 5 noch einmal durch, markiere oder unterstreiche die Schlüsselbegriffe und schreibe die Begriffe des Artikels auf, die du nicht verstehst oder nicht kennst. Recherchiere die Bedeutung dieser Begriffe im Internet und formuliere dann eine eigene Erklärung dazu.

c) Bildet Gruppen mit sieben bis 14 Mitgliedern. Teilt die sieben Grundsätze innerhalb der Gruppe untereinander auf, sodass für jeden Grundsatz immer eine oder zwei Personen zuständig sind. Formuliere deinen dir zugeordneten Grundsatz anschließend in eigenen Worten, gegebenenfalls zusammen mit deiner Partnerin bzw. deinem Partner.

d) Überlege dir, gegebenenfalls wieder zusammen mit deiner Partnerin bzw. deinem Partner, ein Fallbeispiel, bei dem dein bzw. euer Grundsatz Anwendung finden würde.

e) Tragt eure Formulierungen der Grundsätze und die dazugehörigen Fallbeispiele, die ihr euch in Teilaufgabe d) überlegt habt, innerhalb eurer Gruppe der Reihe nach vor und diskutiert darüber.

3 Eine Frage des Standorts

Zur Bearbeitung dieser Aufgabe benötigst du den Text der DSGVO (vgl. Aufgabe 2).

Ein Unternehmen, das seinen Hauptsitz außerhalb der EU hat, bietet innerhalb der EU eine App an, die personenbezogene Daten auf Servern im Internet speichert. Das Unternehmen verwendet diese Daten für Zwecke, die über den eigentlichen Zweck der Erhebung hinausgehen und denen die betroffenen Personen nicht zugestimmt haben.

a) Entscheide für die Fälle (1) bis (3), ob das Unternehmen in den folgenden Fällen gegen die DSGVO verstößt. Argumentiere mit Artikel 3 der DSGVO.
   (1) Das Unternehmen hat eine Niederlassung in der EU und die Daten werden auch auf Servern in der EU gespeichert. Die unzulässige Weiterverarbeitung der Daten findet aber auf Servern außerhalb der EU statt.
   (2) Wie Fall (1), allerdings hat das Unternehmen in diesem Fall keine Niederlassung in der EU.
   (3) Das Unternehmen hat keine Niederlassung in der EU und die Server stehen ebenfalls nicht in der EU.

b) In den Fällen, in denen gegen die DSGVO verstoßen wird, kann es dennoch eine Rolle spielen, welche der beschriebenen Situationen vorliegt. Erläutere, worin dann der Unterschied liegen könnte.

4 CLOUD Act

Zur Bearbeitung dieser Aufgabe benötigst du den Text der DSGVO (vgl. Aufgabe 2).

Seit März 2018 gilt das US-amerikanische Gesetz CLOUD Act (Clarifying Lawful Overseas Use of Data Act). Dieses Gesetz kann US-amerikanische Unternehmen zur Herausgabe von (personenbezogenen) Daten zwingen, unabhängig davon, in welchem Land die Daten gespeichert werden. Darüber hinaus können die Unternehmen dazu verpflichtet werden, die Herausgabe der Daten gegenüber den betroffenen Personen zu verheimlichen.

a) Erläutere, inwiefern der CLOUD Act der DSGVO widerspricht. Argumentiere mit Artikel 5 (Aufgabe 2), Artikel 3 (Aufgabe 3) und Artikel 48 der DSGVO.

b) Stelle anhand eines Fallbeispiels dar, in welcher Zwickmühle ein betroffenes US-Unternehmen durch den CLOUD Act stecken kann. Zeige eine Möglichkeit auf, wie ein betroffenes Unternehmen das Problem lösen könnte.

c) Lege dar, wie der in Teilaufgabe a) gezeigte Konflikt prinzipiell gelöst werden könnte.

5 Vorsicht Kamera – wie würdest du entscheiden?

In den folgenden Beispielen werden Fälle geschildert, in denen Videos zur Überwachung eingesetzt werden. Bildet acht Gruppen und ordnet jeder Gruppe eines dieser Beispiele zu.

(1) Autohersteller bieten für ihre Fahrzeuge eingebaute Videokameras an, die die Sicht des Fahrers während der Fahrt zusammen mit anderen Informationen wie Position und Geschwindigkeit des Fahrzeugs aufzeichnen können (Dashcams). Diese Aufnahmen sollen, falls ein Unfall passieren sollte, als Beweismittel dienen.

(2) Am Hauptbahnhof einer Großstadt kam es wiederholt zu Drogendelikten. Die Stadtverwaltung beschließt, den Hauptbahnhof samt Umgebung großflächig mit Videokameras überwachen und die Bilder direkt ins örtliche Polizeipräsidium übertragen und dort aufzeichnen zu lassen.

(3) Eine Bankfiliale möchte Bankräuber abschrecken und installiert mehrere, gut sichtbar angebrachte Videokameras in der Schalterhalle, auf die auch durch entsprechende Hinweisschilder deutlich hingewiesen wird.

(4) In einer Großstadt wird der Verkehr an großen Kreuzungen und stark befahrenen Straßen vom städtischen Ordnungsamt durch Videokameras überwacht. Dadurch können Ampelanlagen und Verkehrsleitsysteme gesteuert werden, um Staus zu vermeiden. Die Videos, auf denen auch Kfz-Kennzeichen zu erkennen sind, werden eine gewisse Zeit gespeichert, damit sie gegebenenfalls der Polizei zur Ermittlung von Unfallhergängen oder bei der Strafverfolgung zur Verfügung stehen.

(5) Zur Berechnung der Mautgebühren erfassen Videokameras die Kennzeichen sämtlicher Fahrzeuge auf allen Autobahnen und großen Bundesstraßen. Das für die Maut zuständige private Unternehmen verarbeitet diese Daten nur zu diesem Zweck. Die Daten müssen dazu eine gewisse Zeit gespeichert werden und stehen in dieser Zeit auch den Strafverfolgungsbehörden zur Verfügung.

(6) Der Betreiber eines Supermarktes überwacht seinen Laden durch mehrere Videokameras, auf die er auch ordnungsgemäß hinweist. Zum einen möchte er damit Ladendiebstähle verhindern, zum anderen nutzt er die Aufnahmen, um das Kaufverhalten seiner Kunden zu analysieren. Mithilfe einer Gesichtserkennungssoftware kann er seine Kunden identifizieren und mit anderen Kundendaten abgleichen.

(7) Ein Arbeitgeber überwacht während der Arbeitszeit die Büroräume seiner Angestellten, um kontrollieren zu können, dass tatsächlich gearbeitet wird. Die Angestellten sind über diese Maßnahme informiert worden.

(8) Um sein Haus vor Vandalismus zu schützen, installiert der Vermieter eine Videokamera im Eingangsbereich, auf die durch entsprechende Hinweisschilder ordnungsgemäß aufmerksam gemacht wird. Im Haus gibt es mehrere Wohnungen, die alle vermietet sind.

a) Diskutiert in der Gruppe über euren Fall. Wägt das Für und Wider des Videoeinsatzes aus Datenschutzsicht ab.

b) Fasst eure Diskussion zusammen, indem ihr ein datenschutzrechtliches Gutachten für euren Fall erstellt. Fällt am Ende eures Gutachtens ein Urteil, ob bzw. unter welchen Bedingungen aus eurer Sicht der Videoeinsatz datenschutzrechtlich erlaubt ist.

c) Recherchiert im Internet zu ähnlich gelagerten Fällen und vergleicht die dort gefundenen Erkenntnisse mit eurem Gutachten.

d) Stellt eure Gutachten und die Ergebnisse eurer Recherchen jeweils der gesamten Klasse vor.

2 Umgang mit persönlichen Daten

Die Familien Beck und Stein fahren gemeinsam in den Urlaub in die USA. Die Söhne Florian und Elias posten jeweils ein gemeinsames Foto in einem sozialen Netzwerk.
Zu Hause stellen beide Familien fest, dass bei ihnen eingebrochen wurde. Beide Wohnungen wurden komplett durchwühlt, viele Wertgegenstände und Bargeld gestohlen.
Begründe, warum dies eventuell kein Zufall ist, und erkläre, welche Maßnahmen den Einbruch vielleicht hätten verhindern können.

Persönliche Daten sind wertvoll – sowohl für die betreffende Person als auch für andere. Deswegen sollte man mit ihnen sehr sparsam und mit Bedacht umgehen.

Persönliche Daten im Internet

Fabians Freundin Marie geht ihm seit ein paar Tagen aus dem Weg, obwohl aus seiner Sicht nichts vorgefallen ist. Fabian kann sich dieses Verhalten nicht erklären. Als dann auch seine Freunde anfangen, ihn wegen seiner „Mädchengeschichten" aufzuziehen, wird er stutzig und stellt sie zur Rede. Dabei kommt heraus, dass alle seine Freunde sein Profil auf einem neuen, angesagten sozialen Netzwerk gesehen haben, in dem intime Details zu Fabians Privatleben zu lesen sind. Fabian ist schockiert, zumal er sich auf diesem sozialen Netzwerk noch gar keinen Account zugelegt hat. Sein Profil dort sieht aber tatsächlich täuschend echt aus. Seine persönlichen Daten stimmen und es sind sogar ein paar Fotos dabei, auf denen er – nicht immer sehr vorteilhaft – zu sehen ist.

Offensichtlich hat jemand ein gefälschtes Profil von Fabian veröffentlicht. An seine persönlichen Daten zu kommen, um es möglichst echt aussehen zu lassen, war anscheinend nicht schwer. Wahrscheinlich hat Fabian diese Daten zuvor sogar selbst eingestellt, als er andere Portale oder Dienste im Internet genutzt hat.

Persönliche Daten werden genutzt

Zunächst einmal dienen persönliche Daten, die im Internet zu finden sind, dazu, dass andere sich ein Bild über diese Person machen können. Darin liegt oft gerade die Absicht, wenn etwa Fotos hochgeladen werden, auf denen diese Person abgebildet ist. Häufig können aber nicht nur Freunde oder Verwandte, für die diese Fotos oder andere persönliche Informationen eigentlich gedacht waren, diese Inhalte dann sehen oder lesen. Weitere Personen wie beispielsweise die Eltern der Freunde, Lehrkräfte oder Vorgesetzte können Zugang zu diesen persönlichen Daten haben und diese dazu nutzen, um die betreffende Person besser kennenzulernen.

Im Internet veröffentlichte persönliche Daten dienen aber nicht nur im privaten Umfeld dazu, Personen besser einschätzen oder beurteilen zu können. Bei Bewerbungen etwa ist es mittlerweile gang und gäbe, dass Personalabteilungen sehr akribisch im Internet recherchieren, mit wem sie es zu tun haben, bevor sie Bewerber zum Vorstellungsgespräch einladen.

Viele Unternehmen nutzen persönliche Daten aus dem Internet auch, um daraus Kundenprofile zu erstellen. Dadurch können sie ihre Werbung für den jeweiligen Kunden passend zuschneiden und geschickt platzieren.
Oft merkt der Kunde gar nichts von dieser Personalisierung der Werbung und wird so unbewusst beeinflusst und zum Kauf animiert. Persönliche Daten sind für solche Firmen also bares Geld wert.

Individuelle Angebote dank Kundendaten

Ganz ähnlich agieren auch manche Meinungs- und Stimmungsmacher im Internet. Sie personalisieren die Darstellung bestimmter Sachverhalte, vermitteln aber den Eindruck einer objektiven Berichterstattung. Eine solche Vorgehensweise kann sich auf die ganze Gesellschaft auswirken, wenn dadurch etwa Umfragen oder Wahlen beeinflusst werden.

Persönliche Daten können missbraucht werden

Auch Kriminelle setzen persönliche Daten aus dem Internet ein, um sie für ihre Zwecke zu missbrauchen. Ein häufiger Fall ist der **Identitätsdiebstahl.** Hier verwenden Betrüger die fremden persönlichen Daten dazu, sich für die betreffende Person auszugeben, um in deren Namen etwa Online-Käufe zu tätigen oder an weitere sensible Daten wie Zugangsdaten zu Bankkonten zu kommen.

Manchmal wird die fremde Identität auch dazu genutzt, um den Ruf der betreffenden Person zu schädigen, wie etwa in dem Beispiel auf Seite 121, in dem Fabians Profil gefälscht wurde. Personen können auch leicht mithilfe von Informationen aus dem Internet ausgespäht werden, wenn etwa aus dem Wohn- und Aufenthaltsort einer Person oder einer Familie geschlossen werden kann, wann niemand zu Hause ist, um dort einzubrechen, wie im Beispiel der Einstiegsaufgabe auf Seite 121 geschildert.

"Think before you post" – mit seinen Daten sparsam sein

Persönliche Daten werden also zu legalen und illegalen Zwecken verwendet. Sehr viele dieser Daten stammen aus dem Internet, denn dort sind sie häufig für jedermann leicht zugänglich. Aber wie kommen sie überhaupt dorthin?
Personenbezogene Daten dürfen in Deutschland nur dann gesammelt und verwendet werden, wenn die betroffene Person zugestimmt hat (Verbotsprinzip mit Erlaubnisvorbehalt, vgl. Seite 116). Das heißt, man ist zunächst einmal selbst dafür verantwortlich, welche seiner Daten man über irgendeinen Dienst oder ein Portal im Internet hochlädt und welche nicht. Wenn aber persönliche Daten, Fotos oder Videos erst einmal hochgeladen wurden, sind sie mehr oder weniger öffentlich zugänglich und damit nicht mehr privat.

Darüber hinaus können sich persönliche Daten im Internet sehr schnell verbreiten. Sie werden von anderen kopiert und weitergeleitet, werden über Suchmaschinen gefunden und gelangen in Online-Archive. Das alles wieder rückgängig zu machen und seine Daten, Fotos, Videos usw. wieder komplett zu entfernen, ist im Nachhinein nahezu unmöglich. Man sagt, „das Internet vergisst nichts".

Deswegen ist es wichtig, sich vor dem Hochladen genau zu überlegen, was man von sich – möglicherweise für immer – verbreiten möchte und was man besser für sich behält. Man muss entscheiden, welche Informationen über sich man gefahrlos für jedermann, auch für völlig fremde Personen, frei zugänglich machen kann und welche Informationen niemand etwas angehen. Grundsätzlich sollte man mit seinen Daten möglichst sparsam sein, denn je mehr man über sich preisgibt, desto größer ist das Risiko, dass diese Daten ein Eigenleben entwickeln.

Persönliche Daten werden oft unbemerkt versendet

Wenn man seinen Namen oder andere persönliche Daten in ein dafür vorgesehenes Feld einer Webseite oder einer App einträgt und anschließend auf „Versenden" klickt, ist normalerweise jedem klar, dass man damit der Speicherung und Weiterverarbeitung dieser Daten im Sinne des Datenschutzgesetzes zustimmt. Häufig werden persönliche Daten aber auch automatisch im Hintergrund gesammelt, ohne dass einem dies wirklich bewusst ist. Dennoch hat man in der Regel seine Zustimmung dazu erteilt, oft allerdings ohne darüber nachzudenken.

Lädt man beispielsweise eine neue App auf sein Handy, stimmt man bei deren Installation den **Allgemeinen Geschäftsbedingungen** (kurz **AGB**, meistens einfach **Nutzungsbedingungen** genannt) zu.
Oft erfolgt nur ein kleiner Hinweis, dass man die AGB bzw. die Nutzungsbedingungen und die darin enthaltene **Datenschutzerklärung** oder **Datenschutzrichtlinie** gelesen oder zur Kenntnis genommen hat, wobei lediglich ein Link zum entsprechenden Text angezeigt wird. Dieser sehr juristisch formulierte Text ist dann sehr lang und schwer zu verstehen, sodass die Zustimmung fast immer gegeben wird, ohne die Datenschutzerklärung wirklich gelesen zu haben. Es lohnt sich aber, genauer hinzuschauen, denn in der Datenschutzerklärung kann man erfahren, welche Daten gespeichert und wie sie genutzt werden.

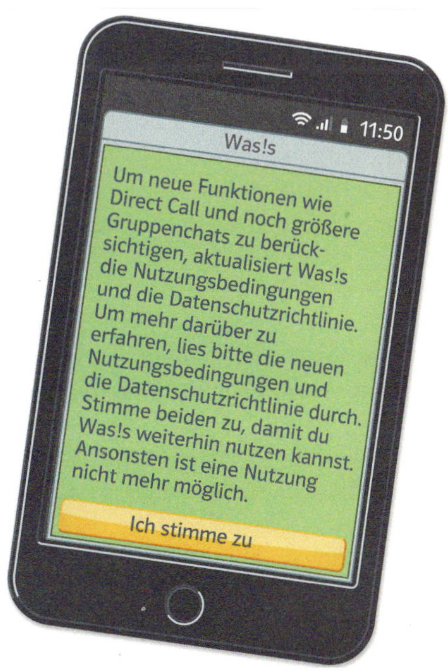

So erlaubt man vielen Apps, auf persönliche Daten wie etwa die gespeicherten Kontakte oder den aktuellen Standort zuzugreifen – nicht weil die Apps diese Informationen für ihre Funktionalität benötigen, sondern weil die Hersteller ein kommerzielles Interesse daran haben.

Auch Betriebssysteme sammeln und verschicken persönliche Daten – nicht nur Betriebssysteme von Handys, Tablets oder Computern, sondern auch solche, die fest in Board-Computern von Autos oder in Hausgeräten mit Internetzugang („Smarthome") verbaut sind. Hier sollte man nicht einfach unbesehen alle Standardeinstellungen übernehmen, sondern die Einstellungen so wählen, dass möglichst wenige Daten übermittelt werden.

Im Zweifel sollte man sich nach einer alternativen App oder einem Gerät eines anderen Herstellers umsehen oder notfalls ganz darauf verzichten, selbst wenn es schwerfällt.

I

Tipps im Umgang mit seinen persönlichen Daten (in Anlehnung an *klicksafe*)

- Überlege dir vor dem Hochladen: Was willst du anderen, auch Fremden, über dich sagen oder von dir zeigen? Manchmal kann dir bei deiner Entscheidung die „Oma-Regel" helfen: Würdest du dies auch deiner Oma sagen oder zeigen?
- Peinliche oder freizügige Fotos haben im Internet genauso wenig zu suchen wie beleidigende oder verletzende Meinungen oder Kommentare.
- Überlege, welchen Gruppen du möglicherweise beitrittst. Eine Gruppe „Trinken bis der Arzt kommt" spricht beispielsweise nicht unbedingt für dich. Hassgruppen, in denen andere gezielt beleidigt werden, sollten gar nicht erst infrage kommen.
- Sei sorgsam mit deinen persönlichen Daten, etwa beim Anmelden bei einem Internet-Portal oder beim Anlegen eines Profils: Lass möglichst Anschrift, Handynummer und E-Mail-Adresse weg bzw. gib sie nicht leichtfertig weiter.
- Überprüfe regelmäßig Deine Privatsphäre-Einstellungen. Wenn du etwas nicht verstehst, frag deine Eltern oder Lehrkräfte.
- Auch strenge Privatsphäre-Einstellungen schützen nicht davor, dass berechtigte Kontakte private Fotos oder Daten kopieren und weiterleiten. Prüfe deshalb genau, wem du Zugang gibst und was du veröffentlichst. Zudem „liest" der Anbieter vielfach mit und wertet deine Daten aus.
- Achte darauf, Bilder, Videos usw., die du mit deinem Smartphone machst, nicht vorschnell aus der Situation heraus zu verbreiten.
- Wenn du ein soziales Netzwerk oder andere Internet-Portale nicht mehr nutzen willst, dann lösche deine Profildaten und beende deine Mitgliedschaft. So erschwerst du das Auffinden deiner Daten.
- Gib dir einen guten Nick („Decknamen"), wenn du im Internet Chats, Foren, Messenger o.Ä. nutzt. Der Nick sollte deinem richtigen Namen nicht zu ähnlich sein und auch nicht dein Alter oder dein Geburtsjahr enthalten. Versteck dich aber nicht hinter deinem Nick und gib dich nicht als jemand anderer aus, um andere zu beleidigen. Das ist unfair und könnte sogar strafbar sein!
- Je mehr du im Internet aktiv bist, umso sicherer ist es, wenn du verschiedene Nicks nutzt. So bietest du weniger Angriffsfläche für Beleidigungen, Abzocke und anderen Datenmissbrauch.
- Manchmal verbreiten andere etwas über dich. Prüfe deshalb regelmäßig den eigenen „Online-Ruf" in verschiedenen Suchmaschinen. Sieh dir an, wie du in Profilen und Fotoalben deiner Freunde erscheinst.

(Scheinbar) unpersönliche Daten

Nicht alle Daten lassen sich einer Person zuordnen. Für solche nicht personenbezogenen Daten gelten die Datenschutzgesetze nicht, das heißt, sie dürfen ohne Einwilligung gesammelt, verarbeitet und weitergegeben werden. Nicht personenbezogene Daten sind beispielsweise rein statistische Daten, etwa wie oft ein bestimmter Link angeklickt wurde, anonymisierte Daten wie beispielsweise Suchanfragen, ohne dabei die IP-Adresse des anfragenden Clients oder andere personenbezogene Daten mit zu erfassen, oder technische Daten wie beispielsweise die Betriebssystem- oder Browserversion eines ansonsten anonymen Nutzers.

Auch wenn derartige Daten zunächst unkritisch erscheinen und sich deren Erhebung und Auswertung nicht vermeiden lassen, sollte man sich bewusst sein, dass sie durch Verknüpfung sehr vieler Datenbestände möglicherweise doch irgendwann mit einer konkreten Person in Verbindung gebracht werden können. Derartige Analysen unter dem Stichwort **„Big Data"** sind Thema in Kapitel V (vgl. Seite 182 ff.).

Im Internet veröffentlichte persönliche Daten werden genutzt, um sich ein Bild über die betreffende Person zu machen. Dahinter können private Interessen stecken, aber auch kommerzielle oder politische. Persönliche Daten können aber auch in krimineller Absicht missbraucht werden, wie etwa beim **Identitätsdiebstahl**.
Deswegen sollte man zurückhaltend bei der Veröffentlichung seiner Daten sein, ebenso bei der Einwilligung zu **AGB** bzw. **Nutzungsbedingungen** sowie der darin enthaltenen **Datenschutzerklärung** bzw. **Datenschutzrichtlinie**. Geräte und Programme bzw. Apps sollte man so einstellen, dass nur die für den Betrieb absolut notwendigen Daten übermittelt werden.

1 Trau, schau, wem!

Daniel bekommt eine E-Mail von seiner großen Schwester. Sie ist Studentin und macht derzeit ein Auslandssemester an einer südamerikanischen Universität. Die Bankverbindung, auf die der Link in der E-Mail führt, gehört zu einem brasilianischen Anbieter für Bargeldtransfer.

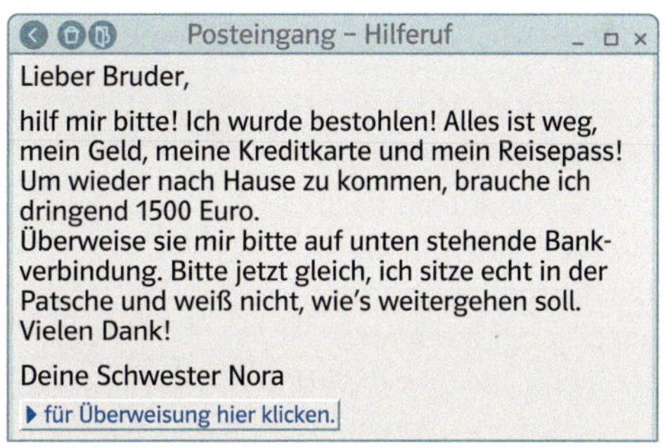
Posteingang – Hilferuf

Lieber Bruder,

hilf mir bitte! Ich wurde bestohlen! Alles ist weg, mein Geld, meine Kreditkarte und mein Reisepass! Um wieder nach Hause zu kommen, brauche ich dringend 1500 Euro.
Überweise sie mir bitte auf unten stehende Bankverbindung. Bitte jetzt gleich, ich sitze echt in der Patsche und weiß nicht, wie's weitergehen soll.
Vielen Dank!

Deine Schwester Nora

▸ für Überweisung hier klicken.

a) Daniel ist skeptisch. Nenne mindestens drei Gründe, warum die E-Mail wahrscheinlich nicht von seiner Schwester ist.
b) Vielleicht ist die E-Mail aber doch echt? Nenne drei Gründe, die dafür sprechen, dass tatsächlich Daniels Schwester die E-Mail geschrieben haben könnte.
c) Erläutere, wie du an Daniels Stelle auf diese E-Mail reagieren würdest.
d) Es stellt sich heraus, dass die E-Mail gefälscht ist. Erkläre, wie es dennoch zu den in Teilaufgabe b) genannten Gründen kommen konnte.

2 Dein Online-Ruf

a) Nutze verschiedene Suchmaschinen, darunter möglichst auch eine kostenfreie Personensuchmaschine, um Informationen zu deiner Person zu finden. Erstelle nur anhand dieser Informationen einen Steckbrief über dich. Je kürzer, desto besser.
b) Formuliere mindestens drei Maßnahmen, die du ergreifen könntest, wenn du Informationen, Bilder oder Videos über dich findest, die du lieber entfernen möchtest.
c) Fasst alle in der Klasse gefundenen Maßnahmen auf einem Plakat zusammen.

Personensuchmaschinen durchsuchen das Internet nach personenbezogenen Daten.

3 Das Internet vergisst nichts

Es gibt Online-Archive, die teilweise seit vielen Jahren permanent Inhalte, die im Internet frei zugänglich sind, sammeln und speichern. Das bekannteste ist wohl das gemeinnützige „Internet Archive“ (archive.org). Dieses Archiv enthält die „Wayback Machine“, mit der man sich archivierte Websites anschauen kann.

a) Rufe in einem Online-Archiv frühere Versionen von Webseiten auf, z. B. der Homepage deiner Schule. Beschreibe, wie sich die Versionen im Laufe der Zeit verändert haben. Gib an, welche Veränderungen dir besonders auffallen.

b) Begib dich gedanklich auf eine Zeitreise und stelle dir dein Leben in 20 Jahren vor. Wie wäre es dann für dich, wenn dein Mann bzw. deine Frau, deine Kinder, deine Arbeitskolleginnen und Arbeitskollegen oder deine Chefin bzw. dein Chef ein Online-Archiv nutzten, um all das, was du heute ins Internet stellst, anzuschauen? Bewerte diese Möglichkeit jeweils für dich und gib an, welche Folgen dies jeweils für dich haben könnte.

c) Es gibt viele, die aus dem Recht auf Datenschutz auch ein Recht auf Vergessenwerden ableiten. Notiere mindestens zwei Gründe, die für dieses Recht, und zwei Gründe, die gegen dieses Recht sprechen.

d) Bist du persönlich für oder gegen ein Recht, wie es in Teilaufgabe c) beschrieben wurde? Bildet zu dritt oder zu viert Gruppen und tauscht euch über eure Gründe aus. Begründe deine Haltung.

4 Nichts zu verbergen?

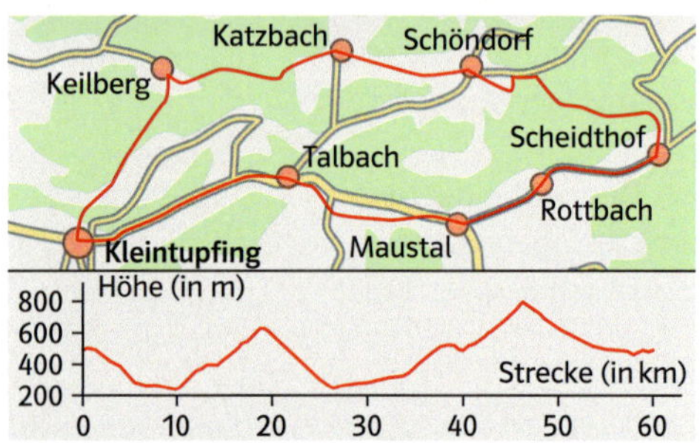

Felix fühlt sich heute nicht gut, weshalb er sich bei seiner Arbeitsstelle krankmeldet. Er glaubt, Bewegung würde ihm guttun. Daher beschließt er, eine Runde mit seinem Mountainbike zu drehen. Und tatsächlich, je länger er unterwegs ist, desto besser geht es ihm. So wird aus der kleinen Runde doch eine größere Tour. Als er am nächsten Tag wieder im Büro erscheint, erhält er von seinem Chef eine Abmahnung mit der Androhung auf fristlose Kündigung. Als Grund wird eine vorgetäuschte Krankheit angegeben und als Beweis die im Internet dokumentierte Mountainbike-Tour vom Vortag (vgl. Abbildung).

a) Erkläre, wie es möglicherweise dazu kommen konnte, dass Felix' Radtour von seinem Arbeitgeber im Internet einsehbar war.

b) Felix kann das Missverständnis aufklären, aber ganz wohl ist ihm bei der Sache nicht. Glaubt ihm sein Chef wirklich? Wird dieser in Zukunft jede Krankmeldung infrage stellen? Erläutere, wie Felix diese unangenehme Situation hätte verhindern können.

c) Felix war der Meinung, er habe nichts zu verbergen. Deswegen war er großzügig mit seinen Daten. Bildet Dreier- oder Vierergruppen und überlegt euch gemeinsam einen ähnlich gelagerten Fall, bei dem eine Person irrtümlich meint, sie habe nichts zu verbergen und deswegen auch nichts zu befürchten, wenn private Informationen öffentlich gemacht werden. Stellt euren Fall anschließend der Klasse vor.

5 Recht auf Auskunft – ein Praxistest

Werden personenbezogene Daten verarbeitet, hat jede betroffene Person gemäß Artikel 15 DSGVO ein Recht darauf, Auskunft darüber zu erhalten.

a) Bildet Dreier- oder Vierergruppen und sucht euch gemeinsam einen Dienst aus, den ihr alle kennt und nutzt. Das kann beispielsweise ein soziales Netzwerk, ein Messenger-Dienst, ein Suchmaschinenbetreiber oder ein Betriebssystemhersteller sein. Recherchiert, wie ihr bei diesem Dienst Auskunft über eure dort gespeicherten Daten einholen könnt.

b) Formuliert gemeinsam ein Schreiben, in dem ihr bei dem Dienstbetreiber um Auskunft eurer Daten bittet.

c) Schickt euer Schreiben an die zuständige Stelle, die ihr in Teilaufgabe a) herausbekommen habt, bzw. nutzt gegebenenfalls die Möglichkeit, online nach euren Daten zu fragen.

d) Kontrolliert, ob alle eure persönlichen Daten korrekt sind und ob ihr mit deren Speicherung und Verarbeitung einverstanden seid. Wenn nicht, habt ihr gemäß DSGVO ein Recht darauf, dass eure Daten berichtigt bzw. gelöscht werden. Macht gegebenenfalls auch von diesem Recht Gebrauch.

6 Nutzungsbedingungen I

a) Deine Schule hat Tablets angeschafft, die die Schülerinnen und Schüler ausleihen können, um damit z. B. bestimmte Aufgaben auch zu Hause erledigen zu können. Formuliere aus Sicht der Schule mindestens fünf sinnvolle Regeln, die ein Mietvertrag unbedingt enthalten sollte, den die Schülerinnen und Schüler unterschreiben müssen, wenn sie sich ein Tablet ausleihen.

b) Angenommen, eine Regel des Mietvertrags aus Teilaufgabe a) würde wie folgt lauten: „Das Mikrofon und die Kamera des Tablets müssen immer aktiviert sein, wenn der Entleiher mit dem Tablet arbeitet, damit die Lehrkraft den Lern- und Arbeitsfortschritt des Entleihers stets kontrollieren und den Entleiher bei seiner Arbeit dadurch unterstützen kann." Wärst du unter dieser Bedingung bereit, dir ein Tablet auszuleihen? Hast du eine Wahl, wenn du unbedingt ein Tablet haben möchtest bzw. für deine Arbeit brauchst? Erläutere deine Auffassung dazu.

7 Nutzungsbedingungen II

Ähnlich wie die Entleiher der Tablets in Aufgabe 6 einen Mietvertrag unterschreiben müssen, wenn sie von der Schule ein Tablet ausleihen möchten, müssen auch Nutzer von Apps oder elektronischen Geräten den Allgemeinen Geschäftsbedingungen (AGB) oder Nutzungsbedingungen zustimmen. Darin hat der Anbieter der App, so wie in Aufgabe 6 die Schule beim Tablet-Verleih, Regeln formuliert, die die Nutzung betreffen und an die man sich als Nutzer halten muss.

a) Welche Apps nutzt ihr in eurer Klasse? Schreibt die fünf meistgenutzten an die Tafel, bildet fünf etwa gleich große Gruppen und ordnet jeder Gruppe eine App zu. Recherchiert innerhalb der Gruppe die Nutzungsbedingungen eurer zugewiesenen App. Lest euch die Nutzungsbedingungen durch und fasst sie zusammen. Geht dabei insbesondere auf das Mindestalter, die Verarbeitung personenbezogener Daten und die Sicherheit der App ein.

b) Ihr seid nun Experten für eure App. Bildet Expertengruppen, d. h. Gruppen, in denen je App ein oder zwei Experten sitzen. Vergleicht innerhalb der Expertengruppe die Nutzungsbedingungen der jeweiligen Apps.

c) Gib an, was dir in Teilaufgabe b) bei den Nutzungsbedingungen besonders aufgefallen ist und was du überraschend fandest.
Erläutere, welche Bedingungen du als problematisch einstufen würdest bzw. welchen du eigentlich lieber nicht zustimmen würdest.

3 Data-Mining

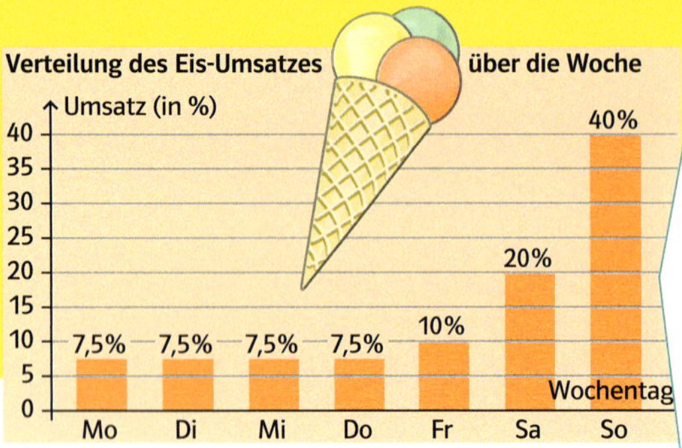

Antonio ist Chef einer Eisdiele. Er hat über mehrere Jahre hinweg Daten gesammelt, um seine Betriebskosten planen zu können. So weiß er, dass er im jährlichen Schnitt etwa 100 kg Eis pro Tag verkauft, wobei er im Sommerhalbjahr 80 % seines Umsatzes macht. Außerdem weiß er, dass an sonnigen Tagen etwa doppelt so viele Kunden kommen wie an bewölkten und an bewölkten Tagen immer noch dreimal mehr als an regnerischen. Wie der Eisumsatz über die Wochentage verteilt ist, zeigt nebenstehendes Diagramm. Die Wettervorhersage sagt einen bewölkten Samstag im Sommer voraus. Schätze anhand der gegebenen Daten, wie viel Eis Antonio an diesem Tag verkaufen wird. Beurteile die Güte deiner Schätzung.

Große Datenbestände werden oft über den eigentlichen Zweck der Datenerhebung hinaus mithilfe geeigneter Algorithmen analysiert. Ziel solcher Analysen ist es, neue Informationen zu gewinnen, die aus den vorhandenen Daten abgeleitet werden können.

Daten auswerten

Franziska recherchiert im Internet bei einem Online-Versandhändler nach einem Rucksack, den sie zum Wandern verwenden möchte. Nachdem sie ein geeignetes Modell ausgewählt hat, werden ihr auf derselben Seite auch weitere Artikel wie Schlafsäcke und Zelte angeboten. Als Überschrift steht darüber: „Kunden, die diesen Artikel gekauft haben, kauften auch:".

Offensichtlich werden die Daten zu sämtlichen Kaufvorgängen, die bei dem Versandhändler getätigt werden, dahingehend ausgewertet, welche Artikel zusammenpassen und deswegen besonders häufig zusammen gekauft werden. Auf diese Weise kann der Versandhändler gezielt Werbung bei potenziellen Käufern machen, wovon er sich einen höheren Umsatz verspricht.

Verborgene Informationen suchen

Daten werden permanent gesammelt und gespeichert. Beispielsweise speichert der Versandhändler aus dem obigen Beispiel sämtliche Kaufvorgänge seiner Kunden, um bei einer späteren Reklamation oder einem Umtausch sofort die dazu notwendigen Daten zur Verfügung zu haben.

Neben dem unmittelbaren Nutzen der Datenspeicherung können die Daten aber auch zu weiteren Informationen verhelfen, die nicht in der eigentlichen Absicht der Datenerhebung liegen. Diesen Vorgang, in bereits erhobenen Daten nach sinnvollen neuen Informationen zu suchen, die zuvor nicht bekannt waren, nennt man **Data-Mining**. So wie man in einem Berg nach Gold schürft, ohne genau zu wissen, wo die Goldadern verlaufen, so schürft man gewissermaßen in einem Daten-Berg nach Informationen, die man noch nicht kennt, die aber Gold wert sein können.

data (engl.): Daten
to mine something (engl.): etwas abbauen

Typische Aufgaben von Data-Mining

Heutzutage werden gesammelte Daten normalerweise in Datenbanken gespeichert und mithilfe geeigneter Algorithmen elektronisch ausgewertet. Beim Data-Mining werden viele verschiedene Algorithmen eingesetzt, die sich im Wesentlichen dadurch unterscheiden, welche Informationen man bei der Datenanalyse gewinnen möchte. Häufige Anwendungsfälle werden im Folgenden vorgestellt.

Clustering

In diesem Fall werden Datensätze, die in bestimmten Attributen ähnliche Werte aufweisen, zu Gruppen (Clustern) zusammengefasst. Dabei sollen die resultierenden Gruppen so homogen wie möglich sein.

Wenn beispielsweise ein großer Versandhändler von seinen Kunden erfasst, wie viele Einkäufe sie pro Jahr in den einzelnen Sparten tätigen, kann er durch Clustering aus denjenigen Kunden Gruppen bilden, deren Konsumverhalten ähnlich ist. Jede Gruppe kann dann gezielt Werbung erhalten, die genau auf sie abgestimmt ist.

Die folgende Tabelle zeigt exemplarisch einen Ausschnitt der Kundentabelle des Versandhändlers, in der vier Kunden und deren Anzahl an Einkäufen in einem Jahr in drei Sparten gezeigt werden.

Aus diesem Ausschnitt würde man wohl intuitiv drei Gruppen bilden. Gruppe 1 besteht aus Kunden, die hauptsächlich Artikel aus der Sparte „Bekleidung" kaufen; sie enthält die Kunden *k01* und *k03*. Gruppe 2 besteht dagegen aus Kunden, die bevorzugt aus „Sport und Freizeit" einkaufen (Kunde *k02*), und Gruppe 3 aus „Computer und Zubehör" (Kunde *k04*). Bei einer vollständigen Tabelle mit sehr vielen Kunden wäre das Clustering freilich nicht mehr so einfach, aber geeignete Clustering-Algorithmen können diese Aufgabe leisten.

KUNDENEINKAEUFE

Kunden-nummer	Sport und Freizeit	Bekleidung	Computer und Zubehör	...
k01	2	23	1	...
k02	12	0	3	...
k03	4	16	0	...
k04	0	3	15	...
...	...	...	...	...

Eine Clusteranalyse ist darüber hinaus in der Lage, einzelne Datensätze, die sich stark von den übrigen unterscheiden und deswegen zu keiner Gruppe so recht dazupassen, zu identifizieren. Solche Datensätze zu erkennen kann hilfreich sein, weil sie eine besondere Bedeutung haben können. Wenn beispielsweise die Schadensmeldungen eines Versicherungsnehmers stark von den Normalfällen abweichen, könnte das auf einen Betrugsfall hindeuten.

Klassifikation

Ziel ist es hier, einen Datensatz aufgrund eines oder mehrerer seiner Attributwerte einer bestimmten Gruppe zuzuordnen, für die man sich besonders interessiert. Die Klassifikation kommt beispielsweise bei der Kreditvergabe zum Einsatz. Hier wird anhand verschiedener Kriterien eines Antragstellers wie Alter, Beruf, Einkommen, Familienstand usw. entschieden, ob er einen Kredit erhält und wenn ja zu welchen Konditionen.

Eine Klassifikation wird oft durch einen Entscheidungsbaum veranschaulicht. Man beginnt bei der Wurzel und geht je nach Wert eines Attributs die entsprechende Kante entlang, bis das Blatt am Ende darüber entscheidet, zu welcher Gruppe ein Datensatz gehört (vgl. Abbildung auf der folgenden Seite).

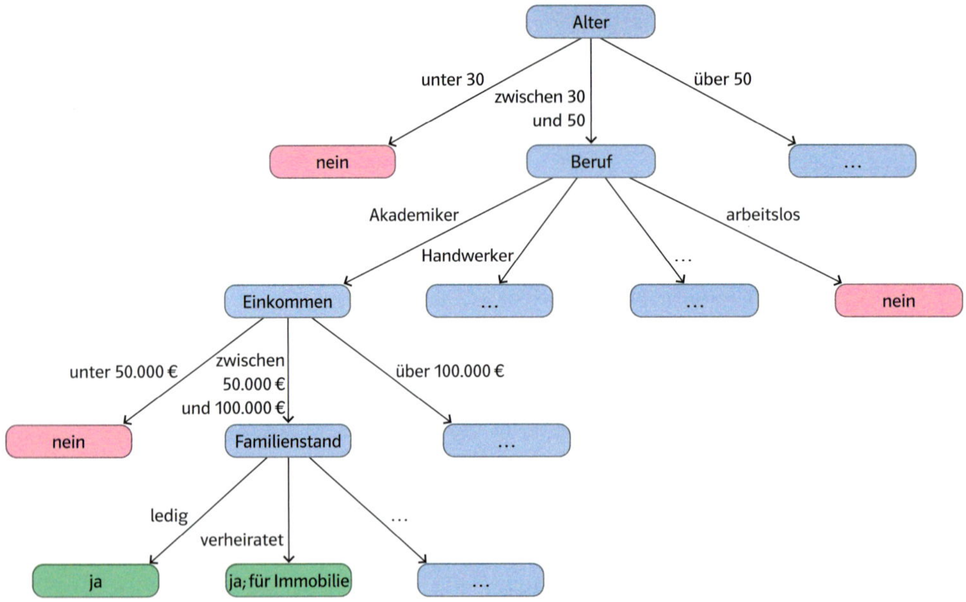

Assoziationsanalyse

Bei der Assoziationsanalyse suchen Data-Mining-Algorithmen Zusammenhänge zwischen den Attributwerten eines Datenbestandes. Häufig kann ein auf diese Weise gefundener Zusammenhang als Wenn-dann-Regel formuliert werden. Eine typische Anwendung sind Warenkorbanalysen wie im Beispiel von Franziska auf Seite 128. Wenn Kunden einen Wanderrucksack kaufen, kaufen sie sehr oft auch einen Schlafsack oder ein Zelt. Aus dem Datenbestand lässt sich in der Regel auch die Wahrscheinlichkeit abschätzen, mit der dieser Folgekauf getätigt wird.

Vorhersagen

Anhand bereits gewonnener Daten lassen sich unter Umständen Vorhersagen (Prognosen) zu Merkmalen treffen, die bislang noch gar nicht erfasst wurden. So konnte beispielsweise ein großer Suchmaschinenkonzern in den Jahren 2008 und 2009 eine Grippewelle anhand von Suchanfragen schneller und besser prognostizieren als die zuständigen Gesundheitsbehörden. Ein anderes Beispiel ist die Vorhersage von Verkehrsstaus, die sich durch die Positionsdaten von Smartphones ermitteln lassen.

Gesellschaftliche Auswirkungen des Data-Minings

Data-Mining kann sich nicht nur auf einzelne Personen auswirken, sondern kann Auswirkungen auf die ganze Gesellschaft haben. Beispielsweise können Vorhersagen von Krankheitswellen oder Ähnlichem von gesamtgesellschaftlichem Nutzen sein, wenn etwa auf diese Weise Zeit gewonnen werden kann, um das Gesundheitssystem darauf vorzubereiten. Derartige Auswertungen erscheinen aus Sicht des Datenschutzes auch erst einmal unkritisch, denn es werden keine personenbezogenen Daten verarbeitet. Dennoch ist nicht immer ausgeschlossen, dass der Personenbezug durch Verknüpfung vieler Datenbestände wieder hergestellt werden kann (vgl. Seite 182 ff. in Kapitel V).

Data-Mining wirkt sich allerdings auch auf andere Weise auf die Gesellschaft aus. Durch Data-Mining werden Informationen gewonnen, die zwar nicht personenbezogen im Sinne des Datenschutzes sind, aber dennoch wie solche behandelt werden.

Es mag für den Einzelnen von Vorteil sein, wenn etwa mithilfe von Data-Mining-Algorithmen große Bestände von Gesundheitsdaten ausgewertet werden, die sehr präzise vorhersagen können, welche Personen für bestimmte Krankheiten anfällig sind, sodass betroffene Personen frühzeitig behandelt werden können. Wenn allerdings eine Person durch einen Algorithmus als nicht kreditwürdig eingestuft oder zu unrecht als potenzieller Versicherungsbetrüger behandelt wird, kann das für den Einzelnen gravierende Folgen haben.
Derartige Entscheidungen werden immer öfter automatisiert getroffen. Die Algorithmen sind in der Lage, auf Änderungen in den Datenbeständen zu reagieren und ihre Entscheidungsregeln automatisch anzupassen. Sie lernen gewissermaßen dazu. Dies birgt viele Risiken, etwa dass sich anfänglich gefundene Muster auf diese Weise automatisch verstärken. Vielen Menschen ist deswegen auch nicht wohl bei dem Gedanken, dass Maschinen Einfluss auf Entscheidungen nehmen, die erhebliche Auswirkungen auf ihr Leben haben können.

Beim maschinellen Lernen werden die u.a. durch Data-Mining-Algorithmen gefundenen Muster und Gesetzmäßigkeiten auf neue Datenbestände angewandt und verbessert. Maschinelles Lernen gilt als Schlüsseltechnologie der künstlichen Intelligenz.

Nicht zuletzt wird Data-Mining auch in Wissenschaft und Forschung erfolgreich eingesetzt. Wenn sehr große Datenmengen anfallen, etwa beim automatisierten Erfassen von Sensordaten, kommen zu deren Auswertung häufig Methoden des Data-Minings zum Einsatz.

Bereits erhobene und gespeicherte Daten können nicht nur für den eigentlichen Zweck ihrer Erhebung genutzt, sondern auch weitergehend analysiert werden. Dadurch lassen sich mit vergleichsweise geringem Aufwand neue Informationen gewinnen und verwerten. Diese Suche nach neuen Erkenntnissen in vorhandenen Daten nennt man **Data-Mining**.
Beim Data-Mining haben sich unabhängig vom jeweiligen Anwendungsbereich einige gebräuchliche Analyseverfahren bewährt, bei denen verschiedene Algorithmen eingesetzt werden.
Data-Mining kann für den Einzelnen und die Gesellschaft sehr nützlich sein, kann sich aber auch sehr negativ auswirken.

1 Entscheide dich

Eine Kfz-Versicherung hat über viele Jahre erfasst, wie oft ihre Kunden einen Unfall hatten. Davon abhängig wird in der Kundentabelle für die Spalte *Unfallanzahl* der Wert *hoch* bzw. *niedrig* eingetragen. Die nebenstehende Tabelle zeigt einen Ausschnitt dieser Kundentabelle.
Nun möchte die Versicherung für Neukunden zwei verschiedene Tarife anbieten, je nachdem, ob die anhand der Daten zu erwartende Unfallanzahl hoch oder niedrig ist. Wenn eine niedrige Unfallanzahl erwartet wird, wird der Neukunde in Risikoklasse 1 eingestuft, ansonsten in Risikoklasse 2.

KUNDEN

KundenID	Alter	Fahrzeugtyp	Wohnort	Unfallanzahl
000001	jung	SUV	Stadt	hoch
000002	jung	Sport	Land	hoch
000003	mittel	SUV	Stadt	hoch
000004	jung	Sport	Stadt	hoch
000005	mittel	Familie	Stadt	niedrig
000006	alt	Sport	Stadt	hoch
000007	mittel	SUV	Land	niedrig
000008	alt	Sport	Land	niedrig
000009	mittel	Familie	Land	niedrig
000010	alt	SUV	Stadt	hoch
000011	mittel	Sport	Stadt	hoch
000012	alt	SUV	Land	niedrig
...	...	...	...	...

a) Stelle anhand der gegebenen Datenbanktabelle einen Entscheidungsbaum auf, dessen Blätter angeben, ob ein Neukunde in Risikoklasse 1 oder 2 eingestuft wird.
b) Ordne mithilfe deines Entscheidungsbaumes einem Neukunden mittleren Alters, der einen Sportwagen fährt und auf dem Land wohnt, und einem älteren Neukunden, der einen Kleinbus fährt und in der Stadt wohnt, jeweils die entsprechende Risikoklasse zu.
c) Beurteile die Güte deines Entscheidungsbaumes.

2 Der gläserne Kunde I

Im Folgenden siehst du Warenkörbe von sieben unterschiedlichen Personen, die in verschiedenen Geschäften jeweils drei Artikel eingekauft haben.

(1) Person 1 kauft im Supermarkt Eisentabletten, Kräutertee und Zwieback.
(2) Person 2 kauft im Online-Versandhandel ein Damen-Oberteil in Konfektionsgröße 54, eine teure Handtasche und einen Damenhut.
(3) Person 3 kauft auf einer Verkaufsplattform für Apps ein Super-Action-Game, die Football-League-App und eine Messenger-App.
(4) Person 4 kauft in einem Sportgeschäft ein Skateboard, eine Fan-Kappe eines bestimmten Fußballvereins und eine Badehose.
(5) Person 5 kauft in einem Buchladen die Bücher „Die besten Unis der Welt" und „Selbstverteidigungstechniken für Frauen" sowie den Reiseführer „Australien und Neuseeland".
(6) Person 6 kauft in einem Baumarkt eine Brechstange, einen Glasschneider und eine Sturmhaube.
(7) Person 7 kauft in einer Drogerie Baby-Windeln, eine Modezeitschrift und einen Make-Up-Pinsel.

a) Versuche, möglichst viele Eigenschaften der Personen zu erraten wie beispielsweise ungefähres Alter, Geschlecht, Lebensumstände, Gesundheitszustand, Interessen usw. Notiere deine Einschätzungen. Gib für jede Person eine passende Werbung an, von der du dir vorstellen könntest, dass sie für die betreffende Person interessant sein könnte.

b) Bildet Vierer- oder Fünfergruppen und vergleicht eure Einschätzungen innerhalb der Gruppe miteinander. Wenn eure Einschätzungen nahe beieinanderliegen, gebt dafür Gründe an.

c) Notiere selbst einen für dich typischen Einkauf mit drei oder vier Artikeln. Verteilt anschließend eure Einkaufslisten zufällig und anonym innerhalb der Gruppe. Versuche zu erraten, von wem die Einkaufsliste, die du bekommen hast, stammt. Begründe deine Annahme. Tauscht euch dann untereinander aus, ob und warum ihr mit eurer Einschätzung richtig bzw. falsch gelegen seid.

d) Einzelhändler nehmen anhand der getätigten Einkäufe ähnliche Einschätzungen ihrer Kunden vor, wie ihr es in den Teilaufgaben zuvor getan habt. Gib mindestens drei Gründe an, warum Einzelhändler überhaupt ein Interesse daran haben, ihre Kunden möglichst gut zu kennen.

3 Der gläserne Kunde II

Große Einzelhandelsketten geben ihren Kunden normalerweise eindeutige Kundennummern, die als Schlüssel in den Datenbanktabellen dienen. Alle Einkäufe werden dann möglichst mit dem entsprechenden Kunden verknüpft, sodass bekannt ist, wer was wann wo in einem Geschäft, das zur jeweiligen Kette gehört, eingekauft hat (auch online).

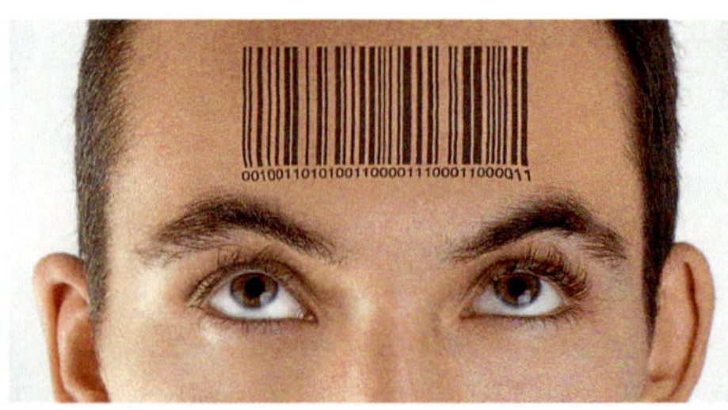

a) Nenne mindestens drei Möglichkeiten, woher eine Einzelhandelskette wissen kann, welcher ihrer Kunden einen bestimmten Einkauf getätigt hat. Gib zu jeder der Möglichkeiten an, ob sie für den Einzelhändler eher leicht oder eher schwer zu realisieren ist, und begründe deine Antwort. Schätze darüber hinaus für die von dir gefundenen Möglichkeiten ab, wie fehleranfällig die jeweilige Zuordnung eines Einkaufs zum richtigen Kunden ist.

b) Nenne drei Gründe, warum ein Kunde etwas dagegen haben könnte, dass Unternehmen alle seine Einkäufe speichern und auswerten. Nenne verschiedene Möglichkeiten, wie ein Kunde verhindern oder erschweren kann, dass seine Einkäufe ihm zugeordnet werden.

4 Der gläserne Kunde III

Die Einkaufsdaten, die Unternehmen von ihren Kunden sammeln (vgl. Aufgabe 3), werden ständig mit den Methoden des Data-Minings analysiert. Ändert sich beispielsweise das Konsumverhalten eines Kunden innerhalb relativ kurzer Zeit, können daraus interessante Schlüsse gezogen werden.

Für Aufsehen sorgte vor einigen Jahren folgender Fall aus den USA:

Dort schloss eine große Supermarktkette aufgrund des veränderten Einkaufsverhaltens einer Kundin auf eine bevorstehende Geburt und nutzte diese Information für zielgerichtete Werbung. Als die Kundin, eine Minderjährige, u.a. Werbung für Babykleidung zugeschickt bekam, erfuhren ihre Eltern auf diese Weise von der noch geheim gehaltenen Schwangerschaft ihrer Tochter.

a) Bewerte anhand dieses Beispiels Nutzen und Risiken des Data-Minings. Stelle die Vorteile, die sich für den Einzelnen ergeben können, den Nachteilen, die sich auf die Privatsphäre auswirken können, gegenüber.

b) Recherchiere im Internet nach ähnlichen Beispielen wie die Schwangerschaftsprognose der Supermarktkette und erörtere anhand deiner gefundenen Beispiele, inwiefern Stimmen recht haben, die behaupten, dass die Ergebnisse des Data-Minings über das Schicksal des Einzelnen entscheiden können.

c) Bildet Dreier- oder Vierergruppen und stellt euch gegenseitig die Ergebnisse aus den vorigen Teilaufgaben vor.

d) Welche Möglichkeiten bietet Data-Mining in der Zukunft? Diskutiert über diese Frage in eurer Gruppe und entwerft ein Szenario, in dem Data-Mining in einer Weise über das Schicksal von Menschen entscheidet, wie es im Moment noch nicht der Fall ist.

e) Stellt eure Zukunftsaussichten der ganzen Klasse vor.

5 Spam-Filter

Ein Spam-Filter ist ein Programm, das E-Mails als unerwünscht einstuft und als Spam kennzeichnet. Je nach verwendeter E-Mail-Clientsoftware oder gewählter Einstellung beim E-Mail-Provider können als Spam markierte E-Mails z.B. in einen eigenen Ordner verschoben oder sofort gelöscht werden.

Die Klassifizierung einer E-Mail als Spam erfolgt beispielsweise nach folgender Regel:

Wenn die IP-Adresse des Absenders auf einer entsprechenden Blacklist vorkommt, dann wird die E-Mail sofort als Spam betrachtet. Ansonsten wird die Betreff-Zeile ausgewertet. Ist diese leer oder enthält sie nur Großbuchstaben, wird die E-Mail ebenfalls als Spam eingestuft. Ist das nicht der Fall, wird der Inhalt der E-Mail nach bestimmten Ausdrücken durchsucht. Wird ein solcher Ausdruck gefunden, wird die E-Mail als Spam markiert, ansonsten nicht.

SPAM war ursprünglich eine Dosenfleisch-Marke (Spiced Ham). Da dieses während des Zweiten Weltkriegs in Großbritannien nicht rationiert war, gab es mehr als genug davon. Durch einen Sketch der Komikergruppe Monty Python (die Abbildung links ist an den Sketch angelehnt) bekam Spam seine heutige Bedeutung.

Eine Blacklist ist eine Negativliste mit Einträgen, die je nach Zusammenhang ausgeschlossen, unterdrückt oder benachteiligt werden.

a) Stelle diese Regel als Entscheidungsbaum dar.

b) Um die Trefferquote zu erhöhen, sind viele Spam-Filter in der Lage, kontinuierlich dazuzulernen. Stuft ein Anwender eine zuvor nicht markierte E-Mail als Spam ein oder entfernt eine Spam-Markierung, wird diese Information gespeichert und mit Methoden des Data-Minings ausgewertet. Erläutere, wie die oben formulierte Regel und dein Entscheidungsbaum aus Teilaufgabe a) dadurch erweitert werden könnten.

c) Finde ein weiteres ähnliches Beispiel, bei dem ein IT-System durch händische Korrekturen des Anwenders im Laufe der Zeit dazulernt und auf diese Weise kontinuierlich besser wird. Vergleiche dein Beispiel mit dem des Spam-Filters, indem du Gemeinsamkeiten und Unterschiede gegenüberstellst.

Exkurs

Betrachtungen zum Datenschutz

Datenschutz spielt nicht erst seit Einführung der EDV eine Rolle. Viele Länder handhaben ihn aber sehr unterschiedlich. Dies erschwert mitunter die internationale Zusammenarbeit.

Datenschutz in der Vergangenheit

Schon in der Antike war man sich der Notwendigkeit, sensible Daten zu schützen, bewusst. So heißt es im Eid des Hippokrates „Was ich bei der Behandlung sehe oder höre oder auch außerhalb der Behandlung im Leben der Menschen, werde ich [...] verschweigen und solches als ein Geheimnis betrachten."

Der Eid des Hippokrates wurde benannt nach dem griechischen Arzt Hippokrates von Kos (um 460 - 370 v. Chr.), die tatsächliche Urheberschaft ist jedoch ungeklärt. Das bekannte Ärztegelöbnis formuliert eine medizinische Ethik.

Hängte man im alten Rom eine Rose an die Decke, sollte das die Anwesenden daran erinnern, dass alles Gesagte geheim bleiben muss. Der lateinische Ausdruck „sub rosa", also „unter der Rose", wird daher auch mit „unter dem Siegel der Verschwiegenheit" übersetzt. Die geschnitzte Rose in Beichtstühlen soll daher auf das Beichtgeheimnis hinweisen.

Aus dem Gedicht „An die Günstigen" von Johann Wolfgang von Goethe stammen die folgenden Zeilen:
Niemand beichtet gern in Prosa;
Doch vertraun wir oft sub Rosa
In der Musen stillem Hain.

Eine solche Verschwiegenheitspflicht gibt es bis heute nicht nur bei Ärztinnen und Ärzten oder Geistlichen. So müssen sich beispielsweise auch die Schulpsychologinnen und Schulpsychologen an die Schweigepflicht halten, wenn sie sich nicht strafbar machen wollen. Man war sich also schon lange bewusst, dass persönliche Daten geschützt werden müssen. Das weltweit erste Datenschutzgesetz gab es aber erst 1970, und zwar in Hessen. 1977 folgte das erste Bundesdatenschutzgesetz.

Datenschutz in anderen Ländern

In der Schweiz gilt anstelle eines Verbots mit Erlaubnisvorbehalt eine Erlaubnis mit Verbotsvorbehalt. Demnach ist die Erhebung und Verarbeitung von Daten prinzipiell erlaubt, es sei denn, festgesetzte Grundsätze werden verletzt, z. B. wenn der Zweck der Datenbeschaffung nicht erkennbar ist. Erst in diesen Fällen bedarf die Datenverarbeitung einer Rechtfertigung.

Schweden galt schon immer als eines der liberalsten Länder, so auch beim Datenschutz. Offenheit und Transparenz ist in Schweden ein hohes Gut. So hat jeder Bürger das Recht, bei Behörden und Ämtern Einsicht in nahezu jedes beliebige Dokument zu nehmen. Ausnahmen betreffen lediglich Akten der Geheimdienste und solche, die die Verteidigung des Landes betreffen. Dementsprechend kann beispielsweise jeder Bürger in Erfahrung bringen, wie hoch das zu versteuernde Einkommen seines Nachbarn oder wohin seine Jugendliebe gezogen ist. Dieses Öffentlichkeitsprinzip wurde bereits 1766 festgeschrieben und ist in der schwedischen Verfassung verankert.

In den USA wird Datenschutz nicht als Grundrecht angesehen, sondern als Bestandteil des Verbraucherschutzes. Deswegen gibt es dort derzeit (Stand: Juli 2020) kein allgemeines und umfassendes Datenschutzgesetz, sondern viele branchenspezifische Regelungen. Datenschutz in den USA ist somit in erster Linie Sache von Wirtschaft und Handel. Behörden und andere staatliche Institutionen unterliegen diesen Regelungen nicht und können dadurch vergleichsweise leicht auf persönliche Daten zugreifen (vgl. auch Aufgabe 4 auf Seite 119).

Exkurs

In China spielen Datenschutz-Grundsätze, wie sie etwa in der DSGVO formuliert sind, weitestgehend keine Rolle. Der gläserne Bürger wird dort von Politik und Wirtschaft gewünscht. Auch die chinesische Bevölkerung ist zu einem großen Teil bereit, Datenschutzeinschränkungen und teilweisen Verzicht auf Privatsphäre hinzunehmen, wenn dadurch mehr Möglichkeiten der Digitalisierung ausgeschöpft und die Bequemlichkeiten des Alltags erhöht werden. Die Handynutzung ist in China sehr stark verbreitet. Dabei werden massenhaft persönliche Daten gesammelt und dauerhaft gespeichert. Kameraüberwachung ist dort vielerorts keine Seltenheit. Die damit verbundene Gesichtserkennung dient u.a. der Zugangskontrolle. Es gibt zwar auch Datenschutzgesetze, allerdings regeln diese mehr die Sicherheit der Daten vor fremdem (ausländischem) Zugriff und sollen zudem den vollen staatlichen Zugriff auf sämtliche Daten garantieren.

Ein Monitor auf einer Ausstellung in Peking

Der chinesische Staat nutzt dieses Zugriffsrecht und sammelt alle möglichen persönlichen Daten. Daraus soll ein Sozialpunktestand der betroffenen Bürgerinnen und Bürger errechnet werden (Sozialkredit-System). China startete 2020 verschiedene Pilotprojekte. Schrittweise soll ein verpflichtendes Sozialkredit-System – beginnend in Peking – in ganz China eingeführt werden.

Verhält man sich im Sinne des Staates korrekt, steigt der Sozialpunktestand, bei Fehlverhalten oder Gesetzesverstößen sinkt er. Ein hoher Punktestand wird beispielsweise mit Erleichterungen im öffentlichen Leben wie freien Eintritten oder kürzeren Wartezeiten belohnt oder man kommt in den Genuss von Steuererleichterungen. Ein niedriger Punktestand führt dagegen zu Kürzungen von Sozialleistungen oder öffentlichen Dienstleistungen, zum Verbot von Flugbuchungen oder sogar zu öffentlichem Anprangern im Internet oder auf Bildschirmen sowie Plakaten im öffentlichen Raum.

„Modellbürger“ vor dem Bürgeramt von Rongcheng

Datenschutz und internationaler Datenaustausch

Nach den Terroranschlägen von Paris, Brüssel und Berlin in den Jahren 2015 und 2016 geriet schnell auch der mangelhafte Austausch von Daten zwischen den Behörden und Geheimdiensten der verschiedenen Länder in den Fokus. Kritiker der strengen Datenschutzgesetze gaben diesen eine Mitschuld. 2016 wurde als Folge das „Gesetz zum besseren Informationsaustausch bei der Bekämpfung des internationalen Terrorismus“ verabschiedet, das u.a. dem Bundesamt für Verfassungsschutz (BfV) mehr Rechte zusprach und eine engere Zusammenarbeit der deutschen Geheimdienste mit ausländischen Partnern ermöglichte. War die Verarbeitung personenbezogener Daten bislang überwiegend Ländersache, werden Datenbestände jetzt bundesweit in Datenpools abgespeichert und dürfen mit denen der internationalen Geheimdienste auch außerhalb der EU verknüpft werden.
Datenschützer kritisieren dagegen die Gesetze als zu umfangreich und unverhältnismäßig. Die angesprochene Verknüpfung von Daten und das Anlegen solcher Datenpools sei nicht mit dem Prinzip der Zweckbindung vereinbar und daher rechtswidrig.

Bei den Terroranschlägen am 13.11.2015 in Paris wurden 130 Menschen von Islamisten getötet, in Brüssel starben 32 Menschen durch Selbstmordattentate am 22.03.2016 und der Anschlag am Berliner Weihnachtsmarkt am 19.12.2016 forderte zwölf Todesopfer.

Regelungen zum Datenschutz

Grundlage für den Datenschutz ist die Überzeugung, dass jeder Mensch ein Recht auf **Privatsphäre** hat. Aus diesem Recht leitet man ab, dass jeder selbst darüber bestimmen kann, welche seiner **personenbezogenen Daten** erhoben, verarbeitet und genutzt werden dürfen. Dieses **Verbot mit Erlaubnisvorbehalt** ist das Grundprinzip des Datenschutzes in Deutschland und der EU.

Das Recht auf Privatsphäre wird zu den Persönlichkeitsrechten gezählt.

In Artikel 5 der DSGVO sind sieben Grundsätze für die Verarbeitung personenbezogener Daten festgeschrieben.

Im Einzelnen ist die Verarbeitung personenbezogener Daten sowie der Datenverkehr innerhalb der EU in der **Datenschutz-Grundverordnung (DSGVO)** geregelt, die für alle EU-Mitgliedsstaaten gleichermaßen gilt.

In anderen Ländern herrschen mitunter andere Auffassungen zum Datenschutz, die sich ganz wesentlich von denen in der EU unterscheiden können.

Das Recht auf Datenschutz kann jedoch auch eingeschränkt werden, wenn es von öffentlichem Interesse ist, wie etwa bei der Strafverfolgung oder der Terrorabwehr. Es ist Aufgabe des Datenschutzes, hierbei für die Balance zu sorgen zwischen dem Persönlichkeitsrecht des Einzelnen und den Interessen des Staates. Somit beugt der Datenschutz gegen übertriebene oder willkürliche Überwachungsmaßnahmen vor. Ebenso ist es Aufgabe des Datenschutzes, wirtschaftliche Interessen an personenbezogenen Daten in die Schranken gesetzlicher Regelungen zu verweisen.

In diesem Spannungsfeld kam es in der Vergangenheit schon öfter zu heftigen politischen Auseinandersetzungen, etwa beim Großen Lauschangriff, bei Videoüberwachungen oder bei Gesetzesvorhaben zur Vorratsdatenspeicherung.

Umgang mit persönlichen Daten

Persönliche Daten im Internet werden genutzt, um sich ein Bild über die betreffende Person zu machen. Dahinter können private Interessen stecken, aber auch kommerzielle oder politische. Persönliche Daten können auch in rufschädigender oder krimineller Absicht missbraucht werden.
Deswegen sollte man mit seinen Daten sehr sparsam umgehen und sich genau überlegen, was man über sich veröffentlichen möchte. Man sollte auch prüfen, welche Daten bei der Nutzung einer bestimmten App oder eines bestimmten Geräts preisgeben werden. Wenn möglich, sollten die App- bzw. Geräte-Einstellungen so gewählt werden, dass die Übermittlung der Daten auf ein notwendiges Minimum reduziert wird. Im Zweifel sollte man ganz auf die Nutzung der App bzw. des Geräts verzichten.

Ein häufiger Fall von Datenmissbrauch ist der Identitätsdiebstahl. Hierbei werden die personenbezogenen Daten eines anderen in betrügerischer Absicht genutzt.

Die Einwilligung zur Verarbeitung seiner Daten gibt man oft unbemerkt, weil man den Nutzungsbedingungen (AGB) zustimmt, ohne sie gelesen zu haben.

Auch nicht personenbezogene Daten lassen sich unter Umständen nachträglich wieder einer Person zuordnen.

Data-Mining

Beim **Data-Mining** werden bereits erhobene und gespeicherte Daten über den eigentlichen Zweck ihrer Erhebung hinaus mithilfe geeigneter Algorithmen analysiert. Dadurch lassen sich aus den vorhandenen Daten mit vergleichsweise geringem Aufwand neue Informationen gewinnen.
Der Einsatz von Data-Mining birgt Chancen und Risiken. Durch Data-Mining gewonnene Erkenntnisse können die Gesellschaft voranbringen. Die Resultate von Data-Mining-Analysen wirken sich allerdings auch auf das Leben vieler Menschen aus – mit positiven und auch mit negativen Folgen für den Einzelnen und für die Gesellschaft.

Häufige Verfahren beim Data-Mining sind Clustering, Klassifikation, Assoziationsanalyse und Vorhersagen. Dabei kommen verschiedene Algorithmen zum Einsatz.

Training

1 Datenschutz in der Schule I

Die DSGVO gilt auch in der Schule. Die Verarbeitung mancher personenbezogener Daten ist hier aber auch ohne Einwilligung zulässig. Wenn „die Verarbeitung [...] für die Wahrnehmung einer Aufgabe erforderlich (ist), die [...] in Ausübung öffentlicher Gewalt erfolgt", kann eine staatliche Rechtsvorschrift die Verarbeitung festlegen (vgl. Artikel 6 DSGVO).

a) Überlege und notiere, welche deiner persönlichen Daten erforderlich sind, damit die Schule ihre Aufgaben wahrnehmen kann.

b) Lege für die Verarbeitung deiner Daten aus Teilaufgabe a) sinnvolle Regeln fest, damit die in Artikel 5 formulierten Grundsätze der DSGVO eingehalten werden.

c) Die Rechtsvorschriften für bayerische Schulen sind das BayEUG und die Schulordnungen. Recherchiere die darin enthaltenen Regelungen zum Datenschutz und vergleiche sie mit deinen in Teilaufgabe b) aufgestellten Regeln.

BayEUG: Bayerisches Gesetz über das Erziehungs- und Unterrichtswesen

2 Datenschutz in der Schule II

Für weiterreichende Aufgaben, die personenbezogene Daten benötigen und die über die in Aufgabe 1 betrachteten hinausgehen, benötigt die Schule die Einwilligung der betroffenen Personen, beispielsweise im Rahmen der Öffentlichkeitsarbeit der Schule.

a) Normalerweise holt die Schule die Einwilligung schriftlich ein. Dafür stehen entsprechende Formulare zur Verfügung. Lade die Einwilligungserklärung von der Homepage deiner Schule herunter oder frage an der entsprechenden Stelle deiner Schule danach.

b) Gib an, welcher Verarbeitung, Veröffentlichung oder Weitergabe deiner persönlichen Daten durch die Schule du zugestimmt bzw. nicht zugestimmt hast. Solltest du dich nicht mehr daran erinnern, erkundige dich bei der entsprechenden Stelle deiner Schule. Gemäß Artikel 15 DSGVO hast du ein Recht auf Auskunft.

c) Denke darüber nach, ob du mit deiner gegebenen Einwilligung nach wie vor einverstanden bist. Gemäß Artikel 7 DSGVO hast du das Recht, deine Einwilligung jederzeit zu widerrufen. Mache gegebenenfalls von diesem Recht Gebrauch.

d) Zu Beginn deiner Schullaufbahn musste für dich ein Erziehungsberechtigter die Einwilligung erteilen. Recherchiere, ab welchem Alter du ebenfalls zustimmen musstest.

3 Corona-App

Als sich 2020 das Coronavirus SARS-CoV-2 weltweit verbreitete, das die gefährliche Atemwegserkrankung COVID-19 verursachen kann, haben einige Länder, v.a. in Südostasien, sehr schnell auf eine App gesetzt. Mit ihrer Hilfe kann man zeitnah herausfinden, wer mit wem in Kontakt stand, um im Falle einer Erkrankung die Infektionswege nachverfolgen und unterbinden zu können. In Deutschland dauerte die Einführung einer solchen App länger, nicht zuletzt aufgrund vieler Fragen und Diskussionen zum Datenschutz.

a) Nachdem der Einsatz einer solchen App im öffentlichen Interesse liegt, gab es Stimmen, die den Datenschutz einschränken und die App verpflichtend machen wollten.
Erörtere das Für und Wider eines verpflichtenden Einsatzes einer Corona-App. Bewerte dabei insbesondere gemäß Artikel 35 DSGVO die „Risiken für die Rechte und Freiheiten der betroffenen Personen".

b) Datenschützer warnten auch vor einer scheinbaren Freiwilligkeit, wenn die Nutzung der App etwa Voraussetzung für die Teilnahme an bestimmten Veranstaltungen ist. Erörtere auch diesen Sachverhalt und nimm Stellung dazu.

Artikel 35 DSGVO schreibt bei Datenverarbeitungen, die mit hohen Risiken verbunden sind, eine Datenschutz-Folgenabschätzung vor.

c) Ein weiterer Kritikpunkt war, dass zentral gespeicherte Gesundheits- und Kontaktdaten Begehrlichkeiten wecken und u.a. mit Methoden des Data-Minings ausgewertet werden könnten. Gib mindestens drei Personenkreise an, für die diese Daten interessant sind, und erläutere jeweils, wie sie welche Informationen aus diesen Daten gewinnen könnten.

Lösungen auf den Seiten 286 – 288

V Datenmodellierung und relationale Datenbanksysteme

**Die Freiheit, die geht baden dank –
der Einrichtung der Datenbank.**

Graffito

Gut geplant ist halb gewonnen

Kompetenzerwartungen

- Datenbestände analysieren und strukturieren, Klassendiagramme modellieren
- Datenmodelle in entsprechende relationale Modelle umsetzen
- Tabellen mit *SQL*-Abfragen verknüpfen
- Redundanzen und Anomalien in einer relationalen Datenbank erkennen

1 Wiederholung: Datenbanken

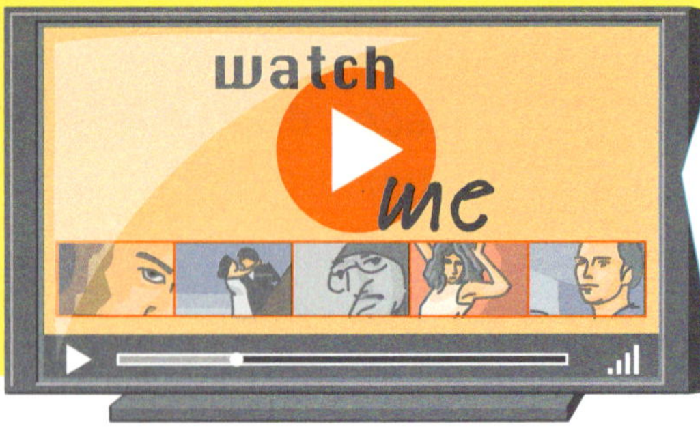

Der Video-Streaming-Anbieter *WatchMe* hat über 200 000 Filme und Serien im Angebot. Diese sollen in einer Datenbanktabelle aufgelistet werden. Erstelle dazu zuerst eine Klassenkarte mit geeigneten Attributen, überführe diese dann in eine Tabelle und überlege dir geeignete Abfragen. Überlege dir Argumente, die dafür bzw. dagegen sprechen, Filme und Serien in unterschiedliche Tabellen aufzunehmen.

Informationen können in Datenbanken strukturiert dargestellt und verwaltet werden. Dabei werden die einzelnen Datensätze in Tabellen gespeichert.

Objekte und Klassen

Der Streaming-Anbieter *HörMich!* bietet Zugriff auf über 40 Millionen Musikstücke. Um einen Überblick über das Angebot zu bekommen, sollen sämtliche Titel in einer Datenbank gespeichert werden.

Jedes Musikstück entspricht einem Objekt mit den Attributen *titel*, *interpret*, *dauer* und *genre* und kann mit seinen Attributwerten in einer Objektkarte dargestellt werden (Fig. 1).

Fig. 1

Analog kann jedes Album durch seine Attributwerte als Objekt beschrieben werden. Objekte mit gleichen Attributen legen eine Klasse fest, dargestellt durch eine Klassenkarte (Fig. 2).

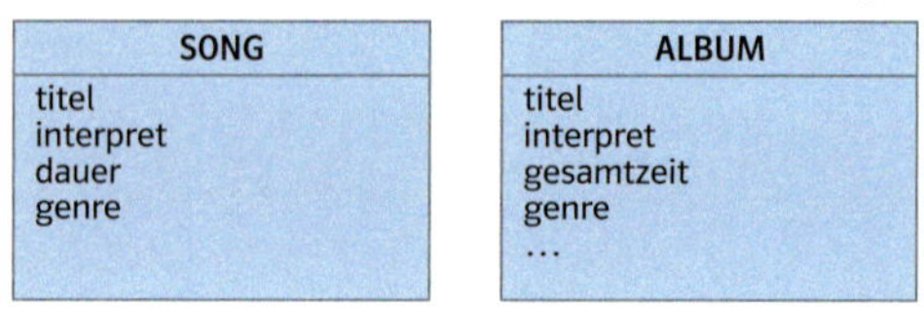

Fig. 2

Bei der Datenmodellierung werden in den Klassenkarten keine Methoden aufgeführt.

Tabellen und ihr Schema

Informationen über Objekte einer Klasse können in einer Tabelle angeordnet werden. Dabei bezeichnen die Spaltenüberschriften die Attribute; sie bilden das Schema der Tabelle. Jede Zeile steht für einen Datensatz, der ein einzelnes Objekt repräsentiert.

Primärschlüssel

Schema

Datensatz

SONG				
<u>SongNr</u>	Titel	Interpret	Dauer	Genre
1	Yesterday	Beatles	125	Pop
477	Numb	Linkin Park	185	Rock
3220	Like a Prayer	Madonna	340	Pop
4523	Vincent	Sarah Connor	282	Pop
...	...	...	...	...

Für jedes Attribut muss ein Datentyp festgelegt werden. Ein Attribut, das jeden Datensatz eindeutig identifizieren kann, kann als Primärschlüssel ausgewählt werden. Theoretisch kann es sich dabei auch um eine Kombination von mehreren Attributen handeln, meist wird aber ein künstlicher Schlüssel, z. B. eine Nummer, ergänzt. Dies ist beispielsweise auch in den Tabellen SONG und ALBUM der Fall: Da es mehrere Songs oder Alben mit denselben Titeln und Interpreten geben kann, eignet sich keines der ursprünglichen Attribute als Schlüssel und es wurde jeweils eine Nummer ergänzt. Die Schemata der beiden Tabellen lauten daher:

SONG[<u>*SongNr*</u>: Zahl; *Titel*: Text; *Interpret*: Text; *Dauer*: Zahl; *Genre*: Text]

ALBUM[<u>*AlbumNr*</u>: Zahl; *Titel*: Text; *Interpret*: Text; *Gesamtzeit*: Zahl; *AnzahlTitel*: Zahl; *Genre*: Text; *erschienen*: Zahl]

Zur Kennzeichnung der Schlüssel werden die entsprechenden Attribute oft unterstrichen.

Datentypen werden im Schema häufig weggelassen.

Die meisten Datenbankmanagementsysteme erlauben beim Anlegen der Tabelle eine genauere Bestimmung der Datentypen, beispielsweise ob es sich um ganze oder reelle Zahlen handeln soll oder ob das betreffende Feld beim Einfügen eines neuen Datensatzes auch leer bleiben darf.

Einfache Abfragen

Mithilfe von Abfragen lassen sich Informationen aus Tabellen filtern. Eine Abfrage ist dabei eine dreistellige Funktion, die als Eingabeparameter die betreffende Tabelle, die Bedingung, welche die gesuchten Datensätze erfüllen sollen, sowie die gewünschten Spalten hat. Will man beispielsweise alle Titel von Madonna mit deren jeweiligen Dauer wissen, so lautet der zugehörige Term:
Abfrage(SONG; *Interpret* = 'Madonna'; [*Titel*, *Dauer*])
Fig. 1 zeigt das zugehörige Datenflussdiagramm.

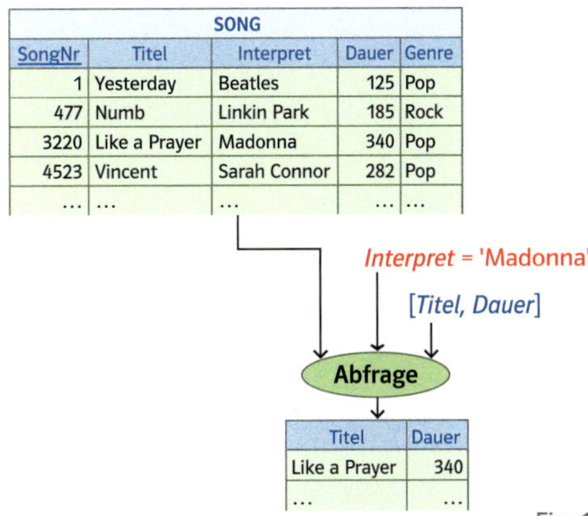

Fig. 1

SQL

Datenbanksysteme nutzen als Abfragesprache meist *SQL* (Structured Query Language). Dabei werden dieselben Informationen wie bei der Funktion Abfrage benötigt:
`SELECT Spaltenliste FROM TABELLE WHERE Bedingung`
Für die obige Abfrage lautet das entsprechende *SQL*-Statement daher:
`SELECT Titel, Dauer FROM SONG WHERE Interpret = 'Madonna'`

Ein Objekt wird durch seine Attribute mit den zugehörigen Attributwerten beschrieben. Informationen über Objekte einer Klasse können in einer Tabelle zusammengefasst werden. Dabei bestimmen die Bezeichner der Attribute die Spaltenüberschriften. Jede Zeile entspricht einem Datensatz. Der Primärschlüssel ist oft ein künstliches Attribut und identifiziert jeden Datensatz eindeutig. Mithilfe von Abfragen werden Informationen aus Tabellen gefiltert. Dies wird meist mit der Sprache *SQL* realisiert:
`SELECT Spaltenliste FROM TABELLE WHERE Bedingung`

1 *HörMich!*

Der Streaming-Anbieter *HörMich!* verwaltet auch seine Kunden. Dazu speichert er u.a. Name, Vorname, E-Mail, Kreditkartennummer und den Status, d.h., ob der Nutzer sein Abo aktiviert oder stillgelegt hat.

a) Erstelle eine Klassenkarte und gib das Schema der zugehörigen Tabelle an.

b) Formuliere folgende Abfragen in *SQL*.
   (1) Wer hat das Album „Amarok“ veröffentlicht?
   (2) Zeige mir alle Rock-Alben aus dem Jahr 1974.
   (3) Zeige mir alle Interpreten, die den Hit „Sound of Silence“ performed haben.
   (4) Zeige mir Name und E-Mail aller ehemaliger Abonnenten.
   (5) Wann ist das Album „… and the beat goes on!“ von Scooter erschienen?
   (6) Von welchen Künstlern sind komplette Alben im Angebot? Doppelte Nennungen sollen vermieden werden.

I

Besondere *SQL*-Abfragen

Als Beispiel dient hier die Tabelle SORTIMENT aus Aufgabe 2.

Will man alle Kategorien angezeigt bekommen, lassen sich mit **DISTINCT** mehrfache Nennungen vermeiden.

```
SELECT DISTINCT Kategorie
FROM SORTIMENT
```

Ein Sternchen liefert sämtliche Spalten, sodass man nicht alle aufzählen muss.

```
SELECT *
FROM SORTIMENT
WHERE Kategorie = 'Wein'
```

Mithilfe von **ORDER BY** lässt sich eine Tabelle sortiert ausgeben. Folgendes Beispiel liefert alle Säfte aufsteigend sortiert nach dem Verkaufspreis.

```
SELECT *
FROM SORTIMENT
WHERE Kategorie = 'Saft'
ORDER BY VP
```

Bei absteigender Sortierung ergänzt man zum Schluss **DESC**.

```
...
ORDER BY VP DESC
```

Sucht man nach einem Teil eines Textes, hilft **LIKE** weiter. Folgende Abfrage liefert alle Artikel, die „müsli" enthalten. Das Prozentzeichen steht dabei als Platzhalter für beliebige Zeichen.

```
SELECT *
FROM SORTIMENT
WHERE Artikel LIKE '%müsli%'
```

2 Supermarkt I

Ein Supermarkt speichert die Informationen über seine angebotenen Artikel in der Tabelle SORTIMENT. Dabei stehen *EP* bzw. *VP* für den Einkaufs- bzw. Verkaufspreis. Gehe davon aus, dass die Spalten *Gewicht*, *EP*, *VP* und *Bestand* nur Zahlen enthalten.

SORTIMENT								
ArtNr	Artikel	Kategorie	Hersteller	Gewicht	EP	VP	Alkoholisch	Bestand
10110	Schokolade	Süßwaren	Schoggi	100 g	0,44 €	0,89 €	false	40
10111	Schokolade	Süßwaren	Mmmjam	100 g	0,79 €	1,59 €	false	90
13017	Merlot	Wein	Günther Bauch	700 ml	4,47 €	8,99 €	true	74
13018	Shiraz	Wein	Günther Bauch	700 ml	4,86 €	12,49 €	true	68
22025	Haferflocken	Cerealien	Hafercompany	500 g	0,11 €	0,49 €	false	200
22034	Knuspermüsli	Cerealien	Hafercompany	400 g	1,91 €	2,99 €	false	76
22076	Knuspermüsli	Cerealien	Knusper&Co	380 g	1,99 €	2,04 €	false	301
40005	Apfelsaft	Saft	Squeeeeze	1 l	0,91 €	2,99 €	false	390
54491	Butter	Milchprodukte	Alpengold	250 g	0,45 €	1,69 €	false	1200
...	...	...	...	...	...	...	...	...

a) Gib die ursprüngliche Klassenkarte und den Primärschlüssel der Tabelle an.

b) Erläutere die Datentypen. Überlege dir, inwiefern sich *EP* und *VP* problemlos als Zahlen interpretieren lassen und worin die Schwierigkeit bei *Gewicht* liegt.

c) Formuliere die folgenden Abfragen in *SQL*.

(1) Gib ohne doppelte Nennungen die Hersteller an, von denen Artikel verkauft werden.

(2) Gesucht sind sämtliche Informationen über die Artikel des Herstellers „Mmmjam".

(3) Von welchen Artikeln (Angabe von Artikelnummer, Artikel und Bestand) sind weniger als 100 Stück auf Lager?

(4) Welche Artikel verkauft der Supermarkt mit Verlust?

(5) Gib alle alkoholischen Lebensmittel aus, absteigend sortiert nach ihrem Bestand.

2 Redundanz und Anomalie

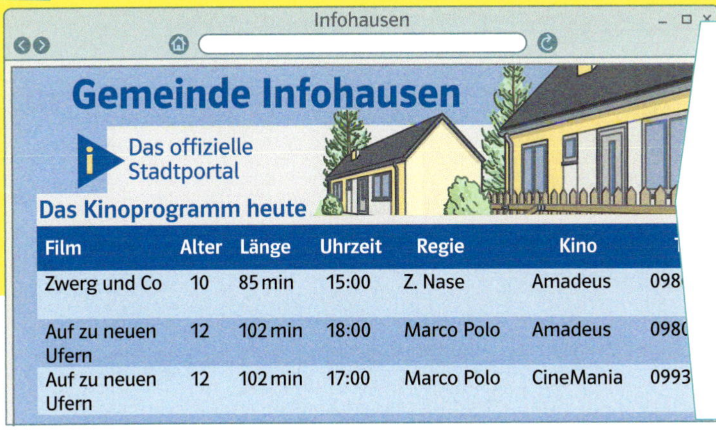

Im Stadtportal der Internetpräsenz der Gemeinde Infohausen gibt es einen Überblick über die aktuell in den verschiedenen Kinos der Stadt gezeigten Filme. Der zuständige Redakteur muss dazu die Spielpläne der verschiedenen Kinos auswerten und in die Tabelle übertragen (vgl. auch einführende Aufgabe auf Seite 48). Überlege dir Vor- und Nachteile der angegebenen Darstellung. Beschreibe Möglichkeiten, die Seite effizienter und weniger fehleranfällig zu gestalten.

In manchen Tabellen werden Daten unnötigerweise mehrfach gespeichert. Dies kann beim Ändern, Löschen oder Einfügen von Daten zu Problemen führen.

Redundanz

In einem Versandhandel werden sämtliche Bestellungen in einer Tabelle mit folgendem Schema gespeichert:

BESTELLUNG[*KdNr*; *Name*; *Vorname*; *Adresse*; *Telefon*; *ArtNr*; *Artikel*; *Preis*; *Anzahl*; *BDatum*].

BESTELLUNG

KdNr	Name	Vorname	Adresse	Telefon	ArtNr	Artikel	Preis	Anzahl	BDatum
...	...	...	...	...	...	...	...	...	...
123	Mueller	Max	Postweg 8	555180	3434	Hemd	22,90 €	1	12.07.20
123	Mueller	Max	Postweg 8	555180	2827	Jeans	69,95 €	1	12.07.20
123	Mueller	Max	Postweg 8	555180	6001	Rasierer	49,00 €	1	12.07.20
224	Nowak	Beate	Goldstr. 7	555788	3434	Hemd	22,90 €	2	13.07.20
224	Nowak	Beate	Goldstr. 7	555788	1007	Bluse	43,50 €	1	13.07.20
...	...	...	...	...	...	...	...	...	...

Name, Vorname, Adresse und Telefonnummer eines Kunden werden dabei mehrfach gespeichert, wenn dieser mehrere Artikel bestellt. Genauso sind die Bezeichnung und der Preis eines Artikels überflüssig oft aufgelistet, falls dieser von mehreren Kunden geordert wurde. Bei einer solchen Mehrfachspeicherung von Daten spricht man von **Redundanz**.

redundare (lat.): überlaufen, im Überfluss vorhanden sein
redundanter (lat.): allzu wortreich

Redundant gespeicherte Daten verschwenden nicht nur Speicherplatz, sie können bei notwendigen Änderungen zu ernsthaften Problemen in der Datenbank führen. Solche Probleme bezeichnet man als **Anomalien.** Man unterscheidet dabei folgende Fälle.

anomalia (gr.): Unregelmäßigkeit

Der Name UPDATE-Anomalie stammt vom entsprechenden *SQL*-Befehl UPDATE.

UPDATE-Anomalie

Bei einer Änderung von Daten können Datensätze übersehen werden. Zieht beispielsweise der Kunde Nr. 123 vom Postweg 8 in die Hauptstr. 11, so muss der Datenbanknutzer aufpassen, dass er diese Änderung in wirklich jedem Datensatz vornimmt. Wird die Änderung auch nur ein einziges Mal vergessen, so hat Herr Müller plötzlich zwei verschiedene Anschriften (Fig. 1 auf der folgenden Seite). Die Datenbank ist in sich nicht mehr stimmig **(inkonsistent).** Mit **Konsistenz** bezeichnet man die Widerspruchsfreiheit innerhalb der Datenbank. Selbst bei korrekter Durchführung einer Änderung kann bei Millionen von Datensätzen zwischen der ersten und letzten Änderung sehr viel Zeit vergehen. Während dieser Zeit ist die Datenbank zwangsläufig inkonsistent.

consistere (lat.): bestehen aus

Vergleiche zur Konsistenz auch die Info-Box auf Seite 149.

BESTELLUNG									
KdNr	Name	Vorname	Adresse	Telefon	ArtNr	Artikel	Preis	Anzahl	BDatum
...	...	...	...	...	...	...	...	...	...
123	Mueller	Max	Hauptstr. 11	555180	3434	Hemd	22,90 €	1	12.07.20
123	Mueller	Max	Hauptstr. 11	555180	2827	Jeans	69,95 €	1	12.07.20
123	Mueller	Max	Postweg 8	555180	6001	Rasierer	49,00 €	1	12.07.20
224	Nowak	Beate	Goldstr. 7	555788	3434	Hemd	22,90 €	2	13.07.20
224	Nowak	Beate	Goldstr. 7	555788	1007	Bluse	43,50 €	1	13.07.20
...	...	...	...	...	...	...	...	...	...

Fig. 1

DELETE-Anomalie

Nach dem Löschen eines Datensatzes können Informationen verloren gehen, die man später eventuell wieder benötigt. Sollen erledigte Bestellungen nach der vollständigen Bezahlung gelöscht werden, um Speicherplatz zu sparen, würde man hier z. B. auch die Informationen über das Produkt oder den Kunden verlieren, falls diese in keinem weiteren Datensatz vorkommen. Wäre Frau Nowak die einzige Kundin, die die Bluse mit der Artikelnummer 1007 bestellt hat, so würde auch der Preis für diese Bluse gelöscht. Genauso verliert man sämtliche Daten der Kundin, wenn diese alle Bestellungen bezahlt hat.

to delete (engl.): löschen

Der entsprechende *SQL*-Befehl lautet `DELETE`.

INSERT-Anomalie

Neue Datensätze lassen sich nicht einfügen, solange Teile des Primärschlüssels nicht bekannt sind. In der Tabelle BESTELLUNG ist der Primärschlüssel aus den Spalten *KdNr*, *ArtNr* und *BDatum* zusammengesetzt. Will der Versandhandel nun ein neues Produkt in sein Sortiment aufnehmen, so ist das nicht möglich, solange niemand dieses Produkt bestellt, da sonst bei *KdNr* und *BDatum* keine Werte eingetragen werden können, was für Bestandteile des Primärschlüssels nicht erlaubt ist (Fig. 2). Analog lässt sich auch ein neuer Kunde nicht in die Datenbank aufnehmen, solange er nichts bestellt hat – sehr zum Nachteil der Firma, wenn sie z. B. an potenzielle Neukunden ihre Werbekataloge verschicken möchte.

to insert (engl.): einfügen

Der entsprechende *SQL*-Befehl lautet `INSERT`.

BESTELLUNG									
KdNr	Name	Vorname	Adresse	Telefon	ArtNr	Artikel	Preis	Anzahl	BDatum
...	...	...	...	...	...	...	...	...	...
123	Mueller	Max	Postweg 8	555180	3434	Hemd	22,90 €	1	12.07.20
123	Mueller	Max	Postweg 8	555180	2827	Jeans	69,95 €	1	12.07.20
123	Mueller	Max	Postweg 8	555180	6001	Rasierer	49,00 €	1	12.07.20
224	Nowak	Beate	Goldstr. 7	555788	3434	Hemd	22,90 €	2	13.07.20
224	Nowak	Beate	Goldstr. 7	555788	1007	Bluse	43,50 €	1	13.07.20
???	???	???	???	???	1974	Schuhe	99,95 €	???	???
...	...	...	...	...	...	...	...	...	...

Fig. 2

M

Unter **Redundanz** versteht man die Mehrfachspeicherung von Daten. Beim Ändern, Löschen oder Einfügen von Datensätzen können hierbei Probleme auftreten **(Anomalien)**. Man unterscheidet zwischen Delete-, Update- und Insert-Anomalien. Ist die Datenbank ohne Widersprüche, so ist sie **konsistent**, enthält sie Unstimmigkeiten, so ist sie **inkonsistent**.

A 1 **Supermarkt II**

Betrachte die Tabelle SORTIMENT auf Seite 142.

a) Gib an, ob es Redundanzen gibt.

b) Die Firma „Hafercompany" wird von „Knusper & Co" übernommen. Erläutere, welche Anomalien auftreten, wenn deren Produkte aus dem Sortiment genommen bzw. unter dem neuen Herstellernamen weiter vertrieben werden sollen.

2 Tiere suchen ein Zuhause

Gegeben ist folgendes Schema eines Tierheimes, in dem alle vorhandenen Tiere mit ihrem „Wohnort" aufgelistet werden:
TIERHEIM[*Name*; *Rasse*; *Art*; *Alter*; *Geschlecht*; *PlatzNr*; *PlatzTyp*; *Lage*]
PlatzNr bezeichnet die eindeutige Nummer des Schlafplatzes des Tieres, *PlatzTyp* steht für Käfig, Zwinger, Terrarium o. Ä. Mögliche Datensätze sind beispielsweise
[*Ramses*; *Boxer*; *Hund*; *3*; *m*; *31*; *Zwinger*; *draußen*]
oder
[*Mohrle*; *Perser*; *Katze*; *4*; *w*; *12*; *Käfig*; *Zimmer4*].

Tiere mit demselben Namen werden in unterschiedlichen Käfigen gehalten, sodass also (*Name*, *PlatzNr*) als Primärschlüssel angesehen werden kann.

a) Gib an, welche Attribute eventuell redundant gespeichert werden.
b) Finde jeweils drei Beispiele für Anomalien, die in dieser Tabelle auftreten können.

3 Prüfungen

Bei Bachelor-Prüfungen werden die Studierenden in mehreren Fächern von jeweils einem Professor geprüft, wobei jeder Professor auch durchaus mehrere Studierende prüfen kann. Jeder Professor hat sein eigenes Zimmer und gehört zu einem Lehrstuhl. In der Abbildung wird ein Ausschnitt aus der aktuellen Prüfungstabelle wiedergegeben.

Ein Lehrstuhl besteht aus mehreren Professoren, wissenschaftlichen Mitarbeitern, Doktoranden und Diplomanden, die alle in einem bestimmten Teilgebiet der Fakultät forschen. Geleitet wird der Lehrstuhl von einem ausgezeichneten Professor, dem Lehrstuhlinhaber.

PRUEFUNG									
MatrNr	Name	Vorname	Geburts-datum	Fach	Prof	Zimmer	Lehrstuhl	Lehrstuhl-inhaber	Note
12345	Mueller	Max	12.03.2000	Datenbanken	Gauss	12	I3-VS	Hollerith	1,3
12345	Mueller	Max	12.03.2000	Betriebssystem	Thorwald	34	I3-VS	Hollerith	1,0
44331	Niemann	Daniel	07.10.2002	Betriebssystem	Thorwald	34	I3-VS	Hollerith	2,7
44331	Niemann	Daniel	07.10.2002	Algorithmen	Linus	71	I4-PM	Keller	3,3
44331	Niemann	Daniel	07.10.2002	Automaten	Keller	72	I4-PM	Keller	2,3
70928	Reneke	Frauke	04.11.1999	Automaten	Gauss	12	I3-VS	Hollerith	2,3
70928	Reneke	Frauke	04.11.1999	Rechnernetze	Meier	85	I7-PI	Zuse	1,3
...	...	...	...	...	...	...	...	...	...

a) Gib den Primärschlüssel an, wenn kein Studierender in einem Fach mehrmals geprüft wird.
b) Untersuche die Tabelle auf Redundanzen.
c) Finde Beispiele für Anomalien, die beim Bearbeiten der Tabelle auftreten können, und erläutere, wie es dabei zu Inkonsistenzen kommen kann.

4 High Fidelity

Ein Elektronik-Fachmarkt speichert sämtliche Verkäufe in einer Datenbanktabelle mit folgendem Schema:
VERKAUF[*Kundennummer*; *Kundenname*; *Kundenadresse*; *Verkaeufernummer*; *Verkaeufername*; *Warennummer*; *Warenbezeichnung*; *Warentyp*; *Warenpreis*].

a) Erläutere den angegebenen Primärschlüssel.
b) Finde sämtliche Redundanzen, die in diesem Schema auftreten können, und zeige auch die dadurch entstehenden Anomalien an jeweils einem geeigneten Beispiel auf.

3 Datenmodelle

Werk	Jahr	Galerie	Kuenstler	Geb.	Geburtsort	Gest	To
Das bunte Leben	1907	Lenbachhaus München	Kandinsky	1866	Moskau	1944	Neu
Murnau – Grüngasse	1909	Lenbachhaus München	Kandinsky	1866	Moskau	1944	Ne
Improvisation 9	1910	Staatsgalerie Stuttgart	Kandinsky	1866	Moskau	1944	Ne
La Vie	1903	Cleveland Museum of Art	Picasso	1881	Málaga	1973	Mo
Dryade	1908	Eremitage St. Petersburg	Picasso	1881	Málaga	1973	Mo
…	…	…	…	…	…	…	…

Eine große Kunst-Datenbank enthält die Werke vieler namhafter Künstler. Dabei treten jedoch viele Redundanzen auf. Um diese zu vermeiden, soll die Tabelle einfach in der Mitte geteilt und doppelte Datensätze in den verbleibenden Tabellen sollen gelöscht werden. Erläutere, warum dies keine so gute Idee ist.

Zur Vermeidung von Anomalien und Inkonsistenzen verwendet man Datenbanken mit mehreren kleineren Tabellen anstatt einer großer Tabelle. Damit dabei keine Informationen verloren gehen, entwickelt man Datenbanken mithilfe eines Datenmodells.

Objektbeziehungen

Der Turnverein TV Jahn bietet Sportgruppen in vielen Sportarten an (vgl. Seite 48). Die Information, welches Mitglied in welcher Sportgruppe aktiv ist, stellt man durch ein **Objektdiagramm** dar. Die Objekte werden wie üblich als abgerundete Rechtecke, die Beziehungen durch Verbindungslinien zwischen den Objekten gezeichnet (Fig. 1). Die Leserichtung des Bezeichners für die Beziehung wird mit > markiert.

So sind zum Beispiel Siegfried (Mitgliedsnummer *m354*) und Maria in der Tanzgruppe (Gruppennummer *g12*) aktiv. Maria spielt zudem noch Fußball.

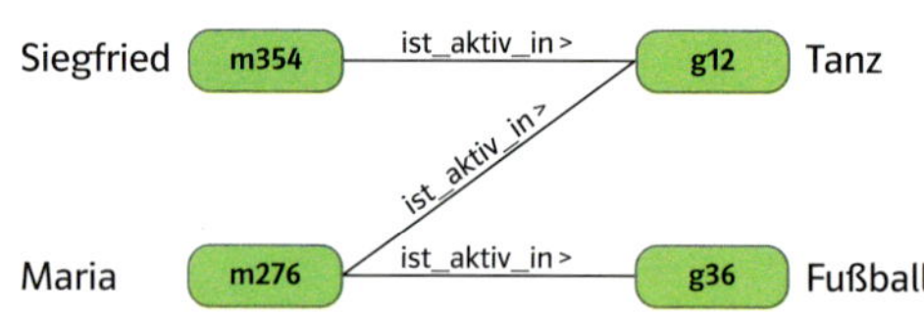

Fig. 1

Darüber hinaus betreut Herr Katz (Trainernummer *t31*) die beiden Sportgruppen *g12* und *g32*, Frau Voss dagegen in der aktuellen Saison keine Sportgruppe. Diese Situation wird durch das in Fig. 2 gezeichnete Objektdiagramm wiedergegeben.

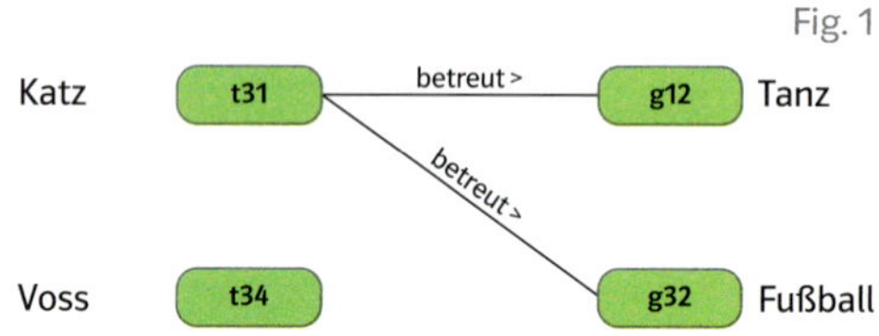

Fig. 2

Allgemein zeigen Objektdiagramme also bestehende Beziehungen zwischen einzelnen Objekten in einer bestimmten Situation.

Klassenmodell

Klassendiagramme dagegen zeigen, welche Beziehungen die Objekte der betrachteten Klasse prinzipiell eingehen können (Fig. 3). Die einzelnen Klassen werden als Rechtecke, eine Beziehung als Linie notiert. Die Angabe, wie viele Beziehungspartner ein Objekt einer Klasse haben kann, schreibt man an das jeweilige Linienende des Beziehungspartners.

Vergleiche hierzu auch die Info-Box auf Seite 153.

Für „beliebig viele" Beziehungspartner wählt man zwei verschiedene Bezeichner n und m, da die Werte nicht unbedingt gleich sind.

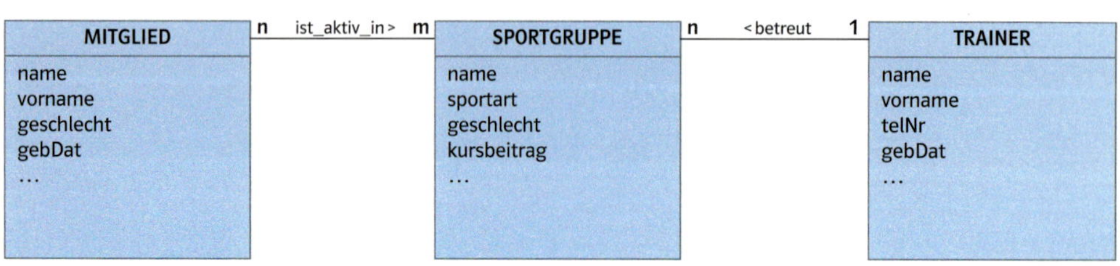

Fig. 3

1:n-Beziehungen

Ein Trainer kann mehrere oder auch gar keine Sportgruppen betreuen; dies wird im Klassendiagramm mit n auf der Beziehungslinie bei SPORTGRUPPE notiert: Jedem Objekt der Klasse TRAINER können also n (beliebig viele, möglicherweise auch keine) Objekte der Klasse SPORTGRUPPE zugeordnet werden.
Eine Sportgruppe wird von höchstens einem Trainer betreut. Jedes Objekt der Klasse SPORTGRUPPE hat daher maximal einen Beziehungspartner, was mit der 1 auf der Seite TRAINER festgehalten wird. Die Beziehung *betreut* wird als **1:n-Beziehung** bezeichnet; sie hat die **Kardinalität 1:n.**

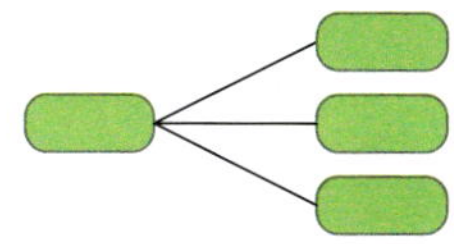

n:m-Beziehung zwischen zwei Klassen

Im TV Jahn kann jedes Mitglied beliebig viele Sportgruppen besuchen. Damit eine Sportgruppe eingerichtet wird, müssen umgekehrt mehrere Mitglieder angemeldet sein, d.h.,
- in einer Sportgruppe sind beliebig viele, also n Mitglieder aktiv,
- ein Mitglied kann in beliebig vielen, also m Sportgruppen aktiv sein.

Im Objektdiagramm können daher auf beiden Seiten von jedem Objekt mehrere Beziehungslinien ausgehen bzw. einlaufen, wie das Beispiel in Fig. 1 auf Seite 146 zeigt. Man spricht von einer **n:m-Beziehung** bzw. einer Beziehung mit **Kardinalität n:m** und notiert sie im Klassendiagramm an den Enden der Beziehungslinie.

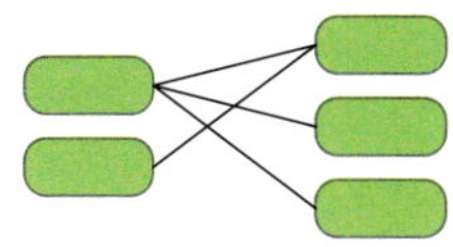

Das Symbol n auf der Seite der Mitglieder in Fig. 3 auf Seite 146 kann z.B. durch 8..20 ersetzt werden, wenn jede Sportgruppe mindestens 8 und höchstens 20 Teilnehmer haben soll.

1:1-Beziehungen

Ein Mitglied hat höchstens eine gültige Chipkarte, die ihm individuell Zugang zu seinen Sportstätten ermöglicht. Die Daten der Chipkarten, wie z.B. Kartennummer, Ausgabe- und Ablaufdatum, werden in einer eigenen Tabelle CHIPKARTE gespeichert. Umgekehrt gehört jede Chipkarte höchstens einem Mitglied. Eine **1:1-Beziehung** liegt vor, wenn wie in diesem Fall auf beiden Seiten einer Beziehung höchstens ein Beziehungspartner möglich ist (Fig. 1 und Fig. 2).

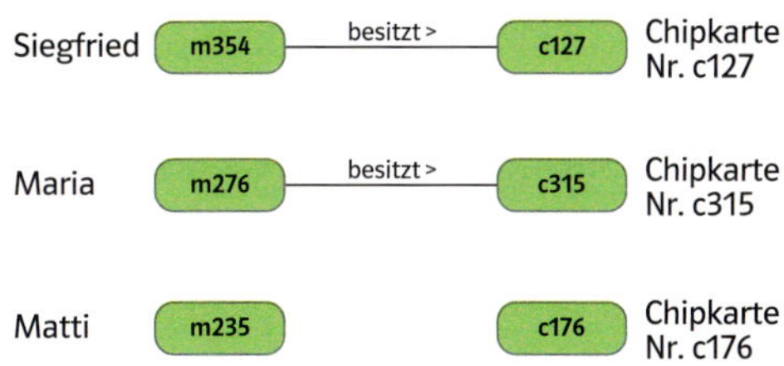

Fig. 1

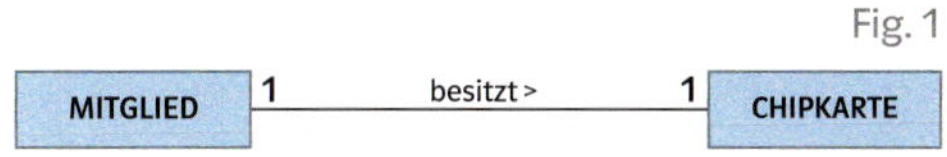

Fig. 2

Siegfried (Mitgliedsnummer *m354*) besitzt die Chipkarte mit der Nummer *c127*, Maria die Chipkarte mit Nummer *c315*. Das Mitglied m235 hat keine Chipkarte, die Chipkarte c176 gehört noch keinem Mitglied.

Klassendiagramme in Tabellen umwandeln

Ausgehend vom obigen Datenmodell soll für den TV Jahn eine Datenbank erstellt werden. Dazu wird zunächst für jede Klasse eine gleichnamige Tabelle angelegt: MITGLIED, TRAINER, SPORTGRUPPE und CHIPKARTE.
Zur Abbildung der 1:n-Beziehung zwischen TRAINER und SPORTGRUPPE wird der Primärschlüssel der Tabelle TRAINER als neue Spalte *Trainer* in die Tabelle SPORTGRUPPE aufgenommen (Fig. 3). Da das neue Attribut *trainer* auf den Primärschlüssel der „fremden" Tabelle TRAINER verweist, wird es als **Fremdschlüssel** bezeichnet.

Primärschlüssel — Fremdschlüssel — Primärschlüssel

SPORTGRUPPE					
GNr	Name	Sportart	Geschlecht	Kursbeitrag	Trainer
g12	Latein	Tanz	offen	25	t31
g15	Jazzdance	Tanz	offen	25	t56
g32	Rock'n'Roll	Tanz	offen	25	t31
g37	Herren I	Fußball	m	12	t70
...	...	...	...	...	...

TRAINER				
TNr	Name	Vorname	GebDatum	TelNr
t31	Katz	Karlo	12.05.1965	2449876
t34	Voss	Veronika	03.10.1970	858583
t52	Reichhart	Stephen	24.11.1973	6644001
t56	Kargl	Michaela	07.08.1988	23343121
...	...	...	...	...

Fig. 3

Um Fremdschlüssel zu kennzeichnen, setzen wir einen Überstrich.

Bei einer 1:1-Beziehung wie zwischen MITGLIED und CHIPKARTE kann frei gewählt werden, in welcher der beiden Tabellen der Fremdschlüssel aufgenommen wird.

Die Behandlung einer m:n-Beziehung wird in Lerneinheit 5 thematisiert (vgl. Seite 161ff.).

Primärschlüssel — Fremdschlüssel — Primärschlüssel

MITGLIED					
MNr	Name	Vorname	Geschlecht	GebDat	Chipkarte
m123	Zuse	Konny	m	23.01.2009	c444
m276	Pascal	Maria	w	01.08.1960	c315
m354	Sieger	Siegfried	m	03.03.1988	c127
m444	Meitner	Lisa	w	24.07.2002	
...	...	...	...	...	...

CHIPKARTE					
CNr	Nummer	Ausgabedat	Ablaufdat	ZugangFitness	ZugangHalle1
c127	90127	01.01.2000	31.12.2025	true	true
c315	83888	14.02.2019	13.02.2024	true	false
c501	72000	15.07.2020	14.01.2021	false	true
...	...	...	...	...	...

Hier wurde die Tabelle MITGLIED um die Spalte *Chipkarte* erweitert. Das Attribut *chipkarte* in MITGLIED ist also Fremdschlüssel und verweist auf den Primärschlüssel *CNr* der Tabelle CHIPKARTE. Dabei ist es durchaus möglich, dass manche Mitglieder derzeit keine Chipkarte haben, beispielsweise wenn ihre Mitgliedschaft ruht. Umgekehrt wäre es auch möglich gewesen, die Tabelle CHIPKARTE um eine Spalte mit der Mitgliedsnummer zu erweitern. In diesem Fall hätten alle Chipkarten, die derzeit nicht verwendet werden, keine Einträge im Fremdschlüssel mit der Mitgliedsnummer (und wahrscheinlich auch nicht in den meisten anderen Attributen wie *ausgabedatum*).

M

Das **Klassenmodell** umfasst alle Klassen mit ihren Attributen, dargestellt in jeweils einer Klassenkarte, sowie die Beziehungen zwischen diesen Klassen mit den zugehörigen **Kardinalitäten.**

Im **relationalen Datenbankmodell** wird für jede Klasse eine Tabelle mit den entsprechenden Attributen als Spalten erstellt.
Bei einer Beziehung der Kardinalität 1:n wird die Tabelle der Klasse auf der Seite mit Kardinalität n um eine Spalte erweitert, sodass der Primärschlüsselwert des jeweiligen Beziehungspartners als **Fremdschlüsselwert** eingefügt werden kann.
Bei einer 1:1-Beziehung kann eine beliebige der Tabellen beider Klassen erweitert werden.

A

1 Sportverein

Ergänze das Klassendiagramm des Sportvereins von Seite 146 um die Klassen ABTEILUNG (jede Sportgruppe gehört zu genau einer Abteilung, z.B. „Volleyball" oder „Turnen") und ABTEILUNGSLEITER. Überlege dir geeignete Attribute für die Klassen sowie Kardinalitäten bei den Beziehungen und gib das zugehörige relationale Datenbankmodell an.

2 Objekte und Klassen in Grafiken

a) Liste sämtliche Objekte auf, aus denen die Zeichnung rechts zusammengestellt ist. Beschreibe fünf ausgewählte Objekte, indem du deren Attributwerte in der Punktnotation darstellst, so wie du es in Band 1 bzw. 1A gelernt hast.
Beispiel: *kamin.füllfarbe = schwarz*

b) Ordne jedes Objekt seiner Klasse zu und erstelle zu jeder Klasse eine Klassenkarte mit den passenden Attributen.

c) Finde geeignete Gruppenobjekte und gib jeweils ein Klassendiagramm mit geeigneten Kardinalitäten an, das die Beziehungen zwischen den beteiligten Objekten beschreibt.

3 Objekte und Klassen in Textdokumenten

Gib an, welche Klassen man in Textdokumenten findet, und stelle die Beziehungen zwischen diesen in einem Klassendiagramm mit geeigneten Kardinalitäten dar.

Integritätsbedingungen für Datensätze

Bei der Änderung des Datenbestandes durch Einfügen oder Löschen von Datensätzen muss jederzeit die logische Übereinstimmung der Tabelleninhalte gewährleistet sein. Ein Datenbankmanagementsystem hat die Aufgabe, sowohl die Integrität der Daten als auch die der Beziehungen automatisch zu kontrollieren und bei Bedarf eine Fehlermeldung auszugeben.

Die **Datenintegrität** (Integrität der Daten) beinhaltet beispielsweise, dass es in einer Tabelle keine zwei Datensätze mit gleichem Primärschlüsselwert gibt, dass also die Eindeutigkeit des Primärschlüssels bei allen Änderungen gewährleistet ist oder auch dass Attributwerte nur mit dem im Tabellenschema festgesetzten Wertebereich (Datentyp) belegt werden dürfen. In der Tabelle TRAINER (Fig. 3 auf Seite 147) darf z. B. kein weiterer Datensatz mit *TNr* = 't31' eingefügt werden.

Die **referentielle Integrität** (Integrität der Beziehungen) ist gewährleistet, wenn es zu jedem Fremdschlüssel tatsächlich einen zugehörigen Datensatz mit gleichem Primärschlüsselwert in der referenzierten Tabelle gibt. *Trainer* in der Tabelle SPORTGRUPPE ist Fremdschlüssel und verweist auf *TNr* der Tabelle TRAINER. Jeder Attributwert von *Trainer* in SPORTGRUPPE muss damit auch in der Tabelle TRAINER vorkommen. Sie sind in Fig. 1 gleichfarbig markiert.

Fremdschlüssel, verweist auf *Tnr* von TRAINER

Primärschlüssel von TRAINER

SPORTGRUPPE

GNr	Name	Sportart	Geschlecht	Kursbeitrag	Trainer
g12	Latein	Tanz	offen	25	t31
g15	Jazzdance	Tanz	offen	25	t56
g32	Rock'n'Roll	Tanz	offen	25	t31
g55	Hockey J1	Feldhockey	m	12	t52
g56	Hockey J2	Feldhockey	m	12	t52
...	...	...	...	...	...

TRAINER

TNr	Name	Vorname	GebDatum	TelNr
t31	Katz	Karlo	12.05.1965	2449876
t34	Voss	Veronika	03.10.1970	858583
t52	Reichhart	Stephen	24.11.1973	6644001
t56	Kargl	Michaela	07.08.1988	23343121
...	...	...	...	...

Fig. 1

Jedoch leitet nicht jeder Trainer eine Sportgruppe, z. B. Veronika Voss. Deshalb muss nicht jede *TNr* in der Tabelle SPORTGRUPPE vorkommen.

Sicherheit bei der Bearbeitung von Daten

Nicht nur beim Einfügen und Löschen, sondern auch beim Ändern von Datensätzen muss die Integrität des Datenbestandes jederzeit gewährleistet sein. Schwierig erscheint dies, wenn eine Bearbeitung von Daten mehrere Operationen erfordert. So verlässt z. B. Herr Katz den Sportverein und Frau Weidlinger, eine neue Trainerin, übernimmt alle seine Sportgruppen. Dann müssten zugleich drei Datensätze mit den Werten „Katz" (Fig. 1) geändert werden.

Diese Aufgabe kann jedoch automatisch von Datenbankmanagementsystemen gelöst werden. Erst wenn alle zusammengehörigen Operationen erfolgreich durchgeführt worden sind, werden die Änderungen endgültig gespeichert. Treten Fehler auf, kann der alte Datenzustand wiederhergestellt werden („Rollback").

4 Objekte und Klassen in Multimediadokumenten

Eine kleine Präsentation über das Rauchverhalten von Schülern besteht aus nur drei Folien.

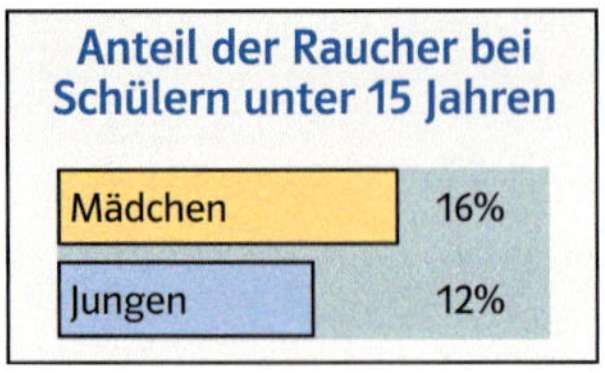

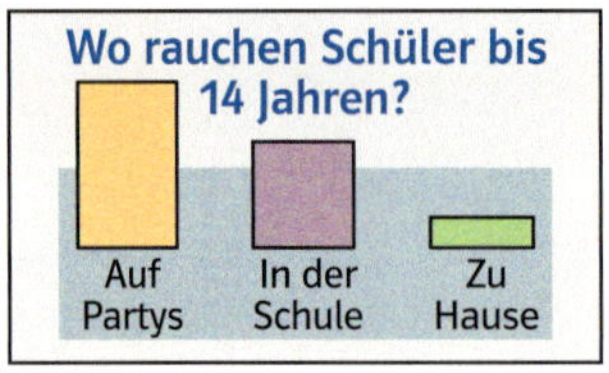

a) Analysiere alle vorkommenden Objekte und zeichne das zugehörige Objektdiagramm.

b) Ordne jedes Objekt seiner Klasse zu und skizziere das Klassendiagramm mit geeigneten Kardinalitäten.

5 Wahlkurs-Organisation I

In einer Schule werden mehrere Wahlkurse angeboten. Jeder Wahlkurs wird von genau einer Lehrkraft geleitet. Eine Lehrkraft kann jedoch mehrere Wahlkurse leiten. Die Beziehung *wird_geleitet_von* hat also die Kardinalität n : 1 (vgl. Klassendiagramm rechts).

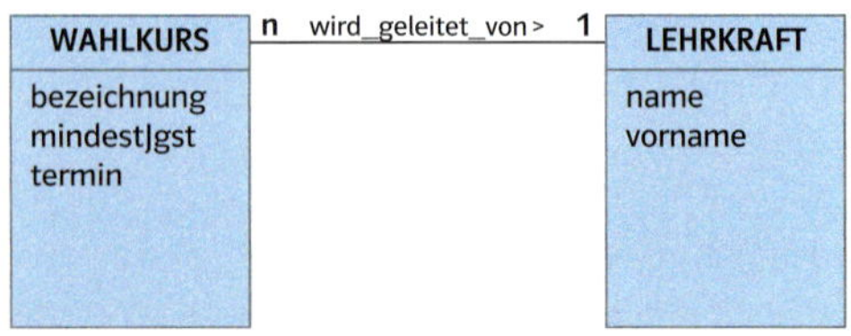

a) Erläutere die angegebenen Attribute. Begründe, warum sich zumindest bei LEHRKRAFT kein Attribut als Schlüssel eignet. Erläutere in diesem Zusammenhang die Bedeutung des an den meisten Schulen gebräuchlichen „Lehrerkürzels".

b) Frau Mangold gibt Fotografie und Theater, Herr Meier leitet zwei Chöre und Frau Reiter unterrichtet den Volleyballkurs. Gib zu diesen Vorgaben das zugehörige Objektdiagramm und geeignete Tabellen an.

c) Ergänze jeweils das Schema der Tabellen WAHLKURS und LEHRKRAFT um weitere geeignete Attribute, passend zu deiner Schule. Gib zu beiden Tabellen jeweils wenigstens fünf Datensätze an.

6 Welt der Schlangen

Weltweit gibt es über 3800 verschiedene Arten von Schlangen (Stand: Juli 2020). Jede Schlangenart gehört zu einer bestimmten Familie und jede Schlange ist in einer bestimmten Region beheimatet. Die abgebildete Königskobra gehört beispielsweise zur Familie der Giftnattern und man findet sie vor allem in Süd- und Südostasien.

a) Erstelle zu mindestens fünf verschiedenen Schlangenarten jeweils eine Objektkarte, indem du dir geeignete Attribute überlegst. Erkläre, warum du die Familie als Attribut mit aufnehmen kannst, und erläutere Alternativen.

b) Erstelle zu allen vorkommenden Regionen eine Objektkarte und stelle jeweils Schlangenart und Region in Beziehung zueinander.

c) Erläutere, ob es sich bei „Königskobra" wirklich um ein „Objekt" (im Sinne der Informatik) handelt, wenn doch viele Schlangen (die selten einen Namen haben, außer sie leben im Zoo) zu dieser Gattung gehören.

7 Spende Blut!

Blut spenden kann jeder Gesunde im Alter von 18 bis 73 Jahren, der mindestens 50 kg wiegt.
Vor dem Blutspenden wird jeder Spendenwillige von einem Arzt untersucht und muss einige Fragen beantworten. Wer nach dieser Überprüfung als geeignet eingestuft wird, kann sicher sein, dass er ohne Gefahr für seine eigene Gesundheit etwa einen halben Liter Blut spenden darf.
In einer Datenbank sollen alle Blutspender verwaltet werden.

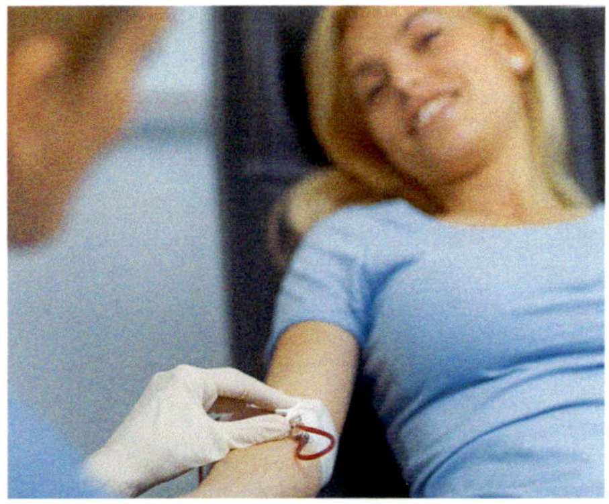

a) Erläutere, welche Daten über die Blutspender wohl von Interesse sind, und erstelle eine passende Klassenkarte.
b) Informiere dich, welche Blutgruppen es gibt und was der Rhesusfaktor bedeutet.
c) Benötigt ein Kranker oder ein Unfallopfer Blut, so darf nicht jede Blutgruppe verwendet werden, da sich einige untereinander nicht vertragen. Erstelle eine grafische Übersicht, welche Blutgruppen untereinander als Spender bzw. Empfänger in Betracht kommen.
d) Erläutere, welche Beziehungen zwischen den Klassen SPENDER und BLUTGRUPPE existieren könnten, und erkläre, inwieweit sich auch die Informationen aus Teilaufgabe c) integrieren lassen.

8 Beziehungskisten I

a) Gib zu den in Fig. 1 angegebenen Klassendiagrammen jeweils die Kardinalitäten an und ergänze die Klassenkarten durch geeignete Attribute.
b) Gib jeweils das zugehörige Datenbankmodell an. Begründe bei den 1:1-Beziehungen, welche Tabelle du erweitern würdest.

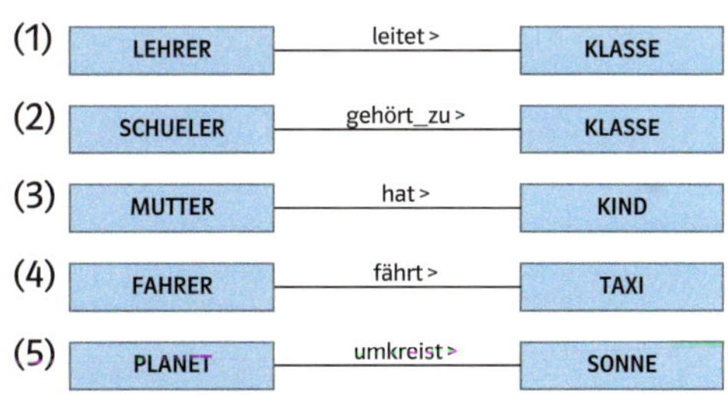

Fig. 1

9 Organigramme

Ein Organigramm stellt die (meist hierarchische) Struktur eines Unternehmens oder einer Behörde dar.
a) Betrachte das in Fig. 2 dargestellte Organigramm und erläutere die Objekte und ihre Beziehungen untereinander. Gib an, wie man die Beziehungen bezeichnen und welche Attribute man in den zugehörigen Objektkarten vermerken könnte.
b) Lade dir von der Webseite des bayerischen Kultusministeriums dessen Organigramm herunter und diskutiere es mit deinem Banknachbarn.
c) Informiere dich über die Schulhierarchie deines Gymnasiums und erstelle ein Organigramm.

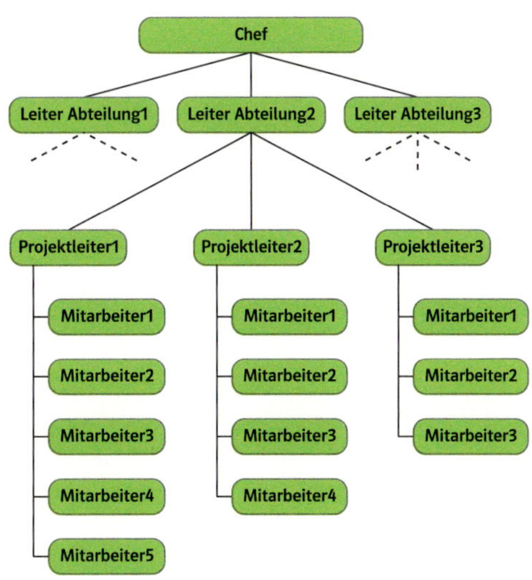

Fig. 2

Hinweis:
In manchen Zeichenprogrammen gibt es eine Vorlage für Organigramme.

10 Unternehmensstrukturen

Große Unternehmen haben oft mehrere Tätigkeitsfelder und sind meist sehr hierarchisch strukturiert. Ein großes deutsches Transportunternehmen ist beispielsweise in die Bereiche „Personenverkehr", „Güterverkehr" und „Infrastruktur" aufgeteilt. Für einen Technologiekonzern soll eine neue Datenbank entwickelt werden. Als Grundlage steht das Klassendiagramm aus Fig. 1 zur Verfügung.
Jeder Mitarbeiter arbeitet in genau einer Abteilung und hat genau einen direkten Vorgesetzten (nicht zwingend den Abteilungsleiter). Jede Abteilung und jeder Bereich werden von genau einem Mitarbeiter geleitet. Nur höher eingestufte Mitarbeiter fahren einen Dienstwagen. Jeder Bereich ist wiederum in mehrere Abteilungen unterteilt, z. B. „Human Resources" oder „IT".

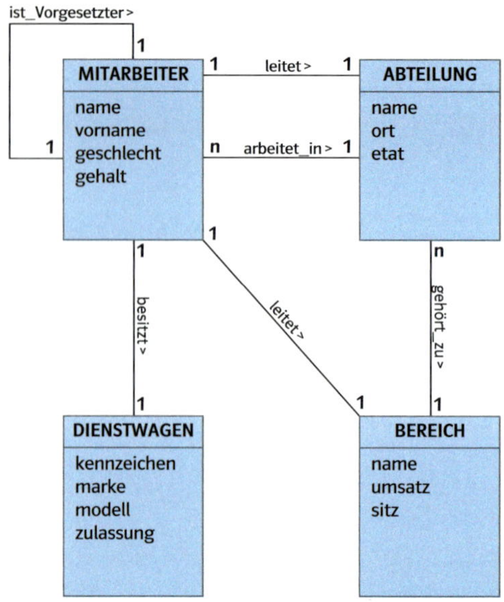

Fig. 1

a) Erläutere die Attribute und weiteren Beziehungen inklusive ihrer Kardinalitäten. Diskutiere, welche Attribute du noch hinzufügen würdest.
b) Begründe, welche Klassen bei der Überführung in ein relationales Datenbankmodell zwingend einen künstlichen Schlüssel benötigen und warum das Hinzufügen eines künstlichen Schlüssels für alle anderen Klassen ebenso sinnvoll ist.
c) Überführe das Klassenmodell in das zugehörige relationale Modell. Begründe, dass bei allen 1:1-Beziehungen in diesem Beispiel jeweils die Erweiterung eines Beziehungspartners deutlich geschickter als die Erweiterung der anderen zugehörigen Tabelle ist.
d) Formuliere folgende Abfragen in *SQL*.
(1) Liste alle Dienstwagen auf.
(2) Gesucht sind alle Mitarbeiter mit einem Jahreseinkommen von mindestens 100 000 €.
(3) Wie hoch ist jeweils der Etat der IT-Abteilung in den verschiedenen Orten?
(4) Wo hat der Bereich „Home Entertainment" des Unternehmens seinen Geschäftssitz?
(5) Gib alle Dienstwagen mit Münchner Kennzeichen aus.

11 Beziehungskisten II

In Fig. 2 sind jeweils zwei Klassen mit ihren Beziehungen gezeigt. Gib jeweils möglichst sinnvolle Tabellenschemata für die beteiligten Klassen an.

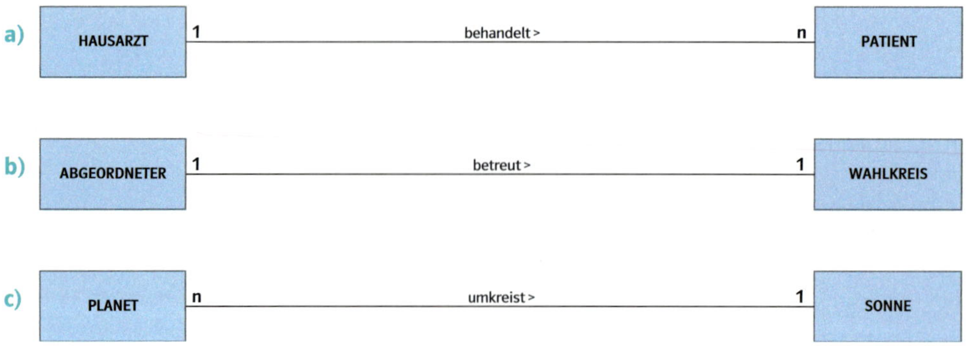

Fig. 2

E-R-Diagramme

Anstelle von Klassendiagrammen (z. B. Fig. 2) werden bei Datenbanken auch öfters „Entity-Relationship-Diagramme" (E-R-Diagramme, Fig. 1) verwendet. Beide unterscheiden sich nicht in ihrem Informationsgehalt, sondern in der äußeren Darstellung (Repräsentation).

Jede Entity entspricht einer Klassenkarte und jede Relationship einer Beziehung zwischen diesen. Beziehungen erhalten wie die Klassen einen eindeutigen Bezeichner, der in eine Raute geschrieben wird. Die Attribute der Klassen (und eventuell auch die der Beziehungen) werden in Ellipsen an die Klasse (in einem Rechteck) angefügt.

entity (engl.): Einheit
relationship (engl.): Beziehung

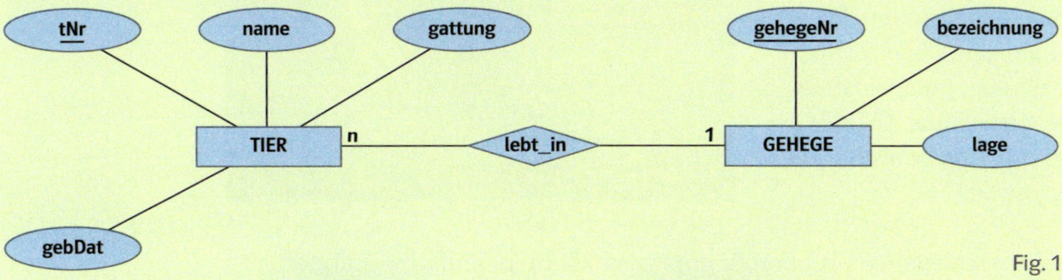

Fig. 1

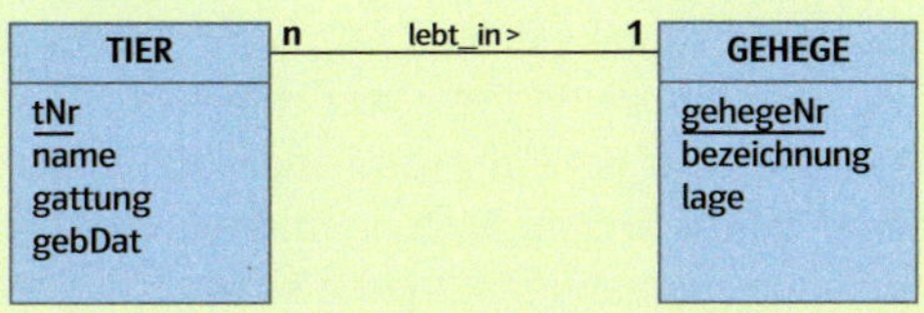

Fig. 2

12 Tierpark

Im örtlichen Zoo leben viele Tiere verschiedener Gattungen. Jedes Tier wird mit einer bestimmten Nummer gekennzeichnet, bekommt einen Namen, hat ein Geburtsdatum und lebt in einem bestimmten Gehege (bzw. Voliere, Terrarium usw.), von dem wiederum die Lage interessant ist. Im Tierpark arbeiten viele Angestellte, darunter Wärter und Pfleger für die Tiere, aber auch Verwaltungspersonal, Kassierer und Tierärzte.
Jeder Mitarbeiter, von dem neben einer Mitarbeiternummer auch Name, Vorname, Adresse und Gehaltsstufe gespeichert werden sollen, arbeitet in einem bestimmten Bereich bzw. versorgt die Tiere eines Geheges oder mehrerer bestimmter Gehege. Das Futter für die Tiere wird von verschiedenen Lieferanten geliefert. Manche Tiere, z. B. einige Schlangen, benötigen Lebendfutter. Darüber hinaus gibt es im Zoo auch mehrere Imbisse, Verkaufsstände für Süßigkeiten, Hot Dogs und Eis sowie Restaurants für die Besucher. Dazu wurden ebenfalls Mitarbeiter als Verkäufer und Köche eingestellt.

a) Beschreibe alle notwendigen Klassen mit den zugehörigen Attributen in jeweils einer Klassenkarte. Ergänze gegebenenfalls noch weitere sinnvolle Attribute und unterstreiche den Primärschlüssel.
b) Modelliere das Klassendiagramm und beschrifte alle notwendigen Klassenbeziehungen. Gib auch die zugehörigen Kardinalitäten an.
c)* Zeichne zum Vergleich das zugehörige Entity-Relationship-Diagramm.

Zur Lösung der Aufgabe 12 c) ist die Info-Box nötig.

13 Freizeitaktivitäten

Jeder eurer Mitschüler kann – wie ihr selbst – als Objekt mit den Attributen *name*, *vorname*, *geburtsdatum* und *ort* angesehen werden.

a) Erstelle auf einem Blatt Papier oder einer Karteikarte eine persönliche Objektkarte von dir mit oben angegebenen Attributen und den zugehörigen Werten. Die Karte selbst soll den Bezeichner *SchülerX* erhalten, wobei das *X* durch die entsprechende Nummer (Position) auf der Klassenliste zu ersetzen ist.

Natürlich kannst du auch fiktive Werte aufschreiben.

b) Tragt zusammen, in welchen Gruppen, Wahlkursen oder Vereinen ihr euch in eurer Freizeit engagiert (z.B. Schulchor, Jugendgruppe oder Fußballverein). Erstellt zu jeder Gruppe eine Objektkarte mit folgenden Attributen: *gruppenname*, *träger* (z.B. Schule, Verein oder Kirche), *art*, *termine* und *leiter*. Vergebt als Bezeichner *gruppe1*, *gruppe2* …

Hinweis:
Falls die Anzahl der verschiedenen Gruppen zu groß wird, könnt ihr ähnliche Gruppen jeweils zusammenfassen, eine allgemeinere Bezeichnung wählen (z.B. *Fußballverein* statt *Fußball SV Jahn, B-Jugend*) und auf die Attribute *termine* und *leiter* verzichten.

c) Heftet sämtliche Schülerkarten auf die eine Seite der Pinnwand oder Tafel in eurem Klassenzimmer und sämtliche Gruppenkarten auf die andere Seite. Verbindet mit Fäden bzw. Kreide Schüler und Gruppe, die in Beziehung zueinander stehen, also jede Schülerin und jeden Schüler mit sämtlichen Gruppen, in denen diese(r) aktiv ist.

14 Der deutsche Bundestag

Der Deutsche Bundestag setzt sich aus mehreren hundert Abgeordneten zusammen, die alle höchstens einer Fraktion angehören. Jede Fraktion hat eine eindeutige Bezeichnung, eine Postadresse und einen oder mehrere Abgeordnete als Vorsitzende. Der Vorsitzende des Bundestags ist der Bundestagspräsident; vertreten wird dieser von mehreren Vizepräsidenten. Der Bundestag beschließt Bundesgesetze. Diese haben eine Nummer, eine genaue Bezeichnung und ein Beschlussdatum.

a) Erstelle geeignete Klassenkarten und ergänze gegebenenfalls noch fehlende Attribute. Unterstreiche den Primärschlüssel.

b) Zeichne ein möglichst umfassendes Klassendiagramm.

c) In Fig. 1 sind neben dem Bundestag auch die weiteren Bundesorgane und deren Beziehungen untereinander dargestellt. Erläutere das Diagramm. Gib mögliche Klassenkarten und ihre Attribute an.

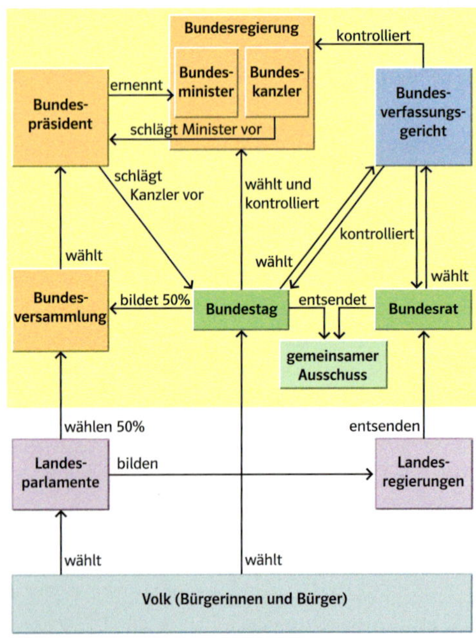

Fig. 1

Fraktion:
Mindestens fünf Prozent der Mitglieder des Bundestags, die derselben Partei oder solchen Parteien angehören, die aufgrund gleich gerichteter politischer Ziele in keinem Bundesland miteinander im Wettbewerb stehen, können eine Fraktion bilden.

d) Versuche, das Diagramm, soweit möglich, in ein Klassendiagramm zu übersetzen. Überlege dir hierbei auch, wie die Kardinalitäten aussehen müssten.

4 Abfragen aus mehreren Tabellen

Gibt es Schülerinnen oder Schüler in eurer Klasse mit Initialen, die nur aus den Buchstaben auf den Kugeln aus den beiden Bechern gebildet werden können? Wie viele verschiedene Initialen könnten mit den angegebenen Buchstaben auf diese Weise kombiniert werden?

Für bestimmte Fragestellungen müssen Daten aus mehreren Tabellen zusammengeführt werden. Dazu gibt es spezielle Abfragen, die diese Tabellen verknüpfen.

Verknüpfung zweier Tabellen

Die Schulküche preist ihre Vielfalt an Mittagsmenüs an. Man kann täglich zwischen sechs verschiedenen Menüs wählen. Ein genauerer Blick auf die Speisekarte zeigt jedoch, dass immer nur drei verschiedene Suppen und zwei verschiedene Hauptgerichte zur Auswahl stehen.

Ein Mittagsmenü besteht aus Suppe und Hauptgericht. Kombiniert man jede der drei Suppen mit jedem der zwei Hauptgerichte, so ergeben sich insgesamt $3 \cdot 2 = 6$ Möglichkeiten (Baumdiagramm in Fig. 1).

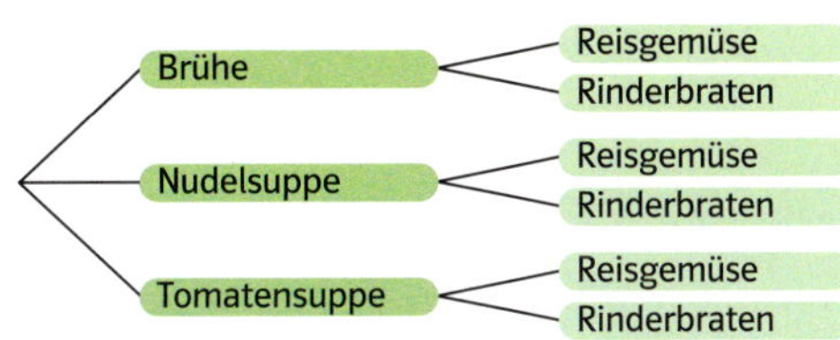

Fig. 1

Das **Kreuzprodukt (kartesische Produkt)** ist eine Funktion, die zwei Tabellen mit n bzw. m Datensätzen in eine Tabelle mit $n \cdot m$ Datensätzen abbildet. Dabei wird jeder Datensatz der ersten Tabelle der Reihe nach mit jedem Datensatz der zweiten Tabelle verknüpft. Die Spalten der Ergebnistabelle ergeben sich aus der Aneinanderreihung der Spalten beider Eingabetabellen.
In Fig. 2 werden durch das Kreuzprodukt SUPPE × HAUPTGERICHT zwei Tabellen mit 3 bzw. 2 Datensätzen in eine Tabelle mit $3 \cdot 2 = 6$ Datensätzen abgebildet. Die Anzahl der Spalten ergibt sich zu $2 + 2 = 4$.

SUPPE

SBezeichnung	SPreis
Brühe	1,50
Nudelsuppe	2,70
Tomatensuppe	3,90

HAUPTGERICHT

HBezeichnung	HPreis
Reisgemüse	6,60
Rinderbraten	9,30

Kreuzprodukt

SBezeichnung	SPreis	HBezeichnung	HPreis
Brühe	1,50	Reisgemüse	6,60
Brühe	1,50	Rinderbraten	9,30
Nudelsuppe	2,70	Reisgemüse	6,60
Nudelsuppe	2,70	Rinderbraten	9,30
Tomatensuppe	3,90	Reisgemüse	6,60
Tomatensuppe	3,90	Rinderbraten	9,30

MENUE

Fig. 2

Abfrage mit zwei Tabellen

Die Funktion Abfrage von Seite 141 kann nicht nur eine einzelne Tabelle, sondern auch zwei oder mehr Tabellen verarbeiten. Dabei wird zuerst immer das Kreuzprodukt der Eingabetabellen gebildet. In der Abfragesprache *SQL* werden die beiden abgefragten Tabellen hinter dem Wort `FROM` durch ein Komma getrennt notiert. Die Abfrage zur Ausgabe der Kreuzprodukttabelle aus den Tabellen SUPPE und HAUPTGERICHT von Fig. 2 lautet demnach beispielsweise:

```
SELECT *
FROM SUPPE, HAUPTGERICHT
```

Durch die Angabe * im `SELECT`-Befehl werden sämtliche Attribute aufgelistet (vgl. Info-Box auf Seite 60).

Auswahl sinnvoller Datensätze

Eine Bibliothek verleiht Exemplare verschiedener Medien (Bücher, CDs, DVDs ...). Jedes einzelne Medium ist durch eine eindeutige *MedienNr* identifizierbar, Kunden sind durch ihre *KundenNr* registriert (Fig. 1). Sie können gleichzeitig beliebig viele Medien ausleihen.

MEDIUM			
MedienNr	Art	Titel	Entleiher
m00420	Buch	Emil und die Detektive	k0468
m01421	Buch	Griechische Sagen	k0468
m00015	CD	Italienisch sprechen lernen	–
m21220	DVD	Die drei Helden	k0053
...	...	...	...

KUNDE			
KundenNr	Name	Vorname	TelNr
k0053	Vogel	Bernhard	4791
k0468	Müller	Marina	12480
k1435	Hart	Caroline	7736
...	...	...	...

Fig. 1

Die Klassen KUNDE und MEDIUM stehen über die Ausleihe in Beziehung zueinander. Welcher Kunde gerade welche Medien ausgeliehen hat, wird über den Fremdschlüssel *Entleiher* in der Tabelle MEDIUM ausgedrückt. Dieser verweist auf den Primärschlüssel *KundenNr* der Tabelle KUNDE und legt damit die Beziehung *hat_ausgeliehen* fest. In der dargestellten Situation (Fig. 2) ist diese Beziehung in drei Fällen realisiert.

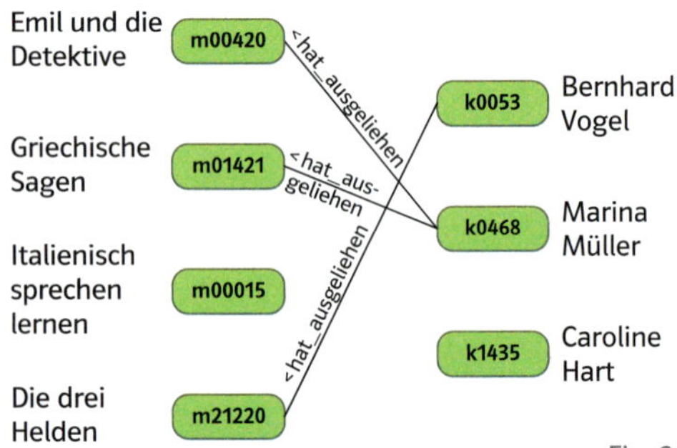

Fig. 2

Wenn man eine Liste der ausgeliehenen Medien mit den zugehörigen Namen der Entleiher anzeigen lassen will, müssen Informationen aus beiden Tabellen miteinander kombiniert werden. Dabei ist nicht jede mögliche Kombination sinnvoll, weil nicht jeder Kunde jedes Medium ausgeliehen haben kann. Sinnvoll sind nur diejenigen Kombinationen, bei denen jeweils der Wert des Fremdschlüssels *Entleiher* in der Tabelle MEDIUM mit dem Wert des Primärschlüssels *KundenNr* der Tabelle KUNDE übereinstimmt. Die Bedingung lautet hier also *Entleiher* = *KundenNr*. Eine sinnvolle Kombination bilden z. B. das Buch *Emil und die Detektive* und die Kundin *Marina Müller*, da sie dieses Buch gerade ausgeliehen hat. Diese gesamte Operation bezeichnet man als **Join** zweier Tabellen.

to join (engl.): verbinden, zusammenfügen

I

Uneindeutige Spaltenbezeichner bei verknüpften Abfragen

Besitzen bei der Verknüpfung von Tabellen mehrere Tabellen denselben Spaltenbezeichner, so muss bei Abfragen deutlich gemacht werden, welche Spalte gemeint ist. In Aufgabe 10 auf Seite 160 besitzen beispielsweise die Spalte *Name*. Will man etwa die Hauptstädte aller Bundesländer wissen, dann ist in der Abfrage `SELECT Name FROM BUNDESLAND, STADT WHERE Hauptstadt = Nr` nicht klar, ob der Name des Bundeslandes oder der Stadt gesucht ist. Daher muss zusätzlich die Tabelle angegeben werden:

```
SELECT STADT.Name
FROM BUNDESLAND, STADT
WHERE BUNDESLAND.Hauptstadt = STADT.Nr
```

oder kürzer

```
SELECT S.Name
FROM BUNDESLAND B, STADT S
WHERE B.Hauptstadt = S.Nr
```

Bei eindeutigen Spaltenbezeichnern (wie in der Join-Bedingung *Hauptstadt* = *Nr*) kann auf die Angabe der mit einem Punkt vorangestellten Tabellennamen auch verzichtet werden.

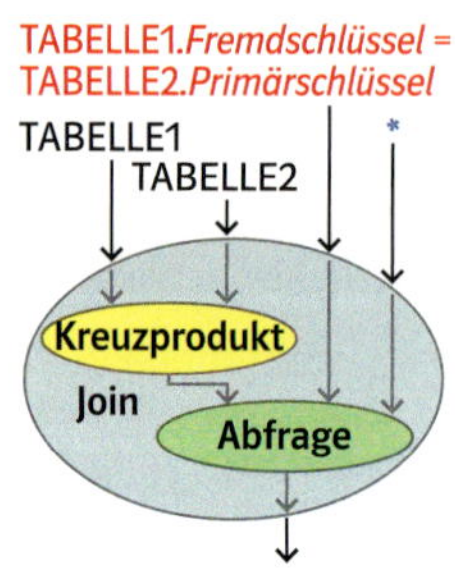

Man kann sich die Bildung des Joins zweier Tabellen als Hintereinanderausführung eines Kreuzproduktes und einer passenden Abfrage vorstellen. Fig. 1 zeigt das zugehörige Datenflussdiagramm des Beispiels.

MEDIUM

MedienNr	Art	Titel	Entleiher
m00420	Buch	Emil und die Detektive	k0468
m01421	Buch	Griechische Sagen	k0468
m00015	CD	Italienisch sprechen lernen	–
m21220	DVD	Die drei Helden	k0053

KUNDE

KundenNr	Name	Vorname	TelNr
k0053	Vogel	Bernhard	4791
k0468	Müller	Marina	12480
k1435	Hart	Caroline	7736

Kreuzprodukt

MedienNr	Art	Titel	Entleiher	KundenNr	Name	Vorname	TelNr
m00420	Buch	Emil und die Detektive	k0468	k0053	Vogel	Bernhard	4791
m00420	Buch	Emil und die Detektive	k0468	k0468	Müller	Marina	12480
m00420	Buch	Emil und die Detektive	k0468	k1435	Hart	Caroline	7736
m01421	Buch	Griechische Sagen	k0468	k0053	Vogel	Bernhard	4791
m01421	Buch	Griechische Sagen	k0468	k0468	Müller	Marina	12480
m01421	Buch	Griechische Sagen	k0468	k1435	Hart	Caroline	7736
m00015	CD	Italienisch sprechen lernen	–	k0053	Vogel	Bernhard	4791
m00015	CD	Italienisch sprechen lernen	–	k0468	Müller	Marina	12480
m00015	CD	Italienisch sprechen lernen	–	k1435	Hart	Caroline	7736
m21220	DVD	Die drei Helden	k0053	k0053	Vogel	Bernhard	4791
m21220	DVD	Die drei Helden	k0053	k0468	Müller	Marina	12480
m21220	DVD	Die drei Helden	k0053	k1435	Hart	Caroline	7736

Entleiher = KundenNr *

Abfrage

MedienNr	Art	Titel	Entleiher	KundenNr	Name	Vorname	TelNr
m00420	Buch	Emil und die Detektive	k0468	k0468	Müller	Marina	12480
m01421	Buch	Griechische Sagen	k0468	k0468	Müller	Marina	12480
m21220	DVD	Die drei Helden	k0053	k0053	Vogel	Bernhard	4791

Fig. 1

Das Kreuzprodukt kombiniert jedes Medium mit jedem Kunden, auch mit denjenigen, die das Medium nicht ausgeliehen haben!

Es sind nur die Kombinationen sinnvoll, die tatsächlich eine Beziehung eingehen. Das sind die Objektpaare, die in Fig. 2 auf Seite 156 durch eine Beziehungslinie verbunden sind.

Joins in Abfragen

In der Abfragesprache *SQL* wird die Bedingung zur Auswahl von Datensätzen wie üblich hinter `WHERE` angegeben. Die *SQL*-Abfrage passend zu Fig. 1 lautet:

```
SELECT *
FROM MEDIUM, KUNDE
WHERE Entleiher = KundenNr
```

Das **Kreuzprodukt** TABELLE1 × TABELLE2 bildet aus zwei Tabellen eine neue Tabelle, in der jeder Datensatz der ersten Tabelle mit jedem Datensatz der zweiten Tabelle verknüpft ist.

Der **Join** entsteht durch Hintereinanderausführung eines Kreuzproduktes und einer Abfrage, die nur die Zeilen des Kreuzproduktes mit den Daten der korrekten Beziehungspartner ausgibt. Bei diesen stimmen die Werte des Fremdschlüssels mit den Werten des zugehörigen Primärschlüssels überein.

1 Neue Menüs

a) Das Kreuzprodukt VORSPEISE × HAUPTGERICHT hat insgesamt 24 Datensätze. Bestimme, wie viele Vorspeisen und Hauptgerichte jeweils möglicherweise angeboten werden.

b) Erläutere, wie viele Vorspeisen, Hauptgerichte und Nachspeisen jeweils im Angebot sein können, wenn das Kreuzprodukt VORSPEISE × HAUPTGERICHT × DESSERT insgesamt 48 Datensätze hat.

2 Routenplaner

Eine Wandergruppe plant eine Route, die aus zwei Etappen bestehen soll. Bis zur Mittelstation stehen je nach Schwierigkeitsgrad vier Wanderwege zur Verfügung. Nach einer Stärkung soll es auf einem der drei Pfade weiter bis zum Gipfel gehen. In zwei Tabellen sind die Routen zur Mittelstation bzw. von der Mittelstation zum Gipfel beschrieben. Bestimme alle möglichen Routen von unten zum Gipfel und deren Anzahl. Formuliere eine *SQL*-Abfrage, die alle möglichen Routenbeschreibungen ausgibt.

3 Dinner for two

Julius möchte seiner Freundin Annika ein Abendessen mit drei Gängen anbieten. Da er jedoch nur über mangelhafte Kochkenntnisse verfügt, will er das Menü bei einem Catering-Service bestellen. Dieser bietet drei verschiedene Suppen, zwei Hauptgerichte und vier Nachspeisen zur Auswahl.
Gib die Anzahl der Möglichkeiten an, alle möglichen Menüs in einer neuen Tabelle auszugeben.
Realisiere das Kreuzprodukt mit den Vorschlägen für die Suppen, Hauptgerichte und Nachspeisen aus der Abbildung in deinem Tabellenkalkulationssystem (!) und ergänze dein Tabellenblatt um eine Spalte, in der die jeweiligen Gesamtkosten für jedes Menü aufgelistet sind.

SUPPE

<u>SBezeichnung</u>	SPreis
Brühe	1,50
Nudelsuppe	2,70
Tomatensuppe	3,90

HAUPTGERICHT

<u>HBezeichnung</u>	HPreis
Reisgemüse	6,60
Rinderbraten	9,30

NACHSPEISE

<u>NBezeichnung</u>	NPreis
Tiramisu	3,90
Zabaione	3,90
Schokopudding	2,55
Panna Cotta	5,40

4 Volleyball-Bundesliga

In der 1. Volleyball-Bundesliga wird der Deutsche Meister der Frauen wie folgt ermittelt (Stand: Saison 2020/21). Zuerst wird eine Hauptrunde mit Hin- und Rückspiel zwischen allen beteiligten Mannschaften gespielt. Anschließend erfolgen die Playoffs der besten acht Mannschaften mit Viertelfinale (Modus „best of three"), Halbfinale („best of three") und Finale („best of five"). In der Tabelle LIGA1[<u>*MNr*</u>; *Name*; *Trainer*] sind sämtliche teilnehmenden Mannschaften gespeichert.

a) Informiere dich im Internet über die Mannschaften der Hauptrunde in der aktuellen Saison. Erstelle eine Datenbank mit den betreffenden Datensätzen für die angegebene Tabelle LIGA1.

b) Erstelle das Kreuzprodukt LIGA1 × LIGA1, also der Tabelle mit sich selbst. Gib an, wie viele Datensätze die neue Tabelle erhält.

c) Angenommen, die durch das Kreuzprodukt generierte Tabelle soll den Spielplan für die Hauptrunde repräsentieren. Erläutere, inwieweit es hier Unstimmigkeiten gibt und wie sich diese beseitigen lassen.

d) Formuliere in *SQL* eine Abfrage, die als Ergebnis eine geeignete Tabelle für die Hauptrunde mit Hin- und Rückspiel liefert.

Manchmal muss man Tabellen Alternativnamen geben, um zwischen gleichlautenden Tabellen innerhalb einer *SQL*-Abfrage unterscheiden zu können. Oft wird dies auch gemacht, um Schreibarbeit zu sparen. Eine Abfrage zu den Tabellen von Seite 155 könnte dann wie folgt lauten (vgl. auch Info-Box auf Seite 156):

```
SELECT *
FROM SUPPE S,
  HAUPTGERICHT H
WHERE S.SPreis <
  3 AND
  H.HPreis < 7
```

5 Kleider machen Leute

Gegeben ist die Tabelle ANZUG, welche aus der Hintereinanderausführung zweier Kreuzprodukte entstanden ist.

ANZUG											
Hemd	HHersteller	HGroesse	HPreis	Sakko	SHersteller	SGroesse	SPreis	Hose	HoHersteller	HoGroesse	HoPreis
Earl's Choice	Earl Exquisit	4	120,00 €	Adam	C & H	5	230,00 €	Adam	C & H	32/32	220,00 €
Earl's Choice	Earl Exquisit	4	120,00 €	Adam	C & H	6	230,00 €	Adam	C & H	32/32	220,00 €
Earl's Choice	Earl Exquisit	4	120,00 €	Business 1	Earl Exquisit	5	510,00 €	Adam	C & H	32/32	220,00 €
Earl's Choice	Earl Exquisit	4	120,00 €	Business 1	Earl Exquisit	6	510,00 €	Adam	C & H	32/32	220,00 €
Metropolitan	Walter	4	143,00 €	Adam	C & H	5	230,00 €	Adam	C & H	32/32	220,00 €
...	...	...	...	...	...	...	...	...	...	...	...

a) Bestimme die ursprünglichen Tabellen und gib jeweils das Tabellenschema an.
b) Erläutere den Primärschlüssel von ANZUG.
c) Ein Kunde möchte nur die Kombinationsmöglichkeiten angezeigt bekommen, die seiner Größe entsprechen (Hemd und Sakko: 5, Hose: 34/34). Gib die zugehörige *SQL*-Abfrage an.

6 Becherspiele

Beim Schulbasar möchte die Klasse 9a folgendes Glücksspiel anbieten:
Sie hat insgesamt k Becher aufgestellt, die $m_1, m_2, \ldots, m_k$ durchnummerierte Kugeln enthalten. Es soll aus jedem Becher blind eine Kugel gezogen und vor diesem abgelegt werden. Bestimme die Anzahl der Möglichkeiten und die Wahrscheinlichkeiten, genau eine bestimmte Kombination zu erraten.

7 Abfragen in der Bibliothek

Formuliere für die Datenbank der Bibliothek von Seite 156 die Abfrage in *SQL*:
a) Liste alle Bücher auf.
b) Gesucht sind die Telefonnummern aller Kunden mit Namen „Müller".
c) Gesucht sind Art und Titel der Medien, welche Marina Müller ausgeliehen hat.
d) Wer (Name, Vorname und Telefonnummer sind gewünscht) hat das Buch „Emil und die Detektive" ausgeliehen.
e) Gesucht sind die Namen aller Kunden, die sich DVDs ausgeliehen haben.

8 Vulkane

Hinweis:
Beachte die Info-Box auf Seite 156.

In der Tabelle VULKAN[*Name*; *Ort*; *Hoehe*; *Typ*; *Ausbruch*] soll man eine Großzahl erloschener und aktiver Vulkane der Erde finden. Unter *Ausbruch* soll das Jahr des letzten bekannten Ausbruches gespeichert werden. Die Tabelle ORT[*Nr*; *Name*; *Land*; *Klima*; *Bewohner*] gibt Auskunft über verschiedene Orte und Regionen unseres Planeten.
Ort in VULKAN ist Fremdschlüssel und verweist auf den Primärschlüssel *Nr* in ORT. Bestimme zu folgenden Fragen das passende *SQL*-Statement und versuche auch, die Ergebnisse herauszufinden.

a) Wann war der letzte Ausbruch des Ätna?
b) Wo (Name des Ortes) liegt der Mayon?
c) In welchem Land liegt der Merapi?
d) Wo (Länder) findet man „Schildvulkane"?
e) Welche Vulkane findet man in den USA?
f) Welche Vulkane sind höher als 3000 m?
g) Wie viele Bewohner sind durch den Vesuv gefährdet?

9 Biathlon

Beim Massenstart im Biathlon starten alle Läufer gleichzeitig. Bei den Damen werden 12,5 km gelaufen, bei den Herren 15 km und es wird jeweils zweimal liegend und stehend geschossen. Jeder Fehlschuss wird mit einer 150 m langen Strafrunde bestraft.

Bei einem Massenstart wird in einer Tabelle ZEIT[LaeuferNr; *Gesamtzeit*] die Gesamtzeit der Läufer gespeichert (inklusive der Zeiten für die Strafrunden), in einer weiteren Tabelle FEHLER[LaeuferNr; *Anzahl*] soll die Anzahl der Fehlschüsse aufgeschrieben werden.

a) Gib das Schema der Tabelle an, die beide Tabellen ZEIT und FEHLER sinnvoll miteinander kombiniert.
b) Begründe, warum das Kreuzprodukt ZEIT × FEHLER unsinnige Ergebnisse liefern würde.
c) Bestimme die *SQL*-Anweisung, welche die sinnvolle Kombination der Tabellen liefert.
d) In einer Tabelle LAEUFER[Nr; *Name*; *Vorname*; *Nationalitaet*] werden alle Daten der Teilnehmer des Wettkampfes gespeichert. Gib die die *SQL*-Abfrage an, die alle Tabellen sinnvoll miteinander kombiniert.
e) Bestimme mithilfe einer geeigneten *SQL*-Anweisung die Anzahl der Fehlschüsse vom Läufer mit dem Namen „Angermaier".

10 Bund und Länder III

Gegeben sind die Tabellen BUNDESLAND und STADT (Fig. 1).

a) Erläutere die Attribute bezüglich Datentyp, Wert und Einheit in BUNDESLAND.
b) Wie viele Einwohner hat die Hauptstadt von Hessen? Erstelle die *SQL*-Abfrage.
c) Gib mithilfe einer geeigneten *SQL*-Abfrage alle Informationen über sämtliche Stadtstaaten aus.

BUNDESLAND

Name	Hauptstadt	Flaeche	Einwohner
Baden-Württemberg	77	35751	11070
Bayern	56	70542	13125
...	...	...	...

STADT

Nr	Name	Einwohner
1	Aachen	249000
2	Aalen	68000
...	...	...

Fig. 1

11 Wie süß!

Betrachte die Tabellen SUESSES (1023 Datensätze) und HERSTELLER (72 Datensätze).

SUESSES

PNr	Name	Art	Packungs-groesse_gr	Zucker-Pro100g	Hersteller
p2344	Alpenschmelz Nougat	Schokolade	100	42	h210
p2345	Alpenschmelz Zartbitter	Schokolade	100	29	h210
p2346	Alpenschmelz Mandel	Schokolade	100	38	h210
p4441	KandyKing	Kaubonbons	250	78	h300
p4770	Hexenkraft Soft	Gummibärchen	200	65	h404
...	...	...	...	...	...

HERSTELLER

HNr	Name	Firmensitz	Land
h210	Alpengold	Garmisch	D
h255	Mmmjam	Prag	CZ
h300	Candy&Co	Brügge	NL
h339	Tak	Kopenhagen	DK
h404	Nic-Hex	München	D
...	...	...	...

a) Gib das zugrunde liegende Klassendiagramm an.
b) Erläutere, wie viele Datensätze die Tabelle hat, die durch einen Join der Tabellen entsteht.
c) Gib folgende Abfragen in *SQL* an.
   (1) Welche Süßigkeiten werden in Deutschland produziert?
   (2) Welche Hersteller produzieren Schokolade?
   (3) Welche Firmen haben Produkte mit einem Zuckeranteil von über 66 % im Sortiment?
   (4) Bei welchen Produkten hat man mehr als 100 g Zucker gegessen, wenn man die ganze Packung auf einmal isst?

5 Beziehungstabellen

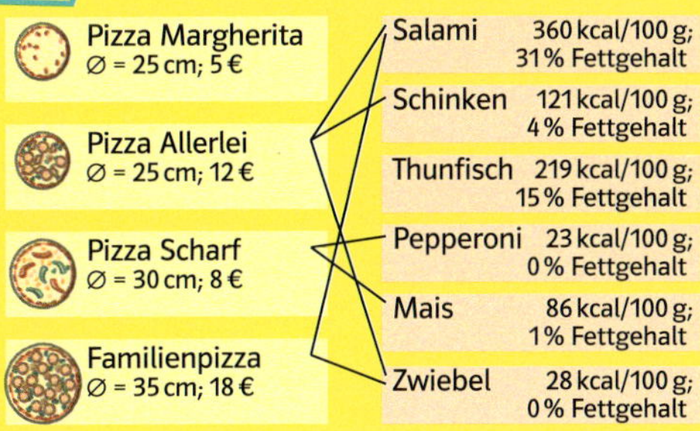

Beim Pizzabäcker Guiseppe sollen die Gäste über eine Datenbank Informationen über angebotene Pizzen und deren Belag einholen können. Es gibt verschiedene Pizzen und unterschiedliche Beläge. Welche Zutaten nun zusätzlich zu Tomate und Käse auf welcher Pizza sind, hat Guiseppe vorerst durch Linien symbolisiert. Jetzt muss er nur noch die Informationen in Tabellen umsetzen. Wie viele Tabellen wird er brauchen? Welche Datenspalten wird er festlegen?

Nicht nur Attributwerte von Objekten einer Klasse, sondern auch Beziehungen zwischen zwei Objekten können als Datensätze in einer Tabelle gespeichert werden.

n : m-Beziehung zwischen zwei Klassen

Wie auf Seite 147 beschrieben besteht zwischen den Mitgliedern und den Sportgruppen des Turnvereins TV Jahn eine n : m-Beziehung. Die Kardinalität n : m notiert man im Klassendiagramm an den Enden der Beziehungslinie (Fig. 2).

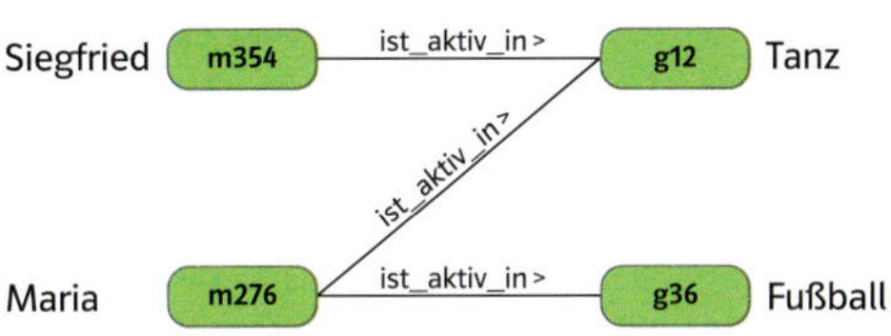

Fig. 1

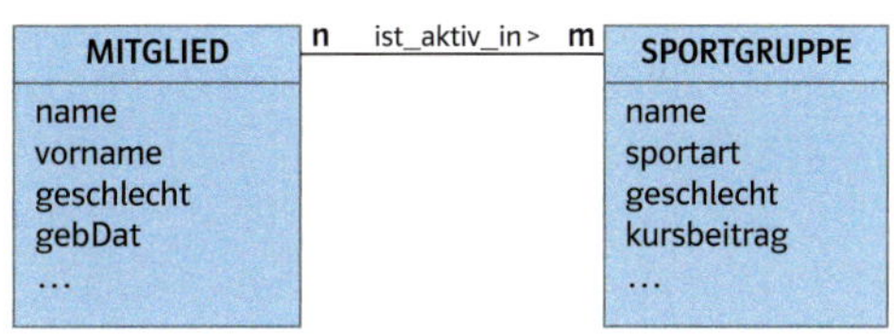

Fig. 2

n : m-Beziehungen in Tabellen darstellen

Zunächst bildet man wieder die beiden Klassen als eigene Tabellen MITGLIED und SPORTGRUPPE ab.

MITGLIED				
MNr	Name	Vorname	Geschlecht	GebDat
m123	Zuse	Konny	m	23.01.2009
m276	Pascal	Maria	w	01.08.1960
m354	Sieger	Siegfried	m	03.03.1988
m444	Meitner	Lisa	w	24.07.2002
...	...	...	...	...

Fig. 3

SPORTGRUPPE				
GNr	Name	Sportart	Geschlecht	Kursbeitrag
g12	Latein	Tanz	offen	25
g15	Jazzdance	Tanz	offen	25
g32	Rock 'n' Roll	Tanz	offen	25
g36	Damen I	Fußball	w	12
g37	Herren I	Fußball	m	12
...	...	...	...	...

Fig. 4

Die n : m-Beziehung wird als eigene Beziehungstabelle umgesetzt. Dazu werden die Primärschlüssel der beiden Objekte, die miteinander in Beziehung stehen, als ein Datensatz der Beziehungstabelle gespeichert. Wenn Maria die Rock-'n'-Roll-Gruppe besucht, wird dies durch den Datensatz [m276; g32] ausgedrückt.

MITGLIED				
MNr	Name	Vorname	Geschlecht	GebDat
m123	Zuse	Konny	m	23.01.2009
m276	Pascal	Maria	w	01.08.1960
m354	Sieger	Siegfried	m	03.03.1988
m444	Meitner	Lisa	w	24.07.2002
...	...	...	...	...

IST_AKTIV_IN	
Mitglied	Sportgruppe
m123	g37
m276	g12
m276	g36
m354	g12
m400	g37
m400	g41
...	...

SPORTGRUPPE				
GNr	Name	Sportart	Geschlecht	Kursbeitrag
g12	Latein	Tanz	offen	25
g15	Jazzdance	Tanz	offen	25
g32	Rock 'n' Roll	Tanz	offen	25
g36	Damen I	Fußball	w	12
g37	Herren I	Fußball	m	12
...	...	...	...	...

Fig. 5

Die Spalten *Mitglied* bzw. *Sportgruppe* verweisen auf die Primärschlüsselattribute der fremden Tabellen der Klassen MITGLIED bzw. SPORTGRUPPE. Sie sind daher auch Fremdschlüssel.

Ergänzt man zusätzlich die Datentypen, erhält man für das Beispiel folgende Tabellenschemata.

Klassen:
MITGLIED[<u>*MNr*</u>: Text; *Name*: Text; *Vorname*: Text; *Geschlecht*: Zeichen; *GebDat*: Datum]
SPORTGRUPPE[<u>*GNr*</u>: Text; *Name*: Text; *Sportart*: Text; *Geschlecht*: Text; *Kursbeitrag*: Zahl]
Beziehung:
IST_AKTIV_IN[<u>*Mitglied*</u>: Text; <u>*Sportgruppe*</u>: Text]

Zusammenfassend lässt sich das Klassendiagramm vom Sportverein (Fig. 1) in die abgebildeten fünf Tabellen umwandeln (Fig. 2).

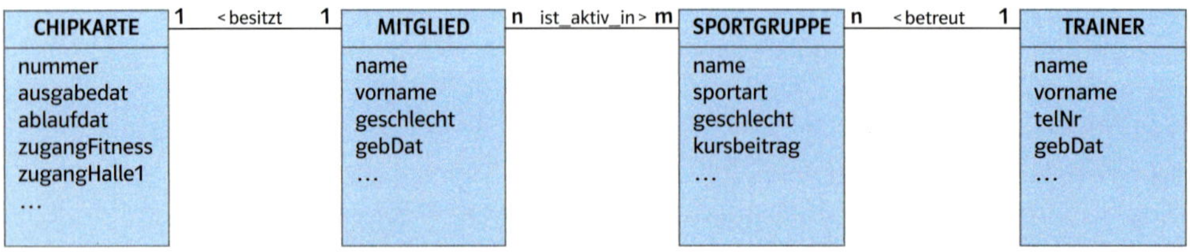

Fig. 1

CHIPKARTE

<u>CNr</u>	Nummer	Ausgabedat	Ablaufdat	ZugangFitness	ZugangHalle1
c127	90127	01.01.2000	31.12.2025	true	true
c315	83888	14.02.2019	13.02.2024	true	false
c501	72000	15.07.2020	14.01.2021	false	true
...	...	...	...	...	...

MITGLIED

<u>MNr</u>	Name	Vorname	Geschlecht	GebDat	Chipkarte
m123	Zuse	Konny	m	23.01.2009	c444
m276	Pascal	Maria	w	01.08.1960	c315
m354	Sieger	Siegfried	m	03.03.1988	c127
m444	Meitner	Lisa	w	24.07.2002	
...	...	...	...	...	...

SPORTGRUPPE

<u>GNr</u>	Name	Sportart	Geschlecht	Kursbeitrag	Trainer
g12	Latein	Tanz	offen	25	t31
g15	Jazzdance	Tanz	offen	25	t56
g32	Rock'n'Roll	Tanz	offen	25	t31
g36	Damen I	Fußball	w	12	t74
g37	Herren I	Fußball	m	12	t70
...	...	...	...	...	...

TRAINER

<u>TNr</u>	Name	Vorname	GebDat	TelNr
t31	Katz	Karlo	12.05.1965	2449876
t34	Voss	Veronika	03.10.1970	858583
t52	Reichhart	Stephen	24.11.1973	6644001
t56	Kargl	Michaela	07.08.1988	23343121
...	...	...	...	...

IST_AKTIV_IN

<u>Mitglied</u>	<u>Sportgruppe</u>
m123	g37
m276	g12
m276	g36
m354	g12
m400	g37
m400	g41
...	...

Fig. 2

Abfragen über Beziehungstabellen

Bei Abfragen auf zwei Tabellen, die durch eine m : n-Beziehung verknüpft sind, muss beim Join die Beziehungstabelle mit einbezogen werden.

In der Datenbank der Bibliothek auf Seite 156 sind Autoren und Buchtitel in zwei Tabellen gespeichert (Fig. 3). Will man die Namen aller Autoren des Schulbuches „Englisch 9" ausgeben, müssen sowohl die beiden Tabellen BUCH und AUTOR als auch die Beziehungstabelle HAT_VERFASST (Fig. 4) in der Abfrage berücksichtigt werden.

BUCH

<u>BuchNr</u>	Titel
buch1	Englisch 8
buch2	Englisch 9
buch3	Physik 7

AUTOR

<u>AutorenNr</u>	Name
autor1	Rudolf Hubert
autor2	Petra Meier
autor3	Edith Siegel
autor4	Karl Abel

Fig. 3

HAT_VERFASST

<u>Buch</u>	<u>Autor</u>
buch1	autor1
buch1	autor2
buch2	autor1
buch2	autor2
buch2	autor4
buch3	autor3

Fig. 4

Bildet man das Kreuzprodukt der drei Tabellen, erhält man eine Ergebnistabelle mit $3 \cdot 4 \cdot 6 = 72$ Datensätzen, von denen nur sechs eine tatsächlich bestehende Beziehung abbilden, nämlich genau die Datensätze in HAT_VERFASST (Fig. 4).

Zur Auswahl der sinnvollen Datensätze müssen hier zwei Bedingungen mit dem Operator UND verknüpft werden: Einerseits muss der Wert der Spalte *Buch* aus der Tabelle HAT_VERFASST mit der *BuchNr* aus der Tabelle BUCH übereinstimmen, andererseits muss der Wert der Spalte *Autor* in HAT_VERFASST mit der *AutorenNr* in AUTOR übereinstimmen.

Die *SQL*-Abfrage lautet:

```
SELECT *
FROM BUCH, AUTOR, HAT_VERFASST
WHERE (Buch = BuchNr) AND
      (Autor = AutorenNr)
```

Ergänzt man die *SQL*-Bedingung mit

```
AND Titel = 'Englisch 9',
```

so erhält man die gewünschte Ergebnistabelle.

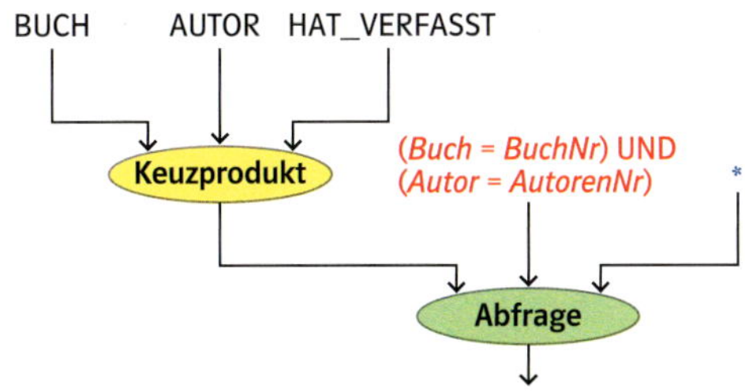

Ein Klassenmodell kann schematisch in ein relationales Datenbankmodell überführt werden. Dabei wird für jede Klasse eine Tabelle gebildet. Für jede m:n-Beziehung wird zusätzlich eine **Beziehungstabelle** angelegt. Bei 1:n- und 1:1-Beziehungen wird jeweils ein Fremdschlüsselattribut an eine der Tabellen angefügt, im ersten Fall an die mit Kardinaltität n.

1 Schulbeziehungen I

In einer Schule unterrichten Lehrer mehrere Klassen und jede Klasse wird von mehreren Lehrern unterrichtet. Setze das Klassendiagramm (Fig. 1) in ein relationales Datenbankmodell um.

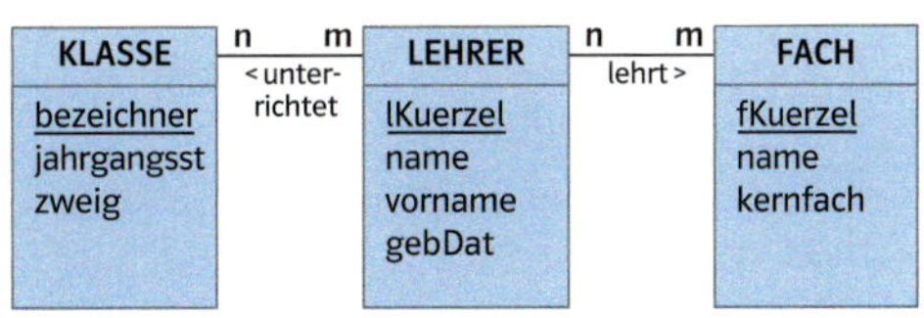

Fig. 1

Unterscheide stets zwischen dem Begriff „Klasse“ als Schulklasse (z.B. die Klasse 10a deines Gymnasiums) sowie dem Begriff „Klasse“ aus der Informatik.

2 „Stadt-Land-Fluss“ als Klassendiagramm

a) Wandle das in Fig. 2 abgebildete Klassendiagramm in das zugehörige relationale Datenbankmodell um. Ergänze dazu geeignete Attribute.

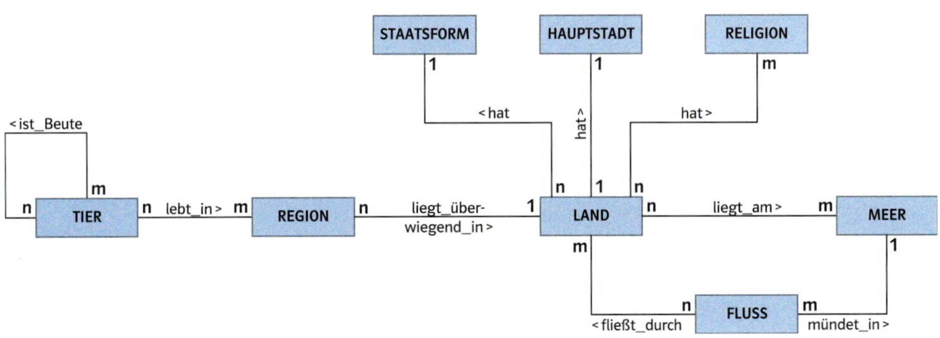

Fig. 2

b) Gib folgende Abfragen in *SQL* an.
(1) Gib alle Flüsse aus, die durch Deutschland fließen.
(2) Welche Flüsse münden in der Nordsee?
(3) Welche Religionen gibt es in Indien?
(4) In welchen Ländern findet man Schwarze Witwen?
(5) Gib alle Länder mit ihren Hauptstädten aus.
(6) Welche Länder liegen am Mittelmeer?

3 Beziehungskisten III

Nachfolgend sind verschiedene Klassendiagramme angegeben mit jeweils einer m:n-Beziehung. Erläutere diese Beziehungen, finde für die Klassen jeweils geeignete Attribute und setze die Diagramme in das entsprechende relationale Modell um. Überlege dir dazu geeignete Primärschlüssel und ergänze drei passende Datensätze in jeder Tabelle.

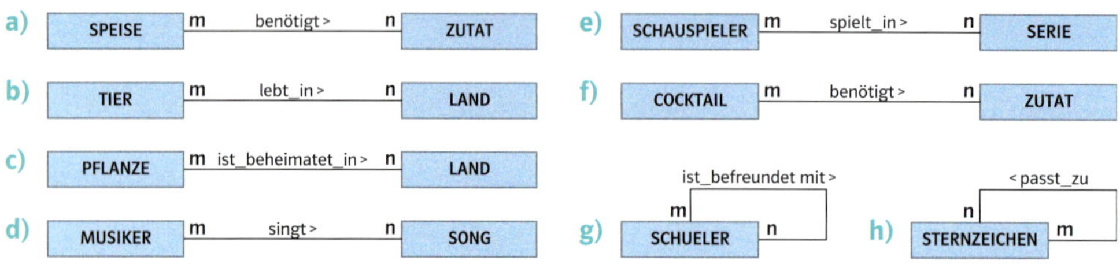

4 Attribute, die an keine Klasse passen

Zur Lösung der Aufgabe 4 a) ist die Info-Box auf Seite 153 nötig.

a)* Manche Beziehungen benötigen eigene Attribute: Ein Film wird z. B. von mehreren Kritikern beurteilt, ein Schüler bekommt in mehreren Fächern eine Zensur. Im E-R-Diagramm rechts wird das Attribut *urteil* bzw. *note* einfach an die Relationship angefügt. Begründe, wie diese Beziehungen dann im relationalen Datenbankmodell aussehen müssten.

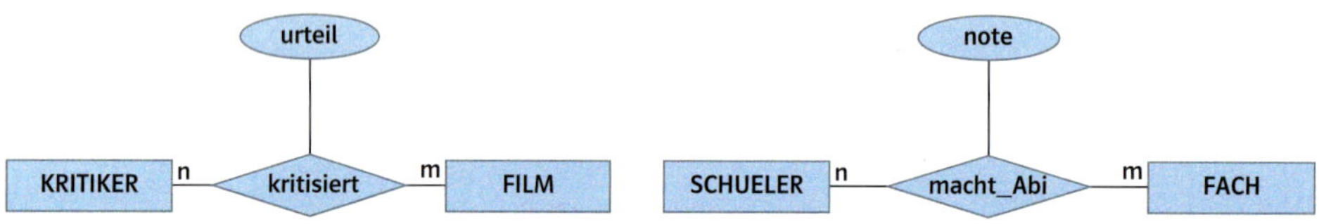

b) Erläutere, welche Attribute die Beziehung *hat* zwischen den Klassen LAND und RELIGION (vgl. Aufgabe 2) haben könnte.

5 Transportunternehmen

Für ein Transportunternehmen soll eine Datenbank entwickelt werden. Die Firma verfügt über mehrere Abteilungen, die von jeweils einem Mitarbeiter geleitet werden. Jeder Mitarbeiter, von dem Name, Wohnort und Gehaltsstufe abgespeichert werden sollen, ist einer dieser Abteilungen eindeutig zugeordnet. Der Betrieb besitzt mehrere Transporter verschiedener Typen. Diese unterscheiden sich durch Größe, maximale Nutzlast und benötigte Führerscheinklasse. Die einzelnen Fahrzeuge werden fortlaufend nummeriert und es sollen das Baujahr sowie der Termin zur nächsten Inspektion abgespeichert werden. Neben den Verwaltungsangestellten (für Buchhaltung, Personal, Kundenbetreuung usw.) und den hauseigenen Kfz-Meistern (zur Lkw-Wartung) beschäftigt das Transportunternehmen insbesondere Fahrer, die immer mit demselben Transporter fahren. Bucht ein Kunde eine Tour, so werden für diese wenigstens ein Fahrer und ein Transporter eingesetzt. Von der gebuchten Tour müssen folgende Daten abrufbar sein: Buchungsdatum, Güter, Termin, Start, Ziel, Anzahl der benötigten Lkw und Kosten. Von den Kunden müssen Name, Wohnort, Geburtstag und die zugehörige Firma vorliegen.

a) Erstelle ein vollständiges Klassendiagramm und trage auch die Kardinalitäten ein.
b) Transformiere das Klassendiagramm ins relationale Modell.

6 Restaurantkette

Nach Angabe der Deutschen Gesellschaft für Ernährung (DGE) sind zehn bis zwanzig Prozent aller Schulkinder und Jugendlichen übergewichtig, Tendenz steigend. Zu den Ursachen gehören oftmals eine zu hohe tägliche Fett- und Energiezufuhr bei mangelnder Bewegung. Fastfood steht bei den meisten mehrmals wöchentlich auf dem Speiseplan, zu selten dagegen frisches Obst und Gemüse.

Für eine große Schnellrestaurantkette, welche mehrere Gaststätten in ganz Deutschland betreibt, soll eine Datenbank entworfen werden. Jede Filiale hat mehrere Mitarbeiter, wird von genau einem Restaurantleiter geführt und erhält die Lebensmittel von verschiedenen ortsansässigen Großhändlern.

a) Beschreibe alle notwendigen Klassen in jeweils einer Klassenkarte. Überlege dir dazu geeignete Attribute und bestimme den Primärschlüssel.

b) Konstruiere das Klassendiagramm, beschrifte sämtliche Beziehungen und gib auch die Kardinalitäten an. Begründe deine Entscheidung jeweils kurz.

c) Jede Filiale ist in die Abteilungen Service, Küche und Verwaltung unterteilt. Jede Abteilung wird von genau einem Mitarbeiter geleitet und jeder Mitarbeiter arbeitet in genau einer Abteilung.
Passe dein Klassendiagramm den neuen Anforderungen entsprechend an.

d) Erläutere, wie sich das Modell ändert, wenn sämtliche Lebensmittel tiefgekühlt nach ganz Deutschland von der restauranteigenen Fabrik geliefert werden und diese wiederum die Zutaten für die Speisen von verschiedenen Herstellern bekommt.

e) Ergänze das Modell außerdem um die Speisen und Getränke, die in den jeweiligen Restaurants angeboten werden, sowie um die dazu benötigten Zutaten.

f) Überführe das von dir in der Teilaufgabe d) erstellte Klassendiagramm in das zugehörige relationale Modell. Unterstreiche die Primär- und markiere die Fremdschlüssel.

7 Integritätsbedingungen im Datenbank-Modell

Zum Begriff „Integritätsbedingung“: vgl. Info-Box auf Seite 149.

Eine Firma hat sich auf Kunststoff- und Metallverarbeitung spezialisiert. Dazu besitzt sie in ihren Werkshallen verschiedene Maschinen diverser Hersteller, für deren Bedienung eine besondere Ausbildung notwendig ist. Um eine durchgängige Produktion ohne Ausfallzeiten gewährleisten zu können, ist es für die Firma sehr wichtig, dass jede Maschine von mindestens vier Mitarbeitern bedient werden kann. Genau ein Mitarbeiter ist für die Wartung einer Maschine zuständig, wobei jeder dieser Mitarbeiter auch für mehrere Maschinen die Verantwortung übernehmen kann. Jede Maschine besitzt einen eindeutigen Code der Form „XY-12-456“, wobei XY das Herstellerkürzel repräsentiert, 12 für die Typ- und 456 für die Maschinennummer steht.

a) Erstelle ein möglichst umfassendes Datenbankmodell. Erläutere, inwieweit die Klassen, Beziehungen und Kardinalitäten in deinem Modell die Bedingungen der Firma realisieren.

b) Wandle dein Modell in ein relationales Datenbankmodell um. Berücksichtige und erläutere auch hier, soweit möglich, alle Integritätsbedingungen. Lassen sich alle Forderungen mit deinem Datenbankmanagementsystem umsetzen?

8 Schulbeziehungen II

Gegeben ist das abgebildete Klassendiagramm, welches vereinfacht die Beziehungen in einer Schule darstellt (vgl. auch Aufgabe 1 auf Seite 163).

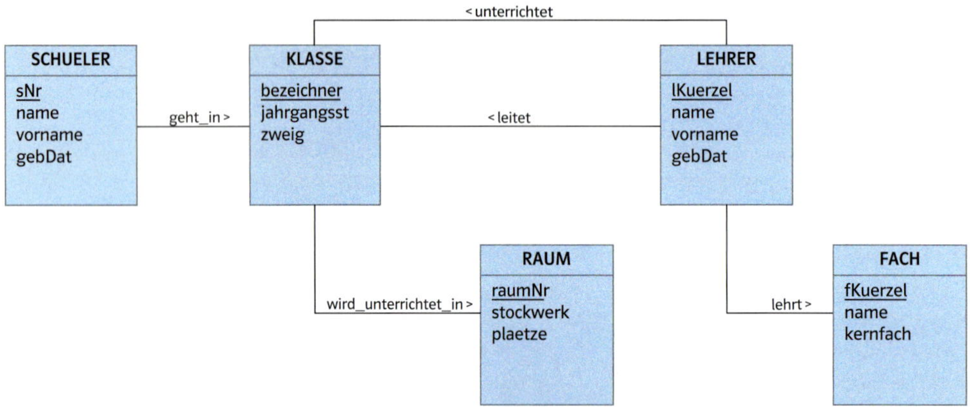

a) Gib die im Diagramm fehlenden Kardinalitäten an.
b) Überführe das Diagramm in das zugehörige relationale Datenbankmodell. Überlege dir, ob es bei der Auflösung von 1:1-Beziehungen hier wirklich ohne jede Bedeutung ist, welche Tabelle erweitert wird, oder ob es Gründe für die Entscheidung zugunsten einer Alternative gibt. Beachte insbesondere die Beziehung *leitet* zwischen LEHRER und KLASSE.
c) Unterstreiche die Primärschlüssel jeder Tabelle und kennzeichne die Fremdschlüssel.
d) Gib zu jeder Tabelle drei geeignete Datensätze an.
e) Die Beziehung *unterrichtet* zwischen LEHRER und KLASSE könnte durch Hinzunahme der Klasse FACH zu einer Beziehung zwischen drei Klassen erweitert werden. Erläutere Vor- und Nachteile und erkläre, wie diese Beziehung als Tabelle im relationalen Datenbankmodell aussehen würde. Zeichne auch das veränderte Klassendiagramm.
f) Jede Fachschaft wird von genau einer Lehrkraft geleitet („Fachschaftsleiterin" bzw. „Fachschaftsleiter"); manche Lehrkräfte betreuen mehrere Fächer. Ergänze das Diagramm um eine entsprechende Beziehung, gib die Kardinalitäten an und setze diese Beziehung im vorhandenen relationalen Modell um.
g) Diskutiere mit deinem Banknachbarn die Vorteile und Schwächen des Modells. Was würdest du ändern? Könnte man das Modell sinnvoll ergänzen? Würdest du manchen Klassen zusätzliche Attribute geben?

9 Sportliches I

Gegeben ist das abgebildete Klassendiagramm eines großen Sportvereins.

a) Erläutere die Beziehungen *leitet* und *trainiert_in*. Letztere bezeichnet eine **Assoziationsklasse**, d.h., dass diese Beziehung zusätzliche Attribute besitzt.
b) Ergänze zu allen Klassen passende Attribute und benenne jeweils geeignete Primärschlüssel. Begründe deine Entscheidung, falls du künstliche Schlüssel eingeführt hast.
c) Erstelle ein relationales Datenbankschema und markiere alle Fremdschlüssel.

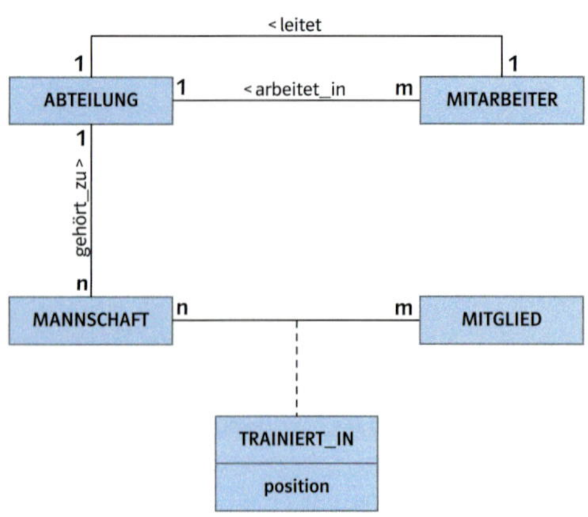

In den Aufgaben 9 und 10 wird eine Variation des Sportvereins aus dem Lehrtext betrachtet.
Zur Assoziationsklasse: vgl. auch Seite 221.

10 Sportliches II

Betrachte das Diagramm des Sportvereins aus Aufgabe 9. Es soll nun erweitert werden.

a) Jede Mannschaft wird von genau einem Trainer trainiert. Das Training findet in der Regel mindestens einmal die Woche statt. Die Trainingszeiten und -orte bleiben jede Saison gleich, beispielsweise montags von 20 – 22 Uhr und donnerstags von 17 – 19 Uhr jeweils in Halle 1.
Ergänze das Diagramm aus Aufgabe 9 entsprechend, wenn ein Trainer mehrere Mannschaften trainieren kann. Markiere die gewählten Primärschlüssel.

b) Überführe das Diagramm in das zugehörige relationale Modell. Solltest du Aufgabe 9 bearbeitet haben, musst du nur noch die veränderten Tabellen angeben.

11 Elektromarkt

Fig. 1 zeigt Ausschnitte der Tabellen der Datenbank einer großen Elektromarkt-Kette, die mehrere Filialen in ganz Deutschland betreibt.

GROSSHAENDLER

Nr	Name	Branche	Ansprechpartner	Tel
100	CompX	PC	Hr. Wiese	43233
101	Computer3000	PC	Fr. Winter	848823
102	Köhlmann	Haushalt	Hr. Köhlmann	303044
103	E-Xport	Telekommu	Hr. Brunner-Ebb	2030499
104	Telwings	Telekommu	Fr. Feyer	98738
…	…	…	…	…

BELIEFERT

Haendler	Filiale
100	1
100	2
100	4
101	3
101	6
102	4
102	7
103	1
103	2
…	…

MITARBEITER

Nr	Name	Vorname	Abteilung	Filiale	Vorgesetzter
222	Abele	Siglinde	Verkauf Haushalt	3	577
1303	Ackermann	Boris	Verkauf PC	4	441
1220	Adlmann	Sylvia	Buchhaltung	0	6
355	Angerer	Helmut	Verkauf Haushalt	1	887
490	Aziz	Yesim	Leiter PC	4	101
101	Bauer	Matthias	Filialleiter	4	
300	Becker	Lars	Lager	4	101
994	Burstedt	Annika	Verkauf Tele	1	620
6	Danner	Hans	Leiter Zentrale	0	
…	…	…	…	…	…

FILIALE

Nr	Ort	Telefon	Flaeche	Leiter
0	Zentrale	43441	0	6
1	Kelm-West	444321	2500	23
2	Kelm-Süd	727772	4000	404
3	Altberg	409040	1900	320
4	Neuburg	60944	3400	101
…	…	…	…	…

Fig. 1

a) Erläutere die Tabellen und erkläre, welche Spalten Fremdschlüssel sind.

b) Versuche, das zugrunde liegende Klassendiagramm zu rekonstruieren.

c) Formuliere folgende Abfragen mit *SQL*.

(1) Welche Mitarbeiter (Name, Vorname) arbeiten in Nürnberg?
(2) Unter welcher Telefonnummer kann man Frau Abele in der Arbeit erreichen?
(3) Welche Großhändler beliefern die Filiale in Augsburg?
(4) Gesucht sind Ansprechpartner und Telefonnummer des Großhändlers, der Filiale 2 mit Haushaltswaren beliefert.
(5) Wie heißt der direkte Vorgesetzte von Lars Becker?
(6) Gesucht sind die Namen der Filialleiter, die von „CompX" beliefert werden.

12 Wahlkurs-Organisation II

An einem Gymnasium werden fünf Wahlkurse angeboten: Chor, Orchester, Schulspiel, Homepage und Tastschreiben. Welche Schüler welche Kurse belegt haben, ist in einer Datenbank abgespeichert (Fig. 1).

WAHLKURS				
Kurs	Leiter	Stunden	Tag	Uhrzeit
Chor	Sachse	1	Montag	13:15
Orchester	Lückmann	2	Donnerstag	14:00
Theater	Späth	2	Mittwoch	14:45
Homepage	Geel	1	Mittwoch	14:00
Tastschreiben	Linhoff	1	Dienstag	13:00

BELEGT	
SNr	Kurs
7658	Chor
7658	Orchester
9333	Chor
9333	Homepage
3566	Orchester
3109	Orchester
7700	Orchester
5732	Chor
5732	Homepage
5732	Tastschreiben
2626	Tastschreiben
2300	Homepage
…	…

SCHUELER					
SNr	Name	Vorname	GebDat	Geschlecht	Klasse
7658	Ammer	Nele	12.12.2007	w	7a
4533	Anthoff	David	10.09.2005	m	9b
9333	Aumann	Luisa	14.12.2004	w	10a
2323	Azalea	Josip	11.01.2003	m	10d
3566	Baer	Franziska	12.03.2007	w	8c
3109	Bauer	Jan	17.12.2004	m	10b
7700	Bauer	Daniel	12.12.2004	m	10a
9808	Bloch	Niklas	07.02.2009	m	6b
5732	Boswald	Leonie	20.02.2010	w	5a
…	…	…	…	…	…

Fig. 1

a) Gib das zugrunde liegende Klassendiagramm an.

b) Formuliere folgende Abfragen mit *SQL*.
(1) Welche Schüler gehen in den Chor?
(2) Welche Schüler werden von Lehrerin Linhoff in einem Wahlkurs unterrichtet?
(3) Welche Kurse haben beide Bauer-Zwillinge gewählt?
(4) Welche Schülerinnen der Klasse 5a haben am Mittwoch Nachmittagsunterricht?
(5) Welche Kurse hat Susanne Aumann belegt?
(6) An welchen Tagen besucht Sofie Boswald Wahlunterricht?

13* Schauspieler und ihre Agenten

Zur Lösung der Aufgabe 13 ist die Info-Box auf Seite 153 nötig.

Gegeben ist das in Fig. 2 dargestellte Entity-Relationship-Diagramm. Erläutere die Klassen, ihre Attribute und Beziehungen und wandle das Diagramm in das relationale Modell um.

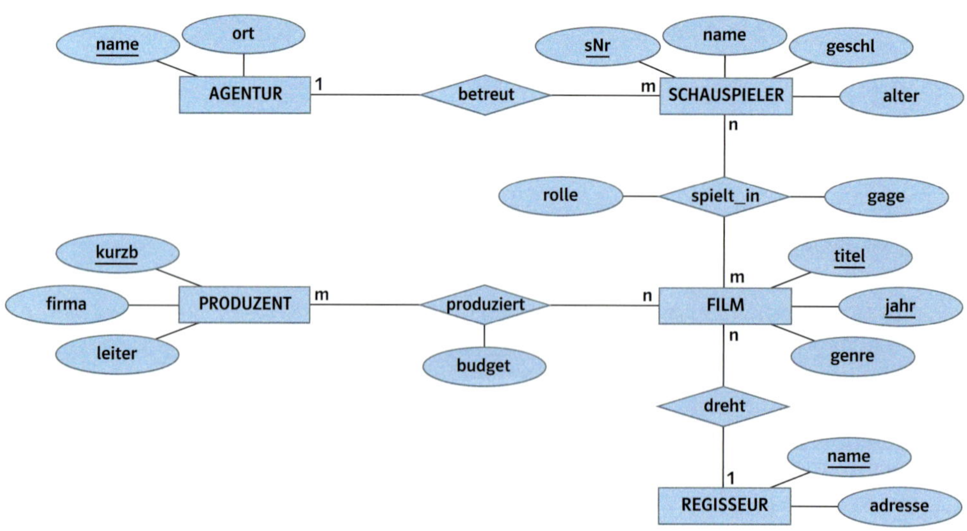

Fig. 2

6* Normalformen

AUSLEIHLISTE							
Name	Adresse	Tel	Geb	Titel	Art	Datum	Bem
Anja Schubert	Talweg 1 Turingsen	444022	12.03.	Der Herr der Ringe: Die Gefährten	DVD	10.01.	zerk zur ne
Marvin König	Freudstr. 3 Turingsen	7729901	07.10.	Beethoven: 5. Sinfonie Konzertfilm	DVD	22.02.	all O
Marvin König	Freudstr. 3 Turingsen	7729901	07.10.	Der Herr der Ringe: Die Gefährten	Buch	22.02.	Ur ge
Chris Heinke	Rosenstr. 2 Turingsen	554387	23.01.	Der Herr der Ringe: Die Gefährten	Buch	12.03.	–
…	…	…	…	…	…	…	…

Angelika besitzt eine große DVD-Sammlung und liest auch sehr gern. Prinzipiell würde sie ihre Filme und Bücher auch verleihen. Sie hat aber die Erfahrung machen müssen, dass sie nicht immer alles zurückbekommt. Deswegen will sie jetzt, wenn sie etwas verleiht, alles in eine Tabelle eintragen und erhofft sich zugleich, so auch einen Überblick über die Adressen und Telefonnummern ihrer Freundinnen und Freunde zu erhalten. Die Tabelle enthält jedoch viele Redundanzen.
Zerlege die Tabelle so, dass keine Anomalien mehr auftreten und trotzdem sämtliche Informationen erhalten bleiben.

Manche Tabellen enthalten Redundanzen, sodass Anomalien nicht ausgeschlossen werden können. Um dies zu vermeiden, müssen sie normalisiert werden.

Zerlegung von Tabellen ohne Informationsverlust

Eine Firma speichert die Daten ihrer Mitarbeiter zusammen mit den Projekten, an denen sie jeweils beteiligt sind (Fig. 1). Die Folge sind Redundanzen und möglicherweise Inkonsistenzen (vgl. Seite 143). Der neue Datenbank-Administrator der Firma soll nun die Tabelle so in weitere Tabellen zerlegen, dass zwar sämtliche Redundanzen, aber keine Informationen wegfallen. Das entsprechende Vorgehen dazu nennt man **Normalisierung**. Es läuft in der Regel in drei Schritten ab.

COMPANY0								
PersNr	Nachame	Vorname	Wohnort	AbtNr	AbtName	Projekt		
						ProjNr	Kurzbezeichnung	Rolle
1112	Huber	Holger	Erding	4	Prod. Hardw.	5522 4029	3D-Chip DeForce Fotohandy m5000	Leiter Hardware Leiter Hardware
3232	Fink	Fabienne	München	6	Forschung	5522 4029 1245	3D-Chip DeForce Fotohandy m5000 Handy-Bios v2.0	Control Control Systemanalyse
6016	Schillinger	Gernot	Starnberg	9	Software	5522 1245	3D-Chip DeForce Handy-Bios v2.0	Leiter SE Systemanalyse
6792	Seiffert	Lutz	Roth	4	Prod. Hardw.	5522	3D-Chip DeForce	Test
7003	Turner	Margot	Feldafing	7	PM	5522 9000	3D-Chip DeForce Kryptografie	Projektleiter Control

Fig. 1

1. Normalform

In der Tabelle COMPANY0 fällt auf, dass das Attribut *Projekt* aus mehreren „Unterattributen" zusammengesetzt ist. Dies macht die Tabelle jedoch unhandlich und wird deswegen im ersten Schritt behoben (Fig. 2).

COMPANY1								
PersNr	Nachame	Vorname	Wohnort	AbtNr	AbtName	ProjNr	Kurzbezeichnung	Rolle
1112	Huber	Holger	Erding	4	Prod. Hardw.	5522	3D-Chip DeForce	Leiter Hardware
1112	Huber	Holger	Erding	4	Prod. Hardw.	4029	Fotohandy m5000	Leiter Hardware
3232	Fink	Fabienne	München	6	Forschung	5522	3D-Chip DeForce	Control
3232	Fink	Fabienne	München	6	Forschung	4029	Fotohandy m5000	Control
3232	Fink	Fabienne	München	6	Forschung	1245	Handy-Bios v2.0	Systemanalyse
6016	Schillinger	Gernot	Starnberg	9	Software	5522	3D-Chip DeForce	Leiter SE
6016	Schillinger	Gernot	Starnberg	9	Software	1245	Handy-Bios v2.0	Systemanalyse
6792	Seiffert	Lutz	Roth	4	Prod. Hardw.	5522	3D-Chip DeForce	Test
7003	Turner	Margot	Feldafing	7	PM	5522	3D-Chip DeForce	Projektleitung
7003	Turner	Margot	Feldafing	7	PM	9000	Kryptografie	Control

Fig. 2

Die Redundanzen haben sich vorläufig sogar erhöht. Sind sämtliche Attributwerte **atomar**, also nicht aus mehreren Elementen zusammengesetzt, ist die Tabelle in **1. Normalform (NF1)**.

*Dieser Inhalt geht über den Lehrplan hinaus.

(Voll) Funktionale Abhängigkeiten

Nun untersucht man die Abhängigkeiten innerhalb der Tabelle. Offensichtlich lassen sich *Nachname, Vorname* und *Wohnort* des Mitarbeiters sowie die Abteilung, in der dieser beschäftigt ist, eindeutig aus *PersNr* des betreffenden Angestellten herleiten. Ist also die Personalnummer bekannt, so kann man sofort die entsprechenden Daten des Mitarbeiters bestimmen. Hinter der Nummer 3232 steckt beispielsweise Frau Fabienne Fink aus München, die in Abteilung 6 (Forschung) arbeitet.

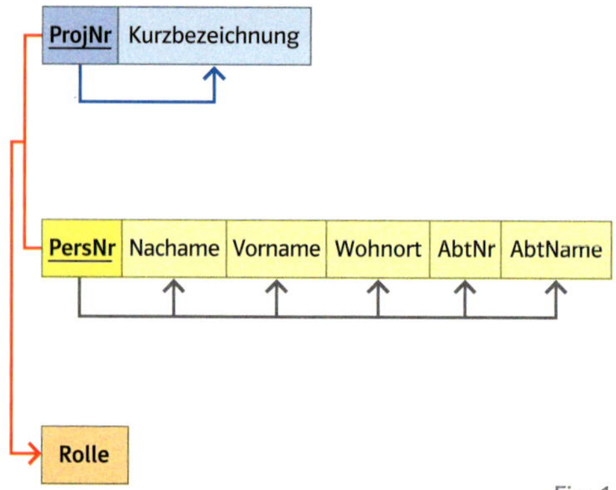

Fig. 1

Die Attribute *Nachname, Vorname, Wohnort, AbtNr* und *AbtName* bezeichnet man als **voll funktional abhängig** vom Attribut *PersNr*. Ebenso ist *Kurzbezeichnung* voll funktional abhängig von *ProjNr*. Natürlich ist auch das Attribut *ProjNr* voll funktional von sich selbst abhängig. Diese Abhängigkeit wird als trivial bezeichnet. Besteht der Primärschlüssel aus einem einzigen Attribut, so sind zwangsläufig sämtliche Attribute des Schemas voll funktional abhängig von diesem Primärschlüssel.

Da die Rolle eines Mitarbeiters abhängig vom Projekt ist, lässt sich *Rolle* nur aus *PersNr* zusammen mit *ProjNr* eindeutig herleiten. Da *PersNr* und *ProjNr* gemeinsam den Primärschlüssel der Tabelle bilden, ist *Rolle* voll funktional abhängig vom Primärschlüssel. Zwar lassen sich auch sämtliche anderen Attribute aus dem Primärschlüssel herleiten (das ist ja genau der Zweck eines Schlüssels!), jedoch sind Teile des Primärschlüssels zur eindeutigen Identifikation nicht notwendig. Um z.B. den Wohnort eines Mitarbeiters zu bestimmen, ist nicht der komplette Primärschlüssel notwendig, es reicht das Attribut *PersNr*. Das Attribut *Wohnort* ist also **funktional abhängig** vom Primärschlüssel der Tabelle COMPANY1, jedoch nicht voll funktional abhängig von diesem.

2. Normalform

Eine Tabelle ist genau dann in **2. Normalform (NF2)**, wenn sie in NF1 ist und jedes nicht zum Primärschlüssel gehörende Attribut voll funktional abhängig vom Primärschlüssel ist.

Streng genommen ist hier die voll funktionale Abhängigkeit bezüglich aller Schlüsselkandidaten zu untersuchen, was jedoch nicht weiter berücksichtigt wird.

Um dies zu erreichen, wird die Tabelle so in mehrere Tabellen zerlegt, dass diese Bedingung erfüllt ist. Dazu schreibt man sich sämtliche funktionalen Abhängigkeiten auf (Fig. 1) und teilt die Tabelle entsprechend auf (Fig. 2).

Jede der drei resultierenden Tabellen ist nun in NF2, da innerhalb jeder Tabelle jedes nicht zum jeweiligen Primärschlüssel gehörende Attribut voll funktional abhängig von diesem ist.

PERSONAL

PersNr	Nachame	Vorname	Wohnort	AbtNr	AbtName
1112	Huber	Holger	Erding	4	Prod. Hardw.
3232	Fink	Fabienne	München	6	Forschung
6016	Schillinger	Gernot	Starnberg	9	Software
6792	Seiffert	Lutz	Roth	4	Prod. Hardw.
7003	Turner	Margot	Feldafing	7	PM

PROJEKT

ProjNr	Kurzbezeichnung
1245	Handy-Bios v2.0
4029	Fotohandy m5000
5522	3D-Chip DeForce
9000	Kryptografie

PROJEKTTEILNAHME

PersNr	ProjNr	Rolle
1112	5522	Leiter Hardware
1112	4029	Leiter Hardware
3232	5522	Control
3232	4029	Control
3232	1245	Systemanalyse
6016	5522	Leiter SE
6016	1245	Systemanalyse
6792	5522	Test
7003	5522	Projektleitung
7003	9000	Control

Fig. 2

Transitive Abhängigkeiten

Betrachtet man die Tabelle PERSONAL, dann erkennt man, dass hier zwar sämtliche Attribute eindeutig aus *PersNr* abgeleitet werden können, dass jedoch immer noch nicht sämtliche Redundanzen beseitigt wurden, da das Attribut *AbtName* bereits von *AbtNr* abhängt.

PERSONAL					
PersNr	Nachame	Vorname	Wohnort	AbtNr	AbtName
1112	Huber	Holger	Erding	4	Prod. Hardw.
3232	Fink	Fabienne	München	6	Forschung
6016	Schillinger	Gernot	Starnberg	9	Software
6792	Seiffert	Lutz	Roth	4	Prod. Hardw.
7003	Turner	Margot	Feldafing	7	PM

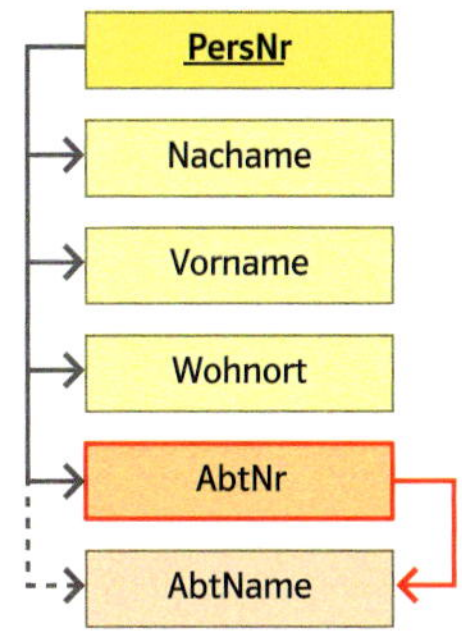

Die Mitarbeiterin mit der Nummer 3232 arbeitet beispielsweise in der Abteilung „Forschung". Weiß man jedoch, dass diese in Abteilung 6 tätig ist und lässt sich aus einer weiteren Tabelle ablesen, dass der Name der Abteilung 6 „Forschung" lautet, so lässt sich diese Information ebenfalls gewinnen, ohne den Abteilungsnamen jedes Mal erneut in die Tabelle PERSONAL mit aufnehmen zu müssen. Man sagt daher, das Attribut *AbtName* ist **transitiv abhängig** von *PersNr* (und zwar über *AbtNr*).

3. Normalform

Eine Tabelle ist genau dann in **3. Normalform (NF3)**, wenn sie in NF2 ist und keine transitiven Abhängigkeiten existieren.

Um dies in der Tabelle PERSONAL zu erreichen, trennt man *AbtName* ab und erstellt daraus mit *AbtNr* als Schlüsselattribut eine neue Tabelle ABTEILUNG.
Die Tabellen PROJEKT und PROJEKTTEILNAHME weisen keine transitiven Abhängigkeiten auf und sind daher bereits in 3. Normalform.

Nun sind sämtliche Redundanzen beseitigt. Ändert sich beispielsweise der Abteilungsname, so muss er nur noch einmal in der Tabelle ABTEILUNG geändert werden.

PERSONAL				
PersNr	Nachame	Vorname	Wohnort	AbtNr
1112	Huber	Holger	Erding	4
3232	Fink	Fabienne	München	6
6016	Schillinger	Gernot	Starnberg	9
6792	Seiffert	Lutz	Roth	4
7003	Turner	Margot	Feldafing	7

PROJEKT	
ProjNr	Kurzbezeichnung
1245	Handy-Bios v2.0
4029	Fotohandy m5000
5522	3D-Chip DeForce
9000	Kryptografie

ABTEILUNG	
AbtNr	AbtName
4	Prod. Hardw.
6	Forschung
7	PM
9	Software

PROJEKTTEILNAHME		
PersNr	ProjNr	Rolle
1112	5522	Leiter Hardware
1112	4029	Leiter Hardware
3232	5522	Control
3232	4029	Control
3232	1245	Systemanalyse
6016	5522	Leiter SE
6016	1245	Systemanalyse
6792	5522	Test
7003	5522	Projektleitung
7003	9000	Control

Zu berücksichtigen ist jedoch, dass manche Informationen nun nicht mehr direkt aus einer Tabelle abgelesen werden können. Sie sind beim Normalisierungsprozess zwar nicht verloren gegangen, müssen aber durch Verknüpfung der passenden Tabellen gewonnen werden. Will man z. B. die Rolle wissen, die der Mitarbeiter Huber im Projekt „Fotohandy m5000" innehat, so braucht man dazu die Tabellen PERSONAL, PROJEKT und PROJEKTTEILNAHME.

Bei der **Normalisierung** werden Tabellen so weit zerlegt, dass keine Redundanzen mehr auftreten:

1. Normalform (NF1): Sämtliche Attributwerte sind nicht aus mehreren Elementen zusammengesetzt (atomar).
2. Normalform (NF2): NF1 und jedes nicht zum Primärschlüssel gehörende Attribut ist von diesem voll funktional abhängig.
3. Normalform (NF3): NF2 und es existieren keine transitiven Abhängigkeiten mehr.

A

1 Mietwagenfirma

Gegeben sei die folgende relationale Datenbank der Mietwagenfirma „MobilRent", Station „München-Mitte".

MOBILRENT										
KdNr	Name	Wohnort	Buchungsdatum	Aktion	Fahrzeug	Typ	Tarifgruppe	Tage	Rueckgabestation	Stationsleiter
123	Chomsky	Nürnberg	23.01.2020	0	Merz 2000	Mittelkl	3	2	Nürnberg-Süd	Backus
123	Chomsky	Nürnberg	07.10.2019	−25%	PBM Lux	Mittelkl	3	1	Nürnberg-Nord	Hoare
220	Neumann	München	02.04.2020	0	Lopa Max	Transp	5	2	München-Mitte	Zuse
710	Turing	München	20.02.2020	−10%	Merz 2000	Mittelkl	3	2	München-Mitte	Zuse
888	Neumann	Passau	07.10.2019	−25%	Merz 1300	Klein	1	3	München-Mitte	Zuse

KdNr steht für die Kundennummer der Kunden. An bestimmten Tagen gewährt die Firma Rabatt. Folgende funktionale Abhängigkeiten seien vorgegeben.

KdNr → Name, Wohnort
KdNr, Buchungsdatum → Fahrzeug, Typ, Tarifgruppe, Tage, Rueckgabestation, Stationsleiter
Buchungsdatum → Aktion
Fahrzeug → Typ, Tarifgruppe
Typ → Tarifgruppe
Rueckgabestation → Stationsleiter

KdNr → Name, Wohnort bedeutet, dass *Name* und *Wohnort* voll funktional von *KdNr* abhängig sind (vgl. Seite 170).

Der Primärschlüssel besteht aus den Spalten *KdNr* und *Buchungsdatum*.

a) Begründe, dass diese Tabelle in 1. Normalform vorliegt.
b) Erläutere, warum nur Tabellen mit zusammengesetzem Primärschlüssel die 2. Normalform verletzen können.
c) Zeige mögliche Anomalien auf, die hier auftreten können.
d) Überführe das Schema in die 2. Normalform.
e) Überführe das Schema in die 3. Normalform.

2 Fernweh

Gegeben ist das Schema der folgenden Tabelle eines Reisebüros:
RBUERO[*Mitarbeiter*; *Adresse*; *GebDat*; *Zielort*; *Land*; *Landessprache*; *Veranstalter*; *TelNr*].
Jeder Mitarbeiter des Reisebüros kennt verschiedene Zielorte in diversen Ländern und weiß über die Hotels und Einreisebestimmungen dieser Regionen Bescheid. Jeder Zielort wird von verschiedenen Reiseveranstaltern angeboten, deren Telefonnummern ebenfalls abgespeichert werden.

a) Identifiziere die funktionalen Abhängigkeiten und gib dementsprechend den Primärschlüssel an.
b) Überführe die Tabelle in die 3. Normalform.

3 Anomalien

Auf den Seiten 143 und 144 wurden mehrere „schlechte" Tabellen gezeigt, die viele Redundanzen enthalten und folglich schnell inkonsistent werden können.

a) Erläutere die Begriffe „Redundanz" und „Konsistenz" am Beispiel der Tabelle COMPANY1 von Seite 169.

b) Überführe die Tabellen der Aufgaben 2 bis 4 von Seite 145 in die 3. Normalform.

4 Stadt und Land

Eine Erdkunde-Datenbank ist folgendermaßen aufgebaut:
ERDE[*Stadt*; *Einwohner*; *Flaeche*; *Land*; *LEinwohner*; *LFlaeche*; *Staatsform*; *Oberhaupt*].
In der Tabelle werden also alle Städte mit ihrer Einwohnerzahl und Fläche abgespeichert sowie dem Land, in dem die Stadt liegt, und dessen Daten. Werden mehr als zwei Städte aus demselben Staat abgespeichert, so werden die Daten des Landes redundant abgespeichert.

a) Gib an, wie der Primärschlüssel lautet, wenn der Name einer Stadt in keinen zwei Ländern identisch ist.

b) Erläutere, was der Primärschlüssel wäre, wenn manche Städte in mehreren Ländern denselben Namen haben (z.B. Bethlehem in Israel und in den Vereinigten Staaten), es aber in keinem Land zwei Städte gibt, die identisch heißen.

c) Erläutere, welchen Primärschlüssel du wählen würdest, wenn es keine der obigen Einschränkungen gibt, also Städtenamen beliebig oft vorkommen können, auch innerhalb des eigenen Landes (z.B. Frankfurt, Dillingen oder Neustadt).

d) Erläutere, wie du intuitiv eine Datenbank anlegen würdest, die obige Daten speichert. Erstelle dazu auch ein Objektdiagramm.

e) Überführe die Relation in die 3. Normalform und überlege dir das zugehörige Klassenmodell. Vergleiche mit deinen Ergebnissen aus Aufgabenteil d).

5 Supermarkt

Ein Supermarkt speichert seine Artikel in folgender Tabelle.

ARTIKEL							
ArtNr	ArtName	ArtArt	Hersteller	HerstellerAdr	Abteilung	AbtLeiter	Preis
1212	Twister	Schokoriegel	Bry	Postfach 1244, 85102 Wollhausen	Süßwaren	Jacobi	0,69 €
1777	Noug@	Schokoriegel	Bry	Postfach 1244, 85102 Wollhausen	Süßwaren	Jacobi	0,79 €
1790	Milli Nuss	Schokoriegel	DeLait	Bitterstraße 11, 75329 Löfflingen	Süßwaren	Jacobi	0,55 €
1798	Venus	Schokoriegel	DeLait	Bitterstraße 11, 75329 Löfflingen	Süßwaren	Jacobi	0,65 €
1881	Kuliness Linsen	Eintopf	Bry	Postfach 1244, 85102 Wollhausen	Konserven	Weber	1,11 €
1970	Pasta Napoli	Nudelgericht	Bry	Postfach 1244, 85102 Wollhausen	Konserven	Weber	0,99 €
1985	Pasta Tricolore	Nudelgericht	Borr	Waldweg 8, 94068 Edelbrunn	Konserven	Weber	1,29 €
2004	Kartoffeltopf	Eintopf	Borr	Waldweg 8, 94068 Edelbrunn	Konserven	Weber	1,19 €
…	…	…	…	…	…	…	…

a) Erläutere die Spalten und überlege dir, welche funktionalen Abhängigkeiten wohl vorliegen. Gib außerdem den Primärschlüssel an.

b) Erläutere, unter welchen Voraussetzungen die Tabelle bereits in der 1. bzw. 2. Normalform vorliegt. Erläutere die Rolle der Spalte *HerstellerAdr*?

c) Überführe die Tabelle in die 3. Normalform.

7* Erweiterung von Tabellen

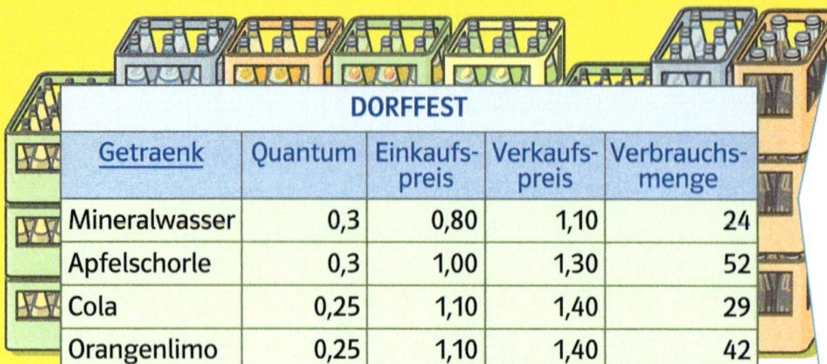

DORFFEST				
Getraenk	Quantum	Einkaufs-preis	Verkaufs-preis	Verbrauchs-menge
Mineralwasser	0,3	0,80	1,10	24
Apfelschorle	0,3	1,00	1,30	52
Cola	0,25	1,10	1,40	29
Orangenlimo	0,25	1,10	1,40	42
Weizenbier	0,5	0,90	1,50	38
Pils	0,5	1,00	1,50	16

Mitte August findet wieder das traditionelle Dorffest statt. Thomas und Tina besorgen die Getränke. Der Gewinn soll diesmal dem Roten Kreuz zugutekommen; daher werden die Getränke etwas teurer verkauft. In einer Tabelle werden Einkaufs-, Verkaufspreis und Verbrauchsmenge gespeichert und immer wieder aktualisiert. Wie groß war jeweils der erwirtschaftete Gewinn für die verschiedenen Getränke am Ende des Fests? Warum ist hierfür keine eigene Spalte vorgesehen?

Mit den Daten eines Datensatzes können viele Berechnungen durchgeführt werden. Dazu muss man jeweils einen Term angeben, dessen Werte dann in eine neue Spalte geschrieben werden.

Hinzufügen neuer Spalten mit der Funktion Erweiterung

Cordula plant eine längere Wandertour in der Schweiz. Das Reisebüro hat in einer Datenbanktabelle alle Schweizer Pensionen und Hotels mit dem jeweiligen Übernachtungspreis in der dort üblichen Währung Schweizer Franken CHF gespeichert. Die erste Tabelle in Fig. 1 zeigt einen Ausschnitt.

Cordula möchte jedoch eine tabellarische Aufstellung aller Unterkünfte mit den jeweiligen Übernachtungspreisen in EUR (Fig. 1, zweite Tabelle). 100 Schweizer Franken entsprechen beim aktuellen Umrechnungskurs 94 Euro (Stand: Juli 2020). Mit der Formel $\frac{94}{100} \cdot CHF$ (*CHF* steht für die Werte aus der gleichnamigen Spalte von HOTEL) kann der Preis von Schweizer Franken in Euro umgerechnet werden.

Mit der Funktion **Erweiterung** wird der ausgegebenen Tabelle eine neue Spalte hinzugefügt und diese mit den gewünschten Daten ergänzt.

HOTEL			
HotelNr	Name	Adresse	CHF
1	Seehotel	Baderstr. 7, 3002 Bern	52
2	Pension Frosinn	Karlsplatz 3, 8043 Zürich	154
3	Hotel Rast	Eichstr.17, 8034 Zürich	96
…	…	…	…

EUR (94/100)**CHF*

→ Erweiterung →

HotelNr	Name	Adresse	CHF	EUR
1	Seehotel	Baderstr. 7, 3002 Bern	52	48,88
2	Pension Frosinn	Karlsplatz 3, 8043 Zürich	154	144,76
3	Hotel Rast	Eichstr.17, 8034 Zürich	96	90,24
…	…	…	…	…

Fig. 1

Erweiterung ist eine dreistellige Funktion, die neben der Tabelle und dem neuen Spaltennamen einen Rechenterm als Argument übernimmt. Die Werte für die neue Spalte werden dabei zeilenweise aus den jeweiligen Datenwerten durch den eingegebenen Term berechnet.

Der Funktionsaufruf Erweiterung(HOTEL; *EUR*; (94/100)**CHF*) erweitert die Tabelle HOTEL um eine Spalte mit dem Bezeichner *EUR* und füllt die Zellen zeilenweise mit dem Ergebnis des Berechnungsterms $\frac{94}{100} \cdot CHF$ aus den jeweiligen Zahlenwerten innerhalb des entsprechenden Datensatzes.

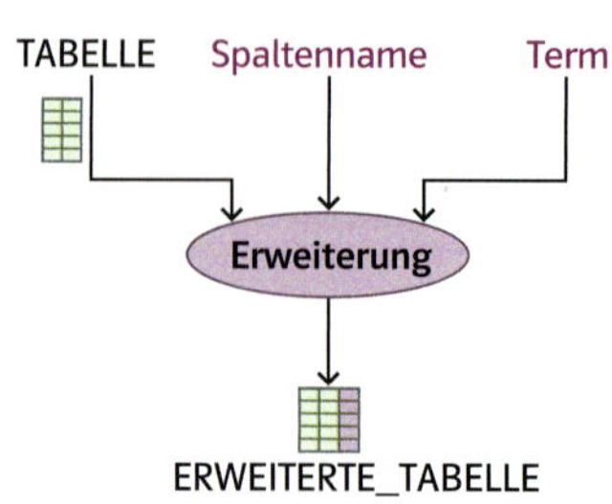

 *Dieser Inhalt geht über den Lehrplan hinaus.

Erweiterung in der Abfrage

In der Abfragesprache *SQL* taucht der Funktionsbezeichner Erweiterung nicht ausdrücklich auf. Der Berechnungsterm und der neue Spaltenbezeichner werden hinter dem Wort `SELECT` neben den anderen ausgewählten Tabellenspalten angefügt.

Die Abfrage

```
SELECT Name, Adresse, (94.00/100)*CHF AS EUR
FROM HOTEL
```

entspricht der in Fig. 1 auf der vorherigen Seite dargestellten Funktionsanwendung.
`AS EUR` gibt der neuen Spalte den Bezeichner EUR.

Die Funktion **Erweiterung** ist dreistellig mit einer Tabelle, dem neuen Spaltennamen und einem Rechenterm als Eingabeargumente. Sie gibt eine Tabelle mit einer zusätzlichen Spalte aus. Die Daten ergeben sich aus den Termauswertungen mit den Daten des jeweiligen Datensatzes.

Der Aufruf Erweiterung(TABELLE; *Spaltenname*; Term) gibt die um die neu berechnete Spalte erweiterte Tabelle aus und lautet zum Beispiel als *SQL*-Abfrage:

```
SELECT Spalte1, Spalte2, ..., Term AS Spaltenname
FROM TABELLE
```

1 Versandhandel I

In der Tabelle ARTIKEL speichert ein Versandhandel sämtliche Waren, die man bei diesem bestellen kann. *EP* steht hierbei für den Einkaufspreis, *VPBrutto* für den Brutto-Verkaufspreis inklusive 19 % Mehrwertsteuer.

ARTIKEL					
ArtNr	Bezeichnung	Art	Hersteller	EP	VPBrutto
12345	Krawatte	Herrenmode	Davido	29,00 €	38,95 €
76544	Hemd Royal	Herrenmode	Davido	123,32 €	210,00 €
23551	Bikini Summerdream	Sommerbekleidung	Juttae	78,45 €	99,99 €
35532	Minirock	Damenmode	BlueSea	34,20 €	55,95 €
99933	Pralinés DarkLove	Lebensmittel	Voell	7,98 €	14,95 €
32320	Wintermantel	Damenmode	Claudio	223,70 €	349,00 €
42086	Waldhonig	Lebensmittel	Wabo	4,80 €	8,50 €
83791	Laserdrucker SI90	Elektronik	Sister	145,60 €	199,90 €
...	...	...	...	...	...

a) Erläutere, warum der Netto-Verkaufspreis, also der Verkaufspreis ohne die hinzukommende Mehrwertsteuer, nicht in einer eigenen Spalte gespeichert wird.

b) Formuliere eine *SQL*-Abfrage, die Artikelnummer, Bezeichnung, Brutto-Verkaufspreis sowie in einer angefügten Spalte *VPNetto* den Netto-Verkaufspreis aller Artikel wiedergibt. Gib auch das zugehörige Datenflussdiagramm mit der Funktion Erweiterung an.

c) In einer weiteren Spalte soll der Reingewinn je Artikel angezeigt werden. Gib die zugehörige *SQL*-Abfrage an.

d) Bei Lebensmitteln beträgt der Mehrwertsteuersatz 7 %. Formuliere eine *SQL*-Abfrage wie in Teilaufgabe b), allerdings sollen nur Lebensmittel mit dem entsprechenden Nettopreis angezeigt werden.

e) Der Versandhandel gibt pauschal 20 % Rabatt auf alle Artikel des Herstellers Juttae. Gib eine passende *SQL*-Abfrage an, die die entsprechenden Artikel mit den rabattierten Preisen auflistet. Gib zudem an, wie sich die Abfrage ändert, wenn alle Artikel um 20 % herabgesetzt werden, die im Einkauf teurer als 200 € waren.

2 Studienfahrt

In der Tabelle SCHUELER[<u>*SNR*</u>; *Name*; *Vorname*; *Geschl*; *GebDat*; *Klasse*] sind die Schülerinnen und Schüler deines Gymnasiums gespeichert.
Die Q12 fährt kommenden Montag für eine Woche auf Studienfahrt. Der Oberstufenkoordinator will überprüfen, welche seiner Schülerinnen und Schüler bereits volljährig sind und deswegen in einer Tabelle ihre Namen sowie deren jeweiliges Alter am ersten Tag der Studienfahrt ausgeben.
Formuliere die zugehörige *SQL*-Abfrage.

3 Abschlussprüfung

Ein Prüfling soll seine Leistungen in drei Fächern unter Beweis stellen. Die Ergebnisse seiner Abschlussprüfung werden in der Tabelle PRUEFUNG[<u>*PNr*</u>; *Name*; *Vorname*; *Fach1*; *Fach2*; *Fach3*] gespeichert, wobei die erzielten Noten in den letzten drei Spalten der Tabelle abgelegt werden.

a) Gib an, von welchem Datentyp *Fach1*, *Fach2* und *Fach3* sein müssen, wenn nur ganzzahlige Schulnoten von 1 bis 6 erlaubt sind. Überprüfe, ob sich diese Bedingung mit deinem Datenbankmanagementsystem realisieren lässt.
b) Es soll nun eine weitere Spalte *Schnitt* angefügt werden, welche die Durchschnittsnote der drei Noten auf zwei Dezimalen genau berechnet. Skizziere das Datenflussdiagramm und formuliere die passende *SQL*-Abfrage.
c) In einer neuen Spalte *Bestanden* soll angezeigt werden, ob die Abschlussprüfung bestanden wurde oder nicht. Unterscheide dabei folgende Bedingungen:
(1) Der Prüfling hat bestanden, wenn sein Notendurchschnitt kleiner oder gleich 4,00 ist.
(2) Wie (1), nur darf in keinem Fach die Note 6 geschrieben worden sein.
(3) Wie (1), nur muss in *Fach1* mindestens die Note 3 erreicht worden sein.

4 Let's dance

Bei einem internationalen Tanzturnier werden die teilnehmenden Paare in der Tabelle HOOFER[<u>*ID*</u>; *name_m*; *name_f*; *nationality*] gespeichert. Die Jury besteht aus drei Mitgliedern, die jeden der fünf Standardtänze (langsamer Walzer, Tango, Wiener Walzer, Slowfox und Quickstepp) mit 0 bis 10 Punkten bewerten, wobei 10 Punkte die beste Wertung darstellt. Die Ergebnisse werden in der Tabelle RESULT[<u>*ID*</u>; <u>*dance*</u>; *score1*; *score2*; *score3*] eingetragen, wobei unter *scoreX* die Wertung des betreffenden Jurors zu finden sein soll. *ID* steht dabei jeweils für die Nummer des Tanzpaares.

hoofer (engl.): Profitänzer

Bei Tanzwettbewerben ist die Anzahl der Jurymitglieder im Allgemeinen ungerade (oft fünf oder sieben), um Pattsituationen zu vermeiden.

a) Zur Tabelle RESULT soll eine Spalte *Avg* generiert werden, welche die Durchschnittswertung der Jury enthält. Formuliere die zugehörige *SQL*-Abfrage.
b) Bestimme die *SQL*-Abfrage, wenn das Ergebnis in der Tabelle HOOFER angefügt und die Datensätze in der Reihenfolge ihrer Platzierung angezeigt werden sollen.

Verwende bei der *SQL*-Abfrage in Teilaufgabe b) den Zusatz `ORDER BY` (vgl. Info-Box auf Seite 142).

8* Funktionen auf gruppierten Datensätzen

WETTERDATEN				
Tag	Monat	Niederschlag	Temperaturminimum	Temperaturmaximum
1	Januar	2 mm	−12,0 °C	−5,5 °C
2	Januar	0 mm	−14,5 °C	−8,0 °C
3	Januar	0 mm	−13,0 °C	−6,7 °C
…	…	…	…	…
1	Februar	5 mm	−4,5 °C	5,3 °C
…	…	…	…	…
1	Juli	0 mm	15,0 °C	32,6 °C
2	Juli	35 mm	14,5 °C	28,0 °C
…	…	…	…	…
31	Dezember	8 mm	−2,7 °C	4,3 °C

In einer Wetterstation werden täglich Daten über das Wetter gemessen und aufgelistet. Man ist daran interessiert, wie groß die durchschnittliche Niederschlagsmenge jeden Monat war und welches Temperaturmaximum jeweils im Januar, Februar, …, Dezember gemessen wurde.
Probiere durch geeignetes Zusammenfassen von Zeilen und durch Streichen bzw. Hinzufügen von Spalten, wie man die Ergebnistabelle der Abfrage erhalten könnte.

Um Berechnungen über mehrere Attributwerte innerhalb einer Spalte durchführen zu können, müssen bestimmte Datensätze vorher zusammengefasst werden. Danach werden die Tabellen um neue Spalten mit den Berechnungsergebnissen erweitert.

Gruppieren von Datensätzen nach einer Spalte

In Hochstadt findet jährlich ein Hochsprungturnier statt. Die Ergebnisse der Sportlerinnen und Sportler werden tabellarisch aufgelistet. Fig. 1 zeigt die nach dem Namen sortierten Ergebnisse des ersten Durchgangs.
Man interessiert sich z. B. dafür,
(1) welche Altersklassen überhaupt vertreten sind und
(2) welche durchschnittliche Sprunghöhe beim ersten Durchgang in jeder Altersklasse erreicht wurde.

HOCHSPRINGER					
Nr	Name	Vorname	m_w	Altersklasse	Sprunghoehe
1	Baldauf	Steve	m	4	1,82
2	Beier	Lea	w	4	1,69
3	Dannat	Anni	w	1	1,32
4	Ehrlich	Lisa	w	3	1,53
5	Janke	Maja	w	4	1,64
6	Knopp	Torben	m	3	1,59
7	Meister	Alina	w	1	1,09
8	Radon	Ben	m	2	1,31
9	Salger	Mia	w	4	1,77
10	Wirth	Leon	m	1	1,25

Fig. 1

Für die Beantwortung von (1) und (2) wird man zuerst die Datensätze mit den identischen Altersklassen in eine Gruppe zusammenfassen. Die Funktion **Gruppierung** leistet dies. Sie erwartet eine Tabelle, z. B. HOCHSPRINGER, und ein Tabellenattribut, z. B. *Altersklasse*, als Eingabeargumente. Dabei werden alle Datensätze mit dem gleichen Wert dieses Attributs gruppiert und innerhalb der Gruppe durch einen einzigen Wert ersetzt (Fig. 2).

Die Tabelle HOCHSPRINGER wird also nach der Spalte Altersklasse gruppiert. Sie enthält nun weniger Datensätze, nämlich nur so viele, wie es unterschiedliche Altersklassen gibt. Im Beispiel verringert sich die Anzahl der Datensätze von zehn auf vier.

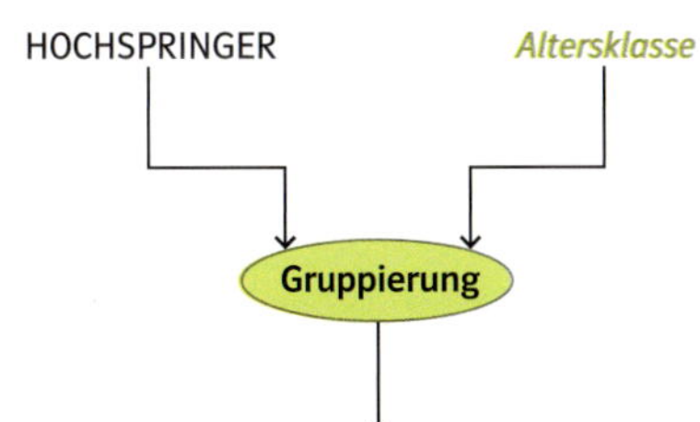

Nr	Name	Vorname	m_w	Altersklasse	Sprunghoehe
3	Dannat	Anni	w		1,32
7	Meister	Alina	w	1	1,09
10	Wirth	Leon	m		1,25
8	Radon	Ben	m	2	1,31
4	Ehrlich	Lisa	w	3	1,53
6	Knopp	Torben	m		1,59
1	Baldauf	Steve	m		1,82
2	Beier	Lea	w	4	1,69
5	Janke	Maja	w		1,64
9	Salger	Mia	w		1,77

Fig. 2

*Dieser Inhalt geht über den Lehrplan hinaus.

Auswahl von Spalten

Interessiert man sich nur für bestimmte Spalten einer Tabelle, so kann man diese mithilfe einer Projektion zu einer Ergebnistabelle zusammensetzen. Die ausgewählten Spalten werden dabei vollständig mit allen Werten übernommen. In *SQL* lautet die Abfrage zur Projektion der Spalten *Name* und *Altersklasse* aus der Tabelle HOCHSPRINGER:

```
SELECT Name, Altersklasse FROM HOCHSPRINGER
```

Zur Projektion: vgl. Info-Box auf Seite 60.

Allgemein:

```
SELECT Spalten-
  liste
FROM Tabelle
```

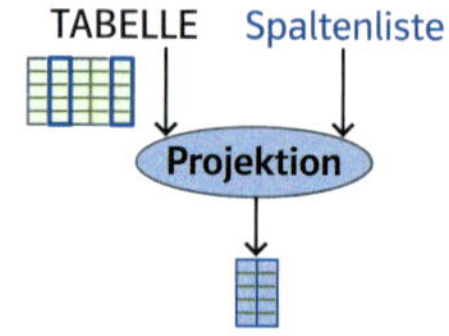

Abfrage mit Gruppierung

Bei einer Abfrage wird zuerst die Gruppierung der Tabelle nach der angegebenen Spalte durchgeführt. In der Sprache *SQL* wird dies durch das Anfügen des Ausdrucks `GROUP BY Spaltenbezeichner` umgesetzt.

In der gruppierten Tabelle enthalten jedoch die meisten Zellen mehrere Daten. Nur das Attribut *Altersklasse* weist für jeden Datensatz einen einzigen Wert auf.
Damit können nur Daten der Spalte *Altersklasse* mit einer Abfrage ausgegeben werden. Dazu muss nach der Gruppierung lediglich eine Projektion auf die Spalte *Altersklasse* erfolgen. Die zugehörige *SQL*-Abfrage lautet:

```
SELECT Altersklasse
FROM HOCHSPRINGER
GROUP BY Altersklasse
```

Nr	Name	Vorname	m_w	Altersklasse	Sprunghoehe
3	Dannat	Anni	w	1	1,32
7	Meister	Alina	w		1,09
10	Wirth	Leon	m		1,25
8	Radon	Ben	m	2	1,31
4	Ehrlich	Lisa	w	3	1,53
6	Knopp	Torben	m		1,59
1	Baldauf	Steve	m	4	1,82
2	Beier	Lea	w		1,69
5	Janke	Maja	w		1,64
9	Salger	Mia	w		1,77

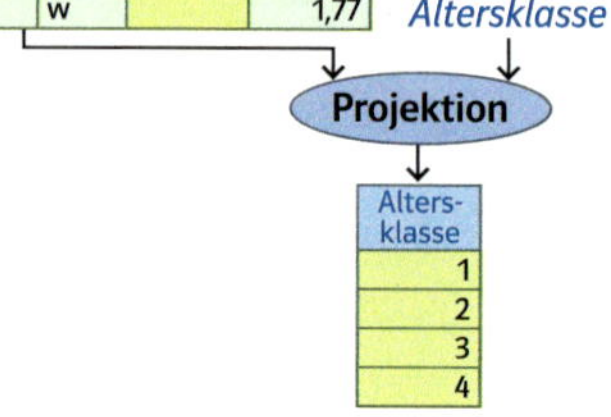

Fig. 1

Die Spalte *Name* kann z. B. nicht mehr mit einer Abfrage ausgegeben werden, weil schon der erste Datensatz drei Namen enthält.

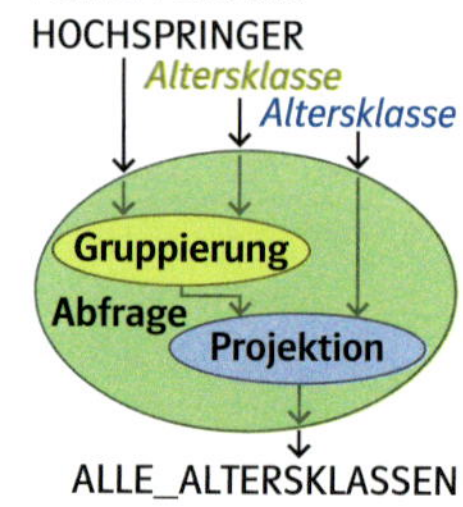

Mit der Projektion wird hier nur die Spalte *Altersklasse* ausgegeben.

Funktionen auf den gruppierten Daten einer Spalte

In der gruppierten Tabelle (oberer Teil in Fig. 1) gehören jeweils die unterschiedlichen Sprunghöhen einer Altersklasse zusammen. Der Datensatz zur Altersklasse 1 etwa enthält die drei Werte 1,32 und 1,09 und 1,25. Aus diesen drei Werten lässt sich beispielsweise durch die Bildung des Durchschnitts eine einzelne Zahl berechnen, im Beispiel die Zahl 1,22.

Fügt man zur gruppierten Tabelle eine Spalte *Durchschnittshoehe* hinzu, die aus den zusammengefassten Sprunghöhen jeweils den Durchschnitt berechnet, so enthält die neu hinzugefügte Spalte nur einzelne Werte. Sie kann somit über eine Abfrage ausgegeben werden.

Eine Funktion, die jeweils die gruppierten Daten einer Spalte verarbeitet, heißt **Aggregatfunktion.** Die Funktion **AVG** beispielsweise berechnet daraus den jeweiligen Durchschnitt der gruppierten Zahlenwerte.
Weitere Aggregatfunktionen: **SUM** berechnet die Summe, **COUNT** die Anzahl, **MAX** den größten Wert und **MIN** den kleinsten Wert der Eingabeargumente.

aggregate (engl.): Anhäufung, Gesamtheit
average (engl.): Durchschnitt; durchschnittlich
AVG ist eine Abkürzung von average.

Erweiterung von gruppierten Tabellen

Wenn neben den verschiedenen Altersklassen nun auch die jeweiligen durchschnittlichen Sprunghöhen ausgegeben werden sollen, so muss die Eingabetabelle noch um eine Spalte *Durchschnittshoehe* erweitert werden. Der Ablauf erfolgt daher in insgesamt drei Schritten: Zuerst werden alle Datensätze mit der gleichen Altersklasse zu einem Datensatz gruppiert, danach wird die Tabelle um eine Spalte mit den berechneten Durchschnittshöhen erweitert und schließlich wird eine Tabelle aus den beiden Spalten *Altersklasse* und *Durchschnittshoehe* ausgegeben.

Das Datenflussdiagramm mit den Tabellen ist in Fig. 1 abgebildet. Die zugehörige *SQL*-Abfrage lautet:

```
SELECT Altersklasse, AVG(Sprunghoehe) AS Durchschnittshoehe
FROM HOCHSPRINGER
GROUP BY Altersklasse
```

HOCHSPRINGER

Nr	Name	Vorname	m_w	Altersklasse	Sprunghoehe
1	Baldauf	Steve	m	4	1,82
2	Beier	Lea	w	4	1,69
3	Dannat	Anni	w	1	1,32
4	Ehrlich	Lisa	w	3	1,53
5	Janke	Maja	w	4	1,64
6	Knopp	Torben	m	3	1,59
7	Meister	Alina	w	1	1,09
8	Radon	Ben	m	2	1,31
9	Salger	Mia	w	4	1,77
10	Wirth	Leon	m	1	1,25

Altersklasse

Gruppierung

Nr	Name	Vorname	m_w	Altersklasse	Sprunghoehe
3	Dannat	Anni	w		1,32
7	Meister	Alina	w	1	1,09
10	Wirth	Leon	m		1,25
8	Radon	Ben	m	2	1,31
4	Ehrlich	Lisa	w	3	1,53
6	Knopp	Torben	m		1,59
1	Baldauf	Steve	m		1,82
2	Beier	Lea	w		1,69
5	Janke	Maja	w	4	1,64
9	Salger	Mia	w		1,77

Durchschnittshoehe *AVG(Sprunghoehe)*

Erweiterung

Nr	Name	Vorname	m_w	Altersklasse	Sprunghoehe	Durchschnittshoehe
3	Dannat	Anni	w		1,32	
7	Meister	Alina	w	1	1,09	1,22
10	Wirth	Leon	m		1,25	
8	Radon	Ben	m	2	1,31	1,31
4	Ehrlich	Lisa	w	3	1,53	1,56
6	Knopp	Torben	m		1,59	
1	Baldauf	Steve	m		1,82	
2	Beier	Lea	w		1,69	
5	Janke	Maja	w	4	1,64	1,73
9	Salger	Mia	w		1,77	

[Altersklasse, Durchschnittshoehe]

Projektion

Altersklasse	Durchschnittshoehe
1	1,22
2	1,31
3	1,56
4	1,73

Fig. 1

Eine Tabelle lässt sich nach einer Spalte **gruppieren**. Dabei werden alle Datensätze zu einer Gruppe zusammengefasst, die in der angegebenen Spalte denselben Wert haben. Mit einer Abfrage kann zunächst nur diese Spalte über eine Projektion ausgegeben werden.
Mithilfe von **Aggregatfunktionen** kann die Tabelle um zusätzliche Spalten mit neuen Informationen erweitert werden.

A 1 Hohe Sprünge

Betrachte die Tabelle HOCHSPRINGER (Fig. 1 auf Seite 177). Erstelle für folgende Fragen das Datenflussdiagramm und die passende *SQL*-Abfrage.

a) Wie viele weibliche bzw. männliche Teilnehmer treten an?

b) Was ist die jeweils größte Sprunghöhe im ersten Durchgang bei den weiblichen und bei den männlichen Teilnehmern?

2 Versandhandel II

Formuliere bezüglich der Tabelle ARTIKEL von Seite 175 folgende Abfragen in *SQL*.

a) Gruppiere die Artikel nach ihrer Art und gib die verschiedenen Arten aus.

b) Wie viele Artikel sind von jedem Hersteller im Sortiment und wie groß ist jeweils der durchschnittliche Einkaufspreis?

c) Gesucht sind die teuersten Verkaufspreise eines jeden Herstellers.

3 Einkommensverhältnisse

Die Tabelle MITARBEITER (Fig. 1) enthält die Daten der Angestellten eines Unternehmens. In der Tabelle GEHALT[<u>*Stufe*</u>; *Bruttolohn*] wird der zur jeweiligen Gehaltsstufe festgesetzte Bruttolohn gespeichert. Formuliere folgende Abfragen in *SQL* und gib auch das jeweils zugehörige Datenflussdiagramm an.

Hinweis: Nicht bei allen Abfragen sind Gruppierungen notwendig.

MITARBEITER				
<u>MNr</u>	Name	Vorname	Abteilung	<u>Gehaltsstufe</u>
1234	Alvarez	Daniel	Buchhaltung	2
1247	Artmann	Tom	Consulting	4
1273	Berger	Franziska	Buchhaltung	2
1274	Berger	Moritz	Entwicklung	2
1300	Bode	Jörn	Entwicklung	5
1303	Dittmann	Sandra	Consulting	6
1336	Ehlers	Yannick	Buchhaltung	4
...	...	...	...	...

GEHALT	
<u>Stufe</u>	Bruttolohn
1	1.200,00 €
2	1.800,00 €
3	2.100,00 €
4	2.380,00 €
5	3.120,00 €
6	3.421,00 €
7	3.900,00 €
...	...

Fig. 1

a) Wie viele Mitarbeiter sind in jeder Abteilung beschäftigt?

b) Welche durchschnittliche Gehaltsstufe haben die Mitarbeiter jeder Abteilung?

c) Wie viele Mitarbeiter sind in den jeweiligen Gehaltsstufen angestellt?

d) Welche Abteilungen haben Mitarbeiter mit einer Gehaltsstufe größer oder gleich 5?

e) Welcher durchschnittliche und welcher Gesamtbruttolohn werden in jeder Abteilung monatlich an die Angestellten ausgezahlt?

f) Welche Mitarbeiter (Name und Vorname) der Abteilung „Buchhaltung" haben einen monatlichen Bruttolohn von mindestens 3000,00 €?

4 Kfz-Versicherung

Jeder Pkw wird von der Versicherung abhängig von seinem Modell in eine „Typklasse" eingestuft. Diese wird jährlich neu entsprechend dem Schadensverlauf des jeweiligen Fahrzeugmodells festgelegt. Versicherungen, aber auch Automobilclubs, -konzerne oder Behörden speichern Automodelle in einer Datenbanktabelle ähnlich dieser:

PKW[*Hersteller*; <u>*Modell*</u>; <u>*Motorleistung*</u>; *Typklasse*; *Durchschnittsverbrauch*].

a) Formuliere folgende Abfragen in *SQL*.

(1) Gib die durchschnittliche Typklasse und den Durchschnittsverbrauch aller Modelle eines Herstellers an.

(2) Gesucht ist zu jeder Motorleistung der höchste bzw. niedrigste Verbrauch.

b) Erläutere, ob sich bei der Abfrage (2) auch das zugehörige Modell angeben lässt.

5 Schulchor

Der Leiter eines großen Schulchores verwaltet seine Sängerinnen und Sänger in einer Datenbank mit folgender Tabelle SCHUELER:
SCHUELER[*SNr*; *Name*; *Vorname*; *Geschlecht*; *Jahrgangsstufe*; *Alter*; *Stimmlage*].

a) Formuliere folgende Abfragen in *SQL*.
  (1) Wie viele Mitglieder je Stimmlage hat der Chor?
  (2) Wie viele Schülerinnen und Schüler der jeweiligen Jahrgangsstufen besuchen den Chor?
  (3) Welches durchschnittliche Alter haben die einzelnen Stimmlagen?
  (4) Wie viele Mädchen bzw. Jungen besuchen den Chor?
  (5) Wie viele Jungen singen noch im Sopran oder Alt?

b) Bestimme, welches Ergebnis folgende *SQL*-Abfrage liefert.

```
SELECT Stimmlage, MAX(Alter) AS Aelteste, MIN(Alter) AS Juengste
FROM SCHUELER
WHERE Geschlecht = 'm'
GROUP BY Stimmlage
```

6 Bundeskabinett

Aufgabe 6 kann als Projekt gestaltet werden.

Die Tabelle MINISTER[*Nr*; *Name*; *Vorname*; *Partei*] enthält alle Mitglieder des Bundeskabinetts seit 1949, die Tabelle AMT[*Kurzbez*; *Beschreibung*] alle seither vergebenen Ressorts. In der Tabelle HAT_INNE[*MinisterNr*; *AmtBez*; *von*; *bis*] wird gespeichert, welcher Politiker in welchem Zeitraum (von, bis) welches Ressort (z. B. „Justiz", „Umwelt" oder „Bildung" bzw. „Kanzler") innehatte.

Die Bundeskanzlerin bzw. der Bundeskanzler bildet zusammen mit den Ministerinnen und Ministern das Bundeskabinett.

Leitet ein Kabinettsmitglied beispielsweise das „Ministerium für Bildung, Jugend und Sport", so wird dieses in der Tabelle HAT_INNE dreimal im gleichen Zeitraum aufgeführt, nämlich jeweils einmal für jedes Ressort (Bildung, Jugend und Sport).

a) Formuliere folgende Abfragen jeweils in *SQL*.
  (1) Wie viele Kanzler gab es bisher bzw. wie viele Minister in den verschiedenen Ressorts?
  (2) Wie viele Tage stellten die verschiedenen Parteien jeweils den Kanzler?
  Hinweis: Gehe davon aus, dass sich die Anzahl der Tage wie bei Tabellenkalkulationen über die Differenz der beiden Datumswerte *von* und *bis* berechnen lässt.
  (3) Wie lange waren die Minister in den verschiedenen Ressorts durchschnittlich im Amt?

b) Bestimme, welche Ergebnisse folgende Abfragen liefern.
  (1)

```
SELECT Name, Vorname, COUNT(AmtBez) AS Anzahl
FROM MINISTER, HAT_INNE
WHERE MINISTER.Nr = HAT_INNE.MinisterNr
GROUP BY Name, Vorname
```

  (2)

```
SELECT Partei, COUNT(Nr) AS Anzahl
FROM MINISTER, HAT_INNE
WHERE MINISTER.Nr = HAT_INNE.MinisterNr
AND AmtBez = 'Auswaertiges'
GROUP BY Partei
```

  Informiere dich beispielsweise im Internet, wie die zugehörige Ergebnistabelle bei der Abfrage (2) aussehen würde.

9 Big Data

Eine der abgebildeten Personen wird wegen eines Verbrechens gesucht. Leider kann man den Täter nicht eindeutig identifizieren. Man weiß aber, dass der Täter ein Mann ist. Weitere Untersuchungen ergeben, dass er groß sein muss und keinen Bart trägt. Zudem sagen Zeugen aus, dass er relativ dünn war. Ermittle den Täter. Gib an, welche der gegebenen Informationen dazu im Nachhinein gar nicht nötig gewesen wäre. Wähle selbst eine der Personen als Täter aus und nenne deinem Banknachbarn mehrere Merkmale, die nur dann zum Täter führen, wenn man sie alle kombiniert.

Durch die Kombination unterschiedlicher Datenbestände lassen sich wertvolle Informationen gewinnen. Werden sehr viele unterschiedliche und sich laufend ändernde Daten verknüpft, stoßen die Methoden der herkömmlichen Datenverarbeitung jedoch schnell an ihre Grenzen.

Daten zeitnah analysieren

Johanna fährt mit ihrer Familie zu ihren Großeltern. Der Verkehrsfunk im Radio meldet auf der Route, die sie für ihre Fahrt üblicherweise wählen, keinen Stau. Unterwegs schlägt die Navi-App auf Johannas Smartphone plötzlich eine andere Route vor, die deutlich schneller zum Ziel führen soll. Auf der ursprünglich geplanten soll sich ein Stau gebildet haben. Johannas Eltern folgen dem Vorschlag der Navi-App. Eine halbe Stunde später erfahren sie aus dem Verkehrsfunk, dass sich tatsächlich ein Unfall ereignet hat, der zu einem langen Stau geführt hat. Woher wusste die App noch vor dem Verkehrsfunk von diesem Stau?

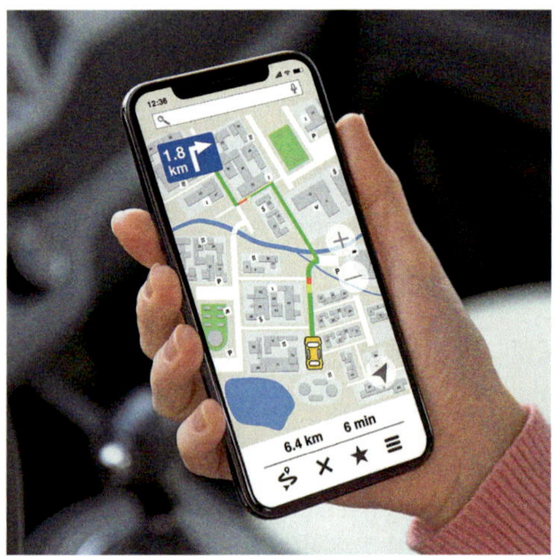

Anscheinend wertet der Betreiber der Navi-App die Positionsdaten von Verkehrsteilnehmern, die ihm über eine mobile Internetverbindung übermittelt werden, nicht nur dahingehend aus, dass die Nutzer zu ihren jeweiligen Zielen navigiert werden. Offenbar wird auch registriert, dass sich viele Nutzer etwa auf einer Autobahn gleichzeitig und nahe beieinander kaum vorwärtsbewegen. Wenn von diesen Fahrzeuginsassen auch noch andere Apps desselben Betreibers genutzt werden, die Zugriff auf die Positionsdaten des Smartphones haben, kann man sehr schnell auf einen Stau als Ursache für das langsame Vorankommen vieler Smartphones schließen.

Verarbeitung großer Datenbestände

So wie man im obigen Beispiel aus den Positionsdaten sehr vieler Smartphones einen Stau feststellt, kann man heute oft mithilfe ausgefeilter Algorithmen sehr hilfreiche Erkenntnisse aus der Kombination und Analyse enorm umfangreicher Datenmengen aus verschiedenen Quellen ableiten. Derartig umfangreiche, meist wenig strukturierte Datenmengen bezeichnet man als **Big Data** im engeren Sinn. Im weiteren Sinn werden in diesen Begriff auch die Verarbeitungstechniken mit einbezogen.

big (engl.): groß
data (engl.): Daten

Durch zunehmende Rechenleistung, neue Algorithmen und sinkende Kosten für Speichermedien gewinnen Big-Data-Technologien immer mehr an Bedeutung.

Big Data wird in vielen verschiedenen Bereichen eingesetzt. Beispielsweise hilft Big Data in der medizinischen Forschung, im Gesundheitswesen, bei der Polizeiarbeit, der Trendforschung oder der Optimierung von Unternehmensprozessen.

Wie viele neue Technologien birgt Big Data sowohl Chancen als auch Risiken für die Gesellschaft, wie die folgenden Beispiele einiger typischer Big-Data-Anwendungen zeigen.

Profiling und Scoring

Eine sehr häufige Anwendung im Kontext von Big Data ist das Profiling. Hierbei werden aus einer Vielzahl von Quellen große Mengen persönlicher Daten gesammelt und daraus mit Big-Data-Methoden ein Profil der betroffenen Person erstellt. Solche Profile können anlassbezogen von staatlichen Einrichtungen z. B. zur Strafverfolgung oder zur Terrorismusbekämpfung verwendet oder von Geheimdiensten auch ohne Anlass erfasst werden (vgl. Exkurs auf Seite 189). Aber auch im Marketing sind solche Profile interessant, um z. B. das Kaufverhalten von Kunden zu beeinflussen. Auch in politischen Wahlkämpfen werden solche Profile verwendet, etwa um unentschlossene Wähler gezielt ansprechen und überzeugen zu können.

Ein Spezialfall des Profiling ist das Scoring. Dabei wird aus dem Profil einer Person je nach Anwendungsgebiet ein entsprechender Wert (Score) ermittelt, der eine schnelle Aussage über diese Person zulässt bzw. einen einfachen Vergleich zwischen Personen ermöglicht. Im privatwirtschaftlichen Bereich werden solche persönlichen Scores von Auskunfteien erstellt und verkauft, beispielsweise zur Bonitätsprüfung bei Kreditvergaben oder Inkassoverfahren oder zur Risikoeinschätzung bei Versicherungsabschlüssen. China startete 2020 Pilotprojekte zu einem Sozialkredit-System, bei dem jeder Bürger einen „Social Score" erhalten soll (vgl. Exkurs auf Seite 135). Von Datenschutzbedenken abgesehen wird beim Scoring häufig kritisiert, dass ein individueller Score nur eine statistische Aussage ist und nicht unbedingt die Individualität des Einzelnen widerspiegelt.

score (engl.): Punktzahl

Die Schufa ist eine der bekanntesten Auskunfteien in Deutschland (vgl. Exkurs auf Seite 190).

Technischer Hintergrund von Big Data

Das „Big" im Begriff Big Data wird üblicherweise auf die drei Eigenschaften **volume**, **velocity** und **variety**, kurz 3V, bezogen. Dabei steht volume für die große Datenmenge, velocity für die hohe Verarbeitungsgeschwindigkeit und variety für die große Vielfalt an Datenquellen und Datenformaten. Oftmals werden auch weitere Vs hinzugefügt, etwa veracity für die Richtigkeit oder validity für die Güte der Daten.

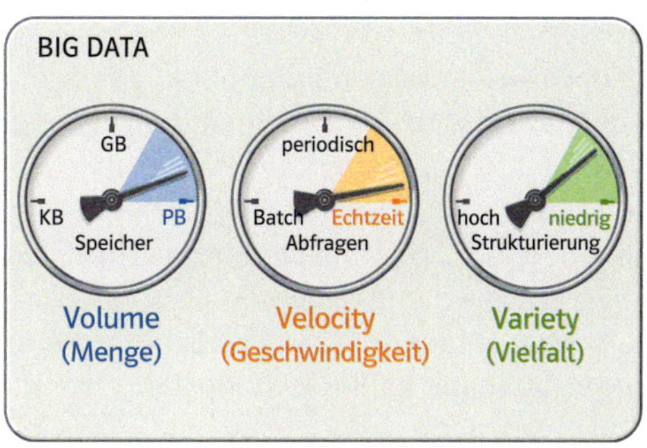

volume (engl.): Menge, Größe, Inhalt
velocity (engl.): Geschwindigkeit, Schnelligkeit
variety (engl.): Vielfalt
veracity (engl.): Aufrichtigkeit, Glaubwürdigkeit
validity (engl.): Gültigkeit, Validität

Um der Vielfalt (variety) der Datenquellen und Datenformate gerecht zu werden, kommen bei Big-Data-Anwendungen häufig Datenbanken zum Einsatz, die nicht so stark strukturiert sind wie relationale Datenbanken. Man spricht in solchen Fällen von *NoSQL*-Datenbanken, um sich von den „üblichen" relationalen Datenbanken abzugrenzen.

Vorsicht:
NoSQL steht hier für „Not only *SQL*", also für „Nicht nur *SQL*" und nicht für „kein *SQL*".

Big Data kann sich auch in anderer Hinsicht von herkömmlicher Datenverarbeitung unterscheiden. Während bei klassischen Datenbankanwendungen der Datenbestand über einen vergleichsweise längeren Zeitraum feststeht und sich die Abfragen je nach Bedarf ändern (Fig. 1), steht bei Big-Data-Anwendungen häufig die Abfrage fest, während sich die in die Abfrage eingehenden Daten ständig ändern (Fig. 2). Auf diese Weise können laufend Analysen innerhalb kurzer Zeit realisiert werden (vgl. das Beispiel der Navi-App auf Seite 182).

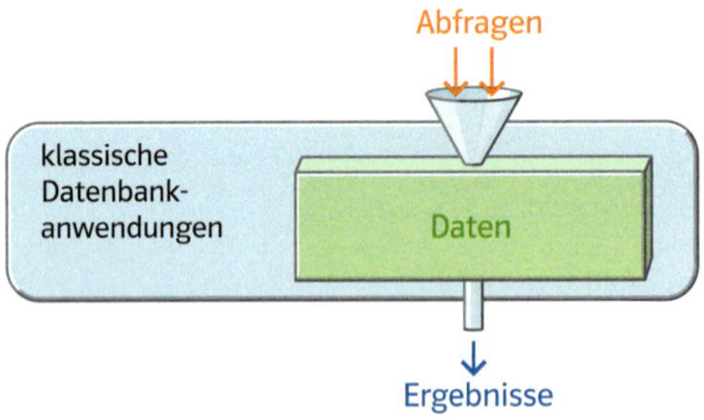

Fig. 1

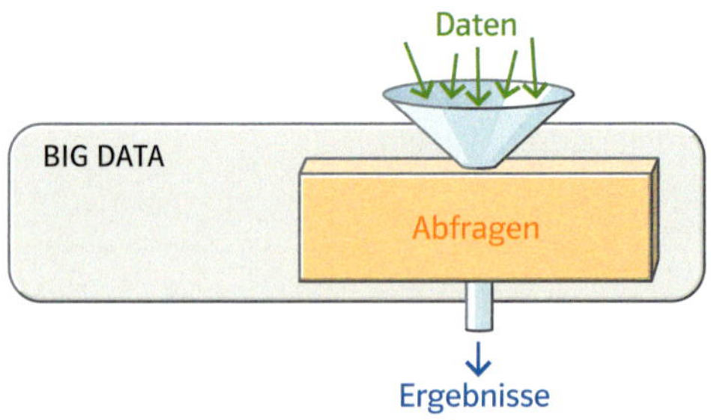

Fig. 2

Auswirkungen von Big Data auf die Privatsphäre und die Gesellschaft

Welche Auswirkungen Big Data auf den Einzelnen und die Gesellschaft haben kann, zeigen bereits die oben ausgeführten Anwendungsbeispiele. Während Big Data einerseits etwa die Sicherheit der Bevölkerung erhöhen kann, steigert Big Data andererseits die Möglichkeiten zur Überwachung deutlich. Während Big Data einerseits die medizinische Forschung und Diagnostik voranbringt, kann Big Data andererseits Individuen auf statistische Angaben reduzieren.

Darüber hinaus kann sich Big Data auf die Privatheit auswirken, wenn anonymisierte Daten durch Verknüpfung verschiedener Datenbestände wieder auf bestimmte Personen bezogen werden können. Gemäß DSGVO gelten die Grundsätze des Datenschutzes nicht für anonyme Informationen, d.h. für Informationen, die sich „nach allgemeinem Ermessen" nicht auf eine bestimmte Person beziehen lassen. Wenn etwa ein Pizza-Lieferservice die Bestellung einer Studierenden-WG, die aus fünf Bewohnern besteht, veröffentlicht, ohne einzelne Namen zu nennen, kann dennoch relativ leicht auf den individuellen Besteller geschlossen werden und daher ist dies nicht datenschutzkonform. Wenn dagegen die Bestellung eines Studierendenwohnheims veröffentlicht wird, in dem mehrere hundert Studierende wohnen, wäre es nahezu unmöglich, den Besteller zu identifizieren. Mit Big Data können solche Daten, die anfänglich „nach allgemeinem Ermessen" keiner Person zugeordnet werden konnten, am Ende möglicherweise doch wieder personenbeziehbar gemacht werden. Diese Möglichkeit zur Identifizierung einer Person wird mit zunehmender Leistungsfähigkeit von Big Data in Zukunft voraussichtlich ebenfalls zunehmen.

Die Gesellschaft muss sich dieser Möglichkeiten bewusst sein und gegebenenfalls die Regelungen zum Datenschutz entsprechend anpassen. Konzepte zum Datenschutz, die ursprünglich als ausreichend erachtet wurden, müssen möglicherweise nachgebessert werden, weil Big Data mehr und mehr Daten mit immer leistungsfähigerer Hardware sowie besseren Algorithmen miteinander verknüpft.

Datenschützer fordern hier in erster Linie mehr Transparenz beim Einsatz von Big Data, damit man etwa Fehleinschätzungen beim Scoring korrigieren oder unrichtigen Daten widersprechen kann. Unternehmen und Behörden haben dagegen ein Interesse daran, die Möglichkeiten von Big Data so weit wie möglich auszuschöpfen, und verweisen beim Wunsch nach mehr Transparenz häufig auf das Betriebsgeheimnis.

Unter **Big Data** versteht man die Kombination, Verarbeitung und Analyse von großen, oft sehr unterschiedlich strukturierten oder völlig unstrukturierten Datenmengen, die meist aus verschiedenen Datenquellen stammen. Big Data macht zeitnah Zusammenhänge sichtbar und schafft so wertvolle Erkenntnisse für Wirtschaft, Wissenschaft und Behörden. Big Data birgt aber auch Risiken für die Privatsphäre und für die Gesellschaft.

1 Der gläserne Patient

Viele Krankenkassen bieten Apps zur Verwaltung und zur vereinfachten Weitergabe persönlicher Gesundheitsdaten an.

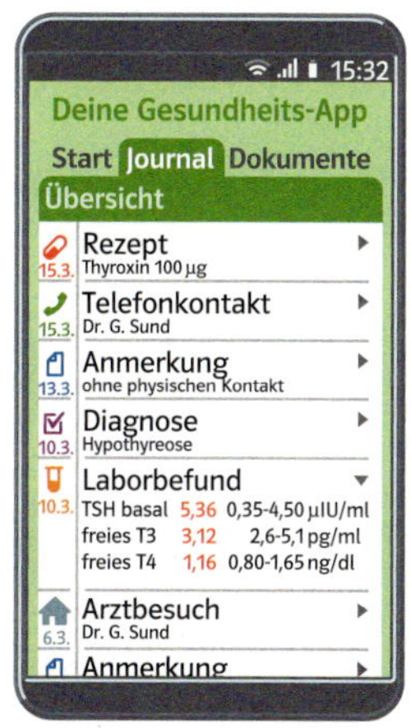

a) Erstelle eine Liste mit möglichen Funktionen, die eine derartige App deiner Meinung nach bieten sollte.
b) Recherchiere im Internet, was diese Apps tatsächlich leisten können. Vergleiche das Ergebnis mit deiner in Teilaufgabe a) erstellten Liste, indem du angibst, welche Funktionen der App du nicht erwartet hättest bzw. welche Funktionen du erwartet hättest, die aber nicht implementiert sind.
c) Lege die Vorteile dar, die die Nutzung der App für den Einzelnen mit sich bringt, und erläutere die Risiken, die sich daraus für den Einzelnen ergeben können. Wäge die Vorteile und die Risiken gegeneinander ab und entscheide, ob du eine solche App nutzen würdest.
d) Viele solche Apps ermöglichen den Import von persönlichen Daten, die z. B. Fitness-Tracker über den Nutzer sammeln. Dadurch entsteht ein noch umfassenderes Bild des aktuellen Gesundheitszustands. Ergänze deine Antworten zu den Vorteilen und Risiken aus Teilaufgabe c) im Hinblick auf diese Zusatzfunktion und entscheide, ob du sie nutzen würdest.
e) Bildet Vierergruppen. Vergebt innerhalb der Gruppe jeweils die Rolle einer Vertreterin bzw. eines Vertreters einer Arztpraxis, einer medizinischen Forschungsabteilung, einer Krankenkasse und einer Lebensversicherung. Diskutiert aus der Sicht eurer jeweiligen Rolle miteinander, wie ihr die Daten der App nutzen könntet und welche Vorteile damit verbunden sind. Erläutert dabei, inwiefern Big Data zum Einsatz kommen könnte, und gebt an, was ihr beachten müsstet, um die Regelungen des Datenschutzes einzuhalten. Schildert gegebenenfalls Auswirkungen auf die Gesellschaft, die sich daraus ergeben können.
f) Eine Betriebskrankenkasse erhofft sich von der App einen gesünderen Lebensstil ihrer Nutzer und überzeugt die Betriebsleitung, das Nutzen der App zu fördern. Diese ist bereit, denjenigen Angestellten, denen die App gute Gesundheitswerte bescheinigt, Boni auszuzahlen. Außerdem sollen die Nutzer der App kostenlose Fitness-Tracker erhalten, um nachzuweisen, dass sie sich ausreichend bewegen und nachts genügend schlafen. Diese Angebote sind jedoch freiwillig. Erläutere, wie du als Betriebsrätin bzw. als Betriebsrat auf das Vorhaben der Betriebsleitung reagieren würdest.

2 Rasterfahndung

Zur Verfolgung oder Prävention einer Straftat kann die Polizei eine Rasterfahndung durchführen, die auch Big-Data-Verfahren einsetzt. Dabei werden aus vielen verschiedenen Datenquellen diejenigen Personen herausgefiltert, deren Merkmale in den Datenquellen mit denen übereinstimmen, die einer gesuchten Person zugeschrieben werden. Beispielsweise wurde nach den Anschlägen vom 11. September 2001 nach sogenannten „Schläfern" gefahndet. Dabei wurde nach Personen u. a. mit folgenden Merkmalen gesucht: männlich, Alter zwischen 18 und 40 Jahren, Student oder Ex-Student, Herkunft aus einem Land mit überwiegend islamischer Bevölkerung.

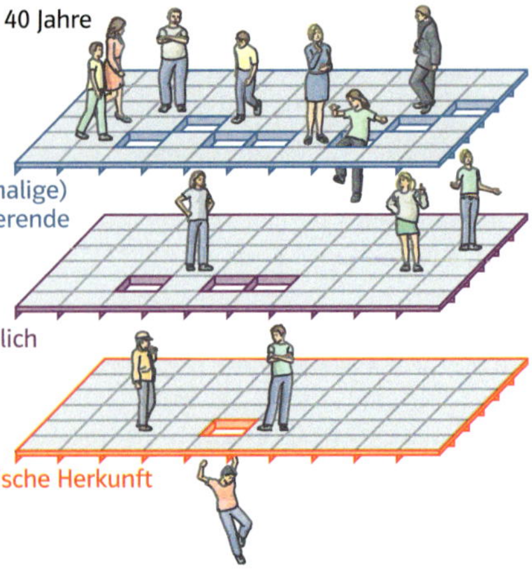

Die beschriebene Rasterfahndung nach Schläfern wurde nachträglich durch ein Urteil des Bundesverfassungsgerichts vom 04.04.2006 als verfassungswidrig erklärt, da für Deutschland keine konkrete Gefahr ausging.

a) Eine Rasterfahndung darf nur unter strengen Auflagen durchgeführt werden. Begründe dies anhand der Grundsätze der DSGVO.
b) Nenne mindestens fünf verschiedene Datenquellen, die der Polizei bei Rasterfahndungen zur Verfügung stehen könnten.
c) Gib an, welche zwei der drei Vs, die Big Data charakterisieren, bei der Rasterfahndung vor allem eine Rolle spielen. Beziehe diese beiden Eigenschaften auf die Datenquellen, die du in Teilaufgabe b) genannt hast.

Vergleiche dazu auch die Fahndung nach dem Autobahnschützen im Exkurs auf Seite 189.

3 Internet der Dinge – Smarthome

Viele Geräte zu Hause verfügen mittlerweile über einen Internetzugang, über den sie ansteuerbar sind, den sie aber auch zur Kommunikation untereinander und mit Servern im Internet nutzen. Dadurch können sie Aufgaben erfüllen, die den Alltag der Menschen komfortabler und sicherer machen. Andererseits verarbeiten und übermitteln diese Geräte auch eine große Menge an Daten – darunter auch personenbezogene.

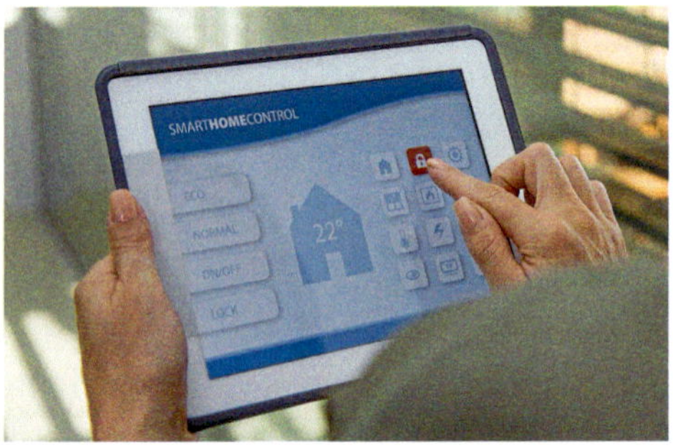

a) Erstelle eine Liste mit Smarthome-Geräten, die du kennst. Recherchiere im Internet, welche Geräte es darüber hinaus noch gibt, und ergänze damit deine Liste. Streiche diejenigen Smarthome-Geräte in deiner Liste an, die bei dir zu Hause genutzt werden.
b) Falls bei dir zu Hause Smarthome-Geräte im Einsatz sind, sieh dir die Datenschutzerklärung eines dieser Geräte an. Recherchiere ansonsten im Internet für ein beliebiges Gerät deiner Liste nach der Datenschutzerklärung. Ermittle, welche personenbezogenen Daten gesammelt und zu welchem Zweck sie genutzt werden. Entscheide, ob du dieser Verarbeitung zustimmen würdest, und überprüfe gegebenenfalls die getroffene Entscheidung.
c) Stelle die Chancen, die der Einsatz von Smarthome-Geräten für den Einzelnen und die Gesellschaft bietet, den Risiken gegenüber. Zeige auf, welche Rolle der Datenschutz dabei spielen sollte.
d) Erkläre anhand einiger Beispiele, welche Bedeutung Big Data bei der Verwendung von Smarthome-Geräten zukommt.
e) Stell dir vor, welche Möglichkeiten Smarthome in der Zukunft bieten könnte. Beschreibe ein Szenario, wie eines Tages das Leben in einem vernetzten Zuhause aussehen könnte.

4 Internet der Dinge – Sprachassistenten

Viele Smarthome-Geräte (vgl. Aufgabe 3), vernetzte Autos (vgl. Aufgabe 5), aber auch PCs, Tablets oder Smartphones haben einen Sprachassistenten integriert, sodass sie sich per Spracheingabe steuern lassen. Es gibt auch eigene Geräte dafür (Smart Speakers).

a) Recherchiere im Internet, wie solche Sprachassistenten funktionieren. Beschreibe dazu Schritt für Schritt, wie sie einen Befehl erkennen, verstehen und darauf reagieren können.
b) Lege dar, welche Rolle Big Data beim Einsatz von Sprachassistenten spielt.
c) Erläutere, welche Möglichkeiten und welche Risiken mit solchen Sprachassistenten verbunden sind.
d) Das Abschalten von Sprachassistenten ist nicht immer einfach. Recherchiere und erkläre, wie es sich bei einem Smartphone deiner Wahl bewerkstelligen lässt.

5 Internet der Dinge – Connected Car

Fast alle modernen Fahrzeuge verfügen über eine Vielzahl an Sensoren, deren Messdaten gespeichert werden, damit beispielsweise Werkstätten bei der Wartung und Reparatur des Fahrzeugs darauf zugreifen können. Aber auch andere Fahrzeugbestandteile wie Navigationssysteme oder Rückfahrkameras erfassen Daten. Mittlerweile ist in vielen Fahrzeugen auch eine mobile Internetverbindung bereits fest integriert.

a) Über die Internetverbindung können fahrzeugbezogene Daten unmittelbar an den Fahrzeughersteller übermittelt und dort ausgewertet werden. Erläutere, inwiefern dies eine Big-Data-Anwendung darstellt. Stelle dazu einen Bezug zu den drei Vs her, die Big Data charakterisieren, und erkläre, wodurch sich diese Anwendung von einer klassischen Datenbankanwendung unterscheidet.
b) Erläutere, wie aus diesen fahrzeugbezogenen Daten personenbezogene Informationen gewonnen werden können, und gib mindestens drei Beispiele an, welche persönlichen Daten man auf diese Weise ermitteln kann.
c) Eine Autoversicherung bietet ihren Kunden günstigere Tarife an, wenn man sich bereit erklärt, dass seine Daten zum Fahrverhalten an die Autoversicherung übermittelt werden. Dadurch weiß die Versicherung von seinen Kunden, wann sie wo wie schnell unterwegs waren. Würdest du einen solchen Tarif abschließen? Diskutiere Pro und Kontra.
d) Nenne mindestens drei verschiedene Beispiele, bei denen Daten, die durch die Fahrzeugelektronik gesammelt und gegebenenfalls über eine Mobilfunkverbindung übermittelt werden, der Polizei eine Hilfe sein könnten. Erläutere zu jedem Bespiel, ob bzw. unter welchen Umständen sie datenschutzrechtlich erlaubt sind.
e) Um den Komfort und die Sicherheit zu erhöhen, sind in Fahrzeugen mit Internetzugang häufig auch Sprachassistenten eingebaut, die Spracheingaben online übertragen und zentral auswerten (vgl. Aufgabe 4). Außerdem können Berechtigte remote, also über das Internet auf die Fahrzeugdaten zugreifen. Stelle den Nutzen solcher Techniken den Risiken gegenüber. Formuliere Bedingungen, die an deren Einsatz geknüpft sein sollten. Denke dabei auch an Fälle wie Fahrten in einem Leih- oder Dienstwagen.
f) Ein Fahrzeug mit Internetzugang hat auch die Möglichkeit, mit anderen Verkehrsteilnehmern bzw. mit Geräten der Verkehrsinfrastruktur wie etwa Ampeln zu kommunizieren, sofern diese ebenfalls über einen entsprechenden Anschluss verfügen. So eröffnen sich viele neue Möglichkeiten. Beschreibe mindestens drei dieser Möglichkeiten – auch im Hinblick auf Big Data – und erläutere, wie sie sich jeweils auf die Privatsphäre auswirken können.

Anwendungsbeispiele für Big Data

Ein Betrugsfall

Frank P. hatte hohe Schulden, seine Gläubiger saßen ihm im Nacken. Er sah keinen anderen Ausweg mehr, als sich das Geld illegal zu beschaffen und ersann deswegen folgenden Plan:

Er wollte ein teures Auto verkaufen, welches er gar nicht besaß. Um sein Vorhaben zu verwirklichen, besorgte er sich zunächst mithilfe falscher Daten ein Handy mit Prepaid-Karte. Anschließend informierte er sich zu Hause auf den Webseiten eines Automobilherstellers über dessen verschiedene Modelle. Mithilfe eines „Konfigurators" kann man sich online sein Wunschauto zusammenstellen. Man sucht sich das bevorzugte Modell in der Basisversion, entscheidet sich für Motor und Lackierung und wählt die gewünschte Sonderausstattung aus. Schließlich erhält man ein Angebot für seinen Traumwagen.

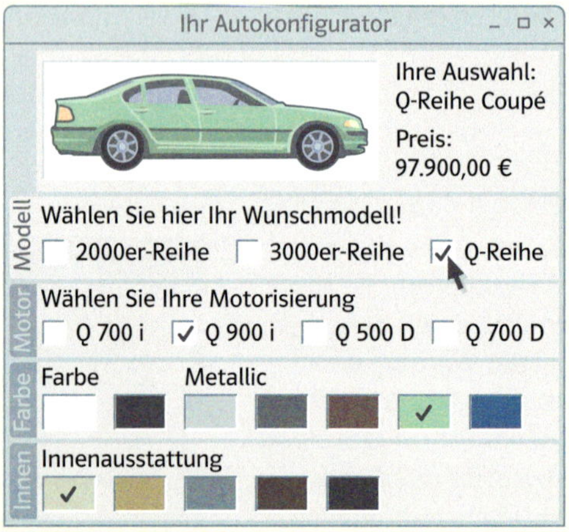

So hatte sich auch Frank P. sein Luxusmodell zusammengestellt, welches er schließlich in mehreren Zeitungen unter Angabe seiner neuen Handynummer inserierte. Die Interessenten ließen nicht lange auf sich warten. Seine Bedingung, Barzahlung bei Fahrzeugübergabe, wurde akzeptiert und man verabredete sich etwas außerhalb der Stadt auf einem ehemaligen Fabrikgelände. Dort zog Frank P. eine Waffe, nahm den Geldkoffer des betrogenen Käufers mit knapp 100 000 € an sich und floh. Das Handy entsorgte er umgehend und wähnte sich in Sicherheit. Doch bereits wenige Tage später wurde Herr P. von der Polizei festgenommen.

Doch wie kam die Polizei ihm auf die Schliche? Natürlich wurde zuerst das Handy zurückverfolgt. Die der Telefongesellschaft vorliegenden Daten über den Eigentümer der Nummer, die Herr P. inseriert hatte, waren zwar falsch und führten zunächst ins Leere, dennoch wurden selbstverständlich sämtliche Anrufe gespeichert. Insbesondere konnte festgestellt werden, an welchen Sendemasten (Mobilfunkzellen) das Handy zu welchen Zeiten eingebucht war. Auf diese Weise konnte die Polizei ermitteln, dass sich der Besitzer abends in München-Fürstenried und tagsüber in Unterhaching aufhielt. Der Sendemast, in den sich das Handy morgens eingebucht hat, versorgt insbesondere einige Bürogebäude mit Netzanschluss, abends und nachts dagegen handelte es sich um ein Wohngebiet. Die Ermittler überprüften alle Arbeitnehmer im Umkreis der Hachinger Zelle auf ihre Heimatadresse und konnten den Kreis der Verdächtigen schnell eingrenzen.

Als nächstes musste der Webadministrator des Automobilkonzerns die Datenbank durchforsten und sämtliche IP-Adressen herausfiltern, welche auf die Internetseite zugegriffen haben. Außerdem wurden, insbesondere wohl auch aus Marketingzwecken, sämtliche Konfigurationen, welche online zusammengestellt wurden, erfasst. Von monatlich mehreren zehntausend Zugriffen auf den Konfigurator sind im betreffenden Zeitraum nur drei übrig geblieben, die das Auto genau so beschrieben, wie es in der Anzeige zu lesen war. Über den Internetanbieter konnte eine der zugehörigen IP-Adressen dem in Fürstenried lebenden und in Unterhaching arbeitenden Frank P. zugeordnet werden.

IP steht für Internet Protocol.

Diese Geschichte hat sich tatsächlich so ereignet, lediglich Namen und Orte wurden verändert. Frank P. wurde mittlerweile zu vier Jahren Freiheitsstrafe verurteilt.

Einerseits zeigt der Fall von Frank P., dass die Speicherung von Daten, hier die Verbindungsdaten des Handys sowie die vollständigen Zugriffsdaten der Webseite des Autokonzerns, sicherlich sinnvoll zur Verbrechensbekämpfung eingesetzt werden können.
Andererseits ist es auch erschreckend, wenn man sich vorstellt, wie derartige Daten missbraucht werden könnten. Und nur wenigen Bürgern ist bewusst, wie viele ihrer Daten gespeichert werden.

Der Fall eines Autobahnschützen
Aufsehen erregte 2008 bis 2013 auch der Fall eines Autobahnschützen. In diesem Zeitraum wurden auf deutschen Autobahnen willkürlich mehr als 700 Schüsse auf verschiedene Fahrzeuge abgegeben. Man wusste zunächst nur, dass der Täter in einem Lkw gesessen haben musste. Die Polizei konnte den Täter erst ermitteln, nachdem sie mehrere Millionen Kfz-Kennzeichen, die zur infrage kommenden Zeit an entsprechenden Standorten erfasst wurden, mit den Daten von Mobilfunkzellen abgeglichen hatte.

Obwohl diese Maßnahmen zur Festnahme des Täters führten, wurde über die Zulässigkeit der Kennzeichenerfassung diskutiert. Kritiker fanden diese unverhältnismäßig und auch die Anwälte des Schützen forderten ein Beweisverwertungsverbot.

PRECOBS
Seit 2014 ist u.a. in München und Nürnberg PRECOBS (Pre Crime Observation System) im Einsatz – eine Software zur Prognose von zeitlichen und räumlichen Schwerpunkten für bestimmte Delikte. (Die Idee, künftige Straftaten vorherzusagen, hatte bereits 1956 Philip K. Dick in seiner Kurzgeschichte „The Minority Report".)

Für eine solche vorhersagende Polizeiarbeit (Predictive Policing) werden sehr viele, ganz unterschiedliche Daten herangezogen und analysiert, wie etwa Zeit, Ort und Art von bereits begangenen Straftaten, Täterprofile oder polizeiliche Erfahrungswerte. Auch wenn dabei nur anonymisierte Daten verwendet werden, fürchten Datenschützer, dass dadurch auch unbescholtene Bürger, die sich zufällig an einem solchen Ort aufhalten, ins Visier der Polizei geraten könnten bzw. dass deren Freiheit durch die verstärkte Polizeipräsenz dort eingeschränkt würde.

Globale Überwachungs- und Spionageaffäre
Dass auch Geheimdienste Big Data anwenden, ist spätestens seit 2013 bekannt, als der US-Geheimdienstmitarbeiter Edward Snowden die Überwachungs- und Spionagepraktiken v.a. der Vereinigten Staaten von Amerika und Großbritanniens enthüllte. Demnach sammelten diese Staaten mindestens seit 2007 Daten aus vielen verschiedenen Quellen. Regierungen wurden abgehört, der Daten- und Telefonverkehr über interkontinentale Datenverbindungen und große Datenknoten wurde überwacht und mitgeschnitten, Rechnernetze wurden zu Spionagezwecken mit Schadsoftware infiziert, Unternehmen wurden verpflichtet, bestimmte Daten und Schlüssel zur Entschlüsselung herauszugeben usw.

Edward Snowden (*1983), US-amerikanischer Whistleblower

Zur Speicherung und Auswertung dieser Unmenge an Daten wurden enorme Hardwarekapazitäten geschaffen und mittels Big Data umfangreich analysiert. Es ist davon auszugehen, dass praktisch jeder Bürger, der das Internet nutzt, davon betroffen ist.

Exkurs

Die Stasi

In der Vergangenheit haben sich auch andere Organisationen einen unrühmlichen Namen als Datensammler gemacht. Die Stasi, also das Ministerium für Staatssicherheit (MfS) der ehemaligen DDR, war nicht nur Geheimdienst, sondern auch ein Überwachungsorgan der Sozialistischen Einheitspartei Deutschlands (SED), welches fast vierzig Jahre lang Material über Millionen von Menschen sammelte.

Das MfS schreckte nicht davor zurück, in die Privatsphäre seiner Opfer einzudringen und selbst intimste Informationen für seine Zwecke zu missbrauchen, beispielsweise um systemkritische Bürger zu unterdrücken. Weder Bank- oder Postgeheimnis noch die Unverletzlichkeit der Wohnung wurden respektiert, selbst die ärztliche Schweigepflicht wurde gebrochen und Millionen von Bürgern in ihren verfassungsmäßigen Grundrechten von der Stasi beschnitten.

Jeder deutsche Bürger hat das Recht, kostenfrei Einsicht in die über ihn angefertigten Stasi-Akten zu erlangen.
Ab dem 3.10.1990 bewahrte der „Bundesbeauftragte für die Unterlagen des Staatssicherheitsdienstes der ehemaligen Deutschen Demokratischen Republik“ (BStU) die MfS-Unterlagen auf und stellte sie nach strengen Richtlinien der Öffentlichkeit zur Verfügung. Am 17.06.2021 soll das Stasi-Unterlagen-Archiv Teil des Bundesarchivs werden (Stand: März 2021). Statt eines BStU soll es dann einen Bundesbeauftragten für die Opfer der SED-Diktatur geben.

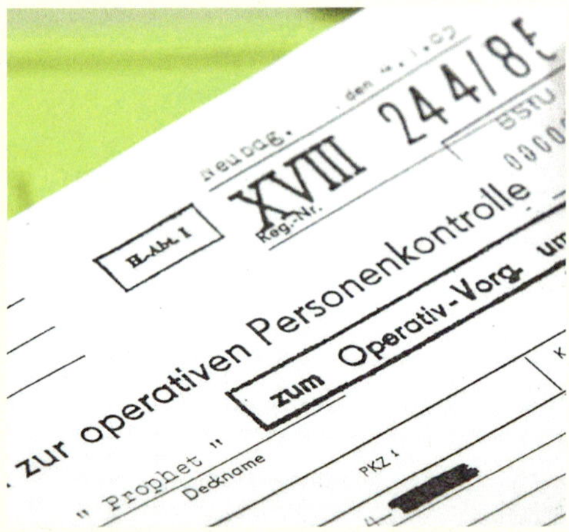

Der BStU wurde wegen des langen Titels kurz Gauck- bzw. Birthler- bzw. Jahn-Behörde genannt (nach ihren jeweiligen Vorsitzenden).

Die Schufa

Die Schufa besitzt Daten über jeden, der mit einem Unternehmen ins Geschäft kommen will. Bei Eröffnung eines neuen Kontos, Abschluss eines neuen Handyvertrags oder einem Darlehensantrag überprüft das Unternehmen die Bonität des Kunden, indem es bei der Schufa Auskunft über positive oder negative Einträge einholt. Kann ein Kunde beispielsweise seine Handyrechnung nicht bezahlen, so wird der Vertragspartner dies der Schufa melden und den Vertrag auflösen. Der Zahlungssäumige wird eventuell keinen neuen Handyvertrag mehr bekommen, da die anderen Telekommunikationsanbieter den negativen Schufa-Eintrag auf Anfrage erhalten und so dem Vertragsabschluss nicht zustimmen werden.

Die Schufa verwendet ein Scoring-Verfahren: Hierbei bekommt jeder Verbraucher einen Score-Wert, der alle bei der Schufa registrierten Bürger in Risikoklassen einteilt.

Dass hier jedoch auch mit den Daten missbräuchlich umgegangen werden kann, zeigt der Fall des Studenten Josef K. Dieser hat bei einem großen deutschen Telefondienstanbieter einen Handyvertrag abgeschlossen und regelmäßig seine Gesprächseinheiten bezahlt.
Als das Unternehmen jedoch eine nachweislich inkorrekte Rechnung über vertelefonierte Einheiten ausstellte, widersprach Josef K. dieser Forderung und bezahlte nur den tatsächlich geleisteten Betrag. Die Firma reagierte prompt mit einem negativen Schufa-Eintrag. Josef K. wurde daraufhin das Konto bei seiner Bank gekündigt und jedes Kreditkartenunternehmen verweigerte seinen Antrag auf eine Kreditkarte. Trotz allem sah sich Josef K. im Recht und zog vor Gericht – mit Erfolg. Die Telefongesellschaft musste zahlen und Josef K. in allen Punkten rehabilitieren.

Datensicherung und -rettung

Datenverlust und -rettung
Plötzlich gibt die Festplatte nur noch seltsame Geräusche von sich, dann geht gar nichts mehr. Harddisccrash! Alle Daten scheinen verloren. Der Student Peter B. kann weder das Adressbuch mit den Geburtstagen aller Freunde, noch seine E-Mails oder die 200 Seiten seiner fast fertig gestellten Masterarbeit erreichen.

Was für den Privatanwender schon eine Katastrophe sein kann, ist für eine Firma der „Super-Gau": Umsätze, Kontodaten, offene Rechnungen – alles ist verloren, wenn die Daten nicht mehrfach gesichert wurden. Was nützt die perfekte Datenbank, wenn von den Daten nicht regelmäßig eine Sicherung (Backup) erstellt wird?
Jede Festplatte hat nur eine bestimmte Lebensdauer. Insbesondere wenn sie (wie z. B. bei Servern üblich) rund um die Uhr läuft, ist es abzusehen, dass sie irgendwann nicht mehr funktioniert. Darüber hinaus ist eine Festplatte ein sehr empfindliches Instrument. Schon ein Staubkorn kann sie funktionsuntüchtig machen und Daten zerstören.

Manch kleineres Unternehmen, das keine Vorsorgemaßnahmen getroffen hat, wurde schon durch den Verlust seiner vollständigen Datenbank ruiniert. Doch selbst wenn sämtliche Daten stets parallel auf zwei Laufwerken gespeichert werden, ist man vor einem Totalverlust nicht völlig gefeit. Naturkatastrophen, Feuer oder auch Terroranschläge können die Datenträger physisch zerstören.

Die einzige Chance und Hoffnung für diese Unternehmen sind Firmen, die sich auf die Rettung scheinbar verlorener Daten spezialisiert haben. Die Erfolge sind dabei erstaunlich: Viele Daten der nach den Anschlägen vom 11. September 2001 in den Trümmern des World Trade Centers (WTC) gefundenen Festplatten konnten fast vollständig wiederhergestellt werden. Fig. 1 zeigt eine Computerspezialistin einer Firma in Pirmasens, die eine Festplatte aus den Trümmern des WTC untersucht, auf der das FBI Hinweise auf eventuelle illegale Geld-Transaktionen aus der Zeit kurz vor dem Anschlag vermutete. In Fig. 2 ist eine Festplatte aus dem WTC mit einer Betonstaubschicht zu sehen, die geheime Daten von Firmen aus dem zerstörten WTC enthält, die in wochenlanger Arbeit zu retten versucht wurden.

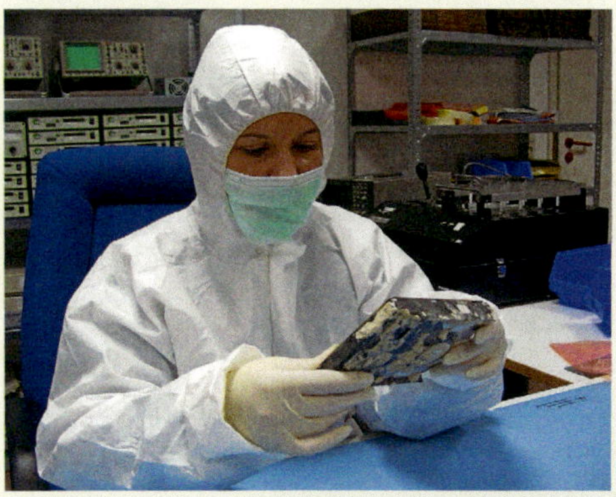

Fig. 1

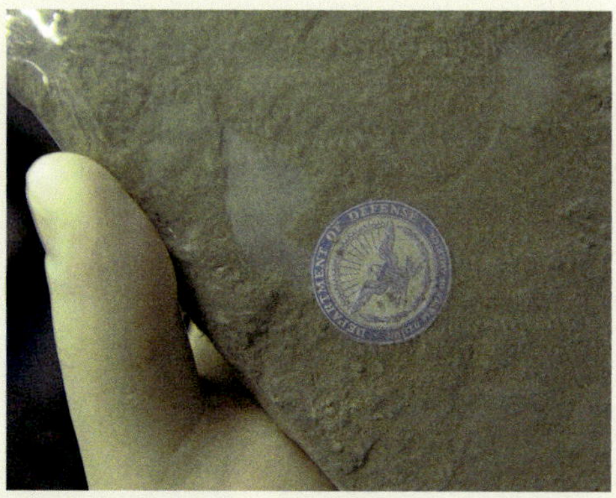

Fig. 2

Die Kosten einer derart aufwendigen Datenrettung können sich auf mehrere zehntausend Euro belaufen. Dennoch ein geringer Preis im Vergleich zu den Folgen bei unwiederbringlichem Datenverlust.

Exkurs

Nach dem ersten Bombenattentat auf das WTC von 1993 mussten 145 der damals etwa 450 ansässigen Firmen Insolvenz anmelden, da sie über keine redundante IT-Struktur verfügten, mit der sie schnellstmöglich den Betrieb wieder hätten aufnehmen können. Viele Unternehmen haben nach diesem ersten Anschlag wohl reagiert und ihre Daten mehrfach gesichert.

Sollte sich die Sicherung jedoch ebenfalls im gleichen Gebäude befunden haben, war diese im Falle des zweiten Anschlags auf das WTC natürlich wertlos. Hier konnten nur die auf Seite 191 genannten Spezialisten weiterhelfen.

Dass keine genauen Zahlen über wirtschaftliche Einbußen der Firmen im WTC zu finden sind, liegt vermutlich auch daran, dass die Unternehmen nicht das Vertrauen ihrer Kunden aufs Spiel setzen wollten.
Der Mieter der größten Bürofläche im WTC, ein Börsen-Unternehmen, verlor bei den Anschlägen von 2001 zehn Mitarbeiter und veröffentlichte am Tag danach eine Mitteilung. Darin hieß es, dass das Hauptaugenmerk auf dem Wohlergehen und der Sicherheit der Kollegen läge, die im WTC gearbeitet haben. Die Kunden könnten aber sicher sein, dass das Unternehmen trotz der Tragödie weiter funktioniere und die Vermögenswerte der Kunden sicher seien. Sobald die Börse und die Märkte wieder öffneten, würde das Unternehmen wieder voll arbeiten.

Bei allen Anschlägen vom 11. September 2001 kamen insgesamt mehr als 3000 Menschen ums Leben. Viele Firmen und Organisationen widmeten ihnen ein ehrendes Andenken.

Spezialfirmen, die sich auf das Wiederherstellen sensibler Daten spezialisiert haben, bekommen ihre Aufträge aber nicht nur von verzweifelten Geschäftsführern oder Privatpersonen, auch die Polizei bedient sich ihres Könnens. Lange wähnten sich die Händler und Konsumenten illegaler Software und verbotener Dateien auf der sicheren Seite. Sogar auf plötzliche Razzien der Polizei waren sie oft vorbereitet, indem sie die Beweise schnell vernichteten. Doch die Zerstörung der Festplatte durch ein Bad in hochkonzentrierter Säure oder durch einen Vorschlaghammer wiegt glücklicherweise niemanden mehr in Sicherheit.

Das Verfahren der Datenrettung ist aufwendig. Zuerst müssen die Festplatten in einem Ultraschallbad komplett gereinigt werden. Das Ganze läuft in sterilen Räumen ab (Fig. 1 und Fig. 2). Anschließend werden mit bestimmten Verfahren die Daten ausgelesen. Beim „Blue-Laser-Scanning" tastet ein blauer Laserstrahl die Festplatte Bit für Bit ab und kann über Struktur und Größe der Erhebungen die Daten rekonstruieren. Dabei kommen Großrechner zum Einsatz, die die gefundenen, aber ungeordneten Daten wieder zusammenfügen.

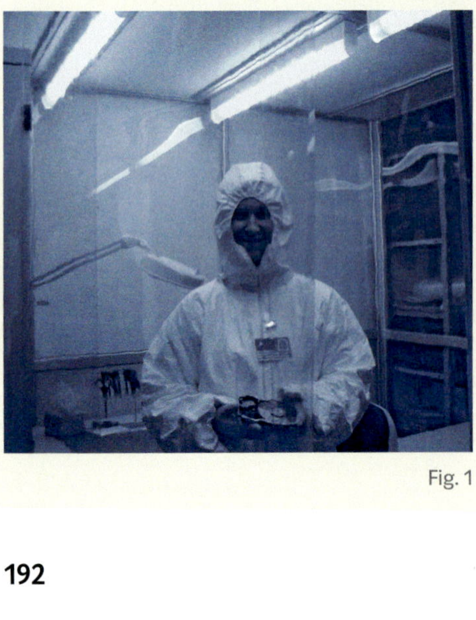

Fig. 1

Fig. 2

Exkurs

Datenverlust vorbeugen – Datensicherung

Am sichersten ist es jedoch, wenn man dem Datenverlust vorbeugt. Für den Privatanwender gibt es Software, die ein Backup von wichtigen Daten auf einer zweiten Festplatte oder DVD anlegt. Große Rechenzentren sind jedoch besonders geschützt. Dies zeigt das Beispiel eines Rechenzentrums eines großen Telekommunikationsunternehmens in München. Als ein neuer Eingang geschaffen werden sollte, mussten sich die Facharbeiter zwei Wochen lang mit Spezialwerkzeugen durch vier Meter dicke Beton- und Stahlmauern fräsen.

Doch Mauern sind nur ein Teil des Sicherheitskonzeptes moderner Rechenzentren. Der Zutritt wird streng bewacht, sowohl für Besucher durch Pförtner und weitere Sicherheitskontrollen wie Biometrie und Zugangscodes als auch der Zugang zum Netzwerk von außen, damit Hacker keine Chance haben. Darüber hinaus werden alle Daten meist dreifach gesichert: einmal auf Servern in den Rechnerräumen, dann in einem separaten Sicherheitsarchiv und ein weiteres Mal auf Rechnern einige Kilometer entfernt, um auch bei der Zerstörung des Gebäudes gewappnet zu sein.

Oft werden Daten auch mithilfe eines RAID-Systems gesichert. In diesem werden zwei oder mehrere Festplatten eines Computers zu einem logischen Laufwerk verbunden, um dadurch mehrere Vorteile zu erhalten. Neben einer größeren Speicherkapazität (bei günstigeren Kosten) erhält man einen größeren Datendurchsatz, was das Arbeiten am Rechner insgesamt beschleunigt. Der entscheidende Nutzen ist, dass RAID-Systeme redundante Informationen gezielt erzeugen, um diese beim Ausfall einzelner Komponenten weiterhin zur Verfügung zu haben. Das Zusammenspiel der einzelnen Festplatten muss jedoch mithilfe einer Software oder durch zusätzliche Hardware (einem RAID-Controller) organisiert und verwaltet werden. Hierfür wurden verschiedene „RAID-Level" spezifiziert, welche sich in der Art des Zusammenwirkens der einzelnen Platten unterscheiden. Ein RAID-1-System spiegelt beispielsweise den Inhalt einer Platte vollständig auf die anderen (Mirroring), sodass man vor Ausfällen gut geschützt ist.

RAID steht für **R**edundant **A**rray of **I**ndependent **D**isks (redundanter Verbund unabhängiger Festplatten). Ursprünglich stand das „I" jedoch für Inexpensive, da zwei kleinere Festplatten deutlich günstiger zu bekommen waren als eine große mit der gleichen Kapazität.

Viele Rechenzentren verfügen darüber hinaus über einen batteriebetriebenen Netzersatzanschluss, um bei einem unerwarteten Stromausfall bis zu einer Woche lang den Betrieb aufrecht erhalten zu können.

Finanzielle Folgen von Datenverlust

Ausfallzeiten von Systemen sind mit hohen Kosten verbunden. Man rechnet z. B. mit einem direkten finanziellen Verlust von über 100 000 US-Dollar, wenn eine Anwendung für Flugreservierungen nur eine Stunde nicht verfügbar ist. Bei einer Anwendung für Kreditkartentransaktionen beläuft sich diese Summe nach Angabe von Wirtschaftsexperten auf etwa 3 Millionen US-Dollar.

Die gesamtwirtschaftlichen Kosten des Stromausfalls im August 2003 in Nordamerika werden auf Grundlage von Berechnungen der Folgeschäden des Stromausfalls von New York City im Jahr 1977 auf 6,8 – 10,3 Milliarden US-Dollar geschätzt.

Rückblick

Datenmodellierung
Beim Modellieren betrachtet man nur einen kleinen Ausschnitt aus der realen Welt, die „Miniwelt“. Welche Informationen beim Datenmodell wichtig sind, muss vorher geklärt werden.

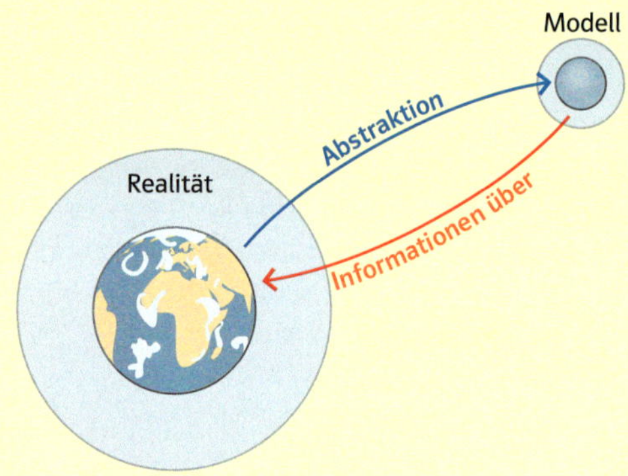

Man verwendet das **Klassenmodell**, welches alle benötigten Klassen mit ihren Attributen und eventuell zugehörigen Datentypen umfasst. Beziehungen zwischen den betrachteten Klassen vervollständigen zusammen mit den zugehörigen **Kardinalitäten** das Klassendiagramm.

Relationales Datenbankmodell
Das Klassendiagramm kann systematisch in ein **relationales Datenbankmodell** umgewandelt werden. Dieses besteht aus mehreren Tabellen, die folgendermaßen aus dem Klassenmodell hervorgehen:
Jede Klasse im Klassenmodell wird in eine eigene Tabelle umgesetzt und gegebenenfalls um einen Primärschlüssel ergänzt.
Jede m : n-Beziehung wird zu einer Tabelle, welche die Primärschlüssel beider Tabellen als **Fremdschlüssel** enthält und deren Kombination als eigenen Primärschlüssel festlegt.
Jede m : 1-Beziehung wird aufgelöst, indem die Tabelle derjenigen Klasse auf der Seite mit Kardinalität m um den Primärschlüssel des Beziehungspartners erweitert wird.
Jede 1 : 1-Beziehung wird analog der m : 1-Beziehung umgewandelt, wobei es hier keine Rolle spielt, welche der beiden zugehörigen Klassen um den Primärschlüssel der anderen erweitert wird.

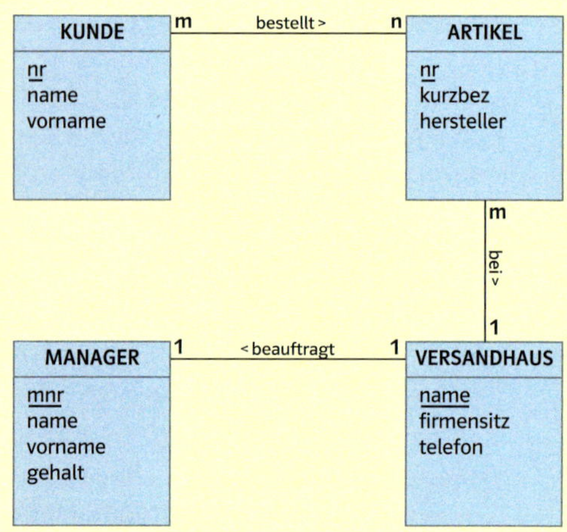

Join aus mehreren Tabellen
Daten aus zwei oder mehreren Tabellen, die über Fremdschlüssel miteinander in Beziehung stehen, können durch einen **Join** gewonnen werden.

Den Join kann man als Hintereinanderausführung von **Kreuzprodukt** und Abfrage verstehen. Die Bedingung muss sicherstellen, dass nur die Datensätze des Kreuzprodukts ausgewählt werden, bei denen Fremdschlüsselwert und zugehöriger Primärschlüsselwert übereinstimmen.

In *SQL* lautet die Abfrage:

```
SELECT *
FROM TABELLE1, TABELLE2
WHERE TABELLE2.Fremdschlüssel =
      TABELLE1.Primärschlüssel
```

KUNDE

Nr	Name	Vorname
123	Zuse	Konny
…	…	…

ARTIKEL

Nr	Kurzbez	Hersteller	Versandhaus
44444	Hemd	MrChef	M-World
…	…	…	…

BESTELLT

KdNr	ArtNr
123	44444
…	…

VERSANDHAUS

Name	Firmensitz	Telefon	Manager
M-World	Erlingen	939393	710
…	…	…	…

MANAGER

MNr	Name	Vorname	Gehalt
710	Gauss	Karlo	7000
…	…	…	…

Versandhaus ist Fremdschlüssel in ARTIKEL und verweist auf den Primärschlüssel von VERSANDHAUS. *Manager* ist Fremdschlüssel in VERSANDHAUS und verweist auf den Primärschlüssel von MANAGER. Hier könnte auch als neues Attribut „von“ der Primärschlüssel von VERSANDHAUS als Fremdschlüssel in MANAGER ergänzt werden.

Training

1 Abiturprüfung

Bei der Abiturprüfung haben immer zwei Lehrkräfte Aufsicht. Diese werden in einer Tabelle AUFSICHT[*Tag*; *Std*; $\overline{A1}$; $\overline{A2}$] gespeichert, wobei in *A1* und *A2* die Kürzel der Aufsicht führenden Lehrkräfte stehen (Fig. 1). *A1* und *A2* sind also Fremdschlüssel in der Tabelle AUFSICHT, die auf den Primärschlüssel *Kuerzel* der Tabelle LEHRKRAFT verweisen. Der Tag soll als Zeichenkette gespeichert werden.

Formuliere folgende Abfragen in *SQL*.

a) Welche Lehrkraft (Name) ist am 12. Mai als erste Aufsicht zur 6. Stunde eingeteilt?

b) Welche Lehrkräfte (Name und Vorname) führen am 12. Mai in der 4. Stunde Aufsicht?

c) Wann führte jeweils Herr Engels Abituraufsicht?

AUFSICHT			
Tag	Std	$\overline{A1}$	$\overline{A2}$
12. Mai	2	BOE	HOF
12. Mai	3	BOE	NIS
12. Mai	4	DL	ENG
12. Mai	5	HKE	ENG
12. Mai	6	MOR	EB
15. Mai	2	NIS	KAB
...	...	...	...

LEHRKRAFT		
Kuerzel	Name	Vorname
BOE	Boeckh	Bastian
DL	Dahlkoff-Lang	Sabine
EB	Eb	Dorothea
ENG	Engels	Thorsten
KAB	Kabsch	Bärbel
MOR	Mortensen	Sabine
...	...	...

Fig. 1

2 Reisen bildet

Der Reiseveranstalter FORTRAN bietet Bildungsreisen nach Ägypten, Israel, Jordanien und Kuwait an. Jede Pauschalreise hat eine eigene individuelle Kennung, kann aber von verschiedenen Abflughäfen Deutschlands aus gebucht werden. Für jede Reise steht immer genau ein Reiseleiter zur Verfügung und betreut die Reisenden. Diese übernachten während ihrer Reise in bestimmten Unterkünften. Dies können bei Rundreisen auch verschiedene Hotels sein. Neben Name und Vorname geben die Kunden zusätzlich ihre E-Mail-Adresse und Kreditkartennummer an.

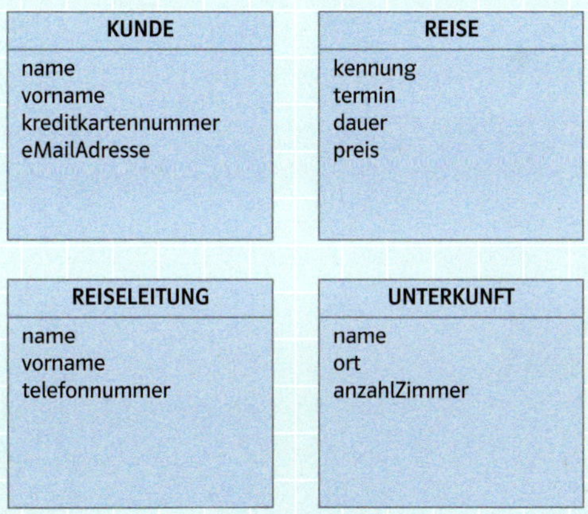

Fig. 2

Weitere Kunden- und Reisedaten sind durch die Klassenkarten in Fig. 2 gegeben.

a) Erläutere, welche Klassen um einen künstlichen Schlüssel erweitert werden müssen, und gib das vollständige Klassendiagramm mit den Beziehungen und Kardinalitäten an. Überlege dir dabei auch, wie sich der Abflughafen realisieren lässt.

b) Überführe das Klassendiagramm in ein relationales Datenbankmodell. Unterstreiche die Primärschlüssel und markiere alle Fremdschlüssel.

c) Es sollen alle Kunden, die eine Reise mit Unterkunft in Rom gebucht haben, kontaktiert werden. Formuliere eine Abfrage in *SQL*, die die betreffenden E-Mail-Adressen ausgibt.

Lösungen auf den Seiten 288 – 289

VI Objektorientierte Modellierung und Programmierung

Dass wir miteinander reden können, macht uns zu Menschen.

Karl Jaspers (1883–1969), deutscher Philosoph

Beste Referenzen

Kompetenzerwartungen

- Eindimensional indizierte Datenstruktur zur Speicherung von Daten anwenden
- Objektbeziehungen analysieren und modellieren und diese mittels Referenzen zur Kommunikation implementieren
- Gleichartige Objekte in einer gemeinsamen Datenstruktur verwalten
- Polymorphismus zur Implementierung verschiedener Verhaltensweisen in Generalisierungshierarchien nutzen

1 Wiederholung: Objektorientiert programmieren

Saskia hat gelesen, dass aktuell (2021) die Weltbevölkerung 7,8 Milliarden Menschen zählt und man mit einem jährlichen Zuwachs von 1,2 % rechnen kann. Sie möchte wissen, wann die Weltbevölkerung bei gleichbleibendem Wachstum die Marke von 10 Milliarden Menschen erreicht.
Erstelle ein Objekt der Klasse TASCHENRECHNER. Überlege dir geeignete Attribute und Methoden und stelle die Berechnung der Weltbevölkerung als Folge von Methodenaufrufen dar.

Objektorientierte Programme bestehen aus Klassendefinitionen mit Attributen, Konstruktoren und Methoden.

Objektorientierte Berechnungen

Mithilfe des Body-Mass-Index (BMI) kann man feststellen, ob Erwachsene unter- oder übergewichtig sind. Der BMI wird folgendermaßen berechnet (vgl. Aufgabe 2 auf Seite 8):
BMI = (Körpermasse in kg) : (Körpergröße in m)^2.
Bei einem BMI-Wert unter 18,5 gilt man als Erwachsener über 20 Jahre gemäß der Klassifikation der WHO (Stand: Juli 2020) als untergewichtig, ab 18,5 bis 24,9 hat man Normalgewicht, ab 25 bis unter 29,9 Übergewicht. Ab dem Wert von 30 hat man Adipositas.
Im *Java*-Programm aus Fig. 1 wird der BMI berechnet, im Attribut `bmi` gespeichert, interpretiert und die bei Bedarf mitsamt der Interpretation ausgegeben.

Der BMI als Maß für Übergewicht ist nicht unumstritten. Gerade Sportler weisen aufgrund ihrer hohen Muskelmasse oft einen hohen BMI auf.

Java

```
class BodyMassRechner {
  double bmi;

  BodyMassRechner() {
    bmi = 0;
  }

  void bmiBerechnen(double masse, double groesse_cm) {
    if (masse > 0 && groesse_cm > 0) {
      double groesse_m = groesse_cm / 100; // Umrechnung von cm in m
      bmi = masse / (groesse_m * groesse_m);
    }
    else {
      System.out.println("FEHLER: Eingabe(n) <= 0");
    }
  }

  String bmiInterpretieren() {
    if (bmi == 0) return "BMI noch nicht berechnet!";
    if (bmi < 18.5) return "Untergewicht";
    if (bmi < 25) return "Normalgewicht";
    if (bmi < 30) return "Übergewicht";
    else return "Adipositas";
  }

  void ausgeben() {
    System.out.println("Ihr BMI-Wert lautet: " + bmi);
    System.out.println("Sie haben " + bmiInterpretieren());
  }
}
```

Fig. 1

Enthält bei einer bedingten Anweisung in *Java* der `if`- oder `else`-Teil nur eine einzige Anweisung, so kann auf die geschweiften Klammern im entsprechenden Teil verzichtet werden.

Struktur von Klassendefinitionen

In der Klasse `BodyMassRechner` aus Fig. 1 von Seite 198 wird zunächst ein Attribut vom Typ `double` deklariert (vgl. Seite 81).
Dann wird festgelegt, dass der Konstruktor beim Anlegen eines neuen Objektes dieses Attribut mit dem Wert 0 vorbelegt (vgl. Seiten 83 und 87).
Die Methode `bmiBerechnen()` hat keinen Rückgabewert (`void`; vgl. Seite 81) und erwartet zwei Parameterwerte (`masse`, `groesse_cm`) vom Typ `double` (vgl. Seite 81). Sie berechnet daraus den BMI und speichert ihn im Attribut `bmi` ab. Falls einer der Parameter einen Wert kleiner oder gleich 0 hatte, gibt sie eine Fehlermeldung aus.
In der Methode `bmiInterpretieren()` wird je nach dem Wert des BMI im gleichnamigen Attribut die entsprechende Diagnose bestimmt und als Rückgabewert der Methode ausgegeben (vgl. Seiten 81 und 88).
Die Methode `ausgeben()` fasst die Ergebnisse unter Verwendung der Methode `bmiInterpretieren()` übersichtlich am Bildschirm zusammen.

Objektorientierte Programme bestehen aus **Klassendefinitionen**, die wiederum die **Definitionen** und **Deklarationen von Attributen, Konstruktoren und Methoden** enthalten.
Die Werte der Attribute legen den Zustand der Objekte fest, die Methoden führen die Berechnungen aus.

1 Chemische Elemente

Aus dem Chemie-Unterricht kennst du das Periodensystem der Elemente. In diesem sind die chemischen Elemente angeordnet. Sie sollen als Objekte der Klasse ELEMENT erzeugt werden können.

a) Erstelle dazu eine geeignete Klassenkarte mit mindestens den in der Abbildung dargestellten Attributen und mit fünf Methoden, die nicht alle Standardmethoden sind.

b) Implementiere die Klasse mit einem Konstruktor, bei dem alle Attributwerte durch Parameter übergeben werden können.

c) Ergänze deine Klasse durch Implementierung deiner in Teilaufgabe a) gewählten Methoden.

4	39,0983 19 K Kalium 1	40,078 20 Ca Calcium 2	44,9559 21 Sc Scandium 3	47,867 22 Ti Titan 4	50,9415 23 V Vanadium 5
5	85,4678 37 Rb Rubidium 1	87,62 38 Sr Strontium 2	88,9059 39 Y Yttrium 3	91,224 40 Zr Zirconium 4	92,9064 41 Nb Niob 5
6	132,9055 55 Cs Caesium 1	137,327 56 Ba Barium 2	Lanthanoide 57–71	178,49 72 Hf Hafnium 4	180,9479 73 Ta Tantal 5
7	(223,0197) 87 Fr* Francium 1	(226,0254) 88 Ra* Radium 2	Actinoide 89–103	(261,1087) 104 Rf* Rutherfordium 4	(262,1138) 105 Db* Dubnium 5

Lanthanoide

6	138,9055 57 La Lanthan	140,116 58 Ce Cer	140,9077 59 Pr Praseodym	144,24 60 Nd Neodym	(146,9151) 61 Pm* Promethium

2 Ampelsimulation

Mithilfe einer geeigneten Bibliotheksklasse, welche Interaktionen und grafische Visualisierungen unterstützt, soll eine Dreifarbenampel simuliert werden, bei der die verschiedenen Ampelzustände jeweils nach einem Mausklick wechseln.
Öffne mit deiner Programmierumgebung die Vorlage, die du über den Code auf dem Rand herunterladen kannst.

a) Ergänze ein Attribut zur Speicherung des aktuellen Zustands und eine Methode `ampelZeichnen`, die je nach Ampelzustand die korrekte Ampel visualisiert.

b) Ergänze eine Methode `zustandWechseln`, die je nach aktuellem Ampelzustand den korrekten Folgezustand zuweist. Teste dein Programm.

Zur verwendeten Bibliotheksklasse: vgl. Aufgabe 3 auf Seite 102.

Vorlage
Ampelsimulation
fm9r9a

3 Winkel in der Antike

Das Sexagesimalsystem ist ein Stellenwertsystem mit der Basis 60, das bereits die Babylonier vor 5000 Jahren benutzten. Man findet es heute noch bei der Angabe von Zeiten und Winkeln. Ein Winkel wird dabei durch drei ganzzahlige Maßzahlen in der Form Grad, Bogenminuten und Bogensekunden angegeben. Ein Grad entspricht 60 Bogenminuten, eine Bogenminute entspricht wiederum 60 Bogensekunden.

a) Implementiere eine Klasse, die einen Winkel im sexagesimalen und dezimalen System enthält. Im Konstruktor soll der dezimale Wert gesetzt werden.

b) Implementiere eine Methode, die die einzelnen Teile des sexagesimalen Formats berechnet und speichert.

Babylonische Tontafel YBC 7289 (Yale Babylon Collection)

Hinweis:
In Aufgabe 3 b) sind Operationen zur Berechnung des Restes bei Division zweier Zahlen sowie zur ganzzahligen Division erforderlich.

4 Wie lange dauert das denn noch?

Ganz schön ärgerlich, wenn man einen dringenden Termin hat, am Bahnhof auf den Zug wartet und dann die Durchsage hört: „Wegen Gleisbauarbeiten hat der gemäß Fahrplan um 13:53 Uhr ankommende Zug 35 Minuten Verspätung." Wann kommt der Zug dann an? Einfaches Addieren genügt hier nicht, denn bei 60 Minuten fängt die nächste Stunde an.

a) Gib die Klassenkarte einer Klasse ZEITARITHMETIK an. Die Klasse soll über Attribute verfügen, um die Daten zweier Zeitangaben in der Form „Stunde, Minute und Sekunde" zu speichern.

b) Im Konstruktor sollen die Zeiten gesetzt werden. Gib die Klassendefinition (ohne Methoden) und einen geeigneten Konstruktor an.

c) Implementiere eine Methode zum Addieren der Zeitwerte. Speichere das Ergebnis in weiteren Variablen ab.

5 Pseudocode

Übersetze den umgangssprachlich formulierten Algorithmus in einen korrekten Code in deiner Programmierumgebung und erläutere seinen Zweck.

a)
```
Gib die ganzen Zahlen a und b ein
Anzahl ist ebenfalls eine ganze Zahl
Setze Anzahl gleich null
Wiederhole solange a kleiner b ist
    b = b – a
    Anzahl = Anzahl + 1
EndeWiederhole
Gib Anzahl aus
Gib „Rest: "+b aus
```

b)
```
Gib die ganze Zahl n ein
Note ist ein Text
Falls n = 1 ist, setze Note auf „sehr gut"
      n = 2 ist, setze Note auf „gut"
      n = 3 ist, setze Note auf „befriedigend"
      n = 4 ist, setze Note auf „ausreichend"
      n = 5 ist, setze Note auf „mangelhaft"
      n = 6 setze Note auf „ungenügend"
EndeFalls
Gib Note aus
```

c)
```
Gib das Alter in Jahren ein
Falls Alter größer oder gleich 18 ist
    Setze das Attribut volljährig auf WAHR
Sonst
    Setze das Attribut volljährig auf FALSCH
EndeFalls
```

d)
```
Gib die reelle Zahl x ein
y ist ebenfalls eine reelle Zahl
Falls x größer oder gleich null ist
    y ist gleich der Wurzel aus x
    Gib y aus
EndeFalls
```

Zur Lösung der Aufgabe 5d) ist die Info-Box auf Seite 85 nötig.

6 Datensicherheit und Quersumme

Die Quersumme einer Zahl ist für die Sicherheit der Datenübertragung von entscheidender Bedeutung. Um zu gewährleisten, dass beim Transfer von Daten keine Fehler auftreten, wird nicht nur der Datenwert selbst übertragen, sondern auch die Quersumme des Datenwertes. Dadurch lässt sich überprüfen, ob die Datenübertragung korrekt ablief.

a) Berechne die Quersumme der Zahl 2367.

b) Formuliere in natürlicher Sprache einen Algorithmus zur Berechnung der Quersumme einer Zahl.

c) Implementiere den Algorithmus in einer Klasse mit einer Methode, die zu einer gegebenen Zahl die Quersumme berechnet.

d) Die iterierte Quersumme erhält man, wenn man vom Resultat der Quersummenberechnung jeweils so lange wiederum die Quersumme berechnet, bis sich eine einstellige Zahl ergibt. Gib unter Verwendung der Lösung von Teilaufgabe c) eine Methode zur Berechnung der iterierten Quersumme an.

Beispiel zur Quersumme: Die Quersumme von 2675 ist 20.

Hinweis:
In Aufgabe 6 c) und d) sind Operationen zur Berechnung des Restes bei Division zweier Zahlen sowie zur ganzzahligen Division erforderlich.

7 Schatzsuche

Mithilfe der in Aufgabe 2 verwendeten Bibliotheksklasse soll das kleine Spiel „Schatzsuche" implementiert werden:
Einem zunächst unsichtbaren Schatz wird eine zufällige Position innerhalb eines Grafikfensters zugewiesen. Dem Spieler wird bei jedem Mausklick der aktuelle Abstand zum Schatz angezeigt (vgl. Fig. 1).
Trifft der Spieler den Schatz, so wird dieser sichtbar. Eine Anzeige gibt die Anzahl der benötigten Klicks an (vgl. Fig. 2).
Implementiere und teste ein solches Spiel.

Fig. 1

Fig. 2

8 Häuslebauer

Eine klassische Finanzierungsmöglichkeit für Immobilien ist der Bausparvertrag. Ziel ist es, einen Kredit zu einem festen Zins zu erhalten. Bei herkömmlichen Krediten ist der Zins im Allgemeinen an konjunkturelle Entwicklungen gebunden und daher variabel.
Der Vertrag wird auf eine bestimmte Gesamtsumme abgeschlossen. Bevor der Kredit ausgezahlt wird, muss der Kunde einen bestimmten Anteil eingezahlt haben. Sobald dieser Anteil erreicht ist, kann der Kredit ausgegeben werden. Dabei wird die Kreditsumme mit dem bisher eingezahlten Betrag verrechnet.

a) Herr Häfele schließt bei der Baufix-Bank einen Bausparvertrag über 100 000 € ab. Sobald sein Guthaben 50 % dieser Summe beträgt, wird der Kredit mit einem Zinssatz von 1,75 % ausgezahlt. In der Ansparphase erhält Herr Häfele 0,5 % Zinsen. Bei Abschluss des Vertrages ist eine sofortige Verwaltungsgebühr von 0,2 % der Gesamtsumme fällig.
Gib eine Methode an, die ermittelt, zu welchem Zeitpunkt Herr Häfele mit dem Kredit rechnen kann, wenn er monatlich 500 € einzahlt. Berücksichtige auch die Verzinsung und die Verwaltungsgebühr.

b) Herr Häfele erhält seinen Kredit zu dem in Teilaufgabe a) ermittelten Zeitpunkt. Ab diesem Zeitpunkt muss er den Kredit mit einer bestimmten monatlichen Rückzahlrate (z. B. 800 €) zurückzahlen.
Gib eine Methode an, die aus der Gesamtsumme, den Ansparzinsen, der Einzahlrate, den Schuldzinsen, der Verwaltungsgebühr und der Rückzahlrate den Zeitpunkt berechnet, zu dem der gesamte Kredit zurückgezahlt ist.

9 Ein Ballspiel

Implementiere mithilfe der in Aufgabe 2 verwendeten Bibliotheksklasse ein Spiel, bei dem ein fallender Ball von einem Schläger aufgefangen wird, der sich am unteren Rand je nach Mausposition waagerecht bewegt. Der Ball fliegt nach Erreichen der unteren Kante wieder nach oben und fällt erneut aus einer zufälligen x-Position. Die Schwierigkeitsstufe soll mit den Tasten „+" bzw. „–" durch Ändern der Schlägerbreite eingestellt werden können. Die wichtigsten Daten werden angezeigt (vgl. Abbildung rechts).

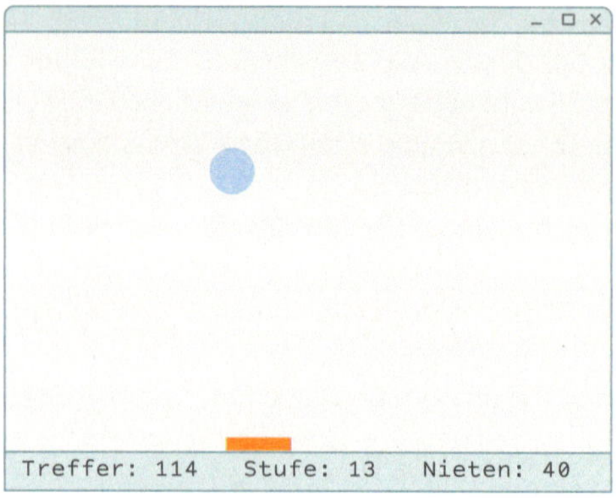

10 Autofahrt

Mithilfe der in Aufgabe 2 verwendeten Bibliotheksklasse soll ein Auto mit verschiedenen Tasten der Tastatur gesteuert werden können. Öffne dazu mit deiner Programmierumgebung die Vorlage, die du über den Code auf dem Rand herunterladen kannst.

Vorlage
Autofahrt
fm9r9a

a) Ergänze die Methoden `autoZeichnen` bzw. `straßeZeichnen` zum Zeichnen eines Autos bzw. einer Straße ähnlich wie rechts abgebildet.

b) Ergänze deine Implementierung so, dass durch Drücken der Taste „f" bzw. „h" das Auto geradeaus fährt bzw. anhält. Dabei soll es nach Verlassen des rechten Fensterrandes links wieder erscheinen.

c) Ergänze deine Implementierung so, dass durch Drücken der Taste „+" bzw. „–" das Auto schneller bzw. langsamer fährt.

11 Alpenländische Leidenschaften

Bei der Jahresfeier der Miesberger Fingerhakler gestaltet sich die Berechnung des Eintrittspreises etwas kompliziert. Es wird unterschieden zwischen Vereinsmitgliedern und Nichtvereinsmitgliedern sowie jeweils nochmals zwischen Schülern und Nichtschülern. Außerdem bezahlen die Mitglieder des Fördervereins nur 3 €, während an der Abendkasse ein Zuschlag von 20 % gezahlt werden muss.

Vereinsmitglied	Nichtschüler	3,50 €
	Schüler	2,50 €
Nichtmitglied	Nichtschüler	5,10 €
	Schüler	4,10 €
Förderverein		3,00 €
Zuschlag an der Abendkasse		20 %

Fingerhakeln ist eine Sportart, die besonders in Bayern und Österreich betrieben wird. Dabei versucht man, seinen Gegner bei eingehakten Fingern über einen Tisch zu ziehen.

a) Definiere eine Klasse `Jahresfeier`, die ein Attribut für die Gesamtkosten enthält, das im Konstruktor geeignet gesetzt wird.

b) Das angegebene Berechnungsschema soll schrittweise in eine Methode umgesetzt werden, die zum einen den Eintrittspreis für eine Person zurückgibt und zum anderen auch die Gesamteinnahmen aktualisiert. Unterscheide dabei zunächst nur zwischen Vereinsmitgliedern und Nichtvereinsmitgliedern, erweitere dann die Funktion um Alternativen, die berücksichtigen, ob es sich um einen Schüler handelt. Füge schließlich die Unterscheidung bezüglich des Fördervereins und der Abendkasse ein.

2 Felder

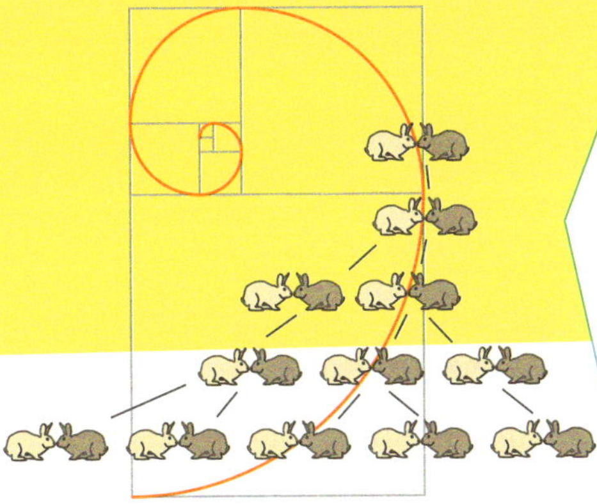

Ein Kaninchenpaar bekommt vom zweiten Monat an in jedem weiteren Monat zwei Nachkommen, von denen eines weiblich und eines männlich ist. Dies gilt ebenso für alle ihre Nachkommen. Berechne die Anzahl der Kaninchen für die ersten zehn Monate und versuche, einen Zusammenhang zwischen diesen Zahlen abzuleiten.

Für viele Aufgaben benötigt man eine Reihe von Variablen gleichen Typs. Oft ist die Anzahl dieser Variablen von vornherein bekannt. Für diesen Zweck bieten die meisten Programmiersprachen einen speziellen zusammengesetzten Datentyp an, der als Feld (engl. array) bezeichnet wird.

Indizes

In der Mathematik verwendet man (tiefgestellte) Indizes zur Bezeichnung von Zahlen, die gleichartig sind, aber dennoch unterschieden werden sollen, wie z. B. die ersten zehn Primzahlen: $p_1 = 2$; $p_2 = 3$; $p_3 = 5$; $p_4 = 7$; $p_5 = 11$; $p_6 = 13$; $p_7 = 17$; $p_8 = 19$; $p_9 = 23$; $p_{10} = 29$.

In der Informatik verwendet man dazu den Datentyp **Feld (Array)** und schreibt die Indizes in eckigen Klammern, zum Beispiel bei der Berechnung der Zinszahlungen bei einem für fünf Jahre angelegten Guthaben:

Java

```
void zinsenBerechnen (double kapital, double zinssatz) {
   double kontostand = kapital;
   double[ ] zinszahlung = new double[6];
   // Berechnung der Zinszahlung
   for (int i = 1; i <= 5; i++) {
      zinszahlung[i] = kontostand * zinssatz / 100;
      kontostand = kontostand + zinszahlung[i];
   }
   // Ausgabe
   for (int i = 1; i <= 5; i++) {
      System.out.println ("Zinsen für das " + i + ". Jahr: " + zinszahlung[i]);
   }
}
```

Bei Feldern beginnt der Index immer bei 0. Das erste Feldelement wird im Beispiel mit `zinszahlung[0]`, das zweite mit `zinszahlung[1]`, … und das letzte mit `zinszahlung[5]` angesprochen. `zinszahlung.length` liefert die Länge des Feldes. Im Programmbeispiel wird die Position 0 des Feldes, also `zinszahlung[0]`, nicht belegt.

Mit `double[] zinszahlung = new double[6]` wird zunächst ein leeres Feld mit dem Bezeichner `zinszahlung`, der Länge 6 und dem Datentyp `double` der Elemente definiert und dafür Speicherplatz reserviert.

Erst in der Wiederholung wird bei jedem Durchgang ein Element des Feldes per Zuweisung mit Werten gefüllt.

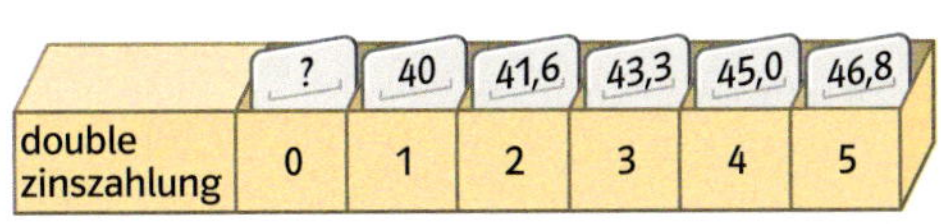

M

Felder (Arrays) dienen der Zusammenfassung mehrerer Variablen gleichen Typs in einer zusammenhängenden Folge fester Länge. Auf die einzelnen Elemente des Feldes kann über Indizes (nichtnegative ganze Zahlen) zugegriffen werden.

A

1 Temperaturmessung

Steffi will ein Jahr lang jeden Tag um 15 Uhr die Temperatur auf ihrem Balkon messen und die Ergebnisse auswerten. Dazu definiert sie eine Klasse `Tempmessung`.

a) Lege ein Feld `temperatur` an, welches die reellen Werte für jeden Tag eines Jahres aufnehmen kann. Definiere eine Methode, um das Feld mit zufälligen Temperaturwerten zu belegen. Verwende dafür den systeminternen Zufallszahlengenerator.

Zur Lösung der Aufgabe 1a) ist die Info-Box auf Seite 98 nötig.

b) Nach genau einem Jahr sollen mithilfe dreier Methoden der Tag mit dem höchsten Temperaturwert, die niedrigste gemessene Temperatur und der Durchschnittswert aller Messwerte bestimmt werden. Implementiere geeignete Methoden.

2 Potenzen

a) Erläutere die rechts abgebildete Klasse `Potenz`, ihre Attribute und den Konstruktor.

b) Verändere die Klasse derart, dass die Länge des Feldes erst bei der Erzeugung eines Objektes festgelegt wird.

c) Erweitere die Klasse aus Teilaufgabe b) um eine Methode, die für beliebige Basen die n-te Potenz ermittelt.

Java

```
class Potenz {
   int[] pot = new int[10];
   int basis;
   Potenz(int b) {
      basis = b; pot[0] = 1;
      for (i = 1; i < 10; i++) {
         pot[i] = pot[i - 1] * basis;
      }
   }
}
```

3 *Bubblesort*

Zum Sortieren eines Feldes kann der Algorithmus *Bubblesort* eingesetzt werden. Er lautet in natürlicher Sprache:

Wiederhole (Anzahl der Elemente des Feldes – 1)-mal
  Wiederhole für alle Feldinhalte vom ersten bis zum vorletzten
    Falls der betrachtete Feldinhalt größer als der folgende ist
      Vertausche die beiden Feldinhalte
    EndeFalls
  EndeWiederhole
EndeWiederhole

a) Implementiere innerhalb einer Klasse `Bubblesort` eine Methode, die ein Feld ganzzahliger Zufallszahlen erzeugt.

Zur Lösung der Aufgabe 3a) ist die Info-Box auf Seite 98 nötig.

b) Definiere eine Methode, die das in Teilaufgabe a) erzeugte Feld mit dem Algorithmus *Bubblesort* sortiert.

c) Ergänze die in Teilaufgabe b) implementierte Methode so, dass die Sortierung nach jedem Durchgang der äußeren Wiederholung mithilfe geeigneter Grafiken visualisiert wird, z.B. wie rechts angedeutet. Nutze dazu die Bibliotheksklasse aus Aufgabe 2 auf Seite 199.

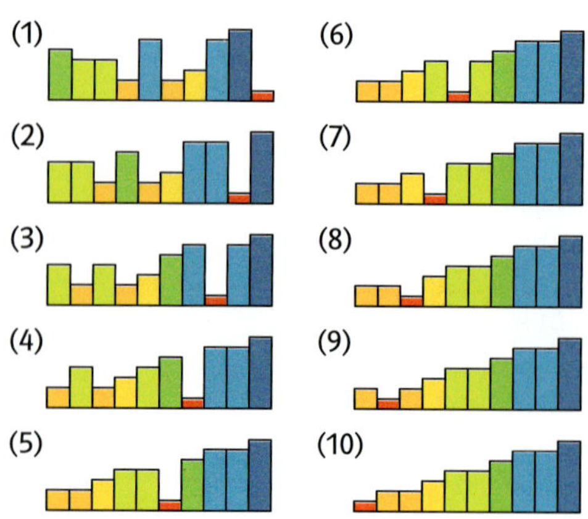

4 Verteilung von Zufallszahlen

Zur Lösung der Aufgabe 4 ist die Info-Box auf Seite 98 nötig.

Zufallszahlengeneratoren sollten so konzipiert sein, dass in einem gewünschten Intervall jede Zahl mit gleicher relativer Häufigkeit auftritt.

a) Gib mithilfe des von deiner Programmierumgebung zur Verfügung gestellten Zufallszahlengenerators eine Methode an, die das Würfeln mit einem Standardwürfel simuliert.

b) Würfle 100-, 1000- und 10 000-mal mit dem Würfel, der von deiner Programmierumgebung zur Verfügung gestellt wird, und bestimme jeweils die relative Häufigkeit sowie die Abweichung der Werte von denen bei einem idealen Würfel.

5 Zufallsexperiment: Ziehen ohne Zurücklegen

Zur Lösung der Aufgabe 5 ist die Info-Box auf Seite 98 nötig.

Beim Lotto „6 aus 49" werden aus 49 durchnummerierten Kugeln zufällig sechs Kugeln gezogen und die Kugeln nach dem Ziehen nicht mehr zurückgelegt. Eine Zufallszahl darf also nur einmal auftreten. Gib eine Methode an, die das Ziehen von k Kugeln aus einer Urne mit n durchnummerierten Kugeln simuliert. Dabei soll das Feld der gezogenen Kugeln sortiert zurückgegeben werden.

6 Das Sieb des Eratosthenes

Das Sieb des Eratosthenes ist ein Algorithmus zur Bestimmung von Primzahlen. Primzahlen sind für die Verschlüsselung von Daten von großer Wichtigkeit. Viele Verfahren zur sicheren Datenübertragung machen von Primzahlen entscheidenden Gebrauch.

Das Sieb des Eratosthenes filtert alle Primzahlen p mit $1 < p \leq n$ auf folgende Weise:

Generiere ein sortiertes Feld der Zahlen 2 bis n
Wiederhole so lange, bis alle Zahlen markiert sind
  Wähle die kleinste nichtmarkierte Zahl und markiere sie
  Lösche alle echten Vielfachen der soeben markierten Zahl
EndeWiederhole

a) Führe den Algorithmus für $n = 20$ auf dem Papier durch.

b) Implementiere eine Methode, die ein Feld mit allen Primzahlen p mit $p \leq n$ zurückgibt.

Eratosthenes (ca. 276 – 194 v. Chr.), Vorsteher der Bibliothek von Alexandria

7 Feldarbeiten

Zur Lösung der Aufgabe 7 ist die Info-Box auf Seite 98 nötig.

Implementiere eine Klasse `Feldarbeiten` mit einem Konstruktor, der ein Feld der Länge n erzeugt und dieses mit ganzzahligen Zufallszahlen belegt. Dabei soll dafür gesorgt werden, dass keine zwei gleichen Zahlen als Feldelemente gespeichert werden.

Ergänze die Klasse mit der beschriebenen Methode.

a) Eine Methode `int minimum()`, die den kleinsten Wert berechnet und zurückgibt.

b) Eine Methode `int summe()`, die den Wert der Summe aller Feldelemente zurückgibt.

c) Eine Methode `double durchschnitt()`, die den Durchschnittswert berechnet und zurückgibt.

d) Eine Methode `int anzahlKleinerAls(int k)`, welche die Anzahl der vorkommenden Feldelemente zurückgibt, die kleiner als n sind.

e) Eine Methode `String positionMinimum()`, welche zusammen mit dem kleinsten Wert die Position innerhalb des Feldes (die Zählung beginnt mit dem ersten Element bei 0) als zusammengesetzten Text zurückgibt.

f) Eine Methode `int[] gemischtesFeld()`, die die Feldelemente zufällig neu anordnet und dieses Feld zurückgibt.

g) Eine Methode `void ausgeben()`, die die Feldinhalte und Funktionswerte der in den Teilaufgaben a) bis f) definierten Methoden übersichtlich ausgibt.

8 Notenverwaltung

Es soll eine Mini-Notenverwaltung für deine Informatik-Zensuren erstellt werden.

a) Definiere eine Klasse `Noten` zur Verwaltung von bis zu zehn Schulnoten. Dafür sollen nur zwei globale Attribute verwendet werden: ein Feld `note` der Länge 10 für die Zensuren und ein Attribut `anzahl` für die Anzahl der momentan vorhandenen Noten.

b) Implementiere den Konstruktor, der ein leeres Feld erzeugt und das Attribut `anzahl` auf null setzt.

c) Ergänze die Klasse um eine Methode, welche in das erste freie Feldelement die übergebene Note einträgt und das Attribut `anzahl` um eins erhöht.
Die Methode soll außerdem überprüfen, ob der übergebene Zahlenwert zwischen 1 und 6 liegt und eine Fehlermeldung ausgeben, wenn bereits zehn Noten eingegeben wurden, das Feld also voll ist.

d) Implementiere eine weitere Methode, die aus den vorhandenen Noten den Durchschnitt berechnet und zurückgibt.

e) Implementiere eine Methode, welche die eingegebene Note an der Stelle i liefert.

f) Vervollständige die Klasse mit einer Methode, die die Note an der Stelle i ändert.

Hinweis zu Teilaufgabe d):
Hier ist es eventuell notwendig, den Datentyp einer lokalen Variablen zu ändern. Man spricht von einer Typumwandlung oder einem Type-Cast (vgl. Seite 266). In *Java* erfolgt eine Typumwandlung dadurch, dass man vor der entsprechenden Variablen den Datentyp, in den die Variable umgewandelt werden soll, in Klammern angibt.
Beispiel:
Wenn x und m ganzzahlige Größen sind, so wird durch
`((double) x / (double) m)`
der Quotient als Fließkommazahl berechnet.

9 Datenbanken mit Feldern

Eine einfache Datenbanktabelle lässt sich provisorisch auf folgende Weise mithilfe von Feldern realisieren. Für eine Tabelle mit n Datensätzen und k Spalten verwendet man dabei eine Klasse mit k Attributen, wobei jedes Attribut ein Feld der Länge n enthält.

a) Gib die Klassenkarte einer Datenbank für die Verwaltung der Daten deiner Lieblingsbücher an.
Die Datenbank soll neben Autor und Titel auch die Seitenanzahl, den Verlag und das Erscheinungsjahr enthalten.

b) Implementiere die Klasse aus Teilaufgabe a).

c) Gib eine Methode an, mit deren Hilfe ein Datensatz eingetragen werden kann.

d) Ein Datensatz soll gelöscht werden. Überlege, was zu beachten ist, damit die Tabelle möglichst kompakt und konsistent bleibt.

e) Diskutiere die Nachteile einer auf diese Weise implementierten Tabelle. Welche Verbesserungen und Methoden wären auf jeden Fall nötig?

I

Zweidimensionale Felder

Für die Bearbeitung mancher Aufgaben ist es von Vorteil, wenn die Daten nicht nur in einer Reihe, sondern in einer zweidimensionalen Struktur angeordnet werden können.
In *Java* wird ein zweidimensionales Feld ganzer Zahlen beispielsweise folgendermaßen erzeugt und mit ganzzahligen Werten belegt.

Java

```
int[][] matrix = new int[7][4]; // Initialisierung einer 7x4-Matrix
for (int i = 0; i < 7; i++) {
   for (int j = 0; j < 4; j++) {
      matrix[i][j] = i + j; // Wertzuweisung der Matrixelemente
   }
}
for (int i =0; i < 7; i++) {
   for (int j = 0; j < 4; j++) {
      System.out.print("|" + matrix[i][j] + "|"); // Ausgabe der Matrix
   }
   System.out.println();
}
```

Ein zweidimensionales Feld nennt man auch Matrix.

Der abgebildete Algorithmus erzeugt die folgende Darstellung.

```
|0||1||2||3|
|1||2||3||4|
|2||3||4||5|
|3||4||5||6|
|4||5||6||7|
|5||6||7||8|
|6||7||8||9|
```

10* Mauschronik

Analysiere die unten abgebildete Implementierung innerhalb einer Klasse `Mauschronik` und beschreibe, was du beobachten kannst, wenn du innerhalb des Fensters die Maus bewegst. Deine Antwort kannst du anhand der Vorlage überprüfen, die du über den Code auf dem Rand herunterladen kannst.

Zur Lösung der Aufgabe 10 ist die Info-Box auf Seite 206 nötig.

Vorlage
Mauschronik
fm9r9a

Java

```
public class Mauschronik extends processing.core.PApplet {
   int[][] mausposition = new int[100][2];

   public void draw() { // Methode wird automatisch alle 60 Sekunden ausgeführt
      // Zeichnen eines weißen Hintergrundes
      background(255, 255, 255);
      for (int i = 0; i < mausposition.length-1; i++) {
         mausposition[i][0] = mausposition[i + 1][0];
         mausposition[i][1] = mausposition[i + 1][1];
      }
      // Festlegen der aktuellen x-Position der Maus
      mausposition[mausposition.length - 1][0] = mouseX;
      // Festlegen der aktuellen y-Position der Maus
      mausposition[mausposition.length - 1][1] = mouseY;
      for (int i = 0; i < mausposition.length; i++) {
         // Festlegen der Füllfarbe im rgb-Format
         fill(255 - i * 3, 0, 255 - i * 2);
         // Zeichnen eines Kreises mit Radius i / 2 an der entsprechenden
         // Mausposition
         ellipse(mausposition[i][0], mausposition[i][1], i / 2, i / 2);
      }
   }
   ...
}
```

In der abgebildeten Implementierung werden die von der Bibliotheksklasse `PApplet` (vgl. Aufgabe 2 auf Seite 199) geerbten Attribute `mouseX` und `mouseY` sowie die Methoden `background`, `fill` und `ellipse` genutzt. Die Methode `draw` wird überschrieben.

11* Lotto, Pascal und ein Dreieck

Zur Lösung der Aufgabe 11 ist die Info-Box auf Seite 206 nötig.

Die Gewinnchancen beim Lotto „6 aus 49" sind außerordentlich klein: Für z. B. sechs Richtige ohne Superzahl stehen einem einzigen Treffer 13 983 815 Nieten entgegen. Zur Berechnung der Anzahl der Möglichkeiten, aus 49 durchnummerierten Kugeln 6 Kugeln ohne Zurücklegen und ohne Beachtung der Reihenfolge zu ziehen, verwendet man den Binomialkoeffizienten, abgekürzt *bin*(49, 6).

Fig. 1

Aus dem in Fig. 1 angegebenen Pascal'schen Dreieck lassen sich die Binomialkoeffizienten direkt ablesen: Beispielsweise ergibt sich für den Binomialkoeffizienten *bin*(5, 3) (Anzahl der Möglichkeiten, aus 5 durchnummerierten Kugeln 3 Kugeln ohne Zurücklegen und ohne Beachtung der Reihenfolge zu ziehen): *bin*(5, 3) = 10. Die erste Zahl (5) steht für die Zeile, die zweite (3) für die Spalte; die Zählung beginnt mit der nullten Zeile bzw. der nullten Spalte.

a) Eine Zeile des Pascal'schen Dreiecks ergibt sich jeweils aus der vorhergehenden. Erläutere die Regel. Gib die vorletzte Zeile in Fig. 1 vollständig an.

b) Implementiere eine Methode, die die ersten n Zeilen des Pascal'schen Dreiecks berechnet und in einem zweidimensionalen Feld mit n Zeilen und n Spalten abspeichert.

c) Implementiere eine Methode, die mithilfe der Lösung aus Teilaufgabe b) den Binomialkoeffizienten *bin*(n, k) berechnet und zurückgibt.

d) In drei anderen Lotterien tippt man „6 aus 45", „5 aus 90" bzw. „7 aus 35". Berechne, bei welcher Lotterie die Wahrscheinlichkeit für den Hauptgewinn am größten ist.

Blaise Pascal (1623–1662), französischer Mathematiker und Physiker
Nach ihm wurden die Einheit des Druckes (1 hPa = 1 mbar) und eine Programmiersprache (Pascal; vgl. Seite 109) benannt.

12* Das Spiel des Lebens

Im Jahr 1970 hat der britischer Mathematiker John Horton Conway das bekannte „Spiel des Lebens" entwickelt (engl. Conway's Game of Life).
Das Spiel simuliert die Entstehung verschiedener Generationen von Zellen, wobei jede Zelle im Folgenden als kleines Quadrat in einem Gitternetz repräsentiert wird.
Beim Starten des Spiels legt der Spieler zunächst in einem zweidimensionalen Gitterquadrat fest, welche der Zellen entweder den Zustand „lebend" oder „tot" haben sollen. Werden nur die lebenden Zellen farbig dargestellt, ergibt sich z. B. ein Muster, wie in Fig. 1 gezeichnet. Dieses Muster repräsentiert also die erste Generation von Zellen.
Jede Zelle hat (bei einem unendlich großen Gitter) genau acht Nachbarzellen, die ihren Zustand beeinflussen, nämlich die Zellen, die eine Seite oder eine Ecke der betrachteten Zelle berühren.
Die Zustände der einzelnen Zellen der Folgegeneration werden durch folgende Regeln festgelegt:

- Hat eine lebende Zelle weniger als zwei lebende Nachbarn, stirbt sie (z. B. an Vereinsamung).
- Hat eine lebende Zelle entweder zwei oder drei lebende Nachbarn, bleibt sie am Leben.
- Hat eine lebende Zelle mehr als drei lebende Nachbarn, stirbt sie (z. B. an der Überbevölkerung).
- Hat eine tote Zelle genau drei lebende Nachbarn, wird sie selbst zum Leben erweckt.

Fig. 1 bis Fig. 5 zeigen Beispiele für die ersten fünf Generationen, beginnend mit dem Muster der ersten Generation.

John Horton Conway (1937 – 2020), britischer Mathematiker

Zur Lösung der Aufgabe 12 ist die Info-Box auf Seite 206 nötig.

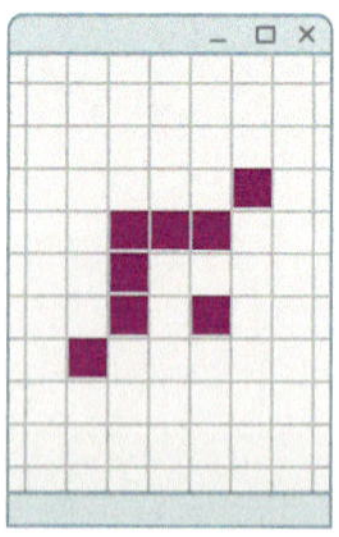
Fig. 1

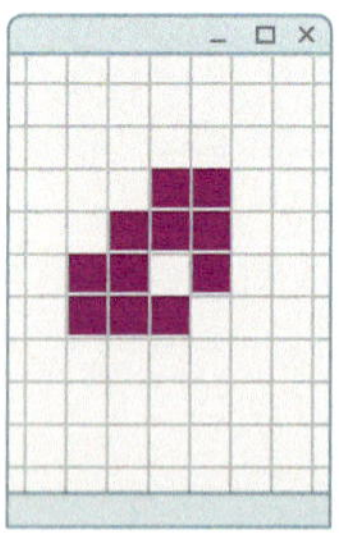
Fig. 2

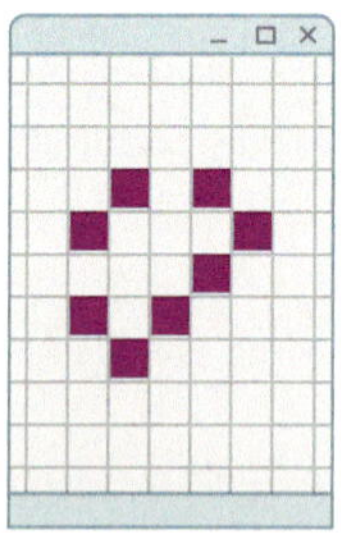
Fig. 3

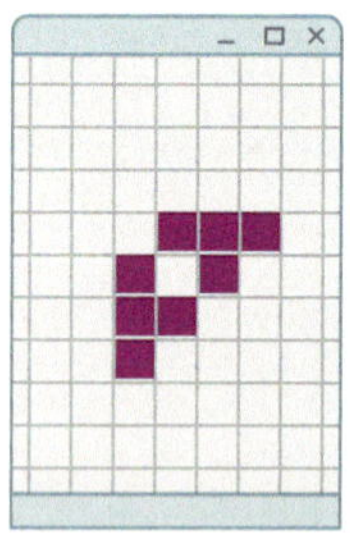
Fig. 4

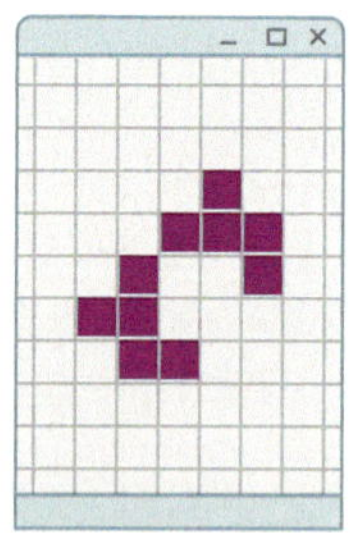
Fig. 5

a) Zeichne auf ein kariertes Blatt ein beliebiges Startmuster und mindestens drei Folgemuster nach den oben beschriebenen Regeln.

b) In den folgenden Teilaufgaben soll eine Simulation des Spiels des Lebens implementiert werden. Implementiere dazu zunächst eine Klasse `SpielDesLebens` und deklariere zwei Attribute `feldA` und `feldB` vom Typ `int[ ][ ]` für die Speicherung der Zustände (0 für „tot" bzw. 1 für „lebend") der Zellen der aktuellen Generation bzw. der Anzahl der lebenden Nachbarn jeder dieser Zellen. Zwei Methoden `neuesFeldA` bzw. `neuesFeldB` sollen die Werte aller Elemente der entsprechenden Matrix auf 0 setzen.

c) Definiere eine Methode `belegenFeldA`, welche die Belegung der Matrix `feldA` der ersten Generation mit einem bestimmten Muster festlegt.

d) Definiere eine Methode `belegenFeldB`, welche den entsprechenden Zellen der Matrix `feldB` die Anzahl der Nachbarn im aktuellen Zustand von `feldA` zuweist.

Tipp zu Teilaufgabe d): Addiere die zu einer bestimmten Zelle gehörenden Werte aller acht Nachbarn von `feldA`.

e) Definiere eine Methode `regelAnwenden`, welche die Belegung der Folgegeneration von `feldA` abhängig von den Einträgen in `feldB` zuweist.

f) Definiere eine Methode `zeichnenFeldA`, welche die Belegung von `feldA` grafisch ausgibt. Nutze dafür z. B. die Bibliotheksklasse aus Aufgabe 2 auf Seite 199.

g) Teste deine Implementierung anhand der in Fig. 1 abgebildeten ersten Generation. Gib an, wie viele verschieden aussehende Generationen erzeugt werden.

3 Referenz und Speichermodell

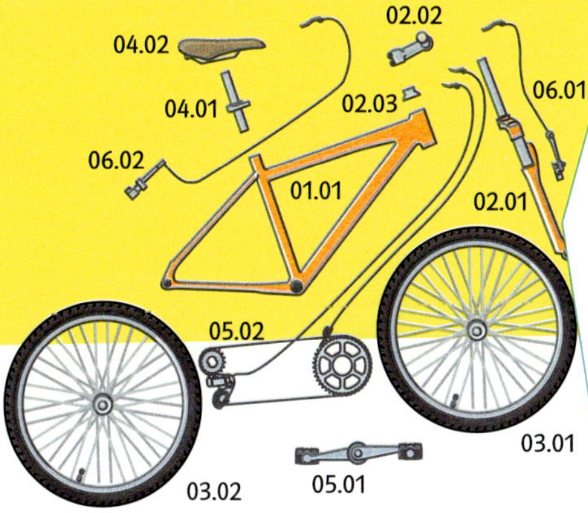

Ein Fahrradhersteller will einen Ersatzteilkatakog für sein neuestes Mountainbike-Modell CoolStorm erstellen. Dazu wird das Rad zunächst in einzelne Baugruppen (z.B. vorderes Laufrad und Kurbelgarnitur) unterteilt. Diese Baugruppen werden dann wiederum in Einzelteile (mit eindeutiger Bestell-Nr.) oder in weitere Baugruppen aufgeteilt.
Erstelle ausschnittsweise ein Klassendiagramm für den Ersatzteilkatalog, in dem die verschiedenen Baugruppen als unterschiedliche Klassen auftreten.

In vielen Objekt- bzw. Klassenmodellen begegnet man Objekten, die wiederum Objekte anderer Klassen enthalten. Eine solche *enthält*-Beziehung wird in Programmobjekten durch ein Attribut implementiert, als dessen Typ die Klasse der enthaltenen Objekte angegeben wird.

Zur Erinnerung:
In Band 1 bzw. Band 1A wurden grafische Gruppenobjekte durch Aggregationen anderer Objekte gebildet (vgl. jeweils Seite 32 ff. in den erwähnten Bänden).

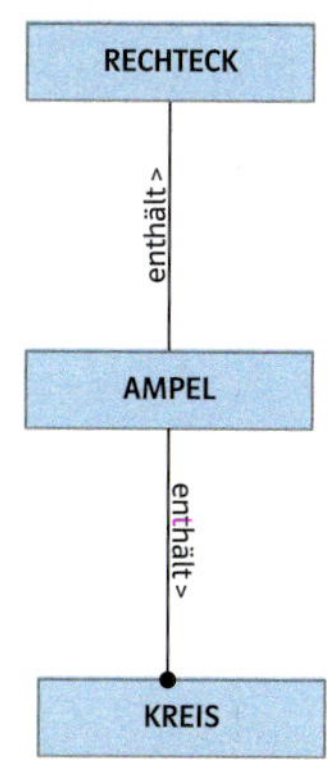

Zusammengesetzte Objekte

In Grafiken stößt man oft schon bei sehr einfachen Objekten auf *enthält*-Beziehungen, die man als **Aggregationen** bezeichnet. Ein Beispiel ist die Darstellung einer Fußgängerampel mit zwei Lichtern (Fig. 3). Ein Objekt der Klasse AMPEL enthält hier zwei Objekte der Klasse KREIS (für die Lichter) sowie ein Objekt der Klasse RECHTECK (für das Gehäuse). Dabei handelt es sich um eine Beziehung zwischen Objekten verschiedener Klassen, die man sowohl in Objektdiagrammen (Fig. 1) wie auch in Klassendiagrammen (Fig. 2) einzeichnen kann.

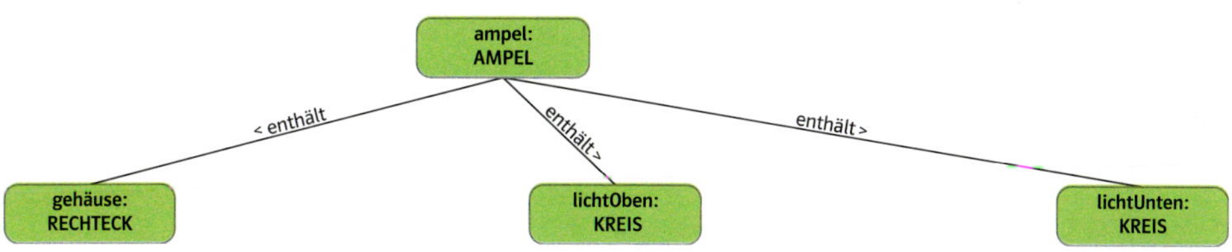

Fig. 1

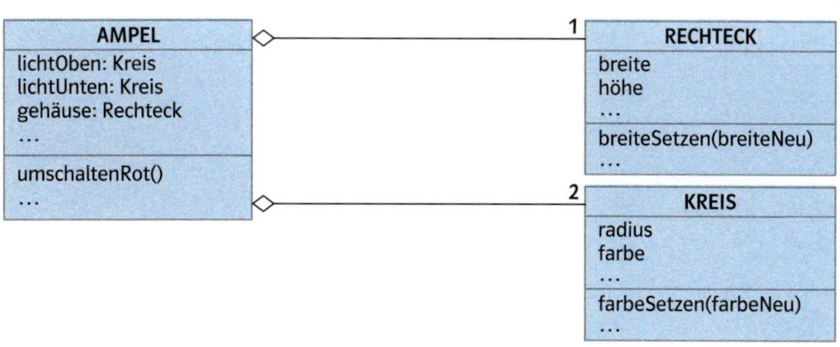

Fig. 2

Fig. 3

In Kapitel V wurden auf den Seiten 146–148 bereits Beziehungen zwischen den Objekten verschiedener Klassen (bzw. Tabellen) relationaler Datenbankmodelle besprochen. Bei der Aggregation handelt es sich um einen Spezialfall einer solchen Objektbeziehung. Anstelle einer einfachen Beziehungslinie mit beidseitiger Angabe der Multiplizitäten und des Beziehungsbezeichners verwendet man für die Aggregation auf der Seite der enthaltenden Klasse eine Raute (Fig. 2). Auf die Angabe der Multiplizität 1 kann auf dieser Seite verzichtet werden.

Implementierung von Aggregationen

Die Aggregation zwischen den Objekten der Klassen AMPEL und KREIS bzw. RECHTECK auf Seite 209 wird mithilfe dreier Attribute implementiert: `lichtOben` und `lichtUnten` für die Kreise sowie `gehaeuse` für das Rechteck. Diese Attribute haben als Typ die jeweilige Klasse des enthaltenen Objektes (KREIS bzw. RECHTECK).

Anlegen von Objekten als Attributwerte

Im Gegensatz zu Werten einfacher Typen wie `int` muss ein Objekt, das als Attributwert eines anderen dienen soll, in der Regel erst erzeugt werden. Dazu muss die Konstruktormethode der entsprechenden Klasse aufgerufen werden (vgl. Seite 87).

In *Java*-Programmen verwendet man dazu den `new`-Operator innerhalb einer Zuweisung, im Beispiel rechts `new Rechteck()`.

Java

```
class Ampel {
   Rechteck gehaeuse;
   Kreis lichtOben;
   Kreis lichtUnten;
   ...

   Ampel() {
      lichtOben = new Kreis();
      lichtUnten = new Kreis();
      gehaeuse = new Rechteck();
      ...
   }
}
```

Beim Aufruf des `new`-Operators wird allerdings nicht das Objekt selbst, sondern nur ein Verweis auf seinen Speicherort übergeben (vgl. Fig. 2). Ein solcher Verweis heißt **Referenz**. Im Beispiel wird in der Konstruktormethode der Klasse `Ampel` dem Attribut `lichtOben` die Referenz auf ein Objekt der Klasse `Kreis` übergeben (Fig. 2). Das Attribut `lichtUnten` erhält dann als Wert eine Referenz auf ein weiteres Objekt der Klasse `Kreis`.

Referenzen

Eine Referenz besteht lediglich aus der Nummer der ersten Speicherzelle des Arbeitsspeicherbereiches, in dem das Objekt angelegt wurde, in Fig. 2 z. B. der Wert 10500 für das Objekt *kreis1*. In allen Fällen, in denen Attributwerte Objekte sind (wie hier *kreis1*), wird im Attribut eine Referenz auf dieses Objekt gespeichert.

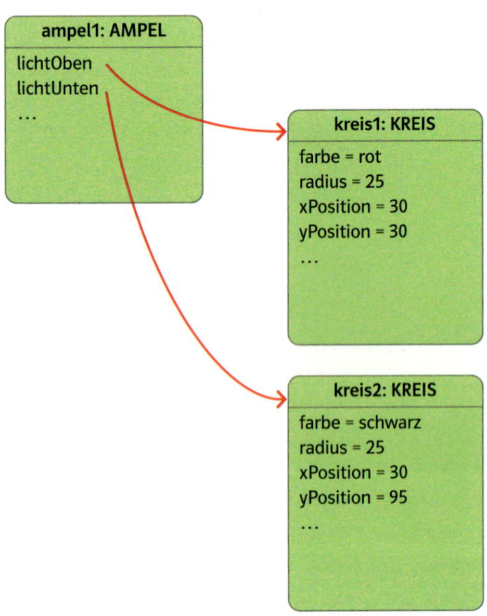

Fig. 1

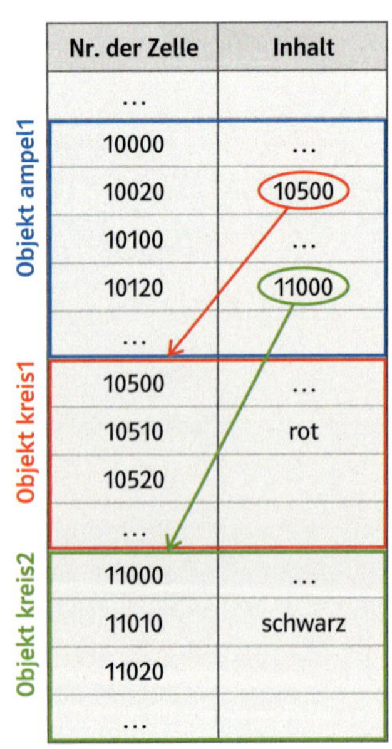

	Nr. der Zelle	Inhalt	Attributwert von:
	...		
Objekt ampel1	10000	...	
	10020	10500	lichtOben
	10100	...	
	10120	11000	lichtUnten
	...		
Objekt kreis1	10500	...	
	10510	rot	farbe
	10520		
	...		
Objekt kreis2	11000	...	
	11010	schwarz	farbe
	11020		
	...		

Fig. 2

In Objektdiagrammen symbolisieren wir den Wert eines Attributs, das Referenzen enthält, durch einen Pfeil auf das enthaltene Objekt wie z. B. den Wert von *lichtOben* durch den Pfeil zu *kreis1*.

Aggregation und Referenzen

Technisch wird eine Aggregation zwischen zwei Objekten also nicht dadurch realisiert, dass ein Programmobjekt tatsächlich ein anderes enthält. Vielmehr speichert das enthaltende Objekt lediglich eine Referenz auf das enthaltene Objekt als Wert eines Attributs. Das enthaltene Objekt existiert selbstständig außerhalb des enthaltenden Objektes. Wir sprechen dennoch von einer *enthält*-Beziehung.

Im Gegensatz zu einfachen Typen wie `int` werden die Typen bei objektwertigen Attributen (d.h. die Klassenbezeichner) immer groß geschrieben.

In *Java* sind auch die Zeichenketten vom Typ `String` Objekte.

Eine *enthält*-Beziehung **(Aggregation)** wird im enthaltenden Objekt als Attribut implementiert, dessen Wert ein Verweis auf das enthaltene Objekt ist. Einen derartigen Verweis nennt man **Referenz.**

1 Lkw modellieren

Modelliere ein Klassen- sowie ein Objektdiagramm für den abgebildeten Lkw bestehend aus Rechtecken und Kreisen.

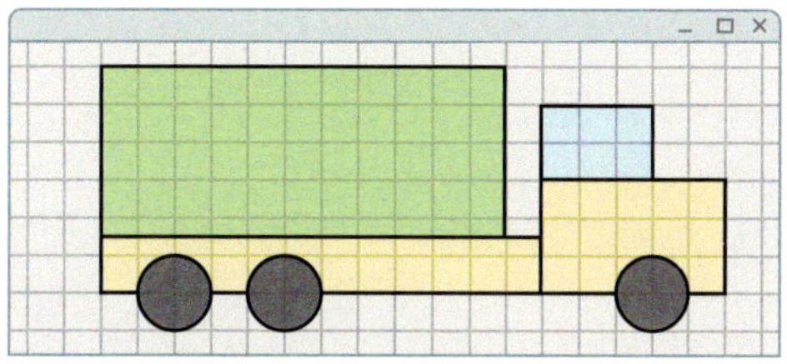

2 Flaggen der Erde III

Viele Nationalflaggen bestehen nur aus Rechtecken, Dreiecken oder Kreisen.

a) Gib die zu den unten abgebildeten Flaggen gehörenden Nationen an.

b) Zeichne ein Klassendiagramm, mit dem alle unten abgebildeten Flaggen gemeinsam beschrieben werden können.

c) Wähle drei der abgebildeten Flaggen aus und zeichne das jeweilige Objektdiagramm.

d) Analysiere die folgende Implementierung und gib an, welche der abgebildeten Flaggen nach dem Aufruf des Konstruktors instanziiert wird. Überlege dabei, welche Bedeutung wohl die übergebenen Parameterwerte jeweils haben.

Wird ein neues Objekt (eine neue Instanz) erzeugt, so spricht man auch von Instanziierung.

Java

```
class Flagge {
   Rechteck r1; Dreieck d1; Dreieck d2;
   Flagge() {
      r1 = new Rechteck(0, 0, 300, 200, "gelb");
      d1 = new Dreieck(0, 0, 0, 200, 200, 0, "grün");
      d2 = new Dreieck(300, 200, 300, 0, 100, 200, "rot");
   }
}
```

e) Öffne die Vorlage, die du über den Code auf dem Rand herunterladen kannst, und implementiere einen Konstruktor `Flagge(String nation)`, der abhängig von der übergebenen Nation eine von mindestens drei der abgebildeten Nationalflaggen instanziiert.

Vorlage
Flaggen
fm9r9a

3 Hausbau

Die Klasse HAUS soll wie im abgebildeten Klassendiagramm realisiert werden.

a) Gib analog zum Lehrtext auf Seite 210 für ein Objekt der Klasse HAUS die Repräsentation im Speichermodell an.

b) Begründe, dass aggregierte Objekte im Speichermodell nicht unbedingt einen Bezeichner haben müssen.

c) Implementiere die Klasse HAUS mit einem Konstruktor, der das abgebildete Haus erzeugt.

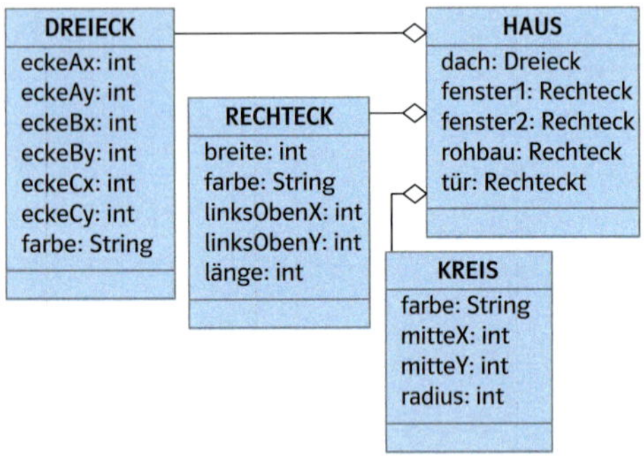

4 Elektronische Telefonbücher

Die Tabelle zeigt einen Ausschnitt aus dem Speichermodell einer Liste von Telefonbucheinträgen.

a) Modelliere das Objektdiagramm dieser Liste sowie das Klassendiagramm.

b) Durch einen Virus wird in der Speicherzelle 20 550 der ursprüngliche Eintrag durch die Zahl 10 100 ersetzt. Beschreibe, welche Konsequenz dies für das Objekt- und Klassenmodell hat.
Beschreibe, wie sich eine Methode, die die Einträge der Reihe nach ausgeben soll, verhält.

Nr. der Zelle	Inhalt
10 000	liste
10 100	name
10 200	„Müller“
10 300	nummer
10 400	„0807532“
10 500	naechster
10 550	20100
10 575	name
10 600	„Letzter“
10 700	nummer
10 800	„0638428“

Nr. der Zelle	Inhalt
20 100	name
20 150	„Schmitz“
20 200	nummer
20 250	„0456789“
20 275	naechster
20 300	20350
20 350	name
20 400	„Schmitz“
20 450	nummer
20 500	„0439198“
20 525	naechster
20 550	10 575

5 Eine optimierte Telefonliste

Das rechts angegebene Objektdiagramm zeigt Telefonbucheinträge in einem Baumdiagramm.

a) Beschreibe, nach welchem Prinzip die Namen eingefügt worden sein könnten. Füge entsprechend einen Eintrag mit deinem eigenen Namen ein.

b) Erläutere, welche Vorteile die Anordnung gegenüber einer einfachen Liste hat (vgl. Aufgabe 4).

c) Gib für das Baumdiagramm ein Speichermodell analog zu Seite 210 an.

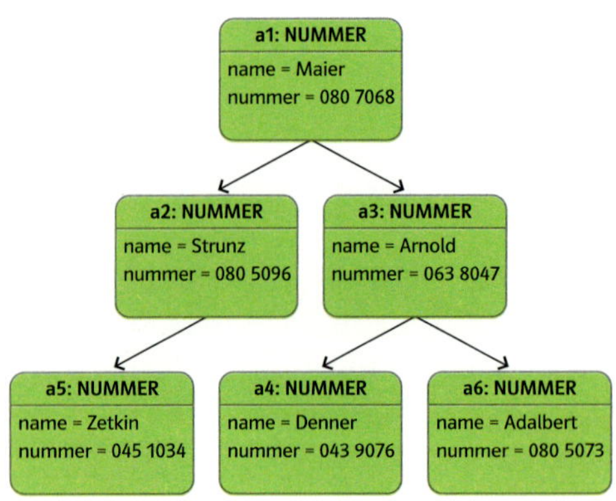

4 Arbeiten mit Referenzen

In Frankfurt und München werden am selben Tag zwei Autos gleichen Typs und völlig gleichen Aussehens mit demselben Kennzeichen jeweils in einer Radarkontrolle geblitzt. Welche möglichen Erklärungen gibt es dafür?

Der Vergleich zweier Objekte über Referenzen erfordert eine Präzisierung des Gleichheitsbegriffes. Wenn auf ein Objekt über mehrere Referenzen zugegriffen wird, müssen diese Zugriffe abgestimmt werden.

Identität und Gleichartigkeit von Objekten

Wann sind zwei Objekte „gleich"? Zunächst muss man zwischen „identisch" und „gleichartig" unterscheiden. Wenn sich zwei Brüder jeweils ein Sakko des gleichen Typs, derselben Konfektionsgröße und derselben Farbe kaufen, so handelt es sich um zwei **gleichartige** Kleidungsstücke. Sparsamere Brüder kaufen sich aber vielleicht zusammen nur ein Sakko, das sie dann allerdings nur abwechselnd tragen können. In diesem Fall besitzen beide dasselbe **(identische)** Kleidungsstück.

Gleichartig sind zwei Objekte dann, wenn sie in allen ihren Attributwerten übereinstimmen, also völlig gleiche Eigenschaften haben (z. B. zwei gleichartige Fahrzeuge desselben Typs mit völlig gleicher Ausstattung von der Farbe bis zu den Extras). Dann stellt sich jedoch bei objektwertigen Attributen die Frage, ob sie auf dasselbe Objekt referenzieren müssen oder auch auf mehrere gleichartige verweisen dürfen. Im zweiten Fall kann man für deren objektwertige Attribute wiederum dieselbe Frage stellen usw.

Identität liegt dagegen vor, wenn zwei Referenzen auf dasselbe Objekt verweisen, was man leicht mit einer Zuweisung erreichen kann. Im Beispiel der nebenstehenden *Java*-Box sind etwa `p1` und `p2` identisch.

Java

```
class Person {
  String vorname, name;
  Person vater;
  Person mutter;
  ...
}
...
Person p1 = new Person();
Person p2 = p1;
```

Überprüfen lässt sich die Identität mit dem üblichen Gleichheitsoperator „==". Wenn beispielsweise zwei weitere Objekte `p3` und `p4` der nebenstehenden Klasse `Person` denselben Vater haben, muss ihr Attribut `vater` dasselbe Objekt referenzieren. Dann muss gelten: `p3.vater == p4.vater`.

Eine Übersicht zu Operatoren in *Java* findest du im Anhang auf Seite 265.

Wegen der eingangs beschriebenen Problematik ist bei der Verwendung des Gleichheitsoperators bei Objekten jedoch Vorsicht geboten. Wenn „nur" die Gleichartigkeit zweier Objekte festgestellt werden soll, muss man dazu meist spezielle klassenspezifische Methoden anstelle des Gleichheitsoperators verwenden.

Für zwei verschiedene Zeichenketten `s1` und `s2` vom Typ `String` mit gleicher Zeichenfolge liefert `s1.equals(s2)` das Ergebnis `true`, `s1 == s2` dagegen `false`.

Referenzen in Feldern (1:n-Beziehung)

Das ATG (Alan-Turing-Gymnasium) beteiligt sich an einem Wettbewerb, bei dem ein Team in einem bestimmten Zeitraum möglichst viele mit dem Fahrrad gefahrene Kilometer sammeln muss. Die Organisatoren rechnen mit 400 Radfahrern, die beim ATG-Team mitmachen. Wenn nun ein entsprechendes Objekt der Klasse Team für jedes Teammitglied ein entsprechendes Objekt der Klasse Radfahrer referenzieren soll, ist es zu umständlich, für jedes dieser 400 Objekte ein eigenes Attribut einzurichten. Man verwendet in solchen Fällen meist ein Feld (vgl. Seite 203 f.), in dem die Referenzen für diese Beziehungen gespeichert werden. Dabei ist zu beachten, dass ebenso wie das Feld selbst alle von ihm referenzierten Objekte mithilfe des `new`-Operators explizit angelegt werden müssen. In der Regel erledigt man dies mit einer Wiederholungsanweisung über alle Feldelemente. Für das Beispiel in Fig. 1 würde etwa der Konstruktoraufruf `team1 = new Team("ATG", 400)` ein `Team`-Objekt sowie 400 `Radfahrer`-Objekte erzeugen.

Java

```
class Radfahrer {
   String name; int nummer;
   Radfahrer (int nr) {
      nummer = nr;
   }
}

class Team {
   String name;
   int kmstand;
   Radfahrer[] rfahrer;
   Team(String tname, int groesse) {
      name = tname; kmstand = 0;
      rfahrer = new Radfahrer[groesse];
      for (int i = 0; i < groesse; i++) {
         rfahrer[i] = new Radfahrer(i);
      }
   }
}
```

Fig. 1

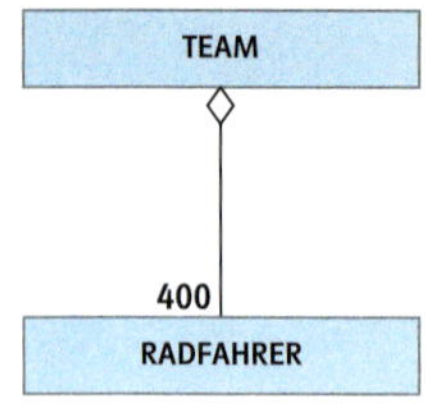

Fig. 2

Mehrfache Referenzierung

Da nur die Radfahrer wissen, wann sie ihre Fahrten beendet haben, sollen sie die zurückgelegte Strecke an ihr Team melden. Dazu muss jedes Objekt der Klasse RADFAHRER über eine Referenz auf sein TEAM-Objekt verfügen. Ein TEAM-Objekt wird somit mehrfach referenziert. So gehören z. B. sowohl *radfahrer1* als auch *radfahrer2* dem ATG-Team an; deswegen referenzieren beide dasselbe Objekt *team1* (vgl. Fig. 3).

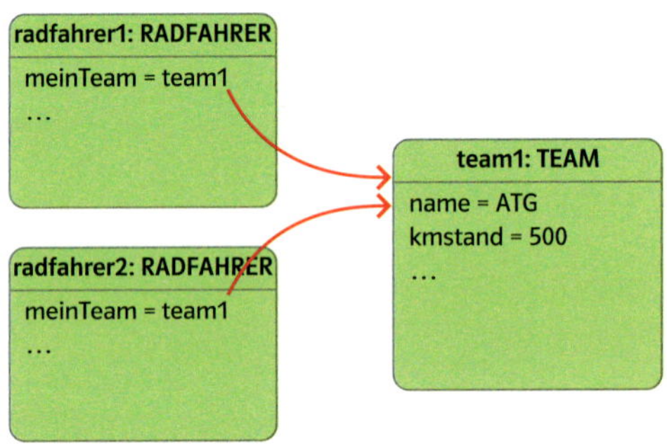

Fig. 3

Durch den ersten Methodenaufruf in Fig. 4 wird der Kilometerstand des `Team`-Objektes `team1` von `radfahrer1` um den Wert *50* erhöht. `radfahrer2` gehört ebenfalls `team1` an, d.h., es gilt `radfahrer1.meinTeam == radfahrer2.meinTeam`. Durch den zweiten Methodenaufruf wird also der Kilometerstand desselben Teams um weitere 100 km erhöht. Beträgt der Wert des Attributs `kmstand` von `team1` anfänglich *500* (Fig. 3), ergibt sich nach beiden Methodenaufrufen ein Wert von *650*.

Java

```
class Radfahrer {
   ...
   Team meinTeam;
   ...
   void kmUebermitteln(int km) {
      meinTeam.kmstand =
            meinTeam.kmstand + km;
   }
}

...
radfahrer1.kmUebermitteln(50);
radfahrer2.kmUebermitteln(100);
```

Fig. 4

Wenn es also beim Zugriff auf ein Objekt über eine Referenz zu Änderungen kommt, dann „sehen" diese Änderungen auch alle anderen Objekte, die dieses Objekt referenzieren.

Zugriff auf Objekte anderer Klassen

Umfangreiche objektorientierte Programme werden oft arbeitsteilig von vielen Personen in mehreren Arbeitsgruppen entwickelt und dabei an vielen Stellen gleichzeitig verändert. Für eine Klasse ist dann meist eine bestimmte Person oder Gruppe verantwortlich. Um ungewollte oder nicht autorisierte Zugriffe auf Objekte dieser Klasse zu verhindern, will man die Attribute bzw. Methoden eines Objektes möglichst gegen „fremde" Zugriffe (d.h. gegen Zugriffe von Objekten anderer Klassen) abschotten **(Datenkapselung)**. Nur die für die Entwicklung der jeweiligen Klasse zuständigen Programmierer sollen das Innenleben im Detail kennen bzw. ändern dürfen. Dies unterstützt einerseits die arbeitsteilige Entwicklung und erhöht andererseits die Sicherheit der Programme.

Zugriffsmodifikatoren für Attribute und Methoden

Wird ein **Attribut** als **privat** (in *Java* `private`) markiert, so können nur Objekte der gleichen Klasse seinen Wert direkt lesen oder verändern. Eine **private Methode** kann nur von Objekten der gleichen Klasse aufgerufen werden.
Auf **öffentliche Attribute bzw. Methoden** (in *Java* `public`) können dagegen auch alle anderen Objekte zugreifen, d.h. Attributwerte lesen und schreiben bzw. Methoden aufrufen.
In der Regel definiert man Methoden als öffentlich und Attribute als privat.

Standardmethoden zum Zugriff auf private Attribute

Weil Objekte anderer Klassen nicht auf private Attribute zugreifen dürfen, definiert man spezielle öffentliche Methoden zum Lesen („Geben-Methoden") bzw. Schreiben („Setzen-Methoden") ihrer Werte durch Objekte fremder Klassen. Oft werden zusätzliche Anweisungen in Lese- oder Schreibmethoden eingebaut, die beispielsweise spezielle Sicherheitsmaßnahmen wie Passwortabfragen ermöglichen oder das Abfangen problematischer Werte.

Java

```
class Person {
   private String ausweisID, lkey, skey;
   ...
   public String ausweisIDGeben(String pk) {
      if (pk == lkey) {
         return ausweisID;
      } else { return "ZUGRIFF NICHT ERLAUBT";
   } }
   public String ausweisIDSetzen(String pk, String pID) {
      if (pk == skey) {
         ausweisID = pID; return "NEUE ausweisID GESETZT";
      } else { return "ZUGRIFF NICHT ERLAUBT";
} } }
class Amt {
   private String bezeichnung, aIDlkey, aIDskey;
   ...
   public void persaIDGeben(Person pp) {
      String ergebnis = pp.ausweisIDGeben(aIDlkey);
      System.out.println(ergebnis);
   }
   public void persaIDSetzen(Person pp, String pnID) {
      String ergebnis = pp.ausweisIDSetzen(aIDskey, pnID);
      System.out.println(ergebnis);
} }
...
Amt amt1 = new Amt("Meldeamt", "x3245f", "z765d");
Amt amt2 = new Amt("Finanzamt", "x3245f", "GESPERRT");
Person p1 = new Person("Anna", "Mustermann", "BCCFK54Y5F", "x3245f", "z765d");
amt1.persaIDGeben(p1);
amt1.persaIDSetzen(p1, "RSSFK99ZY9A");
amt2.persaIDSetzen(p1, "XYZZAAZZ7SK");
amt2.persaIDGeben(p1);
```

Im Beispiel auf Seite 215 soll zwar das Meldeamt eine neue Ausweisnummer für eine Person eintragen können, nicht aber das Finanzamt. Beide sollen die Ausweisnummer aber lesen können. Dies ist hier über spezielle Zugriffsschlüssel der Klasse `Amt` gelöst. So kann flexibel festlegt werden, welche Zugriffe auf die Attribute einer Klasse jeweils erlaubt sein sollen.

M

Zwei Objekte sind **gleichartig**, wenn sie in allen Attributwerten übereinstimmen.
Mehrere Referenzen können auf dasselbe **(identische)** Objekt verweisen.
Auf **private** Attribute bzw. Methoden einer Klasse dürfen Objekte anderer Klassen nicht zugreifen. Zum Zugriff auf die Attribute von Objekten anderer Klassen verwendet man spezielle **öffentliche** Lese- bzw. Schreibmethoden.

I

Schnittstelle
Mit dem Begriff „Schnittstelle" bezeichnet man im Allgemeinen die Beschreibung der möglichen Kommunikationsformen zwischen zwei Systemen. Unter der **Schnittstelle einer Klasse** versteht man die Menge ihrer öffentlichen Attribute sowie der Signaturen ihrer öffentlichen Methoden. Die Schnittstelle einer Klasse beschreibt also alle Komponenten, die ihre Objekte zur Benutzung durch Objekte anderer Klassen zur Verfügung stellen.

Zur Signatur einer Methode: vgl. Seite 80.

A

1 Männermoden

Ein Anzug besteht aus Sakko, Weste und Hose.

a) Gib das Klassendiagramm an. Deklariere für die einzelnen Klassen geeignete Attribute.
b) Notiere eine Implementierung der Klassen für Sakko, Weste und Hose sowie für den Anzug, der im Konstruktor als Eingaben die Referenzen für die drei Teile berücksichtigt.
c) Die Zwillingsbrüder Jan und Tim wollen sich einen Anzug kaufen. Erläutere anhand eines Objektdiagramms, in welchen Fällen es sich um gleichartige oder identische Kleidungsstücke handelt. Berücksichtige z.B. den Fall, dass sich die Brüder ein gemeinsames Sakko, aber unterschiedliche Hosen kaufen würden. Erläutere, womit man rechnen muss, wenn zuerst Jan und dann Tim „seinen" Anzug in den verschiedenen Varianten anzieht.
d) In einer Klasse `Anprobe` sollen die verschiedenen Fälle durch Variation des Konstruktors der Klasse `Anzug` realisiert werden. Zusätzlich zu den oben genannten Klassen ist bereits eine Klasse `Person` mit einer Methode `anziehen(Anzug a)` in der Vorlage, die du über den Code auf dem Rand herunterladen kannst, berücksichtigt. Ergänze die Klasse `Anprobe` so, dass durch Drücken der Tasten „j" bzw. „t" zuerst Jan und dann Tim „seinen" Anzug anprobiert. Überprüfe damit deine Überlegungen zu Teilaufgabe c).

Vorlage
Männermoden
fm9r9a

Hinweis:
In der Vorlage wird die Grafikbibliothek mit ihrer Standardentwicklungsumgebung genutzt. Lies dazu auch die README-Datei innerhalb des Vorlagenordners.

2 Menüwahl

Ein Menü besteht aus Vor-, Haupt und Nachspeise.

a) Gib das zugehörige Klassendiagramm an, wenn es sich bei den drei Gängen jeweils um Objekte der gleichen Klasse NAHRUNG handelt bzw. wenn zwischen den Klassen VORSPEISE, HAUPTSPEISE und NACHSPEISE unterschieden wird.
b) Implementiere für die Klassen NAHRUNG, VORSPEISE, HAUPTSPEISE und NACHSPEISE jeweils die Klassendefinition.
c) Zwei Kollegen gehen gemeinsam in der Kantine essen. Illustriere anhand von Objektdiagrammen, unter welchen Umständen sie das gleiche bzw. dasselbe Menü zu sich nehmen.
d) Ergänze in deiner Implementierung die Klasse `Menue` sowie eine Klasse `Kantine`, welche die beiden Fälle aus Teilaufgabe c) durch Variation der Parameterwerte des Konstruktors der Klasse `Menue` realisiert.

Array-List

Der Nachteil eines Arrays in *Java* ist, dass die maximale Anzahl an Elementen bereits bei der Definition des Feldes festgelegt werden muss und später nicht mehr geändert werden kann, da genau der für die gewünschte Anzahl an Objekten benötigte Speicherplatz reserviert wird. Man spricht daher von einer statischen Datenstruktur. Oft möchte man jedoch flexibel bleiben und benötigt eine dynamische Datenstruktur, die während ihrer Lebenszeit die Aufnahmekapazität verändern kann. Hierfür bietet *Java* eine Alternative an: die Klasse **`ArrayList`**.

Die Klasse `ArrayList` muss zuerst importiert werden, bevor sie verwendet werden kann. Sie befindet sich im Paket `java.util`. Dazu muss vor der Klassendeklaration folgende Anweisung eingefügt werden: `import java.util.ArrayList`
Die Deklaration einer Array-List sieht folgendermaßen aus:
`private ArrayList<E> bezeichner = new ArrayList<>();`
`E` steht dabei für eine beliebige Klasse, also z. B.:
`private ArrayList<String> einkaufsliste = new ArrayList<>();`
In den spitzen Klammern muss also stehen, welche Objekttypen die Array-List aufnehmen soll, hier Zeichenketten. Eine Array-List kann keine primitiven Datentypen (vgl. Seite 263) aufnehmen.

Die spitzen Klammern zeigen dabei, dass es sich um eine generische Klasse (Generics) handelt. Dies bedeutet kurz gesagt, dass ein Array-List-Objekt einmal Texte, ein anderes Mal beispielsweise Objekte der Klasse MITGLIED aufnehmen kann. Solche Generics lassen sich auch selbst erstellen. Mithilfe von „Wrapper-Klassen“ (`Integer`, `Double` …) lassen sich primitive Datentypen in eine eigene Klassen „packen“ (to wrap (engl.): einpacken, einhüllen). So können in Objekte „eingehüllte“ primitive Datentypen in eine Array-List aufgenommen werden.

Die Klasse `ArrayList` stellt eine Vielzahl von Methoden zur Verfügung. Beispiele sind:

Methode	Beschreibung
`add(E objekt)`	Fügt ein Objekt des betreffenden Typs am Ende der Liste hinzu, z. B. `einkaufsliste.add("Nudeln");`.
`clear()`	Entfernt sämtliche Elemente der Liste.
`contains(E objekt)`	Gibt `true` zurück, falls sich das betreffenden Objekt in der Liste befindet, ansonsten `false`.
`get(int index)`	Gibt das Objekt zurück, das sich aktuell an dem durch den Parameter angegebenen Index befindet. Die Zählung beginnt wie üblich bei null.
`indexOf(E objekt)`	Gibt den Index des betreffenden Objektes oder (falls nicht vorhanden) −1 zurück.
`isEmpty()`	Gibt `true` zurück, wenn die Liste keine Elemente enthält, ansonsten `false`.
`remove(E objekt)`	Entfernt das betreffende Objekt aus der Liste, sofern vorhanden.
`remove(int index)`	Entfernt das Objekt mit dem betreffenden Index. Im Gegensatz zum einfachen Array müssen hier keine aufwendigen Nachrückungen selbst vorgenommen werden.
`size()`	Gibt die Anzahl der Elemente in der Liste zurück.

Intern steckt hinter einer Array-List ein gewöhnliches Array. Sollte die Anzahl der Elemente nicht ausreichen, wird die Liste automatisch vergrößert. Diese Operation heißt Resizing. Während `size()` die Anzahl der Elemente in der Liste liefert, lässt sich mithilfe der Methode `capacity()` die Kapazität des darunterliegenden Arrays angeben.
Nutzt man bei der Erzeugung einer Array-List ihren Standardkonstruktor, wird eine Anfangskapazität von zehn gewählt. Alternativ kann ein Konstruktor mit ganzzahligem Parameter verwendet und so die Anfangskapazität selbst bestimmt werden:
`ArrayList<>(int initialCapacity)`.
Bei jedem Resizing-Vorgang wird im Hintergrund ein neues Array der 1,5-fachen Größe des ursprünglichen Arrays erstellt. Anschließend werden die Elemente in das neue Array kopiert.

3 Perlenkette

Eine Perlenkette besteht zunächst aus zwölf Perlen mit Radius 10, welche in einer Reihe angeordnet sind und sich gegenseitig berühren.

a) Definiere die Klasse `Perlenkette` mithilfe eines Feldes, das Objekte der Klasse `Kreis` enthält, die waagerecht angeordnet sind, und implementiere die Klasse.

b) Ergänze in der Klasse `Perlenkette` einen weiteren Konstruktor, bei dem die Anzahl der Perlen erst bei der Erzeugung der Perlenkette festgelegt werden muss.

c) Ergänze die Klasse um eine Methode `farbeSetzen(nummer, farbe)`, welche die Farbe der durch die Nummer angegebenen Perle verändern kann. Bei eventuell fehlerhaft eingegebenen Nummern soll ein entsprechender Hinweis ausgegeben werden.

d) Ergänze die Klasse um eine Methode `radiusSetzen(nummer, radius)`, welche den Radius der angegebenen Perlen verändert. Alle benachbarten Perlen berühren sich anschließend wieder. Auf eine fehlerhaft eingegebene Nummer soll hingewiesen werden.

e) Ergänze die Klasse um eine Methode `positionSetzen(mitteX0, mitteY0)`, die den Mittelpunkt der ersten Perle auf (mitteX0; mitteY0) festlegt und damit auch die Position der anderen Perlen anpasst.

f) Nun sollen die Perlen der Perlenkette verschiedenartig ausgegeben werden können. Implementiere eine entsprechende Methode `anordnungSetzen(art)`, die dafür sorgt, dass die Perlen horizontal (`art == 'h'`), vertikal (`art == 'v'`) bzw. diagonal (`art == 'd'`) so angeordnet werden, dass sie sich wieder berühren, und zwar unabhängig vom Radius und von der Anzahl der Perlen.

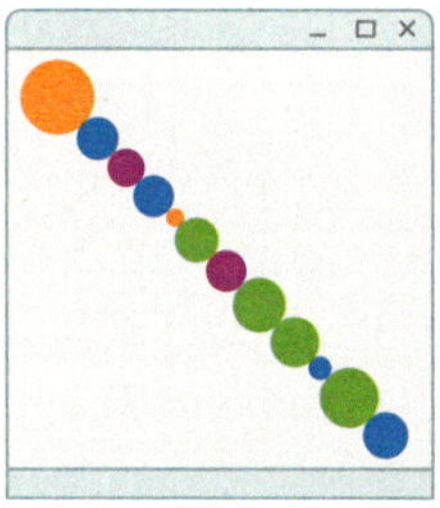

4* Schachspiel I

Zur Lösung der Aufgabe 4 ist die Info-Box auf Seite 206 nötig.

Ein Schachbrett besteht aus 64 quadratischen Feldern, die in acht Zeilen und acht Spalten angeordnet sind.

a) Definiere die Klasse `Schachbrett` mithilfe eines zweidimensionalen Feldes, wobei die einzelnen Felder durch Quadrate modelliert werden.

b) Implementiere die Klasse `Schachbrett` derart, dass das Schachbrett grafisch ausgegeben werden kann.

5* Schachspiel II

Zur Lösung der Aufgabe 5 ist die Info-Box auf Seite 206 nötig.

Ein Schachbrett besteht aus 64 Feldern, wobei jedes Feld durch die „Schachkoordinaten" (A3, C7 …) und die Farbe gekennzeichnet ist. Darüber hinaus kann auf dem Feld einer der zwölf Figurtypen Turm, Springer, Läufer, Dame, König und Bauer (je schwarz oder weiß) stehen.

a) Gib ein Klassenmodell an, das aus den Klassen SCHACHBRETT, FELD und FIGUR besteht. Wähle die Attribute derart, dass verschiedene Zustände des Spiels (d. h. die verschiedenen Spielstellungen) simuliert werden können. Der Typ der Figur soll in einfacher Weise in Textform beschrieben werden.

b) Implementiert in arbeitsteiliger Gruppenarbeit das in Teilaufgabe a) erstellte Modell. Repräsentiert die Figuren durch geeignete Symbole.
Verwendet zum Zeichnen der Figuren die Grafikbibliothek, die bereits in Aufgabe 2 auf Seite 199 verwendet worden ist.

Hinweis:
Für die grafische Ausgabe des Schachbretts in Aufgabe 5 b) kann gegebenenfalls die Lösung von Aufgabe 4 angepasst werden.

6 Coloration

Innerhalb einer Klasse `Coloration` ist der in Fig. 1 abgebildete Algorithmus mit zwei Varianten (1) und (2) für die Referenzierung von Objekten der Klasse `ColorPikser` bzw. `Target` (vgl. Ausschnitte aus den Klassendefinitionen in Fig. 2 und Fig. 3) festgelegt.

a) Zeichne jeweils ein Objektdiagramm unter Berücksichtigung der drei genannten Klassen.

b) Beschreibe, welche Beobachtung du nach dem Start des Programms jeweils machen kannst.
Gib an, in welchen Fällen von identischen bzw. gleichartigen Targets gesprochen werden kann.

c) Ergänze die fehlende Implementierung und teste deine Antwort von Teilaufgabe b). Verwende dabei die Vorlage, die du über den Code auf dem Rand herunterladen kannst.

Java

```
private ColorPikser[] pikser;
...

public void setup() {
  Target tar = new Target();
  pikser = new ColorPikser[10];
  for (int i = 0; i < 10; i++) {
    // (1)
    pikser[i] = new Color-
        Pikser(tar);
    // (2)
    pikser[i] = new ColorPikser(new
        Target());
  }
}

public void draw() {
  background(0, 0, 0);
  for (int i = 0; i < 10; i++) {
    pikser[i].bewegen();
    pikser[i].piksen();
    pikser[i].zeichnen();
  }
}
```

Fig. 1

Vorlage
Coloration
fm9r9a

Java

```
class ColorPikser {
  private int xpos;
  private int ypos;
  private int[] farbe;
  private Target tar;
  public ColorPikser(Target t) {
    ... // Position und Farbe zufällig
      // festlegen
    tar = t;
  }
  public void piksen() {
    if (dist(xpos, ypos, tar.xposGe-
          ben(), tar.yposGeben())
          < 50) {
      tar.farbeSetzen(farbe);
    }
  }
  public void bewegen() {
    ... //zufällige Bewegung
  }
  public void zeichnen() {
    fill(farbe[0], farbe[1], farbe[2]);
    rect(xpos, ypos, 10, 10);
    tar.zeichnen();
  }
}
```

Fig. 2

Java

```
class Target {
  private int xpos;
  private int ypos;
  private int[] farbe;
  public Target() {
    xpos = round(random(100, 500));
    ypos = round(random(100, 500));
    farbe = new int[3];
    farbe[0] = 30;
    farbe[1] = 30;
    farbe[2] = 30;
  }
  public void zeichnen() {
    fill(farbe[0], farbe[1], farbe[2]);
    ellipse(xpos, ypos, 100, 100);
  }
  public void farbeSetzen(int[] f) {
    ...
  }
  public int xposGeben() {
    ...
  }
  public int yposGeben() {
    ...
  }
}
```

Fig. 3

Hinweis:
Nutzt man die zur Grafikbibliothek aus Aufgabe 2 auf Seite 199 gehörende Entwicklungsumgebung, können die Methoden von der entsprechenden Oberklasse, z. B. `fill` oder `ellipse`, innerhalb jeder neu definierten Klasse aufgerufen werden. Beachte dabei die README-Datei innerhalb der Vorlage, die du über den Code auf dem Rand herunterladen kannst.

5 Kommunikation zwischen Objekten

Das aktuelle Album der Sängerin Smoothy wurde von Bill Earny produziert und enthält 13 Lieder. Acht davon hat Smoothy selbst komponiert und getextet, drei stammen von den Komponisten Jack Tillman und Anna Cry, die ihre Texte von John Writeman verfassen lassen. Die restlichen zwei Lieder wurden von Silly McLaugh geschrieben und getextet. Als Musiker wirkten neben Smoothy noch Carl Zipper (Gitarre) und Earl Push (Percussion) mit. Beschreibe diese Zusammenhänge durch ein Objekt- und ein Klassendiagramm.

Oft findet man bei der objektorientierten Modellierung eines Systems neben der Aggregation (*enthält* bzw. *ist_Teil_von*) noch weitere Beziehungen zwischen den Objekten diverser Klassen, wie z.B. *ist_Angestellter_von*, *benutzt*, *bucht*, *überweist*, *reserviert* oder *verkauft*.

Allgemeine Beziehungen

In Objektmodellen von Sportvereinen gibt es neben Aggregationen weitere Arten von Beziehungen zwischen Objekten.

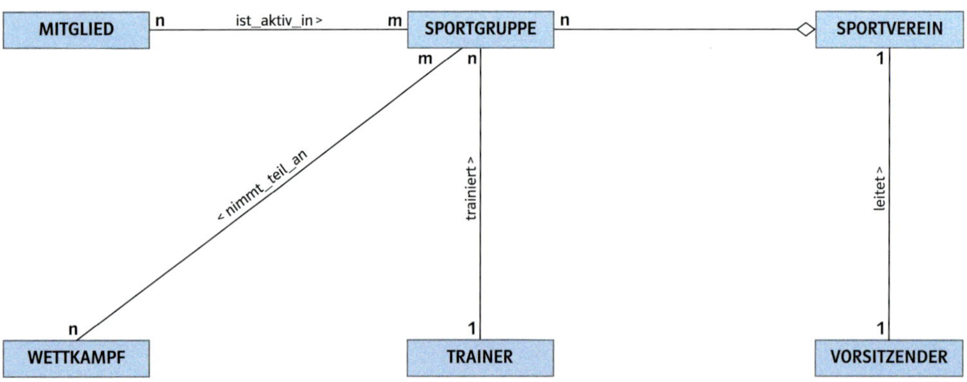

Beziehungen zwischen Objekten bezeichnet man allgemein als **Assoziationen**.

Art der Assoziation

Eine Assoziation beschreibt immer eine bestimmte Art von Kommunikation zwischen zwei Objekten, für die es folgende Möglichkeiten gibt:
- Ein Objekt **nutzt Daten** (Attributwerte) eines anderen Objektes.
- Ein Objekt **ruft Methoden** eines anderen Objektes **auf**.

Wenn die Attribute wie üblich privat sind, kann die direkte Nutzung von Attributwerten anderer Objekte nur stattfinden, wenn beide Objekte derselben Klasse angehören. Andernfalls muss diese Kommunikation über den Aufruf spezieller Lese- oder Schreibmethoden ausgeführt werden.

Referenzierung

In jedem Fall muss dafür gesorgt werden, dass das Objekt, dessen Attribute oder Methoden genutzt werden sollen *(objekt2)*, dem nutzenden Objekt *(objekt1)* bekannt ist, d.h., *objekt1* muss über eine Referenz auf *objekt2* verfügen.

Richtung der Assoziation

Für die Form der Implementierung ist zunächst die Richtung der Beziehung ausschlaggebend: Nutzt nur eines der beiden an der Beziehung beteiligten Objekte die Attribute bzw. Methoden des anderen oder findet diese Nutzung in beiden Richtungen statt? Im ersten Fall handelt es sich um eine unidirektionale, im zweiten um eine bidirektionale Assoziation. Im zweiten Fall muss bei der Implementierung dafür gesorgt werden, dass jedes der beiden Objekte über eine Referenz auf das jeweils andere verfügt.

Multiplizität der Assoziation

Außerdem ist für die Umsetzung in ein Programm sehr wichtig, wie viele Objekte der einen Klasse durch die Assoziation jeweils jedem Objekt der anderen Klasse zugeordnet werden. Dies wird durch die **Multiplizität** der Assoziation ausgedrückt.

Im Datenbankbereich verwendet man den Begriff Kardinalität anstelle von Multiplizität.

(1) Der einfachste Fall liegt bei einer **1:1-Assoziation** vor: Einem Objekt der einen Klasse wird genau ein Objekt der anderen Klasse zugeordnet. In diesem Fall genügt ein einzelnes Attribut zur Aufnahme der Referenz.

(2) Bei **1:n-Assoziationen** werden einem Objekt mehrere Objekte der anderen Klasse zugeordnet. Hier verwendet man (wie etwa im Fall der Aggregation, vgl. Seite 214) oft ein Feld, um die Menge der Referenzen aufzunehmen. Je nach Richtung der Nutzung ist es eventuell auch möglich, die umgekehrte Assoziation zu implementieren. Aus *Trainer_trainiert_Sportgruppe* wird im Beispiel *Sportgruppe_wird_trainiert_von_Trainer*. Statt dem Trainer eine Menge von Sportgruppen zuzuordnen, muss hier der Sportgruppe nur ein einziges Attribut zur Aufnahme der Referenz auf den Trainer hinzugefügt werden.

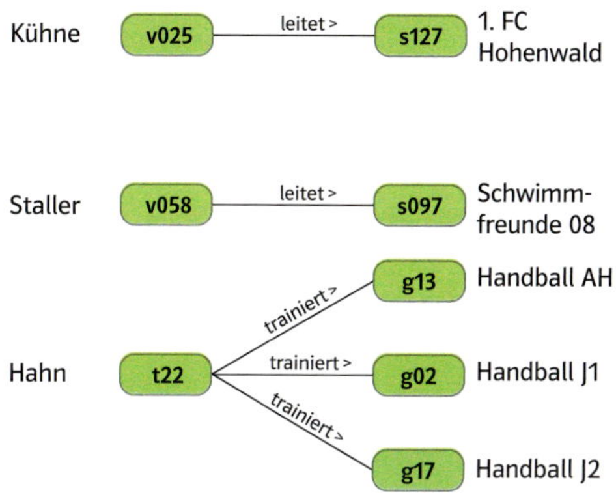

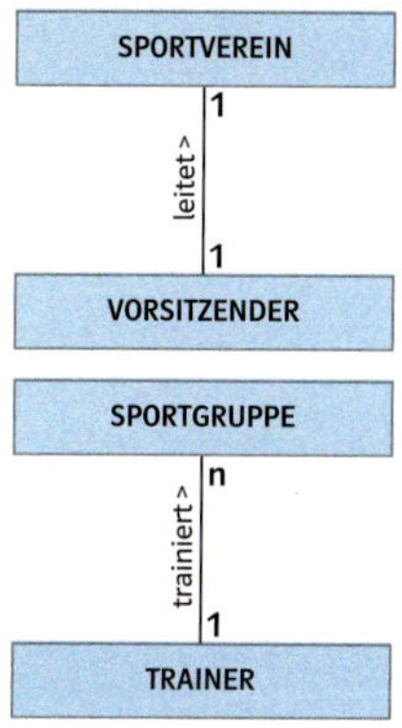

(3) Aufwendiger wird die Implementierung bei der Multiplizität **m:n**. Hier bieten sich zwei Möglichkeiten an:
   (i) Man löst die Beziehung in zwei getrennte Assoziationen (1:n und m:1) auf und implementiert diese wie in Fall (2).
   (ii) Die Assoziation wird durch ein Objekt einer speziellen **Assoziationsklasse** implementiert.
   Im Wesentlichen besteht ein solches „Assoziationsobjekt" aus einem Feld, dessen Elemente (eigentlich Objekte) jeweils eine Zuordnung der Assoziation darstellen, indem sie je eine Referenz auf die beiden einander zugeordneten Objekte enthalten.
   Damit kann man der Beziehung zwischen zwei Objekten auch Attribute zuordnen, z.B. seit wann ein Mitglied in einer Sportgruppe aktiv ist.

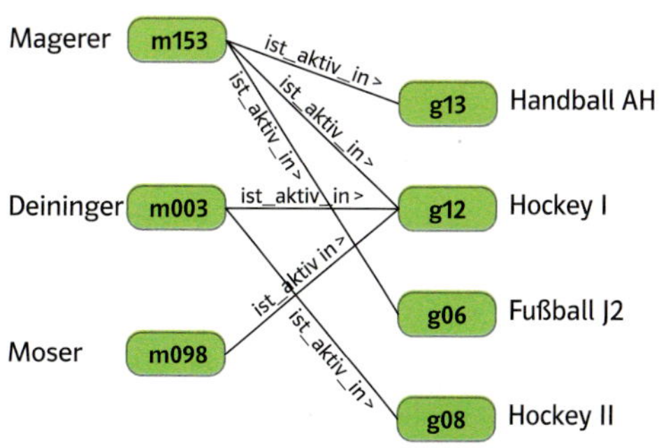

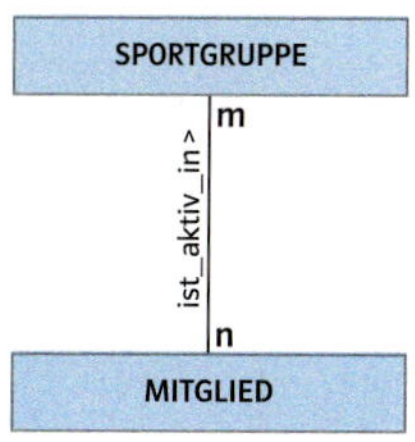

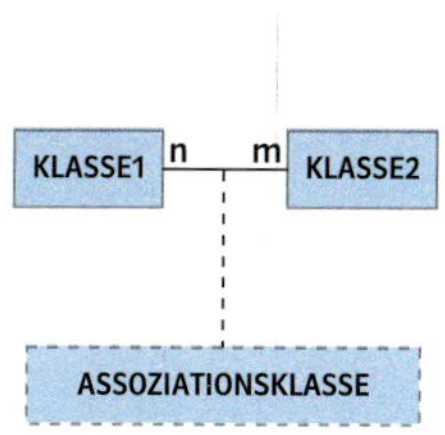

Beispielsweise verbindet die Beziehung *ist_aktiv_in* Objekte der Klassen MITGLIED und SPORTGRUPPE miteinander. Ein Objekt der entsprechenden Assoziationsklasse IST_AKTIV_IN enthält ein Feld, dessen Objekte wiederum jeweils ein Objekt der Klasse MITGLIED mit einem Objekt der Klasse SPORTGRUPPE verbinden.

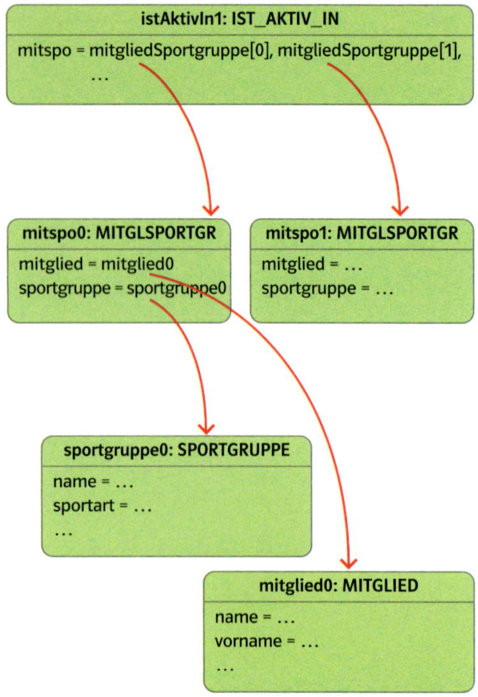

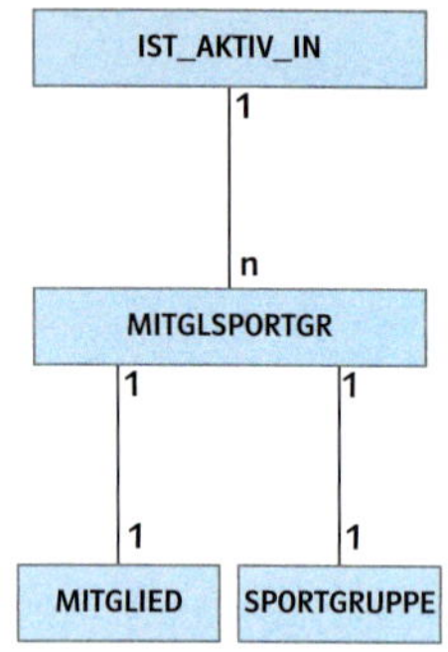

Im zugehörigen Programm wird eine Klasse `MitglSportgr` definiert, welche Attribute für je eine Referenz auf die beiden zusammengehörigen Beziehungspartner (je ein Objekt der Klassen `Mitglied` bzw. `Sportgruppe`) enthält. In der eigentlichen Assoziationsklasse `Ist_Aktiv_In` wird schließlich ein Feld für die Objekte der Klasse `MitglSportgr` deklariert.
Der Einfachheit halber werden im folgenden Beispiel die Objekte der Klassen `Mitglied` und `Sportgruppe` innerhalb der Assoziationsklasse angelegt.

Java

```
class Mitglied {
   private String name;
   private String vorname; ...
   public Mitglied(String n, String v, ...) {
      name = n; vorname = v; ...;
   }
}
class Sportgruppe {
   private String name;
   private String sportart; ...
   public Sportgruppe(String n, String s, ...) {
      name = n; sportart = s; ...;
   }
}
class MitglSportgr {
   private Mitglied mitglied1;
   private Sportgruppe sportgruppe1;
   public MitglSportgr(Mitglied mtgl, Sportgruppe spgr) {
      mitglied1 = mtgl;
      sportgruppe1 = spgr;
   }
}
class Ist_Aktiv_In {
   private MitglSportgr[] mitspo = new MitglSportgr[100];
   public void mitglSportgrZuordnen() {
      mitspo[0] = new MitglSportgr(new Mitglied("Benni", "Huth", ...),
           new Sportgruppe("J1", "Hockey", ...));
      mitspo[1] = new MitglSportgr(new Mitglied("Mia", "Kaiser", ...),
         new Sportgruppe("F1", "Handball", ...));
      mitspo[2] = new MitglSportgr(new Mitglied("Lena", "Bauer", ...),
         new Sportgruppe("J2", "Hockey", ...));
      mitspo[3] = new MitglSportgr(new Mitglied("Henry", "Bader", ...),
         new Sportgruppe("J3", "Turnen", ...));
   }
}
```

Auch bei Datenbanken werden m:n-Beziehungen zwischen Tabellen als eigene Tabelle (Klasse) realisiert (Beziehungstabelle; vgl. Seite 162 f.).

Bekanntschaft zwischen Objekten

Ein Objekt kann nur dann mit einem anderen Objekt kommunizieren, wenn es dieses kennt, d.h., wenn es über eine Referenz darauf verfügt. Wie kann ein Objekt aber ein anderes kennenlernen, d.h. eine solche Referenz bekommen?

Die folgende Simulation eines Fußballspiels für einen E-Sport-Wettkampf zeigt zwei Möglichkeiten, Objekte miteinander bekannt zu machen. In der ersten Variante hat jedes Objekt der Klasse `Spieler` zu Trainingszwecken seinen eigenen Ball (Objekt der Klasse `Kreis`), in der zweiten gibt es einen gemeinsamen Ball für alle Spieler.

(1) Das Objekt `meinball` wird in der Klasse `Spieler` angelegt. Der Spieler operiert mit der Methode `schiessen` auf einem Attribut der eigenen Klasse.

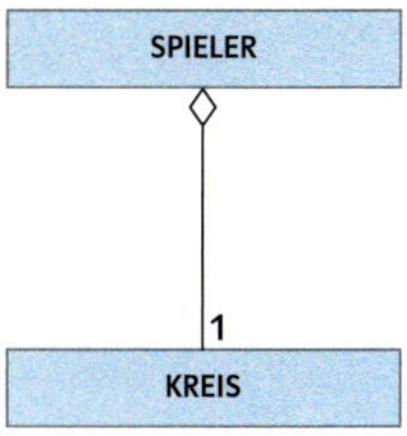

Java

```
class Spieler {
  private Kreis meinball;
  ...
  public Spieler() {
    meinball = new Kreis();
    ...
  }
  ...
  public void schiessen(int xZiel, int yZiel) {
     meinball.xBewegen(xZiel);
     meinball.yBewegen(yZiel);
  }
  ...
}
```

(2) Die beiden beteiligten Objekte `spieler1` und `fussball` werden als Werte von Attributen in der Klasse `Fussballspiel` angelegt. Das Objekt `spieler1` übernimmt eine Referenz auf den Fußball als Parameterwert und kann somit in seiner Methode `schiessen` die Methoden des Objektes `fussball` nutzen.

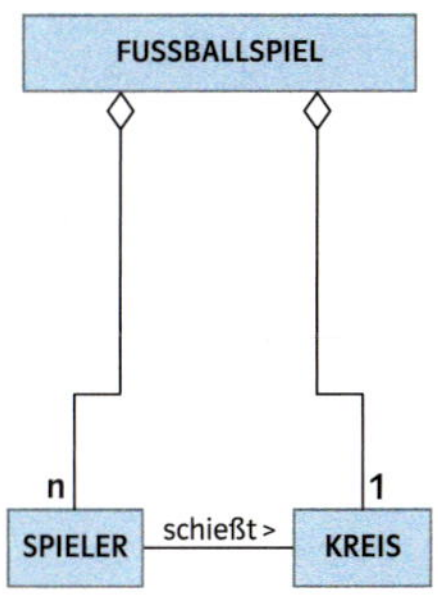

Java

```
class Fussballspiel {
  private Rechteck spielfeld;
  private Rechteck tor1; private Rechteck tor2;
  private Kreis fussball;
  private Spieler spieler1, spieler2;
  ...
  public Fussballspiel() {
    fussball = new Kreis();
    spieler1 = new Spieler(); spieler2 = new Spieler();
    ...
  }
  public void passen(Spieler sp) {
    spieler1.schiessen(fussball, sp.xPosGeben(), sp.yPosGeben());
    ...
  }
}
class Spieler {
  private String name;
  private int xPos, yPos;
  ...
  public void schiessen(Kreis ball, int xZiel, int yZiel) {
     ball.xBewegen(xZiel);
     ball.yBewegen(yZiel);
  }
  ...
}
```

M

Ein Objekt *objekt1* kann mit einem anderen Objekt *objekt2* kommunizieren, indem es dessen Methoden aufruft oder die Werte seiner Attribute ausliest oder verändert. Falls die beiden Objekte verschiedenen Klassen angehören, müssen die genutzten Methoden bzw. Attribute von *objekt2* öffentlich sein.
Solche Kommunikationsvorgänge werden im Klassenmodell durch **Assoziationen** zwischen den Klassen von *objekt1* und *objekt2* beschrieben. Voraussetzung für die Kommunikation ist jedoch, dass *objekt1* über eine Referenz auf *objekt2* verfügt.

A

1 Kontoführung

Das Klassendiagramm zeigt, wie bei einer Bank Kunden, deren Konten sowie die Bank selbst miteinander in Beziehung stehen können.

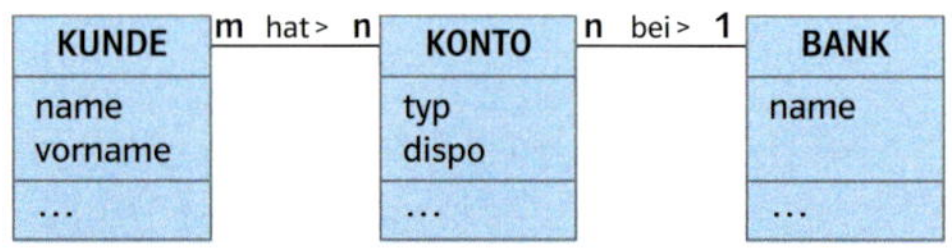

a) Verfeinere das Klassendiagramm derart, dass die Klassen, die zur Implementierung der m : n-Beziehung notwendig sind, dargestellt werden.
b) Implementiere die Klassen. Im Konstruktor soll dabei eine „Mini-Bank" erzeugt werden, die maximal 100 Kunden aufnehmen und 200 Konten aufweisen kann.
c) Implementiere eine Methode, mit der man ein Konto eröffnen kann.

Hinweis:
Verwende bei Aufgabe 1 a) eine Assoziationsklasse.

2 Kurarztpraxis

In einem Kurort eröffnet ein Arzt eine neue Praxis. Von jedem Patienten werden Name, Geschlecht, Größe, Gewicht und Alter gespeichert. Die Anzahl der Patienten ist auf 100 beschränkt. Der Arzt kennt die Anzahl seiner Patienten, kann jederzeit auf deren Daten zugreifen und bietet eine Schnittstelle für seine Patientenliste sowie die aktuelle Patientenanzahl an. Zur Verwaltung der Praxis sollen folgende Methoden bereitstehen.

Die physikalische Größe Masse wird umgangssprachlich oft als Gewicht bezeichnet.

- Aufnahme eines neuen Patienten, falls die Höchstgrenze noch nicht erreicht ist.
- Bestimmung und Rückgabe einer Referenz des Patienten in der Liste mit gegebenem Index.
- Bestimmung und Rückgabe des in der Liste gespeicherten Index eines Patienten.
- Feststellung und Rückgabe der Diagnose für einen Patienten mit einem entsprechenden Ratschlag in Textform.
- Bestimmung und Rückgabe des Patienten mit dem größten BMI in der Liste.
- Berechnung und Rückgabe des Anteils der weiblichen Patienten, die der Arzt gerade behandelt.
- Entlassung eines Patienten, die zur Streichung des in der Patientenliste gespeicherten Patienten aus der Liste führt. Die Liste soll dann wieder von vorne durchgängig belegt sein.

In der Klasse ARZTPRAXIS wird der Arzt Dr. Huber verwaltet, der zu Beginn seiner Tätigkeit zunächst 30 Patienten mit zufälligen Daten zugewiesen bekommt. Der Einfachheit halber legt man als Namen z. B. „Patient1", „Patient2" … fest. Ansonsten soll diese Klasse dazu dienen, verschiedene Szenarien wie die oben beschriebenen anzuwenden.
a) Entwirf ein Klassendiagramm für die Darstellung der beschriebenen Situation.
b) Implementiere die Klassen `Patient` und `Arzt` mit den angegebenen Attributen und Methoden sowie die Klasse `Arztpraxis` durch Ergänzung geeigneter Methoden für verschiedene Anwendungsszenarien und Testausgaben auf die Konsole.

3 Ein unternehmerisches Schwergewicht

Die Firma Hinkelstein AG besteht aus mehreren Mitarbeitern und hat zahlreiche Kunden. Die Aufträge, die die Kunden erteilen, werden von jeweils einem Mitarbeiter bearbeitet.

a) Gib das Klassendiagramm an, das die Beziehungen zwischen den Klassen FIRMA, MITARBEITER, KUNDE und AUFTRAG beschreibt, und beachte insbesondere die Multiplizitäten. Definiere in den einzelnen Klassen charakteristische Attribute.

b) Implementiere das Klassendiagramm. Die Firma soll dabei auf maximal zehn Mitarbeiter, 1000 Kunden sowie 10 000 Aufträge ausgelegt sein. Bei der Gründung hat die Firma fünf Mitarbeiter, jedoch keine Kunden und keine Aufträge.

c) Füge folgende Methoden an geeigneter Stelle ein:
- eine Methode, um einen Kunden einzutragen bzw. zu löschen,
- eine Methode, um einen Auftrag zu erteilen bzw. diesen zu löschen,
- eine Methode, mit der die Firma alle Aufträge, die von einem bestimmten Mitarbeiter bearbeitet wurden, ermitteln kann.

4 Schulbeziehungen

Fig. 1 stellt die Beziehungen zwischen den Schülerinnen und Schülern einer Schulklasse, den Lehrkräften und den einzelnen Fächern dar.

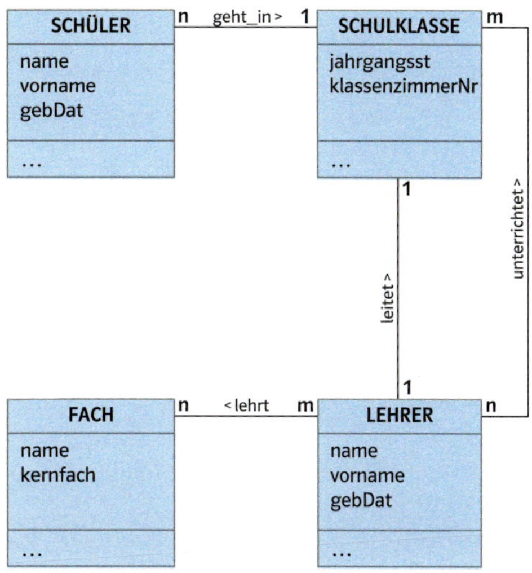

Fig. 1

a) Erweitere das Klassendiagramm um die Klasse SCHULE und die dazugehörigen Assoziationen. Gib die Klassen, die zur Implementierung der einzelnen Assoziationen notwendig sind, an. Erläutere, weshalb es sinnvoll sein könnte, auch die Beziehung zwischen Schülerinnen und Schülern und der Schulklasse durch eine Assoziationsklasse zu implementieren.

b) Begründe, weshalb die Einführung einer m:n-Assoziation zwischen den Klassen SCHÜLER und FACH sinnvoll ist. Ergänze das Klassendiagramm entsprechend.

c) Die Implementierung der Schulbeziehungen erfolgt in arbeitsteiliger Gruppenarbeit, d.h., die einzelnen Gruppen arbeiten jeweils an verschiedenen Teilen des Programms. Dabei bieten sich folgende Phasen an.

1. Implementieren der Klassen `Schule`, `Schueler`, `Schulklasse`, `Lehrer` und `Fach`.
2. Erzeugen einer hinreichenden Anzahl von Objekten der Klassen `Schueler`, `Schulklasse`, `Lehrer` und `Fach` in jeweils einer Methode der Klasse `Schule`. Auch hier bietet sich eine Aufteilung in mehrere Gruppen an.
3. Implementieren der Assoziationen; die einzelnen Assoziationen werden von verschiedenen Gruppen implementiert.
4. Realisieren verschiedener Methoden in der Klasse `Schule`:
   - eine Methode, um die Daten eines bestimmten Schülers auszugeben,
   - eine Methode, um alle Schüler einer bestimmten Klasse zu ermitteln,
   - eine Methode, um alle Fächer, die in einer bestimmten Klasse unterrichtet werden, zu bestimmen.
5. Sortiertes Ausgeben der Daten in 4. mithilfe einer geeigneten privaten Methode.
6. Realisieren einer Methode, um eine bestimmte Schülerin bzw. einen bestimmten Schüler zu löschen. Dabei soll sichergestellt sein, dass auch alle Assoziationen, an denen diese Schülerin bzw. dieser Schüler beteiligt ist, gelöscht sind.

Nach jeder Phase sollten die jeweils in den einzelnen Gruppen erstellten Programmteile zusammengeführt und getestet werden.

5 Autovermietung

Eine kleine Mietwagenfirma (vgl. Klassendiagramm in Fig. 1) verleiht Fahrzeuge tageweise an Kunden. Nach Beendigung des Mietverhältnisses werden die Kundenauftragsdaten wieder gelöscht.

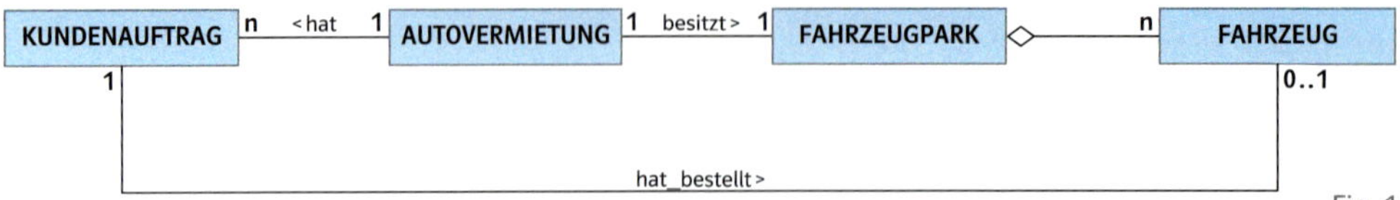

Fig. 1

Die Kommunikation zwischen den beteiligten Objekten verschiedener Klassen beim Bestellvorgang eines Autos ist im nachfolgend ausschnittsweise definierten Programm dargestellt.

Java

```
class Autovermietung {
   private Fahrzeugpark fahrzeugpark1 = new Fahrzeugpark();
   private Kundenauftrag[] auftrag = new Kundenauftrag[100];
   private int index = 0;
   ...
   public void auftragAnlegen(String name, String email, int ausleihtag,
         String autotyp) {
      auftrag[index] = new Kundenauftrag(name, email, ausleihtag, autotyp);
   }
   public Fahrzeug bestellen(Kundenauftrag kauf) {
      return fahrzeugpark1.suchen(kauf.ausleihtag, kauf.autotyp);
   }
   ... // Methoden mieten, zurueckgeben ...
}

class Fahrzeugpark {
   private Fahrzeug[] fahrzeugliste = new Fahrzeug[100];
   public Fahrzeugpark() {
      fahrzeugliste[0] = new Fahrzeug("Kleinwagen", "OBA-FJ-195");
      fahrzeugliste[1] = new Fahrzeug("Mittelklasse", "OBA-SV-63"); ...
   }
   public Fahrzeug suchen(int ausleihtag, String autotyp) {
      int i = 0;
      while ((fahrzeugliste[i].belegung2020[ausleihtag] == true) ||
            (fahrzeugliste[i].autotyp! = autotyp)) {
         i++;
      }
      fahrzeugliste[i].reservieren(ausleihtag);
      return fahrzeugliste[i];
   }
   ... // Methoden mieten, zurueckgeben ...
}

class Fahrzeug {
   private String autotyp;
   private String kennzeichen;
   private boolean[] belegung2020;
   ...
   public void reservieren(int ausleihtag) {
      belegung2020[ausleihtag] = true;
   }
   ... // Methoden mieten, zurueckgeben ...
}
```

a) Beschreibe in einigen Sätzen, wie die Interaktion zwischen den beteiligten Objekten vonstattengeht, die beim Ablauf der Methode `bestellen(Kundenauftrag kauf)` ausgelöst wird.

b) Ergänze die Implementierung so, dass auch der Zahl- und Mietvorgang sowie die Rückgabe des Fahrzeugs realisiert wird.

6 Spieleprogrammierung – Snake

Ein Computerspielklassiker ist das Spiel Snake, das in vielen verschiedenen Variationen gespielt werden kann. Schrittweise soll in dieser Aufgabe eine eigene Version entwickelt und implementiert werden. Dabei wird die Grafikbibliothek aus Aufgabe 2 auf Seite 199 mit der Möglichkeit der Visualisierung und Interaktion verwendet.

Zu den ersten Ausgaben von Snake gehört der im Jahr 1979 von F. Seger auf einem TRS-80 programmierten „Hyper-Wurm".

Eine sich horizontal oder vertikal bewegende Schlange (rechts mit gelbem Kopf und blauen Gliedern dargestellt), die zu Beginn nur aus dem Kopf besteht, wird durch ein zweidimensionales quadratisches Spielfeld, das in einzelne Quadrate eingeteilt ist, manövriert. Ziel des Spieles ist es, dass die Schlange das zufällig erscheinende Futter (rotes Kästchen) frisst und dabei jeweils um ein Glied wächst. Dabei darf sich die Schlange weder über den Rand hinausbewegen noch sich selbst berühren. Unterhalb des Spielfeldes befindet sich ein Bereich für die Ausgabe aktueller Informationen.

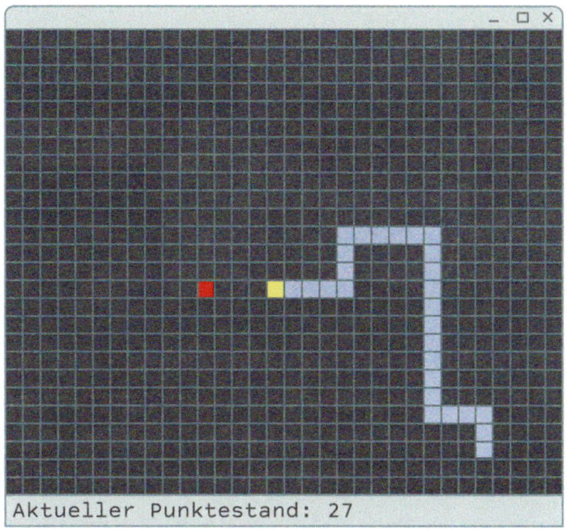

SNAKE
richtung: char xpos: int ypos: int
Snake(x: int, y: int) gleiten() richtungÄndern(code: int) xposGeben(): int yposGeben(): int kollision(): boolean

Die Pfeiltasten ←, ↑, → und ↓ können mit den Werten 37, 38, 39 und 40 des Attributs `keyCode` der Bibliotheksklasse `PApplet` zugewiesen werden.

a) Im ersten Schritt werden nur zwei Klassen `Snakespiel` und `Snake` (Schlangenkopf) berücksichtigt. Implementiere die Klasse `Snake` gemäß der nebenstehenden Klassenkarte. Der Schlangenkopf soll erst dann anfangen, sich automatisch zu bewegen (z.B. mit einer Taktfrequenz von 10 Schritten pro Sekunde), wenn eine entsprechende Pfeiltaste gedrückt worden ist. Richtungsänderungen sind jederzeit möglich. Die Textausgabe gibt die aktuelle Position aus. Trifft der Kopf auf den Spielfeldrand, ist das Spiel beendet.

b) Es wird nun eine Klasse `Futter` eingeführt sowie ein Attribut zur Speicherung des Punktestandes innerhalb der Klasse `Snakespiel`. Zu Beginn des Spiels wird ein Objekt der Klasse `Futter` an einer zufälligen Position des Spielfeldes positioniert. Die Textausgabe berücksichtigt die Koordinaten von Schlange und Futter und den aktuellen Punktestand. Sobald die Schlange auf das Futter trifft, erscheint ein neues Futterkästchen an einer zufällig berechneten Position innerhalb des Spielfeldes und der Punktestand wird um eins erhöht. Zeichne ein Klassendiagramm, welches die Beziehungen zwischen allen bisher beteiligten Klassen darstellt, und passe deine Implementierung entsprechend an.

c) Nun soll die Schlange um je ein Glied wachsen, wenn sie auf das Futter trifft. Dazu wird eine Klasse `Glied` eingeführt. Die Klasse `Snake` verwaltet ihre Glieder durch ein genügend großes Feld. Falls die Schlange auf das Futter trifft, wird (an ihrem Ende) ein neues Glied erzeugt und seine aktuelle Position berechnet. Bei der Bewegung folgen die einzelnen Schlangenglieder immer dem Vorgängerglied und das erste Glied folgt dem Kopf. Ergänze das Klassendiagramm aus Teilaufgabe b) und passe die Implementierung an.

d) Im nächsten Schritt soll dafür gesorgt werden, dass eine Kollision des Snake-Objektes (also des Schlangenkopfs) mit einem seiner Glieder das Spiel ebenso beendet wie die bereits umgesetzte Randkollision. Setze diese Forderung in deinem Programm um. Wahlweise kannst du durch Vergrößerung der Taktfrequenz den Schwierigkeitsgrad deines Spieles erhöhen und damit das Spiel spannender gestalten.

6 Polymorphismus

Wenn man wissen will, wie spät es ist, muss man nur auf die Uhr schauen. Jede funktionierende Uhr muss die aktuelle Zeit anzeigen können. Dabei hängt es vom Uhrentyp ab, wie die Zeit bestimmt und angezeigt wird.
Wie setzen Sonnenuhren, Funkuhren, Quarzuhren, Pendeluhren usw. die Zeitmessung um?

Innerhalb einer Vererbungshierarchie verstehen Objekte verschiedener Unterklassen denselben Methodenaufruf, wenn die Methode von einer gemeinsamen Oberklasse geerbt ist. Je nach Klassenzugehörigkeit wird erst zur Laufzeit darüber entschieden, wie die eventuell in den Unterklassen überschriebene Methode ausgeführt wird. Dieses Phänomen wird Polymorphismus genannt: Der gleiche Methodenaufruf bewirkt bei Objekten verschiedener Klassen eine unterschiedliche Ausführung.

Polymorphismus stammt aus dem Griechischen und bedeutet Vielgestaltigkeit.

Ein Methodenaufruf für Objekte verschiedener Klassen

Von allen Mitarbeitern einer Firma werden Name, Vorname, Geburtsdatum, Anschrift, Position, Grundverdienst und Kontonummer in einer Liste gespeichert. Der Rechenterm für den Verdienst unterscheidet sich jedoch bei Managern, Angestellten bzw. Arbeitern: Während Manager beispielsweise neben dem Grundverdienst noch einen bestimmten Prozentsatz ihres Grundverdienstes als Gewinnbeteiligung erhalten, können Angestellte ihre Überstunden abrechnen. Arbeiter hingegen werden nur nach Stunden bezahlt.

Alle Mitarbeiter der Firma sollen in einem Feld verwaltet werden. Besonders problematisch ist dabei, dass zur Programmierzeit noch nicht klar ist, zu welcher der Klassen ARBEITER, ANGESTELLTER oder MANAGER ein bestimmtes Feldelement zur Laufzeit des Programms gehören wird, weil alle Daten erst dann von einer Sekretärin eingegeben werden. Zudem kann man als Datentyp für alle Elemente dieses Feldes nur eine einzige Klasse angeben.

Als Lösung bietet sich die Generalisierung der drei Klassen zu einer Oberklasse MITARBEITER an, die dann als Klasse für dieses Feld verwendet wird.
Dann können sowohl Manager als auch Angestellte oder Arbeiter in diesem Feld gespeichert werden, da jedes dieser Objekte die Instanz einer Unterklasse von MITARBEITER ist (Fig. 1).

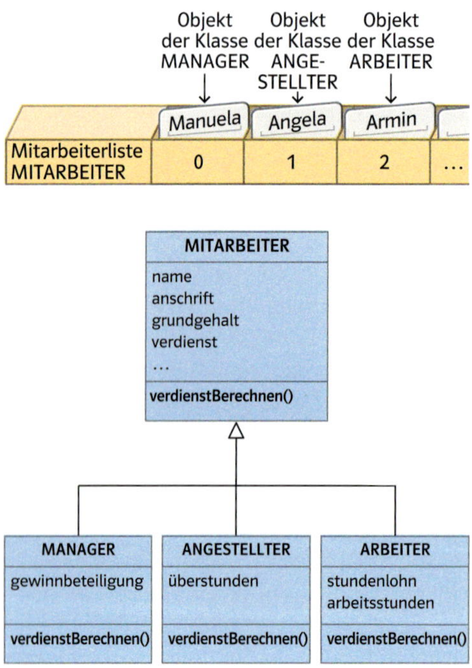

Fig. 1

Methoden überschreiben

Damit die Methode *verdienstBerechnen* für alle Feldelemente aufgerufen werden kann, muss sie in der gemeinsamen Oberklasse MITARBEITER definiert werden. Bei Bedarf kann sie in den Unterklassen passend überschrieben werden. Dies bezeichnet man als **Polymorphismus**.

Java

```
class Mitarbeiter {
   protected double grundgehalt;
   ...
   public double verdienstBerechnen() {
      return grundgehalt; }
}

class Manager extends Mitarbeiter {
   private double gewinnbeteiligung;
   ...
   public double verdienstBerechnen() {
      return (1 + gewinnbeteiligung / 100) * grundgehalt; }
}

class Angestellter extends Mitarbeiter {
   private double ueberstunden;
   ...
   public double verdienstBerechnen() {
      return (1 + ueberstunden / 160) * grundgehalt; }
}

class Arbeiter extends Mitarbeiter {
   private double stundenlohn, arbeitsstunden;
   ...
   public double verdienstBerechnen() {
      return stundenlohn * arbeitsstunden; }
}
```

Vorsicht in *Java*: Private Attribute bzw. Methoden können trotz Vererbung nicht von Objekten einer Unterklasse benutzt werden. Durch die Deklarierung als *geschützt* mit dem Zugriffsmodifikator `protected` kann man dieses Problem beheben, ohne dass man mit `public` den Zugriff auch für alle anderen Klassen öffnen müsste.

Bei der Berechnung des Verdienstes eines Angestellten wird von 160 Stunden pro Monat ausgegangen.

Zur Laufzeit des Programms wird dann je nach Klassenzugehörigkeit des i-ten Feldelementes beim Methodenaufruf `mitarbeiterliste[i].verdienstBerechnen()` entschieden, aus welcher der drei Klassen die jeweilige Methode ausgeführt wird:

Java

```
class Abrechnung {
   Mitarbeiter[] mitarbeiterliste = new Mitarbeiter[100];
   ...
   public void abrechnen() {
      for (int i = 0; i < 100; i++) {
         mitarbeiterliste[i].verdienst = mitarbeiterliste[i].verdienstBerechnen(); }
   }
}
```

Polymorphismus liegt vor, wenn gleichnamige Methoden verschiedene Definitionen bzw. Implementierungen haben. Dies wird durch Überschreiben von geerbten Methoden ermöglicht.

1 Polymorphismus bei Computerspielen

Viele Computerspiele enthalten Figuren, die auf einem gemeinsamen Spielfeld unterschiedlich agieren, sich z. B. zufällig bewegen, durch Mausbewegungen gesteuert werden können oder Hindernissen automatisch ausweichen. Erstelle ein Klassenmodell für ein solches Spiel unter Berücksichtigung von Polymorphismus. Implementiere dein Modell und teste es.

I

Abstrakte Klassen

Im Mitarbeiterverwaltungssystem, das im Lehrtext beschrieben wurde, kann es auch Mitarbeiter geben, die weder Manager noch Angestellte noch Arbeiter sind. Soll dies vermieden werden, kann die Klasse *MITARBEITER* **abstrakt** definiert werden. Dann können keine Objekte dieser Klasse erzeugt werden und die Methode *verdienstBerechnen* wird niemals wirklich ausgeführt.

Man kann sich in der Klasse `Mitarbeiter` auf die reine Deklaration der Methode `verdienstBerechnen` beschränken, d.h., man kennzeichnet sie als abstrakt und verzichtet auf einen Methodenrumpf (vgl. *Java*-Box).

Java

```
abstract class Mitarbeiter {
   protected double grundgehalt;
   ...
   public abstract double verdienst-
         Berechnen();
}
```

Abstrakte Methoden müssen in den Unterklassen überschrieben werden, falls diese nicht wiederum abstrakt sind. Jede Klasse mit mindestens einer abstrakten Methode ist selbst abstrakt.

Hinweis:
Die Bezeichner abstrakter Klassen werden zur Unterscheidung von konkreten Klassen kursiv geschrieben.

2* Versicherung

Versicherungen bieten unterschiedliche Versicherungspolicen an, beispielsweise Lebens-, Hausrat-, Rechtsschutz-, Haftpflicht-, Unfall-, Kfz- oder Rentenversicherungen. Die Bedingungen für die einzelnen Policen können teilweise sehr variieren.

a) Erstelle ein Klassendiagramm mit der Oberklasse *POLICE* und wenigstens drei Unterklassen. Gib an, welche Attribute und Methoden du den Klassen jeweils zuweisen würdest, und begründe, warum es sinnvoll ist, die Klasse *POLICE* als abstrakt zu definieren.

b) Alle Klassen besitzen eine Methode *auszahlen*. Überlege dir, wie sich diese Methode von Fall zu Fall anpassen muss (beispielsweise bei Einbehalt einer Selbstbeteiligung oder anteiliger Schadensbegleichung) und implementiere die Klassen.

Zur Lösung der Aufgabe 2 ist die Info-Box nötig.

3 Krankenhaus I

In einem Krankenhaus gibt es eine Vielzahl unterschiedlicher Ärzte: Ärzte verschiedener Fachrichtungen, wie Chirurg oder Orthopäde, sowie Ärzte mit oder ohne Promotion.

a) Gib ein Klassenmodell an, das die Beziehungen zwischen den einzelnen „Arzttypen" wiedergibt.

b) Ein Krankenhaus ist in verschiedene Bereiche gegliedert: die Ambulanz, den stationären Bereich mit der Intensivstation, die innere Abteilung, die Orthopädie usw. Erweitere das Klassenmodell so, dass die Beziehungen zwischen den verschiedenen Abteilungen und den Ärzten dargestellt werden.

c)* Neben der fachlichen Qualifikation gibt es auf den verschiedenen Abteilungen Stationsärzte, Oberärzte und Chefärzte. Ein Krankenhaus hat außerdem zahlreiche andere Mitarbeiter: Verwaltungsangestellte, den Manager des Krankenhauses, Schwestern und Pfleger, Küchenangestellte, technisches Personal oder Reinigungskräfte. Erweitere das Modell so, dass die beschriebenen Zusammenhänge modelliert werden. Führe dazu geeignete generalisierte Klassen ein. Gib an, bei welchen durch Generalisierung deklarierten Oberklassen es sinnvoll ist, diese abstrakt zu definieren.

d)* Im Krankenhausmodell treten die bekannten Assoziationstypen auf: Zwischen dem Arzt und der Abteilung kann beispielsweise eine m : n-Assoziation bestehen; ein Pfleger ist dagegen nur einer Abteilung zugeordnet. Erweitere das Modell derart, dass die Realisierung der Assoziationen deutlich wird.

Zur Lösung der Aufgaben 3 c) und d) ist die Info-Box nötig.

4 Krankenhaus II

In arbeitsteiliger Gruppenarbeit soll das Krankenhausmodell implementiert werden. Neben der Deklaration geeigneter Attribute sollen Methoden definiert werden, um einen Mitarbeiter einzustellen und einer Abteilung zuzuordnen.

5* 1. Bundesliga, 2. Bundesliga und 3. Liga

Zur Lösung der Aufgabe 5 ist die Info-Box auf Seite 230 nötig.

Zur Verwaltung der in den höchsten drei Spielklassen des Deutschen Fußballbundes aktiven Vereine, Mannschaften, Spieler, Trainer, Funktionäre und Präsidenten soll ein Programm erstellt werden (Stand: Juli 2020).

a) Gib ein Klassendiagramm an, das die Beziehungen zwischen den genannten Objekten wiedergibt. Führe nach Bedarf abstrakte Klassen ein und verzichte zunächst auf Attribute und Methoden.
b) Erweitere das Modell derart, dass auch ein Spiel zwischen zwei Mannschaften erfasst werden kann.
c) Verfeinere das Modell durch Angabe von Attributen und Standardmethoden.
d) Nun soll das Modell im Klassenverband implementiert werden. Hierbei bearbeiten die einzelnen Gruppen unterschiedliche Teile des Modells.
Nach Abschluss der Gruppenarbeit werden diese Teile zusammengeführt.
e) Erweitere das Modell um eine Klasse, die eine Methode enthält, um folgende Abfrage durchzuführen: Gib alle Spiele der aktuellen Saison in der 2. Bundesliga aus.

6* Schachspiel III

Zur Lösung der Aufgabe 6 ist die Info-Box auf Seite 230 nötig.

In Aufgabe 4 auf Seite 218 wurde das Modell eines Schachspiels mit Feldern und Figuren entwickelt. Bei den sechs Figurtypen (Bauer, Dame, König, Springer, Turm und Läufer) ist nicht jeder Zug erlaubt. Zudem werden sie unterschiedlich gezeichnet. Gib ein Klassendiagramm an, das durch Verwendung einer geeigneten Spezialisierung einer abstrakten Klasse *FIGUR* deutlich macht, inwiefern hier das Konzept des Polymorphismus genutzt werden kann.

7* Schachspiel IV

Zur Lösung der Aufgabe 7 ist die Info-Box auf Seite 230 nötig.

Vorlage
Schachspiel
fm9r9a

Implementiert in Gruppenarbeit wie folgt ein vereinfachtes Schachspiel.
a) Öffnet die Vorlage, die ihr über den Code auf dem Rand herunterladen könnt, und setzt die Spezialisierung der Klasse `Figur` entsprechend dem Modell aus Aufgabe 6 um. Die Methode zur Prüfung der Zugerlaubnis muss zunächst nur deklariert werden.
b) Es soll nun möglich sein, einfache interaktive Spielzüge durch Klicken auf entsprechende Felder des Schachbretts durchzuführen, also Figuren zu verschieben, indem man nacheinander auf ein Start- und Zielfeld klickt, und gegnerische Figuren zu schlagen, die auf dem Zielfeld stehen. Ergänzt eine Klasse `Schachspiel`, welche je eine Referenz auf das Schachbrett, auf die betroffenen Felder und die zu ziehende Figur enthält.
Ergänzt außerdem eine Methode, welche auf das Drücken der Maustaste durch den Spieler reagieren kann. Eine automatische Überwachung von Regeln muss in diesem Schritt noch nicht berücksichtigt werden. Ergänzt in den übrigen Klassen geeignete Attribute bzw. Methoden.
c) Das Ziehen einer Figur soll nur dann durchgeführt werden können, wenn es gemäß den Spielregeln für diese Figur erlaubt ist, wobei vereinfachend die Position anderer Spielfiguren unberücksichtigt bleiben darf. Definiert dazu eine Methode `zugErlaubt` und wendet dabei das Prinzip des Polymorphismus an. Passt eure Implementierung von Teilaufgabe b) entsprechend an.

Zustände von Computerprogrammen

Computerprogramme sind eigentlich nur Texte in einer bestimmten Programmiersprache. Zunächst müssen diese Texte in eine Form übersetzt werden, die von der Maschine direkt gelesen und interpretiert werden kann. Erst nach Ablauf dieses Übersetzungsvorgangs können die Anweisungen des Programms vom Rechner ausgeführt werden.

Übersetzung von Computerprogrammen

Eine **höhere Programmiersprache** (z. B. *Basic, Pascal, C* oder *Java*) ist eine Sprache, deren Elemente für den Menschen einigermaßen verständlich dargestellt sind wie z. B. `if ... then ... else` oder `wiederhole ...-mal`. Die Anweisungen solcher Sprachen können jedoch vom Computer nicht unmittelbar ausgeführt werden, weil dieser nur Folgen binärer Signale interpretieren kann, z. B. „0011 0101 1110 …" Daher müssen die Programme vor ihrer Ausführung zuerst in eine solche direkt maschinenlesbare Form gebracht werden. Dazu werden sie meist strukturell erheblich verändert und als Folge direkt ausführbarer **Maschinenbefehle** dargestellt.

Es gibt auch „nicht-höhere" Programmiersprachen, deren Sprachelemente direkt Maschinenaktionen wiedergeben **(Maschinensprachen)**.

Ausführung von Programmen

Erst nach diesem Übersetzungsvorgang kann das Programm (bzw. das Ergebnis des Übersetzungsvorgangs) gestartet werden. Die Zeitspanne, in der das Programm tatsächlich ausgeführt wird, bezeichnet man als **Laufzeit**.
Nur während seiner Laufzeit ist ein Programm tatsächlich aktiv: Anweisungen werden ausgeführt, Objekte erzeugt und gelöscht, Daten als Eingabe entgegengenommen, verarbeitet und wieder ausgegeben. Vor bzw. nach seiner Laufzeit existiert ein Programm nur als „ruhender" Text.

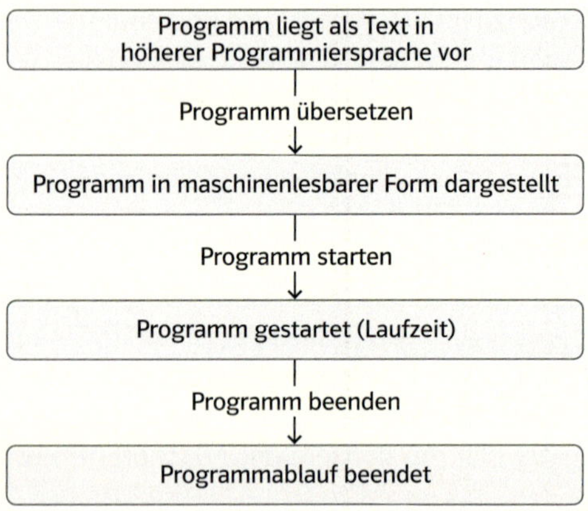

Übersetzung und Ausführung kann man auf zwei Weisen verzahnen:
(1) Jede Anweisung (bzw. Kontrollstruktur) wird einzeln übersetzt und sofort ausgeführt **(Interpreter-Prinzip)**. Ein Beispiel für ein solches Programm ist etwa der *Roboter*.
(2) Das gesamte Programm wird übersetzt, das Ergebnis nach Abschluss dieses Vorgangs abgespeichert und erst dann ausgeführt **(Compiler-Prinzip)**. Beispiele hierfür sind die Programmiersprachen *C, C++* und in gewisser Weise auch *Java* (vgl. folgenden Abschnitt).

Bytecode bei *Java*

Java-Programme werden zunächst von einem *Java*-Compiler übersetzt. Der Übersetzer erzeugt jedoch keinen Maschinencode, sondern zunächst einen sogenannten Bytecode, der unter allen gängigen Betriebssystemen lauffähig ist. Für alle gängigen Betriebssysteme existiert jeweils ein eigener *Java*-Interpreter *(Java Virtual Machine JVM)*, der den *Java*-Bytecode direkt ausführen kann.

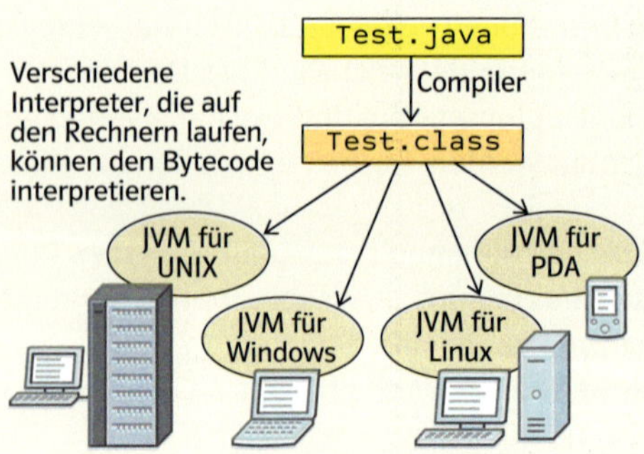

Abläufe von Algorithmen und Programmen

Ein Programm bzw. ein Algorithmus beschreibt meist ein Verfahren, das mit vielen verschiedenen Eingabewerten arbeiten kann. So kann ein Programm für das Werkzeug *Roboter* mit vielen verschiedenen Welten starten oder eine *Java*-Methode unzählige Eingaben als Parameterwerte übernehmen. Je nach den Werten dieser Eingaben kann sich das Programm nach seinem Start dann sehr unterschiedlich verhalten.

Eine Alternative beispielsweise führt je nach Eingabewert zur Ausführung unterschiedlicher Anweisungen.

In Fig. 1 wird im Falle des Eingabewertes *0* für `divisor` ein Fehler gemeldet, während in allen anderen Fällen das Ergebnis der Division ausgeführt wird. Je nach Eingabewert hat diese Methode also zwei verschiedene Ausführungsmöglichkeiten.

Java

```
public void dividieren(double divi-
        dend,double divisor) {
   if (divisor == 0) {
      System.out.println("FEHLER: DI-
            VISION DURCH 0!");
   }
   else {
      System.out.println("ERGEBNIS: "
            + dividend / divisor);
   }
}
```

Fig. 1

Ein Programm beschreibt somit oft viele verschiedene Folgen von tatsächlichen Aktionen des Computers, die je nach Eingabewerten ausgeführt werden. Ein solche Folge von Aktionen heißt **Ablauf** des Programms.
Selbst einfache Programmstrukturen können eine enorme Anzahl von Abläufen haben. So gibt es für die 100-malige Wiederholung einer Alternative 2^{100} (also ca. $1{,}3 \cdot 10^{30}$) Möglichkeiten! Dies macht das naive Testen der Korrektheit eines Programms durch einfaches Ausprobieren aller Möglichkeiten meist unmöglich.

Zwei verschiedene Abläufe des Programms `Bubblesort` aus Fig. 2 zeigt Fig. 3. Die einzelnen Zustandsfolgen des Programms werden durch die aktuellen Werte des zu sortierenden Feldes aus Zeichen dargestellt.

Java

```
public class Bubblesort {
   char [] zeichen;
   public void sortieren(char [] z) {
      zeichen = z;
      int n = z.length;
      for (int i = 1; i < n; i++) {
         for (int j = 0; j < n - i; j++) {
            if (zeichen[j] > zeichen[j + 1]) {
               char temp = zeichen[j];
               zeichen[j] = zeichen[j + 1];
               zeichen[j + 1] = temp;
               System.out.println(zeichen);
            }
         }
      }
   }
}
```

Fig. 2

Je nachdem, wie lang das eingegebene Feld ist bzw. wie sehr dieses Feld bereits vorsortiert ist, unterscheidet sich die Anzahl der Programmzustände teilweise erheblich.
Mit der Eingabe von {'r', 'b', 'a', 'e'} durchläuft das Programm fünf Zustände, wohingegen die Eingabe von {'a', 'x', 't'} in einem Schritt abläuft.

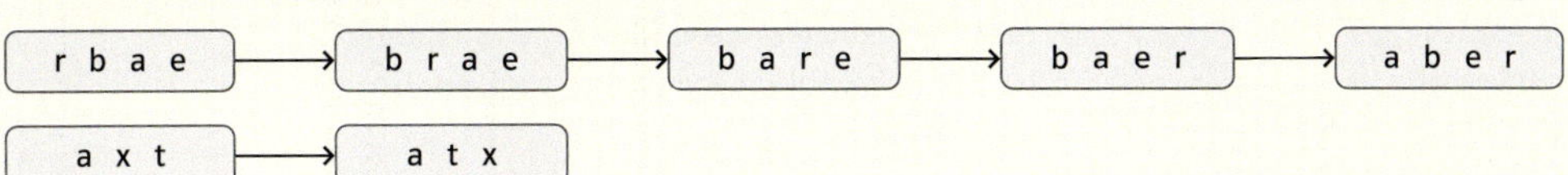

Fig. 3

Exkurs

Kleine Fehler, große Auswirkungen

Mit fehlerhafter Software hat wohl jeder schon seine eigenen Erfahrungen gemacht. Beim Start eines neuen Programms stürzt der Rechner plötzlich ab, ein Computerspiel benötigt einen Patch (Korrekturprogramm) oder das Betriebssystem meldet einen „schweren Ausnahmefehler“. Was für den Heimanwender meist nerven- und zeitraubend ist und oft mit Datenverlust einhergeht, kann an anderer Stelle aber Menschenleben gefährden oder gar kosten.

Boeing 737 MAX – ein Fehler im Stabilisierungssystem mit tödlichen Folgen

Am 29. Oktober 2018 stürzte eine Boeing 737 MAX der Lion Air dreizehn Minuten nach dem Start vor der Küste Javas ins Meer. Alle 189 Personen an Bord wurden getötet. Keine fünf Monate später, am 10. März 2019, stürzte eine weitere Boeing 737 MAX, diesmal eine Maschine der Ethiopian Airlines, mit 149 Passagieren und acht Besatzungsmitgliedern an Bord auf dem Flug von Addis Abeba nach Nairobi ab. Bereits kurz nach dem ersten Unglück kamen Vermutungen auf, dass Softwareprobleme den Absturz verursacht haben könnten. Nach dem zweiten Absturz gab es als Reaktion ein weltweites Flugverbot für Maschinen des betreffenden Typs. Nach den Untersuchungen lieferte das Maneuvering Characteristics Augmentation System (MCAS), ein Stabilisierungssystem, das kritische Flugsituationen erkennen und beheben sollte, fehlerhafte Steuersignale, die die Piloten überforderten, sodass sie schließlich die Kontrolle über das Flugzeug verloren hatten.

Mitte 2019 entdeckte die Federal Aviation Administration (FAA), die Bundesluftfahrtbehörde der USA, bei Tests einen grundlegenden Fehler im Software-Design des Flugzeugs.

Im Januar 2020 berichtete Boeing selbst, dass es ein weiteres Problem mit der Software bei der 737 MAX gebe.

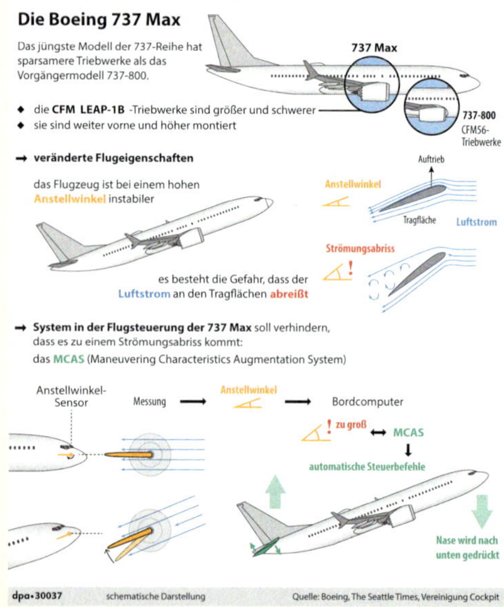

Im November 2020 hob die FAA das Flugverbot auf, im Januar 2021 ebenso die Agentur der Europäischen Union für Flugsicherheit (EASA). Vorausgegangen waren Umrüstungen bei der Hard- und Software sowie Trainings für die Piloten (Stand: April 2021).

Die Softwarefehler dieses Flugzeugtyps kosteten insgesamt 346 Menschen das Leben und stürzten den Weltkonzern in eine tiefe Krise. Schätzungen gehen von 12 Milliarden US-Dollar allein für Kompensationszahlungen an Fluglinien aus, die ihre Flugzeuge am Boden lassen müssen. Der Prestigeverlust für Boeing lässt sich dagegen kaum in Zahlen beziffern.

Patriot-Abwehrraketen – ein Rundungsfehler kostet Menschenleben

Während des Zweiten Golfkrieges verfehlte am 25. Februar 1991 eine Patriot-Abwehrrakete der in Dharan (Saudi-Arabien) stationierten amerikanischen Streitkräfte eine ankommende irakische Scud-Rakete, welche daraufhin einschlug, 28 Soldaten tötete und etwa 100 weitere verletzte. Als Ursache für den misslungenen Abwehrversuch wurde ein Softwarefehler ausgemacht: die interne Zeitsteuerung des Verteidigungssystems rechnete in Zehntelsekunden (als Integer). Um die Zeit in Sekunden zu erhalten, wurde die interne Uhr mit $\frac{1}{10}$ multipliziert. Hierbei ergab sich ein Rundungsfehler, der auf den ersten Blick zwar sehr klein war, sich bei zu langer Laufzeit des Systems jedoch sehr auf die Treffergenauigkeit auswirkte (vgl. auch Exkurs auf Seite 238).

Als Erster Golfkrieg wird der Krieg zwischen dem Irak und dem Iran von 1980 bis 1988 bezeichnet.

Therac-25 – Softwarefehler mit fatalen Auswirkungen

Ein weiteres tragisches Beispiel betrifft den medizinischen Linearbeschleuniger Therac-25, ein Gerät zur Anwendung in der Strahlentherapie bei bösartigen Tumoren. Durch Fehler in der Software und mangelnde Qualitätssicherung wurden im Zeitraum 1985–1987 mehrere Patienten mit einem Vielfachen der maximal erlaubten Dosis bestrahlt, was drei von ihnen mit dem Leben bezahlten und weitere drei schwer verletzte.

Vergleiche hierzu auch Seite 111.

Ariane 5 – wie ein Kalkulationsfehler eine Rakete abstürzen lässt

Am 4. Juni 1996 wollte die European Space Agency (ESA) eine unbemannte Rakete, die Ariane 5, für wissenschaftliche Zwecke von Französisch Guyana aus ins All schicken. Mit an Bord waren vier teure Satelliten, welche zur Erforschung der Magnetosphäre bestimmt waren. 39 Sekunden nach dem Start zerstörte in einer Höhe von knapp vier Kilometern der Selbstzerstörungs-Mechanismus die ca. 500 Millionen US-Dollar teure Rakete und die Satelliten und mit ihnen die Hoffnungen und Träume der Wissenschaftler.

Was war passiert? Nach genau 36,7 Sekunden stürzte der Bordcomputer ab, als er versuchte, den Wert der horizontalen Geschwindigkeit der Rakete von einer 64-Bit-Gleitkommadarstellung in eine 16-Bit signed Integer umzuwandeln (16-Bit signed: –32 768, …, 32 767, unsigned: 0, …, 65 535). Die berechnete Zahl war jedoch größer als $2^{15} = 32\,768$ und erzeugte so einen Überlauf, der nicht abgefangen wurde.
Der Ersatzrechner hatte das gleiche Problem schon einige Millisekunden früher (es lief die gleiche Software) und schaltete sich sofort ab, was zur Folge hatte, dass Diagnose-Daten zum Hauptrechner geschickt wurden, die dieser fälschlicherweise als Flugbahndaten interpretierte. Folglich wurden zur (unnötigen und abrupten) Kurskorrektur Steuerbefehle an die seitlichen, schwenkbaren Feststoff-Triebwerke sowie an das Haupttriebwerk gegeben.
Da die aerodynamischen Kräfte bei einer derart radikalen Flugroutenänderung zu groß waren, drohte die Rakete auseinanderzubrechen, was zur Auslösung der Selbstzerstörung führte.

Der Schaden belief sich auf mehrere hundert Millionen US-Dollar, den Zeit- und Imageverlust nicht eingerechnet. Dabei wäre der Fehler leicht vermeidbar gewesen, insbesondere, da das Programm für den eigentlichen Flug nicht gebraucht, sondern nur für die Startvorbereitungen benötigt wurde. Hauptfehler war, dass man nicht damit rechnete, dass die Ariane 5 schneller war als die Ariane 4, von der die Software ursprünglich stammte. Damals funktionierte sie problemlos und wurde mehrfach getestet, weswegen ein erneuter intensiver Test des Navigations- und Hauptrechners nicht unternommen wurde. Der Überlauf wurde auch nicht abgefangen, da Berechnungen existierten, dass die Werte klein genug bleiben würden. Dies galt jedoch nur für die Ariane 4, für die Ariane 5 wurden diese Beweise fatalerweise nicht nachvollzogen.

Exkurs

Banken – Softwareprobleme, die viel Geld kosten

Auch verschiedene Banken hatten mit Softwareproblemen zu kämpfen. Die Bank of America beispielsweise beschloss 1982, ein neues System („MasterNet") zur Verwaltung ihrer Treuhänderkonten entwickeln zu lassen. Für die Entwicklung wurden zwei Jahre veranschlagt. Als das System schließlich 1987 vollständig ans Netz ging, gab es Fehler über Fehler (Abstürze, Fehlbuchungen, Zeitverzögerungen bei Zinszahlungen usw.). Nach zehnmonatigem Einsatz gab man das Projekt schließlich auf. Neben dem direkten Verlust von 80 Millionen US-Dollar durch Entwicklungskosten und Überziehungszinsen wird mit einem indirekten Geschäftsverlust von 1,5 Milliarden US-Dollar gerechnet, nachdem viele Investoren der Bank den Rücken zugekehrt haben.

Zu Beginn des Online-Bankings war es bei einigen Banken möglich, über die betreffenden Webseiten Zugriff auf Daten oder Konten anderer Nutzer zu erhalten. Die Kunden der Postbank konnten Anfang 2002 ohne Geheimzahl mit ihrer SparCard unbegrenzt Geld abheben.

Die New Yorker Börse hatte am 19.10.1987 den zweitschlechtesten Handelstag ihrer Geschichte („schwarzer Montag"; Stand: Juli 2020), als der Dow Jones Industrial Average aufgrund von Computerproblemen innerhalb weniger Stunden 22,6 % einbüßte.

Die New York Stock Exchange ist die weltgrößte Wertpapierbörse und in der Wall Street beheimatet.

Millennium-Bug (Y2K-Bug)

Viel harmloser als befürchtet verlief der Jahrtausendwechsel. Der „Millennium-Bug" (Y2K-Bug) verursachte nur wenige Probleme, unter anderem auch, da weltweit etwa 1,2 Milliarden US-Dollar in die Korrekturen der Software investiert wurden. Nur in Gambia gab es flächendeckende Stromausfälle und Computerabstürze im Verkehrs- und Finanzwesen.

Vergleiche hierzu auch Seite 108.

Cyberattacke im Kalten Krieg

1982 kam es zu einer der größten Explosionen der Welt, welche etwa 20 % der Stärke der Hiroshima-Bombe entsprach. Schuld daran war ein Software-Bug, wobei bis heute nicht ganz geklärt ist, ob dieser Bug nicht absichtlich in den Programmcode geschrieben wurde. In diesem Fall wäre dies der erste Auftritt einer Cyberattacke.

Was war passiert? Während des Kalten Krieges versuchte die Sowjetunion, eine Software zur Steuerung von Gas-Pipeline-Systemen zu erlangen, was ihr auch gelang. Allerdings sollen die USA den Softwarecode manipuliert haben, sodass einige Monate nach Einsatz der Software diese abstürzte und Pipelines in Flammen aufgingen. Menschen wurden zum Glück nicht verletzt, aber der wirtschaftliche Schaden war immens. Während die CIA behauptet, dass dies Teil einer geglückten Operation gegen die UdSSR war, dementierte diese die Darstellung.

Weitere Beispiele

Es gibt noch unzählige Beispiele, in denen kleine Fehler große Probleme auslösten, die teilweise beinahe in einer Katastrophe endeten. Manche klingen auf den ersten Blick eher belustigend, für die betreffenden Unternehmen sind sie jedoch meist ein finanzielles Desaster. So wurde beispielsweise in Denver bei der Neueröffnung des Flughafens eine High-Tech-Gepäckverteilungsanlage eingeführt. Diese entpuppte sich jedoch als absolutes Debakel: Gepäckstücke gingen verloren, wurden zerquetscht, sollten auf Wagen geworfen werden, die aber noch gar nicht bereitstanden, Wagen fielen aus den Fahrspuren heraus usw. Immer wieder musste nachgebessert werden. In der Zwischenzeit wurde wieder von Hand sortiert. Hauptproblem war eine Überlastung des Netzwerks. Das System bestand aus 150 Rechnern, 4000 Wagen, 5000 Sensoren und über 50 Barcode-Lesern, die Schienen erstreckten sich dabei auf einer Strecke von 34 km Länge. Die Software war mit einer derart komplexen Anlage schlichtweg überfordert. Die Gesamtkosten beliefen sich schließlich auf 5,2 Milliarden US-Dollar, 3,2 Milliarden mehr als geplant.

Exkurs

Virtuelle Pandemie

Im Vergleich zu Softwarefehlern, die zu Todesopfern führten, sind Bugs in Computerspielen natürlich harmlos, können aber für betreffende Unternehmen auch unangenehm werden. Beim weltweit bekannten World of Warcraft (WoW) bekamen die Spieler 2005 einen Endgegner, der über den Schwächezauber „Corrupted Blood" eine Seuche in Gang setzte, die nahezu alle Spieler infizierte und tötete, die mit der fehlerhaften Version spielten. Eigentlich hätte die Wirkung des Zaubers auf ein kleines Gebiet beschränkt sein sollen, ein Fehler führte jedoch dazu, dass sich die Seuche auch außerhalb verbreiten konnte. Der Entwickler musste schließlich alle Server neu aufsetzen und sah sich heftiger Kritik ausgesetzt. Interessant ist in diesem Zusammenhang, dass die Epidemiologen Nina Fefferman und Eric Lofgren der Tufts University bei Boston das Verhalten der Spieler bei der virtuellen Seuche wissenschaftlich untersuchten und Parallelen zu einer echten Pandemie zogen. Da sich viele Spieler nicht an die vom Entwickler empfohlene „Quarantäne" hielten, konnte die Seuche nicht mehr gestoppt werden. 2020 bekam die Studie während der Corona-Krise erneut Aufmerksamkeit.

Herkunft des Namens Bug

Das Wort Bug wurde bereits im 19. Jahrhundert in den USA von Elektroingenieuren für kleine Fehler in der Elektrik oder Mechanik verwendet, beispielsweise bei Störungen in der Telefonleitung oder beim Telegrafieren. Man sagte (scherzhaft), kleine Tiere verursachten die Probleme. Auch der US-amerikanische Erfinder Thomas Alva Edison (1847 – 1931) verwendete den Begriff Bug. Die US-Amerikanerin Grace Hopper, eine Informatikerin und Flottillenadmiral der US Navy Reserve (vgl. auch Seite 108), hat dann schließlich maßgeblich zur Verbreitung des Begriffs Bug im Zusammenhang mit Programmfehlern beigetragen. Als der Großrechner Harvard Mark II an der Harvard University am 9. September 1947 nicht mehr ordnungsgemäß funktionierte, fand ein Techniker die Ursache: eine Motte in einem der Relais. Die tote Motte wurde in das Logbuch geklebt und es wurde darunter geschrieben: "First actual case of bug being found."
Sehr wahrscheinlich hat der Techniker Bill Burke die Motte eingeklebt und den Satz notiert und nicht Grace Hopper, wie oft behauptet wird, doch hat Hopper diese Geschichte immer wieder gern erzählt.

bug (engl.): Wanze, Käfer, Insekt

Debuggen: Finden und Beseitigen von Programmfehlern

Bugfix (Patch): Software zur Behebung eines Programmfehlers

Grace Brewster Murray Hopper (1906 – 1992)

Zurzeit (Stand: Juli 2020) befindet sich das Logbuch an der Smithsonian Institution in Washington, D.C.

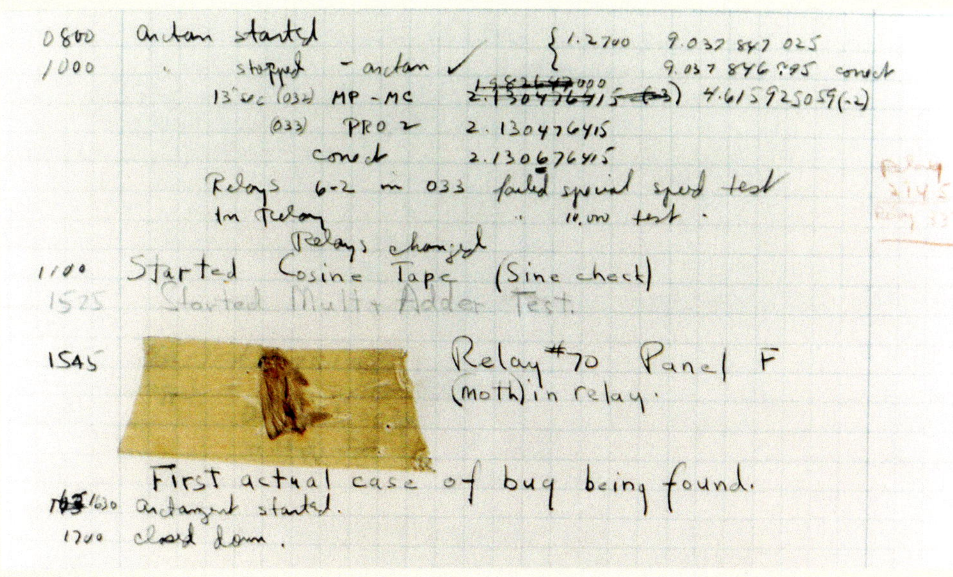

Exkurs

The Patriot Missile Failure

Wie kam es dazu, dass die amerikanische Patriot-Rakete, wie auf Seite 234 beschrieben, ihr Ziel verfehlte? Zuerst muss man sich an dieser Stelle die Binärdarstellung von Brüchen ansehen, da der Computer intern nur im Zweiersystem rechnen kann.

Zum Zweiersystem sagt man auch Binärsystem oder Dualsystem.

Zehnersystem:	Binärsystem:
… ■ ■ ■ ■, ■ ■ ■ …	… ■ ■ ■ ■, ■ ■ ■ …
… 10^3 10^2 10^1 10^0 10^{-1} 10^{-2} 10^{-3} …	… 2^3 2^2 2^1 2^0 2^{-1} 2^{-2} 2^{-3} …

Die Zahl 13 im Zehnersystem $(1\cdot10^1+3\cdot10^0)$ wird beispielsweise im Binärsystem als 1101 $(1\cdot2^3+1\cdot2^2+0\cdot2^1+1\cdot2^0=8+4+1)$ dargestellt, also $13_{10}=1101_2$.

Bei den Stellen nach dem Komma funktioniert das Verfahren analog. So ist $\frac{1}{2}$ beispielsweise $1\cdot2^{-1}$, entspricht also 0,1 im Binärsystem. Ebenso gilt $\left(\frac{1}{4}\right)_{10}=(0{,}01)_2$, $\left(\frac{1}{8}\right)_{10}=(0{,}001)_2$ usw. Dies hat zur Folge, dass endliche Dezimalbrüche oft unendlich-periodische Binärbrüche sind und deswegen nur genähert dargestellt werden können.
Versucht man etwa, den Bruch $\frac{1}{10}$ des Zehnersystems im Binärsystem darzustellen, also als Summe von Zweierpotenzen, so erhält man:

$\frac{1}{2}>\frac{1}{10}$	$\Rightarrow 0\cdot2^{-1}$	$\frac{3}{32}+\frac{1}{64}=\frac{7}{64}>\frac{1}{10}$	$\Rightarrow 0\cdot2^{-6}$
$\frac{1}{4}>\frac{1}{10}$	$\Rightarrow 0\cdot2^{-2}$	$\frac{3}{32}+\frac{1}{128}=\frac{13}{128}>\frac{1}{10}$	$\Rightarrow 0\cdot2^{-7}$
$\frac{1}{8}>\frac{1}{10}$	$\Rightarrow 0\cdot2^{-3}$	$\frac{3}{32}+\frac{1}{256}=\frac{25}{256}<\frac{1}{10}$	$\Rightarrow 1\cdot2^{-8}$
$\frac{1}{16}<\frac{1}{10}$	$\Rightarrow 1\cdot2^{-4}$	$\frac{25}{256}+\frac{1}{512}=\frac{51}{512}<\frac{1}{10}$	$\Rightarrow 1\cdot2^{-9}$
$\frac{1}{16}+\frac{1}{32}=\frac{3}{32}<\frac{1}{10}$	$\Rightarrow 1\cdot2^{-5}$	usw.	

$$\frac{1}{16}+\frac{1}{32}+\frac{1}{256}+\frac{1}{512}+\ldots=0\cdot2^{-1}+0\cdot2^{-2}+0\cdot2^{-3}+1\cdot2^{-4}+1\cdot2^{-5}+0\cdot2^{-6}+0\cdot2^{-7}+1\cdot2^{-8}+1\cdot2^{-9}+\ldots$$

Also gilt $(0{,}1)_{10}=(0{,}000110011001100\ldots)_2=(0{,}0\overline{0011})_2$.

Zum Abfangen sich nähernder Scud-Raketen verwendete das Patriot-System den „Range-Gate-Algorithmus". Während die interne Uhr die verstrichene Zeit in Zehntelsekunden als Integer zählte, wurde die Geschwindigkeit in einer Fließkommazahl angegeben. Um beide Werte miteinander verrechnen zu können, wurde die Zeit mit $\frac{1}{10}$ multipliziert, um so Sekunden zu erhalten. Hierfür standen jedoch nur 24-Bit-Speicher zur Verfügung, d.h., die Binärdarstellung für $\frac{1}{10}$ war der gerundete Wert $0{,}00011001100110011001100$, welcher einen Fehler von $0{,}000000000000000000000000\overline{1100}$, also im Zehnersystem etwa $9{,}5\cdot10^{-8}$ hat. Die Zeitangabe weicht bei der Umrechnung einer Zehntelsekunde in Sekunden folglich um $9{,}5\cdot10^{-8}$ s von der Realität ab.

A

1 Umrechnungen von Dezimalsystem ins Binärsystem und umgekehrt

a) Wandle ins Binärsystem um: 32; 77; 100; 317.

b) Gib die Binärzahlen 1001; 11010; 111111; 11001100 im Zehnersystem an.

c) Ermittle die durch den Binärbruch 0,10101 dargestellte Dezimalzahl.

d) Bestimme den Binärbruch zu $\frac{2}{9}$.

2 Berechnung des Rundungsfehlers

a) Berechne die Abweichung nach 100 Betriebsstunden.

b) Berechne die innerhalb des in Teilaufgabe a) ermittelten Zeitraums zurückgelegte Distanz einer Scud-Rakete, die sich mit einer Geschwindigkeit von 3750 mph $\approx 6035\,\frac{\text{km}}{\text{h}}$ bewegt.

Exkurs

Viren, Würmer und Trojaner

Will man Hollywood Glauben schenken, so kann ein Computervirus ein System nicht nur lahmlegen, sondern sogar ein Eigenleben entwickeln, welches von den Menschen nicht mehr kontrollierbar ist und deren Unterwerfung und Vernichtung zum Ziel hat.
Ganz so drastisch ist es zwar nicht, dennoch sind Viren, Würmer und Trojaner sicher die größten Feinde eines jeden PC-Nutzers und die Schattenseite der Programmierung.

Viren

Computerviren sind prinzipiell nichts anderes als Programme, die von einem Rechner ausgeführt werden, wobei sie dem Anwender dabei mehr oder minder großen Schaden zufügen. Wie bei echten Viren soll sich die Seuche möglichst weit verbreiten. Ist ein Rechner erst einmal mit einem derartigen Programm infiziert, so kann er als Wirt für dessen weitere Verbreitung, beispielsweise über das Internet, dienen.
Die erste Definition für einen Computervirus lieferte 1984 der Informatiker Fred Cohen in seiner Doktorarbeit auf dem Gebiet der Elektrotechnik mit dem Titel „Computer Viruses – Theory and Experiments": "We define a computer 'virus' as a program that can 'infect' other programs by modifying them to include a possibly evolved copy of itself."

Die Leitung der University of South California, Cohens Universität, wollte seine Arbeit aus Sorge, sie könne eine Gefahr darstellen, zunächst unter Verschluss halten. Cohen hatte zu Testzwecken einen Virus programmiert, der schnell das gesamte Rechenzentrum der Universität verseucht hatte.

Ein Computervirus verbreitet sich also, indem er Dateien infiziert, d.h. sich in einen bestehenden Programmcode integriert und somit Teil der ursprünglichen, ausführbaren Datei wird. Wird eine der so infizierten Dateien weitergegeben, so überträgt sich der Virus auf das nächste System.

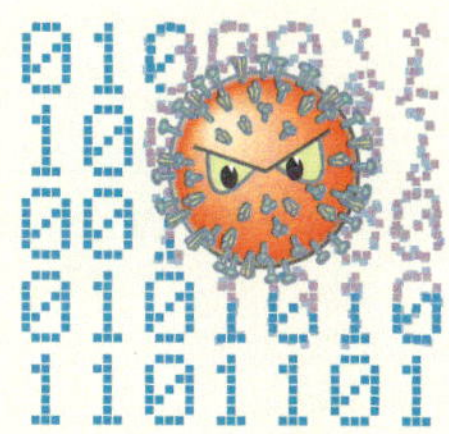

Würmer

Würmer dagegen bleiben nicht passiv und warten nicht darauf, bis sie anhand infizierter Dateien weitergegeben werden, sondern versuchen auf verschiedenste Weise, aktiv weitere Rechner zu infizieren, indem sie sich beispielsweise an alle Computer innerhalb eines Netzwerkes oder über sämtliche E-Mail-Adressen im Adressbuch verschicken.

Trojanische Pferde

Besonders heimtückisch sind trojanische Pferde (Trojaner). In der griechischen Mythologie verwendeten die Griechen ein großes Holzpferd, um ihre Soldaten unbemerkt in die Stadt Troja zu schmuggeln. Durch diese List gewannen die Griechen demnach den Trojanischen Krieg.

Ähnlich funktionieren derartige Computerprogramme. Getarnt als nützliche Anwendung oder als vermeintliche Rechnung im Anhang einer E-Mail wird im Hintergrund ohne Wissen des Benutzers ein weiteres Programm gestartet, welches zum Beispiel dem Angreifer gestattet, vollen Zugriff auf den infizierten Rechner zu erhalten, oder aber eigene Dokumente verschlüsselt, sodass der Nutzer keinen Zugriff mehr auf diese hat. In harmloseren Fällen sammelt das versteckte Programm dagegen nur Daten und schickt diese weiter, blendet Werbung ein oder startet sonstige, dem Anwender unbekannte Prozesse.

Exkurs

Beispiele für Malware

Malware: englische Verknüpfung aus malicious (bösartig) und Software.

Heute sind meistens Mischformen von Viren, Würmern und Trojanern im Umlauf. Umgangssprachlich werden diese oft synonym verwendet. Tatsache ist, dass alle diese Programme mehr oder weniger großen Schaden zufügen, weshalb der englische Bezeichner „Malware" für derartige Schadsoftware ebenfalls weit verbreitet ist.

Die ersten Viren „in freier Wildbahn" verbreiteten sich Mitte der 80er-Jahre. Besonders bösartig war der Trojaner „Gotcha". Er war dem Programm EGABTR angehängt und sollte dem Anwender Anpassungen der Grafikdarstellung ermöglichen, löschte im Hintergrund aber sämtliche Daten auf der Festplatte und gab auf dem Bildschirm „Arf, arf, Gotcha!" aus. Während Viren früher oft schnell erkannt wurden und entfernt werden konnten (in *BASIC*-Programmen wurde z. B. einfach die Zeile `kill *.*` hinzugefügt, welche sämtliche erreichbaren Dateien löscht) und aufgrund der dadurch geringen Verbreitung auch kaum Schaden anrichteten, wurde das Auffinden und Eliminieren eines Virus im Laufe der Zeit schwerer. Viele Firmen haben sich daher schließlich auf den Schutz vor Viren und anderen Schädlingen spezialisiert und versorgen ihre Kunden täglich mit Updates. Eines der ersten Unternehmen, das sich auf die Bekämpfung von Computerviren spezialisiert hatte, verzeichnete 1988 noch 19 Viren auf seiner Liste. Laut Aussage des damaligen Präsidenten des Verbandes Bitkom tauchten bereits im Jahr 2015 täglich 350 000 (!) neue Varianten von Schadsoftware im Internet auf. Viele davon sind relativ harmlos und richten kaum Schaden an, andere dagegen werden zu einer weltweiten Plage. Der erste Computervirus, dem wohl weltweit in der Presse Aufmerksamkeit geschenkt wurde, war „Jerusalem", der am Freitag, dem 13. Mai 1988 wie eine Bombe einschlug, da er im Gegensatz zu den vorherigen Viren gezielt programmiert wurde, um Daten zu vernichten und als erster speicherresidenter Virus gilt.

residere (lat.): sich setzen, sich niederlassen

1991 wurde der Bootsektor-Virus „Michelangelo" bekannt, da er am 6. März (dem Geburtstag des Namensgebers) die ersten 256 Sektoren des Datenträgers überschrieb und somit den Rechner völlig lahmlegte. Der Schaden war derart immens, dass im folgenden Jahr rechtzeitig über die Medien gewarnt wurde. Weitere bekannte Beispiele sind:

- Ende der 90er-Jahre verbreitete sich „Back Orifice", ein Backdoor-Programm der Hackergruppe „Cult of the Dead Cow", sehr stark. Als Fernwartungstool für Windows wird es jedoch oft illegal, da ohne Wissen des PC-Eigentümers, eingesetzt.
- Der „I love you"-Virus verbreitete sich 2000 rasend schnell weltweit und verursachte besonders in größeren Unternehmen durch Netzüberlastung Milliardenschäden.
- Im Januar 2003 wurden durch den Wurm „SQL-Slammer" innerhalb einer Stunde mindestens 75 000 *SQL*-Server infiziert und somit für mehrere Stunden das Internet lahmgelegt. Als Folge blieben 14 000 Postämter in Italien geschlossen, in Seattle waren die Notrufnummern von Polizei und Feuerwehr nicht erreichbar, die Automaten der Bank of America fielen aus und der Online-Börsenhandel verzeichnete drastische Einbußen.

Das Programmieren von Malware ist kein Kavaliersdelikt und kann strafrechtliche Konsequenzen haben. Ein damals 17-jähriger niedersächsischer Schüler programmierte den Wurm „Sasser", der weltweit Millionen Rechner infizierte. Nach dem Tipp eines Mitschülers wurde er verhaftet und 2005 zu einem Jahr und neun Monaten Jugendstrafe auf Bewährung verurteilt.

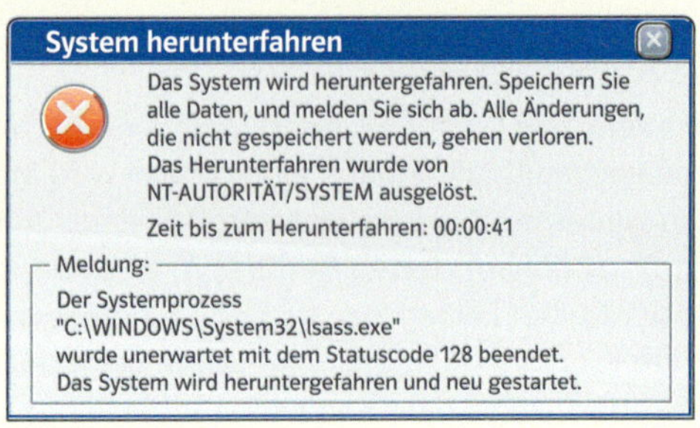

Microsoft setzte damals ein „Kopfgeld" von 250 000 US-Dollar für Hinweise auf die Verursacher aus.

Exkurs

Um das Jahr 2016 wurden leider insbesondere solche Trojaner immer populärer, die bestimmte Dateien des infizierten Rechners verschlüsseln und ein Lösegeld verlangen, wenn man auf seine eigenen Dokumente oder Fotos wieder zugreifen möchte. Aus Verzweiflung sind viele Menschen bereit, für wichtige Dateien oder liebgewonnene Erinnerungsbilder Hunderte Euro zu bezahlen, ohne die Garantie zu haben, dass sie wirklich den Code zur Entschlüsselung ihrer Dateien erhalten. Solche „Erpressungstrojaner“ (Ransomware) sind besonders perfide, da sie sich schnell im Netzwerk ausbreiten und auch vor Krankenhäusern und Behörden nicht haltmachen. Oft zielt Ransomware sogar bewusst auf öffentliche Einrichtungen. Dazu genügt es, dass ein unvorsichtiger Mitarbeiter einen E-Mail-Anhang öffnet und so das ganze interne Netzwerk der Institution infiziert. Bekannt wurde beispielsweise schnell der Trojaner „Locky“, der 2016 u.a. eine Klinik in Los Angeles lahmlegte, die daraufhin zur Entschlüsselung ihrer Dateien 17000 US-Dollar in Bitcoin zahlte. Auch in Deutschland wurden mehrere Krankenhäuser und die Deutsche Bahn Opfer einer Ransomware-Attacke.

ransom (engl.): Lösegeld

Durch eine weltweite Attacke der Ransomware „WannaCry“ wurden im Mai 2017 insgesamt wohl mehrere Millionen Computer befallen. Dadurch waren die Anzeigetafeln der Bahn gestört, in Spanien war der größte Telekommunikationskonzern und in den USA ein großer Paketdienstleister betroffen.

Das Bundesamt für Sicherheit in der Informationstechnik (BSI) befasst sich mit allen Fragen rund um die IT-Sicherheit in der Informationsgesellschaft. Das BSI wurde am 1. Januar 1991 gegründet und gehört zum Geschäftsbereich des Bundesministeriums des Innern.

Auch das BSI warnt regelmäßig vor neuen Attacken und Varianten und empfiehlt, nicht zu bezahlen, sondern Anzeige bei der Polizei zu erstatten, insbesondere da neuere Trojaner wie „German Wiper“ die Daten unwiderruflich löschten und eine Verschlüsselung nur vortäuschten. Sogar während der Corona-Pandemie 2020 wurde beispielsweise die Universitätsklinik der tschechischen Stadt Brünn Opfer einer derartigen Attacke, was zur Folge hatte, dass der komplette Krankenhausbetrieb nahezu lahmgelegt wurde.

Hoaxes

Eine andere, nicht zu unterschätzende Gefahr sind Hoaxes – Warnungen vor angeblichen Viren, die per E-Mail verbreitet werden, aber fast immer jeder Grundlage entbehren. Gutgläubige Menschen werden jedoch verunsichert oder sogar dazu verleitet, wichtige Systemdateien zu löschen, weil die E-Mail ihnen weismacht, dass es sich dabei um einen Virus handelt. Seriöse Firmen warnen nie über diesen Weg! Leider werden oft tragische Anlässe dazu genutzt, das Mitleid der Leser zu erregen, um das Weiterleiten der E-Mail zu veranlassen. Typische Beispiele sind E-Mails, in denen nach einem Knochenmark-Spender gesucht wird. Oft werden dabei sogar reale Telefonnummern angegeben, ohne dass die betreffenden Personen etwas davon wissen. Das Universitätsklinikum Regensburg musste unter einer in einem derartigen Kettenbrief angegebenen Telefonnummer eine Bandansage schalten, da über Jahre hinweg täglich 30 bis 40 Anrufe eingingen.

hoax (engl.), **hocus** (altengl.): Scherz

Sicherheitshinweise zum Schutz vor Angriffen

- Verwende ein Antiviren-Programm und aktualisiere es regelmäßig, am besten täglich.
- Öffne nie Dateianhänge von E-Mails, ohne ganz sicher zu sein, dass diese virenfrei sind. Auch Freunde und Bekannte können dir ohne ihr Wissen einen Trojaner geschickt haben.
- Mache regelmäßig Backups deiner Dateien auf externen Laufwerken oder in einer Cloud.
- Leite niemals Kettenmails weiter und lass dich von Virenwarnungen nicht in Panik versetzen. Informiere dich im Internet, beispielsweise auf den Hoax-Seiten der TU Berlin.
- Surfe nur auf seriösen Seiten. Besonders bei Erotik-Angeboten lauern viele Gefahren.

Rückblick

Klassenbeziehungen

Beziehungen zwischen Klassen ermöglichen eine Interaktion zwischen den entsprechenden Objekten.
Klassenbeziehungen werden unterschieden nach
(1) ihrer **Multiplizität:** 1:1, 1:n bzw. m:n,
(2) ihrer Richtung: **unidirektional** bzw. **bidirektional**.

Das folgende Klassendiagramm zeigt eine einfache Situation in einer Firma.

Implementierung von Klassenbeziehungen

In einer Klasse, die eine 1:1-Beziehung zu einer anderen Klasse herstellt, legt man ein Attribut oder eine Variable für eine **Referenz** auf ein Objekt der anderen Klasse fest.
Ist die Beziehung bidirektional, so erhält jede Klasse ein Attribut für die Speicherung der Referenz des Objektes der anderen Klasse.

Bei einer 1:n-Beziehung wird in der Klasse auf der Seite mit Multiplizität 1 ein Feld aus Referenzen auf Objekte der anderen Klasse deklariert.

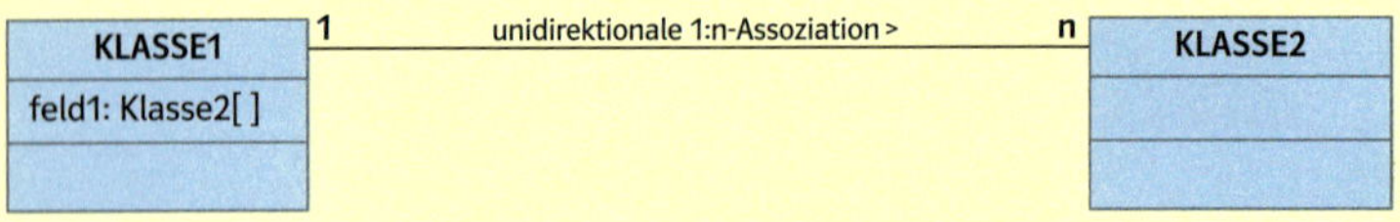

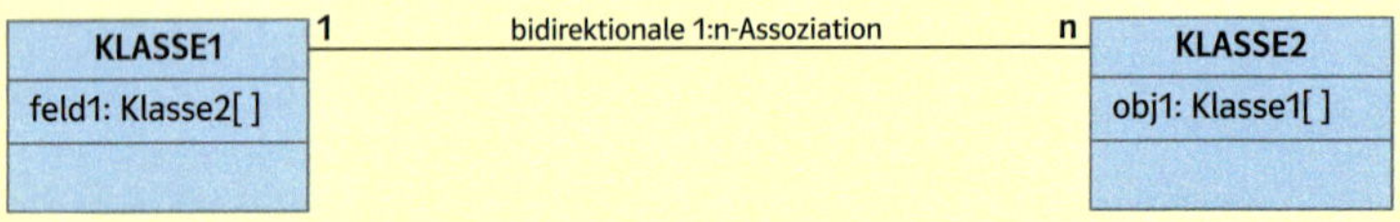

Eine Möglichkeit, m:n-Beziehungen zu realisieren, bietet die Definition einer eigenen **Assoziationsklasse**, in der ein Feld definiert wird, dessen Objekte je ein Attribut für die Referenzierung eines der an einer Beziehung beteiligten Objekte enthalten.

Die Beziehungen aus dem obigen Beispiel kann man z.B. mit den in den folgenden Klassenkarten eingetragenen Attributen implementieren.
Die m:n-Beziehung *ist_beteiligt_an* zwischen PROJEKT und MITARBEITER wird dabei über eine Assoziationsklasse realisiert.

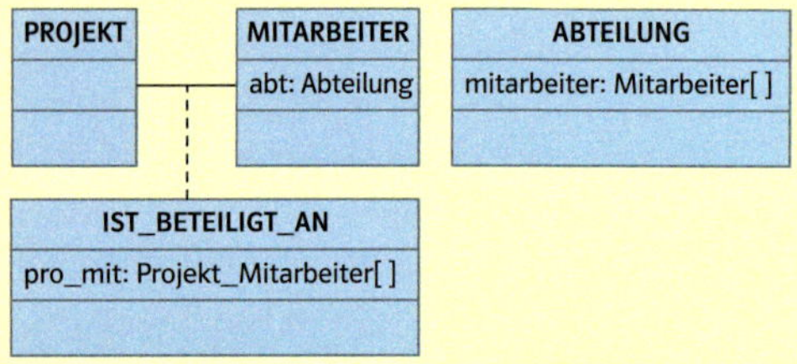

Polymorphismus

Bei Klassen, die in einer Klassenhierarchie in Ober- und Unterklassen strukturiert sind, kommt das Konzept des **Polymorphismus** zum Tragen, und zwar bei Methoden, die von einer gemeinsamen Oberklasse geerbt und in den Unterklassen unterschiedlich überschrieben worden sind. Der identische Methodenaufruf kann in der Ausführung während der Laufzeit zu unterschiedlichen Abläufen führen. Man spricht auch von **polymorphen Methoden**.

Nachfolgend ist TIER als Oberklasse von FISCH, VOGEL und KÄFER modelliert. Die Methode *bewegen* sollte jedoch in den drei Unterklassen unterschiedlich überschrieben werden, da Fische schwimmen, Vögel fliegen und Käfer krabbeln.

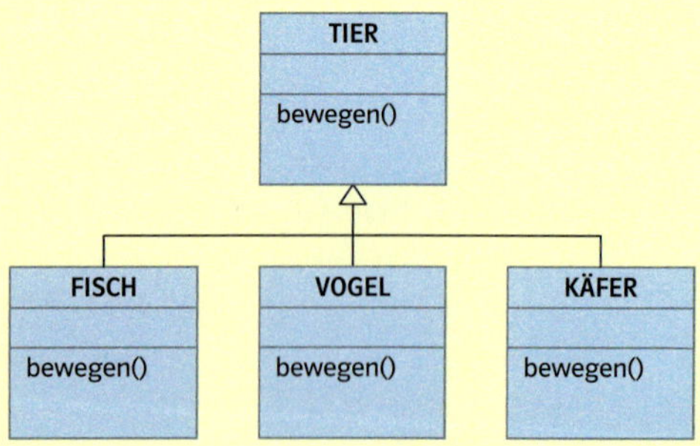

Training

1 Bibliotheken, Bücher und Bücherregale

Bibliotheken enthalten eine Sammlung von Büchern, die in Regalen angeordnet sind und an Kunden verliehen werden. Ein Buch ist charakterisiert durch den Namen des Autors, den Buchtitel und die Verlagsdaten. Die Verlagsdaten umfassen den Namen des Verlags, die Nummer der Auflage und das Erscheinungsjahr.

a) Gib eine Klassenkarte an, die die Klasse `Buch` beschreibt, und implementiere sie. Definiere im Konstruktor die wesentlichen Daten des Buches.

b) Im Weiteren soll ein Bücherregal als Feld von Büchern implementiert werden. Dabei hat das Bücherregal folgende Eigenschaften:
Ein Bücherregal kann leer sein oder eine Anzahl von Büchern enthalten. Wenn es voll ist, kann es erweitert werden. Im Bücherregal kann man ein neues Buch einstellen, nach einem Buchtitel suchen und ein Buch mit einem gewünschten Buchtitel entnehmen. Identifiziere aus dieser Beschreibung eines Bücherregals die Methoden, die eine Klasse `Buecherregal` zur Verfügung stellen sollte. Gib an, welche Attribute für eine derartige Klasse nötig sind. Gib anschließend die Klassenkarte des Bücherregals an und implementiere das Modell. Beachte bei der Implementierung Folgendes:
- Für das Auffüllen des Regals gibt es keine Vorschrift. Ein Auffüllen kann von links nach rechts, umgekehrt oder beliebig erfolgen.
- Die beim Entnehmen eines Buches entstandene Lücke soll geschlossen werden.
- Bei vollem Regal sollte das Regal automatisch erweitert werden.

c) Die Bücher sollen nun alphabetisch sortiert werden. Der Einfachheit halber darf davon ausgegangen werden, dass verschiedene Buchtitel mit unterschiedlichen Buchstaben beginnen. Verwende dazu die Implementierung des *Bubblesort*-Algorithmus von Aufgabe 3 auf Seite 204. Beachte dabei, dass nun die Titel von Objekten der Klasse `Buch` miteinander verglichen werden müssen.

d) In einer Bibliothek kann der Ausleihvorgang und die Rückgabe eines Buches als Kommunikation zwischen Objekten der Klassen `Kunde`, `Bibliothek` und `Buch` beschrieben werden. Stelle einen solchen Kommunikationsvorgang im Klassenmodell durch geeignete Assoziationen und Methoden dar und ergänze deine Implementierung entsprechend.

2 Ochsenrennen

Im Folgenden soll mithilfe der Bibliotheksklasse aus Aufgabe 2 auf Seite 199 eine Simulation für ein Ochsenrennen implementiert werden. Dabei soll es drei Lauftypen geben: Ochsen, die mit einer je nach Laune zu Rennbeginn gewählten Geschwindigkeit gleichmäßig dahintrotten und sich durch nichts aus der Ruhe bringen lassen, Ochsen, die zwischen Laufschritt und unterschiedlich langen Pausen wechseln, und Ochsen, die zickzack laufen. Diese Typen sollen mit verschiedenen Grafiksymbolen (Kreis, Quadrat und Dreieck) visualisiert werden. Dabei soll das Prinzip des Polymorphismus für die Methoden *zeichnen* und *rennen* angewandt werden.

a) Modelliere ein Klassendiagramm, welches den oben beschriebenen Anforderungen Rechnung trägt.

b) Implementiere die verschiedenen Klassen sowie eine Klasse `Rennen`, welche im Konstruktor eine während der Laufzeit festgesetzte Anzahl von teilnehmenden Ochsen erzeugt und mit einer eigenen Methode für den Start des Rennens sorgt. Am Ende sollen die Daten des Siegers ausgegeben werden.

Lösungen auf den Seiten 289 – 301

Projekte

Auf der Website einer großen Ferienregion soll ein spezieller Fahrradroutenplaner zur Verfügung gestellt werden. Neben der Ausgabe fahrradfreundlicher Verbindungen zwischen verschiedenen Orten können ebenso attraktive Tourenvorschläge von einem beliebigen Ort aus geplant werden. Dabei sollen auch Kombinationen mit öffentlichen Verkehrsmitteln einbezogen werden. Bestimmte Optionen wie „Wege im Grünen", „geringe Steigungen" oder „Sehenswürdigkeiten" können eingestellt und die Ausgabe nach dieser Kategorie sortiert werden.
Erstelle eine grobe Planung für diese Aufgabe. Gib dazu auch die wichtigsten Anforderungen und mögliche Phasen für die Durchführung an.

Bei der Konzeption und Erstellung größerer Softwaresysteme ist wie bei allen industriellen Projekten Arbeitsteilung unumgänglich. Die Arbeit muss auf einzelne Gruppen aufgeteilt werden, deren Vorgehen sorgfältig geplant und koordiniert werden muss. Den Ablauf der Projekte strukturiert man mithilfe spezieller Vorgehensmodelle.

Industrielles Projektmanagement

Größere Softwareprojekte führen in der Regel nur dann zu einem qualitativ akzeptablen Produkt, wenn sie sorgfältig vorbereitet und kontrolliert durchgeführt werden. Dabei spielen die folgenden Begriffe eine wichtige Rolle:

- **Ressource**
  Materielles oder immaterielles Element, das nicht in beliebigem Umfang zur Verfügung steht und daher sorgfältig verplant werden muss (z. B. Personal, Geräte, Geld und Zeit).
- **Meilenstein**
  Zeitpunkt im Projektverlauf, zu dem auf der Basis des bis dahin erreichten Projektestands wichtige Entscheidungen über den weiteren Verlauf getroffen werden müssen.
- **Produkt**
  Erzeugnis oder Ergebnis des Projektes. Dabei kann es sich um ein materielles Produkt wie ein Gerät, eine Ware, einen Artikel oder auch um ein immaterielles Produkt wie Software oder eine Dienstleistung handeln.

Im Projektmanagement unterscheidet man die folgenden vier Phasen.

1. Projektdefinition

Bevor man in die eigentliche Projektarbeit einsteigt, müssen folgende Fragen möglichst präzise geklärt werden:
Welche Kenngrößen weist das Projekt auf (Projektname, Leitung, Kurzbeschreibung, Auftraggeber und Zeitrahmen)?
Welche Ziele verfolgt man mit dem Projekt (Anforderungsbeschreibung in einem Pflichtenheft, Leistungskatalog und Produktspezifikation)?
Wie steht es mit der Wirtschaftlichkeit des Vorhabens (Umsatz, Kosten, Nutzen, Ergebnis, Rendite und Gewährleistung)?
Wie soll das Projekt organisiert werden (beteiligte Personen bzw. Gruppen, Organisationsform, Gremien und Befugnisse)?
Wie soll das Projekt ablaufen (Abschnitte, Phasen, Schritte, Meilensteine und Ergebnisse)?

2. Projektplanung
In die Planung eines Projektes müssen alle wesentlichen Aspekte des Projektablaufs einbezogen werden. Zuerst werden die Projekt-, Produkt- und Kostenstrukturen geklärt.
Daran schließt sich oft die Aufwandsschätzung an. Besondere Bedeutung hat die Arbeitsplanung, in der Aufgaben, Termine und Ressourcen eingeteilt werden. Kostenplanung und Risikomanagement schließen die Planungsphase ab. Bei schulischen Projekten muss vor allem die Kooperation der Gruppen geplant werden.

3. Projektdurchführung mit Projektkontrolle
Während der Arbeiten am Projekt wird ständig der Fortschritt des Projektes mit seiner Definition und Planung abgeglichen. Temine, Aufwand und Kosten sowie Produktionsfortschritt werden beobachtet. Qualitätssicherung und Projektdokumentation begleiten den Prozess.

4. Projektabschluss
Am Ende des Projektes erfolgt die Produktabnahme durch den Auftraggeber. Danach wird das Projekt rückwirkend analysiert. Dabei sollten nochmals alle ursprünglichen Ziele besprochen und ihre Umsetzung kontrolliert werden. Auch die Sicherung der Erfahrung aus dem Projekt mit Methoden des Wissensmanagements spielt heute eine wichtige Rolle in der Industrie. Schließlich endet das Projekt mit seiner Auflösung.

Wasserfallmodell
Dieses historisch sehr bedeutende Vorgehensmodell beschreibt den Softwareentwicklungsprozess als Folge bestimmter Phasen, die streng sequenziell aufeinanderfolgen müssen. Jede Phase kann erst beginnen, wenn die vorausgehende vollständig abgeschlossen ist. Heutige Versionen bestehen meist aus den fünf Phasen Analyse, Entwurf, Implementierung, Test mit Integration sowie Einsatz mit Wartung, die in der grafischen Darstellung des Modells durch Übergangspfeile verbunden werden. Die abwärts gerichteten Pfeile sind mit den Ergebnissen der jeweiligen Ausgangsphase markiert (Fig. 1).

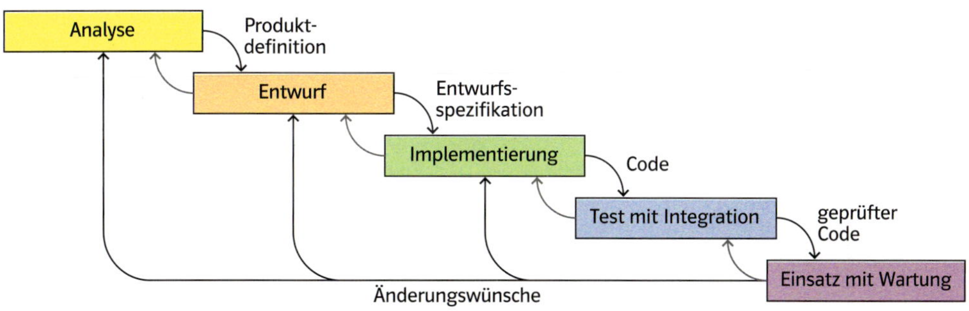

Fig. 1

Das Wasserfallmodell wurde 1970 als Reaktion auf die damals oft sehr schlechte Qualität industrieller Software entwickelt. Einige seiner Phasen wurden bereits 1956 von Herbert D. Benington beschrieben. Das eigentliche Wasserfallmodell wurde dann von Winston Walker Royce (1929 – 1995) im Jahre 1970 vorgeschlagen, der es zur Programmierung von Raumfahrtprojekten entwickelt hatte. Royce schlug damals ursprünglich sieben Phasen vor: system requirements, software requirements, analysis, program design, coding, testing und operations. In einer ersten Variante war keine Rückkehr zu einer vorausgehenden Phase vorgesehen (wie in einem echten „Wasserfall"), was jedoch umgehend geändert werden musste. Im Laufe der Zeit haben sich verschiedene Varianten dieses Modells gebildet, von denen heute die fünfstufige aus Fig. 1 am gebräuchlichsten ist.

Das Wasserfallmodell weist leider auch einige Nachteile auf. So liegt erst relativ spät lauffähige Software vor, die dem Kunden als Prototyp zur Feinabstimmung seiner Anforderungen präsentiert werden kann. Auch wird der Auftraggeber nur in der ersten Phase beteiligt.
Ein Überziehen der geplanten Dauer einer Phase führt oft zu Abstrichen in den folgenden Phasen, schlimmstenfalls sogar beim Testen, das auch erst relativ spät im Projekt vorgesehen ist. Zudem werden grundsätzliche Fehler im Entwurf oft erst spät erkannt.
In heutigen Softwareentwicklungsprojekten orientiert man sich daher häufig an anderen Vorgehensmodellen, bespielsweise dem Spiralmodell, dem V-Modell, oder agilen Modellen (vgl. Seite 247). Dennoch hat das Wasserfallmodell immer noch eine grundlegende Bedeutung. Einerseits werden darin die wichtigsten Phasen der Softwareentwicklung definiert, abgegrenzt und zueinander in Beziehung gesetzt. Andererseits gibt es besonders bei sehr großen Projekten immer noch kaum Alternativen zur hier beschriebenen Abfolge dieser Phasen, die daher im Folgenden noch etwas ausführlicher beleuchtet werden sollen.

1. Phase: Analyse
Bei der Anforderungsermittlung werden zunächst in enger Zusammenarbeit mit den Kunden deren Erwartungen an das Produkt festgestellt. Der Auftraggeber fasst seine Anforderungen an die Leistungen des Auftragnehmers dann in seinem Lastenheft zusammen, das die Forderungen aus Anwendersicht einschließlich aller Randbedingungen beschreibt. Auf dieser Grundlage erstellt der Auftragnehmer dann eine vollständige, aus technischer Sicht ausreichend detaillierte, eindeutige und testbare Beschreibung der durch das Lastenheft vorgegebenen Systemanforderungen. Diese Anforderungsspezifikation bezeichnet man als Pflichtenheft (vgl. Seite 244).
Im zweiten Schritt (Systemanalyse) wird versucht, das geplante System möglichst vollständig zu verstehen und zu beschreiben. Dazu werden unter Anwendung geeigneter Modellierungstechniken spezielle Modelle für gewisse Aspekte des Systems entwickelt, z. B. Datenflussdiagramme (Zerlegung des Systems in Teilsysteme), Zustandsmodelle (Verhaltensbeschreibung) oder Klassenmodelle (Daten- bzw. Objektstruktur). Aus der Zusammenfassung dieser Modelle entsteht als Ergebnis der Phase das Systemmodell. Darunter versteht man eine detaillierte und strukturierte Produktdefinition, die als Grundlage für den Systementwurf dient. Als Orientierung benutzt man dabei oft konkrete Szenarien, die exemplarische Nutzungsfälle der Software darstellen.

2. Phase: Entwurf
Ausgehend vom Systemmodell wird die Form und Struktur der Lösung geplant. Dazu muss zunächst die Systemarchitektur bzw. -struktur festgelegt werden. Die geplante Software wird dazu sukzessive in Teilsysteme (Subsysteme, Komponenten, Codebausteine und Klassen) aufgeteilt. Dann werden die Schnittstellen zwischen diesen Teilen genau festgelegt und die Funktionen der Teilsysteme beschrieben. Zudem muss die Beziehung des geplanten Systems zu seiner späteren Hard- und Softwareumgebung durch die Beschreibung externer Schnittstellen berücksichtigt werden. Das Ergebnis dieser Phase ist die Entwurfsspezifikation.

3. Phase: Implementierung
Die Entwurfsspezifikation wird in einer oder auch mehreren Programmiersprachen codiert. Der dabei entstandene Programmcode muss dann wiederum kompiliert oder interpretiert werden, um auf einem bestimmten Zielrechner ausgeführt werden zu können. Bei der Codierung müssen alle im Entwurf spezifizierten Teilsysteme ausprogrammiert werden, wozu Algorithmen und Datenstrukturen auszuwählen bzw. selbst zu konstruieren sind. Oft wird auch vorgefertigter Code aus Frameworks bzw. Bibliotheken eingebunden. Abschließend wird aus dem Programmcode durch Übersetzen und gegebenenfalls Verbinden mit anderen Programmteilen lauffähige Software produziert.

Zum Interpreter- bzw. Compiler-Prinzip: vgl. Exkurs auf Seite 232.

4. Phase: Test mit Integration
Die Software wird in ihre Hard- und Softwareumgebung eingefügt und dabei systematisch getestet. Dazu werden bestimmte Eingabedaten ausgewählt und die Korrektheit der jeweils erzeugten Ausgabedaten überprüft.
Um einigermaßen zuverlässige Aussagen über die Fehlerfreiheit der Software machen zu können, müssen sehr viele Einzeltests durchgeführt werden. Testen kann allerdings niemals die Fehlerfreiheit eines Programms nachweisen. Den Abschluss bildet der Abnahmetest, mit dessen Erfolg der Softwareproduzent seine vertraglichen Verpflichtungen gegenüber dem Kunden erfüllt hat. Die im Pflichtenheft festgelegten Gütekriterien stellen nun die Grundlage für eine erfolgreiche Übergabe des Produktes an den Kunden dar.

5. Phase: Einsatz mit Wartung
Nach der Abnahme sind Softwaresysteme oft viele Jahre im Einsatz. Dabei müssen sie immer wieder geändert bzw. angepasst werden, z. B. zur Fehlerbeseitigung, zum Einbau neuer Funktionen, zur Anpassung an neue Hard- oder Softwareumgebungen, an neue Gesetze oder Bedrohungen durch Hackerattacken. Gute Software erleichtert durch ihre Konstruktion solche Anpassungsprozesse.

Agile Vorgehensmodelle
Vor dem Hintergrund der enormen Innovationsgeschwindigkeit im IT-Bereich zeigten sich traditionelle sequenzielle Vorgehensmodelle als zu starr und zu wenig kundenorientiert. Aus dieser Kritik entstand 2001 das „Agile Manifest":
„Wir erschließen bessere Wege, Software zu entwickeln, indem wir es selbst tun und anderen dabei helfen. Durch diese Tätigkeit haben wir diese Werte zu schätzen gelernt:

Individuen und Interaktionen	mehr als	Prozesse und Werkzeuge
Funktionierende Software	mehr als	umfassende Dokumentation
Zusammenarbeit mit dem Kunden	mehr als	Vertragsverhandlung
Reagieren auf Veränderung	mehr als	das Befolgen eines Plans

Obwohl wir die Werte auf der rechten Seite wichtig finden, schätzen wir die Werte auf der linken Seite höher ein."

Auf dieser Grundlage wurden neue, dynamische und flexible Modelle entwickelt, die man oft unter dem Begriff „agil" zusammenfasst, wie beispielsweise Extreme Programming (XP) oder Scrum. Sie betonen die Freiheiten des Projektteams im Hinblick auf Ablauf, Struktur und Kooperationsformen und bieten den Auftraggebern schon während der Erstellung umfangreiche Mitwirkungsmöglichkeiten.

Beim „Agilen Projektmanagement" haben das Softwareprodukt und die Akzeptanz durch die Anwender deutlichen Vorrang gegenüber den rein geschäftlichen Anforderungen wie Termin- oder Kostentreue bzw. der Erfüllung eines vorbestimmten und damit starren Leistungsumfangs. Ein gemeinsames Merkmal agiler Ansätze ist die Unterteilung des Projektes in relativ kurze Iterationszyklen, nach denen dem Auftraggeber jeweils ein vorläufiges Ergebnis (Prototyp) vorgestellt wird, das dann akzeptiert oder zur Änderung zurückgegeben werden kann.

Vorschläge für Softwareprojekte

Vorschlag 1: Webauftritt
Mithilfe einer Hypertextstruktur soll euer Wohnort oder euer Stadtviertel vorgestellt werden. Dabei könnt ihr z. B. auf die öffentlichen Einrichtungen (Schulen, Bibliothek usw.), die Kirchen oder auch die Geschäfte in den verschiedenen Straßen eingehen sowie historische Gesichtspunkte berücksichtigen.

Vorschlag 2: Supermarkt

Es soll ein Programm entwickelt werden, das die Vorgänge in einem Supermarkt simuliert: An jeder Kasse kann eine begrenzte Anzahl von Kunden in einer Warteschlange stehen. Jeder neue Kunde, der bezahlen möchte, reiht sich in eine möglichst kurze Warteschlange ein. Übersteigt die Anzahl der wartenden Kunden ein bestimmtes Maß, wird eine weitere Kasse geöffnet. Wird eine Kasse gesperrt, können sich keine weiteren Kunden dort anstellen.

Vorschlag 3: Börsenspiel

Für den Kauf und Verkauf von Aktien soll ein Softwaresystem entwickelt werden, das folgenden Anforderungen genügt: Nach dem Einloggen kann sich jeder Anleger die auf dem Aktienmarkt verfügbaren Aktien mit den aktuellen Kursen anzeigen lassen. Einzelne Aktienpakete können gekauft und in das eigene Aktiendepot übertragen werden. Die Bezahlung erfolgt vom eigenen Girokonto aus, dessen aktueller Kontostand angezeigt wird. Aus dem Depot können ebenso Aktien mit gewünschter Stückzahl wieder verkauft werden; der entsprechende Geldbetrag wird dann dem Girokonto gutgeschrieben.

Vorschlag 4: Streamingdienst

Bei einem Streamingdienst kann man online Filme kaufen bzw. leihen. Der Kunde führt die Anmeldung durch und das System überprüft die Anmeldedaten. Danach wählt der Kunde den gewünschten Film aus einer Liste aus. Gegebenenfalls kann er eine Suchfunktion für die Auswahl nach Titel und Kategorie nutzen. Nach seiner Auswahl schickt er die Bestellung ab. Die Bestelldaten werden von einem Angestellten des Streamingdienstes abgerufen und anschließend kann der Film gestreamt werden.

Vorschlag 5: Tic-Tac-Toe

Es soll ein Softwareprodukt entwickelt werden, bei dem gegen den Computer oder gegen einen Mitspieler Tic-Tac-Toe gespielt wird. Das Spielbrett besteht aus neun Spielfeldern, welche von den beiden Spielern abwechselnd mit unterschiedlichen Spielsteinen belegt werden. Derjenige gewinnt, der erstmals eine Dreierreihe (horizontal, vertikal oder diagonal) mit seinen Spielsteinen belegen kann.

Vorschlag 6: Kniffel

Bei Kniffel wird mit fünf Würfeln gleichzeitig geworfen. Pro Runde darf jeder Spieler 3-mal würfeln. Nach jedem Wurf kann er entscheiden, welche Würfel er liegen lässt und mit welchen er weiterwürfelt. Nach dem dritten Wurf muss er den Wurfzustand in ein passendes Feld eintragen, das dann die entsprechende Punktzahl berechnet. Gegebenenfalls gibt es noch Sonderpunkte, wenn im oberen Feld die Punkte einen bestimmten Wert übersteigen. Wenn alle Felder ausgefüllt sind, werden die Punkte zusammengezählt. Informiert euch genauer über die Regeln beim Kniffel. Entwickelt ein (eventuell vereinfachtes) Modell eines Kniffelspiels und implementiert es anschließend.

Grundwissen

Objekte, Attribute und Methoden

Textdokumente enthalten **Objekte** wie Zeichen und Absätze; Grafikdokumente enthalten Rechtecke, Ellipsen, Linien oder Textfelder. Die Eigenschaften der Objekte beschreibt man durch **Attribute** und deren **Werte**. In **Punktnotation** schreibt man dies wie folgt:
Objektbezeichner.Attributbezeichner = Attributwert.

Benutzer können **Methoden** von Objekten aufrufen, die dann von den Objekten ausgeführt werden. Dabei werden mögliche Parameterwerte in Klammern angegeben.
Allgemein lautet ein Methodenaufruf in Punktnotation:
Objektbezeichner.Methodenbezeichner(Parameterwert1,
Parameterwert2, Parameterwert3, ...).

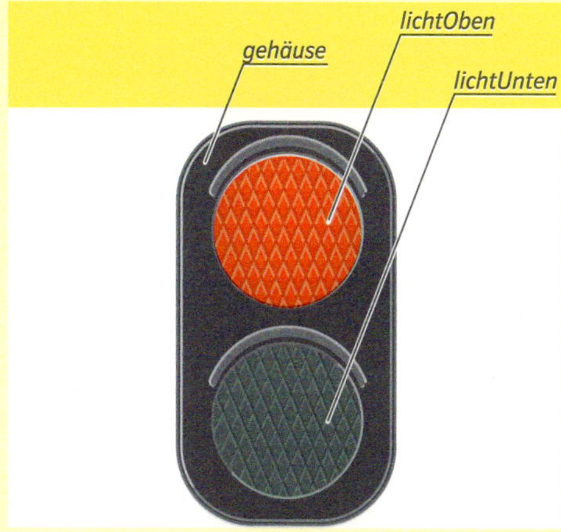

Die obige Fußgängerampel mit zwei Lichtern enthält unter anderem die Objekte *lichtOben* und *lichtUnten* der Klasse KREIS sowie das Objekt *gehäuse* der Klasse RECHTECK.

Für die aktuellen Attributwerte des Attributs *füllfarbe* der Objekte *lichtOben* und *lichtUnten* gilt:
lichtOben.füllfarbe = rot
und
lichtUnten.füllfarbe = schwarz.

Die beiden Methodenaufrufe
lichtOben.füllfarbeSetzen(schwarz)
und
lichtUnten.füllfarbeSetzen(grün)
bewirken, dass die Ampel von Rot auf Grün umschaltet.

Klassen

Gleichartige Objekte beschreibt man durch eine gemeinsame **Klasse**. Objekte derselben Klasse haben stets dieselben Attribute und Methoden. Objekte derselben Klasse haben zwar genau dieselben Attribute, doch können sich ihre Werte unterscheiden. Beispielsweise sind die aktuellen Attributwerte von ***stundenzeiger*** und ***sekundenzeiger*** der Klasse LINIE einer Uhr durch folgende **Objektkarten** gegeben:

stundenzeiger: LINIE
anfangspunkt = (0,2 cm; −0,1 cm)
endpunkt = (−1,3 cm; 0,5 cm)
linienfarbe = rot
linienstärke = 0,15 cm
linienart = durchgezogen
linienanfangssymbol = –
linienendsymbol = pfeil
...

sekundenzeiger: LINIE
anfangspunkt = (−0,1 cm; 0,3 cm)
endpunkt = (0,4 cm; −1,7 cm)
linienfarbe = grün
linienstärke = 0,08 cm
linienart = durchgezogen
linienanfangssymbol = –
linienendsymbol = pfeil
...

Eine Klasse wird durch eine **Klassenkarte** dargestellt, wie nachfolgend für die Klassen ZEICHEN und LINIE gezeigt ist.

ZEICHEN
symbol schriftart schriftgröße schriftfarbe fett kursiv unterstrichen ...
schriftartSetzen(schrift) schriftgrößeSetzen(größe) kopieren() einfügen() ...

LINIE
anfangspunkt endpunkt linienfarbe linienstärke linienart linienanfangssymbol linienendsymbol ...
verschieben(dx, dy) drehenUm(x, y, winkel) kopieren() einfügen() ...

Beide Klassen stellen **universelle Methoden** zum Kopieren und Einfügen zur Verfügung. Die **Zwischenablage** dient dabei als Speicher für verschiedene Objekte.

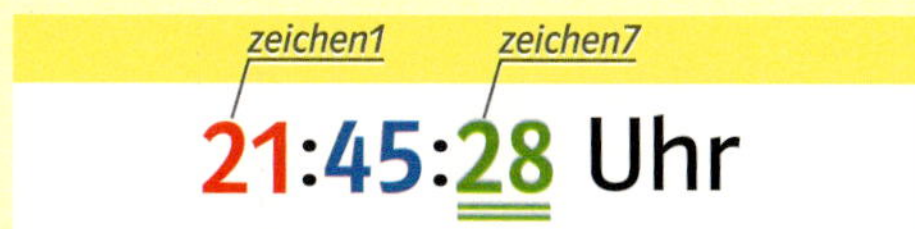

Eine Digitaluhr zeigt den obigen Text, der verschiedene Objekte der Klasse ZEICHEN enthält.
Es gilt zum Beispiel
zeichen7.schriftfarbe = grün
und
zeichen7.unterstrichen = doppelt.

Das Objekt *zeichen7* kann z. B. als Kopie von *zeichen1* durch folgende Methodenaufrufe erzeugt und angepasst worden sein:
zeichen1.kopieren(),
zeichen1kopie.einfügen(),
zeichen7.schriftfarbeSetzen(grün) und
zeichen7.unterstrichenSetzen(doppelt).

Die *enthält*-Beziehung

Mehrere Objekte können in einem weiteren Objekt enthalten sein. Beispielsweise enthält ein Objekt der Klasse GRUPPE mehrere Objekte anderer Klassen.
Diese ***enthält*-Beziehungen** werden in Objekt- und Klassendiagrammen durch Linien veranschaulicht. Ein dicker Punkt im Klassendiagramm am Ende einer Linie gibt an, dass beispielsweise ein Gruppenobjekt mehrere Grafikobjekte enthalten kann. Ein Grafikobjekt gehört dagegen immer zu genau einem Gruppenobjekt.

Die Vektor-Smiley-Grafik besteht aus fünf Objekten, die im folgenden Objektdiagramm dargestellt werden.

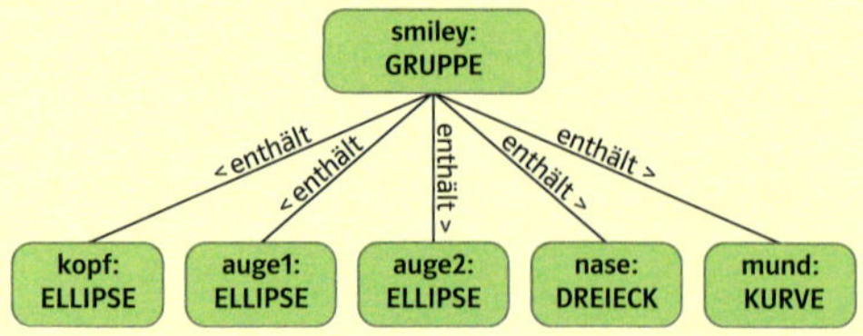

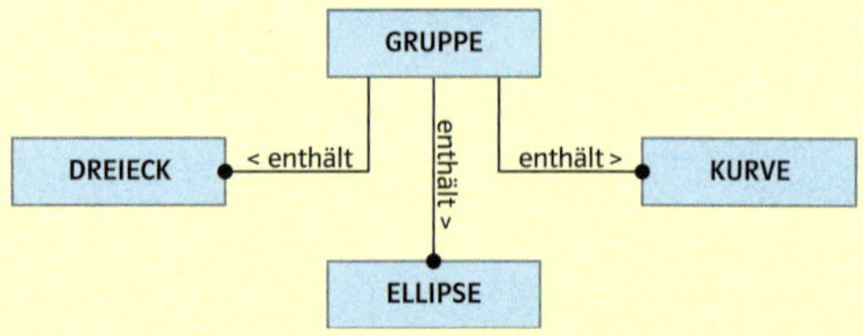

Vektor- und Pixelgrafikdokumente

Grafikdokumente enthalten entweder verschiedene Grafikobjekte (z. B. Kreise und Linien), die durch mathematische Zusammenhänge beschrieben werden **(Vektorgrafik)**, oder viele kleine verschiedenfarbige Bildpunkte (Pixel), die ähnlich einem Mosaik zusammengesetzt ein Bild ergeben **(Pixelgrafik)**.
Bei Vektorgrafiken lassen sich einzelne Objekte verschieben und sie bleiben scharf, wenn man sie vergrößert. Bei Pixelgrafiken kann man einzelne Farbpunkte bearbeiten; bei einer Vergrößerung wird das Bild jedoch unscharf.

Würde man das Smiley als Pixelgrafik zeichnen, könnte man bei entsprechender Vergrößerung das Raster erkennen.

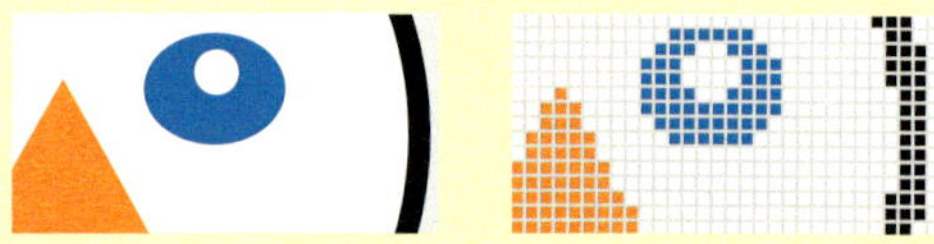

Die Pixel-Smiley-Grafik besteht aus vielen Pixeln. Die meisten haben den Farbwert weiß, die anderen sind blau, orange, rot oder schwarz.

Textdokumente

Textdokumente enthalten Objekte der Klasse ABSATZ, die wiederum u.a. Objekte der Klassen ZEICHEN, PIXELGRAFIK oder VEKTORGRAFIK enthalten. Textdokumente können aber auch Objekte der Klassen TABELLE oder TABULATOR enthalten (vgl. Klassendiagramm).

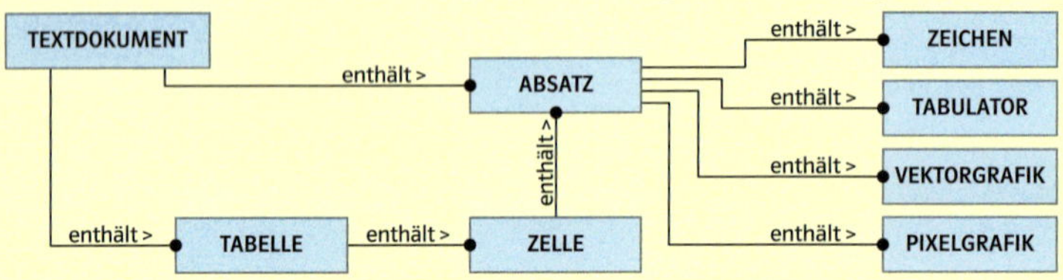

Die nachfolgend dargestellte Präsentation enthält nur die beiden Folien *folie1* und *folie2*.
Gezeigt wird der Einblendeffekt, der beim Aufruf *folie2.anzeigen()* ausgelöst wird.

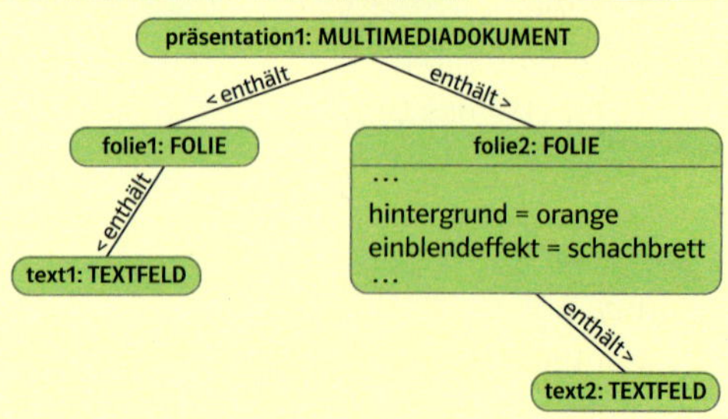

Multimediadokumente

Multimediadokumente können im **Entwurfsmodus** eines Präsentationsprogramms erstellt werden. Dazu werden Objekte der Klasse FOLIE erzeugt, auf denen Objekte unterschiedlicher Klassen (Texte, Bilder, Grafiken, Geräusche …) angeordnet werden. Diese Objekte können zusätzlich animiert werden, d.h., sie erscheinen z. B. erst beim Mausklick oder werden nach einer festgelegten Zeit ausgeblendet.
Im **Präsentationsmodus** werden die **Folien** entsprechend der zuvor eingestellten Vorgaben nacheinander angezeigt.

Urheberrecht

Werke der Kunst, Literatur und Wissenschaft sind durch Gesetze geschützt. Nur der **Urheber** derartiger Werke darf diese veröffentlichen oder vervielfältigen oder anderen Nutzungsrechte einräumen. Wird ein Werk genutzt, muss die Quelle stets angegeben werden.

Grundwissen

Dokumente und Dateien

Softwarewerkzeuge arbeiten mit Objekten der Klasse DOKUMENT. Diese Objekte befinden sich im Arbeitsspeicher des Computers, solange sie geöffnet sind. Um ein **Dokument** dauerhaft zu sichern, stellt die Klasse DOKUMENT Methoden zum Speichern zur Verfügung, die ein Dokument in eine **Datei** „einpacken" und dann auf persistenten Speichermedien ablegen können.

Objekte der Klasse DATEI können mithilfe eines **Dateimanagers** verwaltet werden. Zum Öfffnen benötigt man ein geeignetes Softwarewerkzeug. Beim Öffnen wird das zur Datei gehörige Dokument in den Arbeitsspeicher geladen.

Saskia hat einen Schülerzeitungsartikel über die neuen Schülersprecher erstellt.

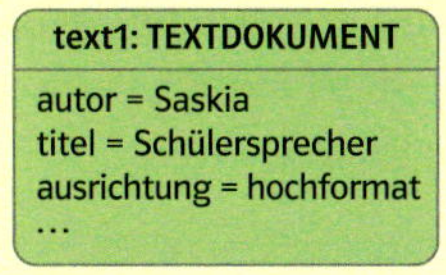

Dieses Textdokument wird in der Datei *schülerspr* auf Saskias Speicherstick dauerhaft gespeichert.

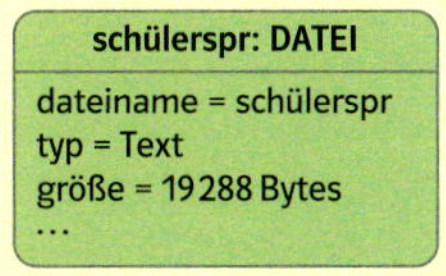

Ordner

Das **Dateisystem** organisiert die Ablage von Dateien auf einem persistenten Speichermedium. Dieses ermöglicht das Anlegen von **Ordnern**, in die Dateien gespeichert werden können. Auf diese Weise lässt sich die Dateiablage auf einem Speichermedium strukturieren und ordnen. Zwischen Objekten der Klasse ORDNER und Objekten der Klasse DATEI besteht eine *enthält*-Beziehung.

Auf dem Stick gibt es einen Ordner *saskias_artikel*, in dem sich neben der Datei *schülerspr* noch zwei weitere Dateien mit Artikeln für die Schülerzeitung befinden.

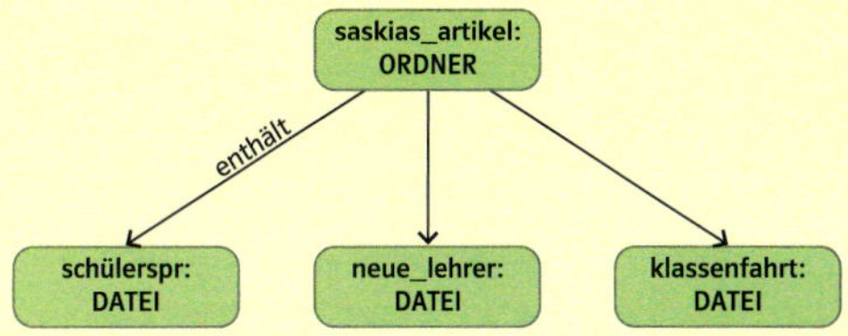

Ordnerbäume

Ordner können neben Dateien weitere Ordner enthalten; es liegt also eine *enthält*-Beziehung zwischen Objekten derselben Klasse vor.

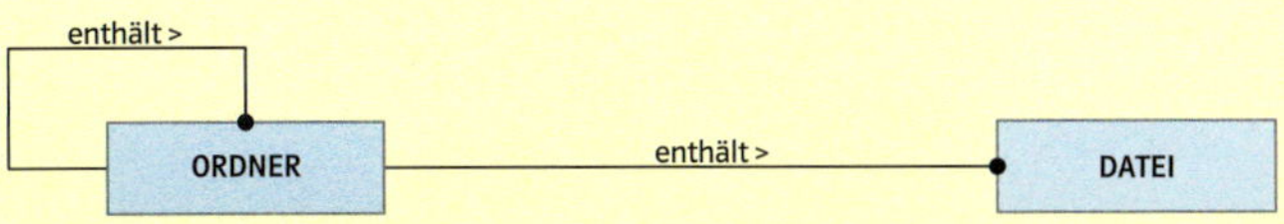

Dadurch bekommt ein Objektdiagramm aus Ordnern und Dateien die Struktur eines **Baumes**.

Den Weg von der Wurzel des Baumes über alle Ordner bis zu einer bestimmten Datei bzw. zu einem bestimmten Ordner heißt **Pfad** der Datei bzw. des Ordners. Mithilfe des Pfades lässt sich die Lage einer Datei oder eines Ordners in einem Baum angeben.

Für die Oktober-Ausgabe der Schülerzeitung sammelt die Redaktion alle Dateien mit den Artikeln und legt sie für jeden Verfasser in einem eigenen Ordner ab.

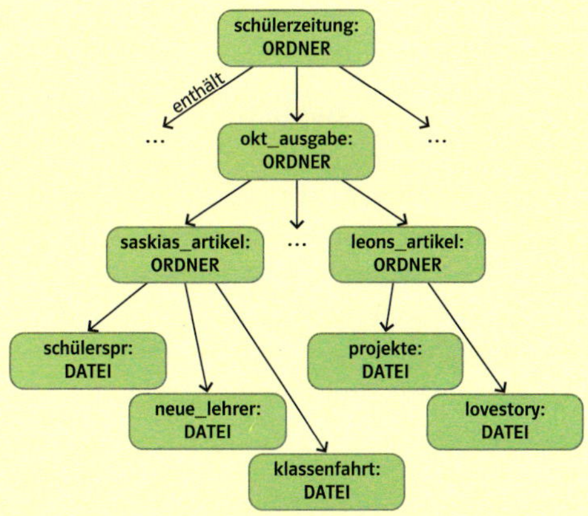

Der Pfad zu Saskias Datei über die Schülersprecher könnte folgendermaßen notiert werden: *schülerzeitung\okt_ausgabe\saskias_artikel\schülerspr.txt*

Hierarchische Informationsstrukturen

Baumdiagramme werden häufig genutzt, um Informationen übersichtlich darzustellen. Voraussetzung für eine Baumstruktur ist, dass eine Beziehung zwischen den beteiligten Objekten vorliegt, die eine **Hierarchie** bildet. Dabei dürfen jedem Objekt beliebig viele Objekte untergeordnet sein, aber es darf höchstens ein unmittelbar übergeordnetes Objekt geben.

Verweise und Hypertextdokumente

Über **Verweise** in Dokumenten (häufig auch **Hyperlinks** oder kurz **Links** genannt) kann man schnell zu einer anderen Stelle im selben Dokument oder zu einem anderen Dokument gelangen. Verweise sind Objekte der Klasse VERWEIS. Dokumente, die Verweise enthalten, heißen **Hypertextdokumente**.
Klassendiagramm:

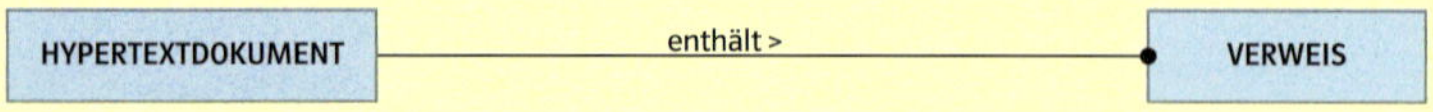

Das folgende Objektdiagramm zeigt das Dokument *meineHobbys*, das einen Verweis *fußball* enthält.

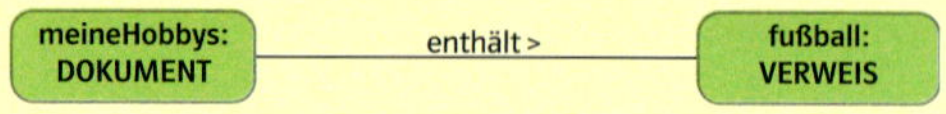

Hypertextstrukturen

Meist liegt das Verweisziel eines Verweises in einem anderen Dokument als der Verweis. So entsteht eine *verweist_auf*-Beziehung zwischen dem Dokument, das den Verweis enthält, und dem Dokument, das das Verweisziel enthält.
Ein Dokument kann auf beliebig viele andere verweisen und umgekehrt kann auf dieses Dokument auch von beliebig vielen anderen Dokumenten verwiesen werden.
Klassendiagramm:

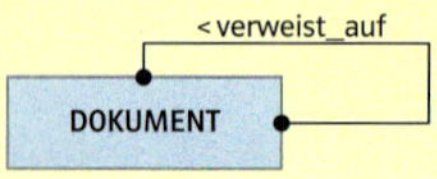

Dadurch entsteht eine netzartige Struktur, die man **Hypertextstruktur** nennt. Das entsprechende Objektdiagramm ist ein Beispiel für einen **Graphen**.

Der Verweis *fußball* zielt auf den Anfang des Dokumentes *fcBayern*. Dieser Sachverhalt lässt sich kurz als *verweist_auf*-Beziehung zwischen den beteiligten Dokumenten auffassen, wie folgendes, vereinfachtes Objektdiagramm zeigt.

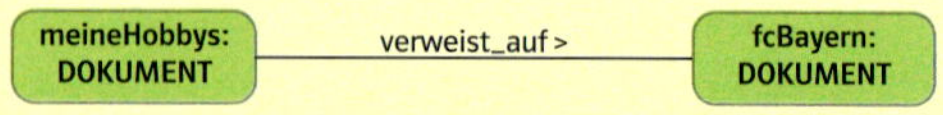

Hypertextdokumente im Internet

Auf Servern im Internet liegen Hypertextdokumente bereit, die von **Clients** angefordert und anschließend in einem Browser dargestellt werden können. **Router** sorgen dafür, dass zwischen Client und **Server** ein Weg zur Datenübertragung gefunden wird. Die Adresse des Hypertextdokumentes wird als **URL** angegeben.

Im Attribut *zieladresse* des Verweises wird die URL als Wert eingetragen. Die Objektkarte des Verweises *fußball* könnte damit z. B. folgendermaßen aussehen:

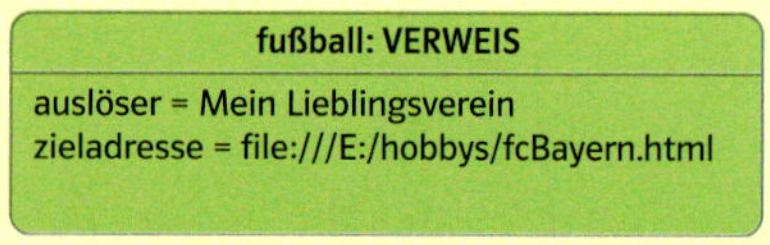

Informationsbeschaffung im Internet

Sucht man im Internet nach Dokumenten zu einem bestimmten Thema, kann man eine entsprechende Anfrage an eine **Suchmaschine** stellen. Als Ergebnis liefert die Suchmaschine eine Liste mit Verweisen. Wie gut diese Trefferliste tatsächlich zum gesuchten Thema passt, hängt meist davon ab, wie geschickt die Suchanfrage gestellt wurde. Unabhängig davon sollten Suchergebnisse hinsichtlich Qualität und Wahrheitsgehalt stets kritisch bewertet werden.

Grundwissen

Elektronische Kommunikation

Elektronische Kommunikation kann auf unterschiedliche Weise erfolgen:

- **E-Mail-artige Systeme** mit exakt festgelegten Empfängern:
  Hier können beide Kommunikationspartner Sender und Empfänger sein.
- **Instant Messenger:**
  Hier sind die Kommunikationspartner ebenfalls festgelegt und die Kommunikation kann in beide Richtungen laufen. Zudem kann sie in Echtzeit erfolgen, d.h., das Senden und Empfangen kann zeitlich nahezu unverzögert (instantan) erfolgen.
- Veröffentlichungen im Internet, z.B. auf einer Webseite:
  Hier gibt es einen Sender und beliebig viele Empfänger. Die Rolle von Sender und Empfänger ist nicht austauschbar.
- Veröffentlichungen für einen beschränktem Kreis von Empfängern:
  Hierzu zählt etwa die Veröffentlichung in einem Nachrichtenforum oder in einem Forum, bei dem sich die Empfänger registrieren müssen. Auch hier ist die Rolle von Sender und Empfänger festgelegt.

Die Wahl eines geeigneten Kommunikationssystems erfolgt in Abhängigkeit von den Zielen, Rahmenbedingungen und Inhalten der Kommunikation.

Bei E-Mail und Instant Messenger können alle an der Kommunikation beteiligten Personen gleichberechtigt senden und empfangen.

In Nachrichtenforen oder sozialen Netzwerken erfolgt die Kommunikation mit einem eingeschränkten Kreis von Empfängern.

Bei einer Veröffentlichung im Internet ist der Kreis der Empfänger nicht beschränkt.

Datensicherheit

Durch **Datensicherheit** wird gewährleistet, dass

- nur autorisierte Benutzer Zugriff auf den Datenbestand haben,
- die Daten vor versehentlicher oder mutwilliger Veränderung geschützt sind (Integrität) und
- die Daten jederzeit verfügbar sind (Verfügbarkeit).

Eine regelmäßige Sicherung **(Backupstrategie)** der Daten auf einem externen Datenträger schützt vor Datenverlust und sichert die Verfügbarkeit.

Passwörter sind die Voraussetzung für eine autorisierte Verwendung eines Datenbestands. Hier ist auf eine sorgfältige Festlegung des Passworts zu achten.

Eine **Firewall** macht die Rechner des lokalen Netzwerks für externe Rechner unsichtbar und damit nicht angreifbar.

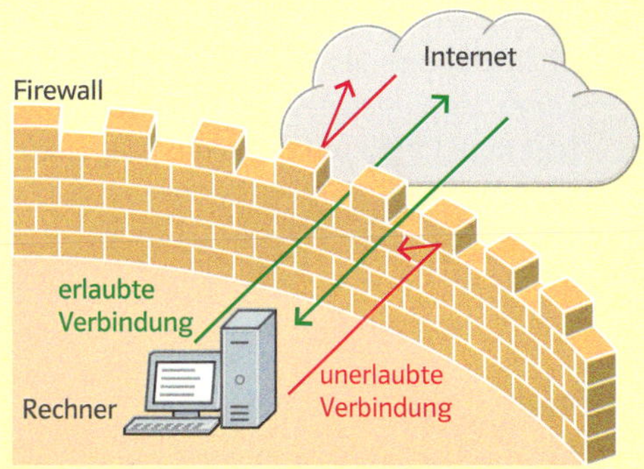

Datenschutz

Während die Datensicherheit den technischen Schutz der Daten umfasst, versteht man unter **Datenschutz** den gesetzlichen Schutz personenbezogener Daten vor Missbrauch durch andere Personen oder Institutionen.

Der Datenschutz umfasst auch Persönlichkeitsrechte wie etwa das Recht am eigenen Bild. Ein zurückhaltender Umgang mit den eigenen Daten bildet eine vorbeugende Maßnahme zu deren Schutz.

Grundwissen

Sequenz von Anweisungen

Ein Programm, das lediglich eine **Sequenz** von Methodenaufrufen an ein Objekt enthält, wird genau in der angegebenen Reihenfolge abgearbeitet.
Das Beispiel zeigt eine Sequenz mit vier Methodenaufrufen an Roboter *karli*.

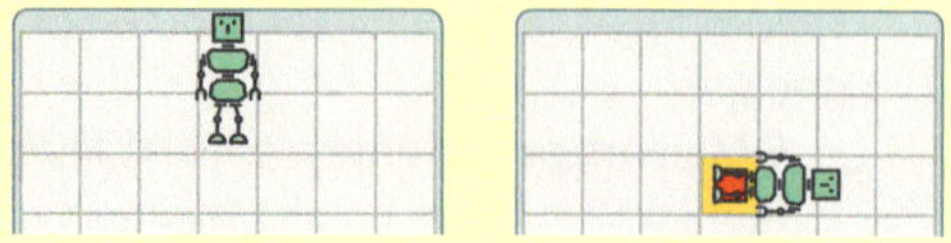

Die linke Abbildung zeigt Karli vor, die rechte Abbildung nach Ablauf der abgebildeten Sequenz mit vier Methodenaufrufen.

```
karli.ziegelHinlegen()
karli.vorwärtsGehen()
karli.rechtsDrehen()
karli.markeSetzen()
```

Wiederholungen

Soll eine Sequenz wiederholt werden, wobei die Anzahl der Ausführungen vorher feststeht, so wird dies durch eine **feste Anzahl von Wiederholungen** realisiert.
Das Beispiel zeigt eine Anweisung zur viermaligen Wiederholung der Sequenz aus obigem Beispiel.

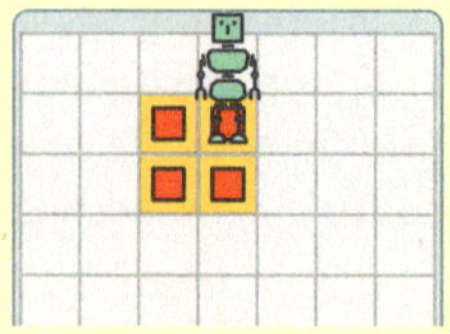

```
wiederhole 4-mal
  karli.ziegelHinlegen()
  karli.vorwärtsGehen()
  karli.rechtsDrehen()
  karli.markeSetzen()
endeWiederhole
```

Die Abbildung zeigt Karlis Boden nach viermaliger Wiederholung der obigen Sequenz.

Bedingte Anweisungen

Bei Anweisungen, die nur unter einer bestimmten Bedingung ausgeführt werden, unterscheidet man zwischen **bedingter Anweisung** und **bedingter Anweisung mit Alternative**. Falls die Bedingung nicht erfüllt ist, wird im ersten Fall keine Anweisung, im zweiten Fall eine alternative Sequenz ausgeführt.
Im linken Beispiel wird – falls Karli nicht vor einem Ziegel steht – keine der aufgelisteten Methoden ausgeführt, im rechten Beispiel legt Karli für diesen Fall einen Ziegel vor sich hin.

Bedingte Anweisung:

```
falls karli.vorZiegel()
  karli.ziegelAufheben()
  karli.vorwärtsGehen()
  karli.markeSetzen()
endeFalls
```

Bedingte Anweisung mit Alternative:

```
falls karli.vorZiegel()
  karli.ziegelAufheben()
  karli.vorwärtsGehen()
  karli.markeSetzen()
sonst
  karli.ziegelHinlegen()
endeFalls
```

Die jeweils linke (rechte) Abbildung zeigt Karli vor (nach) Ablauf der bedingten Anweisung bzw. bedingten Anweisung mit Alternative.

Bedingte Wiederholung

Soll eine Sequenz wiederholt werden, bis bzw. solange eine bestimmte Bedingung erfüllt ist, verwendet man eine **bedingte Wiederholung**. Es wird die Bedingung vor jeder Ausführung der Sequenz geprüft. Im Beispiel setzt Karli von einem beliebigen Standpunkt aus eine Reihe mit Marken bis zur nächsten Wand.

```
wiederhole bis
    karli.vorWand()
  karli.markeSetzen()
  karli.vorwärtsGehen()
endeWiederhole
```

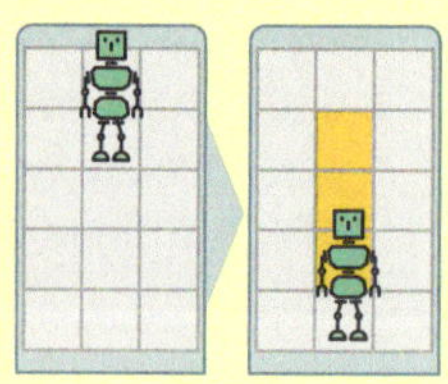

Die linke Abbildung zeigt Karli vor, die rechte Abbildung zeigt Karli nach Ablauf der bedingten Wiederholung.

Algorithmen

Algorithmen entstehen durch Kombination der oben genannten Strukturelemente, die beliebig verschachtelt werden können.

Projektarbeit

Eine umfangreiche, einmalige Aufgabe mit klarer Zielvorgabe, die arbeitsteilig innerhalb eines vorgegebenen Zeitrahmens erledigt wird, wie z. B. das Programmieren von Mikrocontrollern, bezeichnet man als **Projekt**.

1 *SQL* als Abfragesprache

Mithilfe von *SQL* als Abfragesprache können (eventuell mit weiteren Eingabeargumenten) neue Tabellen berechnet werden. Die Eingabetabelle wird dabei nicht verändert!

<table>
<tr><th>Abfragen an eine Tabelle</th><th>Bedeutung</th><th colspan="2">Beispiel</th></tr>
<tr><td></td><td></td><td>Gegeben ist die Tabelle FAHRRAD mit den Spalten RahmenNr, Fahrradtyp, Hersteller, EKP (Einkaufspreis) und UVP (unverbindliche Preisempfehlung).</td><td><table>
<tr><th colspan="5">FAHRRAD</th></tr>
<tr><th>RahmenNr</th><th>Fahrradtyp</th><th>Hersteller</th><th>EKP</th><th>UVP</th></tr>
<tr><td>121A3</td><td>Mountainbike</td><td>RADMAX</td><td>336,00 €</td><td>419,00 €</td></tr>
<tr><td>23U78</td><td>Rennrad</td><td>RADMAX</td><td>479,00 €</td><td>599,00 €</td></tr>
<tr><td>236KK</td><td>Mountainbike</td><td>WindTec</td><td>640,00 €</td><td>980,00 €</td></tr>
<tr><td>55AB5</td><td>Trekkingrad</td><td>WindTec</td><td>125,50 €</td><td>169,90 €</td></tr>
<tr><td>98GH1</td><td>Rennrad</td><td>WindTec</td><td>890,00 €</td><td>1.199,00 €</td></tr>
<tr><td>71AK3</td><td>Rennrad</td><td>Global</td><td>630,00 €</td><td>790,50 €</td></tr>
</table></td></tr>
<tr><td><code>SELECT *</code>
<code>FROM TABELLE;</code></td><td>Ausgabe der gesamten Tabelle (alle Datensätze mit allen Spalten).</td><td><code>SELECT *</code>
<code>FROM FAHRRAD;</code>

liefert alle Daten der Tabelle FAHRRAD.</td><td><table>
<tr><th>RahmenNr</th><th>Fahrradtyp</th><th>Hersteller</th><th>EKP</th><th>UVP</th></tr>
<tr><td>121A3</td><td>Mountainbike</td><td>RADMAX</td><td>336,00 €</td><td>419,00 €</td></tr>
<tr><td>23U78</td><td>Rennrad</td><td>RADMAX</td><td>479,00 €</td><td>599,00 €</td></tr>
<tr><td>236KK</td><td>Mountainbike</td><td>WindTec</td><td>640,00 €</td><td>980,00 €</td></tr>
<tr><td>55AB5</td><td>Trekkingrad</td><td>WindTec</td><td>125,50 €</td><td>169,90 €</td></tr>
<tr><td>98GH1</td><td>Rennrad</td><td>WindTec</td><td>890,00 €</td><td>1.199,00 €</td></tr>
<tr><td>71AK3</td><td>Rennrad</td><td>Global</td><td>630,00 €</td><td>790,50 €</td></tr>
</table></td></tr>
<tr><td><code>SELECT Spalte1,</code>
<code> Spalte2 ...</code>
<code>FROM TABELLE;</code></td><td>Ausgabe von Spalte1, Spalte2 … aller Datensätze (Projektion).</td><td><code>SELECT RahmenNr, UVP</code>
<code>FROM FAHRRAD;</code>

liefert von allen Datensätzen nur die Spalten RahmenNr und UVP.</td><td><table>
<tr><th>RahmenNr</th><th>UVP</th></tr>
<tr><td>121A3</td><td>419,00 €</td></tr>
<tr><td>23U78</td><td>599,00 €</td></tr>
<tr><td>236KK</td><td>980,00 €</td></tr>
<tr><td>55AB5</td><td>169,90 €</td></tr>
<tr><td>98GH1</td><td>1.199,00 €</td></tr>
<tr><td>71AK3</td><td>790,50 €</td></tr>
</table></td></tr>
<tr><td><code>SELECT *</code>
<code>FROM TABELLE</code>
<code>WHERE Bedingung;</code></td><td>Ausgabe aller Spalten derjenigen Datensätze, welche die Bedingung erfüllen (Selektion).</td><td><code>SELECT *</code>
<code>FROM TABELLE</code>
<code>WHERE Fahrradtyp = 'Rennrad';</code>

liefert alle Datensätze, bei denen Fahrradtyp = 'Rennrad' gilt.</td><td><table>
<tr><th>RahmenNr</th><th>Fahrradtyp</th><th>Hersteller</th><th>EKP</th><th>UVP</th></tr>
<tr><td>23U78</td><td>Rennrad</td><td>RADMAX</td><td>479,00 €</td><td>599,00 €</td></tr>
<tr><td>98GH1</td><td>Rennrad</td><td>WindTec</td><td>890,00 €</td><td>1.199,00 €</td></tr>
<tr><td>71AK3</td><td>Rennrad</td><td>Global</td><td>630,00 €</td><td>790,50 €</td></tr>
</table></td></tr>
</table>

<table>
<tr><th>Abfragen an eine Tabelle</th><th>Bedeutung</th><th>Beispiel</th><th></th></tr>
<tr><td>SELECT Spalte1,
  Spalte2 ...
FROM TABELLE
WHERE Bedingung;</td><td>Ausgabe von Spalte1, Spalte2 ... derjenigen Datensätze, welche die Bedingung erfüllen.</td><td>SELECT Fahrradtyp, Hersteller
FROM TABELLE
WHERE UVP < 600;

liefert von allen Datensätzen, bei denen die unverbindliche Preisempfehlung kleiner als 600 € ist, die Spalten Fahrradtyp und Hersteller.</td><td><table><tr><th>Fahrradtyp</th><th>Hersteller</th></tr><tr><td>Mountainbike</td><td>RADMAX</td></tr><tr><td>Rennrad</td><td>RADMAX</td></tr><tr><td>Trekkingrad</td><td>WindTec</td></tr></table></td></tr>
<tr><td>SELECT *
FROM TABELLE
WHERE Spalte1 LIKE
  '%text%';</td><td>Ausgabe aller Datensätze, deren Wert in Spalte1 die Zeichenkette 'text' enthält. Dabei ist % ein Platzhalter für eine Zeichenfolge aus keinem, einem oder mehreren Zeichen.</td><td>SELECT *
FROM FAHRRAD
WHERE Fahrradtyp LIKE '%rad';

liefert alle Datensätze, deren Fahrradtyp mit 'rad' endet, da der Platzhalter % nur davorsteht.</td><td><table><tr><th>RahmenNr</th><th>Fahrradtyp</th><th>Hersteller</th><th>EKP</th><th>UVP</th></tr><tr><td>23U78</td><td>Rennrad</td><td>RADMAX</td><td>479,00 €</td><td>599,00 €</td></tr><tr><td>55AB5</td><td>Trekkingrad</td><td>WindTec</td><td>125,50 €</td><td>169,90 €</td></tr><tr><td>98GH1</td><td>Rennrad</td><td>WindTec</td><td>890,00 €</td><td>1.199,00 €</td></tr><tr><td>71AK3</td><td>Rennrad</td><td>Global</td><td>630,00 €</td><td>790,50 €</td></tr></table></td></tr>
<tr><td>SELECT Spalte1 AS Spal-
  teA, Spalte2 AS Spal-
  teB
FROM TABELLE;</td><td>Ausgabe von Spalte1 und Spalte2, die jedoch die Aliasnamen SpalteA bzw. SpalteB erhalten.</td><td>SELECT RahmenNr AS Nummer,
    UVP AS Preis
FROM FAHRRAD;

liefert von allen Datensätzen die Spalten RahmenNr und UVP, die jedoch in Nummer bzw. Preis umbenannt wurden.</td><td><table><tr><th>Nummer</th><th>Preis</th></tr><tr><td>121A3</td><td>419,00 €</td></tr><tr><td>23U78</td><td>599,00 €</td></tr><tr><td>236KK</td><td>980,00 €</td></tr><tr><td>55AB5</td><td>169,90 €</td></tr><tr><td>98GH1</td><td>1.199,00 €</td></tr><tr><td>71AK3</td><td>790,50 €</td></tr></table></td></tr>
<tr><td>SELECT DISTINCT Spalte1
FROM TABELLE;</td><td>Ausgabe aller verschiedenen Werte innerhalb von Spalte1.</td><td>SELECT DISTINCT Hersteller
FROM FAHRRAD;

liefert alle verschiedenen Hersteller.</td><td><table><tr><th>Hersteller</th></tr><tr><td>RADMAX</td></tr><tr><td>WindTec</td></tr><tr><td>Global</td></tr></table></td></tr>
</table>

Abfragen an mehrere Tabellen	Bedeutung	Beispiel
		Gegeben sind drei Tabellen MITGLIED, SPORTGRUPPE und IST_AKTIV_IN. Jeder Teilnehmer kann bei beliebig vielen Sportgruppen Mitglied sein. IST_AKTIV_IN ist Beziehungstabelle mit den beiden Fremdschlüsseln, die auf die Tabellen MITGLIED bzw. SPORTGRUPPE verweisen.

MITGLIED

Nr	Name	m_w	Geburtsdatum
10	Paula Frei	w	15.05.1988
11	Peter Schmid	m	01.01.1971
12	Anton Klar	m	28.04.1993

SPORTGRUPPE

ID	Sportart	Kursbeitrag
F1w	Fußball	15 €
F1m	Fußball	20 €
V4mw	Volleyball	29 €

IST_AKTIV_IN

Mitglied	Sportgruppe
10	F1w
11	F1m
11	V4mw
12	F1m

Abfrage:

```
SELECT *
FROM TABELLE1, TABELLE2;
```

Bedeutung: Kreuzprodukt (kartesisches Produkt) zweier Tabellen.

Beispiel:

```
SELECT *
FROM MITGLIED, SPORTGRUPPE;
```

Jedes Mitglied wird mit jedem Datensatz der Tabelle SPORTGRUPPE verknüpft. Dies führt auch zu sinnlosen Datensätzen.

Nr	Name	m_w	Geburtsdatum	ID	Sportart	Kursbeitrag
10	Paula Frei	w	15.05.1988	F1w	Fußball	15 €
10	Paula Frei	w	15.05.1988	F1m	Fußball	20 €
10	Paula Frei	w	15.05.1988	V4mw	Volleyball	29 €
11	Peter Schmid	m	01.01.1971	F1w	Fußball	15 €
11	Peter Schmid	m	01.01.1971	F1m	Fußball	20 €
11	Peter Schmid	m	01.01.1971	V4mw	Volleyball	29 €
12	Anton Klar	m	28.04.1993	F1w	Fußball	15 €
12	Anton Klar	m	28.04.1993	F1m	Fußball	20 €
12	Anton Klar	m	28.04.1993	V4mw	Volleyball	29 €

Abfrage:

```
SELECT *
FROM TABELLE1, TABELLE2
WHERE
   TABELLE2.Fremd-
   schlüssel =
   TABELLE1.Primär-
   schlüssel;
```

Bedeutung: Join zweier Tabellen, wobei TABELLE2 einen Fremdschlüssel hat, der auf den Primärschlüssel von TABELLE1 verweist.

Beispiel:

```
SELECT *
FROM MITGLIED, IST_AKTIV_IN
WHERE
   IST_AKTIV_IN.MITGLIED =
   MITGLIED.Nr;
```

gibt die Informationen über alle Mitglieder mit der *ID* derjenigen Sportgruppe an, in der sie Mitglied sind.

Nr	Name	m_w	Geburtsdatum	Mitglied	Sportgruppe
10	Paula Frei	w	15.05.1988	10	F1w
11	Peter Schmid	m	01.01.1971	11	F1m
11	Peter Schmid	m	01.01.1971	11	V4mw
12	Anton Klar	m	28.04.1993	12	F1m

Abfragen an mehrere Tabellen

```
SELECT *
FROM TABELLE1, TABELLE2,
  TABELLE3
WHERE
  TABELLE3.Fremdschlüs-
  sel1 = TABELLE1.Pri-
  märschlüsel
  AND
  TABELLE3.Fremdschlüs-
  sel2 = TABELLE2.Pri-
  märschlüssel;
```

Bedeutung: Join dreier Tabellen, wobei TABELLE3 als Beziehungstabelle zwei Fremdschlüssel hat. Einer verweist auf den Primärschlüssel von TABELLE1, der andere auf den Primärschlüssel von TABELLE2.

Beispiel:

```
SELECT
  MITGLIED.Nr,
  MITGLIED.Name,
  IST_AKTIV_IN.Sportgruppe,
  SPORTGRUPPE.Sportart,
  SPORTGRUPPE.Kursbeitrag
FROM
  MITGLIED,
  SPORTGRUPPE,
  IST_AKTIV_IN
WHERE
  IST_AKTIV_IN.Mitglied =
    MITGLIED.Nr AND
  IST_MITGLIED_IN.Sportgrup-
    pe = SPORTGRUPPE.ID;
```

Nr	Name	Sportgruppe	Sportart	Kursbeitrag
10	Paula Frei	F1w	Fußball	15 €
11	Peter Schmid	F1m	Fußball	20 €
11	Peter Schmid	V4mw	Volleyball	29 €
12	Anton Klar	F1m	Fußball	20 €

Erweiterung und Gruppierung einer Tabelle

Beispiel: Gegeben ist die Tabelle GEBRAUCHTWAGEN eines Autohändlers. Der größte Teil der Gebrauchtwagen kann in mehreren Monatsraten abbezahlt werden. Wenn dies nicht vorgesehen ist, gilt *Ratenmonate* = 1.

GEBRAUCHTWAGEN

Nr	Firma	Modell	Baujahr	Km-Stand	Preis	Ratenmonate
2007-1	PBM	Eco	2016	75000	4.200 €	12
2007-13	Lopa	Ole	2016	148000	11.700 €	24
2005-9	Merz	3000	2007	268000	1.050 €	3
2004-33	PBM	Lux	2016	190000	5.250 €	6
2006-63	PBM	Kap	2020	13000	8.550 €	18
2007-14	Merz	1000	2018	4370	6.300 €	6
2000-8	Lopa	Baro	2007	190000	4.296 €	12
2006-45	Lopa	Vogue	2013	244000	1.020 €	1

```
SELECT Spalte1,
  Spalte2 ...,
  Rechenterm AS SpalteNEU
FROM TABELLE
```

Bedeutung: Ausgabe einer Tabelle mit einer neuen Spalte (Erweiterung). Der Rechenterm gibt die Operation an, die auf jeden Datensatz angewandt wird.

Beispiel:

```
SELECT Nr, Firma, Modell,
  (Preis / Ratenmonate) AS Rate
FROM GEBRAUCHTWAGEN;
```

Neben *Nr*, *Firma* und *Modell* wird die fällige Monatsrate in der Spalte *Rate* ausgegeben.

Nr	Firma	Modell	Rate
2007-1	PBM	Eco	350 €
2007-13	Lopa	Ole	487,50 €
2005-9	Merz	3000	350 €
2004-33	PBM	Lux	875 €
2006-63	PBM	Kap	475 €
2007-14	Merz	1000	1.050 €
2000-8	Lopa	Baro	358 €
2006-45	Lopa	Vogue	1.020 €

<table>
<tr><th>Erweiterung und Gruppierung einer Tabelle</th><th>Bedeutung</th><th>Beispiel</th><th></th></tr>
<tr><td><code>SELECT Spalte1
FROM TABELLE
GROUP BY Spalte1;</code></td><td>Ausgabe der verschiedenen Werte von Spalte1, nach der die Tabelle gruppert worden ist (Gruppierung nach einer Spalte).</td><td><code>SELECT Firma
FROM GEBRAUCHTWAGEN
GROUP BY Firma;</code>

gibt alle Herstellerfirmen der vorhandenen Autos aus.

Hinweis:
Die Abfrage

<code>SELECT DISTINCT Firma
FROM GEBRAUCHTWAGEN;</code>

liefert dasselbe Ergebnis.</td><td><table><tr><th>Firma</th></tr><tr><td>PBM</td></tr><tr><td>Lopa</td></tr><tr><td>Merz</td></tr></table></td></tr>
<tr><td><code>SELECT Spalte1,
  FKT(Spalte2) AS
  SpalteNEU
FROM TABELLE
GROUP BY Spalte1;</code></td><td>Ausgabe der verschiedenen Werte von Spalte1 mit einer zusätzlichen Spalte von Funktionswerten einer Aggregatfunktion (Gruppierung nach der Spalte1 und Erweiterung um SpalteNEU). FKT steht für eine der Aggregatfunktionen, z.B. MIN, MAX, COUNT, AVG oder SUM.</td><td><code>SELECT Firma, COUNT(Nr) AS
  Anzahl, MAX(Baujahr) AS
  NeuesterWagen
FROM GEBRAUCHTWAGEN
GROUP BY Firma;</code>

liefert eine Tabelle mit den Herstellerfirmen, der jeweiligen Anzahl vorhandener Autos und dem jeweiligen Baujahr des neuesten vorhandenen Autos.</td><td><table><tr><th>Firma</th><th>Anzahl</th><th>NeuesterWagen</th></tr><tr><td>PBM</td><td>3</td><td>2020</td></tr><tr><td>Lopa</td><td>3</td><td>2016</td></tr><tr><td>Merz</td><td>2</td><td>2018</td></tr></table></td></tr>
</table>

2 *SQL* als Definitionssprache

Mit SQL können auch die Struktur von Datenbanktabellen festgelegt und neue Tabellen erzeugt werden.

Befehl	Bedeutung	Beispiel

`CREATE TABLE TABELLE1(`
`   Spalte1 Datentyp1,`
`   Spalte2 Datentyp2, ... ,`
`   PRIMARY KEY(Spalte1)`
`);`
	Definiert und erzeugt eine neue Tabelle TABELLE1 mit den Spalten und zugehörigen Wertebereichen (Datentypen). Die Festlegung des Primärschlüssels erfolgt am Ende.	`CREATE TABLE SCHULE(`
		`   Nr INTEGER,`
		`   Art VARCHAR(20),`
		`   Name VARCHAR(50),`
		`   Adresse VARCHAR(50),`
		`   PRIMARY KEY(Nr)`
		`);`
		
		legt eine Tabelle SCHULE mit den Spalten *Nr, Art, Name* und *Adresse* fest. Als Primärschlüssel wird die Spalte *Nr* gewählt.
		Die Datentypen bedeuten:
		INTEGER: ganze Zahl und
		VARCHAR(20): eine Zeichenkette mit maximal 20 Zeichen.
		Es gibt noch:
		DATE: Datumswert und
		DECIMAL: Dezimalzahl.

`CREATE TABLE TABELLE2(`
`   Spalte1 Datentyp1,`
`   Spalte2 Datentyp2, ... ,`
`   SpalteF DatentypF,`
`   PRIMARY KEY(Spalte1),`
`   FOREIGN KEY(SpalteF)`
`      REFERENCES`
`      TABELLE1(Spalte1)`
`      ON DELETE CASCADE`
`);`
	Definiert und erzeugt eine neue Tabelle TABELLE2, die zusätzlich einen Fremdschlüssel (SpalteF) enthält, der auf den Primärschlüssel von TABELLE1 verweist. Der Zusatz `ON DELETE CASCADE` bewirkt, dass beim Löschen des Datensatzes in TABELLE1 ebenso der davon abhängige Datensatz in TABELLE2 gelöscht wird.	`CREATE TABLE SCHUELER(`
		`   Snr INTEGER,`
		`   Name VARCHAR(50),`
		`   GebDat DATE,`
		`   Geschlecht VARCHAR(1),`
		`   Jahrgangsstufe INTEGER,`
		`   BesuchteSchule INTEGER,`
		`   PRIMARY KEY(SNr),`
		`   FOREIGN KEY (BesuchteSchule)`
		`      REFERENCES SCHULE(Nr)`
		`      ON DELETE CASCADE`
		`);`
		
		definiert und erzeugt eine Tabelle SCHUELER mit dem Fremdschlüssel *BesuchteSchule*, der auf die Spalte *Nr* der Tabelle SCHULE verweist. Wird eine Schule aufgelöst und in der Tabelle SCHULE gelöscht, so werden automatisch alle Schüler mit der entsprechenden Schulnummer in der Spalte *BesuchteSchule* ebenso gelöscht (vergleiche die Tabelle auf Seite 262).

Befehl	Bedeutung	Beispiel

`CREATE VIEW ABFRAGE1 AS`
`  SELECT ...`
`  FROM ...`
`  WHERE ...`
	Erzeugt eine Sicht (View).
	Damit können Ergebnistabellen von Abfragen dauerhaft gespeichert werden. In vielen Datenbanksystemen kann jede Abfrage als Sicht gespeichert werden.
		`CREATE VIEW SCHUELER_IN_SCHULE AS`
		`  SELECT SCHUELER.Snr,`
		`    SCHUELER.Name,`
		`    SCHULE.Name`
		`  FROM SCHUELER, SCHULE`
		`  WHERE SCHUELER.BesuchteSchule = SCHULE.Nr;`
		
		erzeugt eine Sicht mit den Schülernummern, Schülernamen und den Namen der besuchten Schulen.

3 *SQL* als Datenmanipulationssprache

Im Gegensatz zu Abfragen, bei denen lediglich eine neue Tabelle berechnet wird, führt die Anwendung von *SQL* als Datenmanipulationssprache zu einer Veränderung der ursprünglichen Tabelle. Es wird also keine neue Tabelle berechnet.

Befehl	Bedeutung	Beispiel

`INSERT INTO TABELLE1`
`VALUES (Datum1,`
`Datum2 ... );`
	Einfügen neuer Datensätze in TABELLE1.	`INSERT INTO SCHUELER VALUES`
		`(12,'Lisa Alt',`
		`12.12.2005, 'w',10,122);`
		`INSERT INTO SCHUELER VALUES`
		`(13,'Paul Anthoff',`
		`10.08.2007,'m',8,122);`
		`INSERT INTO SCHUELER VALUES`
		`(93,'Lena Erl',`
		`14.12.2003,'w',12,431);`
		`INSERT INTO SCHUELER VALUES`
		`(136,'Maja Fuchs',`
		`12.03.2004,'w',12,289);`
		`INSERT INTO SCHUELER VALUES`
		`(137,'Stefan Fuchs',`
		`09.03.2005,'m',11,289);`
		
		Hier werden in die Tabelle SCHUELER fünf Datensätze eingefügt. Zu beachten ist, dass die jeweiligen letzten Werte als Schulnummern in der Tabelle SCHULE bereits existieren müssen.

SCHUELER

SNr	Name	Geburts-datum	Ge-schlecht	Jahrgangs-stufe	Besuchte-Schule
12	Lisa Alt	12.12.2005	w	10	122
13	Paul Anthoff	10.08.2007	m	8	122
93	Lena Erl	14.12.2003	w	12	431
136	Maja Fuchs	12.03.2004	w	12	289
137	Stefan Fuchs	09.03.2005	m	11	289

Befehl	Bedeutung	Beispiel

`DELETE FROM TABELLE1`
`WHERE Bedingung;`
	Löschen vorhandener Datensätze, die eine bestimmte Bedingung erfüllen.	`DELETE FROM SCHUELER`
		`WHERE Jahrgangsstufe = 12;`
		
		Die Schülerinnen und Schüler aller Schulen der Jahrgangsstufe 12 werden gelöscht.

SCHUELER

SNr	Name	Geburts-datum	Ge-schlecht	Jahrgangs-stufe	Besuchte-Schule
12	Lisa Alt	12.12.2005	w	10	122
13	Paul Anthoff	10.08.2007	m	8	122
137	Stefan Fuchs	09.03.2005	m	11	289

Befehl	Bedeutung	Beispiel

`UPDATE Tabelle1`
`SET Spalte1 = Wert1,`
`Spalte2 = Wert2`
`WHERE Bedingung;`
	Verändern von Werten bestimmter Spalten mit gegebener Bedingung.	`UPDATE SCHUELER`
		`SET BesuchteSchule = 289`
		`WHERE BesuchteSchule = 122;`
		
		Alle Schülerinnen und Schüler, die die Schule mit Schulnummer 122 besuchen, werden in die Schule mit der Nummer 289 verlegt, und zwar jeweils in dieselbe Jahrgangsstufe.

SCHUELER

SNr	Name	Geburts-datum	Ge-schlecht	Jahrgangs-stufe	Besuchte-Schule
12	Lisa Alt	12.12.2005	w	10	289
13	Paul Anthoff	10.08.2007	m	8	289
93	Lena Erl	14.12.2003	w	12	431
136	Maja Fuchs	12.03.2004	w	12	289
137	Stefan Fuchs	09.03.2005	m	11	289

Java-Überblick

1 Datentypen

In *Java* gibt es zwei Arten von Typen: primitive Datentypen und Referenz- bzw. Objekttypen.

Primitive Datentypen

Typname	Beschreibung	Länge in Byte	Wertebereich
`boolean`	Boole'scher Wert (wahr oder falsch, 1 Bit)	1	`true`, `false`
`char`	einzelnes Zeichen (16 Bit)	2	alle Unicode-Zeichen, z. B. `'a', ..., 'z', 'A', ..., 'Z', '3', '%' ...` (Zeichen werden in einfache Hochkommata gesetzt)
`byte`	ganze Zahl (8 Bit)	1	$-2^7, \ldots, 2^7 - 1$ ($-128, \ldots, 127$)
`short`	ganze Zahl (16 Bit)	2	$-2^{15}, \ldots, 2^{15} - 1$ ($-32768, \ldots, 32767$)
`int`	ganze Zahl (32 Bit)	4	$-2^{31}, \ldots, 2^{31} - 1$ ($-2147483648, \ldots, 2147483647$)
`long`	ganze Zahl (64 Bit)	8	$-2^{63}, \ldots, 2^{63} - 1$ ($-9223372036854775808, \ldots, 9223372036854775807$)
`float`	Fließkommazahl (32 Bit)	4	$-3{,}40282347 \cdot 10^{38}, \ldots, 3{,}40282347 \cdot 10^{38}$ $-45 < \text{Exponent} \leq 38$
`double`	Fließkommazahl (64 Bit)	8	$-1{,}79769313486231570 \cdot 10^{308}, \ldots, -1{,}79769313486231570 \cdot 10^{308}$ $-324 < \text{Exponent} \leq 308$

Alle primitiven Datentypen haben entsprechend dem Speicherplatzbedarf eine feste Länge.

1 Bit ist eine Informationseinheit (wahr oder falsch, 0 oder 1). 8 Bit ergeben 1 Byte. Wird eine Variable beispielsweise als `byte` deklariert, so wird für diese 1 Byte Speicher zur Verfügung gestellt. Folglich kann man hier nur Zahlen verwenden, für die im Dualsystem maximal sieben Stellen benötigt werden, das achte Bit wird für das Vorzeichen benötigt.

Die möglichen Operatoren sind auf Seite 265 aufgelistet.

Referenztypen (Objekttypen)

Zu den Referenztypen gehören Objekte, Strings und Arrays.

Typname	Beschreibung	Beispiel
`String`	Zeichenkette (Text)	`"Hallo!"`
Array (z.B. `int[ ]`)	Feld (hier ganzzahlig)	`{1, 2, 3, 4, 5}`

Strings und Arrays sind streng genommen auch Objekte, können aber ohne Aufruf des `new`-Operators erzeugt werden.

Java-Überblick

Variablendeklaration

(1) Bei primitiven Datentypen

Syntax:

```
(<Zugriffsmodifikator>) <Datentyp> <Bezeichner> (= <Wert>)
```

`<Zugriffsmodifikator>`	`private` oder `public` (oder `protected`) Innerhalb der Klassendefinition (als globale Variable) prinzipiell `private`, innerhalb einer Methode als lokale Variable wird der Zugriffsmodifikator meist weggelassen.
`<Datentyp>`	Vergleiche Liste auf Seite 263, z. B. `int`, `boolean` oder `char`.
`<Bezeichner>`	Beliebiger Name, sollte aber den Inhalt der Variablen charakterisieren. So sagt etwa `jahre` als Bezeichner mehr aus als `x`.
`<Wert>`	Der Variablen kann gleich ein Wert zugewiesen werden, die Zuweisung ist jedoch nicht zwingend notwendig.

Beispiel	**Erläuterung**
`private int summe;`	Es wird eine ganzzahlige Variable mit dem Bezeichner `summe` deklariert.
`private int jahre = 13;`	Es wird eine ganzzahlige Variable mit dem Bezeichner `jahre` deklariert und ihr der Wert `13` zugewiesen.
`private boolean weiblich;`	Es wird eine Boole'sche Variable mit dem Bezeichner `weiblich` deklariert.
`private boolean neu = true;`	Es wird eine Boole'sche Variable mit dem Bezeichner `neu` deklariert, die den Wert `true` erhält.
`char b = 'x';`	Es wird eine Variable vom Typ *Zeichen* deklariert und mit dem Wert `x` belegt.
`double pi = 3.14159;`	Eine reellwertige Variable namens `pi` wird deklariert und erhält den Wert `3.14159`.

(2) Bei Referenztypen

Zur Erzeugung eines Objektes wird im Allgemeinen der `new`-Operator verwendet.
Zeichenketten (Strings) können oft wie primitive Datentypen behandelt werden, manchmal aber auch nicht (z. B. hinsichtlich des Vergleichs mit ==).

Beispiel	**Erläuterung**
`String vorname;`	Es wird eine String-Variable mit dem Bezeichner `vorname` deklariert.
`String nachname = "Müller";`	Eine Variable mit dem Bezeichner `nachname` vom Typ *Zeichenkette* wird deklariert und mit dem Wert `Müller` belegt.
`int[] primz = {2, 3, 5, 7, 11};`	Es wird ein ganzzahliges Feld der Länge 5 mit dem Bezeichner `primz` erzeugt und das Feld mit den ersten fünf Primzahlen aufgefüllt.
`int[] noten = new int[10];`	Es wird ein leeres Feld mit dem Bezeichner `noten` erzeugt, welches insgesamt zehn ganzzahlige Werte aufnehmen kann.
`double[] messwerte;`	Es wird ein Feld mit dem Namen `messwerte` deklariert. Bevor es jedoch Werte aufnehmen kann, muss es mit dem `new`-Operator erzeugt werden.
`int[][] = new int[2][3];`	Es wird ein zweidimensionales Feld der Größe $2 \cdot 3$, d. h. eine Matrix mit zwei Zeilen und drei Spalten erzeugt, welche ganzzahlige Werte aufnehmen kann.
`Kreis kreis1;`	Es wird eine Variable mit dem Bezeichner `kreis1` vom Typ *Kreis* deklariert. Mit `kreis1 = new Kreis()` wird der Konstruktor aufgerufen, das Objekt erzeugt und dem Bezeichner `kreis1` zugewiesen.

2 Operatoren und Typumwandlung

Operatoren

Operator	Erläuterung	Bemerkung/Beispiel
+	positives Vorzeichen	+i ist gleichbedeutend mit i.
-	negatives Vorzeichen	-i dreht das Vorzeichen von i um.
+	Addition	x + y ergibt die Summe von x und y.
-	Subtraktion	x - y ergibt die Differenz von x und y.
*	Multiplikation	x * y ergibt das Produkt von x und y.
/	Division	x / y ergibt den Quotienten von x und y. Achtung: Sind x und y beide ganzzahlig, so ist auch x / y ganzzahlig, d.h., x / y liefert die ganzzahlige Division ohne Rest (Beispiel: 7 / 3 liefert 2). Ist x oder y jedoch ein Fließkommawert, so ist auch x / y ein Fließkommawert (Beispiel: 7.0 / 3 liefert 2.3333333333333333).
%	modulo	x % y ergibt den ganzzahligen Rest bei Division von x durch y. (7 % 3 liefert 1.)
++	Inkrement	i++ entspricht i = i + 1 und erhöht den Wert von i um 1.
--	Dekrement	i-- entspricht i = i - 1 und erniedrigt den Wert von i um 1.
=	Zuweisung	x = y weist x den Wert von y zu.
==	Vergleich	x == y ergibt wahr, wenn x gleich y ist bzw. wenn bei Referenztypen beide Werte auf dasselbe Objekt zeigen.
<	kleiner	x < y ergibt wahr, wenn x kleiner als y ist.
<=	kleiner gleich	x <= y ergibt wahr, wenn x kleiner oder gleich y ist.
>	größer	x > y ergibt wahr, wenn x größer ist als y.
>=	größer gleich	x >= y ergibt wahr, wenn x größer oder gleich y ist.
!= <>	ungleich	x != y (oder x<>y) ergibt wahr, wenn x ungleich y ist bzw. wenn bei Referenztypen beide Werte auf verschiedene Objekte zeigen.
!	logisches NICHT	!x ergibt wahr, wenn x falsch ist und umgekehrt.
&&	logisches UND	x && y ergibt wahr, wenn sowohl x als auch y wahr sind.
||	logisches ODER	x || y ergibt wahr, wenn mindestens einer der beiden Ausdrücke x oder y wahr ist.
^	exklusives ODER	x^y ergibt wahr, wenn x wahr ist und zugleich y falsch oder umgekehrt.
new	new-Operator	zur Erzeugung von Objekten
instanceof	instanceof-Operator	x instanceof y liefert wahr, wenn x eine Instanz der Klasse y oder einer ihrer Unterklassen ist. So lässt sich herausfinden, zu welcher Klasse ein bestimmtes Objekt gehört.

Typumwandlung (Casting)

Eine **automatische (implizite) Typumwandlung** erfolgt beispielsweise, wenn eine `short`-Variable und eine `int`-Variable gemeinsam in einem Additionsausdruck verwendet werden. Der kleinere Datentyp (`short`) wird dabei dem größeren (`int`) angepasst. Diese Konvertierung erfolgt automatisch durch den Compiler.
Eine **explizite Typumwandlung** erfolgt meist durch Verlust von Informationen und wird nicht vom Compiler selbstständig vorgenommen. Man verwendet dazu den **Type-Cast-Operator**.

Beispiel / **Erläuterung**

```
double x = 7.0;
double y = 3.0;
int z;
z = (int)(x + y);
```

Zwei Fließkommazahlen `x` und `y` sowie eine ganze Zahl `z` werden deklariert.
Die Zuweisung `z = x + y` würde ohne Typumwandlung Probleme bereiten. Mit Type-Cast-Operator (`int`) wird dagegen das Ergebnis von `x + y` in eine ganze Zahl konvertiert.

```
z = (int)(7.0/3.0);
```

Dieser Term wird zu `2` ausgewertet.

```
int b = 65;
System.out.println((char)(b + 1));
```

`b + 1` ergibt `66`. Anschließend wird wegen des Operators (`char`) das Zeichen mit der Nummer 66 auf dem Bildschirm ausgegeben, nämlich das Zeichen B.

3 Methodendefinition

Syntax:

```
(<Zugriffsmodifikator>) <Rückgabetyp> <Bezeichner> (<Parameter>) {...}
```

Beispiel / **Erläuterung**

```
public void hello(String name) {
  System.out.print("Hallo " + name);
}
```

Die öffentliche Methode `hello` gibt auf dem Bildschirm „Hallo XYZ“ aus, wenn ihr „XYZ“ beim Aufruf übergeben wurde.

```
public double mittelwert(double x,
      double y) {
  return (x + y) / 2;
}
```

Die Methode `mittelwert` gibt den Mittelwert zweier reeller Zahlen `x` und `y` zurück.

```
public void neuzeichnen() {
  loeschen();
  zeichnen();
}
```

Die Methode `neuzeichnen` hat keinen Rückgabewert, keine Parameter und ruft nacheinander die Methoden `loeschen` und `zeichnen` auf.

Eine besondere *Java*-Methode ist die `main`-Methode. Wird in einer Klasse eine `main`-Methode definiert, dann wird diese Methode beim Aufruf des *Java*-Interpreters mit dem zugehörigen Klassennamen als Erstes ausgeführt, d.h. die Klasse bzw. das Programm „gestartet“. Soll ein direkt ausführbares und lauffähiges Programm erzeugt werden, so muss eine solche Hauptklasse mit `main`-Methode existieren.

Syntax:

```
public static void main(String args[]) {
  // Hier beginnt das Programm.
}
```

`static` bedeutet hierbei, dass zum Aufruf der Methode kein Objekt dieser Klasse existieren muss.

4 Klassendefinition

Normale Klassendefinition

Syntax:

```
(<Zugriffsmodifikator>) class <Bezeichner> {
  // Attribute
  // Methoden
}
```

Beispiel

```
public class Kugel {
  // Attribute
  private int radius;
  private double xPos;
  private double yPos;

  //Methoden
  Kugel(int kugelradius) {
    radius = kugelradius;
    xPos = 0.0;
    yPos = 0.0;
  }
  public double rauminhalt() {
    return 4 * radius * radius
        * radius * Math.PI / 3;
  }
} // Ende Kugel
```

Erläuterung

Kopf

Deklaration der Attribute:
Es werden ein ganzzahliges Attribut für den Radius sowie jeweils eine reellwertige Variable für die x- bzw. y-Position der Kugel deklariert.

Methodendefinition
Der Konstruktor zur Erzeugung des Objektes hat den gleichen Namen wie die Klasse selbst.

Methode, die als Rückgabewert den Rauminhalt der Kugel berechnet

Ende der Klassendefinition

Definition einer Unterklasse bei Vererbung:

Syntax:

```
(<Zugriffsmodifikator>) class <Unterklasse> extends <Oberklasse> {
  // Attribute
  // Methoden
}
```

(Ein Beispiel folgt auf der nächsten Seite.)

Beispiel

```
class Ball extends Kugel {

  // Attribute
  private String farbe;
  private String material;

  // Methoden
  Ball(int rad, String far, String mat) {
    super(rad);
    farbe = far;
    material = mat;
  }

  public void farbeSetzen(String
         f_neu) {
    farbe = f_neu;
  }
} // Ende Ball
```

Erläuterung

Die neue Klasse `Ball` wird von `Kugel` (vgl. Seite 267) abgeleitet.
Deklaration der Attribute:
Die Klasse `Ball` hat dieselben Attribute wie die Klasse `Kugel` und zusätzlich noch ein Attribut für die Farbe und das Material.
Methodendefinition
Konstruktor
`super` ruft den Konstruktor der Oberklasse mit den angegebenen Parameterwerten auf, hier also `Kugel(rad)`.
Den von der Oberklasse geerbten Attributen werden also folgende Werte zugewiesen: `radius = rad`, `xPos = 0.0` und `yPos = 0.0`.
Methode, die die Farbe des Balles ändert
Ende der Klassendefinition

* Abstrakte Klassen

Abstrakte Klassen werden durch das Schlüsselwort `abstract` definiert. Von derartigen Klassen können keine Instanzen erzeugt werden.

Syntax:

```
(<Zugriffsmodifikator>) abstract class <Klassenbezeichner> {
  // Attribute
  // Methoden
}
```

Abstrakte Klassen können abstrakte Methoden besitzen, die ebenso mit dem Schlüsselwort `abstract` gekennzeichnet und in der abstrakten Klasse selbst nicht implementiert werden:

Beispiel

```
public abstract class Mitarbeiter {
  // Attribute
  protected double grundgehalt;
  protected double verdienst;

  // Methoden
  public abstract double verdienst-
      Berechnen();
} // Ende Mitarbeiter
```

Erläuterung

Kopf
Deklaration der Attribute:
Die Attribute `grundgehalt` und `verdienst` sind geschützte Attribute (`protected`), auf die (nur) von allen Unterklassen aus zugegriffen werden kann.
Methodendefinition
Abstrakte Methode, die in den Unterklassen implementiert wird
Ende der Klassendefinition

* Interfaces

Interfaces sind ähnlich wie Klassen aufgebaut, enthalten aber neben Konstantendefinitionen ausschließlich Methodensignaturen und keine Implementierung. Sie legen ein allgemeines Verhalten fest, d.h., welche Methoden (stets abstrakt) vorhanden sein sollen und was sie bewirken, ohne diese jedoch inhaltlich genau zu definieren. Man muss nur ihre Signatur kennen, um sie aufrufen zu können. Wie die Methode im Einzelnen abgearbeitet wird, ist für den Aufrufer irrelevant.

*Dieser Inhalt geht über den Lehrplan hinaus.

Syntax:
```
(<Zugriffsmodifikator>) interface <Bezeichner> {
  // abstrakte Methoden
}
```

Klassen können von Interfaces mithilfe des Schlüsselwortes `implements` Attribut- und Methodendeklarationen übernehmen, müssen diese aber alle selbst implementieren.

Syntax:
```
(<Zugriffsmodifikator>) class <Unterklasse>
      implements <Interface> {
  // Attribute
  // Methoden
}
```

Beispiel	**Erläuterung**
`public interface Koerper {`	Kopf
`  // Attribute gibt es nicht`	
`  // Methoden`	Methodendefinition
`  public double oberflaeche();`	Es werden die Signatur für `oberflaeche` und `volumen`
`  public double volumen();`	festgelegt. Der Rumpf der Methoden wird weggelassen.
`} // Ende Koerper`	Ende der Interface-Definition
`public class Kugel implements Koerper {`	Kopf (Alternative zur Klasse `Kugel` von Seite 267)
`  // Attribute`	
`  private double radius ;`	
`  // Methoden`	Methodendefinition
`  public double oberflaeche() {`	Hier werden die im Interface deklarierten Methoden
`    return 4 * Math.PI * radius * radius;`	`oberflaeche` und `volumen` überschrieben.
`  }`	
`  public double volumen() {`	
`    return 4 * Math.PI * radius * radius`	
`        * radius / 3;`	
`  }`	
`} // Ende Kugel`	Ende der Klassendefinition
`public class Koerperrechner {`	Die Klasse `Koerperrechner` verfügt über Methoden, um die Oberfläche und das Volumen beliebiger Körper zu berechnen.
`  // Attribute`	
`  // Methoden`	Es wird lediglich die Methode der Schnittstelle `Koerper`
`  public double oberflBer(Koerper k) {`	aufgerufen, die dann durch das konkrete Objekt `k` abgear-
`    return k.oberflaeche();`	beitet wird. Erst zur Laufzeit des Programms ist bekannt, ob
`  }`	es sich bei dem als Parameter übergebenen Körper `k` z. B.
`  public double volumenBer(Koerper k) {`	um einen Quader, eine Kugel oder einen Zylinder handelt.
`    return k.volumen();`	
`  }`	
`} // Ende Koerperrechner`	Ende der Klassendefinition

5 Kontrollstrukturen

Sequenz

Jede Anweisung wird mit einem Semikolon abgeschlossen.
Mehrere Anweisungen nacheinander ergeben eine Sequenz.

Beispiel

```
kreis1.farbeSetzen("rot");
kreis2.farbeSetzen("schwarz");
ampel1.zustandSetzen("Rotlicht");
```

Struktogramm

Farbe von kreis1 auf rot setzen
Farbe von kreis2 auf schwarz setzen
Zustand von ampel1 auf rotlicht setzen

Bedingte Anweisung (Fallunterscheidung)

Syntax:
Die bedingte Anweisung gibt es in zwei Formen: mit oder ohne Alternative.

(1) Mit Alternative
Syntax:

```
if (<Bedingung>) {
  <Anweisungen>
}
else {
  <Anweisungen>
}
```

Beispiel

```
if (divisor == 0) {
  System.out.println("Fehler!
       Division durch null!");
}
else {
  ergebnis = dividend / divisor;
}
```

Struktogramm

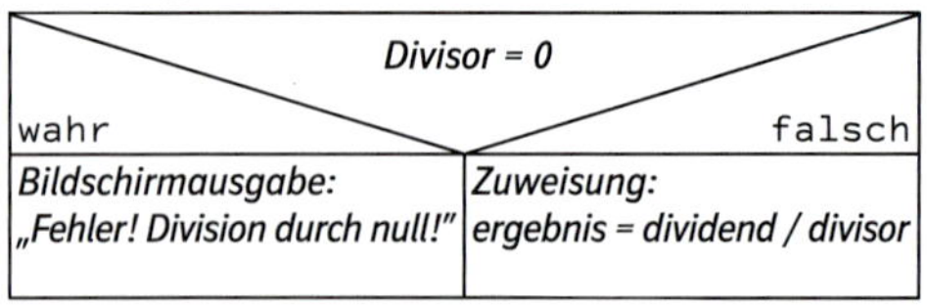

(2) Ohne Alternative
Hier wird der `else`-Teil einfach weggelassen.
Syntax:

```
if (<Bedingung>) {
  <Anweisungen>
}
```

Beispiel

```
if (divisor != 0) {
  ergebnis = dividend / divisor;
}
```

Struktogramm

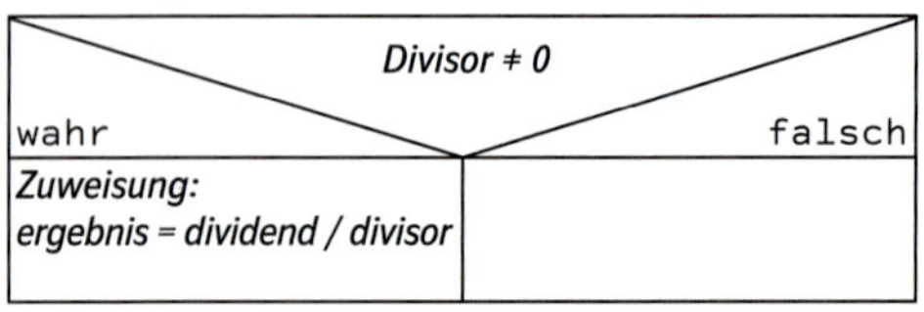

Mehrfachauswahl

Die switch-Anweisung kann beliebig viele Fälle untersuchen.
Die zu überprüfende Variable muss vom Typ byte, short, int oder char sein.

Syntax:

```
switch (<Variable>) {
  case <Wert1>:
    <Anweisungen1>;
    break;
  case <Wert2>:
    <Anweisungen2>;
    break;
  ...
  default:
    <Anweisungen3>;
    break;
}
```

```
switch (<Variable>) {
  case <Wert1>:
  case <Wert2>:
    <Anweisungen1>;
    break;
  case <Wert3>:
  case <Wert4>:
  case <Wert5>:
    <Anweisungen2>;
    break;
  ...
  default:
    <Anweisungen3>;
    break;
}
```

Beispiel

```
switch (wochentag) {
  case 6:
    wochenende = true;
    break;
  case 7:
    wochenende = true;
    break;
  default:
    wochenende = false;
    break;
}
```

Struktogramm und Erläuterung

wochentag = ?		
6	*7*	*default*
wochenende = wahr	*wochenende = wahr*	*wochenende = falsch*

Falls die ganzzahlige Variable wochentag den Wert 6 oder 7 annimmt (für „Samstag" oder „Sonntag"), wird der Boole'schen Variablen wochenende der Wert true, ansonsten der Wert false zugewiesen.

```
switch (note) {
  case 1:
    wortlaut = "sehr gut";
    break;
  case 2:
    wortlaut = "gut";
    break;
  case 3:
    wortlaut = "befriedigend";
    break;
  case 4:
    wortlaut = "ausreichend";
    break;
```

note = ?					
1	*2*	*3*	*4*	*5*	*6*
wortlaut = „sehr gut"	*wortlaut = „gut"*	*wortlaut = „befriedigend"*	*wortlaut = „ausreichend"*	*wortlaut = „mangelhaft"*	*wortlaut = „ungenügend"*

Die ganzzahlige Variable note wird untersucht und entsprechend ihrem Wert wird der String-Variablen wortlaut die Übersetzung der Note zugewiesen.

```
  case 5:
    wortlaut = "mangelhaft";
    break;
  case 6:
    wortlaut = "ungenügend";
    break;
}

switch (buchstabe) {
  case 'a':
  case 'e':
  case 'i':
  case 'o':
  case 'u':
    art = "Vokal";
    break;
  case 'ä':
  case 'ö':
  case 'ü':
    art = "Umlaut";
    break;
  default:
    art = "Konsonant";
    break;
}
```

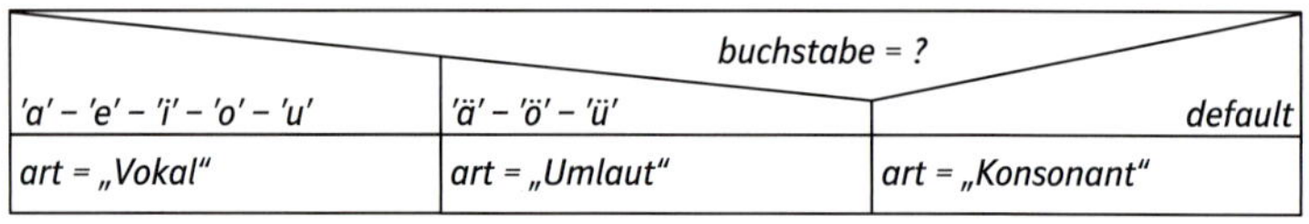

Bemerkungen
Die `default`-Klausel deckt alle nicht explizit aufgeführten Fälle ab und kann gegebenenfalls auch weggelassen werden. Eventuell wird dann gar kein Fall ausgeführt.
Die `break`-Anweisung nach einem Fall sorgt dafür, dass weitere Fälle nicht mehr durchlaufen werden. Nach der `default`-Anweisung ist ein `break` nicht notwendig, wird jedoch üblicherweise als guter Programmierstil betrachtet.

Wiederholung mit fester Anzahl

Syntax:

```
for (<Initialisierung>; <Bedingung>; <Update>) {
  <Anweisungen>
}
```

`<Initialisierung>` Deklaration einer ganzzahligen Lauf- oder Zählvariablen und Zuweisung ihres Anfangswertes (oft `int i = 0`)

`<Bedingung>` Solange die von der Zählvariablen abhängige Bedingung (z.B. `i < 10`) erfüllt ist, werden nachfolgende Anweisungen ausgeführt, andernfalls bricht die Wiederholung ab. Dabei wird die Bedingung jeweils vor dem Durchlauf getestet.

`<Update>` Das Update erfolgt nach jedem Durchlauf und ändert die Laufvariable entsprechend der angegebenen Zuweisung (oft `i++`).

Beispiel

```
int summe = 0;
for (int i = 0; i <= 100; i++) {
  summe = summe + i;
}
```

Struktogramm und Erläuterung

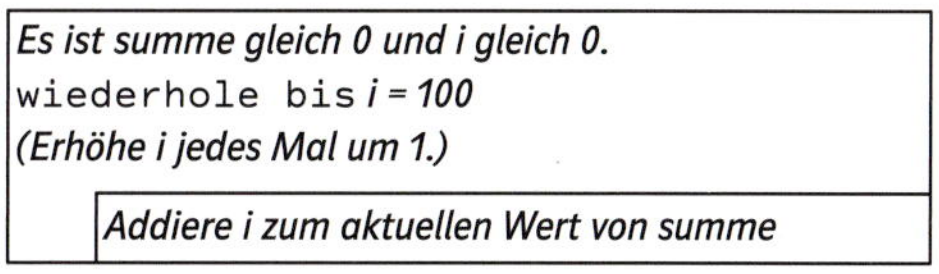

Berechnet die Summe aller ganzen Zahlen von 0 bis 100. Als Laufvariable wird die ganze Zahl `i` deklariert, ihr Anfangswert ist `0`. Die Anweisung soll so lange wiederholt werden, bis `i` den Wert `100` erreicht (einschließlich), wobei `i` bei jedem Durchlauf um `1` erhöht wird. Der aktuelle Wert von `i` wird dabei dem Wert der Variablen `summe` hinzugezählt (die Anfangsbelegung von `summe` sollte `0` sein).

```
int[] potvzwei = new int[20];
potvzwei[0] = 1;
for (int i = 1; i < 20; i = i + 1) {
  potvzwei[i] = potvzwei[i - 1] * 2;
  System.out.println(potvonzwei[i]);
}
```

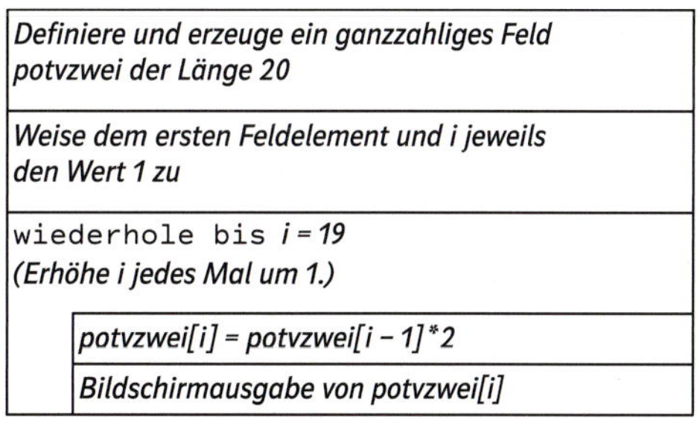

Es wird ein ganzzahliges Feld namens `potvzwei` (Potenzen von 2) der Länge 20 erzeugt, das erste Feldelement (mit Index 0) erhält den Wert `1` (2^0).

Beim Durchlauf der `for`-Wiederholung wird jedem der verbleibenden 19 Feldelemente die dem Index entsprechende Potenz von 2 zugewiesen und auf dem Bildschirm ausgegeben.

Wiederholung mit Anfangsbedingung

Syntax:

```
while (<Bedingung>) {
  <Anweisungen>
}
```

Die Bedingung wird vor der Ausführung der Anweisungen getestet, sodass nachfolgende Anweisungen möglicherweise gar nicht ausgeführt werden.

Beispiel

```
int a = eingabe();
while (a != 710) {
  System.out.println("Die Zahl war
       falsch. Versuchen Sie es noch
       einmal.");
  a = eingabe();
}
```

Struktogramm und Erläuterung

Gib eine ganze Zahl a ein
`wiederhole solange` *a ≠ 710*
Bildschirmausgabe: „Die Zahl war falsch. Versuchen Sie es noch einmal.“
Gib erneut eine ganze Zahl a ein

Zuerst wird eine Variable a vom Typ *Integer* deklariert. Die Zuweisung erfolgt über eine Methode `eingabe`, welche ermöglicht, eine ganze Zahl über die Tastatur einzugeben und diese als Rückgabewert liefert.
Solange a nicht den Wert `710` hat, wird der angegebene Satz auf dem Bildschirm ausgegeben und zur erneuten Eingabe einer Zahl aufgefordert.

Wiederholung mit Endbedingung

Syntax:

```
do {
  <Anweisungen>
} while (<Bedingung>);
```

Die Bedingung wird nach der ersten Ausführung der Anweisungen getestet, sodass die Wiederholung wenigstens einmal durchlaufen wird.

Beispiel

```
do {
  System.out.println("Bitte Passwort
       eingeben.");
  passwort = stringeingabe();
} while (passwort != "Sesam, öff-
       ne dich");
```

Struktogramm

Bildschirmausgabe: „Bitte Passwort eingeben.“
Gib das Passwort ein
`wiederhole solange` *Passwort ungleich „Sesam öffne dich“*

6 *Java*-Packages und Importe

Java verfügt über unzählige vorgefertigte Klassen und Schnittstellen. Thematisch zusammengehörende Klassen und Schnittstellen werden zu einem Paket *(package)* zusammengefasst. Die so entstehende *Java*-Bibliothek ist riesig und enthält tausende verschiedener Klassen mit unterschiedlichsten Methoden. Um sich einer dieser Klassen bedienen zu können, muss man sie in das gewünschte Projekt importieren. In *Java* funktioniert das mit dem Schlüsselwort import.

Syntax:

import <paketname>.<klassenname>;	Importiert nur die gewünschte Klasse des angesprochenen Paketes.
import <paketname>.*;	Importiert sämtliche Klassen des angesprochenen Paketes.

Beispiel	**Erläuterung**
import java.util.Random;	Importiert die Klasse Random des Paketes java.util.
import java.util.*;	Importiert das vollständige Paket java.util.

Es ist unmöglich, über die vollständige Bibliothek Bescheid zu wissen. Die *Java*-Bibliothek ist jedoch gut dokumentiert. Daher gilt die *API*-Dokumentation *(Application Programming Interface)* des *Java*-Entwicklers Sun als wichtige Informationsquelle für jeden *Java*-Programmierer.

Einige Pakete mit ausgewählten Klassen sind hier beispielhaft aufgelistet:

package	**Erläuterung**	
java.awt	Das Paket enthält Klassen zur Erstellung von grafischen Benutzeroberflächen und Bildern. Es stellt beispielsweise folgende Klassen zur Verfügung:	
	Button	Erstellt einen beschrifteten Knopf.
	Canvas	Mit der Klasse Leinwand kann ein leerer rechteckiger Bereich auf dem Bildschirm erzeugt werden, auf dem gezeichnet werden kann.
javax.swing	Weiterentwicklung von java.awt. Beispielsweise enthält das Paket folgende Klassen:	
	JButton	Erstellt einen beschrifteten Knopf.
	JFrame	Ein Fenster, welches weitere Komponenten aufnehmen kann.
	JLabel	Ein Bereich für einen kurzen Text, ein Bild oder beides.
java.lang	Enthält besonders wichtige Klassen, z. B.:	
	Math	Enthält Methoden für grundlegende mathematische Operationen, beispielsweise die Quadradwurzel (sqrt), trigonometrische Funktionen oder die Potenz (pow).
java.net	Stellt Klassen für Netzwerk- und Internetapplikationen zur Verfügung.	
java.util	Stellt verschiedene nützliche Klassen zur Verfügung, beispielsweise:	
	ArrayList	Ein Feld mit variabler Länge (eine Liste).
	Currency	Repräsentiert eine Währung.
	Random	Mit einer Instanz dieser Klasse lassen sich Zufallszahlen erzeugen.

UML-Überblick

Theorie

Beispiele

Assoziation

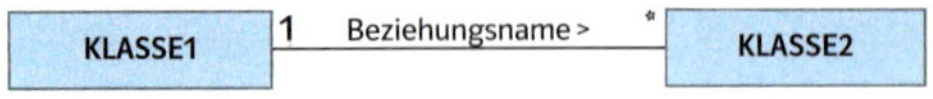

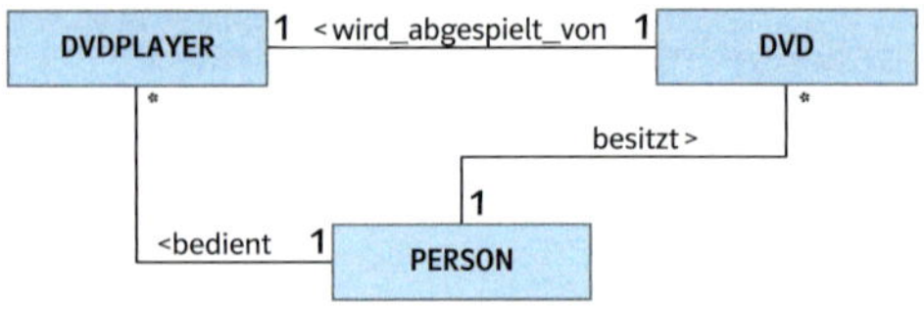

Das Symbol * steht für „unbeschränkt viele".

Aggregation

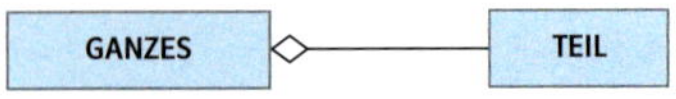

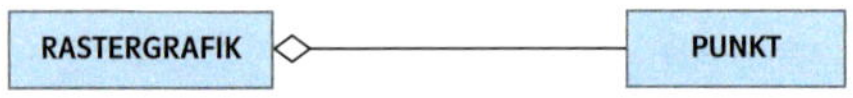

Vererbung

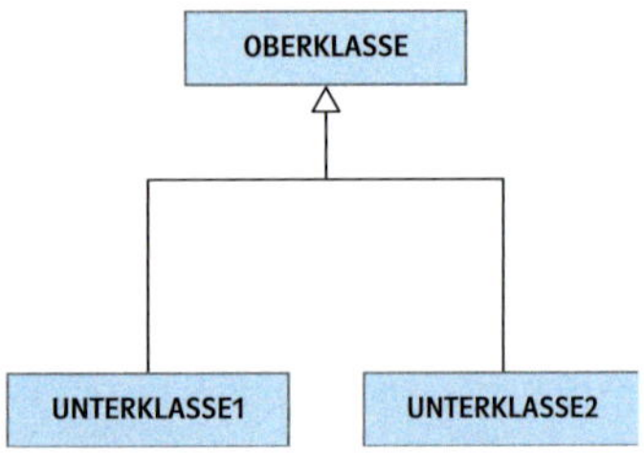

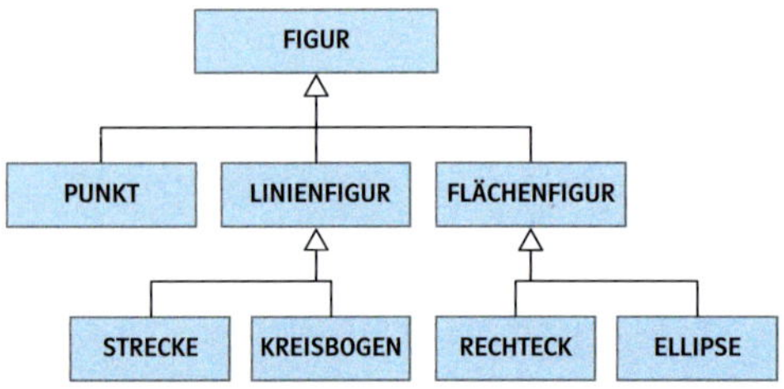

Objektkarte und Klassenkarte

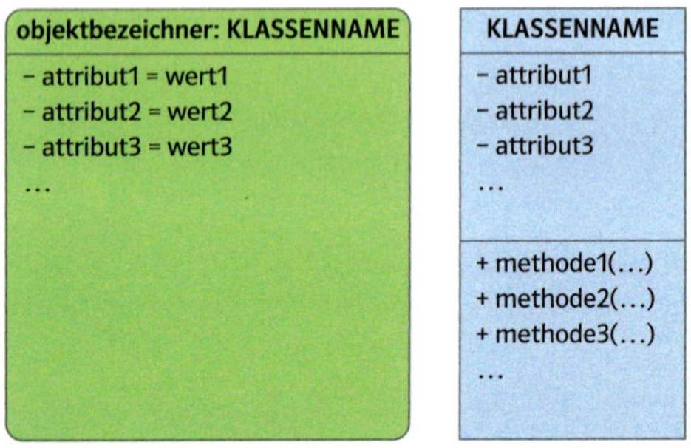

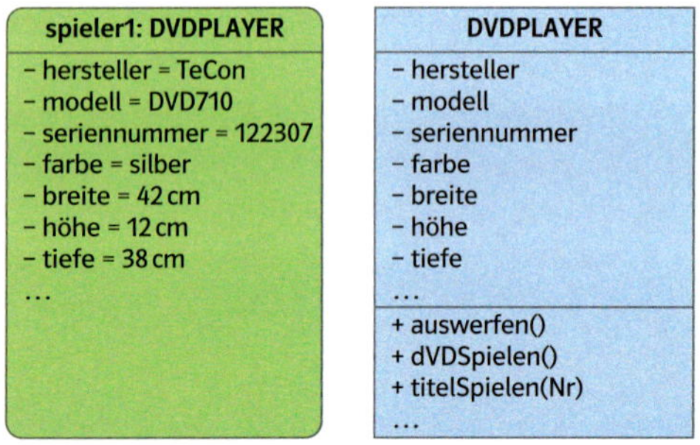

- privates Element (`private`)
+ öffentliches Element (`public`)

Lösungen

Kapitel I, Training, Seite 45

1 Wohltemperierte Tonleiter

a), b) und c) Individuelle Lösung, z. B. Tabellenblatt, das über den Code fm9r9a heruntergeladen werden kann.

Terme:

	A	B	C	D	E	F	G	
1	Ton	c'	cis'/des'	d'	dis'/es'	e'	f'	fi
2	Verhältnis zu a'	=C2/$L$2	=D2/$L$2	=E2/$L$2	=F2/$L$2	=G2/$L$2	=H2/$L$2	=I
3	Frequenz (in Hz)	=B2*$K$3	=C2*$K$3	=D2*$K$3	=E2*$K$3	=F2*$K$3	=G2*$K$3	=H

H	I	J	K	L	M	N
fis'/ges'	g'	gis'/as'	a'	ais'/b'	h'	c''
=I2/$L$2	=J2/$L$2	=K2/$L$2	1	1,0594631	=$L$2*L2	=$L$2*M2
=H2*$K$3	=I2*$K$3	=J2*$K$3	440	=L2*$K$3	=M2*$K$3	=N2*$K$3

Werte:

	A	B	C	D	E	F	G	
1	Ton	c'	cis'/des'	d'	dis'/es'	e'	f'	fi
2	Verhältnis zu a'	0,5946	0,6300	0,6674	0,7071	0,7492	0,7937	
3	Frequenz (in Hz)	262	277	294	311	330	349	

	H	I	J	K	L	M	N
	fis'/ges'	g'	gis'/as'	a'	ais'/b'	h'	c''
7	0,8409	0,8909	0,9439	1,0000	1,0595	1,1225	1,1892
)	370	392	415	440	466	494	523

2 Diäten

Individuelle Lösung, z. B. Tabellenblatt, das über den Code fm9r9a heruntergeladen werden kann.

Terme:

	A	B	C	D
1	Lebensmittel	Brennwert [kcal] pro 100 g	Fettanteil [g] pro 100 g	prozentualer Fettanteil
2	Gorgonzola	376	29,6	= C2*9/B2
3	Harzer Käse	126	0,7	= C3*9/B3
4	Eier	158	11,5	= C4*9/B4
5	Seezunge	77	1,4	= C5*9/B5
6	Hering	234	18,5	= C6*9/B6
7	Eisbein	186	12,2	= C7*9/B7
8	Speck	621	65	= C8*9/B8
9	Kartoffelchips	582	39,4	= C9*9/B9
10	Apfel	60	0,6	= C10*9/B10

Werte:

	D
	prozentualer Fettanteil
),6	70,85 %
),7	5,00 %
l,5	65,51 %
l,4	16,36 %
;,5	71,15 %
,2	59,03 %
55	94,20 %
),4	60,93 %
),6	9,00 %

3 Geburtstagsplaner

Individuelle Lösung, z. B. Tabellenblatt, das über den Code fm9r9a heruntergeladen werden kann.

Enthält die Zelle B2 das Datum des Geburtstages, d. h. des Tages, an dem die jeweilige Person geboren ist, in dem Format „Tag.Monat.Jahr", so lautet der Lösungsterm:

a) UND(TAG(HEUTE())=TAG(B2);MONAT(HEUTE())=MONAT(B2))

b) ODER(MONAT(B2)<MONAT(HEUTE());UND(MONAT(B2)=MONAT(HEUTE());
TAG(B2)<TAG(HEUTE())))

c) UND(ODER(MONAT(B2)<MONAT(HEUTE()+28);UND(MONAT(B2)=MONAT(HEUTE()+28);
TAG(B2)<TAG(HEUTE()+28)));
ODER(MONAT(B2)>MONAT(HEUTE());UND(MONAT(B2)=MONAT(HEUTE());
TAG(B2)>TAG(HEUTE()))))

Eine Lösungstabelle könnte dann folgendermaßen aussehen, wenn man die Abfrage am 28. Juni macht.

	A	B	C	D	E
1	Name	Geburtstag	Heute Geburtstag?	Hatte schon Geburtstag?	Hat in den nächsten vier Wochen Geburtstag?
2	Lilian Braun	05.07.2006	FALSCH	FALSCH	WAHR
3	Lea Dietrich	18.10.2006	FALSCH	FALSCH	FALSCH
4	Malin Müller	28.06.2007	WAHR	FALSCH	FALSCH

4 ISBN

Individuelle Lösung, z. B. Tabellenblatt, das über den Code fm9r9a heruntergeladen werden kann.

Die folgende Tabelle zeigt die Berechnung der Prüfziffer in mehreren Schritten: In der ersten Zeile wird die ISBN schrittweise von links nach rechts um die jeweils linke Ziffer gekürzt. Dadurch lassen sich in der darunterliegenden Zeile durch die Funktion LINKS die einzelnen Ziffern der ISBN berechnen. Diese Vorgehensweise hat den Vorteil, dass die verschiedenen Terme durch Kopieren vorhandener Terme erzeugt werden können. In den weiteren Zeilen werden dann die Multiplikatoren und die Produkte berechnet. In Zelle N5 wird dann schließlich die Prüfziffer ermittelt.

	A	B	C	D	E	F	G	H	I	J	K	L	M	N
1														Prüfziffer
2	ISBN	978312731122	78312731122	8312731122	312731122	12731122	2731122	731122	31122	1122	122	22	2	
3	einzelne Ziffern	9	7	8	3	1	2	7	3	1	1	2	2	
4	Multiplikatoren	1	3	1	3	1	3	1	3	1	3	1	3	
5	Produkte	9	21	8	9	1	6	7	9	1	3	2	6	8

Die beiden folgenden Tabellen zeigen Ausschnitte aus der Termdarstellung des Tabellenblattes.

	A	B	C	D	
1					
2	ISBN	978312731122	=WECHSELN(B2;LINKS(B2);"";1)	=WECHSELN(C2;LINKS(C2);"";1)	=W
3	einzelne Ziffern	=LINKS(B2)	=LINKS(C2)	=LINKS(D2)	=L
4	Multiplikatoren	1	3	1	
5	Produkte	=B3*B4	=C3*C4	=D3*D4	=E

M	N
	Prüfziffer
=WECHSELN(L2;LINKS(L2);"";1)	
=LINKS(M2)	
3	
=M3*M4	=WENN(REST(SUMME(B5:M5);10)=0;0;10-REST(SUMME(B5:M5);10))

Kapitel II, Training, Seite 71

1 Periodensystem der Elemente

a) Individuelle Lösung, z. B.:

PERIODENSYSTEM						
Ordnungszahl	Symbol	Element	RelAtommasse	Atomradius	Periode	Gruppe
1	H	Wasserstoff	1,00794	37	1	1
2	He	Helium	4,0026	93	1	18
3	Li	Lithium	6,941	152	2	1
4	Be	Beryllium	9,01218	112	2	2
5	B	Bor	10,811	79	2	13
6	C	Kohlenstoff	12,0107	71	2	14
7	N	Stickstoff	14,0067	73	2	15
...	...	...	...	...	...	...
82	Pb	Blei	207,2	175	6	14
...	...	...	...	...	...	...

Dies ist eine Übersetzung vereinfachter Periodensysteme, wie sie oft in Schulbüchern abgebildet werden. Aus vollständigen Periodensystemen lassen sich noch weitere Eigenschaften ablesen, beispielsweise Elektronenkonfiguration oder Ionisierungsenergien, welche dann als weitere Spalten der Tabelle angefügt werden.

Als Schlüssel eignen sich die Attribute *ordnungszahl*, *symbol*, *element* und *relAtommasse* (relative Atommasse), wobei *ordnungszahl* oder *symbol* die nahe liegendsten sind. Verzichtet man auf die Untergruppen Lanthanoiden und Actinoiden, so wäre auch die Kombination aus *periode* und *gruppe* als Schlüssel denkbar, jedoch wenig sinnvoll.

Die relative Atommasse wird in $1\,u = 1{,}660\,565 \cdot 10^{-27}\,kg$ angegeben, der Atomradius in Pikometer.

Die Datentypen der Attribute:
Ordnungszahl: Ganzzahl; *Symbol*: Text; *Element*: Text;
RelAtommasse: Dezimalzahl; *Atomradius*: Ganzzahl;
Periode: Ganzzahl; *Gruppe*: Ganzzahl

b) (1)
```
SELECT Ordnungszahl
FROM PERIODENSYSTEM
WHERE Element = 'Wolfram'
```
(2)
```
SELECT RelAtommasse
FROM PERIODENSYSTEM
WHERE Element = 'Krypton'
```
(3)
```
SELECT Element
FROM PERIODENSYSTEM
WHERE RelAtommasse > 200
```
(4)
```
SELECT *
FROM PERIODENSYSTEM
WHERE Gruppe = 18
```

(5)
```
SELECT Symbol, Element
FROM PERIODENSYSTEM
WHERE (Ordnungszahl < 104) AND (Ordnungszahl > 89)
```
(6)
```
SELECT Element
FROM PERIODENSYSTEM
WHERE Periode <= 2
```

2 Die Erde bebt II

a) Wegen der Angabe „ca." bei Opfer muss der Datentyp von Opfer eine Zeichenkette (String) sein. Folglich lässt sich hier kein Zahlenwert-Vergleich anstellen.

b) Termdarstellung:
Abfrage(ERDBEBEN; (*Jahr* > 1960) UND (*Staerke* >= 7,5); [*Jahr, Land*])

In *SQL*:
```
SELECT Jahr, Land
FROM ERDBEBEN
WHERE (Jahr > 1960) AND (Staerke >= 7,5)
```

Datenflussdiagramm mit Ergebnistabelle:

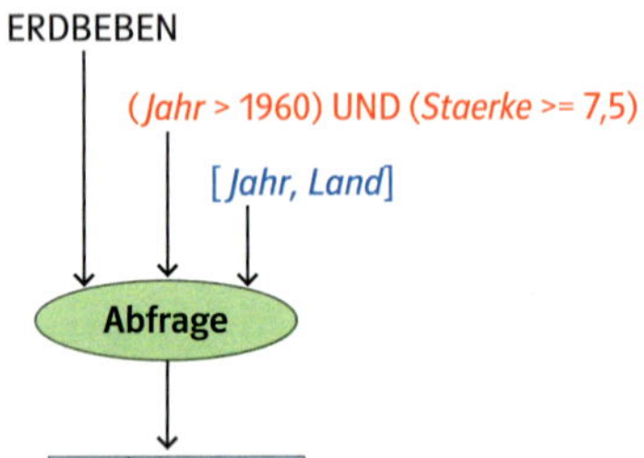

Jahr	Land
1976	China
1999	Türkei
1999	Taiwan
2004	Indonesien
2015	Nepal
2018	Indonesien

3 Gärtnerfreuden

a) Jede Pflanzenart kann in mehreren Beeten gesetzt worden sein. Daher würde die Angabe des Namens allein nicht genügen und es ist auch zusätzlich die Ortsangabe nötig. Ein künstlicher Schlüssel vereinfacht das Ganze jedoch.

b) *Nr* als künstlicher Schlüssel ist wahrscheinlich eine Zahl, *giftig* kann die Werte WAHR oder FALSCH annehmen, ist also ein Wahrheitswert (Boole'sches Attribut), könnte aber theoretisch auch als Text gespeichert werden. Alle übrigen Attribute sind auf jeden Fall Zeichenketten (also vom Typ Text).

c) (1)
```
SELECT DName
FROM GARTEN
WHERE (Ort = 'Beet1') AND (Giftig = WAHR)
```

```
(2) SELECT *
    FROM GARTEN
    WHERE Bluehzeit = 'Fruehling'
(3) SELECT DName, Ort, Bluehzeit
    FROM GARTEN
    WHERE giftig = WAHR
(4) SELECT DName
    FROM GARTEN
    WHERE LatName = 'Galanthus nivalis'
```

Die Antwort lautet „Kleines Schneeglöckchen".

```
(5) SELECT Familie
    FROM GARTEN
    WHERE DName = 'Krokus'
```

Die Antwort lautet „Schwertliliengewächse".

Kapitel III, Training, Seite 113

1 Algorithmus zur Schraubenkontrolle

Struktogramm:

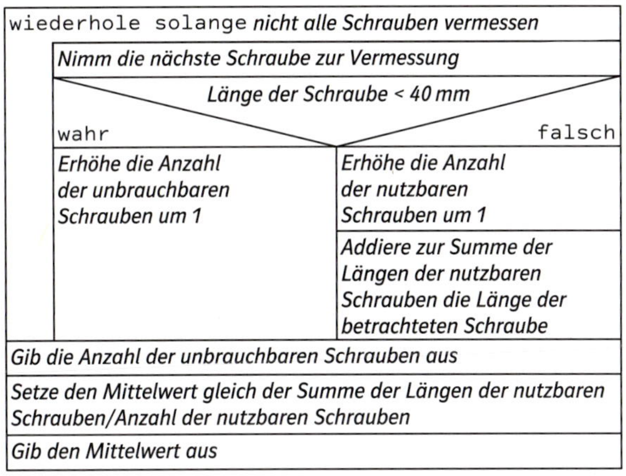

2 Preiskampf

a) Struktogramm:

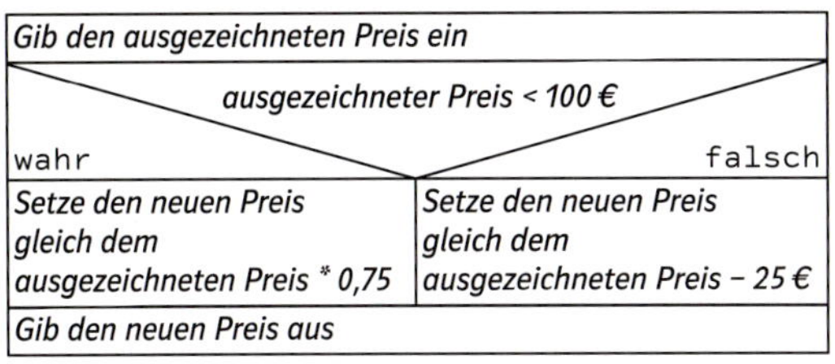

b) Implementierung (kann über den Code fm9r9a heruntergeladen werden):

```
class Artikel {
  double neuerPreis(double ausgezPreis) {
    double preisNeu;
    if (ausgezPreis < 100) {
      preisNeu = ausgezPreis * 0.75;
    }
    else {
      preisNeu = ausgezPreis - 25;
    }
    return preisNeu;
  }
}
```

3 Mathematisches

Struktogramme:

a)
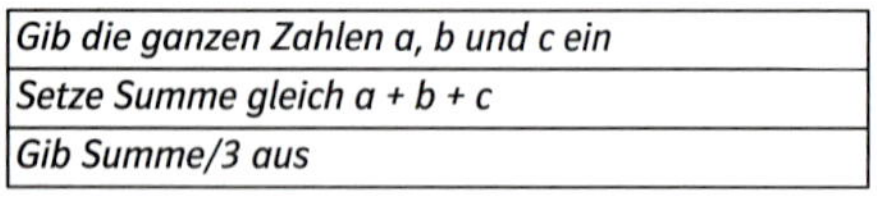

b)
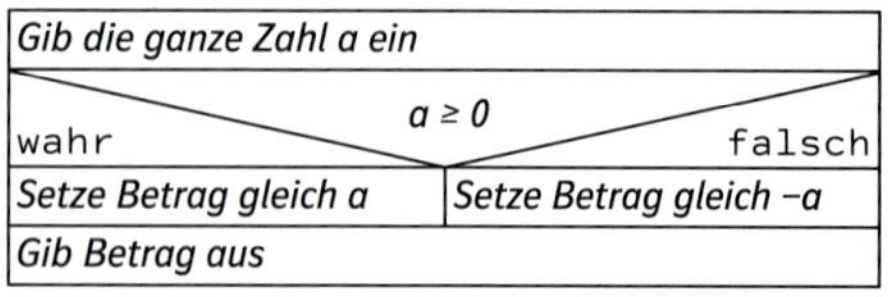

c)
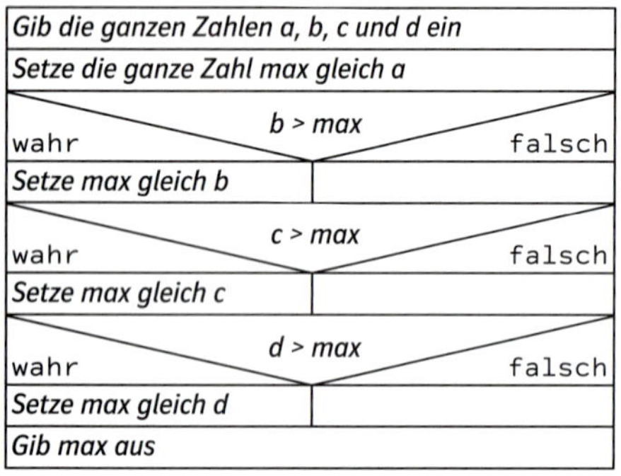

d)
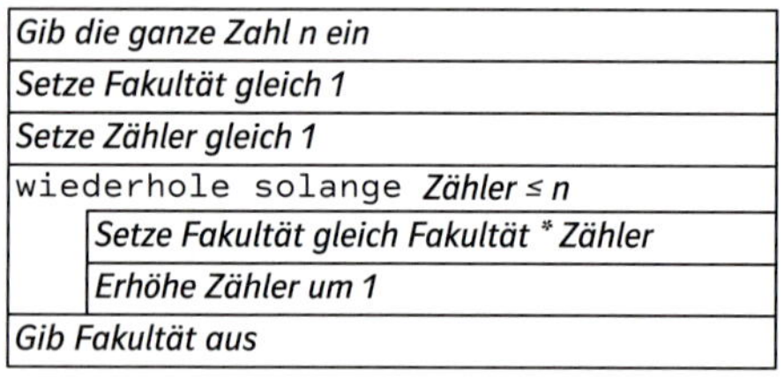

Implementierung zu a) bis d) (kann über den Code fm9r9a heruntergeladen werden):

```
class Mathematik {
  // Teilaufgabe a)
  double durchschnittBerechnen(int a, int b, int c) {
    double summe = a + b + c;
    return summe / 3;
  }

  // Teilaufgabe b)
  double absolutbetragBerechnen(int a) {
    int betrag;
    if (a >= 0) {
      betrag = a;
    }
    else {
      betrag = -a;
    }
```

```
    return betrag;
  }

  // Teilaufgabe c)
  int maximumBerechnen(int a, int b, int c, int d) {
    int max = a;
    if (b > max) {
      max = b;
    }
    if (c > max) {
      max = c;
    }
    if (d > max) {
      max = d;
    }
    return max;
  }

  // Teilaufgabe d)
  long fakultaetBerechnen(int n) {
    long fakultaet = 1;
    int zaehler = 1;
    while (zaehler <= n) {
      fakultaet = fakultaet * zaehler;
      zaehler = zaehler + 1;
    }
    return fakultaet;
  }
}
```

4 Quadratische Funktionen

Implementierung zu a) bis d) (kann über den Code fm9r9a heruntergeladen werden):

```
class Quadratfunktion {
  // Teilaufgabe a)
  double a;
  double b;
  double c;

  Quadratfunktion(double aNeu, double bNeu, double cNeu) {
    a = aNeu;
    b = bNeu;
    c = cNeu;
  }

  // Teilaufgabe b)
  double funktionswertBerechnen(double x) {
    return a * x * x + b * x + c;
  }
```

```
// Teilaufgabe c)
void aSetzen(double aNeu) {
  a = aNeu;
}

void bSetzen(double bNeu) {
  b = bNeu;
}

void cSetzen(double cNeu) {
  c = cNeu;
}

int anzahlNullstellenBerechnen() {
  int anzahl;
  double diskriminante = b * b - 4 * a * c;
  if (diskriminante < 0) {
    anzahl = 0;
  }
  else if (diskriminante > 0) {
    anzahl = 2;
  }
  else {
    anzahl = 1;
  }
  return anzahl;
}

void scheitelAusgeben() {
  double scheitelX = -b / (2 * a);
  double scheitelY = funktionswertBerechnen(scheitelX);
  System.out.println("Scheitelpunkt: S(" + scheitelX + "|" +
      scheitelY + ")");
}

// Teilaufgabe d)
void nullstellenAusgeben() {
  if (anzahlNullstellenBerechnen() == 2) {
    System.out.println("Die quadratische Funktion hat zwei
        Nullstellen:");
    System.out.println("x1 = " + (-b + Math.sqrt(b * b - 4 * a * c))
        / (2 * a));
    System.out.println("x2 = " + (-b - Math.sqrt(b * b - 4 * a * c))
        / (2 * a));
  }
  else if (anzahlNullstellenBerechnen() == 1) {
    System.out.println("Die quadratische Funktion hat eine
        Nullstelle:");
```

```
      System.out.println("x = " + (-b + Math.sqrt(b * b - 4 * a * c))
          / (2 * a));
    }
    else {
      System.out.println("Die quadratische Funktion hat keine
          Nullstelle.");
    }
  }
}
```

5 Dreiecke

Implementierung (kann über den Code fm9r9a heruntergeladen werden):

```
class Dreieck {
  double ax;
  double ay;
  double bx;
  double by;
  double cx;
  double cy;
  String farbe;
  // ...

  double umfangBerechnen() {
    return a() + b() + c();
  }

  // Tipp: Wende für den Flächeninhalt den Satz des Heron an:
  // a, b und c sind die Seitenlängen; s ist der halbe Umfang.
  // Flächeninhalt = wurzel(s * (s - a) * (s - b) * (s - c))
  double flaecheninhaltBerechnen() {
    double s = umfangBerechnen() / 2;
    return Math.sqrt(s * (s - a()) * (s - b()) * (s - c()));
  }

  void eckpunktSetzen(char punkt, double x, double y) {
    auswischen();
    if (punkt == 'A') {
      ax = x;
      ay = y;
    }
    else if (punkt == 'B') {
      bx = x;
      by = y;
    }
    else if (punkt == 'C') {
      cx = x;
      cy = y;
    }
    zeichnen();
  }
```

```
  // Hilfsmethoden
  double a() {
    return Math.sqrt((cx - bx) * (cx - bx) + (cy - by) * (cy - by));
  }
  double b() {
    return Math.sqrt((cx - ax) * (cx - ax) + (cy - ay) * (cy - ay));
  }
  double c() {
    return Math.sqrt((ax - bx) * (ax - bx) + (ay - by) * (ay - by));
  }
}
```

Kapitel IV, Training, Seite 137

1 Datenschutz in der Schule I

a) Individuelle Lösung, z. B.:
Name, Geschlecht, Geburtsdatum, Geburtsort, Adressdaten, Staatsangehörigkeit, Religionszugehörigkeit, Muttersprache, Daten zum aktuellen Schuljahr wie Jahrgangsstufe, Klasse und Noten, Daten zur vorherigen Schullaufbahn wie Übertrittsdatum, Anzahl und Art der Wiederholungen, Abschlüsse und Schulwechsel.

b) Individuelle Lösung, z. B.:
Es muss öffentlich dokumentiert sein, wie die Daten verarbeitet werden (Transparenz). Die persönlichen Daten dürfen nicht weitergegeben werden und auch Zugriffsberechtigte dürfen die Daten nur für schulische Zwecke nutzen (Zweckbindung).
Ohne Einwilligung dürfen keine Daten verarbeitet werden, die nicht zum Schulbetrieb notwendig sind (Datenminimierung).
Die Schule muss regelmäßig kontrollieren, ob die Daten auf dem neuesten Stand sind (Richtigkeit).
Die Daten dürfen nur solange aufgehoben werden, wie es für einen reibungslosen Schulbetrieb unbedingt erforderlich ist (Speicherbegrenzung).
Die Schule muss dafür sorgen, dass die Daten sicher aufbewahrt werden (Integrität und Vertraulichkeit).
Die Schule muss eine(n) Datenschutzbeauftragte(n) haben, die/der für die Einhaltung der Regeln sorgt und dies auch nachweisen kann (Rechenschaftspflicht).

c) In Artikel 85 BayEUG ist festgelegt, dass Schulen zur Erfüllung ihrer Aufgaben personenbezogene Daten verarbeiten dürfen, und außerdem, dass betroffene Personen zur Angabe dieser Daten verpflichtet sind. Welche Daten das sind, wird an dieser Stelle nur exemplarisch aufgeführt.
Transparenz im Sinne von Teilaufgabe b) ist durch die geltenden Gesetze und Verordnungen gegeben. Die Zweckbindung wird in Artikel 85 in Absatz 2 geregelt, in dem auch auf die entsprechenden Artikel des Bayerischen Datenschutzgesetzes verwiesen wird. In Absatz 1 werden darüber hinaus die Schulen verpflichtet, die Daten laufend zu aktualisieren (Richtigkeit), und in Absatz 1a, die Schülerunterlagen vertraulich zu behandeln und durch geeignete technische und organisatorische Maßnahmen vor unberechtigtem Zugriff zu sichern (Integrität und Vertraulichkeit). Darüber hinaus muss die Schule die Daten mit dem vom Staatsministerium bereitgestellten Schulverwaltungsprogramm verarbeiten. In Artikel 46 der Bayerischen Schulordnung (BaySchO) wird bei der Datenverarbeitung auf Gültigkeit der Datenschutz-Grundverordnung und des Bayerischen Datenschutzgesetzes

hingewiesen und in Anlage 2 werden die entsprechenden Verfahren geregelt. Dort sind zum einen die personenbezogenen Daten genauestens aufgelistet, die verarbeitet werden (Transparenz), sowie zum anderen die Fristen für deren Löschung (Speicherbegrenzung), abhängig von der Art der jeweiligen Daten.

2 Datenschutz in der Schule II

a) Individuelle Lösung, z. B.:
Auf den Seiten des Kultusministeriums gibt es Muster-Einwilligungserklärungen, denen die Formulare der jeweiligen Schulen höchstwahrscheinlich sehr ähneln werden (vgl. https://www.km.bayern.de/download/20592_Musterformular_Einwilligung_Schueler_mj_2019.doc; Stand: Juli 2020). Darin werden Einwilligungen zu drei Bereichen der schulischen Öffentlichkeitsarbeit eingeholt: Jahresbericht (sofern nicht durch Artikel 85 Absatz 3 BayEUG abgedeckt), örtliche Tagespresse und Schulhomepage.

b) Individuelle Lösung.

c) Individuelle Lösung.

d) Minderjährige Schüler ab einem Alter von 14 Jahren müssen zusätzlich zu mindestens einer erziehungsberechtigten Person in die Verarbeitung ihrer Daten einwilligen.

3 Corona-App

a) Individuelle Lösung, z. B.:
Die Ausbreitung des Virus kann umso besser verhindert werden, je schneller und lückenloser verfolgt werden kann, wer Kontakt zu einer infizierten Person gehabt hat, um diese Personen gegebenenfalls testen und nötigenfalls in Quarantäne schicken zu können.
Für einen verpflichtenden Einsatz der Corona-App spricht, dass dadurch so viele Kontaktpersonen wie möglich identifiziert werden können. Datenschutzrechtlich wäre eine Verpflichtung möglich, denn Artikel 9 DSGVO erlaubt ausdrücklich die Verarbeitung personenbezogener Daten „aus Gründen des öffentlichen Interesses im Bereich der öffentlichen Gesundheit, wie dem Schutz vor schwerwiegenden grenzüberschreitenden Gesundheitsgefahren".
Gegen eine Verpflichtung spricht zum einen die Verhältnismäßigkeit. Die Pflicht zur Installation und Nutzung der App würde die Bürger indirekt auch zum Mitführen eines Smartphones verpflichten, was einen nicht unerheblichen Eingriff in die Privatsphäre darstellt. Zum anderen würde eine solche Verpflichtung nur für diejenigen gelten, die ein geeignetes Smartphone besitzen. Darüber hinaus wäre beides – der Besitz und das Mitführen eines Smartphones – praktisch nicht zu kontrollieren.
Wäre eine solche App verpflichtend, ginge somit ein hohes Risiko für die Rechte und Freiheiten der betroffenen Personen einher. Artikel 35 DSGVO schreibt für solche Fälle eine Datenschutz-Folgenabschätzung vor.

b) Individuelle Lösung, z. B.:
Gemäß DSGVO ist eine Einwilligung dann freiwillig, wenn man „eine echte oder freie Wahl hat und somit in der Lage ist, die Einwilligung zu verweigern oder zurückzuziehen, ohne Nachteile zu erleiden." Würde die Nutzung der App z. B. Voraussetzung zur Teilnahme an bestimmten Veranstaltungen sein, wäre die Freiwilligkeit im Sinne der DSGVO nicht mehr gegeben. Rechtlich eher vertretbar wären beispielsweise finanzielle Anreize, die mit der Nutzung der App verbunden werden, etwa ein Zuschuss zum Kauf eines neuen Smartphones o. Ä. Auch Privatpersonen, etwa Arbeitgeber oder Gastwirte, könnten rechtlich kaum durchsetzen, dass deren Angestellte bzw. Gäste die Corona-App nutzen müssen, um zur Arbeit bzw. in ein Restaurant zu gehen. Insofern ist eine solche Verknüpfung der App mit der Möglichkeit einer Teilnahme am öffentlichen Leben eher kritisch zu sehen.

c) Die zentral gespeicherten Kontaktdaten könnten für Strafverfolgungsbehörden interessant sein. Sie könnten daraus z. B. Informationen erhalten, wer wann wo wie lange mit einem mutmaßlichen Straftäter in Kontakt stand.
Gesundheitsämter und medizinische Forschungseinrichtungen könnten mit diesen Daten umfangreiche Studien durchführen. Sie könnten aus diesen Daten erfahren, unter welchen Bedingungen eine Ansteckung mehr oder weniger wahrscheinlich ist, welche Personengruppen besonders stark bzw. weniger stark gefährdet sind usw.
Diese Daten könnten aber auch für das Marketing vieler Unternehmen wertvoll sein. Zu wissen, wer sich wie häufig mit wem trifft, kann dabei helfen, den Kunden noch gezielter anzusprechen und zu beeinflussen, insbesondere dann, wenn diese Informationen noch mit anderen verknüpft werden.

Kapitel V, Training, Seite 195

1 Abiturprüfung

a)
```
SELECT Name
FROM AUFSICHT A, LEHRER L
WHERE (A.A1 = L.Kuerzel) AND (Tag = '12. Mai') AND (Std = 6)
```
Hinweis: Für den Fall, dass *Tag* als Datumswert (Date) gespeichert wurde, wäre die Abfrage entsprechend anzupassen, beispielsweise
```
... AND (Tag = '12.05.2021') ...
```
b)
```
SELECT Name, Vorname
FROM AUFSICHT A, LEHRER L, LEHRER M
WHERE (A.A1 = L.Kuerzel) AND (A.A2 = M.Kuerzel)
    AND (Tag = '12. Mai') AND (Std = 4)
```
Hier gilt der gleiche Hinweis wie bei Teilaufgabe a).
Das Besondere an dieser Aufgabe ist, dass die Tabelle Lehrkraft zweimal „gejoint" werden muss, für jede Aufsicht einmal. Würde man stattdessen fälschlicherweise
```
SELECT Name, Vorname
FROM AUFSICHT A, LEHRER L
WHERE (A.A1 = L.Kuerzel) AND (A.A2 = L.Kuerzel)
    AND (Tag = '12. Mai') AND (Std = 4)
```
schreiben, so würde man eine leere Tabelle erhalten, da es sicherlich keinen Datensatz gibt, in dem erste und zweite Aufsicht identisch sind.

c)
```
SELECT Tag, Std
FROM AUFSICHT A, LEHRER L, LEHRER M
WHERE (A.A1 = L.Kuerzel) AND (A.A2 = M.Kuerzel)
    AND (L.Name = 'Engels' OR M.Name = 'Engels')
```

2 Reisen bildet

a) Die Klassen KUNDE, REISELEITUNG und UNTERKUNFT sollten um einen künstlichen Schlüssel erweitert werden, da keines der vorhandenen Attribute ein geeigneter Schlüsselkandidat wäre. In der Klasse REISE kann man jedoch davon ausgehen, dass das Attribut *kennung* bereits ein künstlicher Schlüssel ist.
Vollständiges Klassendiagramm:

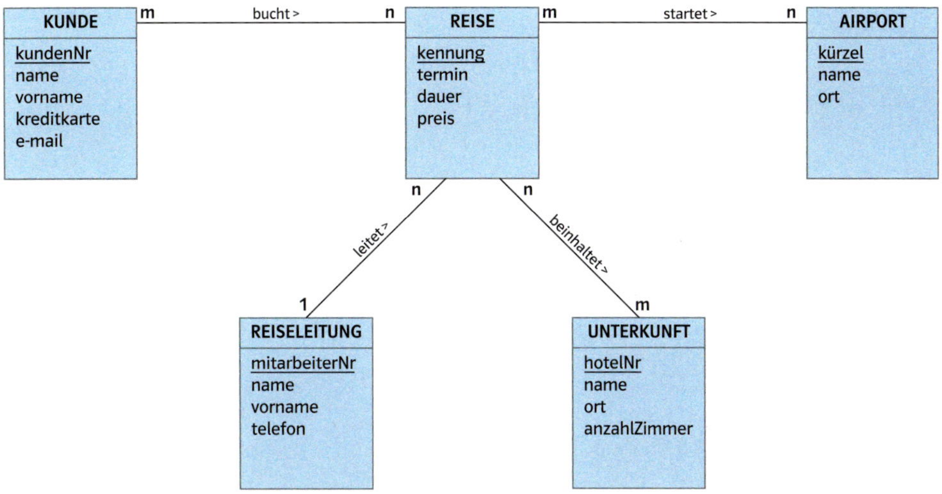

b) KUNDE[*KdNr*; *Name*; *Vorname*; *Kreditkarte*; *E-Mail*]
REISE[*Kennung*; *Termin*; *Dauer*; *Preis*; *Reiseleiter*]
REISELEITUNG[*MitarbeiterNr*; *Name*; *Vorname*; *Telefonnr*]
UNTERKUNFT[*HotelNr*; *Name*; *Ort*; *AnzahlZimmer*]
AIRPORT[*Kürzel*; *Name*; *Ort*] BUCHT[*Kunde*; *Reise*]
BEINHALTET[*Reise*; *Unterkunft*] STARTET[*Airport*; *Reise*]
Die Bezeichner der Fremdschlüssel wurden gleich dem betreffenden Tabellenbezeichner gewählt. So verweist z. B. der Fremdschlüssel *Kunde* auf den Primärschlüssel *KdNr* der Tabelle KUNDE.

c)
```
SELECT Name, E-Mail
FROM KUNDE K, REISE R, UNTERKUNFT U, BUCHT B, BEINHALTET IN
WHERE (K.KdNr = B.Kunde) AND (B.Reise = R.Kennung)
    AND (R.Kennung = IN.Unterkunft)
    AND (IN.Unterkunft = U.HotelNr) AND (Ort = 'Rom')
```

Kapitel VI, Training, Seite 243

1 Bibliotheken, Bücher und Bücherregale

a) Klassenkarte der Klasse BUCH:

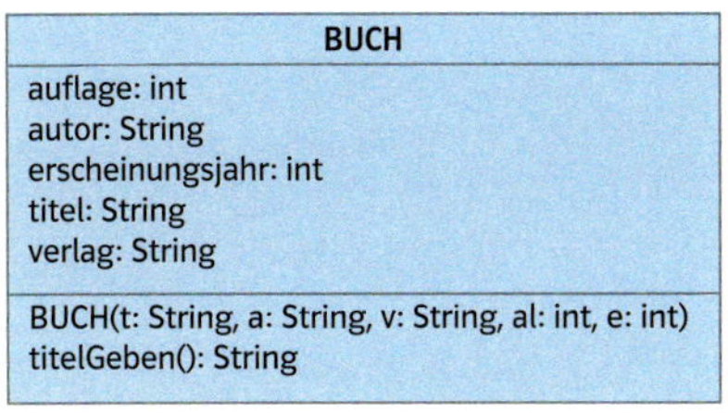

Implementierung der Klasse `Buch` (kann über den Code fm9r9a heruntergeladen werden):

```
class Buch {
  private String titel;
  private String autor;
  private String verlag;
  private int auflage;
  private int erscheinungsjahr;

  public Buch (String t, String a, String v, int al, int e) {
    autor = a;
    titel = t;
    verlag = v;
    auflage = al;
    erscheinungsjahr = e;
  }

  // Notwendig für Teilaufgabe b)
  public String titelGeben() {
    return titel;
  }
}
```

b) Die für das Modell notwendigen Attribute und Methoden können der Klassenkarte entnommen werden. Zusätzlich sind bereits die Methoden *tauschen* bzw. *bubblesortBuecherregal* aus Teilaufgabe c) mit aufgenommen.
Klassenkarte der Klasse BÜCHERREGAL:

BÜCHERREGAL
anzahlBücher: int bücherregal: Buch[] regalerweiterung: int
BÜCHERREGAL() anzahlBücherGeben(): int bubblesortBücherregal(): void buchEinstellen(b: Buch): void buchMitTitelEntnehmen(titel: String): Buch buchMitTitelFinden(titel: String): Buch istLeer(): boolean istVoll(): boolean erweitern(): void tauschen(i: int, j: int): void

Die Klasse BUCH erhält ein neues Attribut *imRegal* sowie zwei zusätzliche Methoden *insRegalStellen* und *ausDemRegalNehmen*.

BUCH
auflage: int autor: String erscheinungsjahr: int imRegal: boolean titel: String verlag: String
BUCH(t: String, a: String, v: String, al: int, e: int) insRegalStellen(): void stehtImRegal(): boolean titelGeben(): String ausDemRegalNehmen(): void

Implementierung der Klasse `Buch` mit den Ergänzungen (kann über den Code fm9r9a heruntergeladen werden):

```
class Buch {
  private String titel;
  private String autor;
  private String verlag;
  private int auflage;
  private int erscheinungsjahr;
  private boolean imRegal;

  public Buch (String t, String a, String v, int al, int e) {
    autor = a;
    titel = t;
    verlag = v;
    auflage = al;
    erscheinungsjahr = e;
    imRegal = false;
  }

  public void insRegalStellen() {
    imRegal = true;
  }

  public void ausDemRegalNehmen() {
    imRegal = false;
  }

  public boolean stehtImRegal() {
    return imRegal;
  }

  // Notwendig für Teilaufgabe b)
  public String titelGeben() {
    return titel;
  }
}
```

Implementierung der Klasse `Buecherregal`:

```
class Buecherregal {
  private int regalerweiterung;
  private Buch[] buecherregal;
  private int anzahlBuecher;

  public Buecherregal() {
    regalerweiterung = 5;
    buecherregal = new Buch[regalerweiterung];
    anzahlBuecher = 0;
  }
```

```
private void erweitern() {
  Buch[] buecherregalNeu = new Buch[buecherregal.length +
        regalerweiterung];
  for (int index=0; index < anzahlBuecher; index++) {
    buecherregalNeu[index] = buecherregal[index];
  }
  buecherregal = buecherregalNeu;
}

public boolean istVoll() {
  return anzahlBuecher == buecherregal.length;
}

public boolean istLeer() {
  return anzahlBuecher == 0;
}

public int anzahlBuecherGeben() {
  return anzahlBuecher;
}

public Buch[] buecherregalGeben() {
  return buecherregal;
}

public void buchEinstellen(Buch b) {
  if (istVoll()) {
    erweitern();
  }
  b.insRegalStellen();
  buecherregal[anzahlBuecher] = b;
  anzahlBuecher = anzahlBuecher + 1;
}

public Buch buchMitTitelFinden(String titel) {
  Buch buchMitTitel=null;
  for (int index = 0; index<anzahlBuecher; index++) {
    if (buecherregal[index].titelGeben().equals(titel)) {
      buchMitTitel = buecherregal[index];
    }
  }
  return buchMitTitel;
}

public Buch buchMitTitelEntnehmen(String titel) {
  Buch buchMitTitel = new Buch("", "", "", 0, 0); // Dummy-Buch
  for (int index = 0; index < anzahlBuecher; index++) {
    if (buecherregal[index].titelGeben().equals(titel)) {
      buchMitTitel = buecherregal[index];
```

```
                buecherregal[index] = buecherregal[anzahlBuecher - 1];
                buecherregal[anzahlBuecher - 1] = null;
                anzahlBuecher=anzahlBuecher - 1;
            }
        }
        buchMitTitel.ausDemRegalNehmen();
        return buchMitTitel;
    }
}
```

c) Implementierung (kann über den Code fm9r9a heruntergeladen werden):

```
class Buecherregal {
  ...
  public void bubblesortBuecheregal() {
    for (int i = 0; i < anzahlBuecher; i++) {
      for (int j = 0; j < anzahlBuecher - 1; j++) {
        if (buecherregal[j].titelGeben().charAt(0) >
              buecherregal[j + 1].titelGeben().charAt(0)) {
          tauschen(j, j + 1);
        }
      }
    }
  }

  private void tauschen(int i, int j) {
    Buch h = buecherregal[i];
    buecherregal[i] = buecherregal[j];
    buecherregal[j] = h;
  }
}
```

d) In dieser Teilaufgabe werden nur die drei Klassen KUNDE, BIBLIOTHEK und BUCH berücksichtigt. Klassendiagramm:

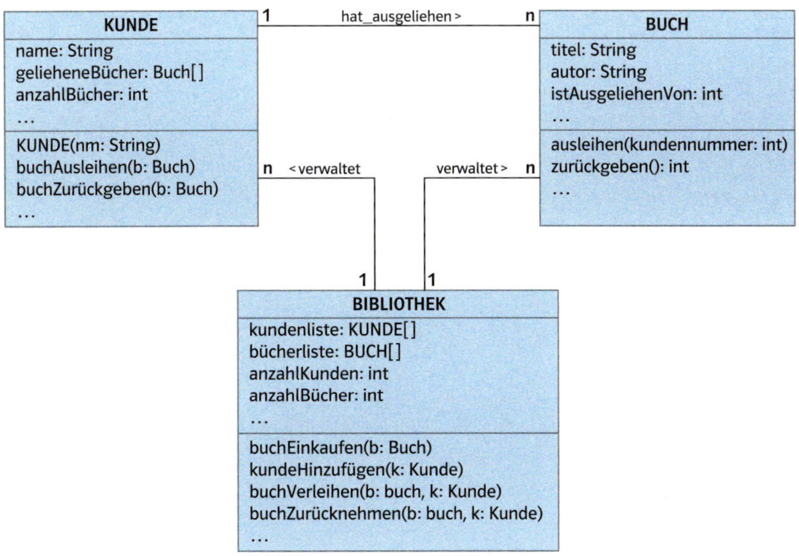

Implementierung der Klasse `Kunde` (kann über den Code fm9r9a heruntergeladen werden):

```
class Kunde {
  private String name;
  private Buch[] ausgelieheneBuecher;
  private int anzahlBuecher;

  public Kunde(String nm) {
    name = nm;
    ausgelieheneBuecher = new Buch[5];
    anzahlBuecher = 0;
  }

  public void buchAusleihen(Buch b) {
    if (anzahlBuecher < ausgelieheneBuecher.length) {
      ausgelieheneBuecher[anzahlBuecher] = b;
      anzahlBuecher = anzahlBuecher + 1;
    }
    else {
      System.out.println("Du darfst höchstens " + ausgeliehene-
            Buecher.length + " Bücher gleichzeitig ausleihen.");
    }
  }

  public Buch buchZurueckgeben(Buch b) {
    Buch rueckgabe = new Buch("", "", "", 0, 0);
    int indexRueckgabe = ausgelieheneBuecher.length;
    for (int i = 0; i < anzahlBuecher; i++) {
      if (b.equals(ausgelieheneBuecher[i])) {
        indexRueckgabe = i;
        ausgelieheneBuecher[i] = null;
      }
    }
    for (int i = indexRueckgabe; i < anzahlBuecher - 1; i++) {
      ausgelieheneBuecher[i] = ausgelieheneBuecher[i + 1];
    }
    ausgelieheneBuecher[anzahlBuecher - 1] = null;
    anzahlBuecher = anzahlBuecher - 1;
    return rueckgabe;
  }

  public String nameGeben() {
    return name;
  }

  public Buch[] ausgelieheneBuecherGeben() {
    return ausgelieheneBuecher;
  }
```

```
public int anzahlBuecherGeben() {
    return anzahlBuecher;
  }
}
```

Implementierung der Klasse `Bibliothek` (kann über den Code fm9r9a heruntergeladen werden):

```
class Bibliothek {
  private Buecherregal buecherregal;
  private Buch[] buecherliste;
  private Kunde[] kundenliste;
  private int anzahlBuecher;
  private int anzahlKunden;

  public Bibliothek() {
    buecherregal = new Buecherregal();
    buecherliste = new Buch[30];
    kundenliste = new Kunde[10];
    anzahlBuecher = 0;
    anzahlKunden = 0;
  }

  public void kundeHinzufuegen(Kunde k) {
    kundenliste[anzahlKunden] = k;
    anzahlKunden = anzahlKunden + 1;
  }

  public void buchEinkaufen(Buch b) {
    buecherliste[anzahlBuecher] = b;
    anzahlBuecher = anzahlBuecher + 1;
  }

  public void buecherregalSortieren() {
    buecherregal.bubblesortBuecheregal();
  }

  public void nichtEingeraeumteBuecherInsRegalStellen() {
    for (int i = 0; i< anzahlBuecher; i++) {
      if (!buecherliste[i].stehtImRegal()) {
        buecherregal.buchEinstellen(buecherliste[i]);
      }
    }
  }

  public void buchVerleihen(Buch b, Kunde k) {
    buecherregal.buchMitTitelEntnehmen(b.titelGeben());
    b.ausDemRegalNehmen();
    k.buchAusleihen(b);
  }
```

```
  public void buchZuruecknehmen(Buch b, Kunde k) {
    k.buchZurueckgeben(b);
    b.insRegalStellen();
    buecherregal.buchEinstellen(b);
  }
}
```

2 Ochsenrennen

a) Das folgende Klassendiagramm berücksichtigt die Klasse RENNEN sowie die Klasse OCHSE als Oberklasse von GLEICHOCHSE, LAUFPAUSEOCHSE und ZICKZACKOCHSE.

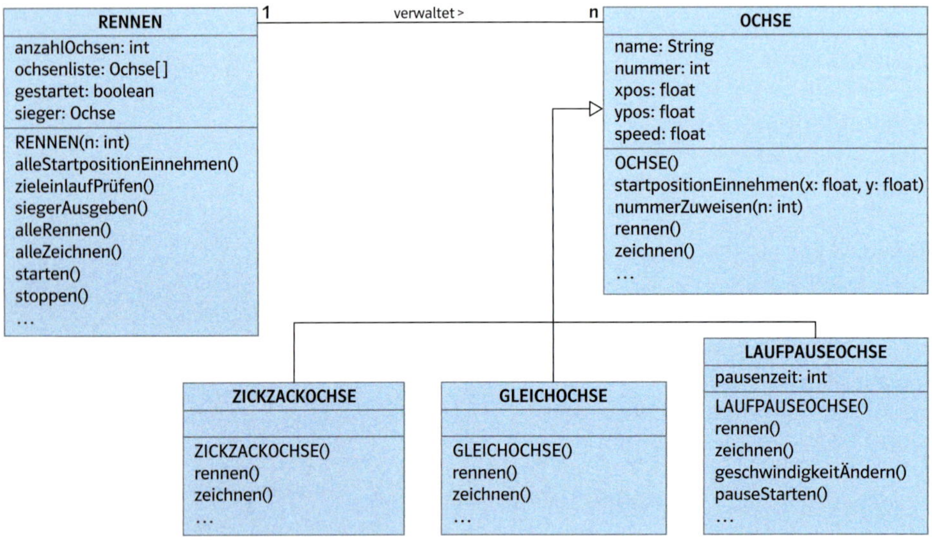

b) Individuelle Lösung, z. B. in einer Umsetzung mit der Entwicklungsumgebung *Processing* (kann über den Code fm9r9a heruntergeladen werden):

```
class Rennen {
  private int anzahlOchsen;
  private Ochse[] ochsenliste;
  private boolean gestartet;
  private Ochse sieger;

  public Rennen(int n) {
    anzahlOchsen = n;
    ochsenliste = new Ochse[n];
    for (int i = 0; i< n; i++) {
      float zufallstyp = random(30);
      if (zufallstyp < 10) {
        ochsenliste[i] = new LaufPauseOchse();
      }
      else if (zufallstyp < 20) {
        ochsenliste[i] = new GleichOchse();
      }
      else {
        ochsenliste[i] = new ZickzackOchse();
```

```
    }
  }

  gestartet = false;
  sieger = new Ochse();
  alleStartpositionEinnehmen();
  alleZeichnen();
}

public void alleStartpositionEinnehmen() {
  for (int i = 0; i < anzahlOchsen; i++) {
    ochsenliste[i].startpositionEinnehmen(50, i * 50 + 50);
    ochsenliste[i].nummerZuweisen(i + 1);
  }
}

public void alleRennen() {
  for (int i = 0; i < anzahlOchsen; i++) {
    ochsenliste[i].rennen();
  }
}

public void alleZeichnen() {
  for (int i = 0; i < anzahlOchsen; i++) {
    ochsenliste[i].zeichnen();
  }
}

public void siegerAusgeben() {
  fill(255,255,255);
  textSize(20);
  text("Der Sieger heißt „ + sieger.nameGeben() + ".",50,50);
  text("Er hat die Platznummer „ + sieger.nummerGeben(),
        50, 80);
}

public void zieleinlaufPruefen() {
  for (int i = 0; i < anzahlOchsen; i++) {
    if (ochsenliste[i].xposGeben() >= width - 100) {
      sieger=ochsenliste[i];
      stoppen();
      siegerAusgeben();
    }
  }
}

public void starten() {
  gestartet = true;
}
```

```
  public void stoppen() {
    gestartet = false;
  }

  public int anzahlOchsenGeben() {
    return anzahlOchsen;
  }

  public boolean istGestartet() {
    return gestartet;
  }

  public Ochse siegerGeben(){
    return sieger;
  }
}

class Ochse {
  protected String name;
  protected int nummer;
  protected float xpos;
  protected float ypos;
  protected float speed;

  public Ochse() {
    name = "?";
    nummer = 0;
    xpos = 0;
    ypos = 0;
    speed = 0;
  }

  public void zeichnen() {
    ;
  }

  public void rennen() {
    ;
  }

  public int nummerGeben() {
    return nummer;
  }

  public void startpositionEinnehmen(float x, float y) {
    xpos = x;
    ypos = y;
  }
```

```
  public void nummerZuweisen(int nr) {
    nummer = nr;
  }

  public float xposGeben() {
    return xpos;
  }

  public float yposGeben() {
    return ypos;
  }

  public String nameGeben() {
    return name;
  }
}

// Ochse, der gemächlich mit gleicher Geschwindigkeit trottet
class GleichOchse extends Ochse {
  public GleichOchse() {
    name = "Gleich" + round(random(10, 99));
    speed = random(3, 10);
  }

  public void rennen() {
    xpos = xpos + speed;
  }

  public void zeichnen() {
    fill(0, 255, 0);
    circle(xpos, ypos, 20);
    fill(0, 0, 0);
    textSize(12);
    text(nummer, xpos - 8, ypos + 6);
  }
}

// Ochse, der zwischendurch Pause macht
class LaufPauseOchse extends Ochse {
  int pausenzeit;
  public LaufPauseOchse() {
    name = "LaufPause" + round(random(10, 99));
  }

  public void geschwindigkeitAendern() {
    speed = random(10, 30);
  }
```

```
  public void pauseStarten() {
    pausenzeit = round(random(30));
  }

  public void rennen() {
    if (pausenzeit < 0) {
      geschwindigkeitAendern();
      xpos = xpos + speed;
    }
    else {
      pausenzeit = pausenzeit - 1;
    }
    if (random(10) > 9) {
      pauseStarten();
    }
  }

  public void zeichnen() {
    fill(0, 0, 255);
    square(xpos, ypos, 20);
    fill(255, 255, 255);
    textSize(12);
    text(nummer, xpos + 3, ypos + 14);
  }
}

// Ochse, der im Zickzack läuft
class ZickzackOchse extends Ochse {
  public ZickzackOchse() {
    name = "Zickzack" + round(random(10, 99));
    speed = random(3, 9);
  }

  public void rennen() {
    xpos = xpos + speed;
    ypos = ypos + 10 * sin(xpos / 10);
  }

  public void zeichnen() {
    fill(255, 0, 0);
    triangle(xpos - 10, ypos + 10, xpos + 10, ypos, xpos - 10,
        ypos - 10);
    fill(255, 255, 255);
    textSize(10);
    text(nummer, xpos - 9, ypos + 4);
  }
}
```

Die Klasse `Ochsenrennen` ist für den Programmstart, den Ablauf und die Interaktion zuständig.
Bei folgender Umsetzung wird das Rennen mit der Leertaste gestartet und kann durch Drücken der Maustaste gestoppt und wieder gestartet werden. Das Drücken der Taste „s“ bewirkt einen Neustart.

```
private Ochsenrennen ren;
public void settings() {
  size(1200, 800);
}

public void setup() {
  stroke(255, 255, 255);
  frameRate(20);
  hintergrundZeichnen();
  ren = new Rennen(14);
  ren.alleZeichnen();
}

public void draw() {
  if (ren.istGestartet()) {
    hintergrundZeichnen();
    ren.zieleinlaufPruefen();
    ren.alleRennen();
    ren.alleZeichnen();
  }
}

public void mousePressed() {
  if (ren.istGestartet()) {
    ren.stoppen();
  } else {
    ren.starten();
  }
}

public void keyPressed() {
  if (key == 's') {
    hintergrundZeichnen();
    ren.alleStartpositionEinnehmen();
    ren.alleZeichnen();
  }
}

public void hintergrundZeichnen() {
  background(0, 0, 0);
  line(width - 100, 0, width - 100, height);
}
```

Register

Register

Register

Register

Bildquellen

00.1 Getty Images RF (Moment/Image by Catherine MacBride), München; **2.1** stock.adobe.com (Rawpixel.com), Dublin; **2.2** stock.adobe.com (Sashkin), Dublin; **2.3** 123rf Germany, c/o Inmagine GmbH (ulisse), Nidderau; **3.1** Alamy stock photo (Guy Corbishley), Abingdon, Oxon; **3.2** stock.adobe.com (Tuomas Kujansuu), Dublin; **3.3** Alamy stock photo (Alexey Stiop), Abingdon, Oxon; **4.1** Picture-Alliance (Leemage), Frankfurt; **4.2** ShutterStock.com RF (PixieMe), New York, NY; **4.3** stock.adobe.com (invisible163), Dublin; **4.4** stock.adobe.com (Rawpixel.com), Dublin; **6.1** VisiCalc/Personal Software, Von User:Gortu - apple2history.org, Gemeinfrei, https://commons.wikimedia.org/w/index.php?curid=342925; **8.1** akg-images (Science Photo Library), Berlin; **10.1** ullstein bild (Sven Simon), Berlin; **12.1** iStockphoto (RF/Lars Lentz), Calgary, Alberta; **13.1** akg-images (Science Photo Library), Berlin; **13.2** stock.adobe.com (RCP Photo), Dublin; **14.1** iStockphoto (waiheng), Calgary, Alberta; **16.1** Von Johann Thomas Freigius (Johannes Thomas Freig)scanned by u3001 (Diskussion · Beiträge) - scanned from reprint, Gemeinfrei, https://commons.wikimedia.org/w/index.php?curid=782593; **17.1** ShutterStock.com RF (360b), New York, NY; **18.1** stock.adobe.com (Andreas), Dublin; **20.1** Getty Images Plus (Stone/John P Kelly), München; **20.2** stock.adobe.com (djama), Dublin; **22.1** stock.adobe.com (euthymia), Dublin; **24.1** iStockphoto (RF/Alms), Calgary, Alberta; **31.1** Bundesministerium des Innern, für Bau und Heimat, Berlin; **32.1** dreamstime.com (Chelsdo), Brentwood, TN; **35.1** ullstein bild (Granger Collection), Berlin; **35.2** akg-images, Berlin; **38.1** stock.adobe.com (auergraphics), Dublin; **39.1** stock.adobe.com (Jürgen Wackenhut), Dublin; **40.1** Alamy stock photo (robertharding/Godong), Abingdon, Oxon; **41.1** Alamy stock photo (little_monster / Stockimo), Abingdon, Oxon; **42.1** Alamy stock photo (Melvyn Longhurst), Abingdon, Oxon; **46.1** stock.adobe.com (patpitchaya), Dublin; **46.2** stock.adobe.com (kernel), Dublin; **46.3** stock.adobe.com (tony4urban), Dublin; **46.4** stock.adobe.com (Sashkin), Dublin; **49.1** Alamy stock photo (Peter Horree), Abingdon, Oxon; **50.1** Alamy stock photo (Peter Barritt), Abingdon, Oxon; **50.2** Alamy stock photo (Historic Collection), Abingdon, Oxon; **51.1** laif (The New York Times/Redux), Köln; **52.1** ullstein bild (Imagno), Berlin; **52.2** akg-images, Berlin; **55.1** Thinkstock (iStock/richterfoto), München; **61.1** Alamy stock photo (Paul McErlane), Abingdon, Oxon; **63.1** Getty Images Plus (E+/Obradovic), München; **65.1** stock.adobe.com (tumsasedgars), Dublin; **65.2** Bundesministerium des Innern, für Bau und Heimat, Berlin; **66.1** imago images (photothek/Thomas Imox), Berlin; **67.1** Alamy stock photo (FLHC 18), Abingdon, Oxon; **67.2** Alamy stock photo (Science History Images/Photo Researchers), Abingdon, Oxon; **68.1** Public Domain, https://commons.wikimedia.org/w/index.php?curid=547255; **68.2** IBM Deutschland GmbH; **68.3** IBM Deutschland GmbH; **69.1** Picture-Alliance (dpa/Sebastian Kahnert), Frankfurt; **71.1** stock.adobe.com (Elena Blokhina), Dublin; **71.2** ShutterStock.com RF (fotoret), New York, NY; **72.1** stock.adobe.com (Sashkin), Dublin; **72.2** Alamy stock photo (PictureLux / The Hollywood Archive), Abingdon, Oxon; **72.3** Alamy stock photo (Imaginechina Limited), Abingdon, Oxon; **72.4** 123rf Germany, c/o Inmagine GmbH (ulisse), Nidderau; **74.1** stock.adobe.com (Drobot Dean), Dublin; **80.1** Getty Images Plus (E+/fotostorm), München; **84.1** Alamy stock photo (Science Photo Library/MARK GARLICK), Abingdon, Oxon; **85.1** Getty Images (Moment/Elena Pejchinova), München; **87.1** ShutterStock.com RF (Pixel-Shot), New York, NY; **92.1** Getty Images Plus (E+/andresr), München; **96.1** stock.adobe.com (Mirko Raatz), Dublin; **99.1** Getty Images (Bettmann), München; **102.1** Getty Images Plus (DigitalVision/Imstepf Studios Llc), München; **104.1** Interfoto (Sammlung Rauch), München; **104.2** Interfoto (Mary Evans), München; **104.3** Alamy stock photo (CTK), Abingdon, Oxon; **105.1** Getty Images Plus (iStock/baranozdemir), München; **105.2** NASA (NASA/JPL-Caltech), Washington , D.C.; **106.1** Getty Images (SSPL/Science Museum), München; **106.2** Getty Images (SSPL/Science Museum), München; **106.3** Alamy stock photo (GL Archive), Abingdon, Oxon; **106.4** Alamy stock photo (The Picture Art Collection), Abingdon, Oxon; **107.1** Picture-Alliance (AP Photo/Karsten Thielker), Frankfurt; **107.2** Horst Zuse, Berlin; **108.1** By PIerre.Lescanne - Own work, CC BY-SA 4.0, https://commons.wikimedia.org/w/index.php?curid=66119797 (PIerre. Lescanne), siehe *3; **108.2** Getty Images (Bettmann), München; **109.1** Human-Computer Interaction Institute (HCII), CC BY-SA 3.0, https://commons.wikimedia.org/w/index.php?curid=545930, siehe *1; **109.2** By The original uploader was Eriktj at English Wikipedia. - Transferred from en.wikipedia to Commons by Sozi., CC BY-SA 3.0, https://commons.wikimedia.org/w/index.php?curid=4030914 (The original uploader was Eriktj at English Wikipedia.), siehe *3; **109.3** By Tyomitch - Own work, Copyrighted free use, https://commons.wikimedia.org/w/index.php?curid=449735; **110.1** Action Press GmbH, Hamburg; **111.1** Von Photograph by Rama, Wikimedia Commons, Cc-by-sa-2.0-fr, CC BY-SA 2.0 fr, https://commons.wikimedia.org/w/index.php?curid=15568323, siehe *3; **114.1** Getty Images Plus (iStock/#Urban-Photographer), München; **114.2** Getty Images Plus (DigitalVision/John M Lund Photography Inc), München; **114.3** Getty Images (Moment/Jose A. Bernat Bacete), München; **114.4** Alamy stock photo (Guy Corbishley), Abingdon, Oxon; **116.1** stock.adobe.com (Klaus von Kassel), Dublin; **116.2** Picture-Alliance (dpa/Uli Deck), Frankfurt; **117.1** stock.adobe.com (DatenschutzStockfoto), Dublin; **117.2** Picture-Alliance (dpa-Infografik), Frankfurt; **118.1** stock.adobe.com (stnazkul), Dublin; **120.1** Picture-Alliance (dpa/Wolfgang Kumm), Frankfurt; **122.1** Mauritius Images (dieKleinert), Mittenwald; **122.2** Getty Images Plus (iStock/Zephyr18), München; **123.1** Picture-Alliance (dieKLEINERT.de/Ian David Marsden), Frankfurt; **126.1** stock.adobe.com (sharafmaksumov), Dublin; **126.2** Alamy stock photo (Westend61 GmbH / Albrecht Weisser), Abingdon, Oxon; **132.1** Getty Images Plus (iStock/tolgabayraktar), München; **133.1** ShutterStock.com RF (SamJonah), New York, NY; **134.1** Alamy stock photo (Colin Underhill), Abingdon, Oxon; **135.1** Getty Images (AFP/ Nicolas Asfouri), München; **135.2** Picture-Alliance (dpa/Andreas Landwehr), Frankfurt; **137.1** stock.adobe.com (Firn), Dublin; **138.1** stock.adobe.com (Montri), Dublin; **138.2** stock.adobe.com (whitehoune), Dublin; **138.3** stock.adobe.

com (Tuomas Kujansuu), Dublin; **138.4** stock.adobe.com (alphaspirit), Dublin; **145.1** ShutterStock.com RF (ALPA PROD), New York, NY; **150.1** Thinkstock (LenSoMy), München; **151.1** Getty Images Plus (E+/Wavebreak), München; **153.1** stock.adobe.com (pondchao), Dublin; **154.1** iStockphoto (Jimak), Calgary, Alberta; **156.1** Getty Images Plus (Stone/David Malan), München; **158.1** stock.adobe.com (Günter Menzl), Dublin; **159.1** Getty Images Plus (E+/shayes17), München; **160.1** Alamy stock photo (UPI/Heinz Ruckemann), Abingdon, Oxon; **164.1** Getty Images Plus (DigitalVision/Alistair Berg), München; **165.1** ShutterStock.com RF (bokan), New York, NY; **167.1** Getty Images Plus (iStock/RolandStollner), München; **172.1** Getty Images Plus (iStock/structuresxx), München; **173.1** ShutterStock.com RF (Ditty_about_summer), New York, NY; **176.1** stock.adobe.com (Syda Productions), Dublin; **176.2** imago images (Volkmann), Berlin; **181.1** Picture-Alliance (akg-images), Frankfurt; **182.1** stock.adobe.com (Denys Prykhodov), Dublin; **186.1** Getty Images Plus (E+/simonkr), München; **187.1** Getty Images Plus (iStock/metamorworks), München; **188.1** stock.adobe.com (michele goglio), Dublin; **189.1** Getty Images (Getty Images News/Barton Gellman), München; **190.1** imago images (Thomas Trutschel), Berlin; **191.1** ddp media GmbH (Mario Moschel), Hamburg; **191.2** ddp media GmbH (Torsten Silz), Hamburg; **192.1** Convar, Pirmasens; **192.2** Convar, Pirmasens; **193.1** ShutterStock.com RF (Rawpixel.com), New York, NY; **193.2** Picture-Alliance (Reuters/Chip East), Frankfurt; **195.1** Picture-Alliance (Patrick Pleul/dpa-Zentralbild/ZB), Frankfurt; **196.1** stock.adobe.com (Alexander Limbach), Dublin; **196.2** stock.adobe.com (Cheattha), Dublin; **196.3** Alamy stock photo (Alexey Stiop), Abingdon, Oxon; **196.4** stock.adobe.com (charles taylor), Dublin; **200.1** Action Press GmbH (United Archives / De Agostini), Hamburg; **205.1** imago images (Fernando Baptista), Berlin; **205.2** Alamy stock photo (Ancient Art and Architecture), Abingdon, Oxon; **207.1** iStockphoto (Georgios Kollidas), Calgary, Alberta; **208.1** laif (Kendrick Brinson/Luceo), Köln; **213.1** stock.adobe.com (Countrypixel), Dublin; **220.1** stock.adobe.com (VadimGuzhva), Dublin; **224.1** stock.adobe.com (Monkey Business), Dublin; **228.1** stock.adobe.com (Katharina), Dublin; **231.1** Alamy stock photo (Juergen Schwarz), Abingdon, Oxon; **234.1** Picture-Alliance (dpa-infografik), Frankfurt; **235.1** Picture-Alliance (dpa - Fotoreport/Patrick_Hertzog), Frankfurt; **237.1** akg-images (Science Photo Library / Us Naval Historical Center Us Navy), Berlin; **237.2** Alamy stock photo (PJF Military Collection), Abingdon, Oxon; **241.1** https://securelist.com/wannacry-ransomware-used-in-widespread-attacks-all-over-the-world/78351/; **243.1** Thinkstock (iStock/mikdam), München; **243.2** Alamy stock photo (imageBROKER/Konrad Wothe), Abingdon, Oxon; **244.1** stock.adobe.com (ARochau), Dublin; **248.1** stock.adobe.com (Nejron Photo), Dublin; **248.2** stock.adobe.com (Superingo), Dublin

Textquellen

5.1 Aus: Ferstl, Ernst: einfach kompliziert einfach, Edition Va Bene, Wien 1995; **15.1** Johann Wolfgang von Goethe (1749 – 1832); **36.1** StVG § 24a; **47.1** Johann Wolfgang von Goethe (1749 – 1832); **73.1** Angela Merkel zit. nach: HORIZONT Online, 28.10.2020, https://www.horizont.net/medien/nachrichten/Branchenevent-Die-besten-Zitate-von-den-Medientagen-Muenchen-143734; **106.1** Genesis 11, 8 – 9 aus: Die Bibel. Einheitsübersetzung. Neuausgabe 2016 (c) Katholische Bibelanstalt GmbH Stuttgart; **106.2** Charles Babbage zit. in: „Vom Abakus zum Internet: Die Geschichte der Informatik" von Friedrich Naumann, Primus Verlag, 2001; **108.1** John Backus zit. in: Detlef Borchers: Die Angst vor dem Leben besiegen. Zum 80. Geburtstag von John Backus. In: heise online. 3. Dezember 2004; **115.1** https://www.klicksafe.de/fileadmin/media/documents/pdf/klicksafe_Materialien/Lehrer_LH_Zusatz_Ethik/LH_Zusatzmodul_medienethik_klicksafe__Baustein1.pdf (c) www.klicksafe.de; **124.1** https://www.klicksafe.de/fileadmin/media/documents/pdf/klicksafe_Materialien/Eltern_Allgemein/klicksafe_Flyer_Datenschutz_Tipps_fuer_Eltern.pdf/ klicksafe c/o Landesanstalt für Medien Nordrhein-Westfalen (LfM) 2016; **124.2** nach: https://www.klicksafe.de/fileadmin/media/documents/pdf/klicksafe_Materialien/Jugendliche/klicksafe_Flyer_Datenschutztipps_Jugend_2013.pdf/ klicksafe c/o Landesanstalt für Medien Nordrhein-Westfalen (LfM) 2013; **134.1** Aus: Pschyrembel Online, https://www.pschyrembel.de/Hippokratischer%20Eid/K09UA (c) 2020 Walter de Gruyter GmbH; **134.2** Aus: „An die Günstigen" von Johann Wolfgang von Goethe (1782- 1832); **139.1** Modernes Graffito; **197.1** Aus: Jaspers, Karl: Wohin treibt die Bundesrepublik? R. Piper & Co. Verlag, München 1966; **239.1** Aus: Computer Viruses - Theory and Experiments. Introduction and Abstract, https://web.eecs.umich.edu/~aprakash/eecs588/handouts/cohen-viruses.html (c) 1984, Fred Cohen; **240.1** nach Pressemitteilung des Digitalverbands Bitkom v. 27.03.2015; **247.1** Manifest für Agile Softwareentwicklung, Autoren: Kent Beck, Mike Beedle, Arie van Bennekum, Alistair Cockburn, Ward Cunningham, Martin Fowler, James Grenning, Jim Highsmith, Andrew Hunt, Ron Jeffries, Jon Kern, Brian Marick, Robert C. Martin, Steve Mellor, Ken Schwaber, Jeff Sutherland, Dave Thomas. Dt Übers. von Heitor Roriz Filho; Ilja Preuss; Marc Bless; Fabian Ehls; Stefan Roock; Jutta Eckstein; Stefan Hoehn; Bernd Schiffer u.a. http://agilemanifesto.org/iso/de/manifesto.html (c) 2001, bei den Autoren

Grafikernachweis

Hungreder, Rudolf, Leinfelden-Echterdingen, **102.1; 102.2; 102.3; 102.4; 102.5; 102.6; 102.7; 102.8; 102.9; 102.10; 102.11; 102.12; 102.13; 102.16; 102.17; 102.18; 102.19; 102.20**; imprint, Zusmarshausen, **49.1**; Picture-Alliance, Frankfurt/M. (dpa-infografik), **234.1**; Picture-Alliance, Frankfurt/M. (dpa-Infografik), **117.2**; stock.adobe.com, Dublin (sharafmaksumov), **126.1**; Uwe Alfer, Kråksmåla, Alsterbro, **6.1; 6.3; 7.1; 7.2; 7.3; 7.4; 7.5; 8.1; 8.3; 9.1; 9.5; 10.1; 11.1; 11.2; 11.3; 12.1; 14.2; 14.3; 14.4; 14.5; 14.6; 15.1; 16.2; 17.1; 18.2; 18.3; 18.4; 19.1; 19.2; 19.3; 19.4; 22.1; 22.2; 22.4; 22.5; 23.1; 23.2; 23.3; 26.1; 26.2; 26.3; 26.4; 26.5; 27.1; 27.2; 27.3; 27.4; 27.5; 27.6; 28.1; 30.1; 32.2; 32.3; 32.4; 33.1; 33.2; 33.3; 33.4; 33.5; 33.6; 35.4; 37.1; 42.1; 42.2; 42.3; 43.1; 44.1; 44.2; 44.3; 44.4; 48.1; 48.2; 48.3; 48.4; 49.2; 50.3; 50.4; 51.2; 51.3; 52.3; 52.4; 53.1; 54.4; 54.8; 55.1; 55.5; 55.6; 55.8; 56.1; 56.2; 56.3; 57.1; 57.2; 57.3; 58.1; 58.2; 58.3; 58.4; 59.1; 59.2; 59.3; 60.8; 60.16; 60.20; 60.24; 60.28; 60.32; 61.2; 62.1; 62.2; 63.1; 64.1; 64.2; 65.2; 66.2; 69.2; 70.1; 70.2; 70.3; 74.2; 74.3; 75.1; 75.2; 76.1; 76.2; 76.3; 76.4; 77.1; 77.2; 78.1; 78.2; 79.1; 79.2; 81.1; 81.2; 82.1; 82.2; 83.1; 83.2; 83.3; 83.4; 83.5; 84.1; 85.1; 85.2; 85.3; 90.1; 91.1; 91.2; 91.3; 92.2; 92.3; 92.4; 93.1; 93.2; 94.1; 94.2; 94.3; 94.4; 95.1; 95.5; 95.9; 95.13; 95.17; 95.21; 95.22; 95.26; 95.30; 96.1; 97.1; 97.2; 97.3; 98.1; 99.2; 99.3; 100.1; 101.1; 101.2; 103.1; 103.2; 112.1; 113.1; 121.1; 121.2; 123.2; 125.1; 126.3; 128.1; 128.2; 129.1; 130.1; 131.1; 140.1; 140.2; 140.3; 140.4; 141.1; 142.1; 143.1; 143.2; 144.1; 144.2; 145.2; 146.1; 146.2; 146.3; 146.4; 147.1; 147.2; 147.3; 147.4; 147.5; 147.6; 148.1; 148.2; 149.2; 150.1; 150.2; 151.2; 151.3; 152.1; 152.2; 153.2; 153.4; 154.2; 155.1; 155.2; 155.3; 156.1; 156.3; 156.4; 157.1; 158.2; 159.1; 159.2; 160.2; 160.3; 161.1; 161.2; 161.3; 161.4; 161.5; 161.6; 162.1; 162.2; 162.3; 162.4; 163.1; 163.2; 163.3; 164.1; 164.2; 164.3; 166.1; 166.2; 167.2; 168.1; 168.2; 169.1; 169.2; 169.3; 170.1; 170.2; 171.1; 171.2; 171.3; 172.1; 172.2; 173.1; 174.1; 174.2; 174.3; 175.1; 177.1; 177.2; 177.3; 178.1; 178.2; 178.3; 179.1; 180.1; 182.1; 183.1; 183.2; 184.1; 184.2; 185.1; 186.1; 188.1; 194.1; 194.2; 194.3; 195.2; 195.3; 198.1; 201.1; 201.2; 202.1; 202.2; 203.1; 203.2; 204.1; 206.2; 207.1; 208.2; 209.1; 209.2; 209.3; 209.4; 209.5; 210.1; 210.2; 211.1; 211.2; 212.1; 212.2; 212.3; 213.2; 214.1; 214.2; 218.1; 218.2; 220.2; 221.1; 221.2; 221.3; 221.4; 221.5; 221.6; 221.7; 222.1; 222.2; 223.1; 223.2; 224.1; 225.1; 226.1; 227.1; 227.2; 228.2; 228.3; 232.1; 232.2; 233.1; 239.1; 239.2; 239.3; 240.1; 242.1; 242.2; 242.3; 242.4; 245.1; 249.1; 249.2; 249.3; 249.4; 250.1; 250.2; 250.3; 250.4; 250.5; 250.6; 250.7; 251.1; 251.2; 251.3; 251.4; 251.5; 252.1; 252.2; 252.3; 252.4; 252.5; 253.1; 253.2; 253.3; 253.4; 254.1; 254.2; 254.3; 254.4; 254.5; 254.6; 254.7; 254.8; 254.9; 254.10; 254.11; 255.1; 255.2; 255.3; 255.4; 256.1; 256.2; 256.3; 256.4; 257.1; 257.2; 257.3; 257.4; 257.5; 258.1; 258.2; 258.3; 259.1; 259.2; 262.1; 262.2; 262.3; 270.1; 270.2; 270.3; 271.1; 271.2; 272.1; 273.1; 273.2; 274.1; 274.2; 276.1; 276.2; 276.3; 276.4; 276.5; 276.6; 276.7; 276.8; 277.1; 277.2; 277.3; 278.1; 278.2; 278.3; 280.1; 281.1; 281.2; 282.1; 282.2; 282.3; 282.4; 289.1; 289.2; 290.1; 290.2; 293.1; 296.1**;

Die Reihenfolge und Nummerierung der Bild- und Textquellen im Quellennachweis erfolgt automatisch und entspricht u. U. nicht der Nummerierung der Bild- und Textquellen im Werk. Die automatische Vergabe der Positionsnummern erfolgt in der Regel von links oben nach rechts unten, ausgehend von der linken oberen Ecke der Abbildung.